M 796
B. 4.

# VOYAGES
## DANS LES ALPES.

TOME QUATRIEME.

# VOYAGES DANS LES ALPES,

PRÉCÉDÉS D'UN ESSAI

## SUR L'HISTOIRE NATURELLE DES ENVIRONS DE GENEVE.

Par HORACE-BÉNEDICT DE SAUSSURE, Professeur émérite de Philosophie dans l'Académie de Geneve, & membre de plusieurs autres Académies.

## TOME QUATRIEME.

Dernier pont sur la Reuse en montant a l'Hospice du St Gothard.

A NEUCHATEL,

Chez LOUIS FAUCHE-BOREL, Imprimeur du Roi.

MDCCXCVI.

Εἶμι νῦν ὀψόμενος πολυ Φόρβη πείρατα γαίης
Ὠξεα τῶν ποταμῶν γένεσιν, μεγαλόςέα κοσμη.

HOMER.

## AVERTISSEMENT.

La table des matieres par ordre alphabétique, jointe à ce Volume, paroît dispenser d'une Préface. Je dirai seulement que cette table a été faite par mon fils ainé, & que j'y ai inféré quelques additions & quelques modifications à des opinions que j'avois précédemment adoptées. J'espère que cette table paroîtra complette & d'un usage commode aux Lecteurs de ces Voyages.

## ERRATA du quatrième Volume.

Page 6. lig. 7, veinés, *lisez* veines.
.. 29. .. 23, traperoïdes, *lis.* trapezoïdes.
.. 38. .. 12, rochers, *lis.* roches. Pag. 42. lig. dernière, Tien, *lis.* Ticin.
.. 48. .. 2, GEOTINER, *lis.* GESTINEN. *ibid.* titre D'URSEN, *lis.* D'URSEREN.
.. 49. .. 3, paralles, *lis.* paralleles. Pag. 61, lig. 6, l'Allemagne, *lis.* d'Allemagne.
.. 65. .. 8, mine uranit, *lis.* mine d'uranit.
.. 66. .. 2, phosphorence, *lis.* phosphorescence.
.. 82. .. 2, qu'ils ne passent à la forme quadrangulaire par, *lis.* qu'ils ne passent à la forme quadrangulaire que par
.. 120. .. 9, mêmes, *lis.* mesures. Pag. 121. §. 1941, *lis.* 1941, bis.
.. la page suivante marqué 123, *lis.* 122. Pag. 122. §. 1942, *lis.* 1942, bis.
.. 124. §. 1943, *lis.* 1943, bis. Pag. 125. §. 1944, *lis.* 1944, bis.
.. 126. §. 1945, *lis.* 1945, bis. Pag. 123 fol. .. 122.
.. 124. .. 4, pouvoit, *lis.* pourroit.
.. 125. .. 11, ses, *lis.* leurs. Ib. l. 13, lapidrea, *lis.* lapidea. Ib. l. 16, gence, *lis.* genre.
.. 148. .. 5, mes guides éprouvoit, *lis.* mes guides éprouvoient.
.. 153. .. 4, sommiés, *lis.* sommités. Pag. 155. titre, DÉAIL, *lis.* DÉTAIL.
.. 157. .. 11, Marie Cuotet, *lis.* Marie Coutet.
.. 160. .. 14, dispensia, *lis.* diapensia.
.. 187. .. 10, parfectionne, *lis.* perfectionne.
.. 217. .. 10, espèce lacune, *lis.* espèce de lacune.
.. 230. .. 8, loricatus, *lis.* loricatus.
.. 247. .. 1, le thermometre & le thermometre au soleil, *lis.* le thermometre à l'ombre & le thermometre au soleil.
.. 250. .. 1, zenilh, *lis.* zenith.
.. 256. .. 11, profonds vallées, *lis.* profondes vallées.
.. 282. .. 22, du CAILA, *lis.* du CARLA.
.. 284. .. 4, amnéometre, *lis.* anémometre.
.. 323. .. 3, slyle, *lis.* style. Pag. 324. lig. 22, blus, *lis.* plus.
.. 331. .. 7, framents, *lis.* fragments. Pag. 335, lig. 8, contraine, *lis.* contraire.
.. 341. titre, Dumo Bossola, *lis.* Duomo d'Ossola.
.. 371. .. 11, plus grande que nous l'avions, *lis.* plus grande que nous ne l'avions.
.. 372. .. 22, difficulté - - - jugée, *lis.* difficulté - - - l'avions jugée.
.. 379. .. 3, les cimes blancs, *lis.* les cimes blanches.
.. 414. .. 22, latitude de, *lis.* latitude de 45°., 55", 40".
.. 419. .. 5, & moins peu brillant, *lis.* & moins terne.
.. 423. .. 18, blattirche, *lis.* blattriche. P. 426. l. 20, du gneiss, *lis.* d'un autre gneiss.
.. 439. .. 7, superposées les unes sur, *lis.* superposées les unes aux.
.. 443. .. 8, prinule, *lis.* primula.
.. 449. .. 14, *sehrer*, *lis. sehr*. Ibid. lig. 15, *fortruchsen*, *lis. fortrucken*.
.. 461. .. 3, 450', *lis.* 45°.
.. 466. .. 1, violents & comme, *lis.* violents comme.
.. 468. .. 21, saits, *lis.* faits. Pag. 469, lig. 2, consiérée, *lis.* considérées.
.. 478. .. 14, allusions, *lis.* alluvions. Pag. 488, lig. 8, fortune, *lis.* fortuit.
.. 517. .. 2, suivant qu'elle loix, *lis.* suivant quelle loi.
.. ibid. .. 21, la salbande sont, *lis.* la salbande, par exemple, sont.
.. 521. .. 24, originaires, des algues, *lis.* originaires des algues.
La page qui suit 536 est marquée 527, *lis.* 537; la suivante est marquée 528, *lis.* 538.

# TROISIEME VOYAGE, SECONDE PARTIE.

## RETOUR DU LAC MAJEUR A GENEVE PAR LE SAINT GOTHARD.

## CHAPITRE XI.

### DE LOCARNO A AYROLO AU PIED DU ST. GOTHARD. VALLÉE LÉVANTINE.

§. 1794. Quand on va de Locarno au St. Gothard par la vallée Lévantine, on commence par remonter au Nord l'extrémité du lac Majeur. Je partis pour faire cette route, le 19 dans l'après-midi ; la chaleur étoit très-incommode, le thermometre à 24 degrés. Les treilles qui ne ceffent point de couvrir la grande route, me tenoient cependant un peu à l'ombre, & j'admirois la beauté des grappes qui pendoient au-deffus de ma tête. On met ¾ d'heure à atteindre l'extrémité du lac, & dans cet efpace on rencontre deux ou trois fois des rochers quartzeux micacés, femblables à ceux que je viens de décrire ; mais qui au lieu d'être exactement verticaux, s'appuyent un peu contre le lac au midi.

*Extrémité du lac.*

*Rocs verticaux.*

Sur un de ces rochers, à l'éxtrémité du lac, on voit une affez grande maifon, dont le poffeffeur, qui étoit un abbé, avoit la bifarre manie d'arborer une quantité de drapeaux blancs chargés de fleurs grossiérement peintes; on en voyoit aux fenêtres, sur les toits, sur les terrasses; on m'assura qu'il y en avoit 4 ou 500.

**Du lac à Bellinzona.** §. 1795. A 15 minutes de l'extrêmité du lac, on passe un torrent qui a profondément creusé des rocs plus durs que les précédents, & plus approchant du granit, mais leur structure ne se présente pas d'une maniere bien determinée.

On traverse là des prairies d'une grande étendue, parfaitement horizontales. Ces prairies ont sûrement été anciennement couvertes par le lac Majeur, & ce lac commence ainsi, comme presque tous les autres, à se combler du côté de sa source.

**Fin du Bailliage de Locarno.** A deux lieues & demie de Locarno, l'on passe à *Cugnasco*, dernier village du bailliage de Locarno, qui appartient en commun aux douze premiers cantons Suisses. Le bailliage de Bellinzona, dans lequel on entre ensuite, appartient aux trois cantons démocratiques, Uri, Schwitz & Underwald.

Avant d'arriver à Bellinzona, & à une lieue ¾ de Cugnasco, on passe sur un bac le Tesin qui vient du St. Gothard & va se jeter dans le lac Majeur. On rencontre encore sur cette route des roches dures, granitoïdes, dont les couches qui courent de l'Est-Nord-Est, à l'Ouest-Sud-Ouest, sont encore à-peu-près verticales, mais s'appuyent pourtant comme les précédentes contre le lac au Midi.

**Gouêtres.** Ici la vallée commence à prendre une physionomie moins plate: ses bords sont très-jolis & très-peuplés; mais on y voit beaucoup de gouêtres, maladie ordinaire des vallées basses, chaudes & marécageuses.

La ville de Bellinzona, fait un effet charmant dans le paysage avec des châteaux sur des monticules isolés, des tours, des crénaux, des vignes sur les derrieres & des bois au-dessus des vignes. Je mis quatre

# LÉVANTINE, Chap. XI.

lieures à venir là de Locarno; j'y trouvai une grande & bonne auberge, & ce qui me fit encore plus de plaisir, des lettres, & de bonnes nouvelles de ma famille, dont je n'avois point eu depuis mon départ. Le sol de cette petite ville, est élevé de 116 toises.

§. 1796. Le lendemain 20, en sortant de la ville, j'observai qu'un de ses châteaux est bâti sur un roc schisteux, dont les couches sont verticales. On tire au Nord-Est jusques à ⅔ de lieue de la ville, où l'on passe un grand pont de pierre, au-delà duquel la vallée & le chemin se partagent en deux. La route, à droite, conduit dans les Grisons, & va passer le St. Bernhardin dans la vallée de Misox. L'autre, à gauche, au Nord de l'aiguille, est celle que je suivis, & qui conduit au St. Gothard par la vallée Lévantine. *Bifurcation de la vallée.*

§. 1797. Bientôt après cette division, la montagne qui domine sur la gauche, semble avoir ses couches verticales, & dirigées à-peu-près de l'Est à l'Ouest. Cependant en général, depuis Bellinzona jusques auprès de Cresciano, qui est encore éloigné de 2 heures & un quart, la structure des montagnes qui bordent la route ne paroît pas distinctement prononcée. *Dernières couches verticales.*

§. 1798. Mais déja avant d'arriver à Cresciano, je croyois voir, dans la montagne qui domine la droite du chemin, des indices de couches horizontales, & à un quart de lieue au-delà du village ces indices ne furent plus équivoques; je mis pied à terre, je suivis ces rochers, le marteau à la main, je les sondai en différents endroits, & je reconnus qu'ils étoient d'un granit veiné à gros grains, dont les veines sont exactement paralleles & entr'elles, & avec l'horizon, & avec les grandes assises que j'avois observées dans la montagne. Ces couches, car enfin, l'on ne peut point leur refuser cette dénomination, ne sont pas continues dans d'aussi grands espaces que celles de la vallée Formazza; elles sont souvent interrompues par des affaissements, des ruptures, on les suit cependant assez loin & leurs rebords sont mar- *Cresciano, granits veinés horizontaux.*

A 2

qués, comme à St. Roch, par des lignes d'arbres & de verdure. Au Nord de cette montagne, on en voit une autre liée avec elle par son pied, & dont les escarpements, taillés à pic du côté de la vallée, présentent aussi des couches horizontales parfaitement prononcées.

ENFIN, en avançant encore un peu plus loin, on voit des rochers séparés du chemin par une prairie, & ombragés par des chataigniers. Ces rochers, taillés à pic du côté du chemin, présentent des couches aussi décidées que l'on puisse le desirer. On voit encore là les veines de la pierre exactement paralleles à l'horizon, & aux assises ou aux joints des assises que je dis être les divisions des couches, & on y distingue des filons minces de quartz ou de feldspath parallèles à ces mêmes couches. On y voit aussi des fentes accidentelles, les unes verticales, les autres obliques, dont plusieurs sont remplies d'un granit à gros grains de formation nouvelle. Ces fentes sont bien faciles à distinguer des divisions des couches, soit par leur irrégularité, soit parce qu'elles ne sont point parallèles aux veines intérieures de la pierre.

*Usogna, mêmes granits.* JE continuai mes observations, en suivant ces granits jusques au village d'Usogna, où je dînai; & dont je trouvai le sol élevé de 138 toises.

AU-DELÀ d'Usogna, on laisse à droite un grand rocher qui est de la même nature, & qui paroît avoir eu originairement la même situation, mais dont les couches ont été en partie dérangées & enfoncées. Un peu plus loin, cependant, elles deviennent plus régulieres, quoique toujours avec des enfoncements partiaux. Enfin, cette montagne se termine à l'entrée de la vallée de *Bregno*, ou *Blenio*, que nous laissons à droite en tirant à l'Ouest-Nord-Ouest pour entrer dans la vallée *Lévantine*; & là, en quittant cette montagne, on voit que ses couches sont parfaitement prononcées.

# LÉVANTINE, Chap. XI.

§. 1799. A une heure & un quart d'Ufogna, on paffe fur un long pont de bois la riviere de *Blegno*, qui fort de la vallée du même nom, & qui fépare la vallée Lévantine de celle de Bellinzona. Celle-là dépend du canton d'Uri feul, tandis que celle-ci dépend, comme je l'ai dit, des trois cantons, d'Uri, Schwitz & Underwald. Un peu au-delà du pont, on paffe à *l'olegio*, grand village, le premier que l'on rencontre de la vallée Lévantine.

*Entrée de la vallée Lévantine.*

DELÀ on vient en trois quarts-d'heure à *Bodio*, & en deux autres heures à *Giornico*, où je couchai. Dans cette route, je continuai d'obferver, & fouvent le marteau à la main, les rochers qui la bordent; ils font de la même nature & conftamment dans la même fituation. Voilà donc de Crefciano à Giornico quatre lieues & demie de granits veinés en couches horizontales.

EN approchant de Giornico, la vallée fe rétrécit, fon fond, plat jufques alors, devient un peu inégal, & l'on commence à fentir l'air frais des montagnes, après lequel je foupirois, ennuyé & fatigué de l'air brûlant de ces vallées plates infeftées de mouches & de coufins.

J'EUS beaucoup de peine à trouver à Giornico une place où je puffe être feul & tranquille; c'étoit un dimanche, celui de la *vogue* ou de la fête du patron de l'endroit; il y avoit une foule & un tapage horrible dans tous les cabarets. Enfin, on imagina de me loger dans une efpéce de garde-meuble qui avoit été autrefois un fallon à plafond peint, à grands fauteuils fculptés & dorés, & à vieilles images des Saints; tous veftiges du moyen âge de l'Italie. Ce village, qui fe nomme en Allemand *Irnis*, & qui eft ferré entre la montagne & le Téfin, eft célebre dans l'hiftoire de la Suiffe, par une grande victoire que 600 Suiffes remporterent là, fur 15000 Milanois, en 1478, & à la fuite de laquelle ils conclurent une paix honorable avec le duc de Milan.

*Giornico.*

De Giornico à Faïdo.

§. 1800. Le lendemain, 21 de juillet, en partant de Giornico, élevé de 183 toises, à-peu-près comme notre lac, je pris congé des treilles, qui jusques là avoient ombragé le chemin. Mais un air plus frais & de beaux arbres, m'empêchoient de les regretter.

Granits veinés toujours horizontaux.

A demi lieue de Giornico, les granits veinés reparoissent après avoir été masqués par des éboulis. Leurs couches & leurs veinés intérieures, sont toujours paralleles à l'horizon. Dix minutes plus loin, le chemin côtoie un rocher du même granit, dont la surface, relevée de bosses ondées, n'est pas divisée par couches; mais les veines de la pierre montent doucement au Nord comme la vallée, qui court ici du Sud au Nord de l'aiguille aimantée. Au reste, comme ce rocher n'a pas 60 pieds de hauteur, & que nous avons vu à St. Roch, §. 1752, des couches qui en avoient davantage, il est vraisemblable qu'il forme lui seul une couche à-peu-près horizontale.

Ce rocher aboutit à un pont, sur lequel on passe le Tésin pour la premiere fois depuis Bellinzona; on se trouve alors sur sa rive droite, & on le voit faire au-dessus & au-dessous de ce pont les plus belles chûtes, entre des blocs énormes de granit. Bientôt on repasse sur la rive gauche. Entre ce dernier pont & le village de *Chigionia*, qui en est éloigné d'une lieue, les granits continuent de présenter la même structure. Il y a même des sites, dont j'aurois desiré de remporter un dessin pour donner une idée de ce genre de montagne avec leurs beaux escarpements entrecoupés par des assises horizontales d'arbres & de verdure.

Un peu au-delà de Chigionia, l'on perd de vue les rochers, la terre cultivée les recouvre & les cache à une grande hauteur. A demi-lieue de ce village, on passe à *Faïdo*, grand village, où réside le Baillif de la vallée Lévantine. Vis-à-vis, sur la gauche, est une belle cascade.

Rocs schisteux hori-

§. 1801. A demi-lieue de Faïdo, l'on traverse un petit hameau,

passé lequel le roc commence à paroître au jour sur la droite du che- *zontaux plus tendres.*
min. En sondant ce roc, je le trouvai composé de couches horizon-
tales bien décidées, les unes d'un schiste micacé quartzeux à feuillets
très-minces, les autres d'un gneiss à feuillets plus épais. Dans quelques endroits ces couches & leurs feuillets partiaux, qui suivent constamment la même direction, se relevent de quelques degrés en montant à l'Ouest, ou à l'Ouest-Sud-Ouest. La montagne opposée, de
l'autre côté du Tésin, paroît être de la même nature.

LES bois recommencent ensuite sur la rive droite; tandis que sur
la gauche, on voit toujours des couches horizontales distinctes depuis
le bas de la montagne jusques à son sommet. Ici la vallée prend un
aspect très-sauvage, on ne sait par où l'on pourra pénétrer; il semble que l'on avance contre une enceinte fermée par des rochers escarpés & inaccessibles.

A une lieue de Faïdo, l'on passe le Tésin pour le repasser bientôt
après, & l'on trouve sur sa rive droite des couches d'une roche
feuilletée, qui montent du côté du Nord.

ON voit clairement que depuis que les granits veinés ont été
remplacés par des pierres moins solides, tantôt les rochers se sont
éboulés & ont été recouverts par la terre végétale, tantôt leur situation primitive a subi des changements irréguliers.

§. 1802. MAIS bientôt après, on monte par un chemin en corni- *Granits avec des veines en zigzag.*
che au-dessus du Tésin, qui se précipite entre des rochers avec la
plus grande violence. Ces rochers sont là si serrés, qu'il n'y a de
place que pour la riviere & pour le chemin, & même en quelques
endroits, celui-ci est entiérement pris sur le roc. Je fis à pied cette
montée, pour examiner avec soin ces beaux rochers, dignes de toute
l'attention d'un amateur.

Les veines de ce granit, forment en plusieurs endroits des zigzags redoublés, précisément comme ces anciennes tapisseries, connues sous le nom de *points d'Hongrie*; & là, on ne peut pas prononcer si les veines de la pierre, sont ou ne sont pas parallèles à ses couches. Cependant ces veines reprennent, aussi dans quelques places, une direction constante, & cette direction est bien la même que celle des couches. Il paroît même qu'en divers endroits, où ces veines ont la forme d'un *sigma* ou d'une M couchée Σ, ce sont les grandes jambes du *sigma*, qui ont la direction des couches.

Enfin, j'observai plusieurs couches, qui dans le milieu de leur épaisseur paroissoient remplies de ces veines en zigzag, tandis qu'auprès de leurs bords, on les voyoit toutes en lignes droites. Cette observation prouve que ces anfractuosités sont l'effet de la crystallisation, & non point celui d'un froissement, ou d'un refoulement de la matiere des couches quand elle étoit dans un état de mollesse. En effet, le milieu d'une couche n'auroit pas pu être refoulé, sans que le dessus & le dessous de la même couche le fussent en même tems.

Quant à ce que c'est le milieu des couches, plutôt que leurs parties supérieures ou inférieures, dont les veines sont ainsi festonnées, il semble que l'on pourroit en conclure, que le liquide dans lequel ces couches ont été formées, étoit plus tranquille lorsque le milieu des couches se formoit, puisqu'alors la pierre se prêtoit plus aisément aux formes variées que la cryftallisation de ses éléments tendoit à lui donner.

Ces couches montent généralement de 30 à 35 degrés du côté Nord-Est. Et comme en arrivant au péage ou *Dazio grande*, qui est au haut de cette montée, on se trouve d'abord au niveau, & ensuite au-dessus de la surface supérieure de ce rocher, on a la facilité de reconnoître que cette surface est bien parallele aux joints des couches ou des assises inférieures.

L*E V A N T I N E*, Chap. XI.

Le granit des rochers où sont ces veines en zigzag, est d'un grain plus fin que celui d'Ufogna & du bas de la vallée. On a beaucoup de peine à y distinguer des parties quartzeuses, ses veines, d'un beau blanc, paroissent entiérement d'un feldspath grenu, comme un marbre salin à petits grains. Le mica est aussi là en petites lames, quelques-unes noires, mais la plupart d'un beau blanc argenté.

Il y a dans ce péage une assez bonne auberge, où je dînai. Tous les voyageurs qui ne sont pas Suisses, payent là 5 batz ou 12 sols de France pour l'entretien des chemins. Les Suisses & leurs Alliés n'en payent que le quart. L'élévation de cet endroit est de 478 toises. Je fus étonné de voir à cette hauteur de beaux abricotiers ; il est vrai que leurs fruits étoient encore bien verds.

§. 1803. Si après avoir quitté le péage, on jette les yeux en arriere, on voit, comme l'a fort bien observé le P. Pini, que la montagne coupée par le Tésin au-dessous du péage, est un rameau fort avancé de la chaîne qui forme le bord oriental de la vallée, & que ce rameau est oblique à la direction générale. Cette montagne se termine à demi-lieue plus haut. Là, sous une église auprès du chemin, on voit encore des indices de granits veinés en couches horizontales. Mais ce sont les derniers que l'on rencontre avant d'arriver au St. Gothard. *Fin des granits veinés de cette vallée.*

Les montagnes qui bordent là les deux côtés de cette vallée sont très-élevées, mais composées de pierres plus tendres, couvertes de forêts & de pâturages, qui ne laissent voir que rarement les rochers qui en forment la base.

§. 1804. De même, les fragments que l'on rencontre sur la route, ceux dont sont construites les murailles séches qui la bordent, ne sont plus des granits veinés, mais des schistes micacés mélangés tout à la fois de quartz & de pierre calcaire grenue ou saline, mais ces *Roches micacées quartzeuses & calcaires.*

pierres reſſemblent aux granits veinés du Péage, en ce que leurs feuillets font fréquemment ondés & repliés en forme de Z.

<small>Les mêmes couches verticales.</small>

§. 1804. A une lieue & demie du Péage, on traverſe une plaine ovale, de trois quarts de lieue de longueur. On trouve à l'entrée de cette plaine un village nommé *Ambri di ſotto*, & près de ſa ſortie celui de *Piotta*. Derriere ce dernier village, je vis des rocs nuds & eſcarpés ; je m'arrêtai pour aller les obſerver : je les trouvai compoſés d'une pierre analogue à celle que je viens de décrire, c'eſt-à-dire, un ſchiſte micacé quartzeux & calcaire ; leurs couches ſont tortueuſes, ondées, dirigées de l'Eſt à l'Oueſt, à-peu-près comme la vallée qui d'ici à Ayrolo, courent de l'Eſt-Sud-Eſt à l'Oueſt-Nord-Oueſt. Ces couches ſont à-peu-près verticales, elles s'appuyent cependant un peu contre le Sud.

A dix minutes de ce village & de ce rocher, la plaine ovale eſt terminée par un étranglement, à l'entrée duquel on traverſe des couches de la pierre que je viens de décrire : mais elles ſont là iſolées, & paroiſſent avoir été détachées de la montagne.

<small>Couches horizontales, puis verticales.</small>

§. 1805. Peu après, on paſſe à la rive gauche du Téſin, & on voit enſuite des rochers ſaillants au-deſſus de la montagne à droite. Ces rochers ſont de ſchiſte micacé quartzeux, ſans mélange de calcaire, leurs couches ſont un peu relevées contre le Sud, & cependant preſqu'horizontales. Mais bientôt après elles ſe relevent, s'approchent de la ſituation verticale, & à 20 minutes du pont l'on paſſe par un défilé étroit, ſerré entre des rochers élevés de 60 à 80 pieds. Le Téſin traverſe ces rochers, & coupe preſqu'à angles droits les plans verticaux & parfaitement prononcés du ſchiſte micacé quartzeux dont ils ſont compoſés. Ces plans courent du Sud-Sud-Oueſt au Nord-Nord-Eſt. Le P. Pini les avoit remarqués, & s'il ne les a pas nommés *des couches*, au moins a-t-il reconnu leur ſituation & leur forme ;

il les nomme *laſtroni verticali*. Il dit de plus, qu'avant la rupture de ce rocher, il exiſtoit là un lac, & qu'il s'étoit formé dans ce lac des dépôts gypſeux & calcaires : en effet, on y trouve du gypſe. Il n'y a plus qu'un quart-d'heure delà à Ayrolo.

§. 1806. CE village eſt aſſez bien ſitué, dans un baſſin couvert de beaux pâturages entre des montagnes élevées, mais pourtant point trop ſauvages. J'y paſſai quelques jours dans mon premier voyage, en 1775. J'y avois fait la connoiſſance d'un excellent guide, qui connoiſſoit lui-même très-bien les pierres, & qui exerçoit la profeſſion de chercheur de cryſtal. Il ſe nommoit *Lombardo il cryſtalliere*. En retournant à Ayrolo, en 1783, j'eus le chagrin d'apprendre ſa mort. Il avoit terminé ſa carriere d'une maniere aſſez extraordinaire. Comme il ne poſſédoit point de prairies, il alloit avec ſes enfants, ramaſſer du foin dans ces prairies élevées qui n'ont point de maître, & dont on abandonne la récolte aux pauvres gens, qui haſardent leur vie pour aller la recueillir.

*Ayrolo.*

UN jour, après avoir arrangé les fardeaux que devoient porter ſes enfants, il leur dit de partir les premiers ſans l'attendre, parce que la nuit alloit venir, & qu'il vouloit qu'ils puſſent paſſer de jour les mauvais pas qu'ils avoient à franchir. Ils arriverent à leur chaumiere, perſuadés qu'il ne tarderoit pas à les ſuivre; mais il ne vint point. Ses enfants inquiets, craignant qu'il ne fut tombé dans un précipice, ſe mirent en marche avant jour, pour aller le chercher, ils le retrouverent dans la même prairie où ils l'avoient laiſſé, dans l'attitude d'un homme qui ſommeille, étendu ſur le dos, les mains jointes ſur la poitrine, il dormoit effectivement, mais de ce ſommeil dont on ne ſe réveille jamais. Une vie laborieuſe & ſage, terminée par une mort ſi douce, & dans une attitude qui ſembloit indiquer, qu'en expirant de foibleſſe, il avoit adreſſé au Ciel ſes derniers regards & ſes dernieres penſées, avoit imprimé dans ſon village une sorte de respect pour sa mémoire. J'allai témoigner mes regrets à sa pauvre famille, & sa veuve me remit une petite collection de cryſtaux & de pierres les plus remarquables, qu'il mettoit à part, à mesure qu'il les trouvoit, & qu'il me réservoit pour le tems où je reviendrois à Ayrolo.

Le sol de ce village, est élevé de 589 toises au-dessus de la mer.

## CHAPITRE XII.

## EXCURSION A LA MONTAGNE DE PESCIUMO.

§. 1807. Le St. Gothard, proprement ainſi nommé, ce que l'on entend, quand on dit *qu'on paſſe le St. Gothard*, eſt ce col élevé qui ſépare la vallée d'Urſeren de la vallée Lévantine, entre le village de l'Hôſpital au Nord, & celui d'Ayrolo au Midi.

Limites du St. Gothard.

Dans un ſens un peu plus étendu, l'on donne le nom de St. Gothard à un plateau élevé, que le paſſage que je viens de nommer coupe à-peu-près en deux parties égales, & qui eſt borné au Nord par les montagnes de la vallée d'Urſeren, à l'Oueſt par celles qui dominent le Rhône auprès de ſa ſource; au Sud-Oueſt par les vallées de *Bedretto*, & d'Ayrolo au Midi par la vallée de Piore, & au Sud-Eſt par celle de Medel.

C'est à-peu-près entre ces limites, que s'étoit renfermé feu M. Exchaquet dans les reliefs de St. Gothard qu'il faiſoit exécuter. Ces reliefs ont 33 pouces de longs ſur 30 de large, & 6 ou 7 de hauteur. Ils ſont conſtruits ſur une échelle d'une ligne pour 30 toiſes; & les rochers, les glaces, les neiges, les bois, les prairies, les villages y ſont imités d'une manière très-diſtincte. On y voit les ſources du Rhône, du Téſin, de la Reuſs, & quelques-unes de celles du Rhin. Ces reliefs, de même que ceux du Mont-Blanc, ſont également inſ́tructifs, agréables à l'œil, & dignes d'occuper une place dans tout cabinet d'amateur.

Reliefs de cette montagne, par M. Exchaquet.

Enfin, dans un sens tout à fait vaste, on donne le nom de St. Gothard à toutes les montagnes renfermées entre le lac de Lucerne au Nord, le Val Maggia au Midi, le Rhône à l'Ouest, & je ne sais quelles limites à l'Est, car il n'y a rien qui les détermine; mais l'acception la plus reçue, & en même tems la plus raisonnable, est celle que suivoit M. Exchaquet dans l'exécution de ses reliefs.

<small>But de mon excursion à la montagne de Pesciumo.</small>

§. 1808. Avant mon voyage de 1775, je ne crois pas qu'aucun naturaliste connu fût sorti de la route battue du St. Gothard, & eût visité aucune de ses cimes. L'étude de cette montagne étoit donc un sujet que l'on pouvoit regarder comme neuf. Pour me diriger dans cette étude, lorsque je fus arrivé à Ayrolo, & que j'eus fait la connoissance du bon guide Lombardo, je le priai de me conduire sur quelque hauteur, d'où je pusse voir l'ensemble des montagnes du St. Gothard, & en particulier celles de ses cimes qu'il croyoit les plus élevées. Il me proposa pour cet effet de me conduire sur la pente de la chaîne au Midi d'Ayrolo. Cette chaîne fait face au St. Gothard, & en s'élevant au-dessus des bois, on peut découvrir presque toutes les montagnes qui sont renfermées dans son enceinte.

<small>Route qui y conduit.</small>

Je fis cette course le 23 de juillet 1775, mon guide me conduisit par un chemin praticable, presque par-tout à mulet, jusques sur une tête herbée, arrondie, bien dégagée, qu'il nommoit *Monticello sopra l'Alpe di Pesciumo*. Cette hauteur est à-peu-près en face de la vallée par laquelle on traverse le St. Gothard.

<small>Nulle cime bien haute sur le St. Gothard.</small>

§. 1809. De toutes les montagnes que je voyois delà distinctement, celle qui me parut la plus élevée, est située à l'Ouest de ce passage. Mon guide la nommoit *Punta della Fibia*. Sa cime conique étoit couverte de neiges, excepté du côté du Midi, où sa pente escarpée ne leur permettoit pas de s'arrêter.

Cependant, je reconnus très-clairement que cette cime, quoiqu'éle-

vée n'approche pas de la hauteur de celles du Mont-Blanc & du Finſ-
teraar. J'en fus étonné, car d'après la réputation du St. Gothard, &
d'après les meſures de M. MICHELI, (1) je me ferois attendu à y
trouver quelques cimes du premier ordre. Or la pointe de la Fibia,
quoiqu'elle n'ait pas été meſurée d'une maniere bien rigoureuſe, paroît
certainement, ſoit d'après le relief de M. EXCHAQUET, ſoit d'après
quelques autres données, ne pas s'élever à plus de 1800 toiſes au-
deſſus de la mer. A la vérité j'ai reconnu enſuite, & M. EXCHAQUET
a bien vu auſſi, que cette montagne n'étoit pas la plus haute de celles
que l'on peut rapporter au St. Gothard. Mais celle que je crois la
plus haute, & qui eſt auſſi la plus élevée de ſon relief, n'a que 80
à 90 toiſes de plus que la Fibia. Il la nomme *Gletſcherberg*; elle eſt
ſituée au Nord du paſſage de la Fourche, ſur la ligne qui ſépare les
terres du Vallais de celles de la vallée d'Urſeren. Si donc le St.
Gothard peut être conſidéré comme la partie la plus élevée des
Alpes, s'il en ſort des fleuves, qui partant delà comme d'un centre,
verſent leurs eaux dans les directions les plus oppoſées, & ſi cette
conſidération lui a fait donner, par les anciens, le nom *d'Alpes ſummæ*
ou de *ſommet des Alpes*, c'eſt plutôt par la grande hauteur de ſon
plateau, ou de la baſe générale de ſes cimes que par la hauteur abſo-
lue d'aucune d'entr'elles.

§. 1810. QUOIQUE cette découverte eût un peu diminué de mon *Structure de la Fibia & de ſes voiſines.*
reſpect pour le St. Gothard, j'obſervai cependant avec attention la
ſtructure de celles de ſes ſommités que j'avois ſous les yeux, & en
particulier celle de la Fibia. J'y reconnus diſtinctement ces rangées
de feuillets pyramidaux appuyés les uns contre les autres, & contre
la montagne principale, que j'ai décrits dans les volumes précédents.

---

(1) M. MICHELI attribuoit au St. Gothard, une élévation de 2750 toiſes au-deſſus de la mer. Mais j'ai fait voir, §. 247, la ſource des erreurs, preſqu'impoſ- ſibles à éviter, que cet homme vraiment ingénieux avoit commiſes dans ſes -ſu me- res.

# MONTAGNE

Je vis non-feulement que les plans de ces feuillets avoient des directions paralleles entr'elles dans la même rangée, ou dans la même augive, s'il eſt permis de fe fervir de cette image, mais qu'ils avoient des directions obliques, ou même à angles droits les unes des autres, dans les différentes rangées, ou dans les différentes augives qui viennent étayer, ou une même montagne, ou des montagnes différentes. C'eſt ce que j'obfervai diſtinctement, & à la montagne de la Fibia, & à celle de Peſciora, qui eſt plus à l'Oueſt, & à une troiſieme à l'Oueſt-Sud-Oueſt de celle de Peſciora, & dont mon guide ne favoit pas le nom. Au reſte toutes ces montagnes me parurent être des granits, ou veinés, ou en maſſe, ou au moins des montagnes primitives.

LOMBARDO m'aſſura que toutes ces fommités étoient inacceſſibles, & que le point le plus élevé fur lequel il pût me conduire, étoit une cime nommée Fieüt ou Fieüdo; elle eſt fituée auprès de la Fibia entre cette cime & l'hofpice des Capucins. Il m'y conduifit en effet, comme on le verra dans le chapitre XIV.

Calcaire micacée. §. 1811. LA montagne de Peſciumo, d'où je fis ces obfervations, eſt compofée d'une roche micacée quartzeufe. Cependant en la montant & en la redefcendant, j'obfervai un rocher calcaire appliqué contre ſa baſe.

CETTE pierre calcaire eſt, ici blanche, là bleuâtre, ailleurs mélangée de ces deux couleurs. Elle eſt grenue, à grains médiocrement gros. Elle contient un mélange de mica, qui même dans quelques endroits furpaſſe la quantité de la matiere calcaire, & cela à un tel point que ce n'eſt qu'en l'obfervant avec foin que l'on peut en démêler les grains entre les feuillets du mica. Dans d'autres couches, la pierre calcaire eſt prefque pure, & reſſemble à un beau marbre cipolin. Ces dernieres couches font droites & régulieres, mais celles où le mica domine, font minces & tortueufes.

On

On fait de très-bonne chaux avec celle qui est la plus pure, & l'on m'assura que quand il se rencontroit dans les fours à chaux des parties chargées de beaucoup de mica, elles se fondoient comme de la cire, & se rassembloient au fond des fours.

§. 1812. Je rencontrai aussi des bancs d'une pierre qu'on auroit prise au premier coup-d'œil pour un grès fin. Cette pierre, d'un gris roux, composée de grains peu cohérents, est une dolomie (1) mêlée d'un peu de mica & de quartz. On la reconnoît à la lenteur & à la durée de sa dissolution, de même qu'à l'argille intimément combinée avec la terre calcaire qui entre dans sa composition. Ses couches sont minces & à-peu-près verticales. *Dolomie grenée.*

§. 1813. Au-dessus de ces couches calcaires, on voit l'entrée d'un passage étroit & difficile qui conduit dans la vallée de Lavizzara. *Passage défendu par un fort.*

Là, est un rocher escarpé qui domine, & la vallée d'Ayrolo, & l'entrée de ce passage. L'on montre sur ce rocher les ruines d'une forteresse que l'on dit avoir été construite par les anciens Lombards.

---

(1) Voyez l'analyse de la dolomie, par mon fils, dans le *Journal de Physique*, Tome XL, page 167.

# CHAPITRE XIII.

## EXCURSION A L'ALPE DE SCIPSCIUS.

**Motif de cette excursion.**

§. 1814. Dans mon premier voyage au St. Gothard, j'y avois vu beaucoup de fchorl noir. Cela me fit penfer que peut-être on y trouveroit des tourmalines; en effet, cette pierre a beaucoup de reſſemblance avec le fchorl noir. Dans cette efpérance, lorfque je retournai au St. Gothard, en 1783, j'y portai quelques cryftaux de tourmaline du Tyrol; je les fis voir aux cryftalliers d'Ayrolo, & je leur demandai s'ils n'avoient jamais rencontré des pierres de ce genre. Ils me dirent qu'ils n'en avoient pas vu d'auſſi brillantes, mais que l'on trouvoit beaucoup de cryftaux noirs qui leur reſſembloient un peu, dans la montagne au-deſſous des pâturages élevés de l'Alpe de *Scipfcius*. (1) Je me décidai à les aller obferver fur la place.

**Norblende noire.**

§. 1815. Ces pâturages font au Nord au-deſſus d'Ayrolo. Je commençai à monter prefqu'en fortant du village, & au bout d'un bon quart-d'heure j'atteignis des rochers qui fortent de terre au-deſſous d'une forêt. Ces rochers renferment de la hornblende noire, mais point de tourmaline. Cette hornblende, que l'on a prife pour du fchorl noir, eft en lames irrégulieres, brillantes, feuilletées, ftriées fuivant leur longueur, fouvent mélangées de mica & fe croifant en tout fens. Elles different du fchorl noir, fur-tout en ce qu'elles font beaucoup

---

( 1 ) Dans la Suiſſe Italienne, comme dans le Milanois, dont elle dépendoit anciennement, il y a des *u* qui fe prononcent à la françoife, & non point en *ou* comme dans l'Italie méridionale. Ainſi le nom de cette Alpe fe prononce en françois comme *Chipſcius*.

moins dures, puisqu'elles se laissent rayer en gris par une pointe d'acier. Cette hornblende, exposée au chalumeau, bouillonne & se fond aisément en un verre noir & brillant.

ELLE est renfermée dans une pierre blanche, peu dure, qui est un vrai feldspath grenu, comme le prouve sa fusibilité. Mais dans quelques couches du rocher, cette substance blanche forme à peine la 100me. partie de la masse; elle est presqu'entiérement composée de hornblende. En revanche, on voit d'autres couches de ces mêmes rochers, dans lesquelles cette même matiere blanche domine, & dont la hornblende ne forme que la très-petite partie. Dans ceux-ci la matiere blanche est mélangée de mica, & la pierre se rapproche davantage d'un gneiss, quoique sa forme schisteuse ne soit pas nettement prononcée.

ON y voit aussi des grenats, d'une ligne & demi à 2 lignes de diametre, mal crystallisés, mais tendant à la forme dodecaédre, presqu'opaques, intérieurement d'un rouge clair, & qui se fondent aisément en une scorie noire & terne. La structure de ces premiers rochers n'est pas distincte, on a de la peine à reconnoître leurs couches.

§. 1816. EN continuant de monter, je suivis un ravin dont les eaux avoient divisé & mis à découvert le fond de la montagne. Je traversai là des rochers assez semblables aux gneiss noirs du Griès, §. 1732. C'est aussi une pierre noire tirant un peu sur le gris, qui paroît presqu'homogene dans sa cassure: ce n'est qu'avec peine que l'on y distingue de petites lames brillantes de mica noir. Au chalumeau, cette pierre blanchit, & se fond, quoiqu'avec peine, en un verre bulleux, qui indique le feldspath, dont sa base est en partie composée. On y trouve quelques petits grenats rouges, fusibles au chalumeau en une scorie noire & terne. On y voit aussi la matiere du grenat en lames minces, brillantes & d'un rouge obscur, couchées dans le sens des feuillets du même gneiss.

*Gneiss noir très-fin.*

A mesure qu'on monte, les couches deviennent plus distinctes; & l'on reconnoît que leur direction est de l'Est-Nord.Est à l'Ouest-Sud-Ouest, en s'appuyant contre la vallée au Sud-Sud-Est.

**Source prétendue minérale.**

§. 1817. A une demi-lieue de marche au-dessus des premiers rochers, on rencontre une fontaine très-fraîche, dont l'eau passe dans le pays pour contenir du cuivre, *del rame*, & dont on boit pourtant avec beaucoup d'empressement & de confiance. J'en fis l'épreuve avec les réactifs, & je m'assurai qu'elle ne contenoit aucune substance métallique, qu'elle étoit même très-pure, à la réserve d'une très-petite quantité de sélénite.

Une autre source du village même d'Ayrolo, nommée *Fonte di St. Carlo*, & qui passe pour minérale, m'a donné précisément les mêmes résultats.

§. 1818. Je continuai de monter pendant une heure & demie, toujours dans le même fond du ravin, où les rochers étoient plus à découvert que dans les autres parties de la montagne. Je rencontrai là une grande variété de roches schisteuses; les unes composées de mica, de feldspath grenu & de hornblende noire; d'autres qui renfermoient outre cela des grenats rougeâtres; d'autres de mica & de quartz sans autre mélange; d'autres du gneiss noir que j'ai décrit plus haut; d'autres rougeâtres, ferrugineuses, tombant en décomposition; toutes ces roches ont le plan de leurs couches dans la direction des précédentes : seulement leur inclinaison varie.

**Châlets de Scipscius.**

§. 1819. Après m'être élevé au-dessus de la forêt, je tirai du côté du couchant en traversant des prairies, & je vins en trois-quarts d'heure, à un des chalets des pâturages de l'Alpe de Scipscius, dont la hauteur, mesurée par le baromètre, est de 439 toises au-dessus d'Ayrolo, & ainsi de 1028 au-dessus de la mer.

**Retour à Ayrolo.**

§. 1820. La pluie & les nuages m'avoient atteint dès le haut de la montée, & ne difcontinuerent pas de tout le jour, ce qui me déroba la vue dont j'efpérois jouir. Je revins par un chemin différent, mais qui ne me préfenta que les mêmes variétés de roches, à l'exception de celle que je vais décrire.

C'est une roche obfcurément feuilletée, d'un gris verdâtre, tranflucide à 3 lignes d'épaiffeur, tendre, compofée d'un fond de ftéatite mélangé de mica. Elle renferme des grenats dodécaèdres très-réguliers, d'un rouge tirant fur le rofe, mais qui ne font que translucides, & qui fe fondent aifément au chalumeau en une fcorie noirâtre, terne, qui s'affaiffe fur elle-même. Roche de ftéatite, mica & grenats.

Je fus obligé de paffer par des fentiers extrêmement étroits, que la pluie rendoit gliffants, fouvent au bord du précipice : je rencontrai là très-fréquemment des payfans chargés de foin, & qui malgré le poids & le volume de leurs fardeaux, marchoient dans ces fentiers avec une fermeté & une viteffe étonnantes. C'étoient de ces pauvres gens qui vont, au péril de leur vie, recueillir l'herbe des prairies, dont l'abord eft trop difficile, pour que perfonne ait daigné s'en affurer la propriété.

Je revins de cette courfe bien mouillé, & fans tourmalines, mais mon empreffément à en chercher, encouragea mes guides à en chercher eux-mêmes; les échantillons que j'avois portés leur apprirent à les connoître, & ils en ont enfuite trouvé de très-belles & dans différentes matrices. J'en donnerai le détail dans le chapitre XX, où je traiterai de la lithologie du St. Gothard.

## CHAPITRE XIV.

### D'AYROLO A L'HOSPICE DES CAPUCINS DU St. GOTHARD.

§. 1821. Je partis d'Ayrolo pour le haut du St. Gothard, le 23 de juillet, j'avois déja fait deux fois ce paffage, & je le fis encore pour la troifieme avec un nouvel intérêt.

On fuit pendant quelque tems le fond de la vallée, en montant obliquement au Nord-Oueft; puis on tire au Nord, & cette derniere direction eft en général celle du paffage.

*D'Ayrolo à la chapelle Ste. Anne.* A un quart de lieue d'Ayrolo on rencontre des rochers tendres de fchifte micacé, quartzeux, dont les couches courent du Nord-Eft au Sud-Oueft. Elles font à peu-près verticales, mais furplombent pourtant un peu contre le Sud-Eft ou contre le dehors de la montagne; phénomene que nous avons déja obfervé bien des fois. On entre enfuite dans un bois où ces mêmes rochers continuent, mais en fe chargeant d'un mélange de grenats & de hornblende.

A trois quarts de lieue d'Ayrolo & à la fortie de la forêt, on trouve la chapelle Saint Anne.

*Roches à fond de feldfpath grené.* §. 1822. Près de cette chapelle on voit de très-belles couches de roches mélangées de hornblende. Le fond de ces rochers paroît un grès, & a été regardé comme tel par des naturaliftes très-diftingués, tels que M. Besson. En effet, il eft compofé de grains blancs & durs, peu cohérents entr'eux; cependant je ne faurois attacher à cette pierre l'idée que l'on fe fait communément d'un grès, favoir, d'une pierre qui réfulte d'un amas de grains de fable charriés par les eaux, & réunis par un gluten qui leur eft étranger. Cette définition place le grès dans la claffe des pierres de troifieme formation : or, les rochers que nous examinons ici, font indubitablement primitifs. Il faudroit donc pour leur donner le nom de grès, admettre des grès primitifs, & je ne faurois douter que ce ne foit dans ce fens que M. Besson leur a donné ce nom. Cependant il me femble qu'il vaut mieux laiffer les grès à la place qu'un ufage conftant leur affigne, & donner aux pierres primitives, femblables à celle qui nous occupe, le nom de feldfpath grenu ou de quartz grenu, fuivant le genre des grains qui y dominent. Dans celle-ci c'eft le feldfpath, je doute même qu'elle renferme du quartz, car tous fes grains font fufibles au chalumeau.

Dans cette pâte grenue font renfermés des cryftaux alongés & irréguliers de hornblende, noire, ou tirant un peu fur le verd. Ces cryftaux font paralleles aux feuillets des couches, dans celles qui font minces; & là, fur-tout lorfque ces couches font de fchiftes micacés, ils fe préfentent fous la forme de gerbes ou de faifceaux de rayons qui divergent en fens oppofés. Ces rayons ont quelquefois jufques à trois pouces de longueur, & forment un effet très-agréable à l'œil. Dans les couches plus épaiffes, & fur-tout dans celles de feldfpath grenu, on trouve ces cryftaux noirs; ici, parallèles; là, obliques, & même quelquefois perpendiculaires aux plans des couches.

Ces pierres renferment auffi des grenats, à peine tranflucides, d'un rouge vineux dans leur caffure, dont le diametre varie depuis deux lignes jufques à un pouce, & qui fe fondent aifément en une fcorie noire & terne. Leur forme, quand elle eft réguliere, eft toujours celle d'un dodécaèdre terminé par des rhombes.

§. 1823. A un quart de lieue au-deffus de la chapelle, le chemin & le Tefin coupent des couches verticales parfaitement prononcées, & que l'on fuit au loin dans la montagne qui domine l'autre côté de la riviere. *Roches micacées verticales.*

Plus haut, le Tefin fait un faut où fe répéte la même obfervation : ces couches font toutes dirigées du Nord-Eſt au Sud-Oueſt : elles font compofées de mica, ici noirâtre ; là verdâtre, qui alterne avec des couches blanches, de quartz blanc grenu, ce qui donne à la pierre l'afpect d'une étoffe rayée.

*Ponte di Tremola.*

A 8 min. de ce faut, ou à 1 h. 8 min. d'Ayrolo, on paſſe le Tefin fur un pont de pierre qui fe nomme *ponte Tremola* ou *ponte di Tremola*. Il prend fon nom d'une montagne qui le domine, & cette montagne a auſſi donné fon nom à un nouveau genre de pierre que l'on a appellé *Tremolite*, j'en parlerai dans le chapitre de la lithologie.

*Belles couches de hornblen. de.*

§. 1824. Là, l'efpérance de trouver des tourmalines, me fit encore quitter la grande route & monter par une pente très-rapide au Sud Sud-Oueſt du pont, pour aller voir un trou où mon guide m'aſſuroit que fon pere, en cherchant du cryſtal, avoit trouvé des cryſtaux noirs femblables à ceux que j'avois apportés.

Après avoir monté pendant une demi-heure, j'atteignis l'excavation que l'on avoit faite pour en tirer du cryſtal. Cette excavation avoit été pratiquée dans une belle couche d'une hornblende noire, qui s'approchoit de la nature, ou au moins de l'afpect extérieur des fchorls & des tourmalines, plus qu'aucune que j'euſſe vue alors au St. Gothard; fon éclat extérieur étoit plus vif, fa caſſure plus brillante, mais elle n'avoit ni la forme hexaedre, ni la dureté du fchorl; enforte qu'il falloit bien la claſſer encore dans les hornblendes. Ces cryſtaux, ici en lames ſtriées, larges, longues & épaiſſes ; là en filets paralleles, étoient confufément entrelacés dans une pâte de quartz blanc, grenu, à gros grains, fans mélange de feldfpath.

La direction des couches eſt là un peu différente de celle qui domine dans cette partie de la montagne ; elle court du Nord Nord-Eſt au Sud Sud-Oueſt en appui contre le Sud Sud-Eſt, tandis que les autres, courent, comme je l'ai dit, du Nord-Eſt au Sud-Oueſt, en appui contre le Sud-Eſt.

Les couches qui font mêlées de hornblende alternent avec des couches de roche micacée quartzeuse à feuillets très-minces, qui ne contiennent aucune autre substance.

§. 1825. En redescendant au pont de Tremola, je passai sur les tranches de couches à peu-près verticales de roches micacées quartzeuses, qui renferment des nœuds ou des glandes de quartz; souvent ces nœuds se prolongent au point de former des couches de quartz pur entre les couches de schiste micacé.

<small>Considérations sur les nœuds des pierres.</small>

Je réfléchis alors, que vraisemblablement ces nœuds ont été déterminés par une plus grande facilité ou une plus grande promptitude dans la cryftallifation de la pierre qui les forme. Un cryftal commencé dans un point eft un aimant, un centre d'attraction, qui détermine les éléments du même genre à se raffembler autour de ce point, & fi ce cryftal eft de nature à fe former plus promptement que les autres pierres qui entrent dans la compofition du même rocher, il y groffira plus vite, & il fe formera un cryftal ou lenticulaire ou autre, qui aura peut-être un pouce d'épaiffeur, tandis que les autres éléments, ceux du mica, par exemple, plus lents à fe raffembler, n'auront peut-être pris qu'une ligne d'accroiffement.

On voit par-là, que je regarde les glandes ou rognons de forme lenticulaire comme des cryftaux, & c'eft auffi le fentiment de plufieurs autres minéralogiftes. Au refte, le quartz, lors même que fa forme extérieure fe trouve abfolument indéterminée, doit toujours être confidéré comme le réfultat d'une cryftallifation, ou du moins d'une cryftallifation confufe.

§. 1826. A 7 m. au-deffus du pont de pierre, on repaffe par un pont de bois à la rive gauche du Tefin; là, je vis les reftes d'une avalanche de neige fous laquelle le Tefin s'étoit frayé un paffage. Ces neiges font les premieres que je rencontrai fur cette route.

<small>Premieres neiges.</small>

Les couches des rochers auprès de ce pont courent du Nord Nord-

Est au Sud Sud-Ouest, comme celles que j'avois obfervées au-deſſus du pont de la Tremola.

*Bloc de rayonnante.*

§. 1827. A 6 min. au-deſſus de ce ſecond pont, on voit au bord du chemin, à gauche en montant, un grand bloc de rayonnante, ou d'une eſpece de ſchorl verd, qui là, eſt mêlé de veines de ſpath calcaire. M. BESSON a décrit cette pierre, pag. 202, & je l'avois déja obſervée dans mon voyage de 1775.

DANS le catalogue de la collection des pierres du St. Gothard, dont la dénomination a été faite ſous l'inſpection de M. WERNER, cette pierre a été déſignée ſous le nom *de pierre rayonnée (Strahl-Stein) tenant le milieu entre la vitreuſe & la commune.* Mais on verra dans le Chap. XX, §. 1920, que ſi cette pierre a réellement quelques rapports extérieurs avec le ſchorl vitreux, qui eſt le ſchorl verd du Dauphiné, elle en differe eſſentiellement par ſa compoſition.

*Même direction des couches.*

§. 1828. Un peu au-deſſus de ce bloc, le Teſin fait une grande chûte, & coupe là des couches de roches feuilletées dont les plans ſont encore dirigés du Nord Nord-Eſt au Sud Sud-Oueſt. On voit même au haut de la montagne, à gauche, des couches de couleur de rouille qui tombent en décompoſition, & dont la ſituation eſt encore préciſément la même. La montagne, à droite, préſente auſſi de très-belles couches ſemblablement ſituées.

*Premiers granits veinés.*

§. 1829. A 5 min. de la chûte du Teſin, les rochers, dont les couches ſont toujours parfaitement prononcées & ſemblablement ſituées, prennent une apparence tout-à-fait granitoïde. La pierre eſt dure, ſes grains commencent à être diſtincts; on y reconnoît des parties de mica & de feldſpath; c'eſt en un mot un vrai granit veiné. Lorſqu'on regarde en avant, le chemin paroît barré par une haute enceinte de granit, du haut duquel ſe précipite le Teſin.

*Premiers granits en maſſe.*

§. 1830. A 8 min. plus haut, après une interruption, des rochers qui malheureuſement dérobent la tranſition entre les granits veinés &

les granits en masses, on trouve ceux-ci parfaitement prononcés. Mais cette interruption n'empêche pas d'observer que les couches ou les divisions spontanées des rochers perséverent dans la même situation. En effet, ces granits en masse sont divisés en grands feuillets exactement parallèles aux roches micacées & aux gneiss qui les précédent. Je dois cependant avouer qu'en les observant de près, comme je le fis en montant à leur pied & en côtoyant leurs tranches, j'y trouvai de grandes irrégularités; ici, des masses solides; là, des masses qui se divisent, mais seulement dans une partie de leur étendue; ailleurs, des divisions obliques au système général. Mais comme je l'ai dit ailleurs, à une certaine distance, où ces détails s'évanouissent, on ne voit plus que les grandes divisions qui paroissent distinctement prononcées. D'ailleurs, de semblables irrégularités, dans les détails de la stratification des roches indubitablement stratifiées, nous ont accoutumés à ne pas attribuer trop d'importance à de semblables détails. Outre cela le parallélisme de ces divisions avec les couches des gneiss qui les précédent, ajoute un nouveau poids à ces considérations : & enfin le dos ou la derniere face de la montagne, qui se termine parallelement à ces divisions, me paroît encore prouver que l'on doit les considérer comme des couches.

Les granits dont je parle ici, sont situés sur la droite en montant, ou à l'Est de la grande route, & on voit à l'opposite les rochers de la montagne de Fiéüt, que je décrirai dans le chapitre suivant, & dont les divisions, vues à cette distance, paroissent si bien prononcées, que j'aurois désiré d'en pouvoir rapporter un dessin.

§. 1831. Après avoir passé cette premiere masse de granit, on traverse un petit fond couvert d'herbe, où se rassemblent plusieurs ruisseaux, & l'on monte ensuite une pente rapide sur des granits à gros grains de feldspath. La structure de ces granits n'est point distinctement prononcée. Mais en arrivant au haut de cette pente, à l'entrée de la petite plaine où est l'Hospice des Capucins, on traverse des granits dont les grains sont plus fins, & dont la position & les formes

*Derniers granits en arrivant à l'Hospice.*

font beaucoup plus décidées : on y diftingue clairement des couches ou des divifions dont les plans font encore paralleles à ceux des précédentes.

**L'Hofpice & fa plaine.**

§. 1832. Je ne mis que deux heures d'Ayrolo à l'Hofpice, mais c'eft en ne comptant pas le tems que m'avoient pris les excurfions & les obfervations. Je trouvai les Capucins toujours officieux & empreffés envers les étrangers. Ils commencent à s'accoutumer à voir des étrangers qui étudient les montagnes. Dans mon premier voyage, en 1775, ils crurent que c'étoit chez moi une efpece de folie. Ils dirent à quelqu'un de ma connoiffance, qui paffa chez eux peu de tems après moi, que je paroiffois d'un bon caractere, mais qu'il étoit bien malheureux que j'euffe une manie auffi ridicule que celle de ramaffer toutes les pierres que je rencontrois, d'en remplir mes poches & d'en charger des mulets.

L'Hospice eft fitué dans une petite plaine inégale qui forme le haut d'un col, dominé à l'Eft & à l'Oueft par des fommités en partie couvertes de neiges. La moyenne, entre huit obfervations du barometre, dont les réfultats font affez bien d'accord entr'eux, m'a donné 1065 toifes pour l'élévation de cet Hofpice au-deffus de la mer.

La plaine où il eft fitué renferme plufieurs petits lacs, dont deux au midi, verfent leurs eaux du côté de l'Italie, & font confidérés comme les fources du Téfin; les autres au Nord, forment les fources de la Reufs, qui va fe jeter au-deffous d'Altorf dans le lac de Lucerne.

**Lac de Lucendro.**

§. 1833. Mais la principale fource de cette riviere eft le lac de Lucendro, qui eft engagé dans les montagnes au Nord-Oueft des Capucins. Comme j'étois arrivé à l'Hofpice de bonne heure, je profitai du refte de la journée pour aller me promener au bord de ce lac, qui n'en eft éloigné que de trois petits quarts de lieue. Ce lac, long & étroit, ferré entre des rochers, élevés, nuds, efcarpés, parfemés de neiges éternelles, & terminé cependant par une petite plaine couverte d'une belle verdure, préfente un tableau fort extraordinaire. La plaine qui le termine s'accroît à fes dépends à mefure que les torrents & les avalanches y verfent les débris des montagnes voifines; & puifque ce lac exifte encore, il faut néceffairement qu'il n'y ait pas bien des milliers d'années que tous ces agents travaillent à le combler.

En arrivant au bord du lac, on voit les montagnes qui le bordent à l'Eft, compofées de granits veinés, divifés en tranches verticales, qui courent, comme les précédentes, du Nord Nord-Eft au Sud Sud-Ouest. En s'avançant le long du promontoire qui entre dans le lac, on trouve que ce promontoire eft compofé de roches micacées, tortueufes, avec des glandes & des filets de quartz. Les couches de ces roches font auffi verticales, mais leur direction eft différente de celle des autres montagnes. Peut-être cette fituation eft-elle l'effet d'un accident local.

§. 1834. Je revins à l'Hofpice par un affez long détour pour fuivre le pied des cimes, qui bordent au Nord-Ouest & à l'Ouest la plaine de l'Hofpice. Ce font des granits à gros grains de feldfpath, & en général des granits en maffe; on y voit cependant de fréquents indices de veines, & ces veines font paralleles à des fentes verticales, que j'étois tenté de prendre pour des joints ou des intervalles de couches; mais cela n'eft pas nettement prononcé, & ces fentes verticales font fouvent coupées par des fentes obliques; qui divifent ces roches en maffes rhomboïdes ou traperoïdes. {Pied des cimes à l'Orient de l'Hofpice.}

§. 1835. Je trouvai, dans cette excurfion, beaucoup de fragments du quartz fchifteux, dont j'ai parlé §. 1680. Ces fragments étoient ici libres; là adhérents au granit, & avoient quelque reffemblance extérieure avec l'adulaire, mais fans avoir fa cryftallifation. Ils n'ont point non plus fa fufibilité; cependant ils font plus fufibles que le cryftal de roche, car un éclat très-mince, expofé long-tems à la flamme du chalumeau, formoit une goutte d'une $90^{me}$. de ligne de diametre. {Quartz feuilleté.}

## CHAPITRE XV.

## CIME DE FIEÜT OU FIEÜDO.

Motif & détails de cette courſe.
§. 1836. J'ai dit dans l'avant dernier chapitre, que lorſque j'obſervai l'enſemble des montagnes du St. Gothard, de la hauteur qui domine l'Alpe de Peſciumo, je vis qu'entre les cimes qui paſſoient alors pour acceſſibles, la plus élevée & celle qui promettoit l'aſpect le plus intéreſſant, étoit ſituée à l'Oueſt de l'Hoſpice. En conſéquence j'y montai le 25 de juillet 1775.

Je ne crois pas qu'aucun étranger, autre que des chaſſeurs de chamois ou des chercheurs de cryſtal, ait avant moi gravi cette ſommité. Les Capucins du St. Gothard cherchèrent à m'en diſſuader. Mon brave guide Lombardo affirmoit que cela étoit poſſible, mais il en repréſentoit les difficultés & les dangers avec toute l'emphaſe de ſa langue maternelle; lorſque je le priois de me montrer le chemin, non dans l'eſpérance de trouver une route battue, mais pour ſavoir de quel côté l'on attaqueroit la montagne, il me répondoit: *Ah ſignore, in queſti luoghi horridi e deſerti, ſtrada non v'e.* Je n'y trouvai ni péril ni vraies difficultés; mais ſeulement de la fatigue, encore n'eſt-elle pas bien grande, puiſqu'on y va aiſément en trois petites heures, auſſi ai-je été étonné qu'un Suiſſe, un amateur de montagnes tel que M. Schinz, qui y monta deux ans après moi, & qui même paroît n'avoir pas atteint ſa cime, repréſente cette courſe comme ſi périlleuſe & ſi pénible. (1)

---

(1) Beytrage zur nahern Kenntniſs der Schweitzer lande 1er Heft §. 4, und folg

§. 1837. La feule chofe qui rende cette montagne un peu difficile, c'eft que les granits dont elle eft compofée, font prefque par-tout en gros blocs détachés. Ces rochers fe font délités fur place ; leurs angles font vifs, & leurs faces planes, prefque toutes luftrées par une couche mince de mica très-fin, ou plutôt de terre verte ou de chlorite. Ces blocs, quoiqu'irréguliers, paroiffent tendre à la forme rhomboïdale : j'en rencontrai cependant un ou deux figurés en prifmes pentagones comme des colonnes de bafaltes : j'en rapportai même un de cette forme. Nature des rochers de Fieüt.

Entre ces blocs entaffés, on diftingue en quelques endroits des fommités de couches minces, à-peu-près verticales, dirigées du Nord-Eft au Sud-Oueft, & inclinées en appui contre le Sud-Eft, comme celles que nous avons obfervées au-deffus d'Ayrolo, en montant aux Capucins.

La montagne de la Profe, qui eft à l'Eft de l'Hofpice à l'oppofite de Fieüt, vue de celle-ci, préfente auffi des couches dans cette fituation. Ces couches minces ne font pas des gneifs, mais de vrais granits, compofés, de même que les gros blocs, de quartz, de mica & de gros cryftaux de feldfpath. On voit cependant dans quelques-uns de ces blocs des indices de veines qui font parallèles, & entr'elles & à quelques-unes des grandes faces des maffes dans lefquelles on les obferve.

Le fommet de la montagne eft auffi compofé d'un entaffement de ces rochers défunis. C'eft un bloc d'une grandeur énorme qui en forme la cime, & ce fut fur ce bloc que j'établis mon obfervatoire. Je trouvai là le barometre à 20 pouces 4 lignes ¾, correction faite de la chaleur du mercure, & le thermometre en plein air à 6. Cette obfervation, comparée avec celle que M. Deluc le cadet faifoit à Geneve, donne pour la hauteur de cette cime 1190 toifes au-deffus Sa cime. Hauteur de cette cime.

de notre lac, 1378 au-dessus de la mer, & 313 au-dessus de l'hospice des Capucins. (1)

Vue de la cime de Fieüt.

§. 1838. J'eus le plaisir de contempler delà un horizon immense, & par-tout hérissé de montagnes, & quoiqu'il y eût des sommités plus élevées que le poste que j'occupois, cependant elles ne gênoient nullement ma vue. Je confirmai ce que j'avois vu de l'Alpe de Pesciumo, que le St. Gothard, dans son enceinte même la plus étendue, ne renferme aucune cime remarquable par son élévation. La pointe de la Fibia, que je voyois peu éloignée à l'Est, ne me parut pas surpasser celle où j'étois de plus de 2 à 300 toises; & celle du Gleterscherberg, au Nord, quoique plus élevée encore, n'arrive sûrement pas à 1800 toises.

Celle de la Fibia ne seroit pas inaccessible, si l'on prenoit pour y monter le tems où son glacier seroit chargé de neiges dures; car la pente que ce glacier présente, du côté de Fieüt, n'est point trop rapide; mais à la fin de l'été ce glacier est haché de grandes crevasses qui ne permettent point de le remonter, & de tous les autres côtés, sa cime paroît absolument inabordable.

Couches.

Les montagnes que j'avois sous mes yeux, dans cette vaste étendue, par-tout où je pouvois distinguer leurs formes, me paroissoient être divisées en tranches verticales, ou du moins très-inclinées, & dirigées à peu-près du Nord-Est au Sud-Ouest.

Vallées.

Mais la direction des vallées ne me parut avoir aucun rapport constant avec celle des couches; je voyois celles-ci, tantôt paralleles, tantôt obliques ou même à angles droits des vallées.

---

(1) M. le chevalier Volta a trouvé des résultats un peu différents: l'Hospice au-dessus de la mer 1021, & Fieüt au-dessus de l'Hospice 314. Ceux du P. Pini présentent aussi quelques différences; mais quand il ne s'agit pas de vérifier une théorie sur la mesure des montagnes par le baromètre, quelques toises de plus ou de moins, ne sont d'aucune importance.

celle

Je vérifiai encore l'obfervation des augives, §. 1810, ou des rangées de feuillets en appui contre les cimes principales. Et ces feuillets forment des exceptions à la direction générale des couches, parce qu'ils paroiffent fouvent s'appuyer de tous côtés contre les montagnes centrales.

Mais, fi l'œil du géologue aime à fe promener fur un entaffement fans bornes de montagnes & de rochers, s'il a de la peine à fe raffafier de ce fpectacle, s'il étudie & revoit fans ceffe les détails de cet enfemble, dans l'efpérance d'y découvrir quelque vérité nouvelle, il faut avouer que cette vue ne plairoit pas à un voyageur ordinaire ; cette étendue fans bornes, couverte de rochers & de neiges, ne lui préfenteroit qu'un chaos, ou l'image d'une mer violemment agitée. Cependant la vallée Lévantine, & fur-tout les environs d'Ayrolo, verds & cultivés, forment un point de vue affez doux, & qui repofe les yeux fatigués de ces immenfes & ftériles folitudes.

§. 1839. J'étois monté lentement par les rochers, mais je revins très-vite, en me gliffant debout fur des neiges rapides. Je ne mis qu'une heure & quelques minutes de la cime à l'Hofpice. J'eus le plaifir d'y rencontrer M. Gréville, le célebre minéralogifte Anglois, avec qui je paffai la foirée. Il avoit réuffi à faire traverfer le St. Gothard à un phaëton léger fans le démonter : cette fantaifie lui coûta fort cher (18 louis.) à caufe du nombre d'hommes qu'il falloit dans les pentes rapides, mais fa voiture n'effuya aucun accident, & il préfenta un fpectacle bien nouveau aux habitants de ces hautes vallées.

*Retour à l'Hofpice.*

Le fuccès de cette entreprife, prouve la beauté des routes du St. Gothard. Le canton d'Uri les entretient avec le plus grand foin, & les voyageurs doivent payer fans regret le modique péage que l'on exige d'eux pour cet objet. Mais ces péages, quoique modiques, rendent beaucoup, à caufe de l'incroyable fréquentation de ce paffage. On affure qu'en prenant la moyenne de l'année entiere, il y paffe, par jour mille chevaux chargés.

## CHAPITRE XVI.
## CIME DE LA PROSE.

**Difficulté vaincue.** §. 1840. La Prose, *Prosa*, est la sommité qui domine du côté de l'Est l'hospice des Capucins, comme Fieüt le domine, mais de plus loin à l'Ouest. Je n'étois point monté sur cette cime, en 1775, & je résolus de la visiter en 1783. Aucun voyageur n'y étoit encore allé; les bons Capucins regardoient même cela comme impossible. Le plus jeune d'entr'eux, le P. Carlo, qui se disoit très-*avventuroso* dans les montagnes, assuroit qu'il avoit inutilement tenté d'y parvenir; & lorsque mon nouveau guide, *Lazaro Eusebio*, s'offroit à m'y conduire & se vantoit d'y être monté, les Peres le traitoient d'imposteur, & soutenoient que cette cime étoit absolument inaccessible.

J'avois bien moi-même quelques doutes, sur-tout à cause d'un épais brouillard, qui depuis deux jours que j'avois passés à l'Hospice n'avoit pas cessé de régner, & qui de l'aveu même du guide rendoit, s'il ne se dissipoit pas, cette entreprise impossible. Le 25 juillet, au matin, le brouillard régnoit encore, & la durée de mon voyage étoit limitée de maniere qu'il falloit faire cette course ce jour-là, ou y renoncer pour toujours. J'étois sur le point de prendre ce parti & de descendre le St. Gothard, lorsque je vis le brouillard s'élever un peu, & laisser à découvert le pied de la montagne.

Je pris alors le parti d'aller au moins voir ce pied, & de monter jusques à l'entrée du brouillard. Ma constance fut récompensée, le nuage s'élevoit en même tems que moi. Si je m'y engageois pour un

# CIME DE LA PROSE, Chap. XVI.

moment, il me devançoit enfuite; & la cime fe dégagea entiérement à l'inftant même où j'y arrivai. Nous fîmes rouler de groffes pierres, & nous parvînmes à nous faire entendre des Capucins, qui ne pouvoient pas en croire leurs yeux, lorfqu'ils nous virent fur la cime au bout de leurs lunettes.

IL eft vrai qu'une partie de la pente eft extrêmement roide; nous rencontrâmes le corps d'une vache, qui s'étoit précipitée en paiffant fur le bas de cette pente; & quoique cet animal ne foit pas le fymbole de la légéreté, je crois qu'il y a peu de naturaliftes de la plaine, qui ofaffent le fuivre fur nos Alpes par-tout où il va. Il n'y a cependant fur cette montée, ni précipice, ni paffage vraiment difficile & dangereux.

§. 1841. APRÈS demi-heure de marche, depuis l'Hofpice, en arrivant au pied du roc vif de la montagne, je rencontrai des feuillets de granit, veiné, ondé, dans une fituation très-inclinée; leurs plans font comme ceux du bas de la montagne, dirigés du Nord-Eft, au Sud-Ouest, & en appui contre le Sud-Eft. Les veines intérieures de la pierre paralleles à ces plans, démontroient que c'étoient bien des couches, & non point des fiffures accidentelles. *Nature des rochers de la Profe.*

TROIS quart-d'heure après, je trouvai d'autres couches de la même nature, mais qui couroient du Nord au Sud.

§. 1842. LA cime eft de granit en maffe, en gros blocs entaffés les uns fur les autres, comme ceux de Fieüt; le plus élevé de ces blocs, fur lequel je m'établis, repofoit fur d'autres; on voyoit même le jour par deffous. *Nature & élévation de la cime.*

JE mis, pour y arriver, deux heures & demie, de la marche lente d'un obfervateur, le barometre, corrigé de l'action de la chaleur, fe foutenoit à 20 pouces 5 lignes $\frac{13}{16}$, & le thermometre en plein air à

5, 3; ce qui donne 512 toiſes au-deſſus de l'Hoſpice, & ainſi 1577 au-deſſus de la mer, & par conſéquent une toiſe de moins que Fieüt. Cette cime eſt celle que l'on voit de l'Hoſpice, & qui delà paroît la plus haute de cette montagne : mais quand on y eſt parvenu, on voit à l'Eſt une autre cime qui appartient à la même montagne, & qui eſt un peu plus élevée; je n'y allai pas, parce qu'il auroit fallu redeſcendre beaucoup pour remonter enſuite, ſans qu'on pût eſpérer aucun avantage qui dédommageât de cette peine.

*Vue qu'elle préſente.*

§. 1843. On a là, ſous ſes pieds, au Nord & au Nord-Oueſt, de terribles précipices; & l'on obſerve de ce côté-là, de beaux feuillets de granit dirigés du Nord au Sud. La vue eſt, comme celle de Fieüt, extrêmement étendue; on voit même plus loin, du côté des vallées de Lavirrara, du Griès & de Val-Bedretto, & on obſerve très-diſtinctement la grande diviſion réguliere du pied de la montagne de Fieüt, que j'obſervai déja en montant à l'Hoſpice, §. 1830.

*Inſtruments de météorologie de l'Hoſpice.*

§. 1844. De retour à l'Hoſpice, je comparai, pour la derniere fois, mes inſtruments de météorologie avec ceux que l'Académie de Mannheim a envoyés au RR. PP., & qu'ils obſervent avec beaucoup de régularité. J'avoue que ces inſtruments ne me parurent pas dignes de la réputation & de la beauté de l'inſtitution de cette célèbre Académie.

Le barometre coudé, mal affermi dans ſa monture, varioit de deux lignes par le changement de poſition qu'occaſionnoit les ſecouſſes qu'on eſt obligé de lui donner pour ſurmonter l'adhérence du mercure au tube : j'en fis faire la remarque aux RR. PP., & je leur aidai à le mieux aſſujettir. De plus l'orifice du réſervoir de ce même barometre étoit fermé par une veſſie bien liée, qui ne pouvoit que retarder, ſi même elle n'empêchoit pas l'effet des variations de l'athmoſphere, & les rendre thermométriques plutôt que barométriques; je fis avec une épingle, un trou à cette veſſie. Ce barometre, ainſi réparé, ne ſe trouva point mal d'accord avec le mien. Si donc il ne s'eſt pas dérangé de nouveau, les obſervations faites depuis le 25 juillet 1783, mériteroient plus de confiance que les précédentes.

L'HYGROMETRE à plume que les PP. obſervoient, étoit expoſé depuis deux jours à l'épais brouillard, qui avoit régné pendant tout cet eſpace de tems, & l'humidité de ce brouillard s'étoit dépoſée ſur la plume & ſur la monture, au point qu'elles étoient entiérement baignées d'eau, & cependant l'inſtrument n'indiquoit pas le point de l'humidité extrême, tandis que l'hygrometre à cheveu atteignoit ce terme en peu de minutes.

Mais le thermometre étoit bien gradué, & les inſtruments à l'abri du ſoleil, étoient bien expoſés aux influences de l'air.

JE partis le même jour de l'Hoſpice pour deſcendre le St. Gothard. Je ne regrettai pas ce ſéjour des nuages & des frimats ; mais je regrettai les attentions & la bonne ſociété des RR. PP. LORENZO & CARLO, qui étoient alors de ſtation à l'Hoſpice. Ils commencent, comme je l'ai dit, à connoître les foſſiles de leur montagne ; ils me donnerent quelques jolis morceaux d'adulaire.

LORSQU'ON s'eſt arrêté chez eux, ils ne donnent point le compte de la dépenſe qu'on a faite; mais on l'évalue ſoi-même ſur le pied de ce qu'on auroit payé dans une bonne auberge, & on laiſſe oſtenſiblement ſur ſon aſſiette ce à quoi l'on s'eſt taxé.

## CHAPITRE XVII.

### DESCENTE DE L'HOSPICE DU ST. GOTHARD A URSEREN.

Plaine de l'Hospice. §. 1845. DE l'Hospice, on vient dans un quart-d'heure à l'extrémité septentrionale de la petite plaine dans laquelle il est situé; on monte ensuite un peu, & on atteint ainsi le point où les eaux se séparent. Dès-lors, on suit en descendant le cours de la Reuss.

ON rencontre dans cette plaine des granits à très-gros grain, les uns absolument en masse, d'autres avec des indices de veines, j'vis même des blocs, dans lesquels on avoit profité de cette disposition pour les diviser en parallélipedes à l'usage de l'architecture.

Premiere descente. §. 1846. ON descend ensuite pendant 20 minutes sur des rochers micacées quartzeuses, que l'on voit parfaitement à découvert, dans un ravin que l'on traverse un peu avant d'arriver au bas de cette premiere descente.

Au bas de cette descente, on trouve une petite plaine, à l'entrée de laquelle on voit les granits veinés remplacer les roches micacées. Les couches de ces granits sont verticales, quoiqu'un peu appuyées contre le Nord, ou contre l'extérieur de la montagne.

Seconde descente. §. 1847. ON fait ensuite la seconde descente, qui dure environ une heure. La premiere moitié est en pente douce, & souvent interrompue par de petits repos, mais la seconde moitié est très-rapide.

## À URSEREN, Chap. XVII.

La Reuss fait là une chûte assez forte, & l'on côtoie des murs de granit, qui font le sujet de la premiere planche de ce volume.

Ce sont des granits veinés très-bien caractérisés, dont les veines font exactement paralleles aux couches; & celles-ci, parfaitement planes & bien dressées, courent du Nord-Est au Sud-Ouest en appui contre le Nord-Ouest. Les plus minces de ces couches ont 3 à 4 pouces d'épaisseur, & il y en a de beaucoup plus épaisses; mais toutes conservent la même épaisseur dans toute la hauteur du rocher. On ne peut leur faire d'autre reproche que de se réunir quelquefois, comme je l'ai déja observé ailleurs; c'est-à-dire, que çà & là deux ou trois couches minces se soudent ensemble, & n'en forment plus qu'une seule; mais cela même prouve que ces divisions ne sont point l'effet d'un affaissement, puisqu'un affaissement auroit divisé la masse dans toute son étendue. Ces rochers sont situés sur la rive gauche de la Reuss, & on en voit d'autres moins élevés, mais également bien caractérisés, & dont les couches sont paralleles aux leurs, soit dans le lit même de la riviere, soit sur la rive opposée.

*Belles couches de granits veinés.*

Au bas de cette descente, on trouve une plaine de 20 minutes de traversée. Les montagnes des deux côtés de cette plaine sont de granit, mais sans couches bien prononcées; tout paroît bouleversé & confus. Celles de la gauche, ou à l'Ouest, laissent pourtant voir quelques indices de divisions paralleles aux précédentes.

§. 1848. Enfin, dans la troisieme & derniere descente, qui conduit en 20 minutes au village de l'Hôpital, on traverse les tranches verticales de roches feuilletées diverses; ici dures, là tendres, souvent avec des nœuds de quartz, toutes coupées par la Reuss, & qui toutes sont dirigées de l'Est-Nord-Est, à l'Ouest-Sud-Ouest.

*Troisieme descente à l'Hôpital.*

Le village de l'Hôpital est situé près du confluent des deux Reuss, dont l'une vient du St. Gothard, l'autre de la Fourche. Les lits de ces deux torrents font profondément excavés & bordés de précipices. Il est étonnant que l'on ait choisi cette place pour y bâtir un village; ce ne peut être que pour être plus près de la grande descente du St. Gothard, & pour loger les hommes, les mulets & les marchandises qui prennent cette route.

Ce village est au pied de la chaîne qui borde au Midi la vallée d'Urseren. Il est élevé de 761 toises au-dessus de la mer. Cette vallée s'étend depuis les limites du Vallais au passage de la Fourche, jusques aux confins des Grisons. *Urseren* ou *Ander-Matt*, est le chef-lieu de cette vallée. C'est-là que je me proposois d'aller, mais auparavant, après avoir couché à l'Hôpital, j'allai me promener au village de *Zum-Dorf*, situé dans la vallée d'Urseren, à trois petits quarts de lieue au Couchant de l'Hôpital.

Zum-Dorf. §. 1849. Mon principal objet, en allant à Zum-Dorf, étoit de voir la collection de cryftaux de M. l'Abbé Réglin qui en fait une espece de commerce. Dans ce moment-là, cette collection ne renfermoit rien de bien intéressant: j'y acquis cependant quelques cryftaux octaëdres de spath fluor couleur de rose, & quelques variétés assez remarquables de cryftal de roche.

Montagnes qui bordent la vallée d'Urseren. §. 1850. La vallée d'Urseren, que l'on suit entre l'Hôpital & Zum-Dorf, est dirigée de l'Eft-Nord-Eft à l'Ouest-Sud-Ouest, & l'on voit entre ces deux villages, sur-tout dans le lit du torrent qui arrose la vallée, que les rochers qui en forment la base, ont leurs plans situés à-peu-près dans la même direction; ensorte que cette vallée, comme tout l'attefte d'ailleurs, doit être confidérée comme une des vallées longitudinales de la chaîne des Alpes. Dans un ou deux endroits de cette route, ces couches font presqu'horizontales, mais cela paroît accidentel, leur situation la plus générale approche plutôt de la verticale.

Les montagnes qui bordent cette vallée au Nord-Nord-Ouest, font

très-élevées; l'une d'entr'elles, qui eſt précifément vis-à-vis de Zum-Dorf, fe nomme le *Mutz-Berg*; une autre plus loin, à l'Oueſt-Sud-Oueſt eſt le *Spitzberg*, que je remarquai déja de l'Alpe de Pefciumo, & qui eſt la cime la plus élevée de l'enceinte du St.-Gothard; on l'a continuellement devant les yeux en defcendant de l'hofpice des Capucins au village de l'Hôpital. On admire fes crénaux à angles vifs, d'une force & d'une hardieffe fingulieres, & c'eſt encore là un bel exemple de mes cimes granitiques, §. 1707.

Mais quoique les hautes cimes des montagnes de cette chaîne foient compofées de granit, cependant leur bafe, depuis la Fourche jufques à *l'Urner-Loch*, eſt recouverte par des couches, ou de pierres calcaires, ou de fchiſtés argilleux, qui s'appuyent contre leur pied. Du côté oppofé, ou au pied de la chaîne qui borde la vallée au Sud-Sud-Eſt, on ne trouve ni calcaires, ni ardoifes; mais feulement des pierres ollaires, qui en revanche ne fe trouvent point fur la face oppofée. C'eſt une obfervation très-curieufe de M. Besson, que j'ai déja citée ailleurs, & dont M. Reglin me confirma la juſteſſe, du moins pour cette vallée.

§. 1851. En defcendant le St. Gothard, j'avois rencontré des fragmens de pierre ollaire, j'en avois même vu des morceaux faire partie des pierres dont la route eſt pavée, mais je n'en avois point vu dans fon lieu naturel. M. Reglin m'offrit de m'en montrer une carriere, près de la route que j'avois à faire pour retourner à l'Hôpital.

*Grand bloc de pierre ollaire.*

A moitié chemin, il me fit quitter le grand chemin & monter par des prairies rapides pour aller voir cette carriere, dans la montagne, au Sud-Sud-Eſt de la vallée. Mais je fus bien étonné, quand au lieu d'une carriere, je ne vis qu'un bloc de cette pierre. Il eſt vrai que ce bloc eſt énorme; il a plus de cent pieds de longueur, fur une hauteur confidérable, & on l'exploite comme une carriere. Il eſt auſſi certain qu'il n'eſt pas venu là de bien loin; mais il n'adhére point

*Tome IV.* F

au fol, & même il changera bientôt de place, si l'on continue de l'exploiter du côté d'en-haut, où la pierre est de meilleure qualité; car, le côté d'en-bas devenant prépondérant, la pierre roulera sûrement dans le fond de la vallée, si l'on continue de l'alléger d'un côté sans la soutenir de l'autre. Elle a même déjà fait une petite chûte de ce côté-là.

*Stéatite cryſtalliſée.* On trouve dans cette pierre ollaire le talc, ou la stéatite cryſtalliſée en lames d'un gris tirant sur le verd. Ces lames sont minces, droites, brillantes au 8e. degré, translucides à une ligne, de forme rhomboïdale, tendres & presqu'aussi réfractaires que le cryſtal de roche: en effet, elles ne se fondent que quand elles sont réduites en filet, d'une 60me. de ligne de largeur, & alors elles forment un émail noir & brillant.

*Spath manganéſien.* On y voit aussi du spath manganéſien, ou *spath bruniſſant* d'un jaune fauve, confuſément cryſtalliſé en rhomboïdes, d'autres parties de la même nature & de la même forme, mais parfaitement blanches, d'autres encore blanches, presque transparentes, en barres prismatiques, droites, quadrangulaires, obliquangles, ici pures, là mêlées avec du talc verdâtre demi transparent. Ce talc, ſerré entre les barres droites du spath, prend l'apparence de l'asbeſte.

*Urſeren ou Andermatt.* §. 1852. De là je remontai à l'Hôpital, & de l'Hôpital je vins à Urſeren ou Andermatt, qui est, comme je l'ai dit, le chef lieu de la vallée, & qui est à trois quarts de lieue à l'Est de l'Hôpital. Le ſol de ce village est élevé de 726 toiſes.

Le fond de la vallée, auprès d'Andermatt, est si plat, qu'on ne peut gueres douter qu'il n'ait été anciennement le fond d'un lac.

Le village est au bord d'un torrent, qui vient des confins des Grisons, à l'Est de la vallée, & qui se jette dans la Reuſs : les gens de l'endroit, nomment ce torrent le Ticn, ce qui est très-mal ima-

*D'URSEREN. Chap. XVII.*

giné à cause de l'équivoque qui peut faire confondre ce torrent avec le véritable Téfin, en Italien *Ticino*, qui arrofe la vallée Lévantine.

§. 1853. EN fuivant les bords de ce torrent, auprès d'Andermatt, on y voit des bancs de fchiftes affez remarquables. Ils font de diverfe nature; les uns font des ardoifes ou fchiftes argilleux, d'autres des fchiftes micacés, d'autres des gneifs. Leurs couches font de la plus parfaite régularité, prefque verticales, courant de l'Eft-Nord-Eft à l'Oueft-Sud-Oueft, & s'appuyant un peu contre le Sud-Sud-Eft. Schiftes en couches remarquables.

On y obferve des fiffures qui coupent ces bancs prefque perpendiculairement à leurs plans, & qui par conféquent doivent être confidérées comme le produit de l'affaiffement de ces bancs avant qu'ils euffent été redreffés. Quelques-unes de ces fiffures font irrégulieres, mais on en voit auffi qui font exactement paralleles entr'elles, & qui divifent les couches dans toute leur hauteur, en forme de planches de 3 pieds de largeur fur 20 à 25 de hauteur. Cette régularité fait voir, que dans un petit efpace le parallelifme des divifions ne fuffit pas pour caractérifer des couches; mais qu'il faut encore dans les cas douteux, confulter leur caractere intérieur tiré des feuillets dont les rochers font compofés. Or, dans ces roches fchifteufes, dont plufieurs réfultent d'un affemblage de feuillets plus minces que du papier, tous ces feuillets font exactement paralleles à ce que je dis être les couches de la pierre.

## CHAPITRE XVIII.

## D'ANDERMATT A LA SOURCE DU RHIN INFÉRIEUR.

D'Andermatt au lac d'Oberalp.

§. 1854. COMME cette source n'est qu'à trois petites lieues d'Andermatt, que l'on voit, en y allant, le joli lac d'Oberalp, je fus curieux de cette excursion, & je la fis le 28 juillet 1775.

ON commence par une montée rapide, qui dure trois quarts d'heure, sur des roches schisteuses des mêmes genres que celles qui sont le sujet du paragraphe précédent, & situées précisément de la même maniere.

ON se trouve ensuite dans une vallée couverte de pâturages. Cette vallée qui porte le nom d'Oberalp, est une continuation & une dépendance de celle d'Urseren. L'herbe qui y croît est broutée pendant l'été par les vaches, tandis que celle de la vallée inférieure se coupe & se séche pour l'hiver. La vallée est en forme de berceau; les prairies s'élevent jusques au pied des cimes escarpées qui la bordent. Ces prairies sont parsemées de chalets sans aucune habitation d'hiver.

Lac d'Oberalp.

§. 1855. EN deux petites heures de marche, depuis Andermatt, on arrive au bord du lac d'Oberalp; ce lac occupe toute la largeur de la vallée, qui est à la vérité très-étroite; & il n'a guere qu'un quart de lieue de longueur. Ses eaux, claires, tranquilles & profondes, qui remplissent le fond de ce berceau de verdure, font un effet singulier; sur-tout à cause des grandes plaques de neiges, qui, du côté

*INFÉRIEUR, Chap. XVIII.*

que le foleil ne réchauffe pas, defcendent par places jufques à la furface du lac. Deux petites isles couvertes de gazon fervent encore à la décorer. Enfin, à fon extrêmité orientale, une belle cafcade, qui fe précipite du haut d'un roc très-élevé, acheve d'embellir ce fite romantique. Mais le manque d'arbres l'attrifte un peu; il n'en croît point dans cette vallée, non plus que dans la vallée inférieure. On n'y voit qu'un petit bois de mélezes vis-à-vis d'Andermatt, & on le conferve avec foin, parce qu'il préferve la vallée des avalanches.

§. 1856. Vis-à-vis de l'extrêmité orientale du lac, il s'ouvre, au Midi, une vallée qui defcend à Difentis dans les Grifons. Les fources d'un des bras du Rhin, font dans les montagnes qui bordent le haut de cette vallée. L'enfemble porte le nom de *Crifpalt*, & leur point le plus élevé, celui de cime du *Badur*. Plufieurs filets d'eau fe réuniffent au bord de la montagne, & forment un torrent que l'on nomme *Vorder Rhein*, en Allemand, & *Bas Rhin* ou *Rhin inférieur*, en François. ( 1 ) Ce torrent fe joint avec un autre qui fe nomme *le Rhin du milieu*, qui vient de la vallée de *Médelo*, attenante aufli au St. Gothard; ces deux torrents réunis, en reçoivent un troifieme du Mont *Avicuia*, & qui s'appelle en François *le Haut Rhin*, & en Allemand *Hinter Rhein*.

*Situation des fources du Rhin.*

Comme je ne pouvois guere atteindre & parcourir les divers filets d'eau, dont la réunion forme la fource du Bas Rhin, le point dont la hauteur me parut la plus intéreffante à déterminer, c'eft le haut

---

( 1 ) Quand on réfléchit fur la raifon de ces dénominations, il paroît vraifemblable que l'on a donné la nom de Bas Rhin à celle des fources de ce fleuve qui vient du Crifpalt, parce qu'elle eft la plus voifine de la mer d'Allemagne, où le Rhin à fon embouchure, & qu'en Allemand on l'a nommée *Vorder Rhein* ou *Rhin antérieur*, parce que relativement à cette mer & à l'Allemagne, elle eft fituée en-avant des deux autres fources Au refte, quelques cartes Françoifes ont placé inverfement les noms de ces fources.

du col où les eaux se séparent pour se rendre, les unes dans le lac d'Oberalp, & delà dans celui de Lucerne, & les autres dans le Rhin. Je posai donc mon barometre au pied d'une petite croix, qui est au haut de ce col, & qui sert de limite entre le pays des Grisons & la vallée d'Urseren. Le 28 juillet 1775, à 9 heures 20 minutes du matin, le barometre, corrigé de l'effet de la chaleur sur le mercure, se soutenoit là à 22 pouces 2 lignes, & le thermometre en plein air à 11 ½. Cette observation, comparée avec celle que M. Deluc le cadet faisoit à Geneve, donne 1029 toises au-dessous de la mer.

*Nature des montagnes qui bordent le lac d'Oberalp.* §. 1857. Les montagnes, au Midi de l'extrémité orientale du lac d'Oberalp, sont des schistes qui tombent en décomposition, & dont les couches ne sont pas très-distinctes. Il paroit cependant que leur situation s'approche de la verticale en s'appuyant un peu au Nord-Nord-Ouest, contre le lac d'Oberalp, & que leurs plans se dirigent de l'Est-Nord-Est au Sud-Sud-Ouest.

Mais les montagnes opposées au Nord-Est du lac, & qui forment la base de Crispalt, ont une structure très-décidée. Ce sont des gneiss à grains plus ou moins gros, qui mériteroient même dans quelques endroits le nom de granits veinés, dont les couches sont verticales, ou du moins ne s'éloignent pas sensiblement de cette situation, & ces couches sont constamment paralleles aux veines intérieures de la pierre. Leurs plans sont dirigés exactement de l'Est-Nord-Est à l'Ouest-Sud-Ouest, comme la vallée même d'Oberalp, & comme celle d'Urseren, jusques à la Fourche au-dessus de la source du Rhône. Il est curieux de voir deux grands fleuves, tels que le Rhin & le Rhône, prendre leur source aux deux extrémités opposées d'une vallée longitudinale parallele à la direction des couches des montagnes qui la bordent. Car, cette direction est la même dans toute l'étendue & des deux côtés de cette vallée, à l'exception de quelques irrégularités locales, qui ne méritent aucune attention.

Les gneifs qui compofent le côté feptentrional de la vallée d'Oberalp, fe divifent fpontanément en prifmes rhomboïdaux, fouvent remarquables par leur régularité. Les montagnes, du côté oppofé, font en général d'une matiere un peu moins folide.

§. 1858. Le lac d'Oberalp eft très-poiffonneux: l'hôte d'Andermatt, avois payé environ 900 livres de France, pour avoir pendant 10 ans le droit exclufif d'y pêcher avec des filets. On y prend des truites faumonées, les unes blanches, les autres noires, mais qui toutes ont la chair rouge & une faveur exquife. Les payfans les prennent dans la Reufs, ou avec des hameçons, ou avec des naffes, & les confervent dans de grands réfervoirs conftruits dans le lit même de la riviere.

<small>Truites faumonées.</small>

## CHAPITRE XIX.

### D'URSEREN A GEOTINEN. URNER-LOCH. PONT DU DIABLE.

*Urner Loch.* §. 1859. En partant d'Ander-Matt pour descendre à Gestinen & à Altorf, on commence par traverser, en tirant au Nord, le fond plat de la vallée d'Urseren, qui a, comme je l'ai dit, l'apparence d'avoir été le fond d'un lac. Et sans doute cela a dû être ainsi, avant que la Reuss se fut frayée le passage par où elle sort de la vallée d'Urseren. Ce passage est si étroit, qu'il n'y a de place que pour la riviere. On a été obligé de tailler, pour les voyageurs, un passage souterrein, long d'environ 200 pieds, & qui est éclairé dans le milieu de sa longueur par une ouverture pratiquée au-dessus de la Reuss. Ce passage se nomme *Urner-Loch* ou le *trou d'Uri*. Lorsqu'en montant le St. Gothard, on a voyagé dans la vallée sauvage, où est le pont du Diable; qu'enfin, on s'est engagé dans ce souterrein, & qu'en sortant delà, on se trouve tout d'un coup dans la verte & riante vallée d'Urseren, on jouit d'une surprise extrêmement agréable.

*Granits veinés verticaux.* §. 1860. On met un quart-d'heure d'Ander-Matt à l'entrée de ce conduit souterrein, & dans cet intervalle, on côtoye, à sa droite, des rochers qui s'approchent de plus en plus de la nature du gneiss, & enfin du granit veiné. Leur situation est par-tout la même; & à l'entrée du souterrein, ce sont de superbes couches de ce granit, presque verticales, s'appuyant cependant un peu contre la montagne, au Nord-Ouest, & dirigées du Nord-Est au Sud-Ouest. De l'autre côté de la riviere, on voit les mêmes couches parfaitement prononcées.

## A GESTINEN, Chap. XIX.

Le rocher que traverse la galerie souterreine est aussi tout entier de ces mêmes granits, bien décidés, & dont les veines intérieures sont toujours verticales & paralles aux couches dont elles font partie.

Au-delà du passage souterrein les granits sont encore veinés & leurs veines verticales, & cela détermine la situation des rochers; car pour les couches, on ne les distingue bien que dans les endroits où elles ont peu d'épaisseur.

Mais on est distrait de ces observations par la chûte de la Reuss, qui se précipite avec un fracas vraiment effrayant contre les rochers qui s'opposent à son passage, en se brisant en gouttes si fines qu'elles s'élèvent comme une fumée. Dans le moment de mon passage, ces gouttes, éclairées par le soleil, & brillant des couleurs de l'Arc-en-ciel, sembloient être des flammes sortant des entrailles de la terre par les crevasses des rochers.

§. 1861. A un petit quart de lieue de l'Urner-Loch, on passe le fameux pont du Diable, qui doit sa réputation à sa situation entre des rochers élevés & escarpés, & à la rapidité du torrent qui passe au-dessous, plutôt qu'à sa grandeur, ou à la hardiesse de sa construction. *Pont du Diable.*

Un peu au-dessous de ce pont, on voit de belles couches verticales & minces, de granit feuilleté qui courent entre les directions du Nord-Est au Sud-Ouest, & celles de l'Est-Nord-Est à l'Ouest Sud-Ouest. On en remarque de semblables un peu plus bas du côté de la Reuss au-dessus d'une cascade.

On rencontre ensuite une petite maison, c'est la premiere que l'on voie dans cette vallée sauvage & déserte, qui ne présente que des rochers absolument nuds, & où l'on n'entrevoit le ciel que par d'étroites échappées entre ces rochers.

§. 1862. Au-dessous de cette maison, je trouvai des feuillets verticaux d'une roche micacée argilleuse. Ses feuillets, plus minces que du papier, & ici droits; là ondés, présentent à leur surface le brillant du mica; *Roche micacée argilleuse.*

Tome IV.  G

mais dans leur intérieur une caſſure terreuſe & ſans éclat, excepté dans les points où brille quelque lame de mica. Cette roche eſt ſi tendre, que l'ongle la raye profondément en gris blanchâtre, & ſon odeur eſt fortement argilleuſe; elle ne fait aucune efferveſcence avec les acides, & ſe fond avec quelque peine au chalumeau en un verre noir, denſe & brillant qui forme un bouton d'un tiers de ligne au plus. Ce ſchiſte paroit compoſé de mica & d'argille ferrugineuſe. On en trouve des couches encore un peu plus bas; elles ſont renfermées entre des couches verticales de granit veiné.

Granits veinés & en maſſe, & en couches verticales.

§. 1863. Les granits veinés ſe montrent encore en couches verticales un peu avant un endroit où le chemin eſt ſoutenu par une voûte. Ces couches ſont coupées par le lit de la Reuſs.

On rencontre enſuite des rochers de granit en maſſe, dont on voit ſur le chemin même les tranches verticales bien prononcées, & ſituées ſuivant la direction générale.

Autres moins irréguliers.

§. 1864. Delà juſques au pont de *Schöllenen*, qui eſt à demi lieue au-deſſous du Pont du Diable, les granits, toujours en maſſe, paroiſſent moins diſtincts; ici briſés, comme par étages; là en maſſes convexes, à ſections variées & biſarres, mais où l'on diſtingue pourtant de grandes diviſions paralleles à la direction générale.

Schöll'enen bruck.

Vis-à-vis du pont même on voit des feuillets minces & diſtincts dans cette même direction, mais on ne ſuit pas leurs diviſions juſques à la cime de la montagne; elles ſemblent ſe conſolider & ſe réunir en grandes maſſes. Ici la vallée devient moins ſauvage, elle s'ouvre un peu & produit quelques ſapins.

Ce pont porte le nom de la vallée, qui ſe nomme *Schöllenen-Thal*, & il ſert de limite entre les terres du Canton d'Uri & celles de la petite république d'Urſeren.

§. 1865. Un peu plus bas, la Reufs paſſe fur des tables, & entre des tables de granit qui paroiſſent horizontales, mais que je crois être les ſections des couches verticales, ſections qui ſont déterminées par des fiſſures perpendiculaires aux plans des couches. Mais comme ces granits ne montrent point de veines, on ne peut pas vérifier cette conjecture. Cependant ce qui ſemble la confirmer, c'eſt que bientôt après les couches reparoiſſent verticales. On revoit enſuite les ſections horizontales juſqu'à un pont qui eſt à un demi quart de lieue au-deſſous de celui de Schöllenen. Mais, à trente pas au-deſſous, on retrouve de belles couches verticales qui courent du Nord-Eſt au Sud-Oueſt. Ce ſont des granits qui me parurent veinés; mais dont je ne pus cependant pas détacher des morceaux parfaitement caractériſés. *Rochers coupés horizontalement.*

De ce pont juſques au village de *Geſtinen*, (les gens du pays prononcent *Geſchinen*) qui n'en eſt éloigné que de 10 minutes. Je ne trouvai rien de remarquable, & je couchai dans ce village pour aller le lendemain viſiter la fameuſe grotte des cryſtaux du *Sand-Balm*. Je trouvai dans le cabaret de ce village une chambre très-propre, & j'y fus beaucoup mieux que l'on auroit pu l'eſpérer dans un auſſi petit endroit, où l'on ne s'arrête pas ordinairement. Son élévation eſt de 547 toiſes.

## CHAPITRE XX.

### GROTTE DE CRYSTAUX DU SAND-BALM.

**Route qui y conduit.**

§. 1866. Cette grotte est située à trois petites lieues à l'Ouest Sud-Ouest du village de Gestinen. On suit pour y aller une vallée nommée *Teschener-Thal*, qui monte dans cette direction, & où coule un torrent nommé *Ries*. Après avoir suivi le torrent pendant une heure & un quart, on monte à droite au Nord-Ouest au travers d'une forêt de sapins : on fait ensuite une montée très-roide sur des débris, & l'on retourne à l'Ouest Sud-Ouest, en suivant de magnifiques couches de granit presque verticales, qui surplombent cependant un peu au-dessus du Nord Nord-Ouest. On monte enfin très-rapidement à un grand filon de quartz, que l'on voit au jour à la surface d'un rocher de granit, & qui a été l'indice de la mine de crystal; l'entrée de la galerie, creusée dans ce filon, est élevée de 866 toises au-dessus de la mer.

**Galerie dans un filon de quartz.**

§. 1867. Je parcourus l'intérieur de cette galerie, qui est assez exhaussée pour que l'on puisse y marcher debout, & qui suit toujours le filon de quartz. Après s'être un peu enfoncée dans la montagne, elle revient chercher le jour, en montant comme le filon, sous un angle de 15 à 20 degrés. Elle se prolonge ensuite parallélement à la face de la montagne avec des ouvertures percées à jour en différents endroits; ce qui produit de l'intérieur un effet assez singulier. Mais vers le milieu de la longueur de la galerie, on a poussé dans l'intérieur de la montagne un rameau qui se termine en cul-de-sac. Ces excavations ont donné une très-grande quantité de crystal; on n'a laissé que ceux qui étoient trop petits pour mériter la peine d'être détachés, & on ne voit des grands que la partie de leur base qui demeure adhérente au rocher.

§. 1867. A. Mais ce que l'on n'a point enlevé & qui me parut très-curieux, ce sont des filons ou de très-grands amas de spath calcaire que l'on voit dans ces excavations. Ce spath est d'un beau blanc, peu transparent, mais tout cryftallifé en parallélipedes rhomboïdaux. Ces amas ou filons ont jufqu'à trois & même quatre pieds d'épaiffeur; & ils font ici adhérents au rocher de granit; là, renfermés dans du quartz blanc confufément cryftallifé. *Amas de spath calcaire.*

§. 1868. Je fis dans cet endroit une autre obfervation importante. Des veines de granit en maffe interpofées entre des bancs de quartz pur, tellement qu'il est impoffible que le quartz ait été formé poftérieurement au granit. En effet, il y a des endroits où ces veines font fi minces qu'il feroit impoffible qu'elles fe foutinffent fans l'appui du quartz qui leur eft uni, & par conféquent impoffible qu'elles euffent été formées feules, ou pour ainfi dire en l'air. Ces veines de granit font tantôt fuivies & paralleles entr'elles, tantôt obliques & brufquement terminées. *Veines de granit renfermées dans des bancs de quartz.*

§. 1869. On trouve dans l'intérieur de ces galeries beaucoup de terre verte ou de *chlorite*; mais elle eft là d'un verd prefque noir. *Chlorite.*

On y trouve auffi cette même terre mêlée de grains blancs, les uns de quartz, les autres de fpath calcaire confufément cryftallifés. On la trouve enfin dans une efpece d'ochre jaune, mêlé de mica; & là, elle femble tendre à la cryftallifation, en prenant l'afpect d'une hornblende, tendre, en lames brillantes & rhomboïdales.

§. 1870. Les débris tirés de ces galeries me préfenterent auffi quelques fragments de la pierre dont j'ai parlé §. 723, fous le nom de *fchorl intimément mêlé de quartz*. Le fond de cette pierre eft du quartz, qui eft ici mêlé de feldfpath, & d'une fubftance d'un verd jaunâtre, *Quartz & feldfpath, mêlés de delphinite.*

que je considere comme du schorl verd du Dauphiné, ou de la delphinite; mais on n'y voit ici aucun indice de crystallisation, & elle est si parfaitement mélangée avec le quartz & le feldspath, que l'on ne peut juger avec certitude ni de sa cassure ni de sa dureté; c'est comme si cette matiere, sous une forme liquide, c'étoit infiltrée dans les interstices infiniment petits du quartz & du feldspath.

<small>Nature & structure de la montagne.</small>

§. 1870. Le granit de l'intérieur de cette montagne est composé de gros grains de feldspath blanchâtre, de quartz gris, & de mica verdâtre. En général, il paroît en masse; cependant lorsqu'on l'observe avec attention, on trouve, dans quelques endroits, des indices de veines paralleles entr'elles. Il paroît divisé en couches à peu-près verticales, dirigées de l'Est-Nord-Est au l'Ouest-Sud-Ouest, & qui se renversent un peu contre le Nord Nord-Ouest.

Le filon de quartz d'où l'on a tiré du crystal, coupe ces couches presqu'à angles droits, de même que d'autres fissures qui lui sont à peu près paralleles, & que l'on voit au-dessus & au-dessous. Les plans de toutes ces fissures, de même que celui du filon, montent, comme je l'ai dit, à l'Est-Nord-Est, sous un angle de 15 à 20 degrés. Ces fissures ont donc été formées & remplies dans le tems où les couches du granit étoient dans une situation horizontale.

<small>Température & humidité du fond de la grotte.</small>

§. 1871. Un hygrometre à cheveux, suspendu au fond de la galerie en cul-de-sac, vint tout près du terme de l'humidité extrême; savoir, à 98, 8, quoiqu'on ne vit de l'eau nulle part; le thermometre de Reaumur s'y fixa à 6 degrés. Au-dehors, à l'air libre, mais à l'ombre, l'hygrometre étoit à 69, 8, & le thermometre à 12, 3.

<small>Retour à Gestinen, granits veinés verticaux.</small>

§. 1872. En revenant à Gestinen, je suivis toujours la rive gauche du Ries, au lieu de la droite que j'avois suivie en allant. Dans cette route, je passai au pied d'une montagne de granit décidément veiné, dont les feuillets, de même que les couches, avoient bien la direction générale à peu-près verticale, avec un léger appui contre le Nord-Ouest ou le Nord Nord-Ouest. En général, tous les granits paroissent avoir, dans cette vallée, la même situation ; mais quelquefois la grande épaisseur des couches empêche de l'appercevoir, & d'autrefois les fissures accidentelles, où les éclats auxquels ce genre de pierre est sujet, les présentent sous des apparences trompeuses.

Cette excursion me prit 7 à 8 heures, dont trois à monter, lentement il est vrai, parce que la chaleur étoit extrême; deux & demi à redescendre & le reste à observer. La montée est fatigante sur la fin, par sa rapidité; mais elle ne présente aucune espece de danger.

## CHAPITRE XXI.
## DE GESTINEN A ALTORF.

Schoe-nebruck.
§. 1873. A demi-lieue au-deſſous de Geſtinen, on paſſe la Reuſs ſur le pont nommé *Schönebruck*. On voit là des couches minces de granit veiné, dirigées comme les précédentes. Plus loin, à gauche, elles ſont encore plus diſtinctes. En général, depuis Geſtinen en bas, les couches paroiſſent s'amincir.

Un quart de lieue plus bas, on voit une jolie caſcade qui deſcend dans la Reuſs, par des gradins doucement & également inclinés, comme ſi c'étoient des couches à peu-près horizontales; & déja auparavant j'avois vu dans le lit de cette riviere de ſemblables apparences de couches horizontales.

Wattingen. Couches verticales deja obſervées par SCHEUCHZER.
§. 1874. A 6 min. de là, on paſſe à Wattingen. Une peinture à freſque, ſur la muraille d'une maiſon, repréſente les armes du Canton d'Uri, Schwitz & Underwald, & les trois conjurés qui fonderent la liberté Helvétique.

Vis-à-vis de cet hameau, ſur la rive gauche de la Reuſs, ſont des couches ſi évidentes qu'elles frapperent SCHEUCHZER, qui ſûrement n'étoit point prévenu par un eſprit de ſyſtême. *Wattingen*, dit-il, *prope quem strata montium constant è laminis perpendiculari situ erectis.* Itin.-Alp. p. 213. GRUNER a fait la même remarque ſur des couches que l'on doit obſerver près de *Waſſen*; mais ici cette remarque ne me paroît pas juſte : du moins dans ce que l'on voit en ſuivant la grande route.

§. 1875

§. 1875. On vient à Waſſen à un quart de lieue de Wattingen. Son égliſe, bâtie ſur un rocher élevé au milieu de la vallée, fait dans le payſage un effet très-agréable. *Waſſen: Granits informes.*

Delà, par une pente très-rapide, on vient paſſer ſur un pont de bois, un torrent qui deſcend de la montagne au couchant de la vallée, & l'on voit dans ce même endroit des granits en grandes maſſes, dont les couches ne ſont point diſtinctes.

§. 1876. A 13 min. de ce pont, l'on paſſe la Reuſs ſur un pont jeté entre deux rochers, ſi rapprochés l'un de l'autre, qu'il ſemble qu'on pourroit la franchir d'un ſaut. Auſſi cet endroit ſe nomme-t-il *Pfaffen ſprung*, le ſaut du ſinge. On prétend qu'avant qu'il y eut là un pont, un moine pourſuivi avec une fille qu'il enlevoit, la prit dans ſes bras & s'échappa en franchiſſant ce gouffre heureuſement avec elle. Et on peut bien nommer ce vuide un gouffre, car les rochers ſont excavés à une ſi grande profondeur, que dans pluſieurs endroits on perd de vue la Reuſs cachée par leurs ſaillies alternatives. *Saut du Singe.*

Il y a dans la montagne, à deux lieues au-deſſus de ce pont, une galerie d'où l'on a anciennement tiré des cryſtaux. On peut en voir la deſcription dans les lettres d'Andreæ, p. 141. On y trouve auſſi beaucoup de ſpath calcaire.

D'ici la vallée perd de plus en plus ſon aſpect ſauvage; la route commence à traverſer des forêts, mais ces forêts dérobent la vue des rochers, & dans les endroits où on les découvre, leur ſtructure ne paroit point diſtincte.

§. 1877. A trois quarts de lieue au-deſſous du Pfaffen ſprung, je trouvai dans un bois un aſſez grand rocher, iſolé & vraiſemblablement déplacé, d'une roche feuilletée très-remarquable. On la prendroit d'abord pour un gneiſs ordinaire, très-abondant en feldſpath, d'un *Gneiſs petrofilíceux.*

gris blanchâtre, mélangé de grains de quartz gris, à caffure fouvent conchoïde, & de parties extrêmement fines & brillantes, de mica gris. Mais en obfervant avec plus de foin cette pierre, fur les tranches de fes feuillets, on y découvre encore des couches minces de petrofilex gris, translucide près de fes bords, & femblable d'ailleurs à celui de la vallée de Martigni, §. 1047. C'eft une variété du *porphyrfchiefer* de WERNER.

PEU après on paffe un torrent qui vient des montagnes à l'Eft de la vallée ; on voit là de grandes maffes de cette même pierre, & la montagne même préfente des couches prefque verticales qui courent à très-peu près du Nord-Eft au Sud-Oueft, & dont la fubftance eft la même, quoique moins dure, moins compacte & approchant plus d'un gneifs ordinaire.

A une petite demi lieue de ce torrent, on en paffe un autre, & qui coule auffi fur des rochers du même genre, mais encore plus tendres.

**Premiers noyers**  §. 1878. DANS l'intervalle de ces deux torrents, on voit les premiers noyers, & j'obfervai là comme je l'avois vu fréquemment ailleurs, que dès qu'on voit un arbre de cette efpece, on en voit tout de fuite plufieurs ; il ne tatonne point, il vient bien ou il ne vient point du tout.

**Am-Stæg. Pied du St. Gothard.**  §. 1879. EN trois quarts d'heure, depuis le fecond torrent, on defcend à *Am-Stæg*, grand village, où commence réellement la plaine, puifqu'il eft prefqu'au niveau du lac de Lucerne. La moyenne entre deux obfervations du barometre, m'a donné 43 toifes pour l'élévation de ce village au-deffus de ce lac ; auffi le regarde-t-on comme fitué précifément au pied de la montagne du St. Gothard, prife de ce côté-là dans fa plus grande étendue ; en effet, depuis là jufqu'à fon fommet on ne ceffe point de monter.

LES environs *d'Amfteg* font charmants ; la végétation y paroît d'une vigueur finguliere, en comparaifon de celle des montagnes. Mais en approchant d'Altorf, qui en eft éloigné de 3 lieues, on trouve fréquemment des fonds marécageux, & l'on rencontre des goîtres & des imbécilles, trifte produit de la ftagnation de l'air dans les vallées dont l'air eft corrompu par les exhalaifons des eaux dormantes.

1880. JUSQUES à trois quarts de lieue au-dela d'Am-Stæg, le pied des montagnes que fuit la grande route continue d'être de nature primitive; d'abord de fchiftes micacés quartzeux ordinaires, & enfuite de fchiftes micacés petrofiliceux, femblables aux précédents, mais dont les couches font peu ou point diftinctes. La bafe fchifteufe primitive de ces montagnes va en s'abaiffant continuellement dans cet intervalle, mais les montagnes calcaires fecondaires qui leur fuccedent, s'avancent par-deffus elles, & les recouvrent; enforte que déja vis-à-vis d'Am-Stæg, les hautes cimes font calcaires. *Fin des montagnes primitives.*

§. 1881. LES blocs qui font roulés du haut de ces cimes calcaires, & que l'on voit le long du chemin, font d'une pierre grife, compacte, en couches minces & planes; je ne pus y trouver aucun indice de corps marins. *Calcaires qui leur fuccedent.*

LA premiere montagne de ce genre près de laquelle on paffe, eft taillée à pic du côté du chemin, & en appui contre les primitives: fes couches font dans le plus grand défordre; on en voit d'horizontales, d'inclinées; d'autres demi circulaires, dont la concavité eft tournée du côté des primitives. Ces couches, diverfement inclinées, font tellement entremêlées, que l'on ne peut fe former aucune idée diftincte de la caufe qui les a confondues. Il faut que la montagne ait été, pour ainfi dire, froiffée par des fecouffes violentes, & agiffant en différents fens.

EN général, les montagnes qui bordent les deux côtés de cette vallée relevent leurs couches contre les primitives du St. Gothard, & c'eft ce que l'on voit depuis le lac de Lucerne, mieux encore que de l'intérieur même de la vallée.

*Le Pere PINI nie les couches des roches primitives.* §. 1882. AVANT de perdre entiérement de vue ces montagnes primitives, je dois dire encore un mot de l'opinion du P. PINI sur leur stratification. Ce savant minéralogiste s'est efforcé d'établir, que non seulement les granits en masse, mais les granits veinés & même les roches micacées, n'ont point été formées par couches proprement dites, & que les divisions que l'on y apperçoit sont purement accidentelles. Le P. PINI a soutenu cette thèse d'abord dans son Mémoire minéralogique sur le St. Gothard, & ensuite dans un Mémoire sur la théorie de la terre, inséré dans les Mémoires de la société Italienne, *T. V.*

LES arguments du P. PINI ont même séduit deux autres savants minéralogistes, M. STORR & M. BESSON, qui à cet égard, ont vu le St. Gothard des mêmes yeux que lui.

J'AI lu avec la plus grande attention & la plume à la main ces deux ouvrages, & en particulier le premier Mémoire du P. PINI; j'ai envisagé ses arguments sous le point de vue qui leur étoit le plus favorable; & c'est après m'en être pénétré, que j'ai fait le voyage que je viens d'écrire. Cependant je puis assurer que l'observation de ces montagnes m'a paru écraser de tout le poids de leur masse les objections que l'on a faites contre leur structure, & sur-tout les montagnes de St. Roch, celles de la Furca del Bosco, & celles de la vallée Lévantine, m'ont paru ne laisser aucune espece de doute. Je n'entrerai dans aucun détail ultérieur sur cette controverse, d'autant que je serai obligé de la reprendre en traitant de la théorie; je me contenterai de renvoyer à mes descriptions des montagnes que je viens de nommer, les naturalistes auxquels il pourroit rester quelque doute. Je ne suis même revenu ici sur cette question que pour ne pas paroître dissimuler les autorités contraires à mon opinion, & pour assurer que j'ai eu à ces autorités tout l'égard qu'elles méritent.

Au reste, & je l'ai dit ailleurs, il y a des minéralogistes qui s'occupent plus du foin de chercher & de raffembler des morceaux curieux, que de celui d'obferver l'enfemble & les formes générales. On fe noie dans les détails, & ce n'eft pas avec des microfcopes qu'il faut obferver les montagnes.

Et s'il faut enfin combattre les autorités par d'autres autorités, je dirai que les grands minéralogiftes l'Allemagne, ceux qui ont étudié la minéralogie, non-feulement dans leurs cabinets, mais plutôt dans les mines & dans les montagnes; les Charpentier, Trebra, Leske, Lafius, s'ils ne reconnoiffent pas tous la ftratification du granit en maffe, font au moins tous unanimes fur celle des granits veinés, des gneifs & des fchiftes, tant primitifs que fecondaires.

§. 1882. *A.* RÉSUMONS, comme j'aime à le faire, les obfervations confignées dans ce paffage des Alpes, depuis le lac Majeur au Midi du St. Gothard, jufques à la plaine du lac de Lucerne, au Nord de cette montagne.

*Vue générale de ce paffage du St. Gothard.*

SI l'on confidere la fituation des couches, on verra que fur les bords du lac Majeur, elles font verticales. Au Nord de ce lac, jufques au-deffus de Bellinzona, elles font encore verticales, ou du moins très-inclinées.

MAIS depuis Crefciano jufques au Dacio ou Péage, elles font horizontales.

DELÀ jufques à Ayrol, on rencontre des alternatives de couches horizontales & de verticales.

AU-DESSUS d'Ayrol, les couches de la montagne du St. Gothard, proprement dit, furplombent au-deffus de la vallée, ou contre le dehors de la montagne.

PLUS haut, & fur toute la crête, elles font verticales; mais en defcendant au Nord, on rencontre, au-deffus de la vallée d'Urferen des couches, qui, de même que fur le bas de la pente méridionale, furplombent vers le dehors de la montagne. Mais depuis la vallée d'Urferen jufques au pied feptentrional, elles font généralement verticales.

QUANT à leur nature, on ne voit que des gneiſs, des granits veinés & d'autres roches feuilletées, depuis le lac Majeur juſques un peu au-deſſous de l'Hoſpice des Capucins ; mais depuis là, & ſur toute la crête, ce ſont des granits en maſſe, mélangés pourtant de couches & d'indices de roches feuilletées.

ET c'eſt là une des obſervations les plus importantes que préſente cette montagne, ce ſont les alternatives fréquentes & les tranſitions nuancées des granits veinés aux granits en maſſe, qui, jointes à la ſimilitude d'inclinaiſon & d'allure de leurs diviſions, ne permettent pas de douter que leur origine ne ſoit la même, que ces roches ne ſoient également ſtratifiées, & qu'il n'exiſte des granits veinés auſſi anciens que les granits en maſſe, quoi qu'en thèſe générale, il ſoit vrai que les gneiſs ſont plus modernes que les granits.

Altorf. §. 1883. ALTORF, qui porte auſſi le nom d'*Uri*, n'eſt élevé que de 24 toiſes au-deſſus du lac de Lucerne ; c'eſt le chef-lieu du Canton d'Uri. (1) On eſt ſaiſi d'une émotion profonde, lorſqu'on voit dans

---

(1) Le peuple du Canton d'Uri s'eſt toujours diſtingué par la douceur de ſes mœurs, & par la modération qu'il a miſe dans l'exercice de ſa ſouveraineté. Il ne s'eſt jamais rendu coupable des excès de deſpotiſme démocratique que l'on peut reprocher à d'autres peuples. Un de ſes magiſtrats me citoit un trait peu connu, & qui fait un grand honneur à la probité de ce peuple. Comme il n'y a aucun commerce dans ce Canton, & que l'on n'aime pas à voir accaparer de grandes poſſeſſions ; ceux qui ont de la fortune ne peuvent faire valoir leur bien qu'en prêtant de l'argent aux payſans, qui l'emploient à bonifier leurs fonds, & qui en payent l'intérêt au 5 pour cent ; ainſi les payſans ſont preſque tous débiteurs des gens aiſés. Un de ces débiteurs imagina un jour de ſe libérer par une ſubtilité théologique ; ſachant que l'uſure & même tout prêt à intérêt eſt prohibé par l'Egliſe ; il prétendit faire enviſager les intérêts payés comme des ſommes avancées à compte du capital. Or, ſuivant les loix du pays, l'aſſemblée générale du peuple délibere & décide ſouverainement ſur toute propoſition qui lui eſt préſentée par ſept de ſes membres. Cet homme réunit donc ſix débiteurs, qui, conjointément avec lui, préſenterent ſa propoſition. Suivant eux, tout

ce village & dans ſes environs, répéter par tout les monuments de la liberté Helvétique. Ici, ce ſont les ſtatues des fondateurs de cette liberté: là, une chapelle érigée en reconnoiſſance de quelqu'un de leurs ſuccès; plus loin, des peintures à freſque, qui repréſentent quelqu'une de leurs belles actions. Ces hommes vraiment grands, reſpectables par leur généroſité, par leurs mœurs, leur religion, comme par leur courage indomptable, ont imprimé dans tous les cœurs des ſentiments ineffaçables de vénération & de reconnoiſſance; les payſans parlent d'eux comme d'êtres ſupérieurs à l'humanité; mais c'eſt en rapportant toujours à l'Etre ſuprême la ſource & le bienfait de leur délivrance, qu'ils racontent avec un enthouſiaſme religieux tous les beaux traits de leur hiſtoire.

§. 1884. J'eus, dès mon premier voyage, en 1775, le bonheur de faire à Altorf la connoiſſance de M. le Land-Amman Joseph Muller, l'un des magiſtrats les plus éloquents & les plus éclairés de la Suiſſe.

*Collection de cryſtaux.*

Depuis mon dernier voyage il avoit pris le goût des cryſtaux, & il en avoit formé une collection qui étoit une des plus belles de la Suiſſe. (2) Un de ſes confreres, M. le Land-Amman François Muller, en a auſſi une collection, & en fait même commerce. Il m'en a envoyé de très-beaux, & à un prix très-modéré, vu ſur-tout qu'on y voit de grands cryſtaux parallélipédes rhomboïdaux de feldſpath blanc, réunis dans les mêmes grouppes avec des cryſtaux de roche parfaitement tranſparents.

---

débiteur, qui depuis 20 ans, avoit payé les intérêts au 5 pour cent, devoit être cenſé acquitté; & ceux qui les avoient payés depuis moins long-tems, devoient être cenſés avoit diminué au prorata la dette principale. Ils s'attendoient que comme la grande pluralité de l'aſſemblée étoit de débiteurs, cette propoſition ſeroit bien accueillie; cependant ſon injuſtice excita un ſentiment ſi vif d'indignation, que ceux qui l'avoient portée, furent à l'inſtant même chaſſés ignominieuſement de l'aſſemblée, avec défenſe de jamais y reparoitre.

[2] Je mets tout cela au paſſé parce que j'apprends avec bien du regret que cet homme recommandable à tant d'égards, vient d'être enlevé à ſa patrie par une mort prématurée.

## CHAPITRE XXII.

### NOTES POUR SERVIR A LA LITHOLOGIE DU St. GOTHARD.

**But de ce chapitre.** §. 1885. J'ai donné dans les chapitres précédents une idée des pierres que j'ai vues moi-même, & le premier fur le St. Gothard. Mais il en eft d'autres, qui depuis moi ont été découvertes, ou par des naturaliftes, ou par des cryftalliers. Ce font principalement celles dont je me propofe de parler dans ce chapitre, pour que l'on trouve dans cet ouvrage la notice de tout ce qui eft actuellement connu fur la minéralogie de cette montagne. Je dis *la notice*, & non point l'hiftoire : en effet, les analyfes de plufieurs d'entr'elles nous manquent encore, & comme les defcriptions de leurs caracteres extérieurs, faites par M. Berthout van Berchem fous les yeux de M. Werner, doivent être publiées à part, il feroit inutile de les répéter ici. Je n'infifterai que fur ce qui me paroîtra ou caractériftique, ou moins connu. Je comparerai aufli, comme je l'ai fait en d'autres occafions, les pierres du St. Gothard, avec celles d'autres pays, lorfque ces comparaifons pourront répandre quelques lumieres fur la nature des unes & des autres.

**Catalogue des foffiles décrits dans ce chapitre.** Voici le catalogue des foffiles, dont ce chapitre renferme la notice. Ce catalogue aidera à les retrouver.

Feldfpath . . . . . . . . . . . . . §. 1886
Adulaire . . . . . . . . . . . . . 1887
. . . comparée avec la pierre de lune . . . . 1888
. . . . . . . . la pierre de Labrador . . 1889

l'œil

Adulaire comparée avec l'Oeil de chat . . . . . 1890
. . . . . . . . . . . l'Astérie . . . . . . . 1891
Mica . . . . . . . . . . . . . . . . . . . . 1892
Chlorite ou terre verte des cryſtaux . . . . . 1893 A.
Sagénite ou ſchorl rouge . . . . . . . . . 1894
. . . comparée avec la Manganeſe rouge . . . 1896
. . . . . . . . . avec le Volfram de Cornouaille. 1897
Subſtance noire brillante, qui paroît une mine Uranit. 1898
. . . comparée avec le Volfram de Zinnwald . . . 1899
Grenatite . . . . . . . . . . . . . . . . . 1900
Sappare, Kyanit de WERNER . . . . . . . . . 1901
Octahédrite ou ſchorl octahédre . . . . . . 1901 A.
Hyacinthe de Diſentis . . . . . . . . . . 1902
Prehnite griſe confuſément cryſtalliſée . . . . . . 1904
Comparaiſon de nos hyacinthes avec celles du Véſuve. 1905
. . . . . . . . avec la Staurobaryte ou hyacin-
                the cruciforme du Hartz . . 1906
. . . . . . . . . avec l'hyacinthe du Ceylan. . 1907
Tourmaline . . . . . . . . . . . . . . . 1908
Schorl noir . . . . . . . . . . . . . . . 1909
Talc . . . . . . . . . . . . . . . . . . 1910
Amianthe . . . . . . . . . . . . . . . . 1914
Stéatite . . . . . . . . . . . . . . . . 1915
Schiſte magnéſien . . . . . . . . . . . . 1916
Delphinite ou ſchorl verd du Dauphiné . . . . 1918
Rayonnante en priſmes rhomboïdaux . . . . . 1920
. . . . . . . . . à larges rayons . . . . 1920 A.
. . . . . . . . . en gouttieres . . . . . 1921
. . . . . . . . . en burins . . . . . . 1922
Trémolite commune . . . . . . . . . . . 1923
. . . . . . . . . vitreuſe . . . . . . . 1924
. . . . . . . . . asbeſtiforme . . . . . 1925
. . . . . . . . . ſoyeuſe . . . . . . . 1926

*Tome IV.*  I

Tremolite commune grise . . . . . . . . . . . . . 1227
    Phosphorence des Tremolites . . . . . . . . 1928
Dolomie . . . . . . . . . . . . . . . . . . . . . 1929
Calcaires grenues à vive effervescence . . . . . . 1930
Gypse . . . . . . . . . . . . . . . . . . . . . . 1931

**Feldspath.** §. 1886. Les montagnes du St. Gothard préfentent une grande variété de feldspath cryftallifé, fous différentes formes & avec différents degrés de tranfparence. Mais ce genre de pierre n'appartient pas affez excluſivement à ces montagnes pour que je doive m'y arrêter ici. On peut confulter la cryftallographie de M. Romé de l'Isle, & les ouvrages de M. Pini, de M. Besson & de M. Storr fur le St. Gothard.

**Adulaire.** Mais il exifte une efpece de ce genre, qui eft vraiment propre au St. Gothard, ou qui du moins lui a pendant long-tems excluſivement appartenu. (1) C'eft celle qu'a découverte le P. Pini, & qu'il à confacrée au St. Gothard en l'appellant *Adulaire* du nom *d'Adula*, qu'on dit avoir été anciennement celui de cette montagne.

La forme réguliere la plus fimple des cryftaux de l'adulaire, eft le parallélépipede rhomboïdal; mais celle qu'ils préfentent le plus fréquemment, eft un prifme quadrilatere rhomboïdal, dont les angles aigus font de 60 degrés, & les obtus de 120. Ce prifme eft terminé par un fommet diedre, dont les plans partent des angles obtus du prifme, en faifant avec les arrêtes de ces mêmes angles, des angles de 115 degrés. Ainfi la rencontre de ces plans, forme au fommet un angle plan de 130 degrés, & l'arrête de cet angle fe

---

(1) M. le Baron de Gersdorf a eu la bonté de m'envoyer un beau morceau d'une efpece d'Adulaire d'un blanc jaunâtre tranflucide, d'un chatoyant argenté, qui a été trouvé auprès de Carlsbad en Bohême.

trouve parallele à la grande diagonale du rhombe que préſente la ſection tranſverſe du priſme. Les côtés du priſme ſont ſtriés parallelement à la grande diagonale, ou ſuivant la direction de l'arrête du ſommet. Et cela prouve que le priſme eſt compoſé de lames paralleles entr'elles, dirigées comme cette diagonale.

Il y a auſſi d'autres variétés que je paſſe ſous ſilence; la plus remarquable & la plus rare, eſt celle qui préſente des priſmes exaèdres.

La couleur des adulaires les plus pures eſt blanche, tirant un peu ſur le verd; les impures tirent ſur le jaune, ou la couleur de rouille. Je n'en ai jamais vu de parfaitement tranſparentes : leurs feuillets très-minces, ſont à la vérité tranſparents; mais comme ces feuillets ſont fréquemment ſéparés, il en réſulte un enſemble qui n'eſt que tranſlucide.

Lorsque l'on regarde cette pierre, ſur-tout quand elle eſt polie, ſur la tranche de ſes feuillets, & dans une direction qui ne s'éloigne pas beaucoup de celle de leurs plans, elle réfléchit une lumiere chatoyante, brillante, bleuâtre & agréable à l'œil; & l'on voit des cryſtaux de cette pierre, dont la ſection, de forme quarrée, lorſqu'elle eſt polie, paroît diviſée par ſes deux diagonales en 4 triangles, qui préſentent alternativement cette lumiere chatoyante lorſqu'on les conſidere ſous différents angles. Le P. Pini avoit déja obſervé ce phénomene; mais M. le Baron d'Erlach m'en a donné un morceau de 3 pouces ¾ dans un ſens, ſur 5 dans l'autre, où ce curieux phénomene s'obſerve de la maniere la plus diſtincte. Il paroît qu'on doit l'attribuer à l'interſection de deux cryſtaux, comme dans les pierres de croix. En effet, ces adulaires préſentent auſſi une croix formée par l'interſection de leurs diagonales.

Je ne m'étendrai pas davantage ſur les caracteres extérieurs de l'adulaire. Ils ont été décrits avec beaucoup de ſoin par M. Struve, dans les *Mémoires pour servir à l'Histoire Naturelle de la Suisse*, T. I, pag. 229, seq.

Quant à son analyse, M Morell l'avoit publiée dans ces mêmes mémoires, pag. 237, & il avoit cru trouver $\frac{1}{15}$ de gypse dans sa composition. Mais M. Westtrumb, qui a répété & vérifié cette analyse avec le plus grand soin, paroit fondé à soupçonner quelqu'erreur dans cette analyse.

Il a trouvé sur 100 grains, d'adulaire blanche, d'adulaire jaune.

| | | |
|---|---:|---:|
| Silice | 62 | 63 |
| Argille | 18 | 19 |
| Magnésie | 6 | 5 |
| Calce | 6 | 6 |
| Baryte vitriolée | 2 | 2 |
| Fer | 1 | 4 |
| Eau | 2 | 1 |
| Perte | 3 | 2 |
| Somme | 100 | 100 |

La blanche, exposée à la flamme du chalumeau, se change en un verre sans couleur & qui seroit parfaitement transparent, sans les bulles dont il est parsemé. La bulle qu'il forme est de 0, 67 de ligne.

Comparaison de l'adulaire avec la pierre de Lune.

§. 1888. La demi transparence de l'adulaire & la lumiere chatoyante bleuâtre qu'elle répand, quand on la regarde sous un certain angle, l'assimilent à une pierre précieuse comme sous le nom de *pierre de Lune*. Par cette raison M. Werner a donné à l'adulaire le nom de *Mondstein*. Mais pourquoi envier à un inventeur le plaisir de donner un nom à l'objet qu'il découvre, sur-tout quand ce nom a d'ailleurs autant de convenance.

Il faut cependant avouer que les caracteres extérieurs de la pierre de Lune, telle que M. Werner l'a décrite dans ses notes sur la minéralogie de Cronstedt, *pag.* 131, la rapprochent beaucoup de l'adulaire.

§. 1889. L'Adulaire a aussi beaucoup de rapports avec une espece de feldspath connue sous le nom de *pierre de Labrador*. Mais celle-ci, outre qu'elle donne des couleurs plus vives & plus variées, a aussi plus de latitude dans le jeu de ses couleurs. En effet, elle montre ses couleurs avec plus de facilité, & n'exige pas tant de précision dans l'angle sous lequel on regarde ses lames. Elle paroît aussi un peu plus dure. Au chalumeau, elle se fond même plus aisément que l'adulaire, en un verre bulleux, dont on peut former une goutte de ¾ de ligne ou 0, 75 de diametre.

*Avec la pierre de Labrador.*

§. 1890. La pierre chatoyante, ou œil de chat, à laquelle on a aussi assimilé l'adulaire, & que l'on a aussi voulu placer dans le genre des feldspath', est beaucoup moins fusible ; je n'ai pu en former des gouttes que 0, 027. Je suis donc entiérement de l'avis de M. Werner, qui a très-bien observé & décrit cette pierre, *Minéralogie de Cronstedt, pag.* 129, & qui en fait un genre distinct. J'ai sacrifié un assez beau morceau de cette pierre pour observer sa cassure, & je me suis assuré de la justesse de l'observation de ce savant minéralogiste ; son tissu n'est point lamelleux comme celui du feldspath, sa cassure est compacte & approche souvent du conchoïde ; & j'ai vu aussi comme M. Werner, les fibres au reflet desquels il attribue le chatoyement de cette pierre.

*Avec l'œil de chat.*

§. 1891. Il existe encore une pierre dont le jeu a de l'analogie avec celui de l'œil de chat ; mais qui au lieu de produire une seule ligne ou raye lumineuse, comme l'œil de chat, présente une étoile mobile à 6 rayons. M. Laporterie a décrit ce genre de pierre sous le nom d'*astérie*, & il en a donné la figure dans un petit livre intitulé : *Le*

*Avec l'astérie.*

Saphir, l'Œil de chat & la Tourmaline de Ceylan démasqués. Hambourg, 1786. 4°.

M. BLUMENBACH a considéré cette pierre comme une espece de feldspath. *Handbuch der Naturgeschichte*, 4me. édition, p. 564. Mais d'après quelques échantillons que j'ai eus de M. LAPORTERIE, qui faisoit à Hambourg un commerce de pierres précieuses, je me suis convaincu que cette pierre n'est point un feldspath mais un saphir oriental. En effet, on trouve des saphirs bruts de Ceylan, bien caractérisés par leur forme en double pyramide exagone & alongée, qui ont tous les caracteres extérieurs de l'astérie. A la vérité, on ne voit l'étoile à 6 rayons que dans ceux qui ont été taillés en goutte de suif relevée mais le chatoyement & les autres caracteres suffisent pour déterminer leur identité ; & d'ailleurs, M. LAPORTERIE assure que c'est bien des saphirs qu'il tire ses astéries.

QUANT au singulier phénomene de l'étoile à 6 rayons, dont le centre change, quand on change la position de la pierre. M. LAPORTERIE croit que ce jeu est produit par le reflet des six arrêtes d'un cryftal de saphir coëffé d'une matrice transparente, dont la forme convexe augmente la vivacité & la grandeur apparente. Mais en observant ces pierres avec le plus grand soin, on n'y apperçoit aucun indice de ce cryftal intérieur ; & d'ailleurs, l'existence de ce cryftal ne rendroit point raison de la mobilité du centre de l'étoile. Voici mon explication.

M. LAPORTERIE a remarqué, & je l'ai vu comme lui, que l'astérie-saphir qui est demi transparente & d'un gris bleuâtre, présente dans son intérieur des rayes bleues & rougeâtres, paralleles entr'elles. Mais j'ai vu de plus, qu'en observant cette pierre à un jour favorable avec une lentille qui grossit environ cent fois le diametre, on y distingue clairement d'autres traits déliés & rectilignes qui croisent les premiers & qui se croisent entr'eux sur des angles de 60 & de 120 degrés, & qui forment ainsi dans l'intérieur même de la pierre, des étoiles à 6 rayons. Je penſois d'abord que ces traits pouvoient venir de la roue du lapidaire; mais je reconnus enſuite & avec la plus parfaite certitude, qu'ils n'appartiennent point à la ſurface, & qu'ils exiſtent réellement dans l'intérieur & à des profondeurs différentes dans toute l'épaiſſeur de la pierre; ſoit donc que ces traits ſoient des fentes ſubtiles comme dans l'adulaire, ſoit que ce ſoient des filamens, ou des eſpeces de poils comme dans l'œil de chat, je crois que c'eſt à l'interſection des rayons réfléchis par ces traits qu'eſt due l'apparence de l'étoile mobile à 6 rayons.

Dans les aſtéries-rubis, qui ſont produites par le chatoyement du rubis oriental, & dont la lumiere étoilée eſt cependant auſſi bleuâtre, je n'ai pu reconnoître que les traits les plus apparents qui ſont paralleles entr'eux; mais comme cette pierre eſt beaucoup moins tranſparente que l'aſtérie-ſaphir, je crois que je n'aurois pas pu diſtinguer ces traits, lors même qu'ils auroient exiſté.

J'ajouterai, que j'ai depuis long-tems dans ma collection une tranche exagone & réguliere d'un ſaphir oriental de 5 lignes de diametre, qui a un chatoyement argenté, extrêmement vif, & un peu étoilé, & dans lequel on reconnoît diſtinctement des traits qui paroiſſent être des tranches comme dans l'adulaire. Si on obſerve ces traits obliquement, au grand jour, avec une bonne loupe, on reconnoît qu'ils forment des exagones réguliers emboîtés les uns dans les autres, & décroiſſant juſques auprès du centre de la pierre, comme dans les agathes que l'on nomme à fortifications. Je ne doute pas que ſi cette pierre étoit aſſez haute pour que l'on pût lui donner une forme très-convexe, elle ne formât auſſi une eſpece d'étoile. La ſtructure lamelleuſe & la ſituation des lames élémentaires de la pierre, pourroient donc auſſi ſervir de baſe à l'explication de ce phénomene.

§. 1872. Le mica entre dans la compoſition d'un très-grand nombre de roches du St. Gothard, & on le trouve auſſi cryſtalliſé en diffé-

<small>Mica cryſtalliſé.</small>

rents endroits & fur différentes matrices. On fait qu'il fe cryftallife en feuillets à lames exagones, équilatérales, très-minces, fuperpofées régulièrement les unes aux autres, de maniere à former des prifmes exaëdres très-courts, terminés par des plans perpendiculaires à leur axe. Les lames qui forment ces prifmes font prefque toujours pofées fur leurs tranchants; enforte que leurs plans font perpendiculaires à la bafe qui les porte. On en trouve au St. Gothard de différentes grandeurs; j'en ai vu de plus d'un pouce de diametre. Ils varient auffi par leur couleur & par leur tranfparence; on en voit de gris blanchâtres, dont les lames ifolées font tranfparentes, mais qui ne font que translucides en maffe; de gris bruns, qui paroiffent tachés par une rouille ferrugineufe; d'autres enfin, qui vus en maffe, paroiffent noirs & opaques, mais dont les lames féparées font translucides en verd. J'en ai vu de cette variété dans le cabinet de M. JURINE, remarquables en ce que leurs lames divergentes préfentent des macles femblables à celles de la Prehnite.

Les mica cryftallifés blancs ou blanchâtres donnent au chalumeau un verre gris, luifant, gras, parfemé de petites bulles, & dont on peut former des globules d'un $\frac{1}{3}$ de ligne: fur le filet de fappare, ce verre s'affaiffe, pénetre & diffout fans effervefcence. Les verds noirâtres forment un verre noir & mat dont la fufibilité eft la même, mais qui ne diffout point le fappare. Ces mica fe trouvent fur du féldfpath, fur de l'adulaire, fur du quartz, fur des gneifs; j'en ai même des grouppes renfermés dans du cryftal de roche tranfparent & régulier.

Mica verd. §. 1893. Le mica non cryftallifé fe trouve au St. Gothard, de différentes couleurs. Le plus remarquable eft d'un beau verd, qui eft brillant, tranfparent dans fes lames féparées, & qui fe fond aifément en un verre femblable au précédent, mais plus fufible; on en forme des globules de $\frac{1}{2}$ ligne, & on en formeroit vraifemblablement de plus grands, fi l'on pouvoit en mettre de plus grands morceaux en expérience

rience. Cette efpece fe trouve fur de la dolomie blanche, grenue & fchifteufe.

§. 1793. J'ai déja parlé de la terre verte des cryftaux, T. II §. 724. M. Werner l'a nommée *chlorite*, & quoique je n'aime pas les dénominations tirées des couleurs, cependant comme le nom de *terre verte*, devoit néceffairement être changé, & que celui de chlorite paroit à préfent confacré par l'ufage, je l'ai auffi adopté. Quelques variétés remarquables de ce foffile que j'ai vues dans le cabinet de M. Jurine, & que M. Vizard a rapportées des Grifons dans le voifinage du St. Gothard, m'ont invité à en faire un nouvel examen. *Chlorite ou terre verte des cryftaux.*

Ces variétés ne peuvent pas être qualifiées de *terres* comme la chlorite; elles ont plutôt l'apparence d'un fable, & même quelques-unes d'un fable affez groffier; mais les variétés les plus fines fe rapprochent pourtant beaucoup d'une terre; leur couleur eft verd jaunâtre dans les unes, verd noirâtre dans les autres, & enfin verd gris dans les troifiemes. Ce fable ou cette terre brille d'un éclat fcintillant, que donnent celles de fes parties, dont les faces planes font fituées de maniere à réfléchir à l'œil la lumiere du jour. Vues au microfcope, on reconnoit que ces parties font toutes des lames brillantes, translucides, polygones, fouvent irrégulieres, quelquefois pourtant régulièrement exagones; mais ce qu'il y a de plus remarquable, c'eft que l'on y voit des prifmes polygones, compofés d'un grand nombre de ces lames, régulièrement appliquées les unes fur les autres comme dans les cryftaux de mica que je viens de décrire.

Après avoir obfervé cette ftructure dans ces chlorites groffieres, je l'ai cherchée dans les communes, & je l'ai trouvée exactement la même. Dans les unes comme dans les autres, les prifmes font fréquemment recourbés, & préfentent l'apparence d'un ver ou d'une chenille liffe & articulée; ces prifmes font également compofés de lames brillantes & translucides fur leurs faces, mais ternes & opaques sur leurs tranches; dans les variétés les plus fines des espèces communes, les angles des prismes & leurs articulations, ou les séparations des lames, sont plus difficiles à reconnoître. Dans l'espece la plus fine que j'aie observée, le diametre des lames ou des prismes qui en sont composés, n'est que d'une cinquantieme de ligne, tandis que dans les plus grossieres de celles des Grisons, elles ont jusques à un quart de ligne, ou plus exactement leurs dimensions sont de 0, 02 à 0, 26.

Au chalumeau, la *chlorite* la plus grossiere des Grisons est assez réfractaire, même sur le filet de sappare; on ne peut pas en faire des globules de plus de 0, 18, tandis que la chlorite commune en donne qui ont jusques à 0, 3 ; mais c'est également un émail noir parfaitement opaque, & qui, de même que le mica cryftallisé d'un verd noirâtre, ne pénetre ni ne dissout.

Celles des Grisons, de même que la commune, paroissent tendres, & on les réduit aisément en une poudre d'un blanc grisâtre. Il paroit donc que la chlorite est un amas de cryftaux d'une espece de mica dont la nature intime ou quelques circonstances extérieures restreignent l'accroissement dans certaines limites; je dis *la nature intime*, parce que sa fusibilité & la maniere dont elle se comporte sur le sappare, indiquent dans sa composition quelques différences d'avec le mica; tandis que sa forme & ses autres qualités extérieures paroissent la réunir à ce genre. Ces mêmes qualités chymiques & extérieures, paroissent l'éloigner de la classe des substances à base de magnésie, dans laquelle la place l'analyse de M. Hœpfner. Je crois donc que c'est avec beaucoup de raison que le célebre Werner a placé cette substance immédiatement après le mica.

Sagénite ou schorl rouge.

§. 1894. On a donné jusqu'à présent le nom de *schorl* à presque tous les cryftaux, dont la nature n'étoit pas bien connue, & sur-tout lorsqu'ils avoient une forme prismatique : on les distinguoit ensuite par leur couleur ou par d'autres accidents ; c'est ainsi que sans aucun motif raisonnable, on a nommé schorl rouge la pierre du St. Gothard que je vais décrire.

La couleur de cette pierre est d'un rouge orangé, brillant; les petits cryſtaux, ceux qui n'ont pas plus d'une 12$^{\text{me}}$. de ligne, sont transparents, & ont la couleur & le jeu de ces grenats que l'on nomme vermeilles : les gros paroiſſent opaques, mais leurs petits fragments ont le même degré de tranſparence & la même couleur que des fragments de vermeille.

La forme réguliere de ſes cryſtaux paroît être celle d'un priſme tétraëdre obliquangle, mais dont les angles de même que les côtés, paroiſſent preſque égaux entr'eux.

Je ne ſuis pas bien aſſuré de la maniere dont ces cryſtaux ſe terminent ; je crois pourtant qu'ils ſont ordinairement tronqués, net, par un plan peu oblique à l'axe du priſme. Ces cryſtaux ſont ſtriés parallelement à leur longueur; les ſtries ſont bien ſuivies & paralleles entr'elles.

La caſſure de ces cryſtaux varie. M. Van-Berghem a obſervé que leur caſſure longitudinale étoit lamelleuſe ; & je l'ai vu comme lui dans des cryſtaux qui tomboient en décompoſition, & dans ceux qui réſultent de la réunion de pluſieurs cryſtaux; mais dans les cryſtaux bien ſains & non compoſés, la caſſure, tant longitudinale que tranſverſale, m'a paru compacte, tirant pourtant ſur le conchoïde. Elle eſt d'un rouge preſque noir, ou plutôt d'un noir qui tire un peu ſur le rouge, & ſon éclat eſt très-vif & preſque métallique ; dans les parties bien ſaines du cryſtal, ſa couleur eſt d'un rouge orangé, mais d'un éclat moins vif par-tout où les cryſtaux ſont écaillés ou fendillés.

Les plus gros cryſtaux que je poſſede ont deux lignes ou deux lignes & demies d'épaiſſeur; mais communément, ils ſont plus petits ; on en voit qui n'ont qu'une 75ᵉ. de ligne, & qui cependant font longs de plufieurs lignes.

Ces petits cryftaux fe croifent ordinairement fous les mêmes angles, de maniere à former des réfeaux dont les mailles font des parallelogrammes ; cette finguliere propriété m'a paru propre à déterminer le nom de la pierre; je l'ai nommée *fagénite*, du mot grec & latin *fagena*, qui fignifie un filet.

Cette pierre eft dure, elle raye aifément le verre; elle ne fe laiffe point entamer à une pointe d'acier, par-tout où fa furface eft liffe; mais les cannelures fubtiles de fa furface extérieure fe laiffent rompre en travers, & là, elle paroît donner une rayure rofe.

Au chalumeau, elle préfente des phénomenes extrêmement finguliers ; lorfqu'on expofe à la flamme des morceaux de demi ligne, même d'un quart de ligne de diametre, ils ne fubiffent aucun changement fenfible, même des cryftaux en aiguilles très-fines, s'ils font courts, ne paroiffent pas non plus s'altérer; le verre femble les attirer, ils s'y enfoncent peu à peu, s'y noyent enfin entiérement & y demeurent inaltérables ; mais fi l'on peut en féparer une aiguille qui ait deux ou trois lignes de longueur fur une épaiffeur qui n'excede pas une 70ᵉ. de ligne, alors cette aiguille commence par devenir opaque & d'une couleur obfcure ; puis elle fe couvre à fa furface d'un vernis inégal, fur lequel fe forment des protubérances. Enfin, fi l'on continue de la tenir expofée pendant deux ou trois minutes à la flamme la plus vive, l'extrêmité de l'aiguille la plus éloignée du fupport de verre, celle par conféquent qui a effuyé la plus grande chaleur, fe couvre d'une efpece de pouffiere. Si on l'obferve alors au foyer d'une forte lentille qui groffiffe 2 ou 300 fois le diametre, on verra que cette pouffiere eft compofée de grains, la plupart arrondis, portés par de courts pétioles, & même quelques-uns de ces pétioles font une matiere vitreufe fans tranfparence, d'un gris verdâtre & d'un éclat un peu gras. Leur diametre eft

# DU ST. GOTHARD, Chap. XXII. 77

de la 3 ou 4 centieme partie d'une ligne. La pointe même du cryſtal, ſi ſon épaiſſeur ne ſurpaſſe pas une 75ᵉ. de ligne, ſe change en un verre parfaitement ſemblable à celui de ces globules.

Cet effet de la flamme ſur ces cryſtaux n'eſt point accidentel ; j'ai répété la même épreuve ſur pluſieurs d'entr'eux pris ſur différentes matrices, & j'ai obtenu conſtamment le même réſultat. Quant à ſa cauſe, je crois que l'action du feu produit ſur ces cryſtaux des exfoliations, ou ſi j'oſois dire des exfibrations, ou des ſéparations de fibres, qui étant extrêmement déliées, ſe fondent à leur extrémité & produiſent ainſi ces globules. En effet, j'ai vu quelquefois le long de ces cryſtaux altérés par le feu, des filets détachés comme d'un écheveau, & dont la ſubſtance étoit convertie en un verre ſemblable à celui de ces globules & de leurs pétioles. Enfin ce qui confirme la vérité de cette explication, c'eſt que quand on expoſe à la flamme la plus vive au bout d'un filet de ſappare un petit fragment de ſagénite ſéparé du milieu d'un gros cryſtal compacte, & qui n'eſt point diſpoſé à s'exfolier, il ſe couvre d'un vernis brillant, mais ſans donner des tubercules.

Ces cryſtaux ſe trouvent ſur du gneis, ſur du feldſpath, ſur du mica cryſtalliſé, ſur du cryſtal de roche, & même renfermés dans l'intérieur de ce cryſtal tranſparent, où leur réſeau forme à l'œil l'effet le plus agréable.

§. 1895. M. DE FLEURIAU a trouvé ſur le mont Breven, à Chamouni, un morceau de 16 lignes de long ſur 10 de large & 3 ou 4 d'épaiſſeur, d'une ſubſtance qui extérieurement reſſemble tout-à-fait à une mine de fer griſe compacte, diviſée irrégulièrement par des fentes droites que tapiſſe une eſpece de rouille jaunâtre ; ſa caſſure eſt brillante, métallique, lamelleuſe, à lames ordinairement droites, quelquefois un peu concaves. On y diſtingue, à l'aide d'une forte loupe, quelques parties rougeâtres ; mais quand on la diviſe, ſes petits éclats, vus par tranſparence au microſcope, paroiſſent demi-tranſparents, & & d'un bel orange tirant ſur le rouge.

*Sagénite informe.*

CETTE même pierre est pesante, dure & réfractaire; on peut à peine la fondre sur le verre, mais de très-petits éclats appliqués à la pointe d'une fine aiguille de sappare, se glacent à leur surface; il s'y forme quelques bulles, & le transparent orangé de la pierre se change en verd. Toutes ces propriétés assimilent si parfaitement cette substance à l'intérieur des gros cryftaux de sagénite, que l'on ne peut la considérer que comme une sagénite en masse. Cette singuliere pierre repose sur un gneis fin, où elle est en partie incrustée.

Comparaison avec la manganèse rouge.

§. 1896. LA Manganèse rouge & cryftallisée du Piémont, qui a été décrite & analysée par M. le Chevalier NAPION, *Mémoire de l'Académie de Turin, pour 1788 & 1789, pag. 308*, a aussi quelque ressemblance avec la sagénite.

M. de FLEURIAU m'en a donné deux jolis morceaux; sa couleur est d'un rouge tirant sur le violet; ses cryftaux sont prismatiques, quadrangulaires obliquangles comprimés; leur surface extérieure est médiocrement brillante, lisse dans quelques individus, & striée longitudinalement dans d'autres: sa cassure, dans les cryftaux un peu épais, paroît compacte & à grains fins, mais lorsque plusieurs cryftaux sont réunis & comprimés; elle paroît lamelleuse; elle est parfaitement opaque; elle n'est que demi-dure, se raye en un rouge un peu plus clair que le fond; & sa pesanteur spécifique est 3, 320.

Au chalumeau, elle bouillonne au premier coup de feu, se boursouffle beaucoup & se change en une scorie d'un gris noirâtre, dont les petites parties sont attirables à l'aimant, & se changent ensuite par un feu plus vif en un verre brun, brillant, compacte, un peu translucide. Ce minéral donne à tous les flux les couleurs propres à la manganèse. Toutes ces propriétés le distinguent donc suffisamment de la sagénite.

Avec le Wolfram de Cornouailles.

§. 1897. M. le Docteur BLAGDEN, secretaire de la société royale de Londres, a eu la bonté de m'envoyer un morceau de Wolfram rouge

## DU ST. GOTHARD, Chap. XXII.

noirâtre de Cornouailles, qui a auſſi quelque réſſemblance avec la ſagénite ; mais qu'un examen plus approfondi, démontre abſolument différent ; ſa couleur eſt d'un rouge brun tirant ſur le violet. On y voit une diſpoſition à ſe cryſtalliſer en barreaux droits, cunéiformes, aſſez gros & rayonnants de divers centres. Leur ſurface extérieure eſt brillante & même très-brillante, d'un éclat métallique, & un peu chatoyant ſous certains aſpects. Cette apparence a ſa raiſon dans le tiſſu lamelleux de ces barreaux, qui ſe montre même à l'extérieur ; mais que la caſſure rend plus évident en diviſant la pierre en lames minces, droites, très-brillantes, de formes indéterminées. La denſité de ce minéral eſt de 5, 894. Il n'eſt pas même demi dur. Sa rayure eſt d'un rouge brun, pulvérulent & ſans éclat ; ſes parties, même très-petites, ſont parfaitement opaques.

Au chalumeau, il commence par pétiller & par teindre en verd la flamme extérieure, puis il ſe fond en une ſcorie noire, preſque matte, caverneuſe, à cauſe des bulles qui crevent à ſa ſurface. Sur le ſappare, il pénétre & teint en brun foncé, qui s'éclaircit à la longue & ſe diſſipe enfin totalement.

§. 1898. On trouve quelquefois au St. Gothard, ſur les mêmes matrices que la ſagénite & même mélangée avec elle, une ſubſtance minérale, que je ne ſais à quel genre ni même à qu'elle claſſe rapporter. Ce ſont des lames d'un noir brillant, foncé, tirant ſur le bleu, d'un éclat métallique. La ſurface de ces lames eſt plane, lamelleuſe, nullement ſtriée ; on y voit ſeulement quelques fiſſures ſuperficielles & irrégulieres ; leur forme ne paroît point régulière ; on en trouve qui ont 5 à 6 lignes de largeur, ſur une longueur à peu près pareille. Leur caſſure eſt compacte, inégale, tirant un peu ſur le conchoïde, extrêmement brillante & ornée çà & là des couleurs de l'iris. Elle n'eſt point tranſparente, même dans ſes plus petites parties : elle n'eſt que demi dure ; une pointe d'acier y forme une raye ſans couleur, & dont le fond brille comme la ſurface même de cette ſubſtance.

*Subſtance noire brillante, qui paroît une mine d'uranit.*

EXPOSÉE à la flamme du chalumeau, elle se fond aisément en un émail compacte, opaque, d'un noir mat, dense & brillant dans sa cassure, & dont les petits fragments sont attirables à l'aimant. Il est vrai que, même avant d'avoir subi l'action du feu, les fragments qui n'ont qu'une 15$^{me}$ ou une 20$^{me}$ de ligne de diametre, sont aussi attirables.

ELLE s'étend sur le filet de sappare & le teint d'un beau noir mat qui ne s'évapore que très-lentement & sans changer de couleur, caractere qui appartient presque exclusivement à l'uranit. Et comme d'ailleurs, ce fossile a bien des rapports avec la mine d'uranit noire, connue en Allemagne sous le nom de *Pecherz* ou *Pechblende* ; je crois devoir considérer ce fossile comme une espece de cette mine.

L'ALKALI minéral se joint à cette pierre sans effervescence & sans y produire de changement; ce flux n'en est pas non plus coloré.

[^1] §. 1899. ON trouve aussi cette même substance en masses un peu plus épaisses, d'une ligne par exemple, & elle paroît alors quelquefois lamelleuse, quoique dans l'intérieur, sa cassure soit toujours compacte, grenue & irisée; celle-ci, on me la envoyée sous le nom de *Wolfram*; mais la cassure du Wolfram est moins noire, quoique d'ailleurs assez semblable.

D'AILLEURS, le Wolfram noir, donne sur le filet de sappare une couleur d'un brun foncé, translucide, qui s'éclaircit à la longue & se dissipe enfin totalement, au lieu que le fossile du St. Gothard donne, comme je l'ai dit, un noir opaque & fixe.

ENFIN, la différence essentielle qui sépare ces deux fossiles, c'est que le Wolfram teint les flux & se dissout en entier dans l'acide minéral, tandis que cette substance y demeure intacte. J'ajouterai encore, que le Wolfram se dissout en partie dans les acides, où il donne son propre acide sous la forme d'une poudre jaune, au lieu que le fossile noir du St. Gothard n'est nullement altéré par les acides minéraux.

§. 1900.

[^1]: La même plus épaisse, comparée avec le Wolfram de Zinnwald.

§. 1900. On a trouvé sur le St. Gothard un fossile, qui bien que Grenatite différent du schorl rouge, ou sagénite, a cependant avec ce genre de pierre, & sur-tout avec les especes en masse, des ressemblances bien plus caractérisques qu'avec le grenat; je veux parler de la *grenatite*. On a trouvé cette pierre dans la vallée de Piora, & on l'a appellée *grenatite*, à cause de la ressemblance que lui donnent sa couleur & sa cassure avec les grenats grossiers que l'on trouve dans ces montagnes.

En effet, les cristaux de grenatite, ont comme ces grenats, une couleur rembrunie, qui tire sur le rouge & sur l'orangé. Leur surface est fendillée, mais brillante; ils sont transparents dans leurs petites parties, mais à peine translucides en masse; ils ont aussi une cassure brillante & compacte, quelquefois à grains grossiers & inégaux; d'aufois approchant un peu de l'écailleuse, & ailleurs de la conchoïde; mais la grenatite differe du grenat, d'abord par la forme de ses cristaux. Au lieu d'être très-raccourcis comme ceux du grenat, ce sont des prismes souvent très-alongés; on en voit dont la longueur surpasse plus de vingt fois la largeur; j'en ai d'un pouce de long sur demi ligne de large; on en trouve cependant qui sont plus courts & en même tems plus larges.

La forme de ces prismes paroît rarement distincte; la plupart se montrent à 4 faces & à angles droits. M. Jurine en possede un très-beau, qui, si il étoit complet, formeroit une table octogone alongée, dont les côtés sont perpendiculaires aux faces, & qui a 16 lignes de longueur sur 6 de largeur & 3 d'épaisseur (1). Cependant M. Van-Berchem croit que leur forme reguliere est un prisme exaédre. En

---

(1) Le volume & la forme de ces gros cristaux, de même que leur disposition à la cassure lamelleuse, pourroient faire soupçonner qu'ils sont d'un autre genre que la grenatite commune; mais l'identité de toutes leurs autres propriétés, d'ailleurs très-marquées & en particulier leur épreuve au chalumeau, qui donne absolument les mêmes résultats, ne permettent pas de les séparer.

effet, j'en ai vu en exaédres parfaitement équilatéraux. Il feroit même poffible, & on en voit des indices, qu'ils ne paffent à la forme quadrilatérale par l'extrême diminution de deux de leurs côtés. L'appointement de ces prifmes eft auffi très-variable & difficile à déterminer. La plupart font coupés par un feul plan oblique à l'axe du prifme : quelques-uns montrent un fommet diédre. M. VAN-BERCHEM le croit terminé comme le grenat par un fommet triédre; cependant les exagones réguliers, dont j'ai parlé plus haut, font tronqués net à leurs deux extrémités, par des plans perpendiculaires à l'axe du prifme; mais ce qui diftingue la grenatite du grenat encore plus que la forme de ces cryftaux, c'eft la maniere dont elle fe comporte au chalumeau. Tous les grenats du St. Gothard font fufibles, au point de former des globules d'une ligne de diametre, d'un verre noir, homogene, compacte, à caffure conchoïde. La grenatite au contraire eft fi réfractaire, que les plus petits fragments ne forment jamais de goutte; le feu le plus vif & le plus long-tems foutenu, ne fait que leur donner une couverte d'un vernis brillant, tranfparent, d'un noir tirant fur le verd, qui cependant ronge peu à peu l'intérieur de la pierre, & forme au lieu de globules, des pointes coniques, qui ont environ $0,013$, ou une $73^{me}$ de ligne de longueur, fur la même largeur à leur bafe. Ces fragments hériffés de pointes, préfentent au microfcope un afpect très-fingulier; & fi comme cela convient, on a fait l'expérience fur un filet de fappare, on voit le vernis devenu fluide, couler par la fufion que j'ai nommée rétrograde, jufques fur le filet de fappare, le pénétrer & le teindre. Il le teint d'un noir verdâtre qui paffe au verd tranfparent, & fe décolore enfin prefqu'entiérement, comme cela arrive à tous les minéraux ferrugineux.

ON trouve la grenatite dans un fchifte micacé gris, à feuillets très-fins, mêlés ici de quartz; là, datomes de feldfpath, qui ne font reconnoiffables que par leur fufibilité & par le verre qu'ils donnent On voit auffi dans ce fchifte des feuillets plans & brillants de mica blanc argenté, pofés à angles droits des feuillets du fchifte, comme dans ceux du Griès, §. 1733.

§. 1901. LE fappare, *Kyanit* de M. WERNER, eft une pierre qui n'eft  Sappare. connue que depuis peu d'années dans nos montagnes, mais qui l'étoit auparavant en Ecoffe, d'où j'en ai reçu un très-beau morceau, dans une collection de minéraux Ecoffais, que je dois à l'amitié du Duc de GORDON. C'eft-là qu'on lui a donné le nom de *fappare*, que mon fils a cru devoir conferver dans l'analyfe qu'il a donnée de ce foffile. *Journal de Phyfique*, 1789, *pag.* 213.

CETTE pierre eft remarquable par fes lames, ou bleu de ciel, ou  Sappare bleu clair, ou verdâtres, ou jaunes, ou blanches, & quelquefois mé- tendre. langées. Elles brillent d'un éclat vif, nacré, & même argenté. Leur largeur va jufques à deux pouces, & leur longueur eft beaucoup plus grande. Leur tiffu eft feuilleté, à feuillets droits, très-minces & fuivis dans toute l'étendue de la pierre, fi ce n'eft qu'ils font quelquefois coupés par des fentes, ou perpendiculaires, ou un peu obliques à la largeur de fes feuillets. Les lames fines, ifolées, paroiffent tranfparentes, mais en maffe elles ne font que translucides. Ces feuillets font diftribués par paquets dans une roche, pour l'ordinaire quartzeufe, quelquefois micacée; & ils font ici divergents en éventail; là, entre-croifés dans des directions différentes. On la trouve auffi, mais rarement, en paquets de lames longues & étroites, qui lui donnent quelque reffemblance avec une trémolite; mais en les obfervant avec attention, & fur-tout en les éprouvant au chalumeau, on y reconnoît diftinctement les caracteres du fappare.

LA dureté de ce foffile varie; il paffe par gradations depuis des variétés tendres & fragiles, jufques à l'efpece vraiment dure que je vais décrire.

LE fappare dur préfente les mêmes couleurs que le tendre, mais  Sappare avec encore plus d'éclat. Ses lames, plus fortement unies, font fou- dur. vent tranfparentes, même en maffe; on voit de ces cryftaux d'un bleu foncé de faphir, parfaitement nets & de la plus grande beauté.

Ces cryſtaux ſont des priſmes exagones, un peu comprimés, tronqués net, c'eſt-à-dire, terminés par des plans perpendiculaires à l'axe du priſme. ( 1 ) Ils ſont compoſés de lames droites, toutes paralleles à l'axe & aux grandes faces de l'exagone. Ces deux faces ſont liſſes & très-brillantes, tandis que les intermédiaires ſont ſtriées & peu brillantes. La caſſure tranſverſale eſt matte, ſchiſteuſe, la longitutinale lamelleuſe, liſſe & brillante. Une pointe d'acier le raye facilement en long, ſur les faces larges; mais elle ne l'entame point lorſqu'elle l'attaque en travers ou même en long ſur les faces étroites du priſme.

Les morceaux ſains & agiſſants de pointe, paroiſſent plus durs que le cryſtal de roche. Elle donne par le frottement une électricité négative ſur toutes ſes faces.

Les plus beaux morceaux de ſappare dur ont été trouvés par M. Vizard, ſur une montagne à 7 lieues de Giornico, du côté du Meynthal. Les plus beaux cryſtaux étoient au jour & en partie couverts de lichens.

Au chalumeau le ſappare, tant le dur que le tendre, paroit extrêmement réfractaire; & c'eſt ce qui m'a donné l'idée d'en prendre des fibres pour ſupport dans les expériences que je voulois faire ſur de très-petits fragments de différents foſſiles qui refuſoient de ſe fondre en maſſes plus volumineuſes. En même tems, comme ces fibres perdent au feu leur couleur, quelle qu'elle ſoit, & y deviennent d'un beau blanc mat, cela les rend très-propres aux expériences ſur les couleurs, que la plus extrême violence du feu peut donner aux minéraux. Le ſeul changement que ces filets éprouvent au chalumeau, outre la déperdition des couleurs, c'eſt d'y prendre une texture grenue, qui les rend un peu fragiles. Mais de vraie fuſion, je n'ai point pu en obtenir, quoi que j'aie opéré ſur des filets qui n'avoient qu'une

---

[1] MM. Bekkerhinn & Kramp croyent que ces cryſtaux ſont des priſmes quadrilateres à angles tronqués. *Kryſtallographie*, §. 462.

foixantieme de ligne de diametre. On peut voir dans le *Journal de Physique de* 1794, les expériences que j'ai faites en employant des fupports de cette fubftance. Ce Mémoire a été traduit en Allemand par M. CRELL, & inféré dans le premier cahier de fes Annales pour l'année 1795.

QUANT à l'Analyfe de cette pierre, elle a été faite avec foin par mon fils ; il a trouvé fur 100 grains

| Sappare tendre | | Sappare dur | | |
|---|---|---|---|---|
| Silice | 30 , 62 | 29 , 20 | | |
| Argille | 54 , 50 | 55 , 00 | | Journal |
| Calce | 2 , 02 | 2 , 25 | | de phyfi- |
| Magnéfie | 2 , 30 | 2 , 00 | | que 1793, |
| Fer | 6 , 00 | 6 , 65 | | 11 , 13. |
| Eau & Perte | 4 , 56 | 4 , 90 | | |
| Somme | 100 , 00 | 100 , 00 | | |

CES Analyfes fixent le rang de cette pierre dans la claffe des gemmes.

§. 1901. *A.* LA collection des foffiles du St. Gothard que poffede M. JURINE, renferme quelques échantillons d'une pierre qui avoit été trouvée précédemment en Dauphiné, & que l'on avoit baptifée du nom de *fchorl*, comme l'on faifoit de toutes les pierres cryftallifées, dont on ne connoiffoit pas la nature, & que l'on avoit diftinguée, à raifon de la forme de fes cryftaux, par le nom de fchorl *octaëdre*. M. TINGRY, qui en poffede de très-beaux morceaux, a bien voulu m'en facrifier quelques cryftaux, pour que je puffe les examiner & les décrire. Comme d'après l'examen que j'en ai fait, ils m'ont paru ne pouvoir s'adapter à aucun genre ; j'ai cru devoir leur donner un nom nouveau, j'ai fupprimé celui de fchorl, qui ne leur convient point, & je les ai appellés *octaëdrites*.

Octaë- drite nom- mée ci-de- vant fchorl octaëdre.

LEUR couleur eft d'un verd noirâtre, tranflucide en verd jaunâtre;

& qui paroît quelquefois d'un beau noir opaque. Il est assez difficile de distinguer leur translucidité, elle ne se manifeste que dans quelques parties & sous un jour favorable, parce que leur surface est si brillante, qu'une translucidité foible disparoît en comparaison ; leur éclat est presque métallique.

Leur forme est celle d'un octaëdre résultant de deux pyramides quadrangulaires, opposées directement base à base sans prisme intermédiaire. Les triangles qui forme les faces de ces cryftaux, ont les plus aigus de leurs angles au sommet de la pyramide. Cet angle est de $53^d$, $30^m$ ; il détermine tous les autres, & même les rapports de toutes les dimensions de ces cryftaux. Comme je n'avois point de goniometre, j'ai employé pour le déterminer une méthode qui donne, je crois, plus d'exactitude que cet instrument; c'est de mesurer avec le micromètre les dimensions des côtés, & d'en déduire trigonométriquement les angles. On peut même employer cette méthode dans des cas où la petitesse des cryftaux, & leur position ne permettent pas l'emploi du goniometre. (1)

Dans quelques variétés les sommets ne sont pas exactement pyramidaux, mais terminés par un tranchant qui forment deux trapeses renfermés entre deux triangles. On voit aussi quelquefois plusieurs pyramides implantées les unes dans les autres, former une espece de prisme articulé terminé par deux pyramides.

Les faces de ces pyramides sont souvent sillonnées par des stries paralleles à leurs bases. Les plus gros cryftaux simples de ce genre que j'aie vus, ont environ une ligne & demie de largeur sur trois de hauteur.

---

[1] MM. Bekkerhinn & Kramp, qui ont eu aussi l'idée d'employer ce procédé pour la mesure des angles, en ont fait un usage très-heureux dans leur bel ouvrage intitulé : *Kriftallographie der Minerabreich*. Wien 1793, 8°.

Leur caſſure eſt lamelleuſe & très-brillante, d'un éclat métallique comme de l'acier poli ; ils ne ſont que demi durs ; une pointe d'acier les raie en gris.

Au chalumeau, des morceaux un peu volumineux ne ſubiſſent preſqu'aucun changement, mais ſi l'on fixe ſur le filet de ſappare un fragment qui ait au plus une vingtieme de ligne de diametre, il commence par devenir bleu d'acier très-brillant, puis il ſe couvre d'un vernis noir qui devient mat, & finit par s'hériſſer de pointes blanches & translucides, dont le diametre eſt de 0,004 ; ce qui placeroit ſa fuſibilité au 14200$^{me}$ degré du thermometre de Wedgwood, ſi l'extrême brièveté des pétioles de ces globules ne les rapprochoit pas tellement de la maſſe, qu'on ne peut point les conſidérer comme iſolés, ni par conſéquent leur appliquer la formule qui eſt fondée ſur cet iſolement. Ces cryſtaux ſont épars ſur des druſes de petits cryſtaux de quartz, auxquels ils n'adherent que très-légérement.

§. 1902. Les hyacinthes dont je vais parler ne viennent pas préciſément du St. Gothard, mais des environs de Diſentis dans les Griſons, qui eſt tout près du pied de cette montagne, & d'où elles ont été rapportées par M. Vizard, qui fait à Berne le commerce des minéraux. Leur couleur eſt exactement celle de la confection qui porte le nom d'hyacinthe. Leurs petites parties ſont demi tranſparentes ; mais en maſſe elles ſont à peine translucides. Leur forme eſt celle d'un priſme quadrangulaire rhomboïdal, dont les quatre angles ſont tronqués. Ce priſme eſt terminé par deux pyramides quadrilateres, tronquées plus ou moins près de leur ſommet, & dont les angles de jonction avec le priſme ſont auſſi tronqués. Comme le priſme eſt auſſi large que long, il réſulte de là une forme totale dont la circonſcription eſt preſqu'arrondie, & qui eſt terminée par 6 parallélogrammes preſqu'équilatéraux, & par 12 exagones plus ou moins alongés. Les angles de ces parallélogrammes ſont environ 67 & 113.

Hyacinthes.

Il y a des grenats qui ont quelque reſſemblance de forme avec ces hyacinthes ; mais ce qui fait leur différence essentielle, comme l'a fort bien remarqué M. ROMÉ DE L'ISLE, c'est que dans les grenats les faces des pyramides sont interposées entre celles du prisme, au lieu que dans l'hyacinthe orientale, comme dans celle-ci & dans celle du Vesuve, les faces des pyramides répondent directement à celles du prisme. Au reste, cette forme est la forme générale & réguliere de ces cryftaux ; car souvent on la voit modifiée par des surtroncatures, ou par d'autres accidents. Quant à leur volume, les plus grands de ceux que je poffede ont environ 6 lignes de diametre.

LA furface extérieure de ces cryftaux eft affez brillante ; les petites faces exagones du prisme font ftriées fuivant leur longueur, mais les grandes faces ne font point ftriées ; elles n'ont que des fiffures accidentelles. Leur caffure eft brillante & lamelleufe ; les lames font droites & conftamment parallèles aux grandes faces du cryftal. Ces cryftaux rayent le verre & donnent du feu contre l'acier.

LORSQUE l'on caffe ces cryftaux, on obferve dans leur intérieur des parties blanches, tranfparentes, interpofées entre les parties de couleur confection qui forment le fond de la pierre ; mais la furface ou l'enveloppe extérieure des cryftaux, jufques à la profondeur d'un quart de ligne, eft toute de la partie colorée.

CES parties blanches, lorfqu'elles font pures, confervent à la flamme du chalumeau toute leur tranfparence, & fe montrent auffi réfractaires que le quartz ; mais la partie colorée eft très-fufible, & fe change fans fe bourfouffler en un verre noir, compacte, qui s'affaiffe fur luimême, & qui fur le filet de fappare devient verd tranfparent, & finit par fe décolorer en diffolvant avec effervefcence, mais fans former par un prompt refroidiffement l'écume que donnent les foffiles à bafe de magnéfie.

CE mélange de parties d'une couleur & d'une nature différente eft un fait aſſez extraordinaire, mais que j'ai vérifié ſur pluſieurs cryſtaux que j'ai caſſés à cette intention. J'obſerverai cependant que le quartz n'eſt pas dans tous, diſtribué avec la même régularité ; il eſt quelquefois par grains, diſſéminés ſans ordre dans l'intérieur du cryſtal.

COMME on voit du quartz blanc entre ces cryſtaux, on peut ſoupçonner que ce ſont des parties de ce quartz qui ſe ſont logées entre les lames de l'hyacinthe pendant leur formation.

§. 1903. LA pierre qui ſert de matrice à ces cryſtaux, eſt une roche dure, mélangée de gros grains blancs, verdâtres, jaunâtres, où l'on reconnoît du quartz & des parties d'hyacinthe. *Roche d'hyacinthe.*

ET entre les cryſtaux d'hyacinthe, on voit, ici du quartz ; là, du ſpath calcaire d'un beau blanc de lait.

§. 1904. ON voit auſſi ſur les trois morceaux que je poſſede une matiere très-ſinguliere. Elle eſt extérieurement d'un gris d'acier aſſez brillant, & ſtriée comme en forme de baſtions : ſa caſſure eſt lamelleuſe, à lames droites brillantes, qui varient dans leurs directions, & qui en quelques endroits s'oblitérent, & la caſſure paroît là tirer ſur le conchoïde. *Prechnite griſe confuſément cryſtalliſée.*

CETTE matiere eſt dure, tranſlucide, à 1 ligne ¼ dans les endroits où elle l'eſt le plus. Au chalumeau elle ſe bourſouffle beaucoup; on peut en former des maſſes de 2 lignes, d'une ſcorie d'un brun verdâtre mammelonnée, médiocrement brillante, demi tranſparente & qui eſt enſuite réfractaire. Sur un filet de ſappare, mais très-délié, un très-petit fragment de cette ſcorie ſe fond en un verre d'un verd jaunâtre tranſparent, qui corrode lentement & ſans efferveſcence ; ce foſſile a donc tous les caracteres de la prehnite.]

§. 1905. EN comparant entr'elles, comme j'aime à le faire, les différentes pierres auxquelles on a donné le même nom, je trouve ſous *Comparaiſon de nos hya* cinthes celles du Vesuve.

le nom d'hyacinthes, d'abord ces cryftaux bruns, enfumés de la Somma ou de l'ancien Vefuve, que l'on nomme ordinairement du fchorl, & que M. ROMÉ DE L'ISLE a rapportés à l'hyacinthe : ceux que je poffede correfpondent parfaitement à la defcription qu'en a donné ce favant cryftallographe, *tome II, page* 291. M. GIOENI les a auffi décrits dans fa Lithologie Vefuvienne, fous le nom *Sorlo piceo cryftallizzato*, p. 30 & 31.

CETTE hyacinthe differe de celle de Difentis, en ce que fes grandes faces font des quadrilateres obliquangles. De plus, dans celle du Vefuve, les grandes faces du prifme font ftriées parallelement à fon axe, au lieu que celles de Difentis ne font point ftriées. D'ailleurs leur ftructure interne eft la même, leur caffure préfente également des lames droites, paralleles aux quatre grandes faces du prifme. La dureté eft la même dans les deux efpeces.

LA fufibilité des hyacinthes du Vefuve les rapproche auffi de celles de Difentis; elles fe bourfouflent auffi au chalumeau, mais fans y devenir réfractaires comme le fchorl verd ou la delphinite : leur fcorie eft encore fufible, & dans la feconde fufion, on peut encore en former des globules qui ont jufques à $\frac{2}{3}$ de ligne de diametre. (1)

Avec le Staurobaryte ou hyacinthe blanche cruciforme.

§. 1906. J'ai comparé auffi avec ces hyacinthes la pierre que M. ROMÉ DE L'ISLE a nommée *hyacinthe blanche cruciforme*, t. II, p. 299. & dont il a donné d'excellentes figures, *tome IV*, p. 114—119.

---

(1) Voilà ce que j'écrivois en 1792, mais des découvertes plus récentes ont changé le nom & la place fyftématique de cette pierre. M. WERNER l'a nommée *Vefuvienne*, & M. STUCKE, qui en a fait l'analyfe, a trouvé que c'étoit une mine de manganèfe. Elle contient fuivant lui
Manganèfe 40, 125.

Fer 16, 250
Calce 16, 000
Silice 26, 500
Perte 1, 125
——————
100, 000.

*Stucke Chemifche Unterfuchungen.* Frankfurt, 1793, 8°.

La forme des cryftaux de cette pierre, foit fimples, foit maclés, ne reffemble point à celle des hyacinthes de Difentis & du Vefuve. Cependant M. Romé de l'Isle la dérive de la forme fimple & primitive des hyacinthes d'Efpagne & du Vivarais.

Mais d'un autre côté les faces des prifmes de l'hyacinthe cruciforme font ftriées obliquement, & leur caffure n'eft pas diftinctement lamelleufe, comme celle des autres hyacinthes, elle fe rapproche plutôt de la conchoïde. D'ailleurs, l'analyfe de ces cryftaux croifés, faite par M. Westrumb, prouve une très-grande différence dans leurs principes conftituants, & a engagé M. Blumenbach à les ranger dans la claffe des pierres dont la terre pefante ou baryte forme une partie confidérable. Ce favant naturalifte les nomme *Kreutzcryftal*, p. 613. J'aurois adopté ce nom, fi le nom de pierre de croix n'appartenoit pas déjà à des pierres d'un autre genre. Ainfi pour leur donner une dénomination féparée, & qui exprime tout à la fois leur forme & leur nature, je les nomme *Staurobaryte*.

Cette pierre eft affez dure pour rayer le verre, & au chalumeau elle montre le degré de fufibilité, & donne le verre blanc demi-tranfparent & bulleux du feldfpath commun.

§. 1907. L'hyacinthe de Ceylan reffemble aux nôtres, en ce que c'eft auffi un prifme quadrangulaire, terminé par deux pyramides auffi quadrangulaires. Mais elle en diffère en ce que, comme l'a fort bien obfervé M. Werner, les faces de la pyramide partent des angles du prifme & non de fes faces comme dans les nôtres. Leur fufibilité eft auffi très-différente ; celles de Ceylan perdent, à la vérité, leur couleur à la flamme du chalumeau, mais elles y confervent leur forme & leur tranfparence ; elles paroiffent auffi difficiles à fondre que le quartz opaque.  *Et avec l'hyacinthe de Ceylan.*

§. 1908. Comme je fus le premier à exciter les cryftalliers d'Ayrol à la recherche des tourmalines, & qu'ils m'envoyerent les produits de  *Tourmaline.*

leurs premieres & plus heureuses fouilles, j'en ai fait une très-grande collection, qui m'a donné la facilité d'étudier, & leurs caracteres & leurs principales variétés.

LEUR couleur en général est d'un beau noir, leur éclat extérieur très-vif, & leur transparence presque nulle.

ON en trouve cependant de petites qui sont transparentes, autant que peut le permettre le brun enfumé qui les colore.

LEUR forme la plus simple (de celles qu'on trouve au St. Gothard) est un prisme exagone, dont les angles sont alternativement saillants, au point qu'on ne voit d'abord que ces trois angles, & que le prisme paroît triangulaire équilatéral : mais en l'observant avec soin on distingue les angles intermédiaires qui sont très-obtus, & même joints par des surfaces un peu courbes. La terminaison la plus simple de ces prismes est une pyramide triédre obtuse à plans rhomboïdaux, qui partent des angles saillants du prisme. Mais souvent des troncatures intermédiaires partent des angles obtus du prisme, changent ces rhombes en exagones.

CES cryftaux sont cannelés, suivant leur longueur, par des stries droites bien suivies & paralleles entr'elles. Mais les faces des pyramides qui les terminent sont lisses, brillantes & exemptes de stries, ou ne présentent du moins que des inégalités accidentelles.

La cassure des cryftaux simples & purs est très-brillante & parfaitement conchoïde ; mais les cryftaux impurs, de même que ceux qui résultent de la réunion de plusieurs cryftaux paralleles, ont une cassure inégale & médiocrement brillante.

CETTE pierre est plus dure que le quartz, comme l'obferve fort bien M. WERNER, car elle le raye.

SA qualité de devenir électrique par la seule action de la chaleur ou du refroidissement, est l'objet de l'étude des physiciens plutôt que des minéralogistes.

Au chalumeau, les tourmalines du St. Gothard bouillonnent au premier coup de feu, se boursouflent, & forment une espece de scorie d'un blanc jaunâtre, qui surnage à l'eau, & n'est point attirable à l'aimant.

Les tourmalines se trouvent au St. Gothard sur le Mont Taneda, ou renfermées dans d'autres substances, ou grouppées ensembles & sans gangue visible. J'en ai des masses de trois pouces de diametre, & où les cryftaux sont entrelacés, & se croisent en différents sens & laissent entr'eux des espaces entiérement vuides.

Les plus gros de ces cryftaux ont jusqu'à trois lignes de diametre, & les plus petits sont exactement capillaires.

On les trouve aussi renfermés dans du quartz & dans du cryftal de roche parfaitement transparent & régulier. On en voit aussi dans du spath calcaire, dans de l'adulaire, & enfin dans une argile brune & ferrugineuse.

§. 1909. Le schorl noir, par sa cryftallisation, se rapproche beaucoup de la tourmaline : aussi M. WERNER & M. BLUMENBACH les ont rangés dans le même genre, en distingant la tourmaline par le nom de *schorl électrique* ; mais la forme même des cryftaux présente quelques différences ; la cassure en présente ensuite de bien plus grandes ; la maniere de se comporter au feu en offre encore d'autres ; & enfin l'analyse en donne de vraiment essentielles. La couleur du schorl noir est au-dehors d'un noir foncé & brillant, mais qui n'a pas, comme la tourmaline, un éclat du premier rang. La forme la plus simple de ces cryftaux est celle d'un prisme exagone équilatéral, strié longitudinalement, & terminé par deux pyramides triedres très-obtuses.

*Schorl noir.*

La caſſure des nôtres, tant du Mont-Roſe que de Diſentis, n'eſt pas conchoïde, comme celle de ceux qu'a d'écrits M. WERNER, *Cronſted, page 168'*; mais elle eſt différente ſuivant qu'elle eſt tranſverſale ou longitudinale; la tranſverſale eſt compacte, un peu inégale, d'un éclat un peu plus que ſcintillant; la longitudinale & même l'oblique eſt lamelleuſe & chatoyante, à lames droites, paralleles à la longueur du cryſtal.

Les cryſtaux ſont opaques, durs, & ne ſe laiſſent point rayer par l'acier, au contraire, l'acier trempé laiſſe ſa trace ſur eux.

Les plus grands que j'aie vus viennent des environs de Diſentis; j'en poſſede un qui a 2 pouces, 3 lignes de diametre, ſur 4 de longueur. Sa matrice eſt de quartz.

Ceux du pied du Mont Roſe n'ont que 7 à 8 lignes de diametre; ils ſont fréquemment coupés en travers par des tranches de quartz & de feldſpath : ceux du St. Gothard qui ſont dans la collection de M. STRUVE, ſont beaucoup plus petits & d'un tiſſu plus compacte.

Ils ſe bourſouflent au chalumeau & ſe changent en une ſcorie noire, réfractaire, qui bien que légere ne ſurnage pas à l'eau comme celle de la tourmaline, & qui eſt attirable à l'aimant, tandis que la ſcorie de la tourmaline eſt blanchâtre & non attirable. Enfin l'analyſe manifeſte entre ces deux pierres des différences eſſentielles.

Le ſchorl noir contient preſque trois fois autant de fer que la tourmaline ; & outre cela de la manganeſe, qui ne ſe trouve point dans la tourmaline. En revanche celle-ci contient de la terre calcaire dont le ſchorl noir ne contient point du tout.

Talc commun §. 1910. TALC commun d'un blanc verdâtre, tranſlucide à 3 lignes, très-tendre, dont la caſſure eſt lamelleuſe, ondée & brillante du Kayferſtuhl.

Ce talc, expofé au chalumeau, répand d'abord une lumiere verdâtre; & les parties faillantes fe fondent en mammelons, dont les uns font en entier d'un blanc mat; les autres ont leur extrémité brune, demi tranfparente. Le diametre de ces mammelons n'excede pas 9 100$^{mes}$ de ligne.

§. 1911. TALC fchifteux gris verdâtre, à feuillets grands, droits, translucides à 1 ligne, très-gras au toucher, un peu flexibles, moins cependant que le talc commun. Du *Kayferftuhl*. Talc fchifteux.

AUTRES variétés du même talc, l'une d'un beau blanc argenté, l'autre jaunâtre; une troifieme verdâtre, plus feches, plus caffantes & moins douces au toucher que la premiere. Entre la Fourche & Réalp.

§. 1912. TALC radié. M. HŒPFNER m'a envoyé un échantillon de ce talc, fous le nom de *talcum ftriatum*. Il eft d'un blanc verdâtre, & fes caracteres extérieurs font à peu-près les mêmes que ceux du talc ordinaire; fi ce n'eft qu'il eft compofé de parties alongées cunéiformes qui aboutiffent à un centre commun. Talc radié.

LA réunion de ces efpeces de rayons forme un cercle applatti de 2 pouces ½ de diametre. Le deffous de la bafe de ce cône eft tapiffé d'ébauches imparfaites de cryftaux en crête de coq, noires en-dehors, mais compofées de lames intérieurement blanches & d'un éclat très-vif, prefque métallique. Ces lames font demi-tranfparentes ifolément, mais à peine translucides en maffe. ( 1 )

QUAND on expofe au chalumeau ces lames ifolées, elles brillent d'abord d'un éclat verdâtre, & fe fondent enfuite en un émail d'un

---

( 1 ) Je crois que la pierre décrite par M. BLUMENBACH, pag 586, fous le nom de *Tremolit Talk*, eft la même que je viens de décrire; mais il me femble qu'il vaut mieux la défigner par fa forme, que par le nom d'une fubftance d'un genre différent.

blanc mat. La surface de cet émail, vue à une forte lentille, paroît crystallisée ; du moins est-elle relevée par des arrêtes rectilignes qui se
croisent sous des angles de 60 ou de 120 degrés, & forment ainsi fréquemment des ébauches d'étoiles à 6 rayons.

Amianthe.  §. 1914. AMIANTHE d'un blanc verdâtre, en faisceaux, qui sont
presqu'inflexibles en masse, mais dont les filets & même les paquets
détachés sont doux & flexibles. Les filets simples n'ont gueres que
la 200$^{me}$ d'une ligne d'épaisseur ; & par conséquent, on ne peut point
déterminer leur forme : mais il paroît bien probable qu'elle est prismatique & reguliere. Au chalumeau, ses filets déliés se fondent avec
une extrême facilité ; mais quand ils sont réunis, on ne peut pas en
former une goutte qui ait plus d'un tiers de ligne de diametre. Cette
goutte est d'un noir tirant sur le brun mat du côté qui a été exposé à
la flamme, mais brillant du côté opposé.

Steatite asbestifor- §. 1915. STEATITE asbestiforme. Cette pierre, que je tiens de M.
me. STRUVE, est d'un gris qui tire ici sur le jaune, là sur le verd ; elle ressemble beaucoup à l'asbeste, mais ses filaments sont beaucoup plus gros,
plus tendres, plus gras au toucher, sa cassure longitudinale présente
de grosses fibres longitudinales paralleles entr'elles, perpendiculaires à
leurs bases, irrégulièrement prismatiques ; ici, droites ; là, un peu courbes, qui ont jusqu'à 3 pouces de longueur ; leur éclat est médiocre,
& même dans quelques endroits au-dessous du médiocre ; car par-tout
où cet éclat paroît très-vif & presque métallique, on peut reconnoître,
avec certitude, que cela vient d'une couche mince de talc qui recouvre
les filets de la pierre.

LA cassure transversale est extrêmement inégale, esquilleuse, avec
un mélange de lamelles très-brillantes, mais qui sont d'une autre substance. Cette pierre est translucide sur ses bords, jusqu'à l'épaisseur de 4
lignes ; elle est tendre, se raye avec l'ongle ; sa rayure est blanchâtre,
médiocrement

médiocrement brillante : elle tache un peu le drap en gris, est un peu flexible & assez pesante. Au chalumeau, elle se fond en un globule noir, mais qui ne surpasse pas une dixieme de ligne.

C'est donc évidemment une espece intermédiaire entre le talc, la stéatite & l'asbeste.

Ces fibres longitudinales sont entremêlées de colonnes prismatiques striées en long, blanches, lamelleuses, très-brillantes, dont j'ignore la nature : elles sont tendres, demi transparentes, solubles, mais à la longue & sans effervescence, dans l'acide nitreux : elles ne décrépitent point au chalumeau, brunissent, mais sans se fondre, sur le charbon ; on ne peut les fondre que sur la pointe de sappare en un verre brun, brillant, non bulleux, demi transparent, dont la goutte ne surpasse pas une dixieme de ligne. Cette pierre se trouve à Weysler Stoude.

§. 1916. Elle repose sur une pierre que M. Struve dit avoir reçu de M. Werner le nom de *chlorite schisteuse*. Mais les échantillons que j'ai sous les yeux, sont évidemment une roche composée.

*Schiste magnésien composé.*

On y voit des parties schisteuses d'un gris verdâtre, scintillant, qui ont la forme des petites écailles de la chlorite ; mais ces parties sont très-réfractaires, & ne donnent point le verre de la chlorite. Ces mêmes parties ne forment pas la dixieme de la masse de cette roche, où dominent des parties d'une vraie stéatite d'un blanc verdâtre, tendre, translucide, parfaitement caractérisée.

On voit de plus dans cette pierre, des parties crystallisées en petites lames droites, rhomboïdales, presque rectangulaires, d'un gris verdâtre, extrêmement brillantes, d'un éclat presque métallique, un peu plus dures que la stéatite en masse, mais qui se laissent pourtant rayer en gris. Ces lames se recouvrent mutuellement & forment dans la pierre des places chatoyantes d'une forme irréguliere de trois à quatre lignes de diametre, & d'une ou deux lignes d'épaisseur. Vues au microscope,

*Rayonnante.*

les lames séparées paroissent transparentes & sans couleur; mais leur réduplication les rend à peine translucides en masse. Au chalumeau, elles se montrent très-réfractaires ; elles deviennent opaques & se couvrent seulement sur leurs bords d'un émail noir & brillant. Je ne puis les considérer que comme une espece de rayonnante *strahlstein* de WERNER, assez semblable à celle du §. 1437, quoi qu'avec quelques différences.

COMME donc ce schiste résulte de l'assemblage de différentes pierres, toutes de la classe des magnésiennes, je le nomme *schiste magnésien composé*.

Schiste magnésien lamelleux. §. 1917. LA collection que M. STRUVE m'a envoyée, renferme une pierre avec une étiquette qui porte que M. WERNER, l'a nommée *variété indistincte du schiste chlorite*. Peut-être en est-il de cette pierre comme de la précédente, que M. WERNER a donné ce nom là, sur des échantillons différents de ceux que j'ai reçus. En effet, ceux-ci s'éloignent encore plus de la chlorite.

LA pierre que j'ai sous les yeux, & dont je possede deux grands morceaux, est d'un noir tirant sur le verd. Sa cassure est lamelleuse, à lames souvent ondées, très-minces, séparables en feuillets très-fins, dont la direction varie dans les différentes parties d'un même morceau. Cette cassure est médiocrement brillante, & d'un éclat qui tire sur le gras, de même que son toucher. Elle est translucide sur ses bords à l'épaisseur de $\frac{1}{2}$ ligne; les lamelles très-fines paroissent blanches & sans couleur, mais celles qui sont plus épaisses, vues par transparence, paroissent d'un beau verd de porreau.

CETTE pierre est tendre, se racle, même avec l'ongle; sa raclure est d'un gris blanchâtre & peu brillante. Humectée par la respiration, elle exhale une odeur fortement argilleuse; sa pesanteur spécifique est de 2,905.

EXPOSÉE au chalumeau, cette pierre se fond avec difficulté en un verre gris verdâtre, demi transparent, qui forme un globule d'une dixieme de ligne au plus.

ELLE n'a donc aucune ressemblance avec la chlorite, & forcé de lui donner un nom, je l'ai appellée *schiste magnésien lamelleux.*

ON voit renfermés dans cette pierre quelques amas de cryftaux de la rayonnante que j'ai décrite dans le paragraphe précédent, & quelques cryftaux isolés de fer octaèdre. On la trouve à Weysler Stoude, dans la vallée d'Urseren.

§. 1918. ON a trouvé au Gufpis, dans l'enceinte du St. Gothard, Delphinite. des cryftaux auxquels on a donné le nom de *schorl aigue-marine.* Leur couleur & leur forme prismatique ftriée, préfentent en effet quelque ressemblance avec l'aigue-marine; mais ils en different d'ailleurs essentiellement. Ils font d'un verd jaunâtre, leurs parties minces sont demi-transparentes, mais en masse ils ne sont que translucides. Ceux de ces cryftaux dont j'ai pu distinguer la forme paroissent des prismes exagones; mais ces exagones sont souvent masqués par d'autres prismes qui leur adhérent suivant leur longueur. Ces prismes sont terminés par des pyramides obtuses, dont le nombre des faces n'est pas distinct, du moins ne l'est-il pas dans le seul dont j'aie vu la terminaison, & qui appartient à M. STRUVE. J'en ai vu un autre très-beau dans le cabinet de M. JURINE; il est terminé par une pyramide tronquée au sommet, mais dont les faces sont irrégulieres.

LEUR éclat extérieur est très-vif, vitreux & un peu gras. La cassure est irrégulière, à grains très-inégaux & peu brillants. Ils donnent du feu contre l'acier, mais se laissent entamer à la lime.

TOUS ces caracteres conviennent au *schorl verd du Dauphiné*, mais ce qui acheve de les assimiler à ce schorl, c'est leur bouillonnement au premier contact de la flamme du chalumeau, & la fcorie tuméfiée noirâtre, dans laquelle ils fe changent ; fcorie qui eft enfuite affez réfractaire, puifqu'on ne peut en former des globules que d'une 61$^{me}$ de ligne.

Je crois que ce qui a empêché de reconnoître d'abord ces cryftaux pour du fchorl verd, c'eft leur groffeur : j'en ai qui ont jufqu'à 4 lignes de diametre, tandis que ceux du Dauphiné ont rarement plus d'une ligne. Ceux que j'ai vus font implantés fur du cryftal de roche.

M. Werner a donné aux fchorls verd du Dauphiné le nom de *pierre rayonnée vitreufe* ( *glafiger ftrahlftein* ), & ainfi il les a placé dans le même genre que les fchorls dont je vais parler, qui en different cependant affez pour qu'on ne puiffe pas leur donner le même nom générique. En effet, on verra par les caracteres extérieurs de ces fchorls, qu'ils different beaucoup de celui du Dauphiné ; & l'analyfe de ce dernier differe auffi beaucoup de celle de la pierre rayonnée, comme on peut le voir en comparant entr'elles celles que M$^{rs}$. Wiegleb & Bergmann ont faites de ces deux pierres. Laiffant donc à la pierre rayonnée commune le nom que lui a donné M. Werner, je confidérerai comme efpeces de ce genre, les fchorls du St. Gothard, qui font le fujet du paragraphe fuivant, & qui me paroiffent avoir les mêmes caracteres effentiels. Mais j'ai donné un nom nouveau au fchorl verd du Dauphiné, & je l'ai appellé *Delphinite*, du nom du pays où on l'a premiérement & le plus fréquemment obfervée. Je réferverai ainfi le nom de *fchorl* pour le *noir*, §. 1909. En effet, il ne convient point de donner un même nom à des pierres qui ne font pas feulement d'une même claffe.

Rayonnante en prifmes rhomboïdaux.

§. 1919. J'ai déja parlé, §. 1827, du gros bloc de fchorl que je rencontrai, en 1775, au-deffus du pont Tremola. Dès-lors, on a trouvé la même pierre en différents endroits du St. Gothard, & dans différentes matrices. Ses caracteres extérieurs varient prodigieufement ; on la trouve d'un blanc roux, d'un blanc grifâtre, & paffant de là par toutes les nuances depuis le verd le plus pâle jufques à un beau verd de porreau. Il en eft de même de la tranfparence : cette pierre, dans quelques variétés, n'eft que translucide fur fes bords ; & dans d'autres elle eft prefque parfaitement tranfparente. L'éclat extérieur eft auffi variable depuis le 3$^{me}$ jufqu'au 9$^{me}$ degré. La dureté l'eft encore ; on en voit qui rayent le verre, & d'autres que l'on égratigne avec l'ongle. Je ne trouve de conftant que la forme prifmatique rhomboïdale de fes cryftaux : leur fection tranfverfale préfente un parallélogramme dont les grands angles font d'environ 110 degrés, & les petits de 70. Il faut cependant obferver que ceux qui font grouppés paroiffent comprimés, & ont leurs angles beaucoup plus inégaux. Leur terminaifon m'a paru être un fimple bifeau, dont l'obliquité eft la même que celle des angles du prifme. Ces cryftaux font donc terminés par 6 parallélogrammes équiangles. Si l'on voit en quelques endroits des formes différentes, je crois que ce font des accidents produits par la réunion de plufieurs cryftaux.

En effet, ces cryftaux fe grouppent fréquemment, fuivant leur longueur, de maniere à former des gerbes divergentes ; cette divergence ne vient donc pas de ce que les cryftaux foient cunéiformes, mais elle vient de l'infertion de nouveaux cryftaux qui augmentent la groffeur de la gerbe à mefure qu'elle s'éloigne de fon origine.

UNE autre qualité conftante de tous ces cryftaux, dont les caracteres extérieurs font fi variés, c'eft leur peu de fufibilité. Ils ne bouillonnent ni ne fe gonflent au chalumeau ; mais ils commencent par blanchir pour brunir enfuite, & finiffent par donner un globule d'un quart de ligne, d'un gris plus ou moins verdâtre, & plus ou moins brillant. Leurs fragments forment, fur le filet de fappare, un verre verd de bouteille, qui le pénètre & le corrode avec effervefcence, & qui produit une écume vitreufe lorfqu'on le retire brufquement du feu.

Ces cryſtaux ſe trouvent, ici grouppés, & réunis preſque ſans mélange, là iſolés & renfermés ou dans la pierre calcaire ou dans le talc. C'eſt dans cette derniere ſubſtance que j'ai vu les mieux caractériſés, & ceux dont on peut le plus commodément meſurer les angles.

Rayonnante à larges rayons. §. 1920. *A.* J'AI parlé en premier lieu de l'eſpece rhomboïdale, parce qu'elle eſt la plus fréquente au St. Gothard, & dans les montagnes voiſines; ce n'eſt point cependant l'eſpece qui eſt connue en Allemagne ſous le nom de rayonnante commune, *gemeiner ſtrahlſtein.* Mais on trouve auſſi au St. Gothard une variété de celle-ci que M. WERNER à nommée rayonnante à larges rayons, *breïtſtrahliger ſtrahlſtein*; c'eſt celle que je vais décrire.

SA couleur eſt verd d'aigue-marine; ſon éclat vif & un peu nacré.

ELLE eſt tranſlucide.

SA caſſure longitudinale eſt rayonnée, ou compoſée de barreaux un peu divergents, qui ont quelquefois juſques à 7 ou 8 lignes de largeur ſur une longueur de 3 à 4 pouces. Ces barreaux ſont des priſmes polyedres, dont le nombre des côtés eſt indéterminé ou variable, & qui ſont coupés çà & là par des fentes plus ou moins obliques à leur axe.

LA caſſure tranſverſale de la maſſe préſente les diviſions des barreaux, & celle de chacun de ceux-ci eſt compacte, écailleuſe, à grandes & petites écailles, terne, ou tout au plus ſcintillant.

DANS quelques endroits cependant la caſſure tranſverſale paroît lamelleuſe & brillante, parce qu'il s'eſt formé des lames dans l'intérieur des fissures ; la vraie cassure des barreaux est certainement matte & compacte.

CETTE pierre est un peu plus que demi dure, rayant un peu le verre, & donnant quelques étincelles, mais se laissant pourtant rayer en gris par une pointe d'acier.

ELLE est médiocrement pesante & assez fragile ; on la trouve mêlée de paquets & de lames de mica argenté ou doré qui se sont logées entre ses barreaux.

Au chalumeau, elle commence par blanchir, puis elle brunit & donne enfin un émail gris, verdâtre, translucide, dont on peut former un globule d'un quart de ligne, ou de 0, 26 ; & à la surface duquel viennent éclater de petites bulles lorsque le feu est vif & long-tems continué. Sur le sappare, elle se comporte comme l'espece précédente, excepté que le verre qu'elle donne devient tout-à-fait transparent & sans couleur, mais il dissout également le sappare avec effervescence.

§. 1921. M. VIZARD a trouvé auprès de Dissentis, & par conséquent non loin du pied du St. Gothard, des cristaux auxquels on a donné le nom de *nouveaux schorls violets*, mais que je regarde comme une nouvelle espece de rayonnante. Ces cristaux sont à peu-près transparents ; ici d'un beau verd de pomme clair ; là d'un brun isabelle, tirant sur le violet : souvent même ces deux couleurs se rencontrent dans un même cristal, la base étant verte, tandis que la pointe est violette.

*Rayonnante en gouttiere.*

LEUR forme est très-remarquable. Voyez la pl. II, fig. 6. A. B. C. Chacun d'eux paroît formé par la réunion de deux prismes rhomboïdaux, qui s'appliquent l'un & l'autre parallelement à leur axe, & de maniere que l'angle aigu de l'un soit appliqué à l'angle aigu de l'autre, & semblablement l'obtus à l'obtus. Leur ensemble forme un prisme exagone, qui a 5 angles saillants & un angle rentrant. Voyez la fig. 6. A.

Cet angle rentrant du prisme forme l'effet d'une gouttiere creusée suivant la longueur de ce même prisme, & m'a donné l'idée du nom par lequel je désigne ces cryftaux.

On fait que M. Romé de l'Isle regardoit tous les cryftaux à angles rentrants comme résultant de la réunion de deux ou de plusieurs cryftaux : je le pense comme lui ; cependant je n'ai vu aucun de ces cryftaux qui fût simple ; mais ce qui me paroît prouver également leur composition, c'est que l'on en voit qui ont deux angles rentrants, & qui par conséquent résultent de la réunion de trois cryftaux.

En supposant donc un cryftal à une gouttiere, comme composé de la réunion de deux cryftaux prysmatiques, on voit que ces cryftaux sont terminés quelquefois par un seul biseau oblique, qui part de l'un des angles aigus qui forment les bords de la gouttiere, quelquefois par deux biseaux, dont l'un part de l'angle aigu, & l'autre de l'angle obtus, & c'est même le cas le plus fréquent. Alors le cryftal composé se trouve terminé par une pyramide exagone, qui a 5 angles faillants & un rentrant. D'autrefois enfin, on voit encore un troisieme biseau qui part de l'angle par lequel les cryftaux se réunissent.

Ces cryftaux sont extérieurement brillants, d'un éclat vif, qui tient le milieu entre le vitreux & le gras. La plupart de leurs faces sont lisses ; cependant les biseaux qui sont sur les bords de la gouttiere sont quelquefois striés de stries obliques paralleles aux bords de ce même biseau. Leur cassure est aussi très-brillante, compacte, un peu inégale, tirant par places sur le conchoïde. Ils sont communément assez petits ; je n'en ai pas vu qui eussent plus de trois lignes de longueur. Ils sont durs & rayent aisément le verre.

Au chalumeau, ils bruniffent sans se boursoufler, & se fondent avec peine sur leurs bords, à peu-près comme la rayonnante rhomboïdale.

On les trouve & entre des cryſtaux d'adulaire, & ſur une roche ſchiſteuſe, qui paroît compoſée d'hornblende, de chlorite & de feldſpath, blanc. On en trouve auſſi d'iſolés dans de la chlorite.

§. 1922. M. Pictet a décrit dans le *Journal de Phyſique*, T. XXXI page 368, des cryſtaux qu'il a trouvés renfermés dans des granits de Chamouni, & dans ceux que l'on trouve roulés aux environs de Geneve. La forme de ces cryſtaux ſe rapporte beaucoup à celle qu'auroient les cryſtaux ſimples, dont la réunion forme les gouttieres décrites dans le paragraphe précédent, ſi on les trouvoit ſéparés. Comme d'ailleurs, ils paroiſſent par leur nature avoir beaucoup d'analogie avec la pierre rayonnée, je crois devoir les rapporter à ce genre. Le nom qui m'a paru leur convenir le mieux eſt celui *de rayonnée en burin*, parce que c'eſt d'un burin que M. Pictet a tiré la comparaiſon qui fait le mieux comprendre leur forme.

*Comparaiſon avec le ſchorl en burin.*

§. 1923. On a découvert depuis quelques années au St. Gothard un genre de pierre nouveau & remarquable, que l'on a appellé *trémolite*, du nom de la vallée de *Tremola*, dans laquelle on la trouve. M. Van-Berchem en a diſtingué trois eſpeces, la commune, la vitreuſe & l'asbeſtiforme. Mais d'après des découvertes plus récentes, M. Struve en a ajouté deux autres, la ſoyeuſe & la griſe.

*Trémolite.*

La trémolite commune ſe trouve, ou cryſtalliſée, ou en maſſe : l'une & l'autre ſont d'un blanc qui tire un peu ſur le verdâtre, ou ſur le roux.

*Trémolite commune.*

Les cryſtaux ſont des priſmes quadrilateres obliquangles, à faces égales; les angles aigus, dans les cryſtaux les plus réguliers, m'ont paru de 67$^d$., & les obtus de 113. M. Van-Berchem n'avoit pas vu la terminaiſon de ces cryſtaux; mais un beau morceau, que poſſede M. Jurine, les préſente tronqués net, par un plan perpendiculaire

*Tome IV.*

à l'axe du prisme. Les plus grands que j'aie vus ont 4 à 5 lignes d'épaisseur. Ils sont striés longitudinalement.

Leur éclat extérieur est entre le peu éclatant, & l'éclatant du n°. 4 au 7. Cependant si on les considere attentivement, on verra que les parties nettes & saines de leur surface sont très-éclatantes; mais, comme elles sont fendillées & souvent brisées, l'ensemble ne présente qu'un éclat médiocre. Ils sont translucides à 5 lignes.

La cassure longitudinale des cryftaux isolés paroît striée de stries droites; mais la cassure transversale est grenue.

Souvent ces cryftaux sont grouppés en forme de faisceaux, composés de rayons droits, qui divergent ou en gerbes ou en étoiles, qui ont jusques à un pied de rayon.

Cette pierre est très-fragile, & cette qualité, jointe à l'état de division des parties fibreuses dont elle est composée la fait paroître tendre; mais les faces nettes & vives de ses cryftaux ne se laissent point entamer par une pointe d'acier.

Humectée avec le soufle, elle donne une odeur légérement argilleuse.

*Tremolite commune en masse.* La trémolite en masse est grenue & composée de petites pieces discernables, dont plusieurs ont la forme des cryftaux que j'ai décrits. L'une & l'autre se fondent très-aisément au chalumeau en une scorie blanche & bulleuse.

*Trémolite vitreuse.* §. 1924. La tremolite vitreuse differe de la commune; 1°. Par son éclat, qui est d'environ 3 degrés ou de 3 dixiemes plus grand que celui de la commune. 2°. Par sa transparence, qui est aussi plus grande; elle est translucide à 11 lignes. 3°. Par sa dureté, qui surpasse aussi de 2 ou 3 degrés celle de la commune. 4°. Par la forme de ses cryftaux, dont les prismes sont plus comprimés; mais ce sont également des prismes quadrilateres tronqués net, comme ceux de la trémolite commune.

*DU* St. *GOTHARD*, *Chap.* XXII.

Les autres qualités, & en particulier la fusibilité & la nature du verre qui en est le produit, paroissent exactement les mêmes.

Cette espece est celle à laquelle M. Blumenbach a donné le nom de *trémolite rayonnée*, *ſtrahl trémolit*, page 551.

§. 1925. La trémolite asbestiforme differe de la commune, sur-tout par la finesse des filaments dont elle est composée. Ces filaments sont droits ou peu courbes, & disposés en gerbes cunéïformes; l'œil nud a de la peine à les distinguer les uns des autres; mais à la loupe, on voit que leur forme est à peu-près la même que celle des autres especes. Leur finesse leur donne un peu de flexibilité & moins de dureté; mais les autres qualités sont à peu-près les mêmes. Cette espece est comme la commune, translucide à 3 lignes.

§. 1926 M. Struve m'a envoyé, sous le nom *de trémolite soyeuse*, une espece bien décidément distincte, par l'éclat très-vif & vraiment soyeux des gerbes divergentes dont elle est composée; les filaments sont encore plus subtils que ceux de la précédente. Je crois donc qu'il conviendroit de ne conserver que trois especes de trémolite blanche, (1) savoir la commune, la vitreuse & la soyeuse, & de considérer l'asbestiforme comme un passage entre la commune & la soyeuse.

Trémolite soyeuse.

Au reste, la soyeuse est d'un blanc qui tire sur le gris, & ses faisceaux sont sujets à être divisés transversalement par des fentes perpendiculaires à leur longueur, ce qui paroît indiquer une crystallisation semblable à celles de la commune & de la vitreuse. C'est de toutes la

---

(1) M. Vizard a aussi trouvé la trémolite soyeuse. Mon fils en a acquis de lui un superbe morceau, dans lequel les faisceaux fibreux de la trémolite sont disposés en étoiles completes de 6 à 18 lignes de diametre. Ces étoiles couvrent en entier la surface de la pierre, qui a plus de 5 pouces de longueur. Cette pierre, qui est grise & grenue, est une dolomie mêlée d'un peu de calcaire commune. On découvre dans sa cassure d'autres étoiles semblables à celles que l'on voit au-dehors; ensorte que l'on ne peut pas douter que ces étoiles ne soient contemporaines à la pierre qui leur sert de matrice.

plus fufible au chalumeau, mais c'eft une des moins tranfparentes elle n'eft translucide qu'à une ligne.

*Trémolite grife.*

§. 1927. J'ai enfin reçu de M. STRUVE, fous le nom de *trémolite grife*, une efpece qui a été découverte depuis les defcriptions de M. VAN-BERCHEM; fa couleur eft très-différente de celle des autres, d'un gris noirâtre tirant fur le gris d'acier. Son éclat eft à peu-près le même que celui de la trémolite vitreufe ; mais elle eft moins fufible & d'une dureté plus grande; elle donne des étincelles contre l'acier, & une pointe de ce métal y laiffe fa propre trace, fur-tout quand on l'attaque en travers.

Ses cryftaux ont auffi la même forme que celle de la vitreufe : comme j'en avois d'ifolés, j'ai pu mefurer leurs angles ; j'ai trouvé les aigus de 40 degrés & les obtus de 140. Ils font auffi tranchés net à leur extrémité.

Elle blanchit au chalumeau, & s'y montre fufible à un degré un peu inférieur à celui de la vitreufe. Je ne répugnerois donc point à la confidérer comme une variété de la vitreufe. Elle en diffère cependant beaucoup par fa tranfparence : elle n'eft translucide qu'à une ligne.

*Trémolite grife, terreufe.*

La trémolite grife fe montre auffi fous une forme terreufe ; au moins la voit-on fouvent dans une matrice terreufe de la même couleur qu'elle. Cette matiere eft mélangée de parties calcaires ; elle fe diffout d'abord avec un peu d'effervefcence, & enfuite lentement, & prefqu'en totalité dans l'acide nitreux, en laiffant en arriere une poudre noirâtre, dans laquelle on reconnoit une foule de petits cryftaux de trémolite grife.

Ces différentes efpeces de trémolite fe trouvent, comme je l'ai dit, dans le Val-Tremola, d'où elles ont tiré leur nom ; & le Val-Tremola eft lui-même un des rameaux de la vallée Levantine. On en trouve auffi au Spitzberg dans la vallée d'Urferen.

§. 1928. Les trémolites font remarquables par leur phofphorefcence ou par la lumiere qu'elles répandent quand on les frotte dans l'obfcurité. La vivacité de cette lumiere, dans les différentes efpeces de cette pierre & la facilité avec laquelle on l'excite, femblent être en raifon inverfe de leur dureté.

*Phofphorefcence des trémolites.*

La foyeufe paroit la plus phofphorique ; elle donne la lumiere la plus vive & la plus rouge ; le frottement d'un corps très-peu dur, d'une plume, par exemple, fuffit pour l'exciter ; l'asbeftiforme fuit de près la foyeufe ; vient enfuite la commune ; la plume en tire auffi de la lumiere, mais plus difficilement que des deux premieres, & d'une couleur moins vive & moins rouge.

Quant à la vitreufe, elle ne devient lumineufe que par le frottement d'une pointe d'acier ; & pour la grife, il faut non feulement l'acier mais un mouvement rapide & une forte preffion.

La raifon de cette phofphorefcence n'eft point encore diftinctement connue. Mon fils en a dit un mot dans fon Mémoire fur la Dolomie, *Journal de phyfique, tome XL. page* 167 ; mais il n'a point prétendu épuifer ce fujet, qui peut être encore l'objet de recherches intéreffantes pour les phyficiens.

§. 1929 C'est une chofe remarquable que les pierres calcaires, falines ou grenues du St. Gothard, font prefque toutes lentement effervefcentes, ou de l'efpece de celle que mon fils a analyfée. *Journal de phyfique, tome XL, page* 167, & à laquelle il a donné le nom *de Dolomie*, tiré de celui de M. le commandeur de Dolomieu, qui le premier a fixé l'attention des naturaliftes fur cette pierre finguliere.

*Calcaire. Dolomie.*

J'ai parlé de celle de que j'ai trouvée au-deffous de Pefciumo, §. 1812, on en voit à Campo-Longo, à Fiéüt & en divers autres lieux. Elle fe trouve ou pure, d'un beau blanc, à grains très-fins, mais peu cohérents, translucide à 4 lignes, ou mélangée de petits cryftaux de trémolite, dont elle forme la gangue, ou renfermant des couches d'un beau mica verd, que j'ai décrit au §. 1893. Elle paroît presque toujours, sur-tout quand elle est mêlée de mica, sous une forme plus ou moins schisteuse.

UNE belle variété de l'espece schisteuse, est celle dans laquelle M. FLEURIAU DE BELLE-VUE a découvert la propriété d'être flexible & élastique, comme la fameuse table du palais Borghése à Rome. C'est à Campo-Longo, dans la vallée Lévantine que ce marbre se trouve. Cette découverte a acheminé M. de FLEURIAU à des recherches très-intéressantes, tant sur la raison de cette flexibilité que sur les moyens de donner, par un desséchement gradué, cette qualité aux pierres qui ne l'ont pas naturellement. M. de FLEURIAU a bien voulu donner à la Société des naturalistes de Geneve le Mémoire qu'il a écrit sur ce sujet. Cette Société enrichira de ce Mémoire le premier volume de sa collection.

*Calcaires grenues à vive effervescence.*  §. 1930. IL y a cependant au St. Gothard des pierres calcaires grenues, soit pures, soit mélangées de mica qui sont très-vivement effervescentes. La collection de M. STRUVE renferme des calcaires effervescentes, à très-gros grains, translucides, & d'une couleur de chair très-agréable; d'autres sont schisteuses, à grains très-fins mêlés de mica gris; d'autres encore schisteuses, mais à très-gros grains, & mêlés aussi de mica d'un gris blanchâtre.

ON trouve aussi la pierre calcaire, compacte, d'un gris noirâtre & vivement effervescente, dans la vallée d'Urseren.

ON voit enfin dans une infinité d'endroits le spath calcaire crystallisé sous différentes formes & sur différentes matrices.

*Gypse en masse.*  §. 1931. QUANT au gypse, on le trouve au St. Gothard, soit au-dessous d'Ayrol, comme je l'ai dit §. 1805, soit dans le Val-Canaria. On en voit en masse, à grains fins & brillants, ne faisant aucune efferverscence avec les acides, & par conséquent exempt de tout mélange calcaire.

Mais ce qui est moins commun, c'est de trouver le gypse sous une forme schisteuse, & mêlé de couches minces de mica; celui-ci contient quelques parties calcaires; il fait un peu d'effervescence.

<small>Gypse schisteux.</small>

Je ne pense pas que ce schiste gypseux soit comme le schiste calcaire micacé une roche primitive; je le crois d'origine moderne & formé par dépôt dans des bassins depuis la formation des montagnes secondaires. Les échantillons que je possede sont de nature à en donner cette idée; leur texture n'est point homogene; le mica ne paroît point y avoir été uni au gypse par une cryftallisation fimultanée; il est là, par feuillets presqu'incohérents qui féparent des couches minces d'un fédiment argilleux. Ce mica paroît donc avoir été charrié & dépofé par les eaux plutôt que cryftallifé dans leur fein. Cependant, comme je ne l'ai point obfervé dans fon lieu natal, je n'oferois point affirmer cette opinion d'une maniere trop précife.

# CHAPITRE XXIII.
## D'ALTORF A LUCERNE.

**D'Altorf à Fiora. Tremblement de terre.**

§. 1932. Altorf eſt bâti au pied d'une montagne haute & eſcarpée, couverte de bois. On reſſentit dans ce canton, en 1774, un tremblement de terre, pendant lequel on aſſure qu'on voyoit manifeſtemant oſciller cette montagne; elle ſembloit prête à ſe renverſer & à écraſer la ville. Il s'en détacha même une grande quantité de pierres qui auroient cauſé un très-grand dommage à la ville, s'il ne s'étoit pas trouvé ſur la pente de la montagne un enfoncement qui les arrêta.

**Fluelen ou Fiora.**

Fluelen & en italien *Fiora*, eſt un village à demi lieue d'Altorf, bâti ſur le bord du lac de Lucerne; c'eſt l'endroit de ce lac le plus voiſin d'Altorf, & c'eſt là qu'on s'embarque pour naviguer ſur ce lac.

Dans mon voyage de 1783, j'arrivai de bonne heure à Fiora, & je profitai du reſte de la journée pour aller éprouver la température des eaux du lac.

**Couches arquées.**

§. 1933. J'ai rendu compte de cette expérience, §. 1397. J'allai plonger mon thermomètre auprès d'un moulin à ſcie qui eſt vis-à-vis, & à demi lieue de Fiora. Pendant que ce thermomètre prenoit la température du lac, j'obſervai de belles couches arquées qui ſont tout près du moulin au Nord-Oueſt. Ces couches ſont d'une pierre calcaire griſe & compacte. Elles ſortent du lac dans une ſituation verticale, puis elles ſe recourbent contre le Sud-Oueſt & deviennent concaves de ce côté là. Au Nord-Eſt, du côté de leur convexité, il ſe trouve un vuide,

phénomene

phénomene remarquable, dont j'ai parlé, & auquel je reviendrai bientôt.

EN obfervant ces couches de près, on voit qu'elles font extrêmement brifées, & elles paroiffent l'avoir été dans l'acte de leur flexion, & par la force même qui les a fléchies.

§. 1934. JE revins coucher à Fiora, & j'en repartis le lendemain matin. Le prix eft fixé par un tarif à 13 liv. de France pour un bateau & trois rameurs, qui doivent vous conduire dans un jour de Fiora à Lucerne. La diftance par le lac eft de 8 lieues. On paie 40 fols de plus fi l'on veut que le bateau foit couvert.

*Lac de Lucerne, intéreffant pour la Géologie.*

CETTE navigation eft intéreffante à tous égards; les couches des montagnes s'y préfentent fous des formes extrêmement variées. Je n'entreprendrai pas de les décrire en détail, quoique je l'aie fait dans mon journal pour ma propre fatisfaction; je ne parlerai que de celles dont je pourrai tirer quelqu'induction relative à la théorie. On peut voir les contours bifarres des couches de quelques-unes de ces montagnes gravées d'après SCHEUCHZER, à la fuite du difcours de WALLISNIERI fur l'origine des fontaines.

§. 1935. EN partant de Fiora pour Lucerne, l'on fe dirige au Nord de l'aiguille vers un promontoire nommé *Axenflue*, qui forme le pied de l'*Axenberg*. Depuis la cime jufqu'au bas de cette haute montagne calcaire, on voit des couches qui ont la forme d'une *S* écrafée, ou dont les courbures font extrêmement fortes. Ces *S* font plufieurs fois redoublées, fouvent en fens contraires, & l'on voit entr'elles des maffes de rocher dont la ftratification n'eft point diftincte. Lorfqu'on obferve de près ces couches repliées, on reconnoît qu'elles font fréquemment brifées dans les fortes courbures; & cela prouve qu'elles n'ont point été formées dans cette pofition. En effet, les granits veinés, les agathes, les albatres, & en général les pierres com-

*Couches en S brifées.*

posées originairement de feuillets, ou tortueux, ou en zigzag, ne préfentent aucune rupture, aucune folution de continuité dans les courbures même les plus fortes de leurs couches.

**Chapelle de Guillaume Tell.**

§. 1936. A demi lieue de Fiora, l'on paffe le promontoire d'Axenflue, puis celui de Kleinaxe, & peu après on voit au bord du lac la chapelle de Guillaume Tell. On dit qu'elle a été conftruite dans le lieu même où cet homme extraordinaire s'élança hors du bateau, dans lequel on le conduifoit prifonnier. Les murs de cette chapelle font couverts de peintures à frefque, qui repréfentent les principales actions de fa vie. Le merveilleux de cette hiftoire, le rare exemple de monuments érigés à la gloire d'hommes qui les aient vraiment mérités, & la fituation même de ce monument, dans un endroit folitaire, entre le lac & une épaiffe forêt, au pied de ces hautes montagnes, impriment à l'ame un fentiment profond & difficile à exprimer.

**Couches retrouffées. Confidérations fur leur origine.**

§. 1937. A un quart de lieue de la chapelle, on a vis-à-vis de foi, de l'autre côté du lac, ou au couchant, une montagne dont les couches prefqu'horizontales dans le bas, fe retrouffent dans le haut & forment un C, dont la concavité fe préfente au Nord Nord-Eft, fur la gauche, ou au Sud Sud-Oueft du C, il y a un grand vuide comme dans celles du §. 1933. Mais celle que je décris à préfent eft plus remarquable, en ce que les couches qui tiennent à la branche intérieure du C, fe prolongent à une grande diftance, en formant une montagne à couches régulieres & horizontales.

La nature de ces montagnes, qui font d'une pierre calcaire, compacte, & par conféquent formée par dépôt & non point par cryftallifation, ne permet pas de croire que cette forme arquée foit leur forme primitive & originaire. D'ailleurs, le vuide qui exifte du côté de la convexité de toutes les couches de ce genre que j'ai obfervées, paroit prouver que c'eft en fe retrouffant qu'elles ont laiffé cette place vuide, & qu'elles l'occupoient lorfqu'elles avoient leur fituation primitive & horizontale. Or, un déplacement de ce genre, n'a pu être produit que par deux moyens, ou par une force agissant de bas en haut, qui ait rejeté la partie gauche de la montagne sur la partie droite, ou par un refoulement qui ait replié l'une par-dessus l'autre. Or, l'hypothese du refoulement me paroît beaucoup plus probable que celle d'une explosion ; d'autant plus que nous avons déja vu & que nous verrons encore ailleurs d'autres indices de refoulements tels qu'il les faut pour expliquer ce phénomene.

§. 1938. A une demi lieue de la chapelle, on passe tout près de couches qui sont presqu'horizontales dans leur partie inférieure, mais qui se relevent pour devenir d'abord verticales, & puis arquées, tournant leur concavité du côté du Nord : on les voit d'assez près pour observer qu'elles sont brisées dans leur courbure. Cette montagne se nomme *Melberg*.

*Autres couches arquées.*

§. 1939. On suit ainsi pendant une heure & demie la côte orientale ; ensuite on traverse le lac, en laissant à sa droite le beau village de *Brunnen*, où est le port de la ville de Schweitz. Le lac n'a là que 20 minutes de largeur, & l'on vient sur la côte occidentale doubler un promontoire nommé *Treib*. La montagne qui forme la côte est composée de couches minces, horizontales & très-régulieres, d'une pierre calcaire compacte.

*Treib. Isle en pain de sucre.*

Au pied de cette montagne est un rocher en pain de sucre, qui forme une isle entiérement séparée du continent, élevée de 60 à 80 pieds, couronnée à son sommet de quelques vieux sapins. Ce pain de sucre est composé de couches semblables à celles de la montagne correspondante. Il se nomme *Weiber Morgen-Gab*, ou *le déjeuné des Dames*.

A mesure que l'on avance, on voit les couches de la montagne, d'abord horizontales, se relever peu-à-peu contre le Sud-Est. En doublant le promontoire on voit la direction du lac changer presqu'à angles droits; il couroit à peu-près du Sud au Nord, & il court presque de l'Est à l'Ouest. On côtoye la rive méridionale, couverte ici de prairies; là, de forêts en pente douce, composées d'un agréable mélange de sapins, de hêtres, d'alisiers & de cochenes, *sorbus aucuparia*, dont les fruits rouges font un effet charmant au milieu de tous ces verds de différentes nuances. La rive opposée au Nord, est au contraire fort sauvage; ce sont des bois noirs qui descendent dans le lac par des pentes extrêmement rapides.

Gerisau.   §. 1940. On traverse ensuite une seconde fois le lac, pour venir ranger la côte septentrionale, & au bout de la troisième heure de navigation depuis Fiora, l'on passe devant le village de Gersau ou Gerisau. Ce village est le chef-lieu d'une république qui est vraisemblablement la plus petite du monde policé. Sa population est d'environ 1200 ames, & son gouvernement démocratique, semblable à celui des petits Cantons, dont elle est alliée.

Rigiberg, haute montagne de cailloux roulés.   §. 1941. A trois quarts de lieue de Gerisau, on double encore un promontoire dans un endroit où le lac est resserré entre deux pointes opposées, & on tire ensuite droit au Nord au pied du *Rigiberg* ou *Mont-Rigi*, que l'on a alors en face.

CETTE montagne m'avoit déja frappé dans mon précédent voyage par sa hauteur, par la régularité de ses couches, & par sa couleur violette. En effet, de grandes couches de cette couleur, entrecoupées par des espaces couverts de bois, de prairies & d'habitations, forme un effet extrêmement singulier: & cette montagne piqua bien plus encore ma curiosité, lorsque M. le Général PFYFFER m'eût appris qu'elle étoit entièrement composée de cailloux roulés. J'avois projeté d'y monter, mais il auroit fallu consacrer une journée entière à cette excursion, & je n'en avois pas le tems; d'ailleurs j'étois assuré d'acquérir à peu-près les mêmes lumieres en allant observer ses couches à son pied, où leur couleur, leur épaisseur & leur inclinaison sont évidemment les mêmes qu'à la cime; & M. Pfyffer, qui a plusieurs fois visité les pentes & le sommet de la montagne, m'a assuré que leur nature est aussi par-tout la même.

J'allai donc aborder à son pied. J'observai d'abord, sur la rive même du lac, des blocs qui s'étoient détachés de la montagne, après quoi je montai le long de ses flancs. Je trouvai ses couches d'une épaisseur considérable, quelques-unes de 50 à 60 pieds, montant contre le couchant sous un angle de 15 à 20 degrés.

Ces couches sont entiérement composées de cailloux roulés & arrondis; & tous, au moins tous ceux que je vis, sont des pierres de nature secondaire; savoir, calcaires compactes de couleur grise, grès, petrosilex secondaires, fragments de poudingues plus anciens, composés de cailloux roulés plus petits & solidement assemblés; & enfin des pierres rougeâtres, tendres, argilleuses, que les eaux pluviales délayent, & dont le détritus, entraîné par les eaux, teint toute cette montagne & la surface des pierres dont elle est composée de la couleur violette ou rougeâtre, que l'on remarque à l'extérieur. Le gluten qui lie ces pierres entr'elles est de nature calcaire; aussi les eaux qui sortent de l'intérieur de la montagne déposent-elles un tûf de la même nature.

Voilà ce que m'apprit l'observation des couches inférieures de cette montagne; mais en la revoyant à Lucerne, dans le relief de M. le général Pfyffer, je sus de lui que sa cime est élevée de 742 toises au-dessus du lac de Lucerne; & par conséquent de 967 toises au-dessus de la mer; hauteur bien considérable pour une montagne de poudingue.

En cherchant ensuite sur ce même relief, d'où avoit pu venir cette énorme quantité de cailloux secondaires, je remarquai que la vallée de *Muttenthal*, qui commence dans le Canton de Glaris, & traverse

*Origine de ces cailloux.*

ensuite de l'Est à l'Ouest le Canton de Schweitz, vient aboutir au pied oriental de la chaîne du Mont-Rigi. Or, cette vallée qui a près de 14 lieues de longueur, est toute entourée de montagnes secondaires ; & comme les couches du Rigi, se relevent contre l'Ouest, & que les couches des montagnes tertiaires se relevent du côté opposé à celui d'où viennent les débris dont elles sont composées, l'origine des matériaux du Rigi paroît ainsi clairement expliquée. Il faudroit cependant pour vérifier cette explication, retrouver le lieu natal de ces pierres rougeâtres, tendres & argilleuses qui forment la partie caractéristique des poudingues de cette montagne. J'invite à cette recherche les minéralogistes qui parcourront le Muttenthal.

§. 1942. Si je n'avois pas observé les cailloux du Rigi dans les couches même dont cette montagne est formée, j'aurois bien pu me tromper sur leur nature. En effet, on trouve au bord du lac, vis-à-vis du pied de cette montagne des cailloux de porphyre, & d'autres pierres primitives semblables aux cailloux roulés de l'Emme, dont je donnerai la description dans le chapitre suivant. Mais comme ni les blocs détachés du Rigi, ni les couches que j'ai observées ne renferment des cailloux de ce genre ; & que d'ailleurs, j'ai revu ces mêmes cailloux primitifs très-loin du pied du Rigi, je suis assuré qu'ils n'ont point été détachés de cette montagne, & qu'ils ont été charriés là par une révolution plus récente que celle qui l'a formée. Il paroît cependant que ces cailloux primitifs ont fait partie de quelque poudingue dont le gluten primitif étoit calcaire ; car quelques-uns d'entr'eux ont une croute calcaire & des fissures remplies d'un spath de la même nature.

Grès & poudingues jusques à Lucerne.

§. 1943. Après ces observations, je fis une petite halte au bord du lac, à l'ombre d'un tilleul qui croit sur un grand fragment de poudingue détaché du Rigi, & je me rembarquai pour Lucerne.

A une lieue & un quart de là, on passe devant un promontoire, composé de couches semblables à celle du Rigi. Demi lieue plus loin, on laisse à droite une isle composée de grès & de poudingues ; & dans trois quarts de lieue qu'il reste encore à faire, depuis cette isle jusques à Lucerne, on ne voit plus d'autre genre de pierre.

§. 1944. On comprend qu'à Lucerne, l'objet qui m'intéressoit le plus, étoit M. le général PFYFFER. Cet homme extrordinaire est de la famille de ce fameux LOUIS PFYFFER, qui sauva le Roi Charles IX, en 1567. Retiré du service de France avec le grade de Lieutenant-Général, & doué d'une activité & d'une force peu communes, il conçut l'idée d'exécuter un relief qui représentât l'immense étendue de montagnes qui se présente à l'œil depuis la ville de Lucerne. Il n'y a que ceux qui connoissent ces montagnes qui puissent se faire une idée de ce travail. L'opération fondamentale, celle de lever la carte générale de ce pays montueux, étoit déja une entreprise d'une exécution très-difficile & très-laborieuse. Mais y joindre celle de mesurer & de dessiner tous les profils de toutes ces montagnes, & de les modeler ensuite d'après ces mesures & ces dessins, cela sembloit être un ouvrage au-dessus des forces d'un seul homme : car il étoit absolument seul ; personne à Lucerne ne pouvoit ou ne vouloit lui être du plus petit secours dans aucune partie de son travail. Et si l'on joint à cela les difficultés morales, résultant de l'esprit de défiance des paysans des petits Cantons, toujours disposés à croire qu'on ne mesure un angle, ou qu'on ne dessine un point de vue, que pour envahir leur liberté ; & qui d'après cette défiance ont été plusieurs fois sur le point d'attenter à sa vie : on s'étonnera encore davantage qu'il ait pu exécuter un pareil projet.

*Relief de M. le Général PFYFFER.*

D'AUTRES voyageurs, & en particulier, M. COXE, dans la derniere édition de ses voyages, ont rendu un compte détaillé du relief de M. PFYFFER, & des procédés qu'il a suivis en l'exécutant. D'ailleurs, la gravure qu'on a publiée de ce relief, & qui mérite une place dans les cabinets de tous les Amateurs, en renferme une description détaillée, & en donne une idée satisfaisante. Je dois encore annoncer une très belle carte gravée aussi d'après ce relief par Joseph Clauffner, graveur à Zug.

Je me contenterai donc de dire, qu'après avoir parcouru & observé avec une attention peu commune, les montagnes du St. Gothard, celles de l'Engelberg & les bords du lac de Lucerne, j'ai revu trois fois avec une satisfaction toujours plus grande le fidele & magnifique ensemble que présente le relief de M. PFYFFER, & que j'éprouvai en le contemplant, un plaisir que je ne puis comparer qu'à celui que m'ont donné les vues du Mont-Blanc & du Cramont.

De toutes les montagnes figurées dans ce relief, la plus haute est le *Titlis*, qui d'après les mêmes trigonométriques de M. PFYFFER, a 1584 toises au-dessus du lac de Lucerne, & ainsi 1803 au-dessus de la mer. Cette élévation est certainement considérable; on voit cependant que le D. Freygrabond (1) se faisoit illusion lorsque du haut de cette cime il croyoit voir sous ses pieds les cimes du Schrreckhorn & du Finsteraar, car ces montagnes sont au contraire de 400 toises au moins plus élevées que le Titlis.

J'ai eu dans le cours de cet ouvrage diverses occasions de parler des services que m'a rendus M. le Général PFYFFER, par les lumieres qu'il m'a données sur la structure, la hauteur & les divers rapports des montagnes de la partie de la Suisse qu'il habite. Je me fais cependant un devoir & un vrai plaisir de lui en témoigner encore ici ma reconnoissance.

Elévation du lac de Lucerne.

§. 1945. COMME le lac de Lucerne a servi de base à toutes les opérations trigonométriques de M. PFYFFER, l'élévation de la surface de ce lac lui est devenue très-importante pour la géographie physique. Aussi dans mon voyage de 1775, j'essayai de la déterminer. La moyenne de quatre observations me donna 191 pieds pour l'élévation de ce lac au-dessus de celui de Geneve. Mais dans le voyage de 1783, je

---

(1) Voyez la relation de cette expédition dans la seconde édition du voyage de M. COXE, *tome I*, *page* 309.

*A LUCERNE*, *Chap. XXIII.*

fis 13 autres observations, dont la moyenne me donna 5 pieds de moins & ainsi 31 toises de différence entre les deux lacs ; ce qui suivant la formule de M. De Luc, donne au lac de Lucerne 219 toises d'élévation au-dessus de la mer, & 225, suivant celle de M. Trembley.

§. 1941. Un ouvrage du même genre, construit sur une moins grande échelle, mais qui doit embrasser une étendue de pays plus considérable, est celui de M. Meyer. Je fis, en 1791, le voyage de Geneve à Arau, uniquement pour voir ce relief & son auteur. M. Meyer, Capitaine de milices de la ville d'Arau dans le Canton de Berne, a fait une très-grande fortune en portant au plus haut degré de perfection & d'étendue une fabrique de rubans de soie. Pour varier ses rubans, il imagina de faire imprimer sur des rubans, d'abord les desseins & ensuite les reliefs des montagnes de la Suisse. Mais comme il desiroit de les représenter avec fidélité, il en fit modeler quelques-unes d'après nature avec beaucoup de soin. Le succès de ces premières tentatives lui donna l'idée d'exécuter cela en grand. Il pensa qu'un relief exact qui représenteroit sur une même échelle l'ensemble de toutes les montagnes de la Suisse, seroit un objet infiniment curieux, & même utile à divers égards. Ne pouvant pas l'exécuter lui-même, il eut le bonheur de trouver dans M. Weiss, ingénieur Alsacien, un homme que la Nature sembloit avoir formé exprès pour seconder ses vues. M. Weiss réunit à la théorie & à la pratique la plus parfaite dans l'art du géographe, un talent singulier pour le dessin & pour tous les arts d'imitation. Il a de plus une force & un courage très-rares pour les expéditions les plus hasardeuses sur les montagnes. M. Meyer fait tous les frais de ses voyages, & n'épargne rien pour lui faciliter son travail ; il paie autant de guides & d'aides qu'il peut en desirer, & des modeleurs qui travaillent sous sa direction. Il y a plusieurs années que ce travail se presse avec la plus grande activité, & nous avons l'espérance de voir compléter dans un an ou deux le relief de toutes les Alpes de la Suisse, depuis le lac de Constance jusques au Mont-

*Relief de M. Meyer.*

Blanc inclusivement. Il aura environ 14 pieds de longueur sur 7 de largeur.

M. Meyer espere que tous les Amateurs pourront jouir du fruit de son travail. Comme son relief, de même que celui de M. Pfyffer, est composé de pieces quarrées qui se joignent les unes aux autres, il a imaginé de faire couler en bronze des moules de chacune de ces pieces, & d'imprimer ensuite ces moules sur une espece de carton ou de papier maché. J'en ai vu qui ont parfaitement réussi. Ces reliefs en carton, lorsqu'ils sont enluminés avec soin, rendent parfaitement & les originaux & la nature. Suivant ce procédé on les multipliera autant que l'on voudra, & peut-être la vente de ces reliefs dédommagera-t-elle M. Meyer d'une partie de la dépense que lui a coûté cette superbe fantaisie.

Ce qui augmentera singuliérement le mérite de ces reliefs, c'est qu'un des fils de M. Meyer a senti que pour compléter l'instruction qui en sera le résultat, il falloit connoître la nature de ces montagnes & indiquer sur chacune d'elles, par quelque caractere, le genre de pierre dont elle est composée, & les minéraux qu'elle renferme. Pour se rendre capable de ce travail, il est allé à Freyberg étudier la minéralogie, sous les plus habiles maîtres, & en particulier sous M. Werner, & il en rapporté des connoissances très-approfondies, & une collection minéralogique très-étendue, qu'il m'a fait le plaisir de me montrer à Arau. Il a déja commencé à parcourir les montagnes, & il rapportera sur leurs reliefs les connoissances qu'il en aura recueillies.

Environs de Lucerne.

§. 1942. Dans les divers séjours que j'ai faits à Lucerne, j'ai eu le bonheur de voir, avec M. le Général Pfyffer, divers objets intéressants des environs de cette ville; le lac mélancolique de Rothauts; les caves fraiches d'Hergisweil, que j'ai décrite §. 1411; la singuliere crevasse du rocher de Rotzlock & sa cascade. Enfin j'allai un jour ramaſſer les cailloux roulés de la petite Emme, riviere qui paſſe à 20 minutes au Nord de Lucerne.

J'ai raſſemblé encore en d'autres endroits les cailloux les plus remarquables que charrie cette riviere & une autre qui porte le même nom. La deſcription de ces cailloux fera le ſujet du chapitre ſuivant.

C'est par là que je terminerai ce voyage; le retour de Lucerne à Geneve par les plaines de la Suiſſe, ne m'a rien offert de bien important pour la minéralogie.

## CHAPITRE XXIV.
## CAILLOUX ROULÉS DES DEUX EMMES.

*But de l'étude des cailloux roulés.*

§. 1943. Si en décrivant les cailloux roulés qui se rencontrent dans tel ou tel canton de la surface de notre globe, on ne se proposoit d'autre vue que d'avertir les amateurs qu'ils trouveront ici un tel fossile, là un tel autre; cette vue pouvoit paroître bornée & peu digne de la place que ces descriptions occupent dans des ouvrages tels que celui-ci. Et il faudroit en effet, se restreindre à cette vue, si l'on croyoit encore que les cailloux roulés sont, comme les truffes, le produit de la terre qui les porte. Mais nous avons vu que dans les vallées étroites, situées entre de hautes montagnes, ces cailloux sont originaires de ces mêmes montagnes, & que dans les plaines, de même que dans les larges vallées qui avoisinent ces plaines, les cailloux que l'on y trouve viennent souvent de contrées très éloignées d'où ils ont été transportés par les grandes révolutions de la terre.

C'est donc pour suivre les traces de ces révolutions, qu'il peut être intéressant de connoître la nature des cailloux roulés, épars en différents pays. Cette connoissance, jointe à celle de la nature des montagnes adjacentes, est un des indices les plus certains de l'origine & de la direction des courants qui ont été produits par ces révolutions.

Mais pour atteindre ce but, il faut s'efforcer de trouver dans les cailloux de chaque canton, quelque chose de caractéristique; en remarquant, ou que tel fossile particulier appartient exclusivement à ce canton, ou qu'il s'y trouve dans une proportion beaucoup plus grande que tout autre, ou enfin qu'il y manque entièrement. C'est ainsi que les jades caractérisent les bords de notre lac & du Rhône, jusques au point où celui-ci cesse d'être renfermé entre les Alpes & le Jura ; c'est encore ainsi que les cailloux de quartz grenu caractérisent par leur nombre la vallée du Rhône, depuis qu'il a traversé le Jura jusques à son embouchure ; ceux des variolites à pâte d'ophibase caractérisent les pays qui ont été arrosés par la Durance ; les schistes de hornblende caractérisent l'Isere par leur nombre ; les variolites du Drac caractérisent cette partie du Dauphiné, &c. &c.

§. 1944. Si l'on considere dans cet esprit les cailloux roulés des deux Emmes, (1) on verra que les cantons qu'arrosent ces rivieres sont caractérisés par ses variolites ou par la pierre que je vais décrire.

*Application à ceux de l'Emme.*

CETTE pierre appartient au genre des argiles endurcies, *argilla lapidrea. Werhärteter thon* de M. WERNER. Mais pour éviter de donner à aucun genre un nom composé de deux mots distincts, je nomme ce genre *argillolite*.

*Argillolite ou argille pierreuse.*

L'ESPECE de ce gence que l'on trouve roulée sur les bords des deux Emmes, a extérieurement une couleur grise, tirant sur le brun ou sur le verd ; sa surface est terreuse & sans éclat. On y remarque très-fréquemment des veines d'une couleur différente, les unes blanches, les autres d'un brun plus foncé ; qui se coupent de maniere à former un réseau dont les mailles ont quelquefois un pouce de grandeur ; d'autre-

---

(1) Les deux rivieres qui portent le nom d'Emme, ont leurs sources très-voisines l'une de l'autre. La carte de M. le Général PFYFFER, les place toutes deux dans l'Entlibuch ; d'autres géographes plus anciens, & vraisemblablement moins bien informés, ne placent dans cette province que la source de la grande Emme, qui va se jeter dans l'Aar, à une petite lieue au-dessus de Soleure ; & placent dans le canton d'Underwald la source de la petite Emme, qui se jette dans la Reuss, à demi lieue au Nord de Lucerne. Mais quoiqu'il en soit de leurs sources, les cailloux que l'on trouve roulés sur leurs bords sont en général de la même nature, & toutes les deux charrient également des paillettes d'or.

fois plus petites & moins régulieres. Intérieurement, la caſſure eſt compacte, matte, terreuſe, aſſez groſſiere & parfaitement opaque, rayure rougeâtre dans les variétés brunes, d'un gris blanchâtre dans les vertes. Demi-dure au plus, exhalant une odeur d'argille, n'agiſſant point, ou du moins très-foiblement ſur l'aimant quand elle eſt crue, mais bien après avoir ſubi l'action du feu. Les veines blanches ſont de ſpath calcaire, les brunes ſont d'une ſubſtance ſemblable au fond ou à la pâte même de la pierre. Au chalumeau, elle eſt aſſez fuſible pour former des globules de 0,42, ce qui indique le degré 135 du thermometre de Wedgewood. Ces globules ſont d'un émail noir, brillant, poreux, & les ſurfaces intérieures des pores ſont auſſi brillantes. Sur le filet de ſappare, cet émail coule d'abord en noir & devient enſuite d'un verd de bouteille tranſparent.

Les cloiſons rougeâtres ſe comportent comme le fond, mais on les trouve quelquefois tapiſſées d'une ſubſtance d'un jaune verdâtre, finement grenue, aſſez translucide, d'un éclat foible & ſcintillant, tendre, donnant par la fuſion des globules de 0,72, correſpondant au degré 79. Le verre de ces globules eſt verd, jaunâtre, tranſlucide, un peu bulleux : ſur le filet de ſappare, il devient tranſparent & ſans couleur, s'étend & pénetre, mais ſans diſſolution & ſans efferveſcence.

Cette ſubſtance paroit être une modification de celle que j'ai décrite dans mon Mémoire ſur les volcans du Briſgaw, ſous le nom de *chuſite.* §. 23. A. *Voyez le Journal de phyſique*, 1794, p. 325. Mais celle du Briſgaw eſt compacte, au lieu que celle-ci eſt grenue. Je la nommerai donc *chuſite grenue*.

Cette argillolite eſt ſouvent parſeméede grains arrondis qui en forment des variolites ou amygdaloïdes.

*Détermination du genre du trapp.*

§. 1945. On trouve auſſi ſur les bords des deux Emmes d'autres variolites, la plupart dans une pâte de trapp.

J'appelle *trapp* une pierre compoſée de petits grains de différente nature, confusément cryſtallisés, renfermés dans une pâte, & quelquefois auſſi liés entr'eux ſans aucune pâte diſtincte, & ſans qu'on y voie des cryſtaux réguliers, ſi ce n'eſt rarement & accidentellement.

Cette définition rapproche les trapps des granits & des porphyres; mais M. Dolomieu a très-bien fait voir que ce rapprochement exiſte déja dans la nature. Il a obſervé à Rome, dans des maſſes de granit & de porphyres choiſies & travaillées par les anciens, comme nous l'obſervons dans nos Alpes & dans les blocs qui s'en ſont détachés, des tranſitions nuancées entre ces différents genres.

Je crois d'ailleurs que dans la nomenclature de la minéralogie, il faut avoir pour principe, de déterminer les genres & les eſpeces d'après les individus dont les caracteres ſont les plus tranchés, & de qualifier de tranſitions les ſubſtances douteuſes & mal prononcées: car le principe conſacré dans la Botanique, de conſidérer comme appartenant à la même eſpece, les individus entre leſquels on voit des nuances intermédiaires, ne ſauroit être admis dans la minéralogie, ſous peine de voir tous les foſſiles connus réduits à une ſeule & unique eſpece. En effet, on n'en connoît aucun dont on ne puiſſe partir, pour faire par des nuances preſqu'inſenſibles le tour de la ſuite entiere de ceux qui ont déja été déterminés; & plus on étudiera la minéralogie, plus cette vérité deviendra ſenſible, par le nombre de variétés & de nuances que l'on découvrira.

Je dis donc que quand deux foſſiles préſentent des différences notables, il ne faut pas s'abſtenir de les diſtinguer, & de leur donner des noms différents, ſous le prétexte que l'on trouve des variétés intermédiaires qui ſemblent les réunir, en paroiſſant appartenir également à l'un & à l'autre; ſans quoi, je le répete, on ne diſtinguera plus de genres ni d'eſpeces; il n'y aura qu'un ſeul & même nom pour tout le regne minéral. Ainſi je diſtingue le granit du porphyre, le porphyre du trapp, celui-ci du petroſilex, des roches de corne & des argillolites, parce que les individus bien caractériſés de ces différents genres font évidemment différents ; & je ne m'embarrasse pas de ce qu'il y a des transitions ou des variétés intermédiaires dont je ne sais pas bien à quel genre je dois les rapporter.

Je n'ai en ceci de regret, qu'à m'écarter de l'acception que M. de DOLOMIEU avoit donnée au nom de *trapp*, dans l'excellent ouvrage qu'il a publié, *Journal de physique*, An 2, Part. I. *page* 257. Il avoit donné ce nom au *corneus trapezius de Wallerius*, qui est une pierre simple du genre des cornéennes à cassure fine & compacte. Mais j'ai déja observé ailleurs que le genre des cornéennes simples n'a pas besoin de cette subdivision, tandis que la classe des composées ou des roches paroît ne pouvoir pas s'en passer, & que le célebre WERNER en a même formé une classe, où sous la rubrique de *trapp formazion*, il renferme le *grünstein*, l'*amygdaloïde*, le *porphyr-schiefer* & le *bazalte*.

J'OBSERVERAI aussi que les Suédois donnent le nom de *trapp*, non-seulement à une cornéenne simple & compacte, mais aussi aux pierres composées, ou aux rochers dont cette cornéenne forme la pâte; c'est le *saxum trapezium* Wall. Sp. 220. On peut voir aussi la description que donne M. NOSE de 31 especes de trapps qu'il a reçu de Suede *Beyträge*, *p*. 401. *seq*. M. de FAUJAS, dans son petit traité sur les trapps, donne également à ce mot une acception très-étendue; mais il ne paroît pas conforme aux loix d'une bonne nomenclature, de donner le même nom à des substances qui appartiennent à des classes différentes.

C'EST d'après ces principes que je me suis décidé à restreindre le nom de trapp à la pierre composée ou à la roche dont j'ai donné la définition au commencement de ce paragraphe.

Trapp des variolites de l'Emme.

§. 1946. LES trapps qui forment la pâte de différentes variolites de l'Emme, varient par leurs couleurs & par leur nature. On en voit de gris, d'autres qui tirent sur le verd, d'autres sur le violet ; ils sont

plus

plus ou moins durs, quelques-uns ne contiennent que dans leurs glandes des parties calcaires libres; d'autres en renferment auſſi dans leur pâte, qui devient friable après avoir ſéjourné dans l'acide nitreux. La pâte même qui lie les grains ou les petits cryſtaux de ces trapps eſt dans la plupart d'entr'eux l'argille durcie en argillolite plus ou moins ferrugineuſe. Les petits grains, je parle de ceux qui compoſent la ſubſtance des trapps, & non des gros grains ou des glandes qui en font des amygdaloïdes; ces petits grains, dis-je, ſont de quartz, de feldſpath, quelquefois de hornblende, & de cette ſubſtance que j'ai nommée *chuſite grenue*, §. 1944.

§. 1947. Les glandes que renferment les amygdaloïdes à pâte de trapp ou d'argillolite, ſont pour la plupart calcaires, & toutes celles de ce genre que j'ai obſervées ſont d'un ſpath lamelleux, dont les lames droites, planes, traverſent les cavités qui les renferment ſans que leur forme ou leur poſition indiquent aucune eſpèce de rapport avec la cavité qui les contient; c'eſt-à-dire, qu'elles ne ſont diſpoſées ni par couches concentriques à cette cavité, ni par rayons qui tendent à ſon centre. Lorſque l'acide nitreux a diſſous & enlevé ces grains calcaires, les parois de leurs cellules paroiſſent nues; elles ne ſont tapiſſées d'aucun enduit étranger à la pierre, ſi ce n'eſt quelquefois d'un peu d'ochre ou d'oxide brun de fer; on y voit auſſi quelques cryſtaux microſcopiques tranſparents & ſans couleurs, que je préſume de quartz, & quelques grains de chuſite grenue ou de cette ſubſtance jaune, tendre & fuſible, que j'ai décrite au §. 1944. Les cryſtaux de quartz ſont en crêtes dirigées vers le milieu de la cellule, & quelquefois recouverts de grains jaunes.

Glandes des amygdaloïdes de trapp ou d'argillolite.

§. 1948. Dans un ſyſtême rigoureux de nomenclature, on devroit rapporter aux amygdaloïdes à pâte de trapp, une pierre que j'ai trouvée au bord de l'Emme, dont les grains ſont des grenats arrondis, quoique non cryſtalliſés, d'un rouge brun & terne, renfermés dans une pâte

Amygdaloïdes à grains de grenat.

qui eſt un mélange de très-petits grains de hornblende noirâtre, lamelleuſe, de feldſpath blanc, & des grains jaunes dont je viens de parler.

**Amygdaloïdes à pâte de palaïopetre.** §. 1949. De ces amygdaloïdes dont la pâte eſt décidément de trapp, on paſſe par gradations à d'autres dans la pâte deſquels on reconnoît encore quelques parties diſcernables étrangeres à cette pâte, & qui par conſéquent doivent être conſidérées comme des trapps; mais le fond de cette pâte n'eſt plus comme dans la premiere de l'argille durcie; leur couleur eſt d'un brun clair, ou d'un gris obſcur qui tire ſur le verd; c'eſt de la palaïopetre, ou du petroſilex primitif, plus ou moins parfait & plus ou moins dur, & toujours plus que demi-dur, donnant quelques étincelles contre l'acier, dans celles du moins qui ne ſont pas décompoſées par l'action des météores.

Dans ces variolites les grains ne ſont pas calcaires; les plus apparents, d'un blanc griſâtre ou jaunâtre, ſont preſque de la même nature que la pâte qui les lie; c'eſt du feldſpath, mais dans l'état le plus voiſin de la palaïopetre, ou du petroſilex primitif, montrant à peine quelqu'ébauche de cryſtalliſation : car leur caſſure n'eſt ni grenue, ni lamelleuſe, ni brillante; elle eſt unie, compacte & preſqu'abſolument matte; ſeulement indique-t-elle, par ſes formes planes une légere tendance à la caſſure lamelleuſe du feldſpath gras; leur dureté eſt la même que celle de la pâte, un peu plus que demi dure.

**A pâte de pierre magnéſienne.** §. 1950. On trouve auſſi là des amygdaloïdes ou variolites, dont la pâte eſt une pierre d'un verd foncé à baſe de magnéſie, à caſſure matte, terreuſe, à rayure griſe, moins que demi-dure. Cette pâte forme le paſſage entre la cornéenne wake & la ſtéatite ferrugineuſe; elle donne au chalumeau un verre noir, qui ſur le filet de ſappare ſe décolore & ſe diſſout avec efferveſcence. Les grains ſont, comme dans l'eſpece précédente, du feldſpath gris & compacte.

§. 1951. Telles sont les principales especes d'amygdaloïdes ou de variolites que l'on trouve sur les bords des deux Emmes ; car il s'en préfente beaucoup de variétés que je passe sous silence, parce qu'elles ne different de celles que j'ai décrites que par leurs couleurs, ou par quelques rapprochements plus ou moins prononcés de quelque genre limitrophe.

*Autres variétés.*

§. 1952. Des amygdaloïdes je passe aux porphyres, soit parce que les trapps, si voisins des porphyres, forment souvent, comme nous l'avons vu, la pâte des amygdaloïdes, soit parce qu'on trouve des porphyres qui par leurs grains arrondis ressemblent beaucoup à des variolites.

*Porphyre.*

Les bords de l'Emme préfentent des porphyres à pâte d'argillolite fortement colorée en rouge de brique, à cassure grossiere, terreuse, demi dure ; d'autres, à pâte de feldspath, aussi rouge de brique. Ce feldspath est tantôt distinctement lamelleux, tantôt ses lames se confondent & préfentent la couleur écailleuse de la palaïopetre ou du petrosilex primitif. Les grains sont, les uns de feldspath, plus ou moins réguliérement rhomboïdaux ; les autres de stéatite verte, de forme irréguliere ; d'autres enfin, de quartz plus ou moins transparent & d'une forme arrondie, qui donnent à la pierre une apparence de variolite.

On voit aussi des porphyres à pâte de trapp gris, noirâtre très-fin, avec des cryftaux alongés presque rectangulaires de feldspath couleur de rose pâle.

Une autre pierre qui me paroît devoir être rapportée dans le genre des porphyres, quoiqu'elle n'en ait guere les apparences ordinaires, a pour base un feldspath d'un blanc mat, opaque, ici lamelleux ; là plutôt grenu. Ce feldspath forme la plus grande partie de la masse. Dans cette masse blanche sont renfermés des nids de forme très-irréguliere d'une hornblende d'un noir qui tire sur le verd, lamelleuse, brillante sur la face de ses lames, tendre, à rayure blanchâtre.

Granit.   §. 1953. La plupart des granits roulés que l'on trouve sur les bords de l'Emme, ressemblent beaucoup à des porphyres, dont le feldspath, ordinairement rouge, formeroit la pâte.

Delphinite empâtée dans du quartz.   §. 1954. On voit dans du quartz blanc, presqu'opaque, des veines & des nids de delphinite verte, à peine translucide.

Hornblende mêlée de parties calcaires & empâtée dans du quartz.   Mais je terminerai l'énumération des fossiles empâtés dans d'autres fossiles, par la description d'un singulier mélange qui se trouve empâté dans du quartz. Ce quartz est d'un blanc jaunâtre, translucide, à cassure écailleuse. La pierre qui s'y trouve empâtée, & quelquefois en assez gros morceaux, est d'un noir tirant sur le gris; sa cassure est compacte, un peu inégale, terreuse, matte & grossiere; on y distingue cependant quelques points brillants. Elle se raye en gris blanchâtre, & paroît un peu moins que demi-dure. Elle se trouve là dans le quartz, *empâtée* dans le sens propre de ce mot; car elle pousse des ramifications qui pénétrent le quartz, & réciproquement on voit des ramifications de quartz qui la pénétrent. Elle se fond aisément au chalumeau, en bouillonnant beaucoup & en formant une scorie d'un verd jaunâtre. Elle fait une vive effervescence avec l'acide nitreux, & y devient très-fragile. Après que l'acide en a extrait les parties calcaires libres, elle paroît d'un noir plus foncé; à l'aide d'une forte loupe, on y distingue des parties brillantes, les unes lamelleuses, les autres fibreuses, qui paroissent de hornblende; & cette apparence est confirmée par leur peu de dureté & par leur fusibilité au chalumeau. Cette pierre noire est donc un assemblage de petites parties de hornblende, entre lesquelles sont disséminées des parties calcaires que l'œil ne peut pas discerner, & qui ne se manifestent que par l'action des acides.

Autres grains noirs dans du quartz.   §. 1955. Mais d'autres cailloux de quartz, semblable à celui du §. précédent, renferment des fragments angulaires, quoique non empâtés avec le quartz, d'une pierre noire, qui est comme la précédente, compacte & demi-dure, mais qui en differe essentiellement; elle ne fait point d'effervefcence avec les acides, & blanchit au chalumeau, en n'y donnant que de légers indices de fufion. Je regarde cette fubftance comme un quartz, imprégné d'une argille, femblable à celle qui forme la bafe de l'ardoife.

§. 1956. En revenant par une marche rétrograde des pierres compofées aux fimples, je vois dans les cailloux de l'Emme les argillolites tendres, telles que je les ai décrites, §. 1944, paffer par nuances aux dures, & ainfi aux jafpes & aux palaïopetres ou pétrofilex primitifs. On le reconnoît même à leur furface extérieure. Celle des variétés tendres eft terne & rude au toucher, tandis que celle des dures, & prefqu'en raifon de leur dureté, eft luifante & finon graffe, du moins douce au toucher.

*Jafpes.*

On arrive ainfi à des jafpes & à des palaïopetres; ceux-là opaques & à caffure matte; celles-ci translucides aux bords, & à caffure plus ou moins écailleufe. Ces jafpes font, les uns d'un rouge de brique vif, d'autres pâles, d'autres verds, & dans ces derniers on en voit un, qui par un commencement de translucidité, à une cinquième de ligne, paroît fe rapprocher du jafpe fanguin ou de l'héliotrope de WERNER.

Une variété de ces jafpes eft remarquable par fa forme fchifteufe ou en couches minces, fléchies & même retournant fur elles-mêmes, comme cela eft fi fréquent dans les fchiftes de hornblende.

On voit enfin des cailloux compofés de fragments anguleux & diverfement colorés de ces jafpes, réunis par du quartz & du fpath calcaire entre-mêlés de chufite grenue.

§. 1958. Dans la claffe des foffiles à bafe de magnéfie, je n'ai trouvé fur les bords des Emmes qu'une ferpentine d'un verd gris noirâtre, tachetée de verd jaunâtre & demi-dure.

*Serpentine.*

Calcaires.

§. 1958. La classe des pierres calcaires présente différentes variétés, sur-tout pour les couleurs ; mais quant à la cassure, je n'en ai rencontré que de compactes.

Vestiges de corps organisés, madrepores.

§. 1959. On trouve dans ces pierres calcaires quelques vestiges de corps organisés, & en particulier de madrepores.

Lenticulaires.

Mais la plus remarquable dans ce genre contient des *lenticulaires*, *tome* I, *ch.* XVIII, d'une grandeur peu commune ; elles ont jusqu'à un pouce de diametre, & ce qui est encore plus rare que leur taille, c'est qu'elles sont renfermées, non dans une pierre calcaire, mais dans une argillolite. Cette pierre est là d'un gris brun, presque noir, demi dure, à cassure terreuse & grossiere. Elle fait avec l'acide nitreux une effervescence, à la suite de laquelle les lenticulaires disparoissent, & ne laissent que le vuide de la place qu'elles occupoient. On distingue aussi dans la pâte de la pierre quelques petits trous de formes irrégulieres, qu'occupoit auparavant une matiere calcaire ; mais la déperdition de cette matiere ne paroît point avoir diminué la consistance de cette pâte. Or, il n'est pas commun de trouver des corps marins renfermés dans des masses qui contiennent une aussi grande quantité d'argille.

Comme je n'ai trouvé sur les bords des deux Emmes qu'un seul morceau de ce genre, & qu'ils se trouvent beaucoup plus fréquents dans les environs de Zurich, il paroît que leur origine est du côté du Nord, & non point dans les sources de l'Emme.

Doute sur l'origine de ces cailloux.

§. 1960. Je porterai le même jugement sur les autres cailloux que l'on trouve sur les bords de ces deux rivieres ; il n'est nullement vraisemblable qu'ils viennent des montagnes de l'Entlibuch où elles ont leurs sources ; il paroît au contraire qu'ils viennent de pays situés plus au Nord ; & les lenticulaires du paragraphe précédent en fournissent déja un commencement de preuve. Mais je puis ajouter, que j'ai trouvé entre Zurich & Winterthur, & même de l'autre côté du

Rhin, entre Schaffouſe & Bâle, pluſieurs variétés de variolites parfaitement ſemblables à celles des deux Emmes, tandis que l'on aſſure
n'avoir trouvé le pays natal de ces pierres dans aucune montagne
de la Suiſſe : *Deſcription de la Suiſſe par ordre alphabétique, au mot
Emme, article de M. WYTTENBACH.*

IL paroît que la grande débacle qu'a produit la retraite générale
des eaux du grand Océan, a dirigé ſon cours du Nord au Midi dans
cette partie de l'Europe, & que c'eſt dans cette direction, combinée
avec celle que déterminoient les pentes des hautes montagnes, qu'il
faut chercher l'origine des cailloux que l'on rencontre dans les plaines
de la Suiſſe, lors au moins que cette direction n'eſt pas barrée par
quelque haute montagne, dont la formation ſoit antérieure à celle de
la débacle.

§. 1961. IL y a donc, comme je le diſois au commencement de
ce chapitre, des réſultats bien intéreſſants à tirer de la conſidération
des cailloux roulés. Ceux de l'Emme, par exemple, m'ont appris
que la grande débacle n'a charrié dans le baſſin du lac de Geneve
aucun caillou des pays au Nord du Jorat, ou de cette montagne
qui barre le baſſin au Nord de Vevey & de Lauſanne. En effet, on
ne trouve dans ce baſſin aucune, ou du moins très-rarement, des
argillolites ou des variolites que j'ai décrites dans ce chapitre, & qui
ſont ſi fréquentes au Nord de la ville de Berne.

*Réſultat de ces obſervations.*

JE ſoupçonnerois même que ces pierres ne ſont deſcendues que
juſques à la latitude de cette ville, au moins n'en ai-je vu qu'une
ſeule plus au Midi. Cependant, quoique j'aie ſouvent traverſé ce
pays, je ne l'ai pas obſervé avec aſſez de ſoin pour déterminer avec
certitude les limites des foſſiles qu'il renferme.

CES mêmes conſidérations nous apprennent, que puiſque ce n'eſt
pas au Nord du Jorat que nous devons chercher les ſources des

cailloux du bassin de notre lac; ces sources doivent toutes se trouver dans les Alpes du Vallais & de la Savoie.

C'est ainsi qu'à force d'étude & en rassemblant des matériaux qui paroissent insignifiants au commun des hommes, on parviendra à construire l'édifice de la théorie de notre globe, & à tracer la marche des grandes révolutions qu'il a subies.

*Fin du troisieme Voyage.*

# QUATRIEME VOYAGE,
## CIME DU MONT-BLANC.

## CHAPITRE PREMIER.

*Suite de l'histoire des tentatives par lesquelles on a trouvé la route qui conduit à la cime du Mont-Blanc.*

§. 1962. J'AI donné dans le second volume, Chap. LII, l'histoire des tentatives inutiles que l'on avoit faites jusques à l'année 1785 pour parvenir à la cime du Mont-Blanc. Intro-<br>duction.

POUR complétter cette histoire, je dois dire un mot d'une course faite dans le même but en 1786. Cette course n'eut pas de succès, mais ce fut certainement elle, qui décida celui qu'eurent le D. PACCARD & JAQUES BALMAT, à la fin de l'été de la même année.

ON peut se rappeller que le 13 de septembre 1785, j'avois tenté avec M. BOURIT, d'escalader le Mont-Blanc par l'aiguille du Goûté, §. 1114—1117; mais que nous rencontrâmes des neiges nouvelles qui nous forcerent de nous arrêter à la hauteur de 1935 toises au-dessus de la mer.

COMME l'obstacle que nous avoient opposé ces neiges nous parut l'effet de l'avancement de la saison, je résolus de répéter la même tentative l'année suivante, dans une saison où les neiges nouvelles seroient moins à redouter. En conséquence, & pour diminuer le plus possible la fatigue de la derniere journée, je chargeai Pierre Balmat de me construire une cabanne au pied de quelqu'une des arrêtes de l'aiguille du Gouté, & de faire, aussi-tôt que la saison le permettroit, quelques courses de ce côté là pour choisir la route qu'il me conviendroit de suivre.

*Tentatives infructueuses par l'aiguille du Gouté.*

§. 1963. Pour exécuter ce projet, Pierre Balmat, Marie Coutet & un autre guide, allerent le 8 de juin 1786 coucher dans mon ancienne cabanne de Pierre Ronde, §. 1108, & en partirent à la pointe du jour. Ils monterent par la même arrête que j'avois suivie l'année précédente, & parvinrent, quoiqu'avec beaucoup de peine, au sommet de l'aiguille du Gouté, après avoir été tous successivement malades de fatigue & de la rareté de l'air. Delà, en continuant pendant une heure sur les neiges dans la même direction, ils vinrent au haut du dôme du Gouté; là, ils trouverent François Paccard & trois autres guides auxquels ils avoient donné ce rendez-vous, & qui avoient passé par la montagne de la Côte pour parvenir au même point, croyant toujours que ce ne seroit que par l'aiguille du Gouté que l'on pourroit atteindre la cime du Mont-Blanc, & ils s'étoient divisés en deux bandes pour essayer comparativement les deux routes, qui conduisoient à la cime du Gouté. Cette comparaison fut entiérement à l'avantage de la route par la montagne de la Côte. François Paccard & ses compagnons, étoient arrivés une heure & demi plutôt, avec beaucoup moins de fatigue & de danger que Pierre Balmat qui avoit passé par Pierre-Ronde.

Après s'être réunis, ils traverserent une grande plaine de neige, & ils gagnerent une arrête qui joint la cime du Mont-Blanc au dôme du Gouté; mais cette arrête se trouva si étroite entre deux précipices & en même tems si rapide, qu'il leur fut impossible de la suivre & d'atteindre par là le sommet du Mont-Blanc. Ils examinerent alors de différents côtés les approches de cette cime, & le résultat de leurs recherches fut, qu'au moins par le dôme du Gouté, elle étoit absolument inaccessible. Ils retournerent de là à Chamouni, par la mon-

## SUITE DES TENTATIVES, Chap. I.

tagne de la Côte, bien mécontents de leur expédition, & pourfuivis par un orage, accompagné de neiges & de grêle qui les incommodoit beaucoup dans leur retraite.

§. 1964. Mais tous ne defcendirent pas; un de ceux qui avoient fuivi François Paccard par la montagne de la Côte, étoit Jaques Balmat, devenu depuis célebre par fon afcenfion à la cime du Mont-Blanc. Il ne devoit point être de cette courfe, il fe joignit à Paccard & à fa troupe prefque malgré eux. En revenant du dôme du Gouté, comme il n'étoit pas trop de bonne intelligence avec les autres, il marchoit feul, & s'éloigna même pour aller chercher des cryftaux dans un rocher écarté. Lorfqu'il voulut les rejoindre, ou du moins fuivre leurs traces fur la neige, il ne les retrouva pas ; fur ces entrefaites l'orage furvint, il n'ofa pas fe hafarder feul, au milieu de ces déferts par l'orage & à l'entrée de la nuit, il préféra de fe blotir dans la neige & d'attendre patiemment la fin de l'orage & le commencement du jour ; il fouffrit là beaucoup de la grêle & du froid ; mais vers le matin le tems s'éclaircit, & comme il avoit tout le jour pour redefcendre, il réfolut d'en confacrer une partie à parcourir ces vaftes & inconnues folitudes, en cherchant une route par laquelle ont pût parvenir à la cime du Mont-Blanc. C'eft ainfi qu'il découvrit celle qu'on a fuivie & qui eft bien certainement la feule par laquelle on puiffe l'atteindre.

*Jaques Balmat découvre la bonne route.*

De retour à Chamouni, il tint d'abord fa découverte fecrette. Mais comme il apprit que le D. Paccard penfoit à faire quelques tentatives dans le même but, il lui communiqua fon fecret & lui offrit de lui fervir de guide. Le fuccès de cette entreprife a été connu du public par les relations qu'en ont données le D. Paccard & M. Bourrit.

§. 1965. Il y a ceci de remarquable dans la découvette de cette route, c'eft que c'eft celle qui fe préfente le plus naturellement à ceux qui regardent le Mont-Blanc depuis Chamouni, & que c'eft auffi celle qu'ont tenue les premiers qui ont effayé d'y monter; mais on s'en étoit

*Préventions qui en avoient détourné.*

S 2

dégoûté par une singuliere prévention. Comme elle suit une espece de vallée entre de grandes hauteurs, on s'étoit imaginé qu'elle étoit trop chaude & trop peu airée. Cette vallée est cependant bien large, bien accessible aux vents, & les glaces qui en forment le fond & les parois, ne sont pas propres à la réchauffer. Mais la fatigue & la rareté de l'air donnoient, à ceux qui firent les premieres tentatives, cet accablement dont j'ai souvent parlé ; ils attribuerent ce mal-aise à la chaleur & à la stagnation de l'air, & ils ne chercherent plus à atteindre la cime que par des arrêtes découvertes & isolées comme celle du Gouté. Les gens de Chamouni croyoient aussi que le sommeil seroit mortel dans ces grandes hauteurs, mais l'épreuve qu'en fit Jaques Balmat, en y passant la nuit, dissipa cette crainte; & l'impossibilité de parvenir en passant sur les arrêtes, contraignit à reprendre la route la plus connue & la plus naturelle.

## CHAPITRE II.

*RELATION ABRÉGÉE D'UN VOYAGE A LA CIME DU MONT-BLANC, en Août 1787.* (1)

Divers ouvrages périodiques ont appris au Public, qu'au mois d'août de l'année derniere, deux habitants de Chamouni, M. Paccard, Docteur en médecine, & le guide Jaques Balmat, parvinrent à la cime du Mont-Blanc, qui jusques alors avoit été regardée comme inaccessible.

Je le fus dès le lendemain, & je partis sur le champ pour essayer de suivre leurs traces. Mais il survint des pluies & des neiges qui me forcerent à y renoncer pour cette saison. Je laissai à Jaques Balmat la commission de visiter la montagne dès le commencement de juin, & de m'avertir du moment où l'affaissement des neiges de l'hiver la rendroit accessible. Dans l'intervalle j'allai en Provence, faire au bord de la mer des expériences qui devoient servir de terme de comparaison à celles que je me proposois de tenter sur le Mont-Blanc.

Jaques Balmat fit dans le mois de juin deux tentatives inutiles; cependant il m'écrivit qu'il ne doutoit pas qu'on ne pût y parvenir dans les premiers jours de juillet. Je partis alors pour Chamouni. Je rencontrai à Sallenche le courageux Balmat qui venoit à Geneve

---

(1) Cette Relation est celle que je publiai en 1787, au moment de mon retour. Comme le public en parut content, j'ai cru devoir la conserver sans aucun changement; mais j'ai donné dans les chapitres suivans les developpemens que je promis alors des observations dont cette notice ne contenoit que les résultats.

m'annoncer ses nouveaux succès; il étoit monté le 5 juillet à la cime de la montagne avec deux autres guides, Jean-Michel CACHAT & Alexis TOURNIER. Il pleuvoit quand j'arrivai à Chamouni, & le mauvais tems dura près de quatre semaines. Mais j'étois décidé à attendre jusques à la fin de la saison plutôt que de manquer le moment favorable.

IL vint enfin, ce moment si desiré, & je me mis en marche le premier août, accompagné d'un domestique & de 18 guides (1) qui portoient mes instruments de physique & tout l'attirail dont j'avois besoin. Mon fils aîné desiroit ardemment de m'accompagner; mais je craignis qu'il ne fût pas encore assez robuste & assez exercé à des courses de ce genre. J'exigeai qu'il y renonçât. Il resta au Prieuré, où il fit avec beaucoup de soin, des observations correspondantes à celles que je faisois sur la cime.

QUOIQU'IL y ait à peine deux lieues & un quart en ligne droite, du Prieuré de Chamouni à la cime du Mont-Blanc, cette course a toujours exigé au moins 18 heures de marche, parce qu'il y a de mauvais pas, des détours & environ 1920 toises à monter.

POUR être parfaitement libre sur le choix des lieux où je passerois les nuits, je fis porter une tente, & le premier soir j'allai coucher sous

---

(1) *Voici leurs noms.*

Jaques Balmat, dit *le Mont-Blanc.*
Pierre Balmat ⎱ mes guides ordinaires.
Marie Coutet ⎰
Jaques Balmat, domest. de Mde. Couteran.
Jean-Michel Cachat, dit *le Géant.*
Jean-Baptiste Lombard, dit *Joraße.*
Alexis Tournier.
Alexis Balmat.
Jean-Louis Dévouassou.

Jean-Michel ⎫
Michel ⎬ Dévouassou, freres.
François ⎪
Pierre ⎭
François Coutet.
. . . . . Ravanet.
Pierre-François Favret.
Jean-Pierre Cachat.
Jean-Michel Tournier.

cette tente au sommet de la montagne de la Côte, qui est située au midi du Prieuré, & à 779 toises au-dessus de ce village. Cette journée est exempte de peine & de danger ; on monte toujours sur le gazon ou sur le roc, & l'on fait aisément la route en cinq ou six heures. Mais de là jusques à la cime, on ne marche plus que sur les glaces ou sur les neiges.

La seconde journée n'est pas la plus facile. Il faut d'abord traverser le glacier de la Côte pour gagner le pied d'une petite chaîne de rocs qui sont enclavés dans les neiges du Mont-Blanc. Ce glacier est difficile & dangereux. Il est entrecoupé de crevasses larges, profondes & irrégulieres ; & souvent on ne peut les franchir que sur des ponts de neige, qui sont quelquefois très-minces & suspendus sur des abîmes. Un de mes guides faillit à y périr. Il étoit allé la veille avec deux autres pour reconnoître le passage : heureusement ils avoient eu la précaution de se lier les uns aux autres avec des cordes ; la neige se rompit sous lui au milieu d'une large & profonde crevasse, & il demeura suspendu entre ses deux camarades. Nous passâmes tout près de l'ouverture qui s'étoit formée sous lui, & je frémis à la vue du danger qu'il avoit couru. Le passage de ce glacier est si difficile & si tortueux, qu'il nous fallut trois heures pour aller du haut de la Côte jusques aux premiers rocs de la chaîne isolée ; quoiqu'il n'y ait gueres plus d'un quart de lieue en ligne droite.

Après avoir atteint ces rocs, on s'en éloigne d'abord pour monter en serpentant dans un vallon rempli de neiges, qui va du Nord au Sud jusques au pied de la plus haute cime. Ces neiges sont coupées de loin en loin par d'énormes & superbes crevasses. Leur coupe vive & nette montre les neiges disposées par couches horizontales, & chacune de ces couches correspond à une année. Quelle que soit la largeur de ces crevasses, on ne peut nulle part en découvrir le fond.

Mes guides desiroient que nous passassions la nuit auprès de quelqu'un des rocs que l'on rencontre fur cette route; mais comme les plus élevés font encore de 6 ou 700 toifes plus bas que la cime, je voulois m'élever davantage. Pour cela il falloit aller camper au milieu des neiges; & c'eft à quoi j'eus beaucoup de peine à déterminer mes compagnons de voyage. Ils s'imaginoient que pendant la nuit il regne dans ces hautes neiges un froid abfolument infupportable, & ils craignoient férieufement d'y périr. Je leur dis enfin que pour moi j'étois déterminé à y aller avec ceux d'entr'eux dont j'étois fûr, que nous creuferions profondément dans la neige, qu'on couvriroit cette excavation avec la toile de la tente, que nous nous y renfermerions tous enfemble, & qu'ainfi nous ne fouffririons point du froid, quelque rigoureux qu'il pût être. Ces arrangement les raffura, & nous allâmes en avant.

A quatre heures du foir nous atteignîmes le fecond des trois grands plateaux de neige que nous avions à traverfer. C'eft là que nous campâmes à 1455 toifes au-deffus du Prieuré & à 1995 au-deffus de la mer, 90 toifes plus haut que la cime du pic de Ténériffe. Nous n'allâmes pas jufqu'au dernier plateau, parce qu'on y eft expofé aux avalanches. Le premier plateau par lequel nous venions de paffer n'en eft pas non plus exempt. Nous avions traverfé deux de ces avalanches, tombées depuis le dernier voyage de BALMAT, & dont les débris couvroient la vallée dans toute fa largeur.

Mes guides fe mirent d'abord à excaver la place dans laquelle nous devions paffer la nuit; mais ils fentirent bien vîte l'effet de la rareté de l'air. ( Le barometre n'étoit qu'à 17 pouces, 10 lignes $\frac{22}{32}$. ) Ces hommes robuftes, pour qui 7 ou 8 heures de marche que nous venions de faire ne font abfolument rien, n'avoient pas foulevé 5 ou 6 pellées de neige, qu'ils fe trouvoient dans l'impoffibilité de continuer; il falloit qu'ils fe relayaffent d'un moment à l'autre. L'un d'eux, qui étoit retourné en arriere pour prendre dans un baril de l'eau que nous avions vue dans une crevaffe, fe trouva mal en y allant; revint fans
eau,

eau, & paſſa la ſoirée dans les angoiſſes les plus pénibles. Moi-même, qui ſuis ſi accoutumé à l'air des montagnes, qui me porte mieux dans cet air que dans celui de la plaine, j'étois épuiſé de fatigue en obſervant mes inſtruments de météorologie. Ce mal-aiſe nous donnoit une ſoif ardente, & nous ne pouvions nous procurer de l'eau qu'en faiſant fondre de la neige; car l'eau que nous avions vue en montant ſe trouva gelée quand on voulut y retourner; & le petit réchaud à charbon que j'avois fait porter ſervoit bien lentement vingt-perſonnes altérées.

Du milieu de ce plateau, renfermé entre la derniere cime du Mont-Blanc, au Midi; ſes hauts gradins à l'Eſt & le dôme du Goûté à l'Oueſt, on ne voit preſque que des neiges; elles ſont pures, d'une blancheur éblouiſſante, & ſur les hautes cimes elles forment le plus ſingulier contraſte avec le ciel preſque noir de ces hautes régions. On ne voit là aucun être vivant, aucune apparence de végétation; c'eſt le ſéjour du froid & du ſilence. Lorſque je me repréſentois le Docteur PACCARD & JAQUES BALMAT arrivant les premiers au déclin du jour dans ces déſerts, ſans abri, ſans ſecours, ſans avoir même la certitude que les hommes puſſent vivre dans les lieux où ils prétendoient aller, & pourſuivant cependant toujours intrépidément leur carriere, j'admirois leur force d'eſprit & leur courage.

Mes guides, toujours préoccupés de la crainte du froid, fermérent ſi exactement tous les joints de la tente, que je ſouffris beaucoup de la chaleur & de l'air corrompu par notre reſpiration. Je fus obligé de ſortir dans la nuit pour reſpirer. La lune brilloit du plus grand éclat au milieu d'un ciel d'un noir d'ébene; Jupiter ſortoit tout rayonnant auſſi de lumiere, de derriere la plus haute cime à l'Eſt du Mont-Blanc, & la lumiere reverbérée par-tout ce baſſin de neiges, étoit ſi éblouiſſante, qu'on ne pouvoit diſtinguer que les étoiles de la premiere & de la ſeconde grandeur. Nous commencions enfin à nous endormir, lorſque nous fûmes réveillés par le bruit d'une grande avalanche, qui couvrit une partie de la pente que nous devions gravir le lendemain. A la pointe du jour le thermometre étoit à trois degrés au-dessous de la congélation.

Nous ne partîmes que tard, parce qu'il fallut faire fondre de la neige pour le déjeûné & pour la route ; elle étoit bue aussi-tôt que fondue, & ces gens qui gardoient religieusement le vin que j'avois fait porter, me déroboient continuellement l'eau que je mettois en réserve.

Nous commençâmes par monter au troisieme & dernier plateau, puis nous tirâmes à gauche pour arriver sur le rocher le plus élevé à l'Est de la cime. La pente est extrêmement rapide, de 39 degrés en quelques endroits ; par-tout elle aboutit à des précipices, & la surface de la neige étoit si dure, que ceux qui marchoient les premiers ne pouvoient pas assurer leurs pas, sans la rompre avec une hache. Nous mîmes deux heures à gravir cette pente, qui a environ 250 toises de hauteur. Parvenus au dernier rocher, nous reprîmes à droite à l'Ouest, pour gravir la derniere pente, dont la hauteur perpendiculaire est à peu-près de 150 toises. Cette pente n'est inclinée que de 28 à 29 degrés & ne présente aucun danger ; mais l'air y est si rare, que les forces s'épuisent avec la plus grande promptitude ; près de la cime je ne pouvois faire que 15 ou 16 pas sans reprendre haleine, j'éprouvois même de tems en tems un commencement de défaillance qui me forçoit à m'asseoir : mais à mesure que la respiration se rétablissoit, je sentois renaître mes forces ; il me sembloit en me remettant en marche que je pourrois monter tout d'une traite jusqu'au sommet de la montagne. Tous mes guides, proportion gardée de leurs forces, étoient dans le même état. Nous mîmes deux heures depuis le dernier rocher jusqu'à la cime, & il en étoit onze quand nous y parvinmes.

Mes premiers regards furent sur Chamouni, où je savois ma femme & ses deux sœurs, l'œil fixé au télescope ; suivant tous mes pas avec une inquiétude, trop grande sans doute, mais qui n'en étoit pas moins cruelle ; & j'éprouvai un fentiment bien doux & bien confolant, lorfque je vis flotter l'étendard, qu'elles m'avoient promis d'arborer, au moment où me voyant parvenu à la cime, leurs craintes feroient au moins fufpendues.

Je pus alors jouir fans regret du grand fpectacle que j'avois fous les yeux. Une légere vapeur fufpendue dans les régions inférieures de l'air me déroboit à la vérité la vue des objets les plus bas & les plus éloignés, tels que les plaines de la France & de la Lombardie ; mais je ne regrettai pas beaucoup cette perte ; ce que je venois voir, & ce que je vis avec la plus grande clarté, c'eft l'enfemble de toutes les hautes cimes dont je defirois depuis fi long-tems de connoître l'organifation. Je n'en croyois pas mes yeux, il me fembloit que c'étoit un rêve, lorfque je voyois fous mes pieds ces cimes majeftueufes, ces redoutables Aiguilles, le Midi, l'Argentiere, le Géant, dont les bafes mêmes avoient été pour moi d'un accès fi difficile & fi dangereux. Je faififfois leurs rapports, leur liaifon, leur ftructure, & un feul regard levoit des doutes que des années de travail n'avoient pu éclaircir.

Pendant ce tems-là mes guides tendoient ma tente, & y dreffoient la petite table fur laquelle je devois faire l'expérience de l'ébullition de l'eau. Mais quand il fallut me mettre à difpofer mes inftruments & à les obferver, je me trouvai à chaque inftant obligé d'interrompre mon travail, pour ne m'occuper que du foin de refpirer. Si l'on confidere que le baromètre n'étoit là qu'à 16 pouces 1 ligne, & qu'ainfi l'air n'avoit gueres plus de la moitié de fa denfité ordinaire, on comprendra qu'il falloit fuppléer à la denfité par la fréquence des infpirations. Or, cette fréquence accéléroit le mouvement du fang, d'autant plus que les arteres n'étoient plus contrebandées au-dehors par une preffion égale à celle qu'elles éprouvent à l'ordinaire. Auffi avions-nous tous la fievre, comme on le verra dans le détail des obfervations.

Lorsque je demeurois parfaitement tranquille, je n'éprouvois qu'un peu de mal-aife, une légere difpofition au mal de cœur. Mais lorfque je prenois de la peine, ou que je fixois mon attention pendant quelques moments de fuite, & fur-tout lorfqu'en me baiffant je comprimois ma poitrine, il falloit me repofer & haleter pendant deux ou trois minutes. Mes guides éprouvois des fenfations analogues. Ils n'avoient aucun appétit; & à la vérité nos vivres, qui s'étoient tous gelés en route, n'étoient pas bien propres à l'exciter; ils ne fe foucioient pas même du vin & de l'eau-de-vie. En effet, ils avoient éprouvé que les liqueurs fortes augmentent cette indifpofition, fans doute, en accélérant encore la viteffe de la circulation. Il n'y avoit que l'eau fraîche qui fit du bien & du plaifir, & il fallut du tems & de la peine pour allumer du feu, fans lequel nous ne pouvions point en avoir.

Je reftai cependant fur la cime jufqu'à 3 heures & demie, & quoique je ne perdiffe pas un feul moment, je ne pus faire dans ces 4 heures & demie toutes les expériences que j'ai fréquemment achevées en moins de 3 heures au bord de la mer. Je fis cependant avec foin celles qui étoient les plus effentielles.

Je defcendis beaucoup plus aifément que je ne l'avois efpéré. Comme le mouvement que l'on fait en defcendant ne comprime point le diaphragme, il ne gêne pas la refpiration, & l'on n'eft point obligé de reprendre haleine. La defcente du rocher au premier plateau, étoit cependant bien pénible par fa rapidité, & le foleil éclairoit fi vivement les précipices que nous avions fous nos pieds, qu'il falloit avoir la tête bonne pour n'en être pas effrayé. Je vins coucher encore fur la neige à 200 toifes plus bas que la nuit précédente. Ce fut là que j'achevai de me convaincre que c'étoit bien la rareté de l'air qui nous incommodoit fur la cime; car fi c'eût été la fatigue, nous aurions été beaucoup plus malades, après cette longue & pénible defcente; & au contraire, nous foupâmes de bon appétit, & je fis mes obfervations fans aucun fentiment de mal-aife. Je crois même que la hauteur où commence cette indispofition est parfaitement tranchée pour chaque individu. Je fuis très-bien jufqu'à 1900 toifes au-deffus de la mer, mais je commence à être incommodé lorfque je m'éleve davantage.

Le lendemain, nous trouvâmes le glacier de la Côte changé par la chaleur de ces deux jours, & plus difficile encore à traverfer qu'il ne l'étoit en montant. Nous fûmes obligés de defcendre une pente de neige, inclinée de 50 degrés, pour éviter une crevaffe qui s'étoit ouverte pendant notre voyage. Enfin, à 9 heures & demie nous abordâmes à la montagne de la Côte, très-contents de nous retrouver fur un terrein que nous ne craignions pas de voir s'enfoncer fous nos pieds.

Je rencontrai là M. Bourrit, qui vouloit engager quelques-uns de mes guides à remonter fur le champ avec lui; mais ils fe trouverent trop fatigués, & voulurent aller fe repofer à Chamouni. Nous defcendîmes tous enfemble gaiement au Prieuré, où nous arrivâmes pour diner. J'eus un grand plaifir à les ramener tous fains & faufs, avec leurs yeux & leur vifage dans le meilleur état. Les crêpes noirs dont je m'étois pourvu & dont nous nous étions enveloppé le vifage, nous avoient parfaitement préfervés; au lieu que nos prédéceffeurs étoient revenus prefqu'aveugles, & avec le vifage brûlé & gercé jufqu'au fang par la reverbération des neiges.

## CHAPITRE III.

## DESCRIPTION DES ROCHERS ET AUTRES DÉTAILS DU VOYAGE.

*Du Prieuré au village du Mont.*

§. 1966. Quant on va du Prieuré au Mont-Blanc par la montagne de la Côte, on commence par suivre le chemin qui conduit à Geneve, jusques au village des Buissons, & l'on prend là le sentier qui va au glacier de ce nom. Mais au pied de la pente par où l'on monte à ce glacier, on tire à droite & l'on va passer au hameau du *Mont*.

*Creux de gypse.*

Ce hameau est situé sur une colline toute de gypse; on voit à la surface de cette colline des creux, dont les uns sont en forme d'entonnoirs, les autres au contraire n'ont qu'un étroit orifice, & vont en s'évasant dans l'intérieur de la terre. On m'en fit voir un dans une prairie parsemée de buissons, dont l'ouverture n'avoit pas plus d'un pied, & qui intérieurement avoit 10 à 12 pieds de diametre, & une forme à peu-près sphérique. Sans doute, ces creux sont l'ouvrage des eaux qui dissolvent & entraînent le gypse qui forme la colline, tandis que la terre végétale, retenue par les racines des herbes & des buissons, demeure suspendue au-dessus de ces cavités. Quant à la sphéricité de ces creux, elle paroit difficile à expliquer; mais aussi ne sont-ce pas des géometres qui l'ont constatée.

*Bords du glacier de Taconay.*

§. 1967. Un peu au-delà du Mont on commence à monter, en suivant les bord du torrent qui sort du glacier de Taconay, §. 514; on ne voit point encore là des rochers en place; on ne voit que des débris de rochers feuilletés, composés de quartz, de mica, de hornblende schisteuse, ou de pierre de corne ferrugineuse, qui se décompose à l'air, & s'y change en oxide de fer couleur de rouille. Ces fragments ont fréquemment une forme rhomboïdale.

Bientôt après, on voit à sa gauche des rochers jaunâtres, qui tombent en décomposition, & dont la nature est la même que celle de ces débris.

Quant à leur structure & à leur situation, elles sont assez conformes à celles qu'ont en général les rochers de Chamouni, §. 677.

A mesure que l'on s'éleve, la roche de corne devient plus abondante dans ces fragments; on y rencontre cependant quelques beaux nœuds de granit de feldspath d'un gris presque noir, mêlé de quartz blanc, de quartz traversé par des filets d'amianthe & d'autres accidents.

Cette montée est très-sauvage, au fond d'un vallon étroit, dans lequel on a en face le glacier de Taconay, hérissé de glaçons, non pas blancs & purs, comme ceux des Buissons, mais salis par une boue noire, & entrecoupés de rochers de la même couleur : mais en continuant de s'élever, on découvre au-dessus de ce glacier les neiges pures & escarpées du dôme du Gouté.

Jusques à une demi lieue au-delà du hameau du Mont, on peut aller à mulet, ce qui fait en tout deux petites lieues depuis le Prieuré; mais tout le reste il faut le faire à pied.

Bientôt après on s'éleve un peu au-dessus du glacier de Taconay, on passe là quelques mauvais pas; puis on rencontre une fontaine d'une eau claire & fraîche, où les guides, déjà fatigués de leurs fardeaux, prirent avec beaucoup de plaisir quelques moments de repos.

On est là en face du glacier de Taconay, remarquable par la différente couleur de ses glaces, qui, de notre côté, sur sa rive droite, font boueufes & noires, tandis qu'elles font blanches & pures fur la rive oppofée.

Les rochers, fur l'une & l'autre rive, font de la même nature que ceux que j'ai décrits plus haut; ils fe divifent auffi fréquemment en parallelépipedes obliquangles; leur ftructure & leur fituation font auffi les mêmes.

En continuant de monter, on trouve des rocs gris plus durs, approchant des granits veinés, avec des nœuds alongés & des veines de quartz paralleles à leurs couches & à leurs feuillets.

On fe rapproche enfuite du glacier; on grimpe par une pente rapide fur la Moraine, dont on fuit pendant quelque tems l'arrête, après quoi on s'en éloigne pour toujours en s'élevant fur la montagne à gauche.

Le Ma-
pas.

§. 1968. Demi-heure après avoir quitté le glacier, on arrive au pied d'un rocher, prefqu'à pic, affez élevé, qui barre un couloir étroit & profond. On ne peut fortir de ce couloir qu'en efcaladant ce rocher; ce paffage fe nomme le *Mapas* ou le Mauvais Pas. On avoit placé là une échelle, dans l'idée que j'en aurois befoin; mais comme je craignois de donner à mes guides mauvaife opinion de moi fi je m'en fervois, je paffai à côté de l'échelle fans y toucher.

Au-delà du Mapas on eft obligé de paffer par quelques corniches étroites fur des efcarpements élevés.

Grotte où l'on peut paffer la nuit.

§. 1969 On longe enfuite une arrête tranchante, avec le précipice à droite, & des prairies très-rapides à gauche; après quoi l'on gravit par une pente de 50 degrés à une grotte ou petite caverne où je couchai le 20 août 1786, lors qu'immédiatement après le voyage du Docteur PACCARD, j'effayai, en fuivant fes traces, d'aller à la cime du Mont-Blanc. Mais il furvint pendant la nuit une pluie horrible, qui tomboit

tomboit en neige sur les hauteurs ; il fallut revenir triftement sur mes pas, & remettre la partie à l'année suivante.

J'ai mis dans l'un & dans l'autre voyage environ 4 heures, les repos non compris, à venir du Prieuré de Chamouni à cette cabane.

§. 1970. La cime du rocher, au Nord-Oueft de cette grotte, préfente une très-belle vue. Cette cime forme une des fommités de l'étroite arrête de la montagne de la Côte, qui fépare le glacier du Taconay de celui des Buiffons. Le col fur lequel on paffe eft élevé d'environ 600 toifes au-deffus du Prieuré de Chamouni. On découvre de cette arrête les deux glaciers que je viens de nommer, & que l'on a fous fes pieds, toute la vallée de Chamouni jufques au col de Balme, & les deux chaînes qui bordent ce col : plus loin, l'on diftingue les tours d'Aï & l'aiguille du Midi qui domine St. Maurice, de même que d'autres fommiés plus éloignées. Du côté oppofé, on voit la montagne au-delà du glacier de Taconay, qui porte le nom de ce glacier, & les tranches des couches de cette montagne. Ces couches montrent, avec la plus grande régularité, la pofition décrite dans le §. 677. Enfin dans cette même direction, le profil de l'aiguille du Gouté préfente auffi cette même fituation de couches.

<small>Belle fituation.</small>

Mais le point de vue le plus fingulier, c'eft celui que préfente du côté du Nord-Oueft, l'arrête même fur laquelle on fe trouve, vue fuivant fa longueur. De grands blocs de rochers à angles vifs, fingulièrement & hardiment entaffés, couronnent la cime de cette arrête & offrent l'afpect le plus bifarre & le plus fauvage ; la belle & riante paroiffe des Ouches femble partagée par ces rochers ftériles & forme avec eux un étonnant contrafte.

L'un de ces blocs, dont un angle faillant fe projette fort en avant au-deffus du précipice fe nomme à caufe de cela *le bec à l'oifeau*. On raconte qu'un berger qui avoit gagé d'aller s'affeoir fur la pointe de

*Tome IV.*

ce bec, y parvint & s'y affit; mais un faux mouvement qu'il fit en fe relevant lui fit perdre l'équilibre, il tomba & fut tué roide fur la place.

Les rochers de cette partie de l'arrête font pour la plupart des fchiftes, compofés de hornblende noire & de feldfpath blanc, *fienitfchiefer de Werner*. On trouve fréquemment dans les crevafles de ces rochers de petits cryftaux parallelépipedes obliquangles & translucides, de feldfpath, tirant un peu fur le verd.

Il étoit midi quand nous arrivâmes fur cette arrête; j'y fis une halte de demi-heure, pour laiffer dîner mes guides. Pendant ce tems-là je m'amufois à voir fous mes pieds, à une grande profondeur, des étrangers qui traverfoient péniblement, en fe foutenant fur leurs guides, le plateau inférieur du glacier des Buiffons, & qui fe difpofoient vraifemblablement à faire à leur retour un récit pompeux de leur courage & des dangers qu'ils avoient courus.

Mais je cherchois, & je cherchois en vain, à voir fur le fecond plateau deux de mes guides chargés qui s'étoient flattés d'ariver avant nous fur l'arrête où nous étions, en paffant par ce plateau du glacier, qui préfente en effet une route beaucoup plus directe depuis le Prieuré. Mais comme il y a de très-mauvais pas, nous étions inquiets de ne pas les voir reparoître. Ils nous rejoignirent cependant, mais beaucoup plus tard.

*Haut de la montagne de la Côte.*

§. 1971. Après avoir traverfé cette arrête, nous continuâmes à monter obliquement entre le glacier des Buiffons & la cime de cette même arrête, dont les rocs font toujours des granits veinés, mêlés çà & là de couches de *fiénifchifte*, ou d'une roche feuilletée, compofée de hornblende lamelleufe & de feldfpath. Les couches de ces rochers confervent toujours la même fituation.

Nous paffâmes au-deffous d'une profonde caverne où Jaques Balmat, dans fon précédent voyage, avoit caché l'échelle qui devoit nous aider à traverser les crevasses du glacier, & une perche de sapin dont nous devions aussi nous servir dans les mauvais pas. Il retrouva l'échelle, mais on avoit dérobé la perche; il est singulier qu'il y eût là des voleurs, on ne peut pas dire cependant que ce fussent des voleurs *de grand chemin*.

Nous passâmes aussi au pied de l'aiguille de la Tour, qui est la plus haute de cette arrête. Nous gravîmes ensuite des rocs de granit veinés durs, toujours dans la même situation ; & nous arrivâmes à une heure trois quarts à la cime de la montagne de la Côte, dans l'endroit où nous devions passer la nuit.

Cette premiere journée ne fut donc pas longue, nous n'avions mis que 6 heures & demie du Prieuré à notre premier gîte.

§. 1972. Ce gîte étoit un amas de grands blocs de granit, entre lesquels mes guides espéroient de trouver un abri, & où le Docteur Paccard & Jaques Balmat avoient couché le premier soir de leur expédition. Ces blocs ont été charriés là par le glacier, qui en est tout proche, & que l'on doit traverser pour s'acheminer à la cime du Mont-Blanc. C'est-là que l'on quitte la terre ferme & que l'on s'embarque sur les glaces & sur les neiges jusques à la fin du voyage.

*Premiere couchée sous des blocs de granit.*

On préfere de traverser ainsi le glacier le matin, pendant que les neiges sont encore dures ; le passage est beaucoup plus dangereux le soir, lorsque la chaleur du jour les a ramollies. C'est ce qu'éprouva Marie Coutet, sous lequel la neige s'enfonça, quand il alla reconnoître le passage que nous devions faire le lendemain. Heureusement, comme je l'ai dit dans la Relation abrégée, il demeura suspendu aux cordes qui le lioient à deux de ses camarades qui l'avoient accompagné. A leur retour nous fûmes tous empressés à leur demander compte de leur expédition; comme on demande à ses espions, des nouvelles de l'armée ennemie. Marie Coutet raconta fort tranquillement &

même gaiement son aventure: malgré cela son récit répandit une teinte sombre sur les physionomies ; les plus braves en plaisanterent, mais les autres parurent trouver ces plaisanteries un peu froides. Cependant personne ne parla de s'en retourner, & au contraire, chacun s'occupa à chercher un abri pour passer la nuit ; les uns regagnerent mon ancien gîte, §. 1969, où ils espéroient d'être plus chaudement ; d'autres se nicherent entre des blocs de granit, pour moi je couchai sous ma tente avec mon domestique & deux ou trois de mes anciens guides.

*Départ du second jour. Passage du glacier.*

§. 1973. LE lendemain, 2 d'août, malgré le grand intérêt que nous avions tous à partir de bon matin, il s'éleva tant de difficultés entre les guides sur la répartition & l'arrangement de leurs charges, que nous ne fûmes en pleine marche qu'à 6 heures & demie. Chacun redoutoit de se charger, moins encore par la crainte de la fatigue, que dans celle d'enfoncer la neige par son poids, & de tomber ainsi dans une crevasse.

Nous entrâmes sur le glacier, vis-à-vis des blocs de granit, à l'abri desquels nous avions dormi ; l'entrée en est très-facile, mais bientôt après l'on s'engage dans un labyrinthe de rochers de glace séparés par de larges crevasses ; ici, entiérement ouvertes ; là, comblées en tout ou en partie par des neiges, qui souvent forment des especes d'arches, évidées par-dessous, & qui cependant sont quelquefois les seules ressources que l'on ait pour traverser ces crevasses ; ailleurs, c'est une arrête tranchante de glace, qui sert de pont pour les traverser. Dans quelques endroits où les crevasses sont absolument vuides, on est réduit à descendre jusques au fond, & à remonter ensuite le mur opposé par des escaliers taillés avec la hache dans la glace vive. Mais nulle part on n'atteint, ni ne voit même le roc ; le fond est toujours neige ou glace ; & il y a des moments où après être descendu dans ces abîmes, entourés de murs de glace presque verticaux, on ne peut pas se figurer par où l'on en sortira. Cependant tant qu'on marche sur la glace vive, quelqu'étroites que foient les arrêtes, quelque rapides que foient les pentes, ces intrépides Chamouniards, dont la tête & le pied font également fermes, ne paroiffent ni effrayés, ni inquiets; ils caufent, rient, fe défient les uns les autres; mais quand on paffe fur ces voûtes minces fufpendues au-deffus des abîmes, on les voit marcher dans le plus profond filence; les trois premiers liés enfemble par des cordes à 5 ou 6 pieds de diftance l'un de l'autre; les autres fe tenant deux à deux par leurs bâtons, les yeux fixés fur leurs pieds, chacun s'efforçant de pofer exactement & légérement le pied dans la trace de celui qui le précede. Ce fut fur-tout quand nous eûmes vu la place où MARIE CUOTET s'étoit enfoncé, que ce genre de crainte augmenta; la neige avoit manqué tout-à-coup fous fes pas, en formant autour de lui un vuide de 6 à 7 pieds de diametre & avoit découvert un abime dont on n'appercevoit ni le fond ni les bords; & cela dans un endroit où aucun figne extérieur n'indiquoit la moindre apparence de danger. Auffi, lorfqu'après avoir franchi quelqu'une de ces neiges fufpectes, la caravanne fe retrouvoit fur un rocher de glace vive, l'expreffion de la joie & de la férénité éclairciffoit toutes les phyfionomies; le babil & les jactances recommençoient: puis on tenoit confeil fur la route qu'il falloit fuivre, & raffuré par le fuccès, on s'expofoit avec plus de confiance à de nouveaux dangers. Nous mîmes ainfi près de trois heures à traverfer ce redoutable glacier, quoiqu'il ait à peine un quart de lieue de largeur. Dès-lors nous ne marchâmes plus que fur des neiges, fouvent très-difficiles, par la rapidité de leurs pentes, & quelquefois dangereufes lorfque ces pentes aboutiffent à des précipices: mais, où du moins l'on ne craint d'autre danger que celui que l'on voit, & où l'on ne rifque pas d'être englouti, fans que la force ni l'adreffe puffent être d'aucun fecours.

§. 1974. EN fortant du glacier, on eft obligé de gravir une de ces pentes de neige extrêmement rapides, après quoi l'on vient paffer au pied du rocher le plus bas & le plus feptentrional d'une petite chaîne de rochers, ifolés au milieu des glaces du Mont-Blanc.

*Chaîne de rocs ifolés.*

Cette chaîne court à peu-près du Nord au Midi. Elle est toute composée de roches feuilletées primitives, dont les élémens sont de la hornblende lamelleuse, noirâtre ou verdâtre, du feldspath, de la plombagine, avec peu de quartz & de mica.

**Stéatite fibreuse.**

On y trouve enfin une pierre verdâtre assez brillante, translucide, fibreuse & schisteuse, demi-dure, fusible au chalumeau en un globule de 0,3 de ligne d'un verre verd, translucide, d'un luisant gras, un peu bulleux. Cette substance a beaucoup de rapport avec la stéatite asbestiforme du St. Gothard, §. 1915 ; mais ses parties sont plus fines, elle est plus brillante, plus dure, plus fusible, & donne un verre plus translucide. Cependant, à moins d'en faire une espece nouvelle, je ne saurois la rapporter à aucune autre. Au reste, le feldspath qui entre dans la composition de ces rochers, est de l'espece de celui que je nomme *gras*, parce qu'il a l'œil gras & huileux. Tous les rochers de cette chaîne ont leurs couches situées comme celles de la montagne de la Côte, suivant la loi générale des rochers de Chamouni, §. 677; mais elles sont très-inclinées.

Cette chaîne, du côté de l'Est, est séparée de l'aiguille du Midi, & des montagnes, qui lient cette aiguille avec le Mont-Blanc, par un glacier extrêmement sauvage, & presque tout composé de *seracs*.

**Séracs ou rectangles de glaces.**

§. 1975. On donne le nom de *serac*, dans nos montagnes, à une espece de fromage blanc & compacte, que l'on retire du petit lait, & que l'on comprime dans des especes de caisses rectangulaires, où il prend la forme de cubes, ou plutôt de parallélipipedes rectangles. Les neiges, à une grande hauteur, prennent fréquemment cette forme, lorsqu'elles se gèlent après avoir été en partie imbibées d'eau. Elles deviennent alors extrêmement compactes; dans cet état, si une couche épaisse de cette neige durcie se trouve sur une pente, qu'elle vienne, comme cela arrive toujours, à glisser en masse sur cette pente, & qu'en glissant ainsi, quelques parties de la masse portent à faux, leur pesanteur les force à se rompre en fragments à peu-près rectangulaires, dont quelques-uns ont jusques à 50 pieds en tout sens, & qui, à raison de leur homogénéité, sont aussi réguliers que si on les eut taillés au ciseau.

On voit distinctement sur les faces de ces grands parallélipipedes, les couches de neiges accumulées d'année en année, & passant graduellement de l'état de neige à celui de glace, par l'infiltration & la congélation successive des eaux des pluies & de celles qui résultent de la fonte des couches supérieures.

Nous avions aussi à notre droite de grands entassements de neige, rompues sous cette même forme de serac, & nous aurions été obligés de passer dans leurs intervalles avec beaucoup de fatigue & de danger, pour peu que la saison eût été plus avancée; mais un pont de neige, qui devoit se fondre dans peu de jours, nous servit à traverser une énorme crevasse, & nous dispensa de passer entre les seracs.

§. 1976. Nous nous reposâmes quelques moments, à l'ombre des rochers de la chaîne isolée, dont j'ai parlé plus haut.

<small>Cabane mal placée.</small>

Nous nous éloignâmes ensuite du côté du couchant; puis nous revinmes l'aborder dans l'endroit, où l'année précédente j'avois fait construire une cabane; c'étoit alors mon dessein d'y coucher en montant; mais comme je l'ai dit, le mauvais tems m'empêcha d'aller jusques là. D'ailleurs, cette station avoit été très-mal choisie; elle étoit beaucoup trop voisine de la premiere, puisqu'elle n'est élevée que de 120 toises au-dessus de la cime de la montagne de la Côte, & qu'ainsi il seroit resté 900 toises à monter pour le troisieme jour; tandis qu'au contraire il falloit, par divers raisons, laisser la plus petite portion pour la derniere.

§. 1977. La nature des rochers qui composent cette partie de la chaîne isolée est encore la même : on y distingue cependant de plus,

<small>Suite des rochers de la chaîne isolée.</small>

quelques schistes argilleux de la nature de l'ardoise, & quelques roches schisteuses granitoïdes avec des nœuds de quartz; la situation de leurs couches est toujours la même, à cela près qu'elle approche plus de la verticale. Là & plus haut, cette chaîne est fréquemment interrompue par des neiges; les pointes de ces rochers sortent comme de petites isles, ou comme des écueils, de la mer de neige qui couvre toutes ces régions. Mes guides me firent perdre là un tems considérable, sous le prétexte de déjeûner & de se reposer; leur intention étoit de retarder assez notre marche pour que l'on ne pût pas, avant la nuit, s'aventurer dans la partie de la route où l'on ne rencontreroit plus de rochers, & où l'on seroit obligé de coucher sur la neige. Nous ne repartîmes qu'à onze heures, quoique nous fussions arrivés peu après neuf.

Je trouvai encore la *dispensia helvetica* en fleur sur ces rochers.
*androsace imbricata - Lam. fl. fr.*

Nous avions de là entrevu le lac au travers de la vallée d'Abondance, depuis les premiers rochers; mais en continuant de monter, on le découvroit toujours mieux, nous reconnoissions même très-bien la ville de Nyon. Les montagnes du Faucigni s'abaissoient peu-à-peu devant nous. L'aiguille percée du reposoir, §. 285, fut celle qui nous résista le plus long-tems, parce qu'elle étoit près de nous, & que sa cime se projetoit sur un horizon éloigné; car nous ne tenions pour vaincues que celles par-dessus lesquelles nous pouvions voir le Jura. Chaque victoire de ce genre étoit un sujet de joie pour toute la caravanne; car rien n'anime & n'encourage, comme la vue distincte de ses progrès.

Grande crevasse où tombe un pied de baromètre.
§. 1978. Après une heure de marche, nous vînmes côtoyer une immense crevasse. Quoiqu'elle eût plus de cent pieds de largeur, on n'en voyoit le fond nulle part.

Dans un moment où nous nous reposions tous debout sur son bord, en admirant sa profondeur, & en observant les couches de ses neiges, mon domestique, par je ne sais qu'elle distraction, laissa échapper le pied de mon barometre qu'il tenoit à la main ; ce pied glissa avec la rapidité d'une fleche sur la paroi inclinée de la crevasse & alla se planter à une grande profondeur dans la paroi opposée, où il demeura fixé en oscillant comme la lance d'Achille sur la rive du Scamandre. J'eus un mouvement de chagrin très-vif, parce que ce pied servoit non seulement au barometre, mais à une boussole, à une lunette & à divers autres instruments qui se fixoient au-dessus. Mais au moment même quelques-uns de mes guides, sensibles à ma peine, m'offrirent d'aller le reprendre ; & comme la crainte de les exposer m'empêchoit d'y consentir, ils me protesterent qu'ils ne courroient aucun risque. Au moment même, l'un d'eux se passa une corde sous les bras, & les autres le calerent ainsi jusques au pied du barometre, qu'il arracha & rapporta en triomphe. J'eus une double inquiétude pendant cette opération ; premierement celle du danger du guide suspendu ; ensuite comme nous étions en vue & en face de Chamouni, d'où avec la lunette on pouvoit suivre tous nos mouvements, je pensai que si dans ce moment on avoit les yeux sur nous, on croiroit, à ne pas en douter, que c'étoit un de nous qui étoit tombé dans la crevasse & qu'on alloit le reprendre. J'ai su depuis, qu'heureusement dans ce moment là on ne nous regardoit pas.

§. 1979. Nous fûmes obligés de traverser cette même crevasse sur un pont de neige rapide & dangereux ; après quoi, par une pente de neige encore très-rapide, nous abordâmes à l'un des derniers rochers de la chaîne isolée, où je couchai le sur-lendemain en revenant de la cime, & que par cette raison, je nommai *le rocher de l'heureux retour*. Son élévation est de 1780 toises.

*Halte au pied d'un rocher.*

Nous y arrivâmes à une heure & demie, & nous dinâmes au soleil avec bien de l'appetit. Mais nous regrettions de n'avoir pas d'eau, lorsque les guides imaginerent un moyen fort ingénieux pour nous en procurer. Ils lançoient de grosses pelottes de neige contre des rochers exposés au soleil, une partie de la neige s'y attachoit, se fondoit contre le rocher rechauffé, & nous recueillions l'eau qui venoit goutte à goutte distiller à son pied. Ils se relayoient pour lancer de la neige, & il s'établit en peu de moments une fontaine qui nous fournit autant d'eau que nous pouvions en desirer.

Ce rocher, de même que celui qui est plus au Midi & le dernier de cette chaîne isolée, est comme les autres, composé de roches primitives schisteuses, mélangées de quartz, de hornblende & de feldspath, avec des nœuds, les uns de quartz pur, les autres d'une roche granitoïde. Celui qui est le plus élevé présente des veines; les unes noires de hornblende à peu-près pure; les autres blanches de feldspath; mais un oxide de fer qui vient de la hornblende décomposée, donne à tous ces rochers un aspect jaunâtre. Les couches de ces schistes sont encore situées suivant la loi du §. 677, mais elles sont presque verticales.

Ce rocher isolé, au milieu des neiges, étoit pour mes guides un lieu de délices, une isle de Calypso; ils ne pouvoient pas se résoudre à le quitter & vouloient absolument y passer la nuit. On a vu dans la relation abrégée combien j'eus de peine à les déterminer à partir.

Premier plateau de neige.

§. 1980. Delà, en 35 minutes de montée, nous atteignîmes le premier grand plateau de neige qui se présente sur cette route. La pente de ce plateau est bien encore de 10 à 12 degrés, mais c'étoit une plaine en comparaison des pentes que nous avions gravies. A notre gauche étoit l'aiguille du Midi, qui commençoit à s'abaisser sensiblement; à notre droite, le dôme du Gouté, où domine la hornblende en décomposition. La sommité de ce dôme, coupée presqu'à pic de notre côté, couverte d'une voûte de neige, demi-circulaire, comme l'arche d'un pont, & couronnée par une suite de ces énormes blocs de neige de forme cubique que j'ai nommés *feracs*, préfentoit le plus fingulier & le plus magnifique fpectacle. Devant nous étoit la cime du Mont-Blanc, le but de notre voyage, encore prodigieufement élevée à nos yeux; à fa gauche, les rocs que nous nommons fes efcaliers, & de fuperbes coupures de neiges vives qui, éclairées par le foleil, paroiffoient d'un éclat & d'une vivacité finguliere.

§. 1981. Nous mîmes 20 minutes à traverfer ce plateau; & ce tems nous parut bien long, parce que depuis le dernier voyage de JAQUES BALMAT, il avoit été balayé dans toute fa largeur, par deux énormes avalanches de feracs, détachées du dôme du Gouté; nous fûmes obligés de paffer au travers de ces avalanches avec la crainte d'en effuyer de nouvelles. J'eus cependant du plaifir à obferver ces feracs que l'on a rarement occafion de voir d'auffi près. J'en mefurai qui avoient plus de 12 pieds en tous fens; le fond, ou la partie qui avoit été contigue au roc, étoit une glace à petites bulles, tranflucide, blanche, dure, plus compacte que celle des glaciers ordinaires. (1) La face oppofée, qui avoit été originairement la face fupérieure, étoit encore de la neige, quoiqu'un peu durcie; & on voyoit dans le même bloc toutes les nuances entre ces deux extrêmes. Nous nous étonnions que plufieurs de ces blocs fuffent venus jufques là fans fe déformer, & même qu'ils y fuffent venus; car le dôme du Gouté, d'où ils s'étoient détachés, eft fort éloigné, & la pente qui conduit à fon pied n'eft point rapide: fans doute qu'ils avoient gliffé le matin fur la neige durcie & glacée par le froid de la nuit; & que leur viteffe initiale avoit été très-grande.

*Seracs vus de près.*

§. 1982. DE ce plateau nous montâmes pendant près d'une heure par une pente de 34 degrés, & nous atteignîmes ainfi le fecond plateau où nous devions paffer la nuit.

*Second plateau où l'on paffe la feconde nuit.*

---

(1) La vue de cette glace fi blanche, & reffemblante à de la neige, me prouve que j'avois bien pu me tromper, lorfque du haut du Cremones, §. 940, j'avois cru pouvoir affirmer que les calottes qui recouvrent le Mont-Blanc & les fommités voifines, font en entier de neige & non point de glace.

Il y eut d'abord de longues & sérieuses délibérations sur le choix de l'endroit où l'on placeroit la tente, sous laquelle nous devions tous nous réunir pour être à l'abri du froid de la nuit, dont les guides se formoient une idée si effrayante. Outre le froid, nous avions à éviter deux dangers, dont l'un venoit d'en-haut, l'autre d'en-bas : il s'agissoit de choisir une place, où nous ne pussions pas être atteints par les avalanches qui pouvoient partir des hauteurs, & où il n'y eut pas lieu de suspecter quelque crevasse cachée par des neiges superficielles. Les guides frémissoient, de l'idée que ces neiges chargées du poids de 20 hommes réunis dans un petit espace, & ramollies par la chaleur de leurs corps, pouvoient s'affaisser tout d'un coup & nous engloutir tous ensemble au milieu de la nuit. Une crevasse épouvantable que nous avions côtoyée en montant sur ce même plateau, & qui pouvoit se prolonger au-dessous, prouvoit au moins la possibilité de cette supposition. Cependant nous trouvâmes, à 150 pas de l'entrée du plateau, une place qui nous parut bien à l'abri de tous ces dangers. Là, on se mit à creuser la neige & à tendre la tente au-dessus du creux que l'on avoit formé. J'ai décrit dans la relation abrégée l'incommodité que la rareté de l'air faisoit éprouver aux travailleurs.

*Excursion des guides. Rocs foudroyés.*

§. 1983. APRÈS quelques moments de repos, MARIE COUTET & deux autres, allerent sur le dôme du Goûté, chercher des pierres couvertes de bulles vitreuses que j'ai décrites dans le second volume, §. 1153. Ils en rapporterent de fort belles, & une entr'autres bien remarquable, en ce que les bulles parsemées à sa surface sont d'une couleur analogue à la partie de la pierre correspondante, noirâtres ou verdâtres sur la hornblende, & blanchâtres sur le feldspath; ce qui démontre bien qu'elles ont été formées par une fusion superficielle du rocher, & que c'est par conséquent la foudre qui les a produites. En effet, quel autre agent auroit pu produire cet effet à la surface d'un rocher isolé au milieu des neiges ? Les mêmes guides allerent ensuite examiner l'état de la pente rapide que nous avions à gravir le lendemain. Ils revinrent satisfaits d'avoir trouvé, comblée par les neiges, une crevasse qui, dans le précédent voyage leur avoit donné assez de peine à traverser ; mais la pente par laquelle nous devions monter leur avoit paru bien rapide, & d'une neige bien dure & bien glissante, & je vis clairement qu'ils doutoient que je pusse y monter.

§. 1984. Sur les montagnes dégagées de neiges, & dont la hauteur n'excede pas 1000 à 1200 toises, il est très-agréable d'arriver de bonne heure à son gîte ; la fraîcheur du soir délasse des fatigues de la journée ; on s'assied sur l'herbe ou sur un rocher, on s'amuse à observer les dégradations de la lumiere & les accidents qui accompagnent presque toujours le coucher du soleil & le crépuscule. Mais dans les montagnes très-élevées & couvertes de neiges, ces fins de journée sont extrêmement pénibles, on ne sait où se tenir ; si l'on reste tranquille on est transi de froid, & la fatigue jointe à la rareté de l'air, vous ôte la force & le courage de vous échauffer par l'exercice. C'est ce que nous éprouvâmes dans cette station, où nous étions arrivés vers les quatre heures. Nous gelions tous de froid ; on attendoit avec une extrême impatience que la tente fût dressée ; dès qu'elle le fut, tout le monde se jeta dedans, & bientôt le babil des guides & les nausées de ceux qui avoient mal au cœur, me forcerent à en sortir. Je pressai le soupé le plus qu'il fut possible. Ensuite on eût beaucoup de peine à s'arranger de maniere à entrer tous sous la tente dans une attitude où l'on pût passer la nuit ; ils me permirent de me coucher dans un angle ; mais pour eux, ils ne purent que s'asseoir sur de la paille, entre les jambes les uns des autres ; & l'air vicié par la respiration de 20 personnes entassées dans un si petit espace, nous fit passer la mauvaise nuit dont j'ai parlé.

*Soirée pénible sur ces neiges.*

§. 1985. Le lendemain nous traversâmes d'abord le second plateau à l'entrée duquel nous avions passé la nuit ; delà nous montâmes au troisieme, que nous traversâmes aussi, & nous vînmes en demi-heure au bas de la grande pente, par laquelle en tirant à l'Est, on monte sur le rocher qui forme l'épaule gauche de la cime du Mont-Blanc.

*Troisieme journée ; montée sur l'épaule du Mont-Blanc.*

En commençant cette montée j'étois déja bien effoufflé par la rareté de l'air ; cependant un moment employé à reprendre haleine de 30 en 30 pas, mais fans m'affeoir, m'aidoit à refpirer ; & je vins en 40 minutes à l'entrée de l'avalanche qui étoit tombée la nuit précédente, & que nous avions entendue de notre tente.

Là nous nous arrêtâmes tous pendant quelques moments, dans l'efpérance qu'après avoir bien repofé nos jambes & nos poumons, nous pourrions traverfer l'avalanche un peu vite & tout d'une haleine, mais cela fe trouva impoffible ; le genre de fatigue qui réfulte de la rareté de l'air eft abfolument infurmontable ; quand elle eft à fon comble, le péril le plus éminent ne vous feroit pas faire un feul pas de plus. Mais je raffurois mes guides, en leur difant que cet endroit étoit précifément le moins dangereux, parce que toutes les neiges caduques des hauteurs qui dominent, s'en étoient déja détachées.

*Pente rapide & dangereufe.* AU-DELÀ de cette avalanche la pente devenoit continuellement plus rapide, & aboutiffoit fur notre gauche à un affreux précipice ; il fallut franchir une fente affez large, & dont le paffage étoit gêné par un roc de glace qui forçoit à fe rapprocher du bord de la pente. Les premiers guides avoient entaillé de pas en pas, avec une hache, la furface dure de la neige ; mais ils avoient fait les pas trop grands ; enforte que pour atteindre l'entaille il falloit faire une enjambée dans laquelle on couroit le rifque de la manquer & de gliffer irrémiffiblement en bas. Enfuite, vers le haut, la furface gelée fe trouva plus mince ; alors elle fe caffoit fous nos pas, & il fe trouvoit au-deffous huit ou neuf pouces de neige en farine, qui repofoit fur une feconde croûte de neige dure ; on enfonçoit ainfi jufqu'à mi-jambe, après quoi l'on gliffoit du côté du précipice, contre lequel on n'étoit retenu que par la croûte fupérieure qui fe trouvoit ainfi chargée d'une grande partie du poids de nos corps ; & fi elle s'étoit caffée, on auroit infailliblement gliffé jufques au bas. Mais je ne m'occupois abfolument point du danger ; mon parti étoit pris, j'étois décidé à aller en avant, tant que mes forces me le permettroient; je n'avois d'autre idée que celle d'affermir mes pas & d'avancer.

On dit que quand on paffe au bord d'un précipice, il ne faut point le regarder, & cela eft vrai, jufques à un certain point; mais voici fur cet objet le réfultat de ma longue expérience. Avant de s'engager dans un mauvais pas, il faut commencer par contempler le précipice & s'en raffafier pour ainfi dire, jufques à ce qu'il ait épuifé tout fon effet fur l'imagination, & qu'on puiffe le voir avec une efpece d'indifférence. Il faut en même tems étudier la marche que l'on tiendra, & marquer, pour ainfi dire, les pas que l'on doit faire. Enfuite on ne penfe plus au danger, & l'on ne s'occupe plus que du foin de fuivre la route que l'on s'eft prefcrite. Mais fi l'on ne peut pas fupporter la vue du précipice & s'y habituer, il faut renoncer à fon entreprife; car quand le fentier eft étroit, il eft impoffible de regarder où l'on met le pied fans voir en même tems le précipice; & cette vue, fi elle vous prend à l'improvifte, vous donne des éblouiffemens, & peut être la caufe de votre perte. Cette regle de conduite dans les dangers, me paroît applicable au moral comme au phyfique.

Précautions.

J'employai là & dans d'autres paffages dangereux, la maniere de fe faire aider par fes guides, qui me paroît tout-à-la-fois la plus fûre pour celui qui l'emploie, & la moins incommode pour ceux qui lui aident, c'eft d'avoir un bâton léger, mais folide, de 8 à 10 pieds de longueur; deux guides, placés l'un devant vous, l'autre derriere, tiennent le bâton du côté du précipice, l'un par un bout, l'autre par l'autre; & vous vous marchez au milieu avec cette barriere ambulante fur laquelle vous vous foutenez au befoin; cela ne gêne ni ne fatigue les guides en aucune maniere, & peut fervir à les foutenir eux-mêmes au cas que l'un d'eux vint à gliffer ou à tomber dans une fente. C'eft dans cette attitude que M. le Chevalier de Mechel m'a repréfenté dans la grande planche enluminée, qu'il a fait graver de notre caravane au milieu des glaces.

**Halte sur l'épaule du Mont-Blanc.**

§. 1986. ENFIN, en deux heures & demi de marche, à compter de l'endroit où nous avions couché, nous atteignîmes le rocher que j'appelle l'épaule gauche ou le second escalier du Mont-Blanc. Là, s'ouvrit à mes yeux un horizon immense, & tout-à-fait nouveau pour moi; car la cime étant à notre droite, rien ne nous déroboit l'ensemble des Alpes du côté de l'Italie, que je n'avois jamais vu d'une aussi grande hauteur; mais je réserve ces détails pour le chapitre suivant. Là, j'eus la satisfaction de me voir assuré d'atteindre la cime, puisque la montée qui me restoit à faire n'étoit ni rapide ni dangereuse. Nous mangeâmes un morceau, assis sur le bord de cette magnifique terrasse; mais le pain & la viande que j'avois fait porter s'étoient gelés à fond. Cependant le thermometre n'avoit jamais été plus bas que 3 degrés au-dessous du terme de la glace; & ces aliments renfermés & couverts dans une hotte, portée sur le dos d'un homme, devoient avoir été un peu préservés du froid par la chaleur de son corps. Je suis donc persuadé que dans la plaine, au même degré de froid, ces aliments ne se feroient point gelés, & vraisemblablement que là même un thermometre renfermé dans la hotte ne seroit pas descendu à 0; mais dans cet air rare & toujours renouvellé, les corps imprégnés d'eau subissent une très-grande évaporation, & par cela même se refroidissent beaucoup plus que la boule seche d'un thermometre. Pendant cette halte le thermometre à l'ombre, à 9 heures du matin, étoit à $\frac{1}{2}$ degré au-dessus de 0, & mon hygrometre à 59.

**Nature de ces rochers.**

**Granits.**

§. 1987. LES rocs nuds que l'on rencontre là, & qui forment deux especes d'arrêtes noires & un peu saillantes, que l'on voit très-bien des bords de notre lac, à gauche de la plus haute cime du Mont-Blanc, sont des granits, ici dégradés en fragments épars; là, en rochers solides, divisés par des fissures à peu-près verticales, dont la direction est conforme à celle qui regne généralement dans ces montagnes, savoir du Nord-Est au Sud-Ouest, & que je regarde par conséquent comme des couches.

Le feldspath qui entre dans la composition de ces rochers est d'un blanc tirant sur le gris, ou sur le verd, ou sur le rougeâtre; il donne au chalumeau un verre, dont on peut obtenir des globules de 0, 6, transparents, sans couleur, mais remplis de bulles.

Ce feldspath est ici pur, là enduit ou même mélangé d'une subs- *Stéatite terreuse.* tance d'un gris qui tire sur le verd céladon; sans éclat, terreuse, tendre, se rayant en gris blanchâtre. Cette substance paroît être une stéatite terreuse; il est difficile d'en obtenir des fragments dégagés de feldspath; ceux que je suis parvenu à séparer, se sont fondus au chalumeau en un verre verdâtre, translucide & d'un aspect extrêmement gras. Ils se décolorent sur le filet de sappare & le dissolvent avec effervescence.

Le quartz blanchâtre, demi-transparent, qui entre dans la composition de ce granit, paroît un peu gras dans sa cassure; un fragment d'une quinzieme de ligne de longueur, sur une trentieme d'épaisseur, ou de 0, 067, sur 0, 033, fixé à l'extrèmité d'un filet de sappare délié, s'est parfaitement arrondi à la flamme du chalumeau, en perdant un peu de sa transparence qui, sous ce volume paroissoit parfaite, & il s'est formé quelques bulles dans son intérieur. Ce quartz est donc plus fusible que le cryftal de roche dans le rapport de 0, 035 à 0, 014.

Ces granits sont fréquemment mélangés de hornblende, ici noirâ- *Hornblende.* tre, là tirant sur le verd.

On y voit aussi de la chlorite souvent d'un verd noirâtre, tantôt en *Chlorite* veines, tantôt en nids & même en masses assez épaisses. Elle est tendre, mais non pas friable; d'un grain très-fin, & ses petites parties, vues au microscope, paroissent des lames minces très-translucides, d'un verd clair, mais elles n'ont pas la régularité de celles du St. Gothard, que j'ai décrites au §. 1893. Ce fossile, de même que la hornblende, paroît tenir dans ces granits la place du mica qui ne s'y montre qu'en lames très-petites & très-rares.

Tome IV.                                                                                           Y

Pyrites. Quelques-uns de ces granits paroissent cariés, on y voit de petites cavités de formes anguleuses & irrégulieres, remplies d'une rouille ou poussiere brune. En cassant ces granits, on trouve dans leur intérieur de petites pyrites brunes & ternes au-dehors, mais brillantes & d'un jaune très-pâle au-dedans, & dont les fragments sont attirables à l'aimant. C'est de la décomposition de ces pyrites que résultent ces cavités. Mes guides trouverent des fragments de ces mêmes granits, où l'on voit des pyrites cubiques de 3 à 4 lignes d'épaisseur, dont la cassure est très-brillante & d'un jaune de laiton très-vif; celles-ci ne se décomposent pas à l'air.

Delphinite. On trouve aussi dans ces rochers des quartz avec des veines & des nids de delphinite ou de schorl verd du Dauphiné; il n'est que confusément cryftallifé, mais reconnoissable à son boursouflement au chalumeau, & à la scorie noire & réfractaire dans laquelle il se change.

Roche schisteuse. Dans quelques endroits, ces granits dégenerent en roches irrégulièrement schisteuses, composées de quartz & de feldspath, sans mélange de mica, & dont les couches sont séparées & enduites d'une terre argilleuse, brun de noisette, ferrugineuse, & qui se fond en un verre noir.

Granitelle. Ces mêmes rochers de granit renferment un filon de granitelle, composé presqu'en entier de hornblende lamelleuse noire & brillante, & de feldspath gris, translucide, qui prend au-dehors une couleur de rouille.

Palaïopetre. Enfin, mes guides trouverent encore dans ces mêmes rochers une palaïopetre, ou pétrosilex primitif, d'un gris tirant un peu sur le verd, translucide à une ligne & même à 1, 2, écailleux dans sa cassure, dur, parsemé intérieurement de points d'un verd foncé qui ne sont gueres visibles qu'à la loupe, & qui paroissent être de stéatite; & aussi de quelques points rares de pyrites, qui en se décomposant tachent d'une couleur de rouille les environs de la place qu'elles occupoient. Cette pierre se fond au chalumeau en un verre blanc & bulleux semblable à celui du feldspath.

§. 1688. Après m'être reposé & avoir observé ces rochers, je me remis en marche, il étoit environ neuf heures. Comme j'avois mesuré de Chamouni les hauteurs des différentes parties de la montagne, je savois que je n'avois plus qu'environ 150 toises à monter, & cela par une pente qui n'étoit que de 28 à 29 degrés, sur une neige assez ferme & pourtant nullement glissante, exempte de crevasses, éloignée des précipices, j'espérois donc d'atteindre la cime en moins de trois quarts d'heure ; mais la rareté de l'air me préparoit des difficultés plus grandes que je n'aurois pu le croire. Je l'ai dit dans la relation abrégée ; sur la fin j'étois obligé de reprendre haleine à tous les 15 ou 16 pas ; je le faisois le plus souvent debout, appuyé sur mon bâton, mais à peu-près de trois fois l'une il falloit m'asseoir, ce besoin de repos étoit absolument invincible ; si j'essayois de le surmonter, mes jambes me refusoient leur service ; je sentois un commencement de défaillance, & j'étois saisi par des éblouissements tout-à-fait indépendants de l'action de la lumiere, puisque le crêpe double qui me couvroit le visage me garantissoit parfaitement les yeux. Comme c'étoit avec un vif regret que je voyois ainsi passer le tems que j'espérois consacrer sur la cime à mes expériences, je fis diverses épreuves pour abréger ces repos ; j'essayois par exemple de ne point aller au terme de mes forces & de m'arrêter un instant à tous les 4 ou 5 pas, mais je n'y gagnois rien ; j'étois obligé au bout de 15 ou 16 pas à prendre un repos aussi long que si je les avois faits de suite ; il y avoit même ceci de remarquable, c'est que le plus grand mal-aise ne se fait sentir que huit ou dix secondes après qu'on a cessé de marcher. La seule chose qui me fit du bien & qui augmentât mes forces, c'étoit l'air frais du vent du Nord ; lorsqu'en montant j'avois le visage tourné de ce côté là & que j'avalois à grand traits l'air qui en venoit, je pouvois sans m'arrêter faire jusqu'à 25 ou 26 pas.

La généralité de ces sensations sur les 20 personnes qui composoient notre caravanne, & les détails que j'ai rapportés dans la relation abrégée, ne peuvent laisser aucun doute sur la raison de ces phéno-

*Derniere montée retardée par la rareté de l'air.*

menes. Ils font d'ailleurs parfaitement d'accord avec ce que nous connoiſſons ſur la néceſſité de l'air, & même d'un air d'un certain degré de denſité pour la conſervation des animaux à ſang chaud.

*Deſcription des rochers les plus élevés du Mont-Blanc.*

§. 1989. A peu-près à la moitié de cette montée, on paſſe auprès de deux petits rochers, ſaillants au-deſſus de la neige. Le plus élevé des deux avoit été récemment fracaſſé; car ſes fragments étoient épars de tous côtés ſur la neige nouvelle, à pluſieurs pieds de diſtance. Et comme ſûrement perſonne n'étoit allé faire ſauter ce rocher avec de la poudre, ou le briſer avec une maſſue de fer, on ne peut guere douter que ce ne fût là un effet de la foudre. Je ne pus cependant y découvrir aucune bulle vitreuſe. J'ai dit dans la relation abrégée que cela venoit de ce que ſes parties conſtituantes étoient très-réfractaires ; mais c'eſt une erreur, car j'ai vu depuis lors des fragments du rocher du dôme du Goûté qui ſont exactement de la même nature que celui dont il eſt ici queſtion, & qui cependant ſont couverts de bulles vitreuſes. Cette différence vient plutôt de la violence plus ou moins grande du coup qui les a frappés, ou du plus ou moins d'humidité dont ils étoient alors pénétrés. Parmi ces fragments épars, on voyoit des feuillets plus ou moins épais de granit en maſſe, dont les grandes faces étoient à peu-près parallèles entr'elles.

Le rocher inférieur préſente la forme d'une table horizontale, liſſe, longue, du Nord au Sud, de 6 pieds 6 pouces, & large de 4 pieds, de l'Eſt à l'Oueſt. Cette table s'enfonce dans la neige, du côté d'en-haut ou de l'Oueſt ; mais du côté d'en-bas ou de l'Eſt ſon bord s'éleve au-deſſus de la neige de 4 pieds, 8 pouces, 6 lignes. C'eſt un bloc ſolide ſans aucune fente viſible. Je pris ſes dimenſions avec ſoin pour qu'on pût dans la ſuite reconnoître ſi les neiges augmentent ou diminuent.

*Nature de ces rochers.*

§. 1990. Ces rochers, ſitués à près de 2400 toiſes au-deſſus de la mer, ſont intéreſſants en ce que ce ſont les plus élevés de notre globe qui aient été obfervés par des naturaliftes. MM. Bouguer & de la Condamine étoient allés fur les Cordillieres, à des hauteurs égales & même de quelques toifes plus grandes que celle de ces rochers; (2470 toifes) ils ne fe connoiffoient pas en pierres; mais comme ils difent avoir envoyé en France des caiffes remplies des échantillons des montagnes, fur lefquelles leurs opérations trigonométriques les avoient conduits, j'aurois vivement defiré que ces échantillons fuffent examinés par des connoiffeurs. Le feu Duc de la Rochefoucault, cet homme auffi diftingué par fes connoiffances que par fes vertus, & qui a été l'innocente victime des troubles d'une patrie pour laquelle il avoit fait, & auroit fait encore les plus grands facrifices, avoit bien voulu, à ma priere, faire les recherches les plus foigneufes de ces échantillons, foit au jardin du Roi, foit à l'Académie des fciences, dont il étoit membre, & il n'avoit pu les trouver ni même trouver aucun renfeignement fur ce qu'ils étoient devenus.

La rareté des échantillons de rochers fitués à de pareilles hauteurs, & les conféquences que l'on pourra tirer de leur nature dans différents fyftêmes de géologie, m'engagent donc à donner de ceux-ci une defcription détaillée.

Ce font comme ceux du §. 1987, des granits en maffe où la hornblende & la ftéatite tiennent la place du mica, qui y eft extrêmement clair femé; il faut la clarté du foleil & la loupe, pour qu'on puiffe en appercevoir quelques lames blanches & brillantes; il eft même douteux que ces particules brillantes, impoffibles à détacher, foient réellement du mica.

Le feldfpath eft la partie dominante de ces granits; il forme environ les trois quarts de leur maffe. Leurs cryftaux, à peu-près parallélipipèdes varient pour la groffeur; on en voit qui ont un pouce de long fur 6 lignes de large. Ils font d'un blanc mat, foiblement tranflucides, peu brillants, de l'efpece de ceux que je nomme fecs; ils donnent au chalumeau un verre tranfparent, mais bulleux, dont on peut former des globules de 0, 81, & par conséquent fusibles au degré 70 de Wedgewood. Sur le filet de sappare les bulles se dissipent, & il reste un verre transparent, laiteux qui s'affaisse sans pénétrer ni dissoudre. Ces cryftaux de feldspath paroissent çà & là verdâtres & ternes, à raison d'un léger enduit de stéatite terreuse qui les recouvre.

Le quartz, qui forme un peu moins du quart de la masse, est d'un gris qui tire sur le violet; sa cassure est inégale, brillante par places, non écailleuse, mais plutôt çà & là conchoïde peu évasée. Sa fusibilité est à peu-près la même que celle du quartz des granits du §. 1987.

La hornblende, qui forme dans la masse une portion trop petite pour être évaluée, est d'un noir tirant sur le verd; elle montre quelque tendance à la forme lamelleuse & brillante; mais le plus souvent elle est simplement scintillante & presque terreuse, fusible en un verre noir brillant, caverneux dans son intérieur, & qui, sur le filet de sappare, passe au verd de bouteille par le brun, se décolore ensuite & dissout avec quelqu'effervescence, ce qui prouve un mélange de terre magnésienne.

La stéatite terreuse, qui forme aussi une partie très-peu considérable de la masse de ces granits, ressemble à celle du §. 1987.

Tous ces granits ont leurs divisions naturelles, recouvertes de quelqu'enduit, ou verd, ou noirâtre. Celui-ci est une terre semblable à la chlorite, d'un verd presque noir, & un peu luisante à sa surface extérieure, mais d'un verd plus clair & terreux dans sa cassure, tendre, se rayant en gris verdâtre, brunissant d'abord au chalumeau, puis donnant un bouton $= 0, 3$, ou fusible au 189 degré de Wedgewood. Ce bouton a l'aspect métallique, un peu inégal & un peu terne de la gueuse ou fer fondu; & non-seulement ce bouton, mais toutes les parties que l'action de la flamme a rendu brunes font fortement attirables à l'aimant. Un petit fragment éprouvé sur le filet de sappare, s'infiltre d'abord, comme de l'encre entre ses fibres, puis devient d'un brun terne, & enfin se décolore entièrement, mais sans apparence de dissolution.

L'ENDUIT verd qui recouvre d'autres morceaux de ces granits dans leurs divisions spontanées est moins obscur, assez luisant, translucide, doux & même un peu gras au toucher, tendre, se rayant aisément en gris, se changeant au chalumeau en un verre translucide qui devient transparent sur le filet de sappare, & le dissout, mais sans effervescence. Cet enduit paroît être du genre de la stéatite ; je n'ai pu en avoir des morceaux assez gros pour mesurer sa fusibilité.

§. 1991. LA derniere partie de la montée entre ces petits rocs & la cime fut, comme on doit le présumer, la plus fatigante pour la respiration ; mais j'atteignis enfin ce but si long-tems desiré. Comme pendant les deux heures que me prit cette pénible ascension, j'avois eu toujours sous les yeux, à peu-près tout ce que l'on voit de la cime ; cette arrivée ne fut pas un coup de théâtre, elle ne me donna même pas d'abord tout le plaisir que l'on pourroit imaginer ; mon sentiment le plus vif, le plus doux, fut de voir cesser les inquiétudes dont j'avois été l'objet ; car la longueur de cette lutte, le souvenir & la sensation même encore poignante des peines que m'avoit coûté cette victoire, me donnoient une espece d'irritation. Au moment où j'eus atteint le point le plus élevé de la neige, qui couronne cette cime, je la foulai aux pieds avec une sorte de colere ( 1 ) plutôt qu'avec un sentiment de plaisir. D'ailleurs, mon but n'étoit pas seulement d'atteindre le point le plus élevé, il falloit sur-tout y faire les observations & les expériences, qui seules donnoient quelque prix à ce voyage ; & je craignois infiniment de ne pouvoir faire qu'une petite partie de ce que j'avois projetté ; car, j'avois déja éprouvé, même sur le plateau où nous avions couché, que toute observation faite avec soin fatigue dans cet air rare, & cela parce que, sans y penser, on retient son souffle ; & que comme il falloit là suppléer à la rareté de l'air par la fréquence des inspirations, cette suspension causoit un mal-aise sensible, & j'étois obligé de me reposer & de souffler après avoir observé un instrument

Arrivée à la cime.

---

( 1 ) . . . . . . *Pedibus submissu vicissim*
*Obteritur.* Lucret.

quelconque comme après avoir fait une montée rapide. Cependant la vue des montagnes me donna une vive satisfaction, & on en verra les détails dans le chapitre suivant.

Mais avant de contempler ces objets éloignés, je dois dire un mot de la forme de cette cime, & achever de décrire les rochers qui en font les plus proches.

Forme de la cime. §. 1992. On ne trouve point de plaine sur la cime du Mont-Blanc; c'est une espece de dos-d'âne, ou d'arrête alongée, dirigée du levant au couchant, à peu-près horizontale dans sa partie la plus élevée, & descendant à ses deux extrêmités sous des angles de 28 à 30 degrés. Cette arrête est très-étroite, presque tranchante à son sommet, au point que deux personnes ne pourroient pas y marcher de front; mais elle s'élargit & s'arrondit en descendant du côté de l'Est, & elle prend du côté de l'Ouest la forme d'un avant-toit, saillant au Nord. Toute cette sommité est entiérement couverte de neige : on n'en voit sortir aucun rocher, si ce n'est à 60 ou 70 toises au-dessous.

Des deux faces de l'arrête, celle au Nord descend rapidement, d'abord sous un angle de 40 à 50 degrés, mais elle devient ensuite encore plus rapide, & finit par aboutir à d'affreux précipices. Au midi, au contraire, cette pente est fort douce, de 15 à vingt degrés au plus; & plus bas elle forme un berceau en se relevant en sens contraire, du côté du Sud, où elle va former au-dessus de l'Allée-Blanche une pointe assez élevée, sous laquelle est un avant-toit de neige, & sous cet avant-toit sont les rochers que je voyois du haut du Cramont & que je prenois pour la cime, parce qu'ils me cachoient la véritable cime neigée. Cette saillie au midi, est cause que quand on regarde la cime du Mont-Blanc de profil, du côté de l'Est ou de l'Ouest, du St. Bernard, par exemple, ou de Lyon, on voit au-dessous de cette cime une espece de crochet ou de nez retroussé qui se releve du côté du midi.

§. 1993.

§. 1993. PENDANT que j'étois occupé à ces observations, JAQUES BALMAT m'offrit d'aller me chercher quelques morceaux des rochers dont je viens de parler, qui forment la pointe relevée au-dessus de l'Allée-Blanche. J'acceptai cette offre avec empressement. Comme il s'étoit bien reposé, il se sentit toutes ses forces, & il crut pouvoir aller là en courant ; mais bientôt la respiration lui manqua, & pour reprendre haleine il fut obligé de s'étendre tout de son long sur la neige. Cependant il se remit, & d'un pas plus mesuré, il m'apporta des trois genres de pierre suivants.

*Rocher le plus elevé au sud de la cime.*

1°. DES granits parfaitement semblables à ceux que j'ai décrits §. 1987.

2°. DES siénites ou granitelles, c'est-à-dire, des roches composées de lames de hornblende noire & de feldspath blanc, aussi lamelleux, mais l'un & l'autre en si petites parties, qu'on pourroit tout aussi bien donner à ces rochers le nom de *trapp*, d'après la définition que j'ai donnée au §. 1945.

3°. UN petrosilex primitif ou palaïopetre, gris de perle, translucide à deux tiers de lignes, à cassure écailleuse, à grandes & petites écailles, assez dure pour donner de vives étincelles, mais se laissant pourtant rayer en gris par une forte pointe d'acier. Au chalumeau, on peut en former des globules de 0, 45 ; ce qui indique la fusibilité de la gangue, 126 ou 130 de Wedgewood. C'est un verre gris, demi-transparent, bulleux, qui sur le filet de sappare gagne en transparence & s'affaisse, mais sans pénétrer ni dissoudre, & même sans se débarrasser entiérement de ses bulles.

CETTE palaïopetre renferme des veines d'une à trois lignes de largeur, qui se croisent sous différents angles, & de petits nids de hornblende verd de porreau foncé, confusément cryztallisée, ou en lames rarement droites, ou en fibres médiocrement grosses.

*Tome IV.*    Z

**Rochers à bulles vitreuses.**

§. 1994. Les rochers accessibles les plus élevés au Nord au-dessous de la cime, sont ceux dont la surface est persemée de bulles vitreuses, & dont j'ai pour la premiere fois donné connoissance dans le second volume de ces voyages, §. 1153; mais qui méritent une description plus exacte.

1°. GRANITELLE (*syenit* de WERNER) composé pour la plus grande partie de feldspath blanc, presqu'opaque, à cassure lamelleuse, mais peu distincte, & de hornblende d'un noir verdâtre, lamelleuse, assez brillante, en cryſtaux, ſouvent iſolés, quoique de formes mal déterminées, de la grandeur d'une à deux lignes. La fufibilité de ce feldspath est la même que celle de que j'ai décrit §. 1990; & celle de cette hornblende est de 94 degrés de Wedgewood, répondant à un globule du diametre de 0, 6; elle se comporte sur le sappare comme celle des rochers du §. 1990, mais diſſout avec un peu plus d'efferveſcence.

2°. Le même granitelle, mais où la hornblende domine, n'y ayant que très-peu de feldspath. Cette pierre prend dans quelques places une texture ſchiſteuſe.

On comprend qu'il se trouve des variétés intermédiaires entre ces deux numéros.

3°. SCHISTE d'un gris verdâtre, tendre, composé de cornéenne, ou suivant WERNER, de hornblende ſchiſteuſe, à ſchiſtes fins; ici droits, là ondés, un peu brillants ſur leurs grandes faces; & de feldspath blanc en lames très-minces entremêlées avec la cornéennne. Souvent ce ſchiſte se trouvent adhérent aux N°s. 1 & 2. Il est fusible en globules d'un verre verd de bouteille clair, mêlé de taches blanches du diametre de 0, 7, ce qui indique le 81°. degré. C'est principalement sur ce ſchiſte que l'on voit les bulles vitreuses; elles sont, les uns unes d'un verd assez clair; les autres, d'un verd de bouteille foncé. Mais on trouve aussi la hornblende pure & noire, & là les bulles sont noires. On les trouve aussi quoique, plus rarement, sur le feldspath blanc, & là elles sont blanches & un peu plus translucides que la pierre d'où les a soulevées le calorique dégagé par la foudre.

# CHAPITRE IV.
## OBSERVATIONS GÉOLOGIQUES FAITES DE LA CIME DU MONT-BLANC.

§. 1995. La premiere chose qui me frappa dans le spectacle de l'ensemble des hautes sommités que j'avois sous les yeux du haut de la plus élevée d'entr'elles, c'est l'espece de désordre qui regne dans leur disposition. *Montagnes primitives, non par chaines, mais par grouppes.*

Lorsque de nos plaines, ou même du haut des cimes voisines du Mont-Blanc, du Brevent, par exemple, ou du Cramont, on considere la chaîne dont le Mont-Blanc fait partie, il semble que tous ces colosses sont rangés sur une même ligne; & c'est de cette apparence que vient la dénomination de *chaîne*. Mais quand on les observe à vue d'oiseau, cette apparence trompeuse s'évanouit entiérement. A la vérité, les montagnes, sur-tout celles au Nord du Mont-Blanc, dans la Savoye & dans la Suisse, paroissent assez bien liées entr'elles & former des especes de chaines. Mais les primitives ne se montrent point sous cette apparence; elles paroissent distribuées en grandes masses ou en grouppes de formes variées & bisarres, détachés les uns des autres, ou qui du moins ne paroissent liés qu'accidentellement & sans aucune régularité.

Ainsi à l'Est, les aiguilles de Chamouni, les montagnes d'Argentiere, des Courtes, du Tacul, dont les cimes découpées, mêlées de neiges & de rochers, & séparées par des glaciers, présentent le plus magnifique spectacle, forment un grouppe triangulaire presque détaché du Mont-Blanc, & qui ne tient à lui que par la base d'un étranglement.

De même au Sud-Oueſt, le Mont-Zuc, la Rogne, & les autres montagnes primitives au Nord du haut de l'Allée-Blanche, forment un grouppe qui a auſſi quelque choſe de triangulaire, ſéparé du Mont-Blanc par la vallée du glacier de Miage, & qui ne tient non plus au Mont-Blanc que par la baſe des montagnes qui ferment au Nord ce glacier.

Enfin, le Mont-Blanc lui-même forme une maſſe preſqu'iſolée, dont les différentes parties ne ſont point ſur la même ligne, & ne paroiſſent avoir aucun rapport de ſituation avec les deux autres grouppes.

En portant mes yeux plus au loin, je confirmois la même obſervation; les montagnes primitives de l'Italie & de la Suiſſe, dont j'étois aſſez rapproché pour que mes yeux plongeaſſent ſur elles, ne me préſentoient que des grouppes ou des maſſes ſéparées ſans ordre & ſans formes régulieres. Je ne voyois reparoître l'apparence de chaînes que dans celles dont la diſtance étoit aſſez grande, pour que la vue devint à-peu-près raſante.

Cette obſervation exclut toute idée d'une formation réguliere, ou la renvoie du moins à une époque antérieure à celle où nos montagnes ont pris leur forme & leur arrangement actuel.

*Structure de ces montagnes.* §. 1996. Cependant, malgré cette irrégularité dans les formes & dans les diſtributions des grandes maſſes, j'obſervois des reſſemblances, auſſi certaines qu'importantes, dans la ſtructure de leurs parties. Tout ce que je voyois diſtinctement, me paroiſſoit compoſé de grands feuillets verticaux, & la grande généralité de ces feuillets dirigés de la même maniere, à-peu-près du Nord-Eſt au Sud-Oueſt.

J'eus ſur-tout un grand plaiſir à obſerver cette ſtructure dans l'aiguille du Midi. On a vu, Chap. XVIII du ſecond Volume, avec quelle peine & quels dangers je m'étois traîné autour du pied de cette aiguille, pour étudier ſa forme, & avec quel regret je l'avois vue oppofer, à mon ardente curiofité, les murs inacceffibles de granit qui entourent fa bafe. Là, je la voyois fous mes pieds, & je détaillois à mon gré toutes fes parties.

Dès le fecond jour du voyage, en arrivant au bord du plateau de neige fur lequel je paffai la nuit, je voyois au Nord-Eft, un peu au-deffous de moi, des efpeces de crenaux déchirés; je demandai à Pierre Balmat ce que c'étoit; & quand il me dit, ce que je reconnus bientôt moi-même, que c'étoit la cime de l'aiguille du Midi, je reffentis une fatisfaction que j'aurois de la peine à rendre.

En continuant de monter, je ne la perdis pas de vue, & je m'affurai qu'elle eft, comme les aiguilles de Blaitieres, §. 665, entiérement compofée de magnifiques lames de granit, perpendiculaires à l'horizon, & dirigées du Nord-Eft au Sud-Oueft. Trois de ces feuillets, féparés les uns des autres, forment fa cime: & d'autres femblables, décroiffant graduellement de hauteur, forment fa face méridionale du côté du Col-du-Géant.

Je crois donc que c'étoit une illufion, lorfqu'en l'obfervant de bas en haut, il me fembloit la voir compofée de lames appliquées autour d'un axe comme les feuilles d'un artichaud; ou du moins s'il y a quelques feuillets difpofés dans cet ordre, ce ne font que les plus bas: car en plongeant, pour ainfi dire, dans fon intérieur, je voyois tous fes feuillets parfaitement paralleles entr'eux.

J'ai donné les détails de cette cime comme un exemple; toutes celles que je pouvois voir diftinctement, me montroient à-peu-près la même forme & la même direction. S'il y avoit des exceptions, elles étoient locales & de peu d'étendue.

Ce grand phénomene s'explique, comme j'efpere le faire voir dans la théorie, par le refoulement qui a redreffé ces couches, originairement horizontales.

§. 1997. Mais une autre question, que je desirois ardemment de résoudre, c'étoit de savoir si ces grandes lames conservent la même nature depuis leurs bases, que je connoissois depuis long-tems, jusques à leurs cimes, que je n'avois point encore vues de près.

*Ces lames sont de la même nature jusques à leur cime.*

Je fus pleinement satisfait; je trouvai que les cimes de ces pics, tant celles que nous atteignîmes de nos mains & dont on a vu la description dans le Chapitre précédent, que celles dont nous nous trouvâmes assez proches pour reconnoître distinctement la substance dont elles sont formées, sont indubitablement, comme leurs bases, de granit, de granitelle, de granits veinés, & d'autres pierres de la même classe.

*Conséquence de ce fait.*

§. 1998. Ce fait est si important, pour la théorie, que quoique je l'eusse observé sur des montagnes moins élevées, & qu'il me parût très-probable pour les autres, j'eus une extrême satisfaction à le généraliser par une observation directe.

En effet, cette observation constate une propriété bien remarquable des montagnes en couches verticales, c'est que leur nature est la même depuis leur base jusqu'à leur cime, quelle que soit la hauteur de cette cime (1). Dans celles, au contraire, dont les couches sont horizontales, ou à-peu-près telles, on voit la nature de la même section verticale de la montagne changer à mesure que l'on s'éleve. Le Buet, par exemple, repose sur une base primitive, tandis que sa cime est secondaire. La montagne de la Furca del Bosco, §. 1778, a sa base de granits durs veinés & à gros grains; & à mesure qu'on s'éleve,

---

(1) Il faut bien prendre garde que cette identité ne doit s'entendre que d'une section verticale, parallele aux couches, ou ce qui revient au même, d'une même couche, & dont on compare la partie la plus basse à la plus élevée : car si l'on considéroit une section de la montagne, qui coupât les couches à angles droits, ou même à angles obliques aux plans de ses couches; alors en s'élevant on trouveroit des couches différentes, & on pourroit trouver en haut des rochers d'une nature fort différente de ceux d'en bas.

# OBSERVATIONS GÉOLOGIQUES, Chap. IV. 183

on voit ces granits dégénérer en roches feuilletées, d'une nature tout-à-fait différente. La même obfervation fe vérifie, comme nous le verrons, fur le Mont-Rofe & fur le Mont-Cervin.

CETTE différence tient à la différence de la caufe qui a donné à ces différents genres de montagnes, la fituation & la forme dont elles jouiffent. Dans celles qui font compofées de tranches verticales, chaque tranche eft une feule & même couche, dans le fens propre de ce mot; & non le produit de quelques fiffures accidentelles, comme l'ont prétendu quelques Naturaliftes.

CES couches étoient originairement horizontales, & n'ont été redreffées que par une révolution de notre globe. Il eft donc bien naturel que chacune d'elles ait confervé, dans toute fa hauteur, la nature identique qu'elle avoit lors de fa formation.

AU contraire, les montagnes divifées en tranches horifontales, ne fe font élevées que par une accumulation de différentes couches, compofées de cryftallifations ou de dépôts dont la nature varioit à raifon de la diverfité des matieres que contenoient les eaux où elles ont été formées.

§. 1999. IL fuit de cette théorie, que les rochers du centre d'une maffe toute compofée de couches verticales, comme le Mont-Blanc, ont dû être originairement enfouis dans la terre à une très-grande profondeur. En effet, fi l'on fuppofe que c'eft, ou par un refoulement, comme je le penfe, ou par la rupture de la croûte de l'ancienne terre, comme le croit M. DE LUC, que ces couches, horizontales dans l'origine, font devenues verticales; fi l'on fuppofe, de plus, que le fond d'une vallée, de celle de Chamouni, par exemple, foit l'ancienne furface de la croûte, il s'enfuivroit de-là que la diftance horizontale de la vallée de Chamouni a un point qui correfpond à la cime du Mont-Blanc, feroit à-peu-près la mefure de l'épaiffeur de la croûte qui a été refoulée ou rompue, & que, par conféquent,

*Autre conféquence du même fait.*

la cime du Mont-Blanc, qui eſt actuellement élevée d'environ une lieue au-deſſus de la ſurface actuelle de notre globe, étoit dans l'origine enfouie de près de deux lieues au-deſſous de cette ſurface.

Ce ne ſeroit donc pas dans les profonds ſouterrains des mines de la Pologne ou du Northumberland, mais ſur la cime des montagnes en couches verticales, qu'il faudroit aller étudier la nature de l'intérieur du monde primitif, du moins juſqu'où nous pouvons y atteindre.

Cette idée a donné, à mes yeux, un grand intérêt aux morceaux que j'ai détachés des rochers les plus élevés du Mont-Blanc, & m'a engagé à les décrire avec ſoin. Je les revois toujours avec un nouveau plaiſir; je les étudie, je les interroge : & il me ſemble que, s'ils pouvoient répondre à mes queſtions, ils me dévoileroient tous les myſteres de la formation & des révolutions de notre globe.

*Confirmation. Abſence du mica dans ces rocs élevés.*

§. 2000. Je m'affermiſſois encore plus dans ces idées, lorſqu'en conſidérant les rochers les plus rapprochés de la cime, §§. 1986, 89, 93 & 94, je me rappellois que le plus grand nombre d'entr'eux ne contenoit point du tout de mica, & que les autres n'en contenoient que des écailles ſi rares & ſi petites, que l'on ne pouvoit en détacher aucune qui pût conſtater leur réalité. Or, c'eſt un fait, que les matieres arrachées par les feux ſouterrains, du fond de la terre à une grande profondeur, ne contiennent que très-rarement du mica. M. de Dolomieu n'a rencontré qu'une ſeule roche micacée dans les matieres vomies par l'Etna, & je n'en ai point vu dans les volcans de l'Auvergne & du Briſgaw. J'en ai cependant vu dans celles du Veſuve, & M. Nose dans les laves du Bas-Rhin; mais c'eſt que les feux ſouterrains ne prennent pas toujours à la même profondeur, les ſubſtances qu'ils lancent au-dehors : il ſuffit, pour mon obſervation, que le mica ſoit beaucoup plus rare dans les entrailles de la terre qu'à ſa ſurface.

§. 2001.

§. 2001. Il auroit paru naturel de penser, que la plus haute cime des Alpes devoit se trouver auprès de leur centre, ou du moins vers le milieu de la largeur de la masse des montagnes primitives. Cependant, cela n'est point ainsi. On voit de la cime du Mont-Blanc, qu'au Midi, du côté de l'Italie, il y a beaucoup plus de hautes sommités, qu'au Nord, du côté de la Savoye; ensorte que cette haute cime se trouve presqu'au bord septentrional de l'ensemble des montagnes primitives. Aussi le spectacle est-il beaucoup plus beau & plus intéressant du côté de l'Italie; car les montagnes secondaires au Nord, terminées par la ligne bleue & monotone du Jura, ne présentent rien de grand ni de varié; & nos plaines, notre lac même, vu obliquement au travers des vapeurs de l'horizon, ne présentent que des teintes foibles & des objets peu distincts. Au contraire, du côté du Midi, l'horizon couvert à perte de vue de hautes cimes, variées dans leurs formes & dans celles de leurs grouppes, mélangées de neiges & de rochers, & entrecoupées de vallées verdoyantes, présentent un ensemble également singulier & magnifique. Mais sur-tout, comme je l'ai déja dit, les aiguilles & les glaciers de tous les environs du Mont-Blanc, faisoient pour moi le spectacle tout à la fois le plus ravissant & le plus instructif.

*Le Mont-Blanc n'est pas au milieu de la largeur de la chaine.*

§. 2002. Enfin, de ce bel observatoire, je saississois d'un coup-d'œil, ou du moins sans changer de place, l'ensemble du grand phénomene que j'avois observé, pour ainsi dire, piece à piece; celui du relevement des couches des montagnes du côté du Mont-Blanc. De quelque côté que mes yeux se tournassent, je voyois les chaînes secondaires, & même les chaînes primitives du second ordre, relever leurs couches contre le Mont-Blanc & les hautes cimes de son voisinage. Telles étoient au Nord les montagnes du Reposoir, celles de Passy, de Servoz, le Buet; celles au Midi, du Col-Ferret, du grand Saint-Bernard; puis celles de la chaîne du Cramont, dont la cime ne se voit pas, comme je l'ai dit, de celle du Mont-Blanc, mais dont on

*Relevement des couches contre le Mont-Blanc.*

revoit la suite border l'Allée-Blanche, & aller se joindre aux montagnes de la Tarentaise.

Plus loin, au-delà de ces chaînes escarpées contre le Mont-Blanc, on en voit dont les escarpements sont tournés en sens contraire, suivant la loi que j'ai développée dans le premier Volume; & tous ces phénomenes sont parfaitement d'accord avec le sysstême du refoulement, dont on a d'ailleurs tant de preuves.

J'achevai ainsi heureusement ces observations; j'avois commencé par-là, dans la crainte que l'arrivée imprévue d'un nuage, si fréquente sur ces hautes cimes, ne vînt tout-d'un-coup m'envelopper, & me priver de ce qui me tenoit le plus au cœur. Je vins ensuite au Barometre.

# CHAPITRE V.

## BAROMETRE, THERMOMETRE, CALCUL DE LA HAUTEUR.

§. 2003. J'avois pris, pour ce voyage, trois barometres portatifs. J'en laissai un à mon fils au Prieuré de Chamouni, au pied du Mont-Blanc, pour qu'il fît les observations, correspondantes & aux miennes & à celles que M. Senebier avoit bien voulu se charger de faire à Geneve. Ce barometre avoit été construit à Londres, par Hurter. Je fis porter les deux autres avec moi ; j'en pris deux, afin qu'ils se controlassent réciproquement. Tous les deux avoient été construits par M. Paul. L'un, que je nomme le *vieux*, est parfaitement conforme à celui que M. de Luc a décrit dans son ouvrage sur les modifications de l'athmosphere. L'autre a été perfectionné, à divers égards, par M. Pictet.

*Désignation des barometres employés.*

En arrivant sur la cime, mon premier soin fut de sortir les deux barometres de leurs étuis ; je les suspendis à l'air & à l'ombre, pour que le mercure, renfermé dans le tube, & que le dos de l'homme, qui le porte, réchauffe au milieu plus qu'aux extrémités, prît par-tout à-peu-près la même température. Les observations dans lesquelles on néglige cette précaution, peuvent donner des erreurs assez considérables.

Je suspendis aussi les thermometres en plein air, à 4 pieds au-dessus de la cime ; l'un au soleil, l'autre à l'ombre du bâton auquel il étoit suspendu.

A midi, le vieux barometre, posé à 3 pieds au-dessous de la cime, se trouva à 16 pouces & demi-ligne. La table du thermometre de correction, pour la condenfation du mercure par le froid, ne defcendoit pas jufqu'à 16 pouces; M. DE LUC n'avoit pas préfumé qu'on pût monter affez haut pour voir le mercure au-deffous de 18. Je pris donc la correction pour 29 pouces, qui fe trouva être de 11, 4: mais comme il n'y en avoit que 16,, 0,, 8, il falloit diminuer cette correction dans ce rapport, ce qui la réduifit à 6, 4. C'étoit donc 6, 4 feiziemes de ligne à ajouter à 16,, 0,, 8, ce qui porte la hauteur corrigée à 16,, 0,, 14, 4.

LE nouveau barometre, à la même heure & au même niveau, fe trouva à 16,, 0,, 4, 7; & le thermometre de correction pour le barometre à 29 pouces à — 10$^d$., quantité qui, réduite dans le rapport de 29 à 16,, = 0,, 4,, 7, donne — 5, 52; & cette fomme, ajoutée à l'obfervation directe, la porte à 16,, 0,, 10, 22. Ce barometre fe tenoit donc d'un quart de ligne plus bas que l'autre; & comme, pour cette raifon, il paroiffoit moins bien purgé d'air, je préférai l'obfervation du premier.

DANS le même moment, le barometre de M. SENEBIER, à Geneve, étoit à 27 pouces, 3 lignes, 2 feiziemes. Mais le thermometre de correction étoit à + 11, qu'il faut retrancher de la hauteur obfervée, ce qui le réduit à 27,, 2,, 7.

ENFIN, comme mon vieux barometre fe tenoit habituellement de 0,, 0,, 3, 83 plus haut que celui de M. SENEBIER, il faut ajouter à celui-ci cette quantité, ce qui porte l'obfervation de M. SENEBIER, toute correction faite, à 27,, 2,, 10, 85. Donc, en faifant le calcul par les logarithmes, on a,

Geneve 27,, 2,, 10, 85 = 5226, 85 feiziemes, dont le
log. eft . . . . . . . . . . . . . . . . . 7182400
Mont-B. 16,, 0,, 14, 4 = 3086, 4 . . . . . . . . 4894522

Différence en toifes . . . . . . . . . 2287,878

L'ÉLÉVATION de la cime du Mont-Blanc au-deſſus du cabinet de M. SENEBIER, à Geneve, devroit donc être eſtimée de 2288 toiſes, ſi l'on n'avoit aucun égard à la température de l'air. Mais comme il ſeroit abſurde de conſidérer le poids d'une colonne d'air comme invariable, & de le ſuppoſer auſſi grand, quand elle eſt raréfiée par la chaleur que lorſqu'elle eſt condenſée par le froid, on eſt obligé d'avoir égard à la température de l'air ; & c'eſt ici que divergent les formules.

M. TREMBLEY a comparé entr'elles un grand nombre d'obſervations, faites à différents degrés de chaleur ſur des montagnes dont les hauteurs étoient connues d'ailleurs ; & il a cru pouvoir conclure de cette comparaiſon, que quand la température de la colonne d'air, compriſe entre le baromètre de la plaine & celui de la montagne, eſt de 11 degrés & demi du thermometre diviſé en 80 parties, il n'y a aucune correction à faire, la différence des logarithmes donnant directement la hauteur de la montagne ; mais que quand cette température s'écarte de ce terme, il faut, pour chaque degré dont elle en differe, ajouter, quand elle eſt au-deſſus, & retrancher, quand elle eſt au-deſſous, la 192$^e$. partie de la hauteur que donnent les logarithmes (1). Ainſi le thermometre, en plein air, ayant été ſur le Mont-Blanc à — 2, 3, & à Geneve à + 22, 6, la température moyenne, entre la montagne & la plaine, s'eſt trouvée de + 10, 15. Or, comme cette température eſt de 1, 35 au-deſſous de 11, 5, cela indique qu'il faut retrancher de la hauteur que donnent les logarithmes, ou de 2287,818, le nombre 1, 35 multiplié par 2287,818, & enſuite diviſé par 192, ou 15,565 ; ce qui réduit à 2272, 213 toiſes l'élévation du Mont-Blanc au-deſſus du cabinet de M. SENEBIER à Geneve, ou à 2285 au-deſſus du lac.

LA formule de M. DE LUC, qui eſt trop connue pour que j'en

---

(1) Voyez le Mémoire de M. TREM- | l'édition in-4to, & à la fin du troiſieme de
BLEY à la ſuite du ſecond Volume, de | l'édition in-8°, de ces Voyages.

rappelle ici les détails, donne 54 toises de moins; savoir 2251 au-dessus du lac, ou 2419 au-dessus de la mer.

Ce n'est pas ici le lieu de discuter la controverse qui s'est élevée au sujet de ces formules, entre ces deux célebres physiciens. Je dirai seulement que M. le chevalier Schuckburgh, qui a mesuré trigonométriquement la hauteur du Mont-Blanc au-dessus de notre lac, lui donne 2257 toises, c'est-à-dire, 26 toises de plus que la formule de M. de Luc.

Ici donc, comme à l'ordinaire, cette formule diminue trop la hauteur donnée par les logarithmes; & si, dans ce cas-ci, celle de M. Trembley ne la diminue pas assez, la raison en est évidente. La partie supérieure de la colonne d'air, comprise entre la plaine & la montagne, est beaucoup plus froide autour du Mont-Blanc qu'à pareille hauteur dans l'air libre ou sur d'autres montagnes, à cause de la ceinture de neiges & de glaces qui l'entourent presque dès sa base, & qui donnent à cette partie de l'athmosphere une densité plus grande que par-tout ailleurs. D'ailleurs, le chevalier Schukburgh n'a mesuré le Mont-Blanc que d'après des bases très-petites, & même la plus grande de ses bases donne au Mont-Blanc 2261 toises; ce qui l'écarte encore davantage de M. de Luc, & le rapproche de M. Trembley.

Lorsque je publiai, en 1787, la notice de ce voyage, je ne connoissois pas encore avec certitude l'élévation de Chamouni au-dessus de notre lac, & par cette raison, je préferai de calculer mon observation, par comparaison, avec celle que M. Senebier avoit faite à Geneve, au bord de ce lac, plutôt qu'avec celle que mon fils avoit faite à Chamouni.

Mais, depuis lors, le séjour que je fis l'année suivante avec mon fils à Chamouni, m'a donné la facilité de faire un grand nombre d'observations, par lesquelles j'ai déterminé, avec beaucoup de soin, l'élévation du chef-lieu de cette vallée; & ainsi je puis profiter de l'obfervation de mon fils, qui, ayant été faite exactement au pied du Mont-Blanc, fait efpérer un rapport plus certain que celle qui a été faite à une diftance de quinze lieues.

La hauteur du barometre, obfervée à Chamouni par mon fils, fe trouve, toute correction faite, de 25,, 3,, 5, 8; tandis que, fur la cime du Mont-Blanc, elle étoit de 16,, 0,, 14, 4. La différence des logarithmes de ces deux hauteurs, réduites en 16$^{es}$. de ligne, donne 1966,297 toifes. La température de l'air, à Chamouni, étoit au même moment + 18, 4, & fur le Mont-Blanc, — 2, 3; ce qui donne, fuivant M. Trembley, une correction de 35,350 toifes à retrancher, & réduit ainfi la hauteur corrigée à 1931 toifes. Or, Chamouni eft élevé, au-deffus de notre lac, de 347 toifes, ce qui donne 2278 toifes pour l'élévation du Mont-Blanc au-deffus de notre lac, 6 toifes de plus que d'après l'obfervation faite à Geneve.

Mais j'obfervai encore le barometre fur la cime du Mont-blanc, à 2 h. de l'après-midi. Je comparerai d'abord cette obfervation avec celle que M. Senebier fit à Geneve, à la même heure.

Sur le Mont-Blanc, toute corr. faite 16, 1, 0, 38.
Idem, à Geneve, . . . . . . . 27, 2, 14, 05.

La différence des logarithmes de ces deux hauteurs eft 2287, 651. La température de l'air à Geneve étoit + 22, 13, & fur le Mont-Blanc — 1, 3 dont la moyenne étoit + 10, 55; ce qui fuivant la formule de M. Trembley donne 11, 319 toifes à retrancher. Refte pour l'élévation du Mont-Blanc au-deffus du cabinet de M. Senebier, 2276, 332, & fur le lac 2289, de 11 toifes plus forte que la précédente.

Enfin, cette même obfervation peut encore fe comparer avec celle de mon fils à Chamouni, qui à 2 heures trouva le barometre toute correction faite, à 25, 3, 3,29. La différence des logarithmes de cette hauteur comparée avec celle du Mont-Blanc, à la même heure, donne

1961, 165 toiſes. La température de l'air à Chamouni, étoit au même moment à + 20, & ſur le Mont-Blanc à — 1, 3; dont la moyenne 9, 35, donne, ſuivant M. Trembley, 11, 746 toiſes à retrancher ; enſorte qu'il reſte 1749, 419 + 347 = 2296 au-deſſus du lac, toujours plus, comme je l'ai dit ailleurs que l'obſervation de Geneve. Rapprochons ces 4 comparaiſons.

Mont-Blanc avec Geneve { à midi .. 2285
à 2 heures 2289

Mont-Blanc avec Chamouni { à midi .. 2278
à 2 heures 2296

Moyenne . . . . . 2287
Lac ſur mer ſuivant la formule de M. Trembley, 193
Moyenne ſuivant M. Trembley, 2480
Les 4 mêmes comparaiſons, faites ſuivant la formule
de M. de Luc, donnent pour moyenne . . . . . 2418

Mais on a de plus une formule du Chevalier Schuckburgh, ſuivant laquelle il faut ajouter aux meſures de M. de luc, leur produit par 0,02417 (*Philoſ. Tranſ.* 1777, *p.* 568.)

On a encore la meſure trigonométrique du même phyſicien Anglois, & enfin la meſure mixte, moitié géométrique & moitié barométrique de M Pictet.

Prenons une moyenne entre ces cinq meſures.

Par mes obſervations calculées, ſuivant M. Trembley, 2480
Par les mêmes, ſuivant M. de Luc, . . . . . . 2418
Par les mêmes, ſuivant M. Schuckburgh, . . . . . 2475
Par les meſures trigonométriques du même Phyſicien . 2450
Par la meſure mixte de M. Pictet, . . . . . . 2426
Moyenne . . . . . . 2449,8

ou 2450, qui eſt la hauteur que j'ai attribuée au Mont-Blanc, & qui paroît mériter la plus grande confiance, ſoit parce qu'elle eſt la moyenne

des

des moyennes, soit parce qu'elle est d'accord avec la mesure trigonométrique.

Le Mont-Blanc est ainsi la montagne la plus élevée de l'ancien continent. L'Amérique méridionale seule, renferme dans la chaîne des Cordilleres, des pics d'une plus grande hauteur. Le plus élevé que l'on connoisse est le Chimboraço, qui a 3217 toises au-dessus de la mer; & par conséquent, 767 toises de plus que le Mont-Blanc. Mais jamais aucun homme n'a atteint sa cime. M. de la Condamine dit, que le Pitchincha & le Coraçon n'ont, l'un que 2430, & l'autre 2470 toises de hauteur absolue; & que c'est la plus grande où l'on sache que l'on soit jamais monté. Donc si l'on adoptoit la formule de M. Trembley, ou celle de M. Schuckburgh, le Mont-Blanc seroit encore la cime la plus élevée du monde où l'homme soit encore parvenu.

§. 2004. D'après cette élévation du Mont-Blanc, on a demandé si de sa cime on ne pourroit pas voir la mer. Certainement nous ne la distinguâmes pas; mais comme il y avoit à l'horizon de la vapeur, qui nous auroit empêché de la voir, lors même qu'elle auroit été dans la sphere de nos rayons visuels, ou peut être curieux d'examiner la possibilité absolue de la chose. *La mer est-elle visible de la cime du Mont-Blanc.*

Si l'on suppose le rayon de la terre au niveau de la mer dans cette latitude de 3269739 toises, ce rayon prolongé de 2450 toises pour atteindre la cime du Mont-Blanc, deviendra 3272189. En menant de l'extrêmité de ce rayon prolongé, une tangente à une surface sphérique qui seroit au niveau de la mer, le point où cette tangente atteint cette surface détermine, abstraction faite de la réfraction, la plus grande distance à laquelle un objet situé à cette surface seroit visible de la cime du Mont-Blanc. Or, d'après ces données on trouve que cette distance est un arc terrestre de 2°. 13 ou de 133 milles de 60 au degré, qui à raison de 952 toises par mille font 126616 toises.

Mais d'après l'ouvrage du grand géometre Lambert, fur les réfractions terrestres, cette réfraction augmente la hauteur apparente d'un objet de la 14e. partie de l'arc terrestre compris entre cet objet & le lieu d'où on l'observe. Donc à la distance de 133 milles le Mont-Blanc, au lieu de paroître à l'horizon, paroîtroit élevé de la 14e. partie de 2°. 13′ ou de 9′ 30″. Il suit de là, que la réfraction augmente d'environ 10000 toises, la distance à laquelle le Mont-Blanc seroit visible, & qu'ainsi cette distance s'étendroit à 68 lieues de 2000 toises.

Or, les bords du golfe de Gênes, où la mer se rapproche le plus du Mont-Blanc, en sont éloignés d'environ 112000 toises ou de 56 petites lieues. On pourroit donc de la cime de cette montagne voir non-seulement le bord de la mer, mais jusques à 12 lieues au-delà, s'il n'y avoit que des plaines entre le Mont-Blanc & la mer. Mais comme tout ce golfe est bordé des montagnes soit des Alpes au couchant, soit des Apennins au levant, il ne paroît pas que l'on puisse voir la mer du Mont-Blanc, ni même le Mont-Blanc de la mer; ce qui seroit plus facile, parce que sa cime blanche se projettant contre le bleu du ciel, formeroit un objet plus distinct, à moins qu'on ne l'apperçut par quelque gorge ou quelque partie abaissée des montagnes de la côte de Gênes. Mais on peut très-bien voir cette cime du haut des montagnes qui sont au bord de la mer, j'ai même cru la reconnoître de la montagne de Caume, au-dessus de Toulon, §. 1490.

De l'intérieur des terres, on sait qu'on voit le Mont-Blanc à de très-grandes distances; de Dijon, par exemple, & même de Langres qui en est éloigné de 65 lieues en ligne droite.

# CHAPITRE VI.

## THERMOMETRE, HYGROMETRE, ELECTROMETRE, EBULLITION, ET AUTRES OBSERVATIONS.

§. 2005. Pour déterminer la température de l'air qui doit entrer dans le calcul de la mesure des hauteurs par le barometre, j'employai sur le Mont-Blanc, comme je le fais toujours, un petit thermometre de mercure à boule isolée, suspendu à mon bâton & à son ombre, à 4 pieds au-dessus de la cime. A midi, ce thermometre étoit à — 2, 3 ; mais au soleil, & dans la même position, un thermometre semblable se tenoit d'un degré plus haut, ou à — 1, 3. A 2 heures de l'après-midi, celui à l'ombre vint à — 2, 5 ; mais celui au soleil n'avoit pas varié, il étoit toujours à — 1, 3. *Thermometre.*

Un troisieme thermometre semblable & dans la même position, mais dont j'avois noirci la boule avec du noir de fumée délayé dans de l'eau de gomme, se tenoit au soleil constamment à + 1, 9.

§. 2006. Il souffloit un vent de Nord assez vif, qui rendoit le froid incommode sur le tranchant de la sommité ; mais dès qu'on descendoit au-dessous de l'arrête, du côté du Midi, on jouissoit d'une température agréable : la plupart de mes guides dormoient ou se reposoient au soleil sur leurs sacs étendus sur la neige. *Vent.*

En effet, c'est une chose très-remarquable, que sur toutes les hautes cimes, dès qu'on est à l'abri de l'impression directe du vent, on ne le sent absolument plus : dans la plaine, au contraire, lors même que vous êtes défendu de l'action directe du vent, vous ne laissez pas que d'en ressentir des refflets ou des retours. Sans doute, que l'air rare ne répercute pas le vent, comme le fait un air plus dense.

*Hygrometre.*

§. 2007. J'avois porté deux de mes hygrometres à cheveu. J'avois de plus une boîte de fer blanc, doublée intérieurement de toile, avec une porte vitrée. Je mouille cette toile, je suspends les hygrometres dans la boîte, & je les observe au travers de la porte vitrée. Ils sont-là suspendus librement; le cheveu ne touche point aux parois de la boîte, car le contact détruiroit sa liberté.

Ils ne sont donc en contact, ni avec l'eau, ni avec le linge mouillé, mais seulement avec la vapeur dont l'air de la boîte est alors saturé (1). Je les vis revenir là, comme dans la plaine, à leur terme d'humidité extrême. Je les plaçai ensuite comme les thermometres, l'un au soleil, & l'autre à l'ombre du bâton auquel ils étoient suspendus. Je les trouvai à midi, au soleil, à 44, & à l'ombre, à 51 ; différence beaucoup plus grande qu'elle n'est communément dans la plaine ; & cela parce que, dans un air rare, la chaleur augmente l'évaporation beaucoup plus que dans un air dense. A 3 heures, au soleil, 46, & à l'ombre, 52. A Geneve, l'hygrometre, à l'ombre, étoit à midi à 76, 7, & à Chamouni 73, 4.

Il suit delà qu'à midi, l'air, sur la cime du Mont-Blanc, contenoit six fois moins d'humidité qu'à Geneve : car, d'après les tables que j'ai données dans mes Essais sur l'hygrométrie, §. 180, l'air a la

---

(1) M. DE LUC a combattu mes principes sur l'hygrométrie, dans plusieurs Mémoires, insérés dans le Journal de physique & ailleurs ; pour moi, depuis la publication de ma défense de l'hygrometre à cheveu, je n'ai fait aucune réponse à M. DE LUC, soit, parce que d'après les explications que j'ai données, mes principes se défendent assez d'eux-mêmes, soit parce que je n'ai pas voulu interrompre mes travaux sur les montagnes & sur la théorie de la terre. Mais mon intention est de revenir à l'hygrométrie, lorsque ces travaux seront achevés ; j'espere qu'en attendant les physiciens suspendront leur jugement sur les principes qui nous divisent.

## OBSERVATIONS MÉTÉOROL. Chap. VI.

température de — 2, 3, & au degré de sécheresse, de 51, qui régnoit à midi à l'ombre sur le Mont-Blanc, ne contenoit, par pied cube, que 1, 7, ou un grain sept-dixiemes d'eau réduite en vapeurs ; tandis qu'à la température de 22, 6, & au degré de sécheresse de 76, 7, qui régnoient à Geneve à la même heure, chaque pied cube d'air contenoit un peu plus de 10 grains d'eau.

CETTE grande sécheresse de l'air étoit sans doute la cause de la soif ardente que nous éprouvâmes pendant tout le tems que nous passâmes sur la cime.

§. 2008. LES boules de mon électrometre ne divergeoient que de 3 lignes, & l'électricité étoit positive. Je fus étonné que sur le bord d'un escarpement aussi considérable que l'est le tranchant de la cime, l'électricité ne fût pas plus forte ; j'ai vu quelquefois les boules s'écarter de 5 & même de 6 lignes, sur le bord d'escarpements beaucoup moins grands que celui-là.

*Electrometre.*

CE fait doit s'expliquer par la sécheresse de l'air qui, diminuant sa force conductrice, ne permettoit pas l'infiltration du fluide électrique contenu dans les régions supérieures.

§. 2009. C'EST un fait connu de tous ceux qui ont atteint les cimes des montagnes élevées, que le ciel y paroît d'un bleu plus foncé que dans la plaine. Mais comme les expressions de plus & de moins sont relatives à des sensations indéterminées, dont il ne reste de traces que dans une imagination souvent trompeuse, je cherchai un moyen de rapporter, pour ainsi dire, un échantillon du ciel du Mont-Blanc, ou du moins de la couleur que ce ciel m'auroit présentée. Pour cet effet, j'avois teint, avec du bleu d'azur ou du beau bleu de Prusse, des bandes de papier de 16 nuances différentes, depuis la plus foncée, que j'avois marquée N°. 1, jusqu'à la plus pâle, marquée N°. 16. J'avois pris, sur chacune de ces bandes, trois quarrés égaux, & j'avois ainsi formé de ces nuances trois suites parfaitement

*Couleur du ciel.*

semblables entr'elles : je laissai l'une de ces suites entre les mains de M. SENEBIER, à Geneve, l'autre à mon fils, à Chamouni, & j'emportai la troisieme. A midi, du jour où j'étois sur la cime, le ciel, au zénith à Geneve, paroissoit de la septieme nuance; à Chamouni, entre la cinquieme & la sixieme, & sur le Mont-Blanc, entre la premiere & la seconde, c'est-à-dire, tout près du bleu de roi le plus foncé.

DEPUIS lors, considérant cette intensité de la couleur du ciel comme un élément intéressant de la météorologie, j'ai fait un travail suivi sur ses variations, & j'ai essayé de les mesurer en les comparant avec une suite de nuances dont l'intensité s'accroît par des degrés déterminés avec précision. J'ai commencé par un bleu si pâle, qu'il se confond avec le blanc, à une distance où l'on cesse d'appercevoir un cercle blanc, d'une grandeur, & dans une situation déterminée ; j'ai passé delà à un bleu plus foncé, mais qui cependant ne differe du premier qu'autant que celui-ci differe du blanc ; & ainsi de nuance en nuance jusqu'à un bleu mêlé de noir, & rendu ainsi tellement foncé qu'il ne differe du noir pur que par une nuance égale à la premiere. Ainsi, l'intervalle entre le blanc pur & le noir pur, s'est trouvé divisé en 51 nuances, dont la couleur du ciel, sur le Mont-Blanc, formoit la trente-neuvieme. On verra, dans le voyage au Col-du-Géant, quelques résultats des observations que j'ai faites avec cet instrument, auquel j'ai donné le nom de *cyanometre*.

MALGRÉ l'intensité de la couleur du ciel, les ombres sur la cime du Mont-Blanc ne paroissoient nullement colorées. Il est vrai que les heures que j'y passai, n'étoient pas favorables à cette observation.

Etoiles visibles en plein jour. LA grande pureté & la transparence de l'air, qui sont les causes de l'intensité de la couleur bleue du ciel, produisent vers le haut du Mont-Blanc un singulier phénomene, c'est que l'on peut y voir les étoiles en plein jour ; mais pour cela, il faut être entierement à l'ombre, & avoir même, au-dessus de sa tête, une masse d'ombre d'une épaisseur considérable; sans quoi, l'air trop fortement éclairé fait évanouir la foible clarté des étoiles. L'endroit le plus convenable pour faire cette observation le matin, étoit la montée qui conduit à l'épaule du Mont-Blanc, §. 1985; quelques-uns des guides ont assuré avoir vu de-là des étoiles; pour moi, je n'y songeai pas : ensorte que je n'ai point été le témoin de ce phénomene; mais l'assertion uniforme des guides ne me laisse aucun doute sur sa réalité.

Un autre effet singulier de la pureté de l'air & de la couleur foncée du ciel, qui en est la suite, fut un mouvement de terreur qu'il inspira à quelques guides dans une des premieres tentatives qu'ils firent pour atteindre la cime. Comme ils gravissoient une pente de neige rapide, ils virent tout-d'un-coup le ciel par une espece d'embrâsure qui terminoit le haut de cette pente; la couleur noire du ciel leur fit prendre cette embrâsure pour un gouffre; ils rebrousserent d'épouvante, & rapporterent à Chamouni qu'ils n'avoient pas pu avancer, parce qu'ils avoient vu un gouffre horrible s'ouvrir devant eux.

§. 2010. On sait que l'eau de chaux se trouble, ou du moins se couvre d'une poussiere, & même d'une pellicule pierreuse, lorsqu'elle est en contact avec l'air fixe ou acide carbonique.  *Eau de chaux, & alkali caustique.*

Comme j'étois curieux de savoir si ce gaz, dont la pesanteur est presque double de celle de l'air commun, s'éleve jusqu'à la hauteur du Mont-Blanc, je portai de l'eau de chaux sur la cime, & je la mêlai avec parties égales d'eau distillée, pour que, s'il paroissoit une pellicule à sa surface, on ne fût pas dans le doute si ce n'étoit point l'effet de l'évaporation. Je remplis ainsi, de ce mélange, deux petits gobelets de verre, que je posai sur la cime, loin de la place que nous occupions, & en prenant bien garde à ne pas diriger sur eux ma respiration. Au bout d'une heure trois-quarts, je trouvai, sur chacun des verres, une pellicule couleur d'iris, nageant à la surface de l'eau, qui commençoit à se geler sur les bords.

J'avois fait cette même expérience au bord de la mer; & là, dans le même espace de tems, il s'étoit formé une croûte beaucoup plus épaisse.

Pour varier cette expérience, je trempai des bandes de papier dans de l'alkali végétal, ou potasse caustique, préparée par mon fils avec le plus grand soin. Ces bandes, en sortant du flacon qui renfermoit l'alkali caustique, ne faisoient aucune effervescence avec les acides; mais après qu'elles eurent été exposées à l'air sur la cime de la montagne, pendant une heure & demie, elles se trouverent desséchées, & firent alors une très-vive effervescence. J'avois pris pour elles les mêmes précautions que pour l'eau de chaux. Il paroît donc certain qu'à cette hauteur, l'air athmosphérique est encore mélangé d'une quantité sensible d'acide carbonique.

Il m'est cependant survenu un doute. Je me suis demandé s'il ne seroit pas possible que ce gaz ne fût produit dans l'air & dans le lieu même, peut-être par l'action de la lumiere. Pour lever ce doute, j'ai pris un flacon de verre, que je pouvois fermer exactement avec un bouchon usé à l'émeril; j'ai épuré l'air de ce flacon en y secouant de la chaux vive; enfin, j'y ai renfermé des bandelettes de papier trempées dans la même liqueur alkaline caustique, & j'ai exposé ce flacon à l'action des rayons du soleil; mais ces bandelettes ne sont point devenues comme à l'air libre, susceptibles d'effervescence.

D'où vient donc cet acide carbonique? Certainement il n'est pas produit dans les solitudes qui entourent la cime du Mont-Blanc. Les rochers stériles n'en produisent point; il n'y a là ni combustion, ni fermentation; les neiges & les eaux qui en découlent l'absorberoient plutôt.

Il faut donc qu'il vienne des vallées & des plaines, d'où les vents & les courrants d'air ascendants l'entraînent avec eux. Mais je ne crois pas que ce soit par une action purement méchanique, car sa pesanteur le sépareroit; je pense plutôt que les différents gaz se

dissolvent

diſſolvent mutuellement, & demeurent unis dans certaines proportions, juſqu'à ce que des affinités ſupérieures les ſéparent en les combinant avec d'autres ſubſtances.

CETTE conſidération me donneroit des doutes ſur cette conjecture de M. LAVOISIER, que peut-être les régions ſupérieures de l'athmoſphere contiennent des gaz à nous inconnus, que leur grande légéreté tient conſtamment éloignés des couches denſes que nous habitons. Il me ſemble que ces gaz ſeroient mêlés, par des cauſes méchaniques, avec l'air que nous reſpirons; que malgré leur légéreté, il y demeureroient diſſous en partie, & donneroient, dans des analyſes ſoignées, quelques ſignes de leur préſence.

§. 2011. UNE des expériences que j'avois le plus à cœur de tenter ſur la cime du Mont-Blanc, c'eſt le degré de chaleur de l'eau bouillante. On ſait qu'elle peine ſe donna M. DE LUC pour atteindre la cime du Buet, dans le but unique d'y faire cette expérience; & jamais depuis lors elle n'avoit été tentée à une plus grande hauteur. Or, le Mont-Blanc étant élevé de plus d'une moitié en ſus, il étoit bien intéreſſant de voir ſi la formule de M. DE LUC s'y vérifieroit encore.

*Ebullition de l'eau.*

J'AVOIS pour cela fait conſtruire, par M. PAUL, un appareil très-ſoigné, avec un thermometre armé d'un micrometre, par le moyen duquel je pouvois diſtinguer juſques à une millième de degré. Et comme M. DE LUC avoit éprouvé tant de difficulté à faire brûler du charbon ſur le Buet à cauſe de la rareté de l'air; j'avois lieu de craindre de ne pouvoir point y réuſſir du tout ſur la cime du Mont-Blanc. Pour écarter cet obſtacle, j'avois fait faire une lampe à eſprit-de-vin, ſur les principes de celles de M. ARGAND, & d'un grand diametre, avec une cheminée de tolle, au-deſſus de laquelle s'adaptoit la bouilloire où ſe faiſoit l'expérience. Je m'aſſurai à pluſieurs repriſes que mon thermometre montoit exactement à 80 degrés dans l'eau que je faiſois bouillir dans cette bouilloire, quand le barometre étoit à 27 pouces. Je portai enſuite cet appareil au bord de la mer, le 22 avril 1787,

Tome IV.  C c

& là, le barometre étant à 28 pouces, 7 lignes, & 82 160ᵉ de ligne; l'eau bouillante prit une chaleur de 81°, 299. Enfin, sur la cime du Mont-Blanc, le barometre étant à 16 pouces, 0 lignes, & 144, 160' de ligne; la chaleur de l'eau bouillante ne fut que de 68°, 993'; ce qui fait une différence de 12°, 306. Or, suivant la formule de M. DE LUC, cette différence auroit dû être de 12, 405. Cet écart, qui est à peine d'une dixieme de degré, sur une différence de 12 pouces, 6 lignes dans les hauteurs du barometre, prouve que la formule de M. DE LUC est aussi exacte qu'il soit possible de le desirer.

L'ESPRIT-DE-VIN brûla très-bien, mais il fallut une demi-heure pour faire bouillir l'eau, tandis qu'au bord de la mer il ne falloit que 12 ou 13 minutes, quoique la chaleur dût y être de 12 degrés plus grande. A Geneve, il faut 15 ou 16 minutes.

J'AVOIS fait porter un réchaud & du charbon pour le cas où la lampe viendroit à se déranger; je ne m'en servis pas pour mon expérience; mais nous en fimes continuellement usage pour faire fondre de la neige, & avoir ainsi de l'eau, dont nous étions tous extrêmement avides. On étoit obligé d'animer continuellement le charbon, par le moyen du soufflet, sans quoi il s'éteignoit au moment même.

*Déclinaison de l'aiguille.* §. 2012 COMME il auroit fallu trop de tems pour tracer une méridienne qui pût me servir à déterminer la déclinaison de l'aiguille aimantée, je me servis d'une méthode qui m'a souvent servi en pareil cas, non pour connoître la déclinaison absolue, mais la différence de déclinaison, s'il y en a, entre deux lieux visibles l'un de l'autre. Je pris, avec l'alidade d'une boussole, l'angle que faisoit avec le méridien magnétique une ligne tirée de la cime du Mont-Blanc à un des angles de l'église du Prieuré de Chamouni; je trouvai cet angle de 21°, 50' à l'Est du méridien. Et à mon retour, je vis du même endroit la cime sous ce même angle; ce qui prouve que la déclinaison étoit la même dans la vallée, que sur la cime. Sur le Cramont j'eus un résultat différent, §. 923,

§. 2013. La surface de la neige sur la cime est couverte d'un vernis mince de glace qui devient écailleux en s'éclatant. Des coups de soleil fondent la neige à sa surface, & comme elle se regele bientôt après, cela forme une espece de vernis. Dès qu'il s'éleve un vent un peu fort, ce vent déchire ce vernis, souleve ces écailles & les fait voler à une grande hauteur. Il s'y joint des neiges en poussiere que le vent entraine encore plus facilement. On voit alors des vallées voisines, une espece de fumée, que l'on prendroit pour un nuage qui s'éleve de la cime en suivant la direction du vent. Les gens du pays disent alors que le Mont-Blanc fume sa pipe. Cette neige volante se teint en rouge au soleil couchant, & ressemble quelquefois à la flamme d'un volcan. Sous ce vernis de glace la neige est assez ferme, & quoiqu'on puisse y enfoncer un bâton, elle présente cependant assez de résistance.

Etat de la neige.

Les pentes, au-dessous de la cime qui sont exposées à une action plus forte des rayons du soleil, se fondent à une plus grande profondeur; & en se regelant ensuite pendant la nuit, elles forment une croûte plus épaisse, qui dans quelques endroits soutient un homme sans se rompre, mais dans d'autres se brise sous ses pieds. Au-dessous de cette croûte on trouve, sur-tout dans les pentes rapides, une neige folle & incohérente, dans laquelle on n'enfonce pourtant ordinairement que jusques à mi-jambe, parce qu'on rencontre alors une autre croûte qui soutient; car quand on trouve, comme je l'ai éprouvé en hiver, des neiges absolument en farine, on y enfonce jusques à la ceinture, §. 739.

§. 2014. On a souvent témoigné la curiosité de savoir qu'elle est l'épaisseur de la calotte de neige qui recouvre la cime du Mont-Blanc. Mais il n'y a aucun moyen de s'en assurer; il faudroit pour cela que cette calotte fût coupée à pic dans quelqu'une de ses parties; mais c'est ce qui n'est point; elle descend de tous les côtés par des pentes plus ou moins prolongées, & qui ne montrent distinctement nulle part l'épaisseur de la neige. Sur le dôme du Gouté, la calotte est coupée net du côté de l'Est, & cette coupure est bordée par les masses

Son épaisseur.

rectangulaires de neige & de glace, dont j'ai parlé sous le nom de *feracs*; §. 1975. Ces masses, glissées ou roulées depuis le haut de cette coupure jusques au bas du plateau que nous traversâmes, ne présentoient qu'une épaisseur de 12 pieds, mais sans doute leur partie supérieure, rare & incohérente s'en étoit détachée en chemin.

Comme du Prieuré on voit ces mêmes feracs dans leur position originaire, sur le bord de l'escarpement du dôme du Gouté, je fus curieux de les mesurer avec une lunette armée d'un micrometre. Je leur trouvai de là une épaisseur de 6 minutes. Or, à la distance de 4747 toises, à laquelle j'évaluai celle de ces parallelipedes rectangles, 6 minutes donnent 6; 3 toises, environ 50 pieds.

Je cherchois ensuite quelqu'autre place voisine de la cime où l'on pût voir une tranche de neige coupée à pic au-dessus d'un rocher, où l'on ne pût point soupçonner d'avalanche, & dont les neiges pussent être considérées comme le produit de l'accumulation simple de celles qui tombent directement du ciel. Je trouvai au-dessous de l'épaule droite du Mont-Blanc, §. 1986, une coupure de ce genre, dont l'épaisseur apparente étoit de 22 minutes 15 secondes, laquelle à la distance de 4476 toises à laquelle j'évaluai cette coupure, valoit à peu-près 31 toises ou 186 pieds. Or, comme il tombe plutôt plus de neige au-dessous de la cime que sur la cime même, je croirai passer plutôt la limite du vrai que rester au-dessous, en affirmant que l'épaisseur des neiges permanentes sur la cime du Mont-Blanc, ne s'élève pas au-dessus de 200 pieds, & que c'est le maximum auquel la réduisent la fonte, soit du fond, soit de la surface, l'évaporation & les vents. Il ne faut donc point croire, comme l'ont supposé quelques personnes, que cette épaisseur augmente continuellement. Ici, comme en tant d'autres occurrences, les causes d'accroissement trouvent des limites, où les causes de destruction les atteignent; & où la Nature s'est fixée à elle-même des bornes qu'elle ne dépasse jamais. Voyez les preuves de la même vérité, relativement aux glaciers §. 535 & suivant.

§. 2015. Quand on obferve de près quelqu'une de ces grandes coupures des neiges, on peut remarquer, comme je l'avois déja fait fur la cime du Buet, qu'elles font difpofées par couches. Les féparations de ces couches font marquées par des lignes brunes, produit de la pouffiere & des terres que les vents tranfportent, fur-tout en été, lorfque la fonte des neiges laiffe le plus de terrain à découvert. J'eus une occafion bien favorable pour faire cette obfervation, fur les parois de la magnifique crevaffe où étoit tombé le pied de mon barometre, §. 1978. Je reconnus que ces couches, à mefure qu'elles deviennent plus profondes, diminuent d'épaiffeur, par les effets réunis de la compreffion & de la fonte que produit l'infiltration des eaux; mais cette diminution n'eft point réguliere, à caufe de l'inégalité, tant de la quantité de neiges qui tombent chaque année, que des caufes qui produifent leur diminution. J'effayai de compter ces couches, & j'allai jufques à 19, mais l'obliquité des parois de la crevaffe, dans les endroits où elle fe refferre, peut rendre ce compte incertain; & d'ailleurs, comme on ne voit pas le fond, l'on n'en pourroit rien conclure.

*Stratification des neiges.*

§. 2016. Avant de quitter ces neiges, j'obferverai que cette pouffiere rouge que j'ai trouvée en fi grande quantité fur les neiges du Mont-Brevent & du St. Bernard, & qui m'a donné des indices d'une nature femblable à celle de la cire, ne fe voit nulle part à une hauteur fupérieure à celle de la cabane, §. 1976, environ 1440 toifes au-deffus de la mer. J'en trouvai plus bas que cette cabane, en traverfant le glacier; d'autres en avoient obfervé à de femblables hauteurs, mais point au-deffus. Les neiges du haut font de la plus parfaite blancheur, & fi dans quelques endroits on voit de la pouffiere à leur furface, c'eft une pouffiere grife, que les vents détachent des rocs du voifinage. Cette obfervation confirme ce que l'analyfe avoit indiqué, c'eft que cette fubftance eft une pouffiere d'étamines & non un réfultat de la décompofition de l'eau ou de l'air, comme quelques phyficiens avoient été tenté de le conjecturer.

*Neiges des hauteurs exemptes de pouffiere rouge.*

**Animaux.** §. 2017. Nous ne vîmes près de la cime d'autres animaux que deux papillons ; l'un étoit une petite phalene grife, qui traverfoit le premier plateau de neige ; l'autre, un papillon de jour qui me parut être le myrtil ; il traverfoit la derniere pente du Mont-Blanc, environ à 100 toifes au-deffous de la cime.

J'ai quelquefois été témoin de la maniere dont ces infectes s'engagent fur les glaciers. En voltigeant fur les prairies qui les bordent, ils s'aventurent au-deffus de la neige ou de la glace ; & s'ils perdent la terre de vue, ils vont toujours en avant, & ne fachant où fe pofer, pour peu que le vent les foutienne, ils volent jufques fur les fommités les plus élevées, où ils tombent enfin de fatigue & meurent fur la neige.

**Végétaux.** §. 2018. La plante parfaite, ou à fleurs diftinctes, que j'ai rencontrée à la plus grande élévation c'eft le *filene acaulis* ou *carnillet mouffier* de M. de la Marck ; j'en trouvai une touffe fleurie dans une fente du rocher, auprès duquel je couchai à mon retour, environ à 1780 toifes au-deffus de la mer. Mais j'ai vu de petits lichens tuberculés jufques fur les rochers les plus élevés, & entr'autres le *fulphureus* & le *rupeftris* de *Hoffmann. Enumeratio lichenum.*

**Saveurs & odeurs les mêmes.** §. 2019. Je ne fais par quel preftige quelques voyageurs ont pu croire que nos fens, & en particulier le goût & l'odorat, ne reçoivent pas fur les montagnes les mêmes impreffions que dans la plaine. Pour moi, & tous ceux avec qui j'ai voyagé fur des montagnes de toute hauteur, jufqu'à la cime du Mont-Blanc, nous n'y avons jamais trouvé aucune différence, quoique nous en ayons fait expreffément l'épreuve : le pain, le vin, la viande, les fruits, les liqueurs nous ont toujours paru avoir exactement leur faveur & leur odeur ordinaire ; & il n'y a rien dans les principes de la phyfique ni de la phyfiologie qui puiffe annoncer un réfultat différent.

**Son foible.** §. 2020. Et fi le fon eft plus foible, c'eft un effet, non de l'affoiblissement de l'organe de l'ouie, mais de la rareté de l'air qui diminue son ressort & la force de ses vibrations. Et pour une cime isolée, il y a encore de plus, l'absence des échos & des sons répercutés par des objets solides. Ces causes réunies rendoient effectivement les sons remarquablement foibles sur la cime du Mont-Blanc; un coup de pistolet n'y fit pas plus de bruit qu'un petit petard de la Chine n'en fait dans une chambre.

§. 2021. Mais de tous nos organes, celui qui est le plus affecté par la rareté de l'air, c'est celui de la respiration. On sait que pour entretenir la vie, sur-tout celle des animaux à sang chaud, il faut qu'une quantité déterminée d'air traverse leurs poumons dans un tems donné. Si donc l'air qu'ils respirent est le double plus rare, il faudra que leurs inspirations soient le double plus fréquentes, afin que la rareté soit compensée par le volume. C'est cette accélération forcée de la respiration qui est la cause de la fatigue & des angoisses que l'on éprouve à ces grandes hauteurs. Car en même tems que la respiration s'accélere, la circulation s'accélere aussi. Je m'en étois souvent apperçu sur de hautes cimes, mais je voulois en faire une épreuve exacte sur le Mont-Blanc; & pour que l'action du mouvement du voyage ne pût pas se confondre avec celle de la rareté de l'air, je ne fis mon épreuve qu'après que nous fûmes restés tranquilles, ou à peu-près tranquilles pendant 4 heures sur la cime de la montagne. Alors le pouls de Pierre Balmat se trouva battre 98 pulsations par minute; celui de Têtu, mon domestique 112, & le mien 100. A Chamouni, également après le repos, les mêmes, dans le même ordre, battirent 49, 60, 72.

*Vitesse du pouls.*

Nous étions donc tous là dans un état de fievre qui explique, & la soif qui nous tourmentoit, & notre aversion pour le vin, pour les liqueurs fortes, & même pour toute espece d'aliment. Il n'y avoit que l'eau fraîche qui fit du bien & du plaisir; & il fallut, comme je l'ai dit, du tems & de la peine pour allumer du charbon qui servit à fondre de la neige, seul moyen que nous eussions de nous procurer un peu d'eau ; car si l'on mangeoit de la neige, on augmentoit son altération, bien loin de l'appaiser. Quelques-uns des guides ne purent pas supporter tous ces genres de souffrances, & descendirent les premiers pour regagner un air plus dense. Cependant, lorsqu'on demeuroit dans une tranquillité parfaite, on ne souffroit pas d'une maniere sensible. Et c'est ce qui a fait penser à Bouguer que les symptômes qu'on éprouve dans cet air rare ne viennent que de la fatigue ; car il est d'accord avec moi sur tous les faits.

" Nous nous sommes trouvés, dit-il, d'abord considérablement incommodés de la subtilité de l'air ; ceux d'entre nous qui avoient la poitrine plus délicate, sentoient davantage la différence, & étoient sujets à de petites hémorragies ; ce qui venoit sans doute de ce que l'athmosphere ayant un moindre poids, n'aidoit pas assez par sa compression les vaisseaux à retenir le sang, qui de son côté, étoit toujours capable de la même action. Je n'ai pas remarqué dans mon particulier que cette incommodité augmentât beaucoup lorsqu'il nous est arrivé ensuite de monter plus haut ; peut-être parce que je m'étois déja fait au pays, & peut-être aussi parce que le froid empêche la dilation de l'air, d'être aussi considérable qu'elle le seroit sans cela. *Plusieurs d'entre nous, lorsque nous montions, tomboient en défaillance & étoient sujets aux vomissements ;* mais ces accidents étoient plus l'effet de la lassitude que de la difficulté de respirer. Ce qui le prouve d'une maniere incontestable, c'est qu'on n'y étoit jamais exposé lorsqu'on alloit à cheval, ou lorsqu'on étoit une fois parvenu au sommet, où l'air étoit cependant encore plus subtil. Je ne nie pas que cette grande subtilité ne hâtât la lassitude, & ne contribuât à faire augmenter l'épuisement, *Car la respiration y devient extrêmement pénible ; pour peu qu'on agisse, on se trouve tout hors d'haleine par le moindre mouvement ; mais ce n'est plus la même chose aussi-tôt qu'on reste dans l'inaction.* Je ne dis rien dont je n'aie été témoin plusieurs fois, & c'est ce que j'eusse vu encore plus souvent, si l'expérience n'avoit bientôt fait sentir à la plupart d'entre nous qu'il ne leur étoit pas

" permis

„ permis de s'expofer à une fi extrême fatigue. „ BOUGUER. *Voyage au Pérou*, p. XXXVI, XXXVII.

IL me paroît évident que dans l'explication de ces faits, ce favant académicien a commis une erreur, en confondant les effets de la rareté de l'air avec ceux de la laffitude. Celle-ci ne produit point les effets de la rareté de l'air. Souvent dans ma jeuneffe; en revenant de quelque grande courfe de montagne, je me fuis trouvé fatigué, au point de ne pouvoir plus me foutenir fur mes jambes; dans cet état, qu'Homere a fi énergiquement exprimé, en difant, que les membres font diffous par la fatigue, καμάτω ὑπὸ γυῖα λέλυνται; & cependant je n'éprouvois ni naufées ni défaillance, & je defirois des reftaurants, bien loin de les avoir en averfion. D'ailleurs, quoique ces Académiciens aient fouvent éprouvé de grandes fatigues dans le cours de leurs longs & pénibles travaux, cependant pour monter au Pitchincha, dont il eft fur-tout ici queftion, ils partoient de Quito, déja élevé de 14 ou 1500 toifes, & *ils montoient encore fort haut à cheval*. Il ne leur reftoit donc gueres que 3 ou 4 cents toifes à faire à pied, ce qui ne pouvoit gueres produire une fatigue capable de donner lieu aux accidents que décrit BOUGUER. Donc le même mouvement mufculaire qui n'auroit produit qu'une laffitude médiocre fans aucun accident, dans un air denfe, produit dans un air très-rare une accélération dans la refpiration & dans la circulation, d'où réfultent des incommodités infupportables pour certains tempéramments.

J'AI même obfervé fur ce fujet un fait affez curieux, c'eft qu'il y a pour quelques individus des limites parfaitement tranchées, où la rareté de l'air devient pour eux abfolument infupportable. J'ai fouvent conduit avec moi des payfans, d'ailleurs très-robuftes, qui à une certaine hauteur fe trouvoient tout d'un coup incommodés, au point de ne pouvoir abfolument pas monter plus haut; & ni le repos, ni les cordiaux, ni le defir le plus vif d'atteindre la cime de la montagne, ne pouvoient leur faire paffer cette limite. Ils étoient faifis, les uns de palpitations, d'autres de vomissements, d'autres de défaillances, d'autres d'une violente fievre, & tous ces accidents disparoissoient au moment où ils respiroient un air plus dense. J'en ai vu, quoique rarement, que ces indispositions obligeoient à s'arrêter à 800 toises au-dessus de la mer; d'autres à 1200, plusieurs à 15 ou 1600; pour moi, de même que la plupart des habitants des Alpes, je ne commence à être sensiblement affecté qu'à 1900 toises; mais au-dessus de ce terme, les hommes les plus exercés commencent à souffrir lorsqu'ils se donnent un mouvement un peu accéléré.

La nature n'a point fait l'homme pour ces hautes régions; le froid & la rareté de l'air l'en écartent; & comme il n'y trouve ni animaux, ni plantes, ni même des métaux, rien ne l'y attire; la curiosité & un desir ardent de s'instruire, peuvent seuls lui faire surmonter pour quelques instans les obstacles de tout genre qui en défendent l'accès.

Je restai cependant sur la cime jusqu'à trois heures & demi après midi, & quoique je ne perdisse pas un seul moment, je ne pus pas faire dans ces 4 heures & demi toutes les expériences que j'avois fréquemment achevées en moins de 3 heures au bord de la mer. J'eus du regret à partir sans avoir accompli tout mon projet; mais il falloit absolument prendre de la marge pour être assuré de passer avant la nuit les mauvais pas que nous avions à franchir. D'ailleurs, j'emportai l'espérance de réparer ces omissions dans un site, à la vérité moins élevé, mais plus commode, & qui est cependant beaucoup plus haut qu'aucun sur lequel on eût jamais tenté de semblables expériences.

On verra dans le voyage au col du Géant jusqu'à quel point ces espérances ont été réalisées.

Notre retour fut très-heureux, le chapitre suivant en renferme les détails; mais je ne veux pas quitter cette cime sans la comparer encore à quelques égards avec celles des Cordilleres.

§. 2022. Lorsque l'on considere les profils des Cordilleres, qu'ont donnés MM. Bouguer & de la Condamine, ont voit que les hauts pics de la partie de la chaîne qui est au-dessous de l'équateur ont tous des formes coniques ou en pains de sucre, plus ou moins émoussés, & qui sont ou qui ont été des volcans. Les Académiciens parlent fréquemment de *pierres brûlées* & de *pierres ponces*. Au contraire, ni le Mont-Blanc, ni les montagnes voisines ne présentent aucun vestige de volcans ou de pierres qui aient subi l'action des feux souterrains.

<small>Comparaison avec le Mont-Blanc & les Cordilleres.</small>

On ne trouve dans les Cordilleres des rocs nuds que tout près de leurs cimes. " Plusieurs de ces montagnes se ressemblent, dit Bouguer, „ en ce que leur pied est formé de diverses collines qui ne sont que „ de terre argilleuse, ou de terre ordinaire qui produit des herbes, „ & que du milieu il s'éleve une masse de pierre haute de 150 ou 200 „ toises. „ Quelle différence d'avec des rochers, tels que ceux du Mont-Blanc, qui du côté de l'Allée-Blanche présentent des rocs entiérement nuds dans une hauteur de 15 ou 1600 toises !

On reconnoît là les montagnes volcaniques. La plupart d'entr'elles ne présentent des rocs nuds qu'à leur sommité & dans quelques ravins, ou quelques déchirures accidentelles. La raison de cela c'est que les volcans vomissent sur leurs flancs, tantôt des laves sujettes à se décomposer, tantôt des ponces tendres, ou des cendres, ou enfin des matieres boueuses qui prennent en peu de tems l'apparence d'argiles ou de terres ordinaires. On reconnoît encore l'origine volcanique de ces hautes montagnes du Pérou, " en ce que toutes leurs couches vont „ en s'inclinant autour de chaque sommet, en se conformant à la „ pente de ses collines. „ *Ibid.* p. XLI. Au Mont-Blanc, au contraire, & sur les montagnes voisines les couches sont, ou verticales, ou très-inclinées ou même situées en sens contraire à la pente de la montagne.

Il est enfin bien remarquable que les Académiciens ne nomment point le granit comme un des matériaux de ces hautes montagnes;

cela m'avoit fait d'abord penser que peut-être ne distinguoient-ils pas cegenre de pierre, & qu'ils le comprenoient sous la dénomination de marbre, comme on faisoit dans l'enfance de la minéralogie, où l'on donnoit le nom de *marbre* à toutes les pierres capables de recevoir le poli : mais j'ai ensuite remarqué qu'en parlant de ces grands & singuliers édifices que les anciens Péruviens nommoient *tambos* ; ils disent que leurs murailles sont *d'une espece de granit*. Il est donc vraisemblable que si quelqu'une des hautes montagnes qu'ils gravirent dans le cours de leurs pénibles travaux avoit été de granit, ils en auroient dit un mot. En effet, outre les marbres & diverses pierres qu'ils désignent sans les nommer, parce qu'ils ne savoient quel nom leur donner ; ils nomment le crystal, les ardoises, les schistes, le talc & la pierre à fusil.

Quant aux différences qui tiennent au climat, on avoit lieu de s'y attendre. On voit qu'au Pérou les neiges éternelles ne commencent qu'à 2434 toises à-peu-près à la hauteur du Mont-Blanc, tandis que chez nous elles descendent de mille toises plus bas, & même plus bas encore dans les montagnes couvertes, comme le Mont-Blanc, de grandes pentes de neiges perpétuelles. Pour les vegétaux, on voit au Pérou des mousses, des gramens & de petites plantes fleuries à environ 2300 toises ; tandis qu'au Mont-Blanc on ne voit des fleurs qu'à environ 1800 toises. On voit ensuite des arbustes, dès qu'on est descendu au-dessous de 2000 toises ; tandis que chez nous on n'en voit gueres qu'à 12 ou 1300. Enfin, les arbres commencent au Pérou à 1600 toises, & chez nous seulement à 1000 ou 1050.

Cette comparaison prouve que c'est le froid encore plus que la rareté de l'air qui fixe sur les montagnes les limites de la végétation ; & l'on verra dans la suite de ces voyages d'autres preuves de cette vérité.

## CHAPITRE VII.

## RETOUR DE LA CIME DU MONT-BLANC AU PRIEURÉ DE CHAMOUNI.

§. 2023. Je quittai, quoiqu'avec bien du regret, à 3 heures & ½ ce magnifique belvedere. Je vins en trois quarts d'heure au rocher qui forme l'épaule à l'Est de la cime. La descente de cette pente, dont la montée avoit été si pénible, fut facile & agréable; la neige n'étoit ni trop dure ni trop tendre, & comme le mouvement que l'on fait en descendant ne comprime point le diaphragme, il ne gêne point la respiration, & l'on ne souffre point de la rareté de l'air. D'ailleurs, comme cette pente est large, éloignée des précipices, il n'y a rien qui effraye, ou qui retarde la marche. Mais il n'en fut pas ainsi de la descente, qui du haut de l'épaule conduit au plateau sur lequel nous avions couché. La grande rapidité de cette descente, l'éclat insoutenable du soleil reverbéré par la neige, qui nous donnoit dans les yeux, & qui faisoit paroître plus terribles les précipices qu'il éclairoit sous nos pieds la rendoient infiniment pénible. D'ailleurs, autant la dureté de la neige avoit rendu le matin notre marche difficile, autant sa mollesse, produite par l'ardeur du soleil, nous incommodoit le soir; parce qu'au-dessous de la surface ramollie on trouvoit toujours un fond dur & glissant.

Comme nous redoutions tous cette descente, quelques-uns des guides, pendant que je faisois mes observations sur la cime, avoient cherché quelqu'autre passage; mais leurs recherches furent inutiles; il fallut suivre en descendant, la route que nous avions suivie en montant. Cependant, graces aux soins de mes guides, nous la fîmes sans aucun accident, & cela dans moins d'une heure & un quart.

Là, nous passâmes auprès de la place où nous avions, sinon dormi, du moins reposé la nuit précédente ; & nous poussâmes encore une lieue plus loin jusqu'au rocher, §. 1979, auprès duquel nous nous étions arrêtés en montant. Je me déterminai à y passer la nuit ; je fis tendre la tente contre l'extrémité méridionale de ce rocher, dans une situation vraiment singuliere. C'étoit sur la neige, sur le bord d'une pente très-rapide, qui descend dans la vallée de neige que domine le Dôme du Goûté, avec sa couronne de séracs, & qui est terminée au Midi par la cime du Mont-Blanc. Au bas de cette pente régnoit une large & profonde crevasse, qui nous séparoit de cette vallée, & où s'engloutissoit tout ce qu'on laissoit tomber des environs de notre tente.

Nous avions choisi ce poste pour éviter le danger des avalanches ; & pour que les guides, trouvant des abris dans les fentes de ce rocher, nous ne fussions pas entassés dans la tente, comme nous l'avions été la nuit précédente.

Je m'occupai dans la soirée à observer le barometre, dont la hauteur donna à ce rocher une élévation de 1780 toises. J'y cherchai des plantes, & je trouvai la touffe de *carnillet-moussier*, dont j'ai parlé dans le Chapitre précédent. Je m'amusai ensuite à contempler l'amas de nuages qui flottoient sous nos pieds, au-dessus des vallées & des montagnes moins élevées que nous. Ces nuages, au lieu de présenter des plaques ou des surfaces unies, comme on les voit de bas en haut, offroient des formes extrêmement bizarres, des tours, des châteaux, des géants, & paroissoient soulevés par des vents verticaux, qui partoient de différents points des pays situés au-dessous.

Par-dessus tous ces nuages, je voyois l'horizon liséré d'un cordon composé de deux bandes : l'inférieure d'un rouge noirâtre de sang figé ; la supérieure plus claire, & d'où sembloit s'élever une flamme d'un bel aurore, inégale, transparente, & diversement nuancée.

Nous foupâmes enfuite gaiement & de très-bon appétit; après quoi je paffai fur mon petit matelas une excellente nuit. Ce fut alors feulement que je jouis du plaifir d'avoir accompli ce deffein formé depuis vingt-fept ans; favoir, dans mon premier voyage à Chamouni, en 1760; projet que j'avois fi fouvent abandonné & repris, & qui failoit pour ma famille un continuel fujet de fouci & d'inquiétude. Cela étoit devenu pour moi une efpece de maladie : mes yeux ne rencontroient pas le Mont-Blanc, que l'on voit de tant d'endroits de nos environs, fans que j'éprouvaffe une efpece de faififfement douloureux. Au moment où j'y arrivai, ma fatisfaction ne fut pas complette; elle le fut encore moins au moment de mon départ : je ne voyois alors que ce que je n'avois pas pu faire. Mais dans le filence de la nuit, après m'être bien repofé de ma fatigue, lorfque je récapitulois les obfervations que j'avois faites, lors fur-tout que je me retraçois le magnifique tableau de montagnes que j'emportois gravé dans ma tête, & qu'enfin, je confervois l'efpérance bien fondée d'achever, fur le Col-du-Géant, ce que je n'avois pas fait, & que vraifemblablement l'on ne fera jamais fur le Mont-Blanc, je goûtois une fatisfaction vraie & fans mélange.

§. 2024. LE 4 août, quatrieme jour du voyage, nous ne partîmes que vers les fix heures du matin. Nous vînmes dans une petite heure à la cabane, §. 1976. Nous fûmes enfuite obligés de defcendre une pente de neige inclinée de 46 degrés, & de traverfer une large crevaffe fur un pont de neige fi mince, qu'il n'avoit au bord que trois pouces d'épaiffeur; un des guides qui s'écarta un peu du milieu où la neige étoit plus épaiffe, enfonça une de fes jambes à faux. A une heure de marche au-deffous de la cabane, nous rencontrâmes des crevaffes qui s'étoient ouvertes fur notre route, & pour les éviter, il fallut defcendre une pente de 50 degrés.

EN entrant enfuite fur le glacier que nous devions traverfer, nous le trouvâmes changé dans ces 48 heures, au point de ne pouvoir pas reconnoître la route que nous avions fuivie en montant; les crevaffes s'étoient élargies, les ponts s'étoient rompus ; souvent ne trouvant point d'issue, nous fûmes obligés de revenir sur nos pas : plus souvent encore, il fallut nous servir de l'échelle pour traverser des crevasses qu'il eût été impossible de franchir sans son secours. Tout près d'arriver au port, le pied manqua à un des guides, qui glissa jusqu'au bord d'une fente où il faillit à tomber, & où il perdit un des piquets de ma tente.

Dans ce moment d'effroi, un énorme glaçon tomba dans une grande crevasse, avec un fracas qui ébranla tout le glacier, & fit trembler toute la caravanne. Mais enfin, nous abordâmes sur le roc à 9 heures & demie du matin, quittes de toute peine & de tout danger. Nous ne mîmes que 2 heures trois-quarts de-là au Prieuré de Chamouni, où j'eus la satisfaction de ramener tous mes guides parfaitement bien portants.

Notre arrivée fut tout à la fois gaie & touchante : tous les parents & amis de mes guides venoient les embrasser & les féliciter de leur retour. Ma femme, ses sœurs & mes fils, qui avoient passé ensemble à Chamouni un tems long & pénible, dans l'attente de cette expédition, plusieurs de nos amis qui étoient venus de Geneve pour assister à notre retour, exprimoient dans cet heureux moment leur satisfaction, que les craintes, qui l'avoient précédé, rendoient plus vive, plus touchante, suivant le degré d'intérêt que nous avions inspiré.

Je passai encore le lendemain à Chamouni pour quelques observations comparatives, après quoi nous revînmes tous heureusement à Geneve, d'où je revis le Mont-Blanc avec un vrai plaisir, & sans éprouver ce sentiment de trouble & de peine qu'il me causoit auparavant.

# CINQUIEME VOYAGE,
## COL DU GÉANT.

## CHAPITRE PREMIER.
## BUT ET RELATION DU VOYAGE.

§. 2025. Les physiciens & les naturalistes qui se proposent de visiter la cime de quelque haute montagne, prennent ordinairement leurs mesures de maniere à y parvenir vers le milieu du jour ; & quand ils y sont arrivés, ils se bâtent de faire leurs observations pour en redescendre avant la nuit. Ainsi ils se trouvent sur les grandes hauteurs toujours à peu-près aux mêmes heures, pendant peu de moments ; & par conséquent, ils ne peuvent point se former une idée juste de l'état de l'air dans les autres parties du jour, ni à plus forte raison pendant la nuit.

*Introduction.*

Il m'a paru intéressant de travailler à remplir cette espece lacune dans l'ordre de nos connoissances athmosphériques, en faisant sur une cime élevée un séjour assez long pour déterminer la marche journaliere des différents instruments de la météorologie, du barometre, du thermometre, de l'hygrometre, de l'électrometre, &c., d'épier les occasions d'observer là l'origine des différents météores, tels que les pluies, les vents, les orages.

Ce desir étoit augmenté par celui de tenter diverses expériences que j'avois résolu de faire sur le Mont-Blanc ; mais que la briéveté du tems, & le mal-aise, produit par la rareté de l'air, m'empêcherent d'exécuter.

La difficulté étoit de trouver un emplacement convenable. Je voulois qu'il eût environ 1800 toises d'élévation ; je desirois que ce fût un endroit découvert, où les vents & tous les météores puſſent jouer avec liberté. Il n'auroit pas été difficile de trouver quelque cime couverte de neige qui réunît à peu-près ces propriétés ; mais il n'étoit pas praticable de faire ſur la neige un établiſſement un peu durable, ſoit à cauſe de l'inſtabilité des inſtruments qu'on y auroit placés, ſoit à cauſe du froid & de l'humidité. Or, il étoit difficile de trouver dans nos Alpes, à une ſi grande hauteur, un rocher dépouillé de neige, & tout à la fois acceſſible & aſſez ſpacieux, pour qu'on pût y établir une eſpece de domicile.

M. Exchaquet, que je conſultai ſur ce projet, me dit que ſur la route nouvellement découverte, qui conduit de Chamouni à Courmayeur, en paſſant par le Tacul, je trouverois des rochers tels que je les ſouhaitois.

*Préparatifs.*

§. 2026. Me repoſant ſur ſa parole, dès le printems je fis mes préparatifs pour cette expédition, & dès les premiers jours de juin 1788, j'allai avec mon fils m'établir à Chamouni, pour attendre le beau tems & le ſaiſir au moment où il paroîtroit. Je portai avec moi deux petites tentes de toile ; mais je deſirois, outre cela, d'avoir une cabane en pierre. Il me falloit pluſieurs abris ou domiciles ſéparés, non-ſeulement pour nous & nos guides, mais parce que le magnetometre & la bouſſole de variation devoient être éloignés l'un de l'autre pour ne pas influer ſur leurs variations réciproques : j'envoyai donc à l'avance conſtruire cette cabane.

*De Chamouni au Tacul.*

§. 2027. Lorsqu'elle fut achevée & que le beau tems parut ſolidement établi nous partîmes de Chamouni. Le premier jour, 2 de juillet, nous allâmes coucher ſous nos tentes au Tacul ; on appelle ainſi un fond couvert de gazon, au bord d'un petit lac, renfermé entre l'extrêmité du glacier des bois & le pied d'un rocher qui porte le nom de *montagne du Tacul*. Le lendemain nous partîmes de là à 5 heures & demi du matin, & nous arrivâmes à midi & demi à notre cabane. J'ai donné à cet endroit le nom du *Col du Géant*, parce qu'il est effectivement à l'entrée du col par lequel on descend à Courmayeur, & parce que la montagne la plus apparente du voisinage, & qui domine ce col est le *Géant* ; haute cime escarpée que l'on reconnoît très-bien des bords de notre lac. Le nom du Tacul qui est à 6 ou 7 heures de marche de ces rochers ne pouvoit point du tout leur convenir.

§. 2028. EN allant du Tacul au col du Géant, nous ne pûmes point passer par le glacier de *Trélaporte*, que nos devanciers avoient traversé l'année précédente ; les crevasses de ce glacier se trouvoient ouvertes & dégarnies de neige, au point de le rendre inaccessible : nous fûmes forcés de suivre le pied d'une haute cime nommée *la Noire*, en côtoyant des pentes de neige extrêmement rapides & bordées de profondes crevasses. Nos guides assuroient que ce passage est beaucoup plus dangereux que celui qu'on avoit suivi l'année précédente ; mais je ne fais pas beaucoup de fond sur ces assertions, soit parce que le danger présent paroit toujours plus grand que celui qui est passé, soit parce qu'ils croyent flatter les voyageurs en leur disant qu'ils ont échappé à de grands périls. Mais toujours est-il vrai que ce passage de la Noire est réellement dangereux ; & même comme il avoit gelé dans la nuit, il eût été impossible de passer sur ces neiges dures & rapides, si la veille, pendant que la neige étoit attendrie par l'ardeur du soleil, nos gens n'étoient pas allés y marquer des pas.

Du Tacul au col du Géant.

Nous eûmes ensuite à courir, comme au Mont-Blanc, le danger des crevasses cachées sous de minces plateaux de neige. Ces crevasses deviennent moins larges & moins fréquentes vers le haut de la montagne, & nous nous flattions d'en être à peu-près quittes, lorsque tout-à-coup nous entendîmes crier : *des cordes, des cordes*. On demandoit ces cordes pour retirer du fond du glacier Alexis Balmat, l'un des porteurs de notre bagage, qui nous précédoit d'environ cent pas, & qui avoit disparu tout-à-coup du milieu de ses camarades, englouti par une large crevasse de 60 pieds de profondeur. Heureusement qu'à moitié chemin, c'est-à-dire, à la profondeur de 30 pieds, il fut soutenu par un bloc de neige engagé dans la fente. Il tomba sur cette neige sans s'être fait d'autre mal que quelques écorchures au visage. Son meilleur ami, P. J. Favret, se fit sur-le-champ lier avec des cordes & dévaller en bas, pour aller l'attacher bien solidement : on remonta d'abord la charge, puis les deux hommes l'un après l'autre. Alexis Balmat, en sortant de là étoit un peu pâle, mais il ne témoigna aucune émotion; il reprit sur son col nos matelas qui composoient sa charge, & se remit en marche avec une tranquillité inaltérable.

Arrivée au col.

§. 2029. LE moment de notre arrivée au terme de notre voyage, ne fut pas, comme à l'ordinaire, un moment de satisfaction. Je vis d'abord & avec chagrin, en comparant le site de notre cabane avec des hauteurs, que je connoissois d'ailleurs, qu'il n'étoit pas situé au-dessus de 1800 toises, comme on nous l'avoit fait espérer : ensuite je trouvai notre cabane trop petite ; elle n'avoit que six pieds en quarré ; si basse qu'on ne pouvoit pas s'y tenir debout, & les pierres dont elle étoit construite si mal jointes, que la neige y étoit entrée & l'avoit à moitié remplie. L'arrête de rochers sur laquelle on devoit tendre nos tentes, & à l'extrémité saillante de laquelle étoit notre cabane, étoit serrée entre deux glaciers extrèmement étroits, inégaux & bordés de toutes parts de pentes de neige & de rochers si roides, qu'on pourroit presque les qualifier de précipices. Pour une habitation de plusieurs jours, cette emplacement ne présentoit pas une perspective agréable ; mais pour un belvédere, la situation étoit vraiment magnifique. Nous avions du côté de l'Italie un horizon d'une étendue immense, composé de chaines redoublées de montagnes, en partie couvertes de neige, entre lesquelles on découvroit pourtant quelques vallons riants & cultivés. Du côté de la Savoye, le Mont-Blanc, le Géant & les cimes intermédiaires, présentoient un tableau très-grand, très-varié & très-intéressant.

Les porteurs du bagage & des inſtruments repartirent ſur-le-champ pour Chamouni ; mais je gardai, outre mon domeſtique, quatre des meilleurs guides, pour nous aider dans nos opérations, & pour aller alternativement chercher du charbon & des proviſions à Courmayeur.

§. 2030. Dès qu'ils ſe furent repoſés & rafraîchis, je deſirai qu'ils commençaſſent les arrangements néceſſaires à notre établiſſement ; mais un reſte de fatigue & la perſpective des incommodités qu'ils auroient à ſouffrir dans ce ſéjour, abattoient leurs forces & leur courage. Cependant lorſque la fraîcheur de la ſoirée commença à ſe faire ſentir, ils comprirent qu'il falloit pourtant ſonger à un abri pour la nuit ; ils commencerent alors à arranger un peu les gros blocs de granit détachés qui formoient le ſol de notre arrête, & à y tendre les tentes pour y paſſer la nuit ; car la cabane étoit inhabitable juſqu'à ce que l'on eût piqué & enlevé un lit de glace vive que l'on trouva au-deſſous de la neige dont elle étoit remplie.

*Etabliſſement.*

Pour moi j'avois d'abord commencé à viſiter mes inſtruments & à mettre en expérience ceux qui n'avoient beſoin d'aucun préparatif, & j'avois eu le chagrin de trouver mes deux barometres dérangés ; la grande ſéchereſſe, qui avoit régné depuis notre départ de Chamouni, avoit diminué le diametre du liege de l'ame des robinets qui doivent contenir le mercure : ils perdoient tous deux à fil ; cependant l'air n'y étoit point rentré, & je parvins à guérir l'un des deux en employant un remede indiqué par la cauſe du mal ; je le tins continuellement enveloppé dans des linges mouillés, l'humidité renfla le liege, & il retint alors le mercure.

Quoiqu'assez mal couchés, nous dormîmes d'un très-bon ſommeil, qui nous rendit à tous nos forces & notre activité. Dès le matin nous nous mîmes avec ardeur à purger de glace notre cabane, & à l'exhauſſer aſſez pour que l'on pût s'y tenir debout : nous conſtruiſimes des piédeſtaux pour le magnétometre, pour la bouſſole de variation, pour le plateau qui sert à tracer la méridienne : & nous commençâmes même quelques observations. Nos guides qui prévoyoient un changement de tems, s'appliquerent sur-tout à assujettir solidement nos tentes, opération difficile sur cette arrête, plus étroite que les tentes mêmes, inégale & composée de grandes masses incohérentes.

Orage terrible.

§. 2031. Nous nous trouvâmes bienheureux d'avoir pris toutes ces précautions ; car dès la nuit suivante, celle du 4 au 5 juillet, nous fûmes accueillis par le plus terrible orage dont j'aie jamais été témoin. Il s'éleva à une heure après minuit, un vent du Sud-Ouest, d'une telle violence que je croyois à chaque instant qu'il alloit emporter la cabane de pierre dans laquelle mon fils & moi nous étions couchés. Ce vent avoit ceci de singulier, c'est qu'il étoit périodiquement interrompu par des intervalles du calme le plus parfait. Dans ces intervalles nous entendions le vent souffler au-dessous de nous dans le fond de l'Allée-Blanche, tandis que la tranquillité la plus absolue régnoit autour de notre cabane. Mais ces calmes étoient suivis de rafales d'une violence inexprimable ; c'étoient des coups redoublés qui ressembloient à des décharges d'artillerie : nous sentions la montagne même s'ébranler sous nos matelas ; le vent se faisoit jour par les joints des pierres de la cabane ; il souleva même une fois mes draps & mes couvertures & me glaça de la tête aux pieds ; il se calma un peu à l'aube du jour, mais il se releva bientôt & revint accompagné de neige, qui entroit de toutes parts dans notre cabane. Nous nous réfugiâmes alors dans une des tentes où l'on étoit mieux à l'abri. Nous y trouvâmes les guides obligés de soutenir continuellement les mats, de peur que la violence du vent ne les renversât & ne les balayât avec la tente.

Vers les sept heures du matin, il se joignit à l'orage de la grêle & des tonnerres qui se succédoient sans interruption ; l'un d'eux tomba si près de nous que nous entendîmes distinctement une étincelle, qui en faisoit partie, glisser en pétillant sur la toile mouillée de la tente, précisément derrière la place qu'occupoit mon fils. L'air étoit tellement rempli d'électricité, que dès que je laiſſois ſortir hors de la tente ſeulement la pointe du conducteur de mon électrometre, les boules divergoient autant que les fils pouvoient le permettre ; & preſqu'à chaque exploſion du tonnerre, l'électricité devenoit de poſitive négative ou réciproquement.

Pour qu'on ſe faſſe une idée de l'intenſité du vent, je dirai que deux fois nos guides, voulant aller chercher des vivres qui étoient dans l'autre tente, choiſirent pour cela un des intervalles où le vent paroiſſoit ſe calmer ; qu'à moitié chemin, quoiqu'il n'y eut que 16 à 17 pas de diſtance d'une tente à l'autre, ils furent aſſaillis par un coup de vent tel, que pour n'être pas emportés dans le précipice, ils furent obligés de ſe cramponner à un rocher qui ſe trouvoit heureuſement à moitié chemin, & qu'ils reſterent là deux ou trois minutes avec leurs habits, que le vent retrouſſoit par-deſſus leurs têtes, & le corps criblé des coups de la grêle, avant que d'oſer ſe remettre en marche.

§. 2032. Vers le midi le tems s'éclaircit & nous fûmes très-ſatisfaits de voir qu'avec nos abris, tout chétifs qu'ils étoient, nous pouvions réſiſter aux éléments conjurés ; & bien perſuadés qu'il étoit à-peu-près impoſſible d'eſſuyer un plus mauvais tems, nous nous trouvâmes raſſurés contre la crainte des orages qu'on nous avoit peints comme très-dangereux ſur ces hauteurs. Nous continuâmes donc avec ardeur les diſpoſitions néceſſaires pour nos obſervations. *Séjour & occupations.*

Elles commencerent dès le lendemain à former une ſuite réguliere & non interrompue. Lorſque le tems n'étoit pas trop mauvais, mon fils ſe levoit à quatre heures du matin pour commencer ſes obſervations météorologiques ; je ne me levois qu'à ſept heures ; mais en revanche je veillois juſqu'à minuit, tandis que mon fils ſe couchoit vers les dix heures. Dans le jour nous avions chacun nos occupations marquées.

Cette vie active faiſoit paſſer notre tems avec une extrême rapidité ; mais nous ſouffrions beaucoup du froid dans les mauvais tems & dans la plupart des foirées, même des beaux jours. Presque tous les soirs vers les 5 heures, il commençoit à souffler un vent qui venoit des pentes couvertes de neige, qui nous dominoient au Nord & à l'Ouest : ce vent souvent, accompagné de neige ou de grêle, étoit d'un froid & d'une incommodités extrêmes. Les habits les plus chauds, les fourrures même ne pouvoient nous en garantir : nous ne pouvions point allumer du feu dans nos petites tentes de toile; & notre misérable cabane, criblée à jour, ne se réchauffoit point par le feu de nos petits réchauds; le charbon ne brûloit même dans cet air rare, que d'une maniere languissante & à force d'être animé par le soufflet, & si nous parvenions enfin à réchauffer nos pieds & le bas de nos jambes, nos corps demeuroient toujours glacés par le vent qui traversoit la cabane. Dans ces moments nous avions un peu moins de regret de n'être élevés que de 1763 toises au-dessus de la mer ; car plus haut le froid eût été encore plus incommode : nous nous consolions d'ailleurs en pensant que nous étions là d'environ 180 toises plus haut que la cime du Buet, qui passoit il y a quelques années pour la sommité accessible la plus élevée des Alpes.

Vers les 10 heures du soir le vent se calmoit; c'étoit l'heure où je laissois mon fils se coucher dans la cabane; j'allois alors dans la tente de la boussole me blottir dans ma fourrure avec une pierre chaude sous mes pieds, prendre des notes de ce que j'avois fait dans la journée. Je sortois par intervalles pour observer mes instruments & le ciel, qui presque toujours étoit alors de la plus grande pureté. Ces deux heures de retraite & de contemplation me paroissoient extrêmement douces; j'allois ensuite me coucher dans la cabane sur mon petit matelas étendu à terre à côté de celui de mon fils, & j'y trouvois un meilleur sommeil que dans mon lit de la plaine.

*Belle soirée & belle nuit.* §. 2033. La seizieme et derniere soirée que nous passâmes sur le col du Géant fut d'une beauté ravissante. Il sembloit que ces hautes sommités vouloient que nous ne les quittassions pas sans regret. Le vent froid qui avoit rendu la plupart des soirées si incommodes, ne souffla point

point ce soir là. Les cimes qui nous dominoient & les neiges qui les séparent se colorerent des plus belles nuances de rose & de carmin ; tout l'horizon de l'Italie paroissoit bordé d'une large ceinture pourpre, & la pleine lune vint s'élever au-dessus de cette ceinture avec la majesté d'une reine, & teinte du plus beau vermillon. L'air, autour de nous, avoit cette pureté & cette limpidité parfaite, qu'Homere attribue à celui de l'Olympe ; tandis que les vallées, remplies des vapeurs qui s'y étoient condensées, sembloient un séjour d'épaisses ténebres.

Mais comment peindrai-je la nuit qui succéda à cette belle soirée ; lorsqu'après le crépuscule, la lune brillant seule dans le ciel, versoit les flots de sa lumiere argentée sur la vaste enceinte des neiges & des rochers qui entouroient notre cabane ! Combien ces neiges & ces glaces, dont l'aspect est insoutenable à la lumiere du soleil, formoient un étonnant & délicieux spectacle à la douce clarté du flambeau de la nuit ! Quel magnifique contraste, ces rocs de granit rembrunis & découpés avec tant de netteté & de hardiesse formoient au milieu de ces neiges brillantes ! Quel moment pour la méditation ! De combien de peines & de privations de semblables moments ne dédommagent-ils pas ! L'ame s'eleve, les vues de l'esprit semblent s'agrandir, & au milieu de ce majestueux silence, on croit entendre la voix de la Nature & devenir le confident de ses opérations les plus secretes.

§. 2034. Le lendemain, 19 juillet, comme nous avions achevé les observations & les expériences que nous nous étions proposées, nous quittâmes notre station & nous descendîmes à Courmayeur. La premiere partie de la descente que l'on fait sur des rocs incohérents est extrêmement pénible, mais sans aucune espece de danger ; & à cet égard, elle ne ressemble nullement à l'aiguille du Gouté, à laquelle on l'avoit comparée. Du pied de ces rocs on entre dans des prairies au-dessous desquelles on trouve des bois, & enfin des champs cultivés, par lesquels on arrive à Courmayeur. Toute cette route ne présente aucune difficulté. Nous y souffrîmes cependant beaucoup ; d'abord de

*Descente pénible. Inanition.*

la chaleur, qui, en fortant du climat froid auquel nous nous étions habitués, nous parut infupportable ; mais nous fouffrîmes fur-tout de la faim. Nous avions réfervé quelques provifions pour ce petit voyage, mais elles difparurent dans la nuit qui le précéda.

Nous avons violemment foupçonné quelqu'un de nos guides de les avoir fouftraites ; moins pour en profiter, que pour nous mettre dans l'abfolue néceffité de partir. Ils s'ennuyoient mortellement fur le col du Géant, & notre admiration pour la derniere foirée, quelques regrets qu'avoit témoignés mon fils, leur avoient fait craindre que nous ne vouluffions prolonger notre féjour. La chaleur & l'inanition m'ôtoient les forces, me donnoient même des commencements de défaillance & me portoient à la tête au point que je ne pouvois pas trouver les mots néceffaires pour exprimer mes penfées. Mon fils & mon domeftique en fouffrirent auffi, mais beaucoup moins que moi. Ma foibleffe retardoit notre marche & éloignoit par cela même le remede. Nous n'arrivâmes qu'à 7 heures du foir au village d'*Entrêves*, où étoient les premieres maifons où l'on pût trouver quelque chofe à manger. Mais un jour de repos, à Courmayeur, me rétablit parfaitement.

Delà, nous vînmes par le col Ferret à Martigny, & de Martigny à Chamouni, où nous paffâmes encore trois jours pour faire quelques expériences comparatives à celles que nous avions faites fur le col du Géant. Delà nous revînmes à Geneve à la fin de juillet. Je vais donner la notice des réfultats de nos obfervations.

# CHAPITRE II.
## SITUATION ET ÉLÉVATION DU COL DU GÉANT.

§. 2035. L'ARRÊTE du rocher sur laquelle nous formâmes notre établissement est resserrée entre deux glaciers, celui de *Mont-Fréti* à l'Ouest, & celui *d'Entréves* à l'Est. La cabane en pierres occupoit la pointe ou l'extrêmité la plus méridionale de cette arrête; les deux tentes étoient situées sur le tranchant de l'arrête au Nord de la cabane & sur la même ligne. L'arrête elle-même alloit par une pente d'abord insensible, & enfin très-rapide, aboutir à la cime aiguë du Mont-Fréti. Nos stations étoient donc isolées & accessibles à tous les vents, à tous les météores. Situation.

§. 2036. Mon fils observa deux fois la hauteur méridienne du soleil pour en conclure la latitude. La première observation donna 45° 49′ 41″ & la seconde 45°. 50′ 6″. La moyenne entre ces deux observations est 45°. 49′. 54″. Quant à la longitude, nous ne pûmes point la déterminer, parce que la montre sur laquelle nous avions compté pour cette opération, se dérangea dès les premiers jours du voyage. Mais pour y suppléer, nous déterminâmes avec soin la position de la cabane par rapport aux objets suivants. Position géographique.

La cime neigée du Mont-blanc, vue de notre cabane, gît à 103°. 40′. du Nord par Ouest. Courmayeur à 206°. 32′. La cime du Géant à 323°. 30′.

Voici l'élévation & la distance en ligne droite de ces mêmes objets, calculés d'après leur hauteur ou leur dépreſſion, relativement à la cabane.

| | |
|---|---:|
| Mont-Blanc, hauteur | 687 toiſes. |
| diſtance | 2692 |
| Géant, hauteur | 411 |
| diſtance | 1548 |
| Courmayeur, dépreſſion | 1107 |
| diſtance | 3552 |
| Prieuré de Chamouni, dépreſſion | 1223 |
| diſtance environ | 5700 |

Éléva-
tion.

§. 2037. Comme un des motifs de cette entrepriſe étoit de vérifier les différentes formules que l'on a employées à la meſure des hauteurs par le barometre, il falloit connoître la hauteur de notre ſtation, par une opération indépendante du barometre. Pour cet effet, comme le col du Géant n'étoit pas viſible de Chamouni, je penſai à meſurer trigonométriquement la hauteur d'une cime viſible, & de Chamouni & de notre ſtation. L'aiguille du Midi nous parut la plus convenable, comme la plus voiſine des deux poſtes, & celle dont la cime étoit la plus aiguë & la plus facile à reconnoître. Nous ne pûmes trouver, ſoit au col du Géant, ſoit à Chamouni, que des baſes un peu petites, d'environ 1200 pieds; mais leur petiteſſe ſe trouva en partie compenſée par leur poſition, qui étoit la plus favorable poſſible, & par l'exactitude que nous mîmes dans toutes nos meſures. La cime de l'aiguille du Midi ſe trouva par cette meſure élevée de 1469 toiſes au-deſſus du Prieuré de Chamouni, & de 246 au-deſſus de la cabane; d'où il ſuivoit que notre cabane étoit élevée de 1223 toiſes au-deſſus du Prieuré, & par conſéquent de 1763 toiſes au-deſſus de la Méditerranée. Voyez ci-deſſous au §. 2049, le réſultat de la comparaiſon de ces meſures.

# CHAPITRE III.

## PLANTES ET ANIMAUX QUE L'ON TROUVE SUR CE COL.

§. 2038. Nous ne pûmes découvrir sur le haut de notre arrête qu'une seule espece de plante parfaite ou à fleurs distinctes ; mais en revanche cette plante formoit dans les abris de petits gazons couverts de fleurs ; ici blanches, là purpurines, extrêmement jolies. C'est *l'Aretia helvetica*, ou *l'androsace embriquée* de la Flore Françoise. — *Plantes & fleurs distinctes.*

§. 2039. Mais les rochers avoient leur surface tapissée d'une grande variété de lichens ; j'en formai une collection, dans l'espérance qu'un site aussi distingué présenteroit plusieurs productions peu communes. Mais comme je suis peu versé dans la connoissance de cette branche de la botanique, je communiquai cette collection à M. Daval, gentilhomme Anglois, établi à Orbe en Suisse, & amateur passionné de l'étude des plantes. M. Daval reconnut plusieurs especes de ces lichens & jugea les autres nouvelles. Mais comme il est aussi modeste qu'instruit, il ne voulut point prononcer qu'il n'eût consulté quelques savants particuliérement versés dans ce genre. Pour cet effet, il envoya cette collection à M. le Docteur J. Ed. Smith, Président de la société Linnéene de Londres, & propriétaire des collections de Linneus, qui a examiné avec soin toutes ces productions, & a écrit à M. Daval qu'il avoit reconnu les especes suivantes. — *Lichens.*

Lichen proboscideus, L.
. . . . scaber de Hudson.

Lichen fahlunenfis, L.
. . . . Geographicus, L.
. . . . Pubefcens, L.
. . . . Mefenteriformis Vulfen, *apud* Jacquin, *mifc. V.* II, *p.* 85, *tab.* 9, *fig.* 5.

Et de plus, deux efpeces nouvelles dont l'une peut être nommée,

Lichen, (*teffellatus*) *cruftaceus ater rimofus tuberculis crufta immerfis, planis, angulofis, lividis;* & l'autre,

Lichen, (*lorieatus*) *cruftaceus, ater, rimofus, tuberculis angulofis, concaviufculis, exiguis, fubmarginatis, concoloribus, nitidis.*

Il a enfin obfervé dans cette collection une production très-finguliere qui, probablement n'a point été décrite, & qui eft peut-être un lichen, mais dans laquelle on ne voit cependant rien qui reffemble à des tubercules.

Animaux. §. 2040. Le feul animal qui parût avoir fon domicile conftant fur le col du Géant, étoit une araignée toute noire, qui fe tenoit fous les pierres. Mais nous eûmes la vifite de trois chamois qui paffoient de la vallée d'Aofte en Savoie. Nous vîmes auffi des oifeaux de trois efpeces différentes; un pic de muraille, un moineau de neige & des choucas ou corneilles à pieds & bec rouges. Les deux premiers ne parurent qu'une fois; au lieu que les choucas nous faifoient de fréquentes vifites. Comme notre arrête étoit élevée entre deux profonds glaciers, lorfque le vent fouffloit d'un côté, le calme régnoit de l'autre; & alors les infectes, charriés par le vent, des papillons, des tipules, des mouches de différentes fortes tomboient fur le glacier, où régnoit le calme; & les choucas, attirés par les infectes, faifoient en leur donnant la chaffe, des courfes & de petits vols qui animoient & égayoient un peu notre fauvage folitude.

# CHAPITRE IV.

## NATURE DES ROCHERS DU COL DU GÉANT.

§. 2041. Tous les rochers auprès desquels nous passâmes en allant au col du Géant, ceux de notre arrête ; & tous ceux que nous pûmes distinguer de la chaîne du Mont-Blanc, dont cette arrête fait partie, sont des granits en masse, des granits veinés, des gneiss ou des roches micacées quartzeuses. Les couches de tous ces rochers sont verticales, ou du moins très inclinées & dirigées du Nord-Est au Sud-Ouest, ou de l'Est-Nord-Est à l'Ouest-Sud-Ouest.  *Leur nature en général.*

Mais l'arrête même sur laquelle nous étions campés est composée ou du moins recouverte d'un entassement de rochers incohérents de différente nature ; leurs angles sont vifs, ils n'ont point été charriés là par les eaux ; & comme ils sont presque toujours ensevelis sous la neige, les météores n'oblitèrent pas sensiblement leurs angles. Il paroît qu'ils ont été désunis par quelques affaissemens spontanés que favorisent leurs fissures naturelles, & l'enduit de stéatite qui lubréfie les faces de leurs joints.

Je vais entrer dans quelques détails sur les différentes espèces que j'ai distinguées, soit dans les rochers de cette arrête, soit dans ceux des environs.

§. 2042. J'ai rapporté huit échantillons différents de granit en masse ; aucun d'eux, de même que ceux du Mont-Blanc, ne renferme du mica bien prononcé ; mais on y voit en place de mica de la chlorite à petits grains, qui vue au microscope, présente la forme décrite dans le  *Granit en masse.*

§. 1793. *A.* Les autres contiennent du mica gris, en lames fi petites, que dans la caffure de la pierre il a un afpect terreux; & ce n'eft qu'au foleil ou avec une forte loupe qu'on y reconnoit les lames brillantes du mica.

Dans ces mêmes granits le quartz eft fouvent grenu en grains lamelleux, très-petits, tantôt teints en couleur de rouille, tantôt blancs. On le voit auffi à caffure vitreufe & conchoïde peu évafée. Quant au feldfpath on le trouve là pour l'ordinaire de l'efpece de celui que je nomme *fec*, blanchâtre translucide, lamelleux, mais non point régulièrement cryftallifé. On ne peut en fondre que des globules de 0, 21, à 0, 30. Mais j'en ai vu auffi de celui que je nomme *gras*; ici gris; là blanchâtre, à lames épaiffes, brillantes, fufibles à 0, 45.

Les proportions de ces ingrédients varient; en général le mica ou la chlorite qui le remplace en forme la très-petite partie; & dans les uns, c'eft le quartz; dans les autres, c'eft le feldfpath qui domine; les grains font en général d'une grandeur médiocre; je n'en ai point vu de gros. On y voit des filons de quartz traverfés quelquefois par des aiguilles de fchorl verd ou delphinite. On ne peut diftinguer dans ces filons aucune falbande; leur nature eft la même dans toute leur épaiffeur, & ils font par-tout intimément liés (*verwachfen*) avec le granit.

Gneifs. §. 2042. *A.* Le gneifs le mieux caractérifé eft celui de l'aiguille Noire que l'on côtoye en allant au col du Géant : elle paroit en être entièrement compofée. On y remarque d'abord des cryftaux de feldfpath fec, d'un bleu grifâtre, lamelleux, brillants, translucides, qui ont jufqu'à 20 lignes de longueur fur 9 à 10 de largeur, fouvent émouffés & même arrondis à leurs extrémités, & cela par des troncatures répétées, & non par l'ufure de leurs angles. Ces cryftaux alongés font en général paralleles; mais cependant çà & là un peu obliques entr'eux & aux feuillets de la pierre. Ils font feparés par des

veines

veines de mica gris de fer, à très-petits grains, semblable à celui que j'ai décrit dans le §. précédent.

*B.* Un autre gneiss remarquable de l'arrête du col est mélangé de quartz blanc, grenu, à grains très-fins, en petites masses de trois lignes au plus ; de feldspath d'un gris verdâtre un peu obscur, d'un luisant un peu gras, translucide, & d'une roche grise qui forme la plus grande partie de la masse de cette pierre. Cette roche est elle-même un gneiss à grains très-fins, de mica, de quartz grenu & de feldspath.

*C.* On doit renfermer dans le genre des gneiss, ou peut-être des trapps schisteux, une pierre schisteuse à schistes droits, inséparables, extrêmement fins, ici d'un gris de perle ; là d'un gris qui tire sur le brun : sa cassure est écailleuse, à écailles grandes & petites ; son éclat est scintillant ; & avec une forte loupe, on reconnoît que cet éclat vient de très-petites lames brillantes, les unes de quartz, les autres de feldspath. Entre ces particules brillantes & blanchâtres, on reconnoît des points noirâtres rangés sur des lignes paralleles. La pierre donne, avec difficulté, quelques étincelles contre l'acier, & se laisse rayer en gris blanchâtre sans éclat.

Au chalumeau, le feldspath se fond, le quartz demeure intact, & les grains noirs donnent un émail noir & brillant.

§. 2043. Trapp à pâte de palaïopetre ou pétrosilex primitif, avec des grains de quartz ou de feldspath ; les uns d'une ligne au plus ; les autres d'une extrême petitesse. Cette pâte est d'un gris verdâtre, tirant sur le noir ; sa cassure est compacte sans aucun éclat, à écailles très-fines, translucides en verd jaunâtre ; ses fragments irréguliers à angles assez vifs, aussi translucides sur leurs fins bords, un peu plus que demi-durs, & se rayant en gris.

*Trapp.*

Au chalumeau, cette pâte se fond avec quelque difficulté, ne formant qu'un globule de 0,33, ce qui répond au degré 169 de Wedgewood.

*Tome IV.* G g

Ce globule est translucide en verd foncé, brillant & un peu bulleux: fur le filet de fappare il devient tranfparent & fans couleur, diffout, mais difficilement & prefque fans effervefcence.

Quoique je donne à cette pierre le nom de *palaïopetre*, elle differe cependant des efpeces communes, en ce qu'elle eft fenfiblement moins dure, & donne au chalumeau un verre moins bulleux.

Roche fchifteufe.
§. 2044. Roche fchifteufe compofée de couches irrégulieres de quartz grenu blanc, très-fin, & de feuillets d'un fchifte moyen entre l'ardoife & le talc durci. Ce fchifte eft d'un gris verdâtre mélangé de jaunâtre & de noirâtre, à feuillets très-fins, médiocrement brillants, tendres & fe rayant en gris.

Au chalumeau, il fe fond en un émail verd de bouteille, prefque noir, brillant, du diametre de 0, 4, qui à un grand feu forme des bulles qui fe crevent avec éclat. Sur le filet de fappare, ce verre devient tranfparent, d'abord verd de bouteille, puis fans couleur, il diffout avec un peu d'effervefcence. Il vient de l'aiguille marbrée.

Feldfpath.
§. 2045. Entre les cryftaux de roche qui fe forment dans les interftices des couches, & qui tapiffent enfuite la furface des blocs féparés de granit, mon fils découvrit de très-beaux cryftaux de feldfpath rhomboïdal, entourés de chlorite, plus grands, mais d'ailleurs femblables à ceux que j'ai décrit au §. 898.

Le feldfpath fe trouve là auffi en maffes, confufément cryftallifées, caverneufes; leurs vuides irréguliers font remplis d'une chlorite verte, dont la ftructure reffemble à celle que j'ai décrite §. 1793. A.

§. 2046. C'étoit auffi un feldfpath jaunâtre, grenu, mêlé par place de mica, qui renfermoit des nids de molybdene cryftallyfée, que Pierre Balmat découvrit en defcendant de Courmayeur. Ce feldfpath formoit un filon entre des couches de granit.

§. 2047. En defcendant du col du Géant à Courmayeur, je trouvai au pied des rocs de granit & de gneifs des couches d'une pierre calcaire grenue à grains très-fins, & compofée de fchiftes ou de feuillets droits très-minces & inféparables. Cette pierre eft d'un gris bleuâtre; & vue à la loupe & au foleil, elle paroît d'un éclat fcintillant. Elle contient beaucoup plus de parties calcaires que la pierre que j'ai décrite §. 872, avec laquelle elle a d'ailleurs de la reffemblance par fes caracteres extérieurs & par fa fituation: car elle fe diffout avec une vive effervefcence dans l'acide nitreux, en ne laiffant en arriere qu'un fédiment peu abondant, compofé de petites lames de mica d'un gris obfcur & de quelques parties de feldfpath; & au lieu de fe fondre aifément au chalumeau comme celle du §. 872, elle ne fait que fe couvrir d'une couche mince d'un vernis brillant.

*Calcaire grenue.*

§. 2048. La ftructure du Mont-Blanc ne fe manifefte nulle part auffi diftinctement que du côté qui regarde le col du Géant. On voit jufques fous fa cime les coupes des tranches verticales de granit dont cette maffe énorme eft compofée: & comme ces tranches fe montrent là de profil, & coupées par des plans qui leur font perpendiculaires, leur régularité, qui ne fe dément nulle part dans le nombre immenfe que l'œil en faifit à la fois, ne permet pas de douter que ce ne foient de véritables couches. On voit ces couches fe répéter jufqu'au pied méridional du Mont-Blanc, qui repofe fur l'Allée-Blanche; mais comme je l'ai obfervé ailleurs, ces couches deviennent graduellement moins inclinées à mefure qu'elles s'éloignent du milieu de l'épaiffeur de la montagne. On peut les comparer à des planches appuyées contre un mur, auxquelles on donne plus de pied à mefure qu'elles en font plus éloignées. On ne voit donc rien de ce côté de la chaîne qui réponde aux couches renverfées qui flanquent le côté feptentrional. *Voyages dans les Alpes*, §. 656 & 677.

*Structure des rochers.*

Les eaux des neiges qui s'infiltrent continuellement dans les interftices ouverts des couches inclinées, & qui y font enfuite dilatées par la congélation, les féparent & les dégradent. Auſſi tous ceux qui ont obſervé les montagnes de ce genre ont-ils reconnu qu'elles étoient dans un état de dégradation continuelle. Mais au col du Géant, cette vérité s'annonce avec une fréquence & un fracas qui l'inculquent dans l'eſprit avec la plus grande force. Je n'exagérerai pas, quand je dirai que nous ne paſſions pas une heure ſans voir ou ſans entendre quelqu'avalanches de rochers ſe précipiter avec le bruit du tonnerre, ſoit des flancs du Mont-Blanc, ſoit de l'aiguille Marbrée, ſoit de l'arrête même ſur laquelle nous étions établis.

# CHAPITRE V.
## OBSERVATIONS SUR LE BAROMETRE.

§. 2049. Pendant notre séjour sur le col du Géant, j'ai fait 85 observations du baromètre, & j'en aurois fait un plus grand nombre sans l'embarras que me causoient les précautions qu'exigeoit le desséchement du robinet. La moyenne entre ces 85 observations est de 18 pouces 11 lignes $\frac{5688}{16000}$ de ligne. Les 85 observations correspondantes faites à Chamouni, par M. L'Evesque, donnent pour moyenne 25 pouces 0 ligne & $\frac{102}{160}$ de ligne. La chaleur moyenne de l'air indiquée par le thermomètre de Reaumur, à l'ombre, dans ces 85 observations, fut au col du Géant, 3 degrés $\frac{633}{1000}$, & à Chamouni 17 degrés $\frac{288}{1000}$. La hauteur qui résulte de ces observations est suivant la formule de M. Trembley, 1207 toises, c'est-à-dire, 16 toises de moins que la mesure trigonométrique. La formule de M. Luc ne donne que 1178 toises, & par conséquent son erreur est de 29 toises plus grande. A Genève, le baromètre observé d'abord par M. Pictet, & ensuite par M. Senebier, a eu pour hauteur moyenne, dans les observations correspondantes 26 pouces, 11 lignes $\frac{10685}{16000}$ de ligne, & la chaleur moyenne de l'air dans ces mêmes observations a été de 19 degrés $\frac{934}{1000}$, ce qui donne 332 toises $\frac{1}{2}$ pour la hauteur du Prieuré de Chamouni, au-dessus de l'Observatoire de Geneve ; car j'ai rapporté toutes les observations de MM. Senebier & Pictet à cet Observatoire, parce que je me suis aussi servi de celles qui se font dans cet endroit pour être insérées dans le Journal de Genève. Cet Observatoire est élevé de 14 toises $\frac{1}{2}$ au-dessus de notre lac ; ce qui donne 347 toises pour la hauteur du Prieuré de Chamouni & 1570 pour celle du col du Géant au-dessus du même lac.

*Résultats comparés.*

LES variations du barometre n'ont pas été auffi grandes que je l'aurois defiré pendant le tems de nos obfervations, & leur grandeur relative n'a point été conforme à la regle générale que j'avois vu fe vérifier ailleurs; elles n'ont pas été plus petites dans les lieux les plus élevés. La différence entre la plus grande & la plus petite hauteur exprimée en lignes & en 60èmes de ligne a été.

  Sur le Col du Géant . . . . . . 2.145.
  Au Prieuré de Chamouni . . . . 2,29.
  A Geneve . . . . . . . . . . . 2,103.

LA plus grande variation a donc été fur le Col, la plus petite à Chamouni, & la moyenne à Geneve.

MAIS ce qui piquoit le plus ma curiofité, & qui a donné le réfultat le plus remarquable, c'eft la marche comparée de ces trois barometres aux différentes heures du jour. J'obfervois le barometre le plus qu'il m'étoit poffible de 2 en 2 heures, en commençant à 8 heures du matin & en finiffant à 8 heures du foir. J'ai formé un tableau de ces obfervations, en plaçant dans la même colonne toutes celles qui avoient été faites à la même heure. J'ai pris enfuite la fomme de chacune de ces colonnes, & en divifant cette fomme par le nombre des obfervations, j'ai obtenu la hauteur moyenne du barometre pour chacune de ces heures. Le même procédé m'a donné la moyenne correfpondante à Chamouni & à Geneve. Voici la différence de ces moyennes en feiziémes de ligne & en milliémes de feiziémes. Ces différences indiquent la marche moyenne du barometre pendant le jour dans les trois ftations.

*Table des variations moyennes du barometre pendant le jour.*

| Heures du jour. | VIII. h. m | X. | XII. | II h. f. | IV. | VI. | VIII. | Moyenne. |
|---|---|---|---|---|---|---|---|---|
| Col du Géant. | 0,000. | 1,609. | 1,551. | 3,473. | 2,494. | 2,773. | 4,087. | 2,427. |
| Chamouni. | 6,972. | 5,607. | 3,000. | 1,214. | 0,000. | 2,493. | 6,586. | 3,696. |
| Geneve. | 5,343. | 4,693. | 3,222. | 1,308. | 0,000. | 1,050. | 3,736. | 2,765. |

On voit qu'au col du Géant, l'heure où le barometre est le plus bas est 8 du matin; qu'ensuite il monte jusqu'à 2 heures; qu'il descend un peu entre 2 & 4 heures, & que de-là il monte pendant le reste de la soirée. A Geneve au contraire, 8 h. du matin est l'heure du jour où il est le plus haut: de-là il descend jusqu'à 4 heures où est son plus bas terme, & il remonte pendant le reste de la soirée. Il en est de même à Chamouni, où les variations diurnes sont plus grandes. Et il y a ceci de remarquable dans ces variations, c'est qu'elles semblent être en raison inverse des variations absolues. En effet, nous avons vu que celles-ci, rangées suivant leur grandeur, marchent dans cet ordre, Col du Géant, Geneve, Chamouni; tandis que l'ordre des variations diurnes est Chamouni, Geneve, Col du Géant.

M. DE LUC, en comparant la marche que suit le barometre sur le Mont-Salève avec celle qu'il suit à son pied, avoit déja vu qu'il arrive souvent, qu'à mesure que le soleil monte, le barometre de la plaine descend, & qu'en même tems celui de la montagne s'éleve. La raison qu'il en donne me paroît même très-juste; il pense que la chaleur croissante du jour, en dilatant l'air de la plaine, le force à s'élever par-dessus la montagne, d'où résulte une augmentation dans le poids de la colonne qui presse le barometre supérieur; mais que néanmoins cet air, pendant son ascension, se verse en partie à droite & à gauche, & diminue d'autant la pression que supporte le barometre inférieur. Et si cette variation du barometre a été plus sensible à Chamouni qu'à Geneve, je crois que cela vient de ce que l'air, resserré entre les montagnes qui renferment cette étroite vallée, se réchauffant proportionnellement davantage & à une plus grande hauteur, produit un courant ascendant plus considérable.

L'INSPECTION du tableau de ces variations diurnes prouve que l'heure du jour où les barometres des plaines & des vallées sont le mieux d'accord avec ceux des cimes isolées, est aux environs de midi; puisque c'est l'heure où la hauteur des trois barometres approche le plus de leur hauteur moyenne. Il fuivroit de-là, que le moment le plus favorable aux obfervations qui fervent à mefurer la hauteur des montagnes, feroit le milieu du jour & non pas la cinquieme partie du jour, comme le dit M. DE LUC; mais comme il faut auffi avoir égard à l'influence de la chaleur, je ne donne pas cette conclufion comme démontrée; cette queftion fera l'objet d'un examen plus approfondi.

Mon fils fit fur la denfité de l'air, en confidérant l'étendue des ofcillations d'une pendule, des expériences comparatives avec la hauteur du barometre. Mais comme il a fuivi à ces mêmes obfervations avec des moyens plus exacts dans notre voyage au Mont-Rofe; j'en expoferai les réfultats à la fuite de ce voyage.

# CHAPITRE VI.
## OBSERVATIONS SUR LE THERMOMETRE.

§. 2050. Comme on pouvoit obſerver cet inſtrument ſans employer les précautions pénibles qu'exigeoit mon baromètre, que je craignois toujours de déranger, nous l'avons obſervé mon fils & moi de deux en deux heures, depuis 4 heures du matin juſqu'à minuit. En ſuppoſant donc que la température de l'air à 2 heures du matin étoit moyenne entre celles de minuit & de 4 heures, j'ai été en état de dreſſer la table des températures moyennes de 2 en 2 heures pendant toutes les 24 heures; & la moyenne entre toutes ces moyennes repréſente bien, ou du moins à très-peu près, la vraie chaleur moyenne des 14 jours pendant leſquels nous avons fait avec régularité nos obſervations. *Introduction.*

§. 2051. Quant aux extrêmes, le plus grand froid que nous ayons obſervé régna le 6 à 7 heures du ſoir; le thermomètre deſcendit à 2, 2 au-deſſous de zéro; & le moment le plus chaud tomba ſur le 15 à midi; quoique le ſoleil fût caché par des nuages, le thermomètre monta à 8, 3. Les obſervations de la plaine ne ſe pouſſoient pas comme les nôtres juſqu'à minuit; j'ai rempli les vuides par des moyennes arithmétiques, & c'eſt ainſi que j'ai dreſſé la table ſuivante. *Réſultat.*

*Table des hauteurs moyennes du thermomètre de R. à différentes heures.*

| Heures | Min. | II.h m | IV. | VI. | VIII. | X. | Midi. | II.h.ſ. | IV. | VI. | VIII. | X. | Moy. |
|---|---|---|---|---|---|---|---|---|---|---|---|---|---|
| Col. du Glant. | 0,821 | 0,639 | 0,451 | 1,936 | 2,886 | 3,743 | 4,507 | 4,714 | 3,729 | 2,564 | 1,387 | 1,067 | 2,021 |
| Cha-mouni. | 11,186 | 10,907 | 9,444 | 10,186 | 14,786 | 17,450 | 19,936 | 19,064 | 17,921 | 15,979 | 14,407 | 13,086 | 14,363 |
| Genev. | 14,286 | 13,379 | 11,929 | 14,321 | 16,371 | 18,807 | 20,807 | 21,964 | 20,743 | 19,486 | 18,286 | 18,493 | 17,285 |

Tome IV.        H h

On pourroit faire sur ce tableau diverses observations importantes. Je me bornerai aux principales. On voit d'abord que sur les hautes montagnes comme dans les plaines & dans les vallées, le moment le plus froid en été est 4 heures du matin, ou à-peu-près celui du lever du soleil; & qu'au Col du Géant comme à Geneve, le moment le plus chaud est à 2 heures après-midi; mais qu'à Chamouni c'est à midi; la reverbération des montagnes produit sans doute cette différence. Au reste, il y a lieu de croire que si l'on avoit observé de quart en quart-d'heure, le moment le plus chaud se seroit trouvé à Geneve & au Col du Géant entre 1 & 2 heures, & à Chamouni entre midi & une heure.

On voit ensuite que le soleil agit avec beaucoup moins de force dans les lieux élevés; puisque la différence entre le moment le plus chaud & le moment le plus froid y est beaucoup moins grande.

Voici cette différence dans les trois stations.

   Au Col du Géant 4,257 degrés.
   A Chamouni . . . 10,092
   A Geneve . . . . 11,035

Et de même, il y a lieu de croire que la différence entre l'été & l'hiver est sur les montagnes moins grande que dans les plaines.

On voit encore, qu'en été, les heures dont la chaleur approche le plus de la chaleur moyenne de toute la journée, sont :

Sur le Col du Géant, un peu après 6 heures du matin, & entre 6 & 7 heures du soir.

A Chamouni, un peu avant 8 heures du matin, & vers les 8 heures du soir.

A Geneve, vers les 9 heures du matin, & vers les 7 heures du soir.

Il est aussi curieux d'observer, que la température de la première moitié de juillet a été sur le Col du Géant à très-peu-près la même que celle du mois de janvier 1788, à Geneve. *Voyez le N°. 36 du Journal de Geneve, année* 1788.

## SUR LE THERMOMETRE; Chap. VI.

J'OBSERVERAI enfin que, d'après ce tableau, on pourra calculer la température de l'air à différentes hauteurs, pour en conclure la denfité, & par cela même les réfractions avec plus de certitude qu'on ne l'a fait jufqu'à préfent. L'un des célebres aftronomes de Milan, M. ORIANI, a donné dans les Opufcules aftronomiques de Milan pour l'année 1787, un mémoire très-intéreffant fur les réfractions. Mais il paroît qu'il a pris pour bafe de quelques-uns de fes calculs des expériences qui ne donnent pas une affez grande différence entre la chaleur des plaines & celle des montagnes. Il a auffi fuppofé avec EULER que la chaleur de l'air, à mefure qu'il s'éloigne de la furface de la terre, décroît en progreffion harmonique. Or, cette chaleur paroît décroître dans une progreffion plus rapide, & qui approche beaucoup de la progreffion arithmétique. Je crois que l'on s'écartera très-peu du réfultat direct des obfervations, fi l'on fuppofe que la chaleur moyenne, du moins en été & fous notre climat, décroît d'un degré de RÉAUMUR pour chaque centaine de toifes dont on s'éleve au-deffus des plaines. En effet, on voit que la chaleur moyenne de l'air à l'Obfervatoire de Geneve a été 17,285, tandis qu'au Col du Géant elle étoit 2,021, ce qui donne une différence de 15,264. Or, ce Col eft élevé au-deffus de ce même Obfervatoire de 15,55 centaines de toifes. De même la chaleur moyenne à Chamouni a été 14,363, qui retranchés de 17,285, température de l'Obfervatoire, donnent 2,902. Or, Chamouni étant élevé de 332 toifes au-deffus de l'Obfervatoire, on devroit trouver dans la chaleur une différence de 3,320 au lieu de 2,902; mais cette différence de 4 dixiemes de degrés vient fûrement de ce que le Prieuré de Chamouni, renfermé dans une vallée & fitué au pied d'une montagne expofée au Midi, jouit d'une température plus chaude que ne le feroit celle d'une montagne ifolée de la même élévation. Ce rapport entre l'élévation & la température de l'air fe rapproche auffi beaucoup de celui que me donna l'année derniere mon obfervation fur la cime du Mont-Blanc. En effet, j'obfervai le thermometre à —2,3, tandis qu'il étoit à Geneve à 22,6; ce qui fait une différence de 24,9. Or, le Mont-Blanc eft élevé au-deffus de Geneve de 2257 toifes. La progreffion du froid fut donc un peu plus rapide qu'à raison d'un degré pour 100 toises ; mais il faut considérer que c'étoit dans la partie la plus chaude du jour, & que la différence correspondante aux moments les plus chauds est plus grande que celle qui correspond à la chaleur moyenne. On le voit par la table précédente : la différence entre la température de Geneve & celle du Col du Géant à 2 heures après-midi, est de deux degrés plus grande que celle qui répond à la température moyenne.

J'ose conclure de-là, qu'en attendant des expériences plus exactes & plus nombreuses, faites à des hauteurs égales ou plus grandes, on peut supposer qu'en été & entre les 45 & 47°. degrés de latitude, la température moyenne de l'air décroît depuis le niveau de la mer jusqu'à la cime des plus hautes montagnes, d'une centieme de degré par toise.

En supposant que cette progression demeure la même à de plus grandes hauteurs, & en admettant avec M. Trembley, qu'un degré de froid du thermometre de Réaumur condense l'air de la 192°. partie de son volume ; si l'on veut connoître le nombre de toises dont il faut s'élever pour trouver un froid capable de réduire l'air à la moitié de son volume, il suffit de résoudre l'équation $\left(\frac{19199}{19200}\right)^{x} = \frac{1}{2}$, d'où l'on tire $x = 13320$, c'est-à-dire, qu'il faudroit monter à la hauteur de 13320 toises, environ 5 fois & ½ la hauteur du Mont-Blanc, & l'air seroit là environ de 133 degrés plus froid que dans la plaine. Or, M. Oriani, d'après ses principes, jugeoit qu'il faudroit s'élever à une hauteur plus que double ; savoir, à 27778 toises.

En hiver la progression doit être moins rapide ; j'en ai déja indiqué la raison. En effet, si l'on consulte le tableau que j'ai donné des températures moyennes à différentes heures, on verra, que quoique la chaleur qui regne à Geneve à 2 heures après-midi, c'est-à-dire, à l'heure la plus chaude ou dans l'été de la journée, surpasse de 17 degrés ¼ celle qui regne à la même heure sur le Col du Géant ; cependant à quatre heures du matin, qui est l'hiver du même jour, cette différence n'est que de 11 degrés ½. On peut donc conclure de-là, que la différence entre les hivers des montagnes & des plaines, n'est gueres que les deux tiers de celle des étés, & qu'ainsi en hiver il faudroit s'élever de 150 toises pour trouver une différence d'un degré dans la température moyenne.

Mais il y a lieu de croire que ces différences entre le jour & la nuit, & entre l'été & l'hiver, ne s'élèvent point à une grande hauteur ; car puisqu'au Col du Géant la différence entre l'heure la plus chaude & l'heure la plus froide n'est guere que le tiers de ce qu'elle est à Geneve ; il est vraisemblable qu'à une hauteur double, c'est-à-dire, environ à 3100 toises au-dessus de notre lac, cette différence ne seroit que la 9e., & qu'ainsi à 6 ou 7 mille toises la température est à très-peu-près la même le jour & la nuit, l'été & l'hiver. La progression que suit la chaleur dans son décroissement doit donc être là à-peu-près moyenne entre celle de l'été & celle de l'hiver ; c'est-à-dire, d'un degré pour 125 toises. Mais ces changemens dans la loi de la progression, doivent se faire par gradations ; la progression arithmétique que nous voyons régner jusqu'à la cime de nos montagnes, doit même cesser à une plus grande hauteur ; l'influence de la chaleur terrestre doit s'évanouir insensiblement, & ainsi les espaces nécessaires pour la production d'un degré de froid doivent augmenter progressivement, jusqu'à-ce qu'enfin on arrive à la température constante & générale des espaces interplanétaires.

§. 2052. J'ai pris les plus grandes précautions pour écarter toutes les causes accidentelles qui pouvoient influer sur les résultats de cette comparaison. J'ai employé un thermomètre dont la boule isolée n'avoit que 2 lignes ¼ de diametre. J'ai suspendu ce thermomètre à un pieu mince de forme cylindrique, élevé de 4 pieds ½ au-dessus du sol de l'arrête du Col du Géant ; la maniere dont il étoit suspendu le tenoit toujours à 4 pouces de distance du pieu, & nous avions soin de changer sa situation relativement à celle du soleil, ensorte qu'il ne pût

*Comparaison du thermometre au soleil avec le thermometre à l'ombre.*

jamais recevoir la reverbération du pieu. Un autre thermometre auſſi à boule nue, ſuſpendu au même pieu & à 4 pouces de diſtance de ſa ſurface, étoit garanti du ſoleil par le pieu, & indiquoit la tempéra‑ ture de l'air à l'ombre. Ces deux thermometres étoient parfaitement d'accord entr'eux, lorſqu'ils étoient expoſés enſemble, ſoit au ſoleil, ſoit à l'ombre.

La moyenne de 39 obſervations faites ſur le Col du Géant m'a donné 1,723 de différence entre la chaleur au ſoleil & la chaleur à l'ombre, environ un degré & trois quarts. Mais comme les obſervations différoient beaucoup entr'elles, puiſqu'il y en avoit qui donnoient une différence de 4 degrés, tandis que d'autres n'en donnoient abſolument aucune, j'ai été curieux d'en démêler la cauſe. Dans cette vue j'ai rangé toutes ces obſer‑ vations de 2 en 2 heures, comme j'avois fait pour les variations du baro‑ metre; & j'ai vu avec beaucoup de ſurpriſe, que l'heure où le ſoleil paroît avoir le moins d'activité eſt celle de midi, & que ſa plus grande influence répond aux heures du matin & du ſoir, qui ſont les plus éloignées de midi. Les obſervations de M. Lévesque à Chamouni ont donné le même réſultat, à cela près que l'influence du ſoleil a paru plus grande à Chamouni; la différence entre les deux thermometres s'eſt élevée à deux degrés & quelques centiemes, 2,063; la différence entre les extrêmes a été là auſſi plus conſidérable; le plus grand effet du ſoleil eſt allé à 6,6 & le plus petit à 0,1. Mais le *minimum* a été également à midi, & les plus grandes différences aux heures qui en ſont les plus éloignées. Il n'y a point eu à Chamouni d'obſervation à 5 heures ni à 6 heures du matin, parce que le ſoleil n'étoit pas levé & il n'y en a eu qu'une à 6 heures du ſoir, parce qu'alors il étoit ordinairement ou couché ou caché par les nuages. L'obſervation de 5 heures du matin au Col du Géant a été auſſi unique.

*SUR LE THERMOMETRE, Chap. VI.* 247

*Différences moyennes entre le thermometre & le thermometre au soleil à différentes heures.*

| Heures du jour. | V. | VI. | VIII. | X. | XII. | II. | IV. | VI. | Moyennes. |
|---|---|---|---|---|---|---|---|---|---|
| Col du Géant. | 3,800 | 2,083. | 2,335. | 1,229. | 0,333. | 1,140. | 1,733. | 2,000. | 1,723, |
| Chamouni. | | | 3,562. | 2,077. | 1,222. | 1,867. | 1,340. | 2,300. | 2,063. |

QUELLE est la raison de ce phénomene? Pourquoi l'action du soleil sur le thermometre paroît-elle plus grande le matin & le soir qu'au milieu du jour? On seroit d'abord tenté de croire que la chaleur directe paroissoit moins à midi, parce qu'elle étoit moins grande en comparaison de celle que l'air avoit acquise. Mais cette explication n'est pas suffisante; puisqu'au Col du Géant le *minimum* de l'action directe du soleil ne tombe pas sur le *maximum* de la chaleur de l'air; car à deux heures la différence entre les deux thermometres est plus que triple de ce qu'elle est à midi, quoique la chaleur absolue de l'air ait aussi augmenté dans cet intervalle. Je crois qu'il faut joindre à cette considération celle de l'agitation de l'air, qui est en général plus grande au milieu du jour, & qui dérobe alors au thermometre une partie de la chaleur que le soleil lui donne; je vois du moins que les moments des plus grandes différences entre le thermometre au soleil & le thermometre à l'ombre sont tombés sur des tems de calme parfait. Mais ce singulier phénomene mérite d'être éclairé par des expériences qui soient expressément destinées à manifester le degré d'influence de chacune des causes auxquelles on peut l'attribuer.

CEPENDANT, quelles que soient ces causes, on peut conclure des faits que je viens d'expofer, & de la grande inégalité de l'action des rayons folaires fur la boule du thermometre; que c'eft avec bien de la raifon que MM. Roy, Schuckburgh, Trembley, ont prefcrit d'obferver le thermometre à l'ombre pour la correction de la mefure des montagnes par le barometre. En effet, on doit être bien convaincu que ce n'eft point dans la chaleur de l'air qui environne le thermometre expofé au foleil, qu'il faut chercher la caufe de la fupériorité de fa chaleur, mais dans l'action directe des rayons du foleil fur ce thermometre. Car, lorfque le thermometre à l'ombre n'eft garanti du foleil que par un bâton d'un ou deux pouces de diametre, comme l'air, quelque tranquille qu'il paroiffe, n'eft jamais dans un état de ftagnation parfaite; il eft impoffible de fuppofer qu'en traverfant la moitié de la largeur de cette ombre, il ait le tems de fe refroidir de 2, de 3, & même d'un plus grand nombre de degrés. Je penfe donc, comme les Savants que je viens de nommer, que le thermometre à l'ombre, du moins à l'ombre d'un corps très-étroit, indique la véritable température de l'air. Je ferois même difpofé à croire que les anomalies que M. De Luc a trouvées dans les mefures des montagnes, prifes à l'aide du barometre le matin & le foir, viennent en grande partie de ce qu'à ces époques-là le thermometre expofé au foleil, d'après lequel il corrigeoit fes obfervations, eft fujet à fes plus grandes anomalies.

*Critique de cette obfervation.*

§. 2053. M. De Luc a fait fur cette obfervation des remarques critiques qu'il a inférées dans le *Journal de phyfique*, tome *XXXVII*, *page* 66. Son but principal eft de défendre fa méthode, d'obferver au foleil plutôt qu'à l'ombre le thermometre deftiné à indiquer la température de l'air pour la mefure des hauteurs par le barometre. Il prétend qu'il y avoit probablement quelques *caufes locales* qui modifioient l'action du foleil fur le thermometre. Pour moi, je ne faurois concevoir aucune caufe locale, capable d'influer fur des thermometres fitués comme les nôtres fur la crête d'une arrête fi étroite & élancée au milieu des airs, ou ce qui revient au même, s'il y avoit là une caufe locale; cette caufe doit fe retrouver fur toutes les cimes hautes & ifolées.

M.

M. le Comte ANDREANI m'a assuré qu'il avoit fait la même observation sur la cime de l'Etna. D'ailleurs, la conformité de ces observations avec celles qui ont été faites en même tems dans la vallée de Chamouni, dont le site est le contraire de celui du Géant, avec d'autres instruments, & par un observateur différent, démontrent qu'il y a là un fait indépendant de toute localité.

MAIS en réfléchissant depuis lors sur la raison de ce fait, j'en ai trouvé une qui n'est point locale, & qui tient à la construction même des thermometres. Les constructeurs des thermometres à boule nue s'efforcent de faire les boules les plus petites possibles pour les rendre moins fragiles, & le plus promptement sensibles aux impressions de l'air. Pour cela, ils choisissent des tubes d'un verre fort épais, & dont les tuyaux sont réellement capillaires, & ils prennent le vuide de la boule sur l'épaisseur même du verre. On en voit de RAMSDEN dont la boule n'a pas un diametre plus grand que le tube même; & ceux que j'ai de M. PAUL ont à peine un tiers de diametre de plus que le tube. Il suit de-là que le verre qui enveloppe le mercure est fort épais vers le haut, & va en s'amincissant continuellement vers le bas de la boule

D'APRÈS cette construction, l'on comprend, que le thermometre étant suspendu dans une situation verticale, plus le soleil s'éleve & plus grande est l'épaisseur du verre que les rayons de cet astre ont à traverser, pour atteindre le mercure : tellement que dans un thermometre de RAMSDEN, si le soleil étoit au zenith, le tube tiendroit le mercure entiérement à l'ombre, & alors le thermometre au soleil ne monteroit pas plus haut que le thermometre à l'ombre, & qu'au contraire, lorsque le soleil est à l'horizon, ses rayons n'ayant à traverser qu'une couche de verre très-mince & éclairant toute une moitié de la boule, exerceroient toute leur action, & produiroient le *maximum* de différence entre le thermometre au soleil & le thermometre à l'ombre.

*Tome IV.*

Or, comme cette différence entre l'action du soleil au zenith, & son action à l'horizon, dépend non-seulement de sa hauteur; mais encore du rapport qu'il y a entre le diametre de la boule & celui du tube, du degré de transparence du verre & du poli de sa surface, on voit qu'elle incertitude toutes ces causes doivent jeter sur les observations faites au soleil, & avec combien de raison les savants que j'ai déja cités ont regardé les observations faites à l'ombre comme plus sûres que celles que l'on fait au soleil. Il est même d'autant plus extraordinaire que M. DE LUC soutienne encore la convenance d'observer au soleil qu'il a lui-même observé, que lorsqu'on tient le thermometre à l'ombre d'un corps mince & peu étendu, le degré qu'il indique ne differe point de celui qu'il indique lorsqu'il est exposé aux rayons mêmes du soleil. *Essais sur les modifications de l'atmosphere*, §. 536. Et cependant cette ombre le préserve de toutes les anomalies auxquelles l'expose l'action directe du soleil.

C'EST donc en grande partie à l'épaisseur du verre dans le haut de la boule, & à l'ombre même projetée par le tube sur la boule, que j'attribue la diminution de l'action du soleil sur de petits thermometres au milieu de la journée; & par cela même le peu de variation que subit le thermometre exposé au soleil, en comparaison de celles qu'éprouve le thermometre à l'ombre. Je dis *en grande partie* & non *en totalité*; car il y a d'autres causes qui concourent à cet effet.

IL est par exemple très-remarquable que la différence entre le thermometre à l'ombre, & celui au soleil soit plus grande le matin que le soir, sur le Col du Géant, de même qu'à Chamouni, comme on le voit par le tableau des différences moyennes, & ce phénomene est indépendant de l'ombre & de l'épaisseur du tube. M. DE LUC en donne une explication que je ne comprends pas, & qu'ainsi je n'admets ni ne rejette. Ces phénomenes doivent, comme je le disois plus haut, être soumis à de nouvelles recherches; mais ils doivent trouver leur explication dans des causes générales, & non point dans des localités particulieres, puisqu'il est impossible d'imaginer des localités qui conviennent également au Col du Géant à la vallée de Chamouni & à la cime de l'Etna.

§. 2054. Nous avions porté sur le Col du Géant le même thermometre noirci, dont j'ai parlé au §. 2005 du voyage au Mont-Blanc; mais nous oubliâmes de le mettre en expérience jusqu'à la veille de notre départ, & ce jour-là le tems fut couvert tout le matin; le soleil ne parut que l'après-midi, & ne brilla même pas de tout son éclat. Cependant mon fils l'observa comparativement à deux autres thermometres de mercure non teints; je les nomme blancs, par opposition à celui qui étoit noirci. Voici ses observations.

*Expérience sur le thermometre noirci.*

| Heures. | Blanc à l'ombre. | Blanc au soleil. | Noir au soleil. | Différence entre le blanc & le noir. | Différence entre le blanc & le noir. | Force du vent. |
|---|---|---|---|---|---|---|
| 2' 45' | 4,5 | 6,1 | 9,6 | 3,5 | 1,3 | 3 |
| 3' 20' | 3,3 | 6,2 | 10,4 | 4,2 | 2,9 | 1 |
| 4' 0' | 2,2 | 4,8 | 8,7 | 3,9 | 2,6 | 2 |
| 5' 45' | 1,2 | 3,7 | 5,7 | 2,0 | 2,5 | 3 |

On voit que la plus grande différence dans l'action du soleil, c'est-à-dire, le moment où son activité a été comparativement la plus forte tombe pour le thermometre noir, comme pour le blanc sur 3', 20', qui est aussi celui où l'air a été le plus calme.

§. 2054. Sur les hautes Alpes, la surface de la neige gele pendant la nuit, lorsque le tems est clair, dans toutes les saisons de l'année. Cette congélation n'est que superficielle sur les glaciers élevés seulement de 900 ou de 1000 toises au-dessus de la mer; mais à la hauteur de 1200 toises & au-dessus, la neige se durcit à la profondeur de plusieurs pouces : il se forme ainsi à sa surface une croûte assez solide pour porter des hommes. Sous cette croûte gelée, la neige demeure à zéro, ou au terme de la congélation ; je l'ai sondée dans le voi-

*Température des neiges.*

sinage du Col du Géant jusques à la profondeur de douze pieds; & je l'ai constamment trouvée à ce terme.

Je croyois donc que la congélation de la surface venoit du froid de l'air extérieur, & je fus bien étonné quand je vis sur le Col du Géant les neiges voisines de notre arrête, commencer à se geler le soir dès que le soleil cessoit de les réchauffer, quoique l'air extérieur fût encore à 2 & même à 3 degrés au-dessus du terme de la congélation.

Je pensai d'abord que notre arrête de rocher, quelqu'étroite qu'elle fût, communiquoit à l'air, qui reposoit sur elle, une chaleur supérieure à celle de l'air qui étoit directement au-dessus de la neige; mais l'expérience prouva l'insuffisance de cette explication.

En effet, le 12 de Juillet, je fixai trois thermometres semblables & à boule nue, au-dessus de la neige du glacier d'Entreves; le premier à vingt pouces, le second à une ligne, & le troisieme en contact avec la surface même de la neige. A dix heures & un quart du soir, je trouvai le premier thermometre à + 1, 8 exactement comme celui qui étoit habituellement en expérience au-dessus de l'arrête; d'où il suivoit que cette arrête n'influoit nullement sur la température du thermometre suspendu à 4 pieds au-dessus d'elle; le second thermometre, situé à une ligne de la neige, étoit à 0; & le troisieme, celui qui touchoit la neige, à — 0, 2, ou à deux dixièmes de degré au-dessous de la congélation; effectivement la neige étoit couverte d'une croûte gelée, épaisse de 2 ou 3 lignes; sous cette croûte, la neige étoit à 0 & nullement gelée.

Mais voici un fait bien plus remarquable. Un grand bloc de granit reposoit entre nos deux tentes sur le milieu de l'arrête. Lorsque le soleil éclairoit cette pierre, nos guides avoient soin de jetter de la neige sur une de ses faces qui étoit en pente du côté du Sud-Est, & l'eau qui distilloit de cette neige, à mesure qu'elle se fondoit, étoit recueillie par des sceaux placés au bas de la pierre ; c'étoit là notre fontaine ; nous n'avons pas bu d'autre eau pendant notre séjour sur le Col du Géant. Le 17 Juillet, à 8 heures du soir, je venois d'observer le thermometre en plein air, je l'avois trouvé à 2 degrés 3 quarts au-dessus du 0 ; & en passant auprès de cette pierre, je portai par hasard la main sur une pelote de neige de la grosseur d'un œuf qui étoit restée sur la pierre ; quel ne fut pas mon étonnement de trouver cette neige gelée à sa surface, tandis que le granit sembloit devoir conserver encore une partie de la chaleur que le soleil lui avoit imprimée. Je résolus sur-le-champ de constater avec précision toutes les circonstances de ce singulier phénomene. Je pris de la neige qui n'étoit point gelée ; j'en fis une pelote de la grosseur d'une pomme ; je nichai à son centre la boule d'un thermometre, & je posai cette pelote sur la pierre : je posai un second thermometre en contact avec la surface extérieure de la boule de neige ; un troisieme en contact avec la pierre dans un endroit où elle étoit seche, & un quatrieme à un pouce de distance de cette même pierre. Tout cela fut ajusté à 10 heures & 3 quarts. Un peu après onze heures, je trouvai le thermometre dont la boule étoit au centre de la pelote de neige & celui qui la touchoit extérieurement, tous deux à zéro, & la neige n'étoit point gelée ; les autres thermometres étoient tous deux à + 1, 8. Mais à minuit & 25 minutes, le thermometre au centre de la pelote de neige étant toujours à zéro, celui qui la touchoit par-dehors étoit à — 0, 1 ; aussi toute la surface extérieure de cette pelote étoit-elle gelée. Les deux autres thermometres étoient à + 1, 2, & le thermometre en plein air à + 1, 1. J'avois placé sur la pierre & à côté de la boule de neige une petite éponge, légérement imbibée d'eau. Lorsque la neige fut gelée, la surface de l'éponge commençoit aussi à se geler, mais seulement dans sa partie supérieure. L'expérience de cette éponge n'est pas la seule qui nous ait prouvé que ce froid superficiel n'étoit pas propre exclusivement à la neige. Car nous avons vu constamment la surface de l'eau contenue dans des sceaux exposés à l'air,

& nos tentes, lorsqu'elles avoient été mouillées, & des linges mouillés que je tenois à dessein en expérience, se geler lorsque le thermometre en plein air étoit encore d'un & même de deux degrés au-dessus de zéro. En cela, de même qu'à différents autres égards, ces observations different de celles qu'a faites M. WILSON sur le froid superficiel de la neige. *Philos. Transf. Vol.* 70 & 71. Mais la comparaison de ces phénomenes & la discussion des causes auxquelles on peut les attribuer, exigent plus de développement qu'on ne peut leur en donner ici. J'ajouterai seulement, qu'à Geneve, depuis mon retour, j'ai tendu horizontalement, à l'ombre & dans des situations semblables, deux linges, l'un sec & l'autre mouillé. Un thermometre couché sur le linge mouillé s'est tenu d'un degré, & même quelquefois d'un degré & un quart, plus bas que celui qui reposoit sur le linge sec. L'air extérieur étoit à 2 degrés au-dessus de 0, & le linge ne gela pas; mais je ne doute pas qu'il n'eût gelé si le thermometre n'eût été qu'à un degré. Le froid produit dans cette expérience est bien certainement l'effet de l'évaporation. Et si ce froid est moins grand dans la plaine, c'est que l'évaporation y est aussi moins considérable.

La croûte gelée qui recouvre les neiges, est sans doute plus épaisse en hiver qu'en été; je ne crois cependant pas qu'elle ait plus de dix pieds d'épaisseur; & je suis persuadé qu'au-delà de cette profondeur, les neiges demeurent tendres, &, comme en été, au terme de la congélation. En effet, si l'on adopte le principe que j'ai posé dans l'article précédent, que la différence entre la température des plaines & celle des hautes montagnes, n'est en hiver que les deux tiers de ce qu'elle est en été; on verra que, puisque la température moyenne du Col-de-Géant n'est en été que de 15 degrés plus froide que celle de Geneve, elle ne le sera que de 10 en hiver. Ainsi comme nos plus grands froids n'excedent gueres 15 degrés au-dessous de zéro, ceux du Col n'excéderoient guères 25, & ceux de la cime du Mont-Blanc 30 ou 31; ce qui est un peu moins que les plus grands froids de Pétersbourg. Or, puisqu'à la baie d'Hudson, dont le climat eſt beaucoup plus froid que celui de Péterſbourg; la terre ne gele qu'à la profondeur de 16 pieds anglois, environ 15 pieds de France; on ne s'écartera pas beaucoup de la vérité, en ſuppoſant que, ſur les hautes cimes des Alpes, la neige ne gele en hiver qu'à 10 pieds de profondeur; ſur-tout ſi l'on conſidere que la neige ſe laiſſe pénétrer par le froid plus difficilement que la terre.

Ces conſidérations confirment ce que j'ai avancé dans le Chapitre ſur les Glaciers, (*Voyages dans les Alpes, Tome I.*) que le fond des calottes de neige dont les hautes cimes ſont chargées, eſt encore de la neige & non point de la glace. Mais j'y joindrai aujourd'hui cette reſtriction, c'eſt qu'il peut y avoir & qu'il y a effectivement de la glace ſur les bords des eſcarpements & des crevaſſes, par où l'air extérieur peut pénétrer. J'en ai vu la preuve en allant au Mont-Blanc. Les neiges épaiſſes qui repoſent ſur des pentes médiocrement rapides, contractent des fentes qui ſe coupent à angles droits, & qui diviſent les neiges en grands blocs de forme rectangulaire. Souvent ces blocs ſont ſi réguliers, qu'on les diroit taillés au ciſeau. Les gens de Chamouni les nomment alors des *ſérès* ou *ſéracs*, du nom d'une eſpece de fromage compacte, que l'on retire du petit lait, (*ſerum*) & auquel on donne auſſi une forme rectangulaire. Ces ſéracs rangés en ordre comme des gabions ſur le bord de l'eſcarpement du Dôme du Goûté, préſentoient l'aſpect le plus extraordinaire, & il s'en détachoit de tems en tems qui rouloient juſqu'au bas, & qui couvroient de leurs débris la route que nous ſuivions. J'eus là la facilité de les obſerver de près. Ils ſont compoſés de couches paralleles; ces couches marquent les années, & ſont d'autant plus minces qu'elles ſont plus anciennes. Les ſupérieures n'ont point de conſiſtance, parce qu'elles ne peuvent pas retenir la quantité d'eau néceſſaire pour lier leurs parties; mais elles deviennent graduellement plus compactes, & celles du fond ont réellement la conſiſtance de la glace; parce qu'après avoir été imbibées d'eau par la fonte des neiges ſupérieures, l'air qui les entoure a donné au froid extérieur un accès ſuffiſant pour les geler. Du haut du Col-du-Géant, on voit auſſi une quantité de ces ſéracs, & ſur-tout à la ſurface du glacier du Mont-Fréti.

## CHAPITRE VII.

### EXPERIENCES SUR L'ELECTRICITÉ ET SUR L'HUMIDITÉ DE L'AIR.

Electro-
metre.

§. 2055. Notre misérable petite cabane qui n'avoit que six pieds de vuide, occupoit, comme je l'ai dit, l'extrémité d'une arrête de rocher; elle étoit ainsi, presque de tous côtés, entourée de précipices. Il falloit donc avoir la tête assez bonne, pour se tenir debout sur le toit de cette cabane. C'est pourtant là que mon fils & moi, nous observions régulièrement l'électrometre, parce que cette situation isolée étoit la plus avantageuse. Nous n'eûmes pas, comme je l'aurois desiré, plusieurs jours consécutifs entièrement exempts de nuages, pour observer avec certitude la marche de l'électricité du tems serein; les deux glaciers qui bordoient notre arrête, faisoient l'office de réfrigérants, & condensoient les vapeurs qui s'élevoient des profonds vallées, situées immédiatement sous nos pieds. Ces vapeurs condensées formoient des nuages & des brouillards qui venoient nous troubler, même quand le tems étoit par-tout ailleurs de la plus parfaite sérénité. Nous eûmes cependant deux ou trois jours assez exempts de nuages, pour me permettre de m'assurer que l'électricité du tems serein suit sur cette cime élevée la même marche qu'elle suit en été dans les plaines; c'est-à-dire- qu'elle augmente graduellement depuis 4 heures du matin, où elle est presque toujours nulle, jusqu'à midi ou 2 heures, où est son *maximum*. Cette observation est très-remarquable, en ce qu'elle prouve que ce n'est pas la température locale qui détermine la différente marche de l'électricité aërienne dans les différentes saisons; car puisque nous avions sur ce Col à-peu-près la température des hivers de la plaine, si la marche de

l'électricité

l'électricité avoit dépendu de la chaleur locale, elle auroit eu, comme en hiver, deux *maximum*, un le matin & un le soir, & non pas un seul dans le milieu de la journée. (*Voyages dans les Alpes*, §. 802 & *suivants*.

Quant à son intensité, la plus forte que nous ayons vue, par un tems serein, fit écarter de 3 lignes 8 dixiemes les boules de mon électrometre. Or, dans la plaine, une situation aussi isolée auroit certainement donné, par un tems aussi froid, une électricité plus forte. Cette remarque, d'accord avec celle que j'avois faite sur le Mont-Blanc, prouve que l'électricité du tems serein perd de sa force à mesure que l'air se raréfie en s'éloignant de la surface de la terre. Mais l'électricité des orages se manifeste plus fréquemment & avec une intensité égale, si ce n'est même supérieure à celle qu'on lui voit dans les plaines. Celle du tems serein fut comme dans la plaine, constamment positive; mais dans les orages, nous la vimes souvent négative.

§. 2056. Le célebre Chevalier Volta a imagné de fixer à la pointe de mon électrometre une petite bougie, ou un fil soufré qu'il allume dans le moment de l'expérience. Cette flamme & la vapeur qui en sort, vont chercher l'électricité de l'air à de grandes distances; elles conduisent cette électricité dans l'électrometre, augmentent la divergence des petites boules, & rendent même l'électricité de l'air sensible dans des tems où la pointe seule n'en indiqueroit aucune. On peut voir les détails de cette expérience, & d'autres changemens avantageux faits à cet électrometre, dans les premiers volumes du Journal imprimé à Pavie, sous le titre de *Biblioteca fisica d'Europa*. J'aurois employé cet appareil sur le Col-du-Géant, si je n'avois pas dû rendre mes expériences comparables à celles que j'avois faites sur le Mont-Blanc, & ailleurs.

*Addition du Chevalier Volta.*

§. 2057. Les mêmes brouillards qui venoient si souvent troubler la marche de l'électrometre, troubloient à plus forte raison celle de

*Hygrometre.*

l'hygrometre. Ils nous laisserent cependant quelques jours de liberté, pendant lesquels je vis que, dans des tems parfaitement clairs & sereins, le moment du jour où la sécheresse apparente est la plus grande, est, comme dans la plaine, vers les 4 heures de l'après-midi. Les moments de la plus grande humidité tomboient entre 8 & 9 heures du soir, & 4 & 5 heures du matin. Mais pendant la nuit, lorsque le tems étoit beau, l'hygrometre marchoit constamment au sec. On voyoit dans la soirée, comme je l'ai dit ailleurs, les vapeurs & les exhalaisons, tant humides que seches, se condenser & descendre, à mesure que la chaleur du soleil cessoit de les tenir soulevées dans les hautes régions de l'air. Elles s'abaissoient d'abord jusqu'à notre niveau, & produisoient en passant la rosée ou l'humidité du soir; ensuite elles continuoient de descendre & de s'entasser dans le fond des vallées, & pendant ce tems-là, l'air que nous respirions s'épuroit & se desséchoit de plus en plus. J'avois déja observé ce desséchement de l'air pendant la nuit sur les hautes montagnes. (*Voyages dans les Alpes*, §. 1126.) Mais il y a eu ceci de singuliérement remarquable au Col-de-Géant, c'est que la plus grande sécheresse qui ait régné pendant nos quatorze jours d'observations, a régné pendant la nuit; savoir, celle du 7 au 8 de Juillet, l'hygrometre à minuit étoit à 66, 3; & à 4 heures du matin, mon fils le trouva à 52, 5; or, ce n'étoit pas la chaleur qui produisoit cette sécheresse; car, à minuit, le thermometre n'étoit qu'à + 0, 1, & à 4 heures, à — 0, 4. Dans la suite de la même matinée, l'hygrometre marcha à l'humide jusqu'à 10 heures, quoiqu'il fit assez beau tems. Cette nuit si seche, sur le Col-du-Géant, étoit très-humide à Chamouni. Et de même, la premiere nuit que nous passâmes sur cette hauteur, celle du 3 au 4 Juillet fut extrêmement seche; à 10 heures du soir, l'hygrometre marquoit 61 degrés, & le matin à 5 heures 56, tandis qu'à Chamouni, il étoit tout près de l'humidité extrême.

QUANT à la quantité absolue de l'humidité, elle a été beaucoup moins grande fur le Col qu'à Chamouni & à Geneve. Et quoique les brouillards fiffent toujours venir nos hygrometres au terme de l'humidité extrême, fouvent l'air de la plaine, fec en apparence, contenoit réellement plus d'humidité; puifqu'on peut prouver que cet air, s'il fe fût graduellement refroidi, fe feroit chargé de brouillards, avant d'avoir atteint le degré de froid qui régnoit dans celui de la montagne.

# CHAPITRE VIII.
## EXPERIENCES SUR L'ÉVAPORATION.

*But de ces expériences.* §. 2058. Mon but dans cette mesure, étoit de comparer la quantité de l'évaporation sur la montagne, avec celle qui a lieu dans la plaine. Au premier coup-d'œil, il semble que cette expérience est la chose du monde la plus simple, & qu'il suffit d'exposer à l'air, sur la montagne & dans la plaine, des vases semblables, dans des situations semblables, & de mesurer la quantité d'eau qui s'en dissipe dans le même espace de tems. Mais si l'on y réfléchit, on verra que cette expérience ne donneroit que des lumieres très-incertaines. En effet, la force des vents, la température de l'air & sa sécheresse, étant sujettes à des variations continuelles & presque toujours différentes dans les deux stations, il seroit très-difficile de décider, si ce ne seroit point à ces causes que l'on devroit attribuer la différence des résultats, plutôt qu'à la rareté de l'air, dont on voudroit principalement connoître l'influence.

*Appareil.* §. 2059. Pour parvenir à distinguer l'efficace de ces quatre différentes causes, la chaleur, la sécheresse, l'agitation & la densité de l'air, j'ai résolu de commencer par exclure l'agitation, en opérant d'abord sur un air tranquille. J'ai donc fait mes expériences sur la montagne, & je les ai répétées dans la plaine, sous une tente qui pouvoit être fermée très-exactement. Ensuite, pour être assuré des degrés de chaleur & de sécheresse dans lesquels une quantité donnée d'eau se seroit évaporée, j'ai cherché à accélérer l'évaporation, afin d'en obtenir des quantités susceptibles de comparaison dans des espaces de tems assez courts pour que l'hygrometre & le thermometre demeurassent sensiblement

*ÉVAPORATION. Chap. VIII.*

au même point pendant l'expérience, & afin qu'en répétant ces expériences à différents degrés de ces instruments, j'eusse la facilité de démêler l'influence des agents dont ils donnent la mesure.

D'APRÈS ces principes, une toile fine de forme rectangulaire de 13 pouces sur 10, tendue & fixée dans le vuide d'un cadre léger qu'elle ne touche nulle part, mouillée & suspendue ensuite au fléau d'une bonne balance, m'a paru le meilleur & le plus simple de tous les appareils. Il a même ce singulier avantage, c'est que cette toile prend, & prend au moment même, un degré de température analogue à celui de l'air qui l'entoure; ce qui ne peut point avoir lieu pour des vases pleins d'eau, qui, incapables de suivre avec promptitude les variations de la température de l'air, ne sauroient nous indiquer avec précision les effets des changements de cette température.

Cette toile étant donc tendue dans son cadre, je commence par la faire sécher au soleil ou devant le feu, & je la pese avec son cadre. Je l'humecte ensuite uniformément avec une éponge légèrement imbibée d'eau; puis je la repese, & si je ne la trouve pas de 150 grains plus pesante qu'elle n'étoit avant d'être mouillée, je l'humecte encore un peu. Si au contraire son poids excède cette quantité, je la laisse suspendue à la balance, en la retournant de tems en tems de haut en bas & de bas en haut, & j'attends que l'évaporation l'ait réduite à ne contenir que 150 grains d'humidité. En attendant, je suspends en l'air, à 6 pouces de distance & en face du milieu de la toile, un thermometre & un hygrometre bien sensibles. Au moment où ma toile est parvenue à ne contenir que 150 grains d'humidité, je note l'heure, la minute & la seconde qu'indiquent ma montre. Je note de même les degrés indiqués par le thermometre & l'hygrometre suspendus en face de la toile. Au bout de vingt minutes, je vois à ma balance combien ma toile a perdu par l'évaporation, & je note en même tems de nouveau les degrés du thermometre & de l'hygrometre. Je connois ainsi la quantité d'eau qui s'est évaporée en 20 minutes, & à des degrés de chaleur & d'humidité moyens entre ceux que j'ai obfervés au commencement & à la fin de l'expérience. Sans rien changer à l'appareil, je répete ou plutôt je continue l'expérience, en éprouvant, au bout de 20 autres minutes, le poids qu'a perdu cette même toile. Je puis même la répéter une troifieme ou une quatrieme fois, fi du moins la toile n'a pas perdu plus de 60 ou de 65 grains du poids de l'humidité qu'elle contenoit; car paffé ce terme, l'évaporation fe ralentit, la toile retenant alors avec plus de force l'eau dont elle eft imprégnée; mais tant qu'il ne manque pas plus de 60 ou 65 grains des 150 dont on l'a chargée, l'évaporation fe fait avec toute l'uniformité que l'on peut defirer.

*Tableau des réfultats.*

§. 2060. Voici le tableau des expériences comparatives que j'ai faites fur le Col-du-Géant, où la denfité de l'air étoit exprimée par environ 18 pouces 9 lignes; & à Geneve, par 27 pouces 3 lignes. Les titres des colonnes de ce tableau indiquent clairement leur contenu; celle qui eft marquée *degré de fécherefſe*, eſt la feule qui paroifſe exiger une explication.

J'ai dit dans mes *Effais fur l'Hygrométrie*, que les degrés de l'hygrometre à cheveu ne font pas proportionnels à la quantité réelle de l'eau qui eft contenue dans l'air, & j'ai donné, d'après l'expérience au §. 176 de ces Effais, une table qui indique, pour chaque degré de l'hygrometre, la quantité d'eau contenue dans l'air. Dans cette table, vis-à-vis du 98$^e$. degré, qui eft celui où l'air eft faturé de vapeurs, on trouve 11,0960; ce nombre fignifie que l'air, dans lequel l'hygrometre eft à 98, & à la température dans laquelle les expériences fondamentales de cette table ont été faites, contient 11 grains & 96 milliémes d'eau par pied cube. Lors donc que vis-à-vis d'un autre degré, on trouve un plus petit nombre; lorfque, par exemple, vis-à-vis du 74$^e$. degré on trouve 7,0370, c'eft une preuve qu'à ce degré, l'air pourroit diffoudre encore 4 grains 59 milliémes, différence entre 11,096 & 7,037. Cette différence 4,059 peut donc servir à exprimer la distance où est l'air du terme de saturation, ou ce que j'appelle son *degré de sécheresse réelle*. Il est vrai que cette table du §. 176 a été calculée pour une température de 15 degrés, & que les nombres correspondants à chaque degré de l'hygrometre seroient différents à d'autres degrés de chaleur; mais ici, je ne considere pas ces nombres comme des quantités absolues, je ne les prends que comme des expressions de rapports, & j'ai fait voir aux §§. 124 & 129 de mes Essais, que les quantités d'eau contenues dans l'air à différents degrés de chaleur & au même degré de l'hygrometre, conservent entr'elles constamment le même rapport.

J'AI employé cette maniere d'exprimer la sécheresse de l'air, afin de la rendre susceptible de calcul, & de pouvoir ainsi déterminer l'influence de la sécheresse sur l'évaporation. Je desirois sur-tout de distinguer les effets de la sécheresse de l'air de ceux de la chaleur, & de pouvoir assigner à chacun de ces agens l'efficace qui lui est propre. Dans cette vue, comme nous ne connoissons point les degrés absolus de la chaleur, puisque nous ignorons le degré de froid où est le vrai zéro, c'est-à-dire, l'absence totale de l'action du feu, je n'ai considéré dans ces calculs que les différences entre les degrés de chaleur qui ont régné dans mes expériences. Et quoique relativement à la sécheresse, nous soyons moins éloignés de connoître ce 0, je n'ai considéré non plus que les différences.

*Résultats des Epériences faites sur le Col-du-Géant sur l'évaporation de l'eau.*

| Numéros des Expérienc. | Thermo-metre. | Différences | Degrés de l'Hygro-metre. | Sécheresse réelle. | Différences | Nombre de grains évaporés. | Différences |
|---|---|---|---|---|---|---|---|
| 1. | 8,35. | | 74. | 4,032. | | 39,50. | |
| 2. | 4,80. | 3,55. | 90. | 1,324. | 2,708. | 20,88. | 18,62. |
| 3. | 5,25. | 0,45. | 85. | 2,184. | 0,860. | 24,00. | 3,12. |

*Résultat des mêmes expériences faites à Genève.*

| Numéros des Expérienc. | Thermo- metre. | Différences | Degrés de l'Hygro- metre. | Sécheresse réelle. | Différences | Nombre de grains évaporés. | Différences |
|---|---|---|---|---|---|---|---|
| 1. | 10,00. |  | 83,15. | 2,495. |  | 19,75. |  |
| 2. | 7,45. | 2,55. | 83,80. | 2,384. | 0,111. | 14,50. | 5,25. |
| 3. | 6,50. | 0,95. | 81,50. | 2,772. | 0,388. | 13,75. | 0,75. |

En m'arrêtant d'abord aux résultats des expériences faites sur le Col-du-Géant, & en comparant le premier avec le second, je vois qu'une différence de 3,55 dans la chaleur & de 2,708 dans la séche- resse, a produit une différence de 18,62 grains dans la quantité de l'évaporation. En comparant ensuite le second résultat avec le 3e., je vois qu'une différence de 0,45 dans la chaleur, & de 0,86 dans la sécheresse, a produit une différence de 3,12 grains dans l'évaporation. Ces deux comparaisons fournissent deux équations, dont la résolution donne $x$, ou l'influence d'un degré de chaleur égal à 4,188; & $y$, ou l'influence d'un degré de sécheresse $= 1,386$. Les mêmes calculs faits sur les expériences de la plaine, donnent $x = 1,938$ & $y = 2,775$.

Il suit delà que, sur la montagne, un degré de différence dans la chaleur, a produit un effet un peu plus que triple, de celui qu'a produit un degré de sécheresse; & ce résultat paroîtra bien plus frappant, si l'on considere qu'un de ces degrés de sécheresse représente environ 9 degrés moyens de l'hygrometre. En effet, la sécheresse totale ou extrême étant représentée par 11,096, un degré moyen de l'hygrometre ne correspond qu'à la 98e. partie de cette quantité, ou à 0,113.

Dans la plaine, le rapport qui regne entre l'influence de la chaleur &

& celle de la sécherefse, est abfolument différent. Ici, c'est la séchereffe qui a la prépondérance; un degré de sécherefse produit une action d'une moitié en fus plus grande qu'un degré de chaleur.

Que l'influence de la chaleur, fur l'évaporation, foit plus grande fur les montagnes que dans les plaines, c'est un fait qui est bien d'accord avec les principes que j'ai pofés dans mes *Effais fur l'hygrométrie*; car j'ai fait voir §. 185, & fuivants, que la chaleur convertifsoit l'eau en fluide élaftique ou en vapeurs, avec une facilité d'autant plus grande, que l'air la comprimoit avec moins de force. Et l'influence de la sécherefse, plus grande dans la plaine que fur les montagnes, eft auffi d'accord avec les expériences, par lefquelles j'ai prouvé qu'un air denfe diffout plus de vapeurs qu'un air raréfié.

§. 2061. Je trouve dans ces réfultats l'explication d'un phénomene dont je cherchois depuis long-tems la caufe; je veux parler des effets que l'air des montagnes produit fur nos corps. La confidération de la séchereffe de l'air, plus grande fur les montagnes que dans les plaines, s'étoit bien préfentée à mon efprit; mais je trouvois l'effet beaucoup plus grand que la caufe : d'autant plus que l'on éprouve fouvent cet effet fur les montagnes à un degré de l'hygrometre auquel on ne l'éprouve point dans les plaines. Il falloit de plus expliquer pourquoi l'air des montagnes produit ces effets fur les corps animés, fans en produire d'analogues fur les corps inanimés. Mais depuis que l'expérience m'a appris que, dans l'air rare des hautes montagnes, la chaleur poffede une force defsicative, prefque triple de celle qu'elle a dans la plaine, j'ai compris que la chaleur animale, la chaleur interne de nos corps, agiffant fur notre peau dans cet air rare, doit la réduire à un état de séchereffe extraordinaire. Et fi les rayons du foleil directs ou réverbérés par les neiges, viennent frapper cette peau defsechée & devenue par cela même fufceptible d'une plus grande chaleur, ces rayons exerceront fur elle une action beaucoup plus grande, & produiront la fenfation de brûlure, le hale, les gerçures,

*Raifon de l'action d'un air rare fur nos corps.*

la bouffiſſure, & les autres incommodités que l'on éprouve quand on ne couvre pas ſa peau de maniere à la garantir, & de l'action du ſoleil & de cette exceſſive évaporation. Ce même deſſéchement produit auſſi la grande altération que l'on éprouve à ces hauteurs; mais en revanche, il augmente la tranſpiration inſenſible; & c'eſt une des raiſons pour leſquelles ceux, chez qui cette ſécrétion ſe fait difficilement, ſe portent mieux dans les endroits élevés.

**Concluſions des réſultats.** §. 2062. ENFIN, les valeurs que nous avons trouvées de l'action de la chaleur & de celle de la ſéchereſſe, nous donnent la facilité de réduire les obſervations au même degré de chaleur & de ſéchereſſe, pour comparer avec préciſion les quantités abſolues de l'évaporation ſur la montagne & dans la plaine. Ainſi je vois que, ſi dans les trois obſervations faites dans la plaine, l'hygrometre & le thermometre euſſent été aux mêmes degrés que dans les obſervations correſpondantes faites ſur la montagne, la totalité de l'eau évaporée dans les trois expériences n'auroit été que de 37 grains, au lieu qu'elle a été de 84 ſur le Col-du-Géant.

LE dernier réſultat de ces expériences eſt donc que, toutes choſes d'ailleurs égales, une diminution d'environ un tiers dans la denſité de l'air rend plus que double la quantité de l'évaporation.

**Froid produit par l'évaporation de l'eau.** §. 2063. LORSQUE l'eau s'évapore avec lenteur, le froid, produit par ſon évaporation, eſt preſque imperceptible, & par conſéquent la différence que pourroit produire dans la quantité de ce froid la différente denſité de l'air, ſeroit tout-à-fait inappréciable. Pour rendre ſenſible ce refroidiſſement & ces différences, il falloit accélérer cette évaporation. Mais comme je voulois faire ces expériences en plein air, je ne pouvois employer à cette accélération, ni une chaleur, ni une ſéchereſſe artificielles. Il ne me reſtoit donc que la rapidité du renouvellement de l'air dont je puſſe faire uſage dans cette vue. Heureuſement, ce moyen m'a très-bien réuſſi; j'ai fixé la boule d'un thermometre au centre d'une éponge mouillée; j'ai ſuſpendu ce thermomètre à une ficelle, & je l'ai fait tourner dans l'air avec une grande rapidité. J'ai obtenu ainsi un refroidissement qui est allé quelquefois au-delà de 8 degrés du thermomètre de Réaumur, quantité beaucoup plus grande que celles qu'on avoit obtenues par d'autres procédés, & plus que suffisante pour manifester l'influence des agents capables de modifier ce refroidissement. Mais je dois détailler mon procédé en faveur des physiciens qui voudront répéter ou perfectionner ces expériences.

§. 2064. La monture du thermomètre destiné à cette expérience doit se terminer environ à un pouce au-dessus de la boule; car quand l'éponge touche la monture, celle-ci lui dérobe jusqu'à deux ou trois degrés de froid. L'autre extrémité de cette même monture doit porter une boucle ou un crochet solide, où l'on puisse passer une ficelle d'une ligne au moins de diametre. Je donne à cette ficelle une longueur telle, que du centre du cercle qu'elle décrira en tournant, jusqu'au milieu de la boule du thermomètre, il y ait 30 pouces juste. D'abord je tenois cette ficelle immédiatement à la main; mais le frottement que la corde éprouvoit, en tournant contre les doigts qui la retenoient, l'usoit avec une telle promptitude, qu'un jour elle se rompit pendant l'expérience, le thermomètre s'échappa par la tangente, s'éleva à une grande hauteur & se brisa en retombant. Dès-lors je me suis servi d'un tourniquet de fer. Ce tourniquet est composé d'un manche que je tiens à la main, & d'un bras de 3 pouces de longueur qui tourne librement & à angles droits sur l'extrémité de ce manche. La ficelle se fixe à un crochet qui est au bout de ce bras. Le frottement se fait alors sur le métal, & ainsi la corde ne s'use point & ne risque point de se rompre.

*Description de l'appareil.*

Pour déterminer la vitesse avec laquelle ce thermomètre tourne, je me suis exercé à lui faire faire autant de révolutions que je puis en compter dans une minute, c'est-à-dire, environ 140. La boule du thermomètre parcourt ainsi dans une minute 140 fois la circonférence d'un cercle de 5 pieds de diametre; ce qui fait une vitesse de 36 à 37 pieds par seconde.

Mais avant de commencer l'expérience, il faut conftater les degrés de chaleur & d'humidité de l'air dans lequel on veut la faire. Pour cet effet, j'ai un autre thermometre auffi à boule petite & nue, bien d'accord avec celui qui doit tourner. Je fufpends ce thermometre avec un hygrometre en plein air à un pieu mince, tout près de la place où je veux faire l'expérience, & à une hauteur telle que la boule de ce thermometre, & le milieu de cet hygrometre fe trouvent au niveau de la main qui imprimera le mouvement de rotation.

Lorsque ce thermometre que je nomme *fixe*, a bien pris la température de l'air, je commence par faire mouvoir le thermometre *tournant*, mais d'abord tout nud & fans éponge, pour connoître la chaleur moyenne de l'air qu'il rencontre dans fa révolution, chaleur qui differe quelquefois un peu de celle du thermometre fixe; & je note ce degré auffi bien que celui du thermometre fixe.

Je loge enfuite la boule du thermometre tournant dans une petite éponge, à laquelle j'ai fait un trou capable de recevoir cette boule, & de maniere que cette même boule fe trouve au centre de l'éponge; je lie avec un fil l'éponge au-deffus de la boule; cette éponge ainfi liée & pleinement imbibée d'eau, doit avoir la forme & la grandeur d'une fphere de 10 à 11 lignes de diametre. Cela fait, je réchauffe ou je refroidis cette éponge mouillée, jufqu'à ce que le thermometre dont la boule y eft renfermée fe trouve précifément au même degré où il étoit venu en tournant tout nud dans l'air. Au moment où il s'eft fixé à ce degré, je le fais tourner avec la vîteffe que j'ai déterminée, en l'arrêtant un inftant, d'abord de minute en minute, puis de demi minute en demi minute pour obferver fon refroidiffement. Je continue de tourner jufqu'à ce qu'il commence fenfiblement à remonter, & le degré le plus bas qu'il ait atteint eft celui qui indique le froid produit par l'évaporation. Au moment où finit l'expérience, j'obferve l'hygrometre & le thermometre fixe afin de tenir compte du changement qui peut être furvenu dans l'air pendant l'expérience. Je dois encore avertir que quand il fait du vent, il faut fe pofter de maniere, que le plan

*É V A P O R A T I O N, Chap. VIII.*

du cercle décrit par le thermometre foit parallele à la direction du vent, parce qu'alors il y a compenfation ; fi la vîtefſe relative du thermometre eſt plus grande pendant qu'il marche contre le vent, elle eſt d'autant plus petite lorſqu'il marche du même côté que lui. En fe donnant tous ces foins, on obtient une exactitude telle, que fi l'on répete pluſieurs fois l'expérience dans les mêmes circonſtances, on obtiendra des réſultats dont les différences n'iront pas au-delà de 2 dixiemes de degré.

§. 2065. *Réſultats des Expériences faites fur le Col du Géant avec le thermometre tournant.*

| Numéros des Expérienc. | Thermometre. | Différences. | Degrés de l'Hygrometre. | Sécherefſe réelle. | Différences. | Degrés de refroidiſſement. | Différences. |
|---|---|---|---|---|---|---|---|
| 1. | 8,10. | | 57,0. | 6,7998. | | 7,50. | |
| 2. | 7,70. | 0,40. | 58,0. | 6,6785. | 0,1213. | 7,10. | 0,40. |
| 3. | 5,65. | 2,05. | 84,3. | 2,3286. | 4,3499. | 2,35. | 4,75. |

*Réſultats des mêmes Expériences faites à Geneve.*

| Numéros des Expérienc. | Thermometre. | Différences. | Degrés de l'Hygrometre. | Sécherefſ réelle | Différences. | Degrés * de refroidiſſement. | Différences. |
|---|---|---|---|---|---|---|---|
| 1. | 16,8. | | 51,0. | 7,4788. | | 8,1. | |
| 2. | 16,3. | 0,5. | 70,8. | 4,5695. | 2,9093. | 5,7. | 2,4. |
| 3. | 3,6. | 12,7. | 91,2. | 1,0824. | 3,4871. | 1,0. | 4,7. |

\* On voit par cette colonne, que le plus grand refroidiſſement que j'aie produit à Geneve par ce procédé, n'eſt que de 8,1. Or, on aſſure qu'à Bénarès l'évaporation

Si dans ces expériences on regarde le refroidissement comme une mesure de l'évaporation, & que l'on fasse sur ces résultats les mêmes calculs que nous avons faits sur ceux de l'évaporation tranquille, en appellant $x$ la quantité d'évaporation ou de refroidissement produite par un degré de chaleur, & $y$ la quantité produite par un degré de sécheresse, on trouvera

Sur la montagne $\begin{cases} x = 0,780. \\ y = 0,725. \end{cases}$

Dans la plaine $\begin{cases} x = 0,151. \\ y = 0,799. \end{cases}$

On voit d'abord dans ces expériences, comme dans les précédentes, l'effet de la chaleur beaucoup plus grand sur la montagne que dans la plaine.

Mais ce qu'il y a de plus remarquable, c'est que sur la montagne comme dans la plaine, l'action de la sécheresse, comparée à celle de la chaleur, est beaucoup plus grande dans cette évaporation accélérée que dans l'évaporation tranquille. Car dans celle-ci, nous avions sur la montagne $x = 4,188$ & $y = 1,386$; & par conséquent, l'action de la sécheresse n'étoit que le tiers de celle de la chaleur, au lieu que dans l'évaporation accélérée où $x = 0,780$ & $y = 0,725$, ces deux différences sont à-peu-près égales. De même dans l'évaporation tranquille de la plaine, nous avions $x = 1,938$ & $y = 2,775$; & par conséquent l'influence de la sécheresse ne surpassoit pas d'un tiers celle de la chaleur, tandis que dans l'évaporation accélérée où $x = 0,151$ & $y = 0,799$, l'influence de la sécheresse est cinq fois aussi grande.

---

de l'eau au travers d'un vase de terre porteuse, exposé à un vent chaud, fait descendre l'eau de 100 degrés à 58 de Farenheit, ou de 30 deux-neuviemes à 16 de Réaumur; ce qui fait un refroidissement de 14 deux-neuviemes de Réaumur; mais c'est en partant d'un degré de chaleur beaucoup plus élevé, & d'un degré de sécheresse qui et peut-être aussi plus grand. *Phil. Tranſ.* 1793, p. 150.

*ÉVAPORATION. Chap. VIII.*

On peut donc affirmer, que soit sur la montagne, soit dans la plaine, lorsque l'air se renouvelle avec une vitesse de 36 à 37 pieds par seconde, l'influence de la sécheresse de cet air sur l'évaporation, devient à très-peu près triple de ce qu'elle est, quand ce même air est tranquille.

La raison de ce fait n'est pas difficile à saisir. Dans l'évaporation tranquille, la couche d'air contiguë au corps, dont l'eau s'évapore, s'abreuve des vapeurs qui en sortent, & perd ainsi bientôt l'avantage que lui donnoit sa sécheresse. Mais si cet air se renouvelle, il n'a pas le tems de s'humecter, & il l'a d'autant moins qu'il se renouvelle avec plus de vitesse, & ainsi l'influence de sa sécheresse est d'autant plus grande.

Une autre observation qui m'avoit échappé, mais qui n'a point échappé à M. Trembley, lorsque je lui ai communiqué ces résultats, c'est que l'accélération du mouvement diminue l'avantage qu'a l'air dense sur l'air rare, par rapport à la sécheresse. Je m'explique. La sécheresse de l'air augmente toujours plus l'évaporation dans la plaine que sur la montagne : mais lorsque l'air est violemment agité, cette supériorité de l'air diminue, & l'effet de la sécheresse approche plus de l'égalité dans les deux stations.

Ce phénomène est parfaitement d'accord avec ceux que nous avons déja reconnus : en effet, nous avons vu que la densité de l'air augmente l'effet de sa sécheresse. Or, l'air se condense à la surface antérieure d'un corps qu'il frappe ou qui le frappe, & cette condensation est proportionnellement plus grande dans un air rare que dans un air dense. Car si les densités des deux colonnes d'air sont entr'elles dans le rapport de 2 à 3, la même force qui doublera la densité de la première n'augmentera que des deux tiers la densité de la seconde ; leurs densités respectives deviendront 4 & 5 ; & ainsi plus ces colonnes seront comprimées & plus leurs densités approcheront d'être égales. Donc plus le mouvement sera rapide & plus les effets de la sécheresse approcheront d'être égaux sur la montagne & dans la plaine.

Les valeurs d'*x* & d'*y* que nous avons trouvées, peuvent, comme dans l'article précédent, nous servir à réduire aux mêmes degrés de chaleur & de sécheresse les expériences faites sur la montagne & dans la plaine. En faisant cette opération, on trouve que dans les trois expériences la somme des degrés de refroidissement qui auroient été produits dans la plaine, si l'hygrometre & le thermometre y eussent été aux mêmes degrés que sur la montagne, seroit montée à 14,634, tandis que cette somme a été sur le Col du Géant de 16,95. Or, dans l'évaporation tranquille, l'air de la montagne produisoit un effet double de celui de la plaine. Il suit de-là, que dans l'évaporation accélérée, quoique l'avantage soit toujours du côté de l'air de la montagne, cependant cet avantage y est beaucoup moins grand que dans l'évaporation tranquille.

On ne s'étonnera pas de ce résultat, si l'on considere que la densité de l'air augmente son action sur les corps qui le frappent, & qu'ainsi dans l'évaporation accélérée par le mouvement, l'intensité du choc de l'air le plus dense doit compenser en partie la propriété que possede l'air le plus rare de favoriser à d'autres égards l'évaporation de l'eau.

Il suit de toutes ces considérations que les rapports que nous avons trouvés dans l'article précédent, (*mesure de l'évaporation de l'eau*) entre l'influence de la chaleur, celle de la sécheresse & celle de la rareté de l'air, ne sont justes que pour un air tranquille ou à peu-près tranquille, & que si l'on répétoit ces mêmes expériences dans un air agité, on verroit l'influence de la sécheresse de l'air s'accroître, & celles de la chaleur & de la rareté diminuer, suivant quelque fonction de la vitesse du courant d'air auquel seroit exposée l'eau qui s'évapore. Il seroit intéressant de connoître les loix que suivent ces rapports, & c'est ce que je me propose de rechercher lorsque je reprendrai mes travaux sur l'hygrométrie. Je tâcherai de réparer alors ce qu'il peut y avoir de défectueux dans ces premieres expériences. Je sens fort bien, par exemple, que l'on pourroit desirer quelques expériences surnuméraires auxquelles on pût

appliquer

appliquer les valeurs d'$x$ & d'$y$, & vérifier ainsi la justesse des solutions: mais c'est ce que le tems ne m'a pas permis, & que je me propose d'exécuter dans la suite. On entrevoit cependant déja, combien ces considérations nouvelles tendent à perfectionner cette branche de nos connoissances.

§. 2066. On sait que MM. Mongès & de Lamanon, qui accompagnoient M. de la Peyrouse dans son voyage autour du monde, firent sur la cime du Pic de Ténériffe diverses expériences, dont on trouve le résultat dans le *Journal de physique* de 1786, t. 39, p. 151. *Evaporation de l'éther.*

Un de ces résultats est... *qu'une demi minute suffit pour l'évaporation d'une assez forte dose d'éther.*

Je me suis proposé de répéter sur nos montagnes cette curieuse expérience avec toute l'exactitude dont je pourrois la rendre susceptible. Et pour avoir un terme de comparaison, je résolus de faire cette épreuve premierement au bord de la mer, & ensuite sur une cime élevée, en employant dans ces différentes stations la même dose du même éther dans le même vase & dans les mêmes circonstances.

§. 2067. La maniere la plus commode & la plus sûre de déterminer la quantité de l'éther, me parut être de prendre pour mesure un petit flacon, que je remplirois d'éther & que je reboucherois ensuite avec son bouchon de verre, de maniere qu'il n'y restât aucune bulle d'air. Le flacon que j'ai employé à cet usage, contient 67 gr. ⅝ d'eau distillée, à la température de 10 degrés. *Appareil.*

Ensuite pour faire évaporer l'éther, je pris un verre de montre de 20 lignes de diametre & de 4 lignes de profondeur ; ma mesure d'éther le remplissoit sans courir trop le risque de verser. Enfin je résolus de faire toujours ces expériences à l'air libre, mais dans un endroit à l'abri du vent.

Je fis pour la premiere fois l'essai de cet appareil à Hyères, en avril 1787. ( 1 ) L'expérience paroissoit aller fort bien, l'éther s'évaporoit très-rapidement, mais comme je tenois les yeux toujours fixés sur ma capsule, je vis avec étonnement des gouttes d'eau se former sur ses bords, & ces gouttes grossir à vue d'œil : enfin elles se réunissoient, descendoient auprès de la surface de l'éther, & celui-ci sembloit d'abord les repousser, sans doute par l'impulsion de la vapeur élastique qui s'en dégageoit mais enfin le poids des gouttes l'emportoit sur cette répulsion, elles se méloient avec l'éther, & alors l'évaporation se ralentissoit, au point que les dernieres gouttes mettoient plus de tems à s'évaporer que n'en avoient mis les sept premiers huitiemes de la liqueur. Je reconnus clairement que ces gouttes venoient de l'humidité de l'air, condensée par le froid que produisoit l'évaporation de l'éther ; en effet, le verre étoit couvert de ces gouttes d'eau par dehors comme par dedans, & lorsque j'y appliquois la main, ou que j'essayois de faire l'expérience en tenant le verre de montre sur ma main, j'éprouvois une sensation de froid extrêmement incommode.

J'espérai d'abord qu'une capsule de métal attireroit l'humidité de l'air moins fortement que le verre, & me mettroit à l'abri de cet accident ; je fis faire en fer blanc des capsules égales & semblables à mon verre de montre : mais les gouttes d'eau se formoient dans ces capsules, à-peu-près avec la même promptitude. Je n'ai trouvé d'autre moyen de me débarrasser de ces gouttes que de les enlever à mesure qu'elles se forment. Pour cet effet, je taille un morceau d'éponge fine en pyramide longue & étroite, je la mouille & j'en exprime ensuite l'eau. Alors quand je touche une goutte d'eau avec sa pointe, cette goutte est sur-le-champ sucée & absorbée.

---

( 1 ) L'éther qui a servi à ces expériences a été préparé & rectifié par mon fils avec le plus grand soin ; il le rectifia même de nouveau sur le Col du Géant, comme je le dirai ailleurs plus en détail.

CEPENDANT j'ai conservé les capsules de fer-blanc; elles ont la forme d'un verre de montre, de 20 lignes de largeur sur 4 de profondeur, & elles sont munies d'un petit manche pointu, que je pique dans un bâton, ou dans une fente de rocher, pour que la capsule ne soit en contact avec aucun corps qui puisse influer sur sa température. Un thermometre & un hygrometre suspendus aussi en plein air, & dans une situation semblable à celle de la capsule, me donnent l'état de l'air pendant l'expérience. Enfin, une montre à secondes, observée au commencement & à la fin, me donne le tems qui a été nécessaire pour l'évaporation de ma mesure d'éther.

§. 2068. *Résultats d'expériences faites à différentes hauteurs pour mesurer la vitesse de l'évaporation d'une certaine quantité d'éther.*

| Nom du lieu. | Hauteur du Barometre. | Thermomet. | Hygrometre. | Durée de l'é-vaporation. |
|---|---|---|---|---|
| Arles en Provence. | 28 p. 1 l. | 12,1. | 70,0. | 7' 15" |
| Mont-Cenis. | 22 p. 2 l. | 8,2. | 92,5. | 8' 21" |
| Col du Géant | 18 p. 11 l. | 8,4. | 81,3. | 11' 20" |
| Roche Michel au dessus du Mont-Cenis. | 18 p. 5 l. | 4,0. | 89,0. | 11' 45" |

L'INSPECTION réfléchie de ces résultats suffit pour faire voir que leur accord n'est pas suffisant pour les rendre susceptibles de calcul. Il est vraisemblable que, malgré les soins que je prends pour écarter l'humidité de l'air, il s'en mêle encore avec l'éther assez pour troubler son évaporation. Cependant, lorsque je répétois l'expérience dans le même lieu, ce que j'ai fait souvent jusqu'à trois fois de suite, je ne trouvois que de très-petites différences; quelquefois même absolument aucune; & c'est ce qui m'avoit encouragé à continuer. Ce n'est qu'en plaçant ces expériences comme elles font ici, en face les unes des autres, que j'ai reconnu leur imperfection. Je vois à préfent que fi l'on vouloit mefurer l'évaporation de l'éther, il ne conviendroit point d'attendre fon évaporation totale, d'autant plus que cette liqueur fe décompofe en s'évaporant lentement, comme je l'ai fait voir dans mon hygrométrie, §. 80. Il faudroit en mettre une quantité confidérable dans un vafe affez grand pour que le froid produit à fa furface par l'évaporation, fe diftribuant dans une grande maffe, ne fuffit pas pour condenfer l'humidité de l'air, & il faudroit mefurer à la balance, la déperdition que cette quantité d'éther fouffriroit dans un court efpace de tems.

Ainsi mes effais auront du moins fervi à faire connoître la marche qu'il convient de fuivre dans cette recherche, en manifeftant un écueil, dont il paroît qu'on ne s'étoit pas douté. Et en attendant, on voit déja que la raréfaction de l'air ne produit pas fur l'évaporation de l'éther, ou du moins fur fon évaporation totale, un effet auffi grand qu'on auroit pu le croire, puifque quelques circonftances accidentelles ont fuffi pour la rendre plus lente fur les montagnes que dans la plaine.

*Froid produit par l'évaporation de l'éther.*

§. 2069. Je prends un thermometre, dont la boule eft parfaitement dégagée de fa monture, & n'a que deux lignes & demie de diametre. J'enveloppe cette boule d'une toile d'Hollande lavée, feche, neuve & fine, mife à double; je lie cette toile ferrée au-deffus de la boule, & je coupe l'excédent du linge au-deffus de la ligature, de maniere que le linge qui refte ne touche point à la monture du thermometre.

Cela fait, je verfe un peu d'éther dans un petit vafe que je tiens à ma portée; je plonge dans cet éther la boule du thermometre; après l'avoir retirée, je l'agite avec la main dans l'air, médiocrement vite; une agitation trop rapide, telle qu'on la donneroit en faifant tourner le thermometre avec une corde, produiroit un froid moins confidérable, parce qu'elle feroit évaporer l'éther avec tant de rapidité que le froid n'auroit pas le tems de se communiquer au thermometre. J'ai éprouvé cet inconvénient, lors même que je plaçois la boule du thermometre au centre d'une éponge d'un pouce de diametre entièrement imbibée d'éther.

En agitant doucement mon thermometre avec la main, je tâche de ne point perdre de vue le mercure; je saisis le moment où il cesse de descendre, & paroît disposé à remonter: je plonge alors bien vite la boule du thermometre dans l'éther, je la retire promptement, & je recommence à l'agiter; le mercure monte au moment de l'immersion, réchauffé par l'éther de la capsule, mais il redescend bientôt après, & même plus bas que la premiere fois. Lorsqu'il cesse de descendre, je le plonge pour la troisieme fois; j'essaie même ensuite une quatrieme, mais pour l'ordinaire la troisieme immersion, quelquefois même la seconde produit le plus grand abaissement du mercure; & dès qu'il a atteint son *maximum*, les immersions subséquentes le font remonter plutôt que descendre. M. Cavallo a imaginé un procédé très-ingénieux pour cette expérience: il renferme son éther dans un entonnoir, de la pointe capillaire duquel l'éther tombe goutte à goutte sur la boule du thermometre. Je n'ai pas employé cet appareil, comme un peu fragile en voyage; d'ailleurs, j'ai obtenu, par mon procédé un refroidissement aussi grand, & même plus grand que celui que M. Cavallo a obtenu avec le sien.

Voici le tableau de mes expériences. Le titre de chaque colonne indique clairement ce qu'elle renferme. J'ajouterai seulement que la troisieme, intulée *thermometre*, indique la chaleur de l'air dans lequel se faisoit l'expérience. Ainsi, au commencement de la premiere, le thermometre étoit à + 9, 3; l'évaporation de l'éther le fit descendre à − 13, 4, & ainsi la quantité du refroidissement fut de 22, 7, comme l'indique la cinquieme colonne.

*Résultats des expériences faites à différentes hauteurs sur le refroidissement produit par l'évaporation de l'éther.*

| Noms des lieux. | Hauteur du Baromètre. | Thermometre. | Hygrometre. | Quantité du refroidissement. |
|---|---|---|---|---|
| Hyères en Provence. | 28 p. 7 l. | 9,3. | 75,0. | 22,7. |
| Arles en Provence. | 28 p. 1 l. | 12,0. | 78,3. | 23,3. |
| Mont-Cenis. | 22 p. 2 l. | 7,5. | 91,0. | 19,2. |
| Col du Géant. | 19 p. 0 l. | 9,0. | 71,3. | 27,0. |
| Ibid. | 18 p. 11 l. | 7,0. | 65,0. | 24,0. |
| Roche-Michel sur le Mont-Cenis. | 18 p. 5 l. | —1,5. | 99,5. | 16,5. |

Ces expériences, quoique plus régulieres que les précédentes, m'ont paru cependant n'être pas non plus susceptibles d'un calcul rigoureux. En effet, il est évident, que l'humidité de l'air extérieur doit se condenser sur le thermometre, se mêler avec l'éther, & retarder son évaporation. C'est même sans doute par cette raison que je n'obtins sur Roche-Michel qu'un refroidissement de 16. degrés $\frac{1}{2}$; l'humidité y étoit extrême, nous étions entiérement enveloppés par le brouillard.

La premiere des deux expériences sur le Col du Géant, comparée à celle d'Hyères, nous montre à-peu-près l'influence de la rareté de l'air; le refroidissement a été de 27 degrés sur le Col, & seulement de 22 $\frac{3}{4}$ à Hyères. Cette différence n'est pas bien considérable, sur-tout si l'on observe que l'hygrometre étoit sur le Col du Géant de 3, 7 plus au sec, & que cette sécheresse favorisoit déja le refroidissement.

On peut donc conclure de toutes ces expériences que la rareté de l'air n'augmente pas l'évaporation de l'éther à beaucoup près autant que celle de l'eau ; fans doute parce que l'éther tend par lui-même beaucoup plus fortement que l'eau à fe convertir en vapeur élaftique. Il fuit de-là que la denfité de l'air eft un obftacle moins grand pour l'éther, & qu'ainfi la diminution de cette denfité doit produire fur fon évaporation des effets moins fenfibles.

# CHAPITRE IX.

## DES NUAGES, DES ORAGES ET DE QUELQUES AUTRES PHÉNOMENES MÉTÉOROLOGIQUES.

Nuages parasites. §. 2070. On connoît ces nuages que l'on a nommés *parasites*, qui s'attachent à la cime des montagnes, & qui souvent comme ceux de la montagne de la Table au Cap de Bonne-Espérance, sont les précurseurs de *grains* ou *d'orages*. M. DU CARLA a publié dans les *Journaux de physique* de l'année 1784, un grand nombre de faits intéressants sur les nuages parasites.

On voit fréquemment des nuages de ce genre se former sur la cime du Mont-Blanc; & là aussi on les regarde comme des indices de mauvais tems. Mon séjour sur le Col du Géant, où j'étois si voisin de cette cime, me donna la facilité de les observer avec soin.

Ces nuages paroissent immobiles, & ils le sont réellement dans leur totalité : ( 1 ) mais si l'on en observe un de près, & avec attention, on y distinguera un mouvement intestin, extrêmement vif. On verra que ses petites parties & souvent des flocons plus obscurs que sa masse sont entraînés avec beaucoup de rapidité dans la direction du vent. Il

---

[ 1 ] C'est dans ce sens qu'Homere a employé l'image de ces nuages pour donner la plus haute idée de l'immobilité des Grecs, en soutenant l'impétuosité des Troyens.

Ἀλλ' ἔμενον νεφέλῃσιν ἐοικότες ἅς τε Κρονίων
Νηνεμίης ἔςησεν ἐπ' ἀκροπόλοισιν ὄρεσσιν.
Ἀτρέμας. *Iliad.* V. 522.

eſt donc évident que ce ne ſont point les mêmes parties qui demeurent en place, mais que ces parties ſe renouvellent continuellement. Sans doute qu'un vent chaud, preſque ſaturé d'humidité, rencontrant la cime glacée du Mont-Blanc ſe refroidit aſſez pour ne pouvoir plus tenir en diſſolution les molécules d'eau, qui ſe précipitent alors & prennent la forme véſiculaire; mais elles ſont auſſi-tôt entraînées par le vent hors de la ſphere d'activité du froid de la montagne; alors elles ſe diſſolvent & diſparoiſſent de nouveau. Cependant peu-à-peu l'air ſe ſature, même hors de la ſphere d'activité du froid, le nuage s'accroît ſoit en hauteur, ſoit en étendue, & l'on voit ſouvent le vent détacher du nuage principal des lambeaux qui, entraînés au loin finiſſent par ſe diſſoudre juſqu'à ce qu'une grande maſſe d'air étant ſaturée, il tombe enfin de la pluie.

Comme ces lambeaux de nuages que le vent détachoit de la cime du Mont-Blanc, alloient quelquefois raſer d'autres cimes dont je connoiſſois la hauteur & la diſtance; j'eus une fois la curioſité de meſurer leur viteſſe, je la trouvai d'environ 60 pieds par ſeconde. J'aurois voulu auſſi meſurer le tems que ces nuages mettoient à ſe diſſoudre, mais je n'y réuſſis pas; lorſque je les prenois trop petits, ils étoient fondus avant d'avoir atteint une cime connue; & lorſque je les prenois trop grands, ils dépaſſoient ces cimes avant leur diſſolution.

L'exposé de ces faits prouve, qu'au moins au Mont-Blanc, les nuages paraſites ne ſont pas produits par un vent aſcendant qui porte les vapeurs du bas au haut d'une montagne; car là certainement, c'eſt un vent horizontal qui les dépoſe ſur les ſommités. On ne voit, comme dans le paragraphe ſuivant, des nuages monter le long de la pente d'une montagne, que quand cette pente a été réchauffée par l'action du ſoleil. Et ce n'eſt pas une émanation du calorique ſortant de la cime d'une montagne qui détermine la formation du vent & des nuages; c'eſt au contraire le froid de la montagne qui produit les nuages en condenſant les vapeurs que tient en diſſolution un vent plus chaud que le corps ou la cime de cette montagne.

**Mêmes phénomenes vus de très-près.**

§. 2071. J'ai eu le plaisir de voir de très-près sur le Col du Géant la dissolution des nuages dont je viens de parler. Dans le fond de la vallée de l'Allée-Blanche qui étoit immédiatement sous nos pieds, il se formoit quelquefois des nuages, qui le matin, lorsque le soleil réchauffoit la pente de la montagne, suivoient cette pente & s'élevoient ensuite rapidement au-dessus de nous. Ainsi peu-à-peu l'air de la vallée se saturoit, & ces nuages conservoient leur nature, tant qu'ils étoient renfermés entre les parois de la vallée. Mais dès qu'ils s'étoient élevés au-dessus de ces parois, & qu'ils se trouvoient à l'air libre, ils se dissolvoient, en présentant au même instant des phénomenes très-remarquables. On les voyoit se diviser en filaments qui, semblables à ceux d'une houppe de cigne qu'on électrise, sembloient se repousser mutuellement en produisant des tournoiements & des mouvements si bisarres, si rapides & si variés qu'il seroit impossible de les décrire. Nous passions quelquefois des heures entieres à contempler ces singuliers mouvements.

L'ÉLECTRICITÉ que ces nuages excitoient dans l'électrometre étoit constamment positive, conformément au systême de M. VOLTA ; mais je ne crois point que l'électricité fût la seule cause de ces phénomenes ; je pense que la vapeur élastique produite par la dissolution des parties vésiculaires de ces nuages contribuoit beaucoup à ces mouvements.

ON voit encore ici, contre l'opinion de M. DU CAILA, que les vapeurs dissoutes dans l'air, ne se condensent point par la seule raison de l'ascension de cet air ; mais qu'au contraire, celles qui sont déja condensées se dissolvent quand l'air supérieur est plus sec que l'inférieur.

**Nuages compacts & arrondis.**

§. 2072. L'OBSERVATION de ces phénomenes m'a donné l'explication de ces nuages qui paroissent souvent d'un blanc mat & compact, avec des bords arrondis & distinctement terminés. Je pense que ce sont des amas de vapeurs vésiculaires dans un état d'ascension au travers d'un air saturé d'humidité. La résistance de l'air refoule & arrondit ces masses, dont les molécules s'attirent réciproquement & demeurent rassemblées tant qu'aucune force ne tend à les désunir. Mais dès que la chaleur de l'air augmente ou que ces nuages atteignent des régions plus seches, ces vésicules commencent à se dissoudre; la vapeur élastique produite par cette dissolution les écarte : on voit les bords des nuages s'effiler, & je ne doute nullement qu'alors, si on les voyoit de près, on n'y observât les phénomenes que j'ai décrits dans le paragraphe précédent.

§. 2073. QUANT aux orages, je n'en ai vu naître dans ces montagnes que dans le moment de la rencontre ou du conflit de deux ou plusieurs nuages. Au Col du Géant, tant que nous ne voyions dans l'air ou sur la cime du Mont-Blanc, qu'un seul nuage, quelque dense ou quelque obscur qu'il parût, il n'en sortoit point de tonnerre; mais s'il s'en formoit deux couches l'une au-dessus de l'autre, ou s'il en montoit des plaines ou des vallées, qui vinssent atteindre ceux qui occupoient les cimes, leur rencontre étoit signalée par des coups de vent, des tonnerres, de la grêle & de la pluie. *Orages.*

§. 2074. J'eus occasion de répéter, pendant notre séjour sur le Col du Géant, l'observation que nous avions faite mon fils & moi pendant le terrible orage que nous essuyâmes dans la nuit du 4 au 5 juillet, §. 2031 ; c'est que sur ces hautes montagnes les bouffées de vent les plus violentes alternent avec des intervalles du calme le plus parfait. Or, ce n'est pas seulement par des sensations souvent trompeuses que nous jugions de ce calme, nous le voyions par les toiles & les cordages de nos tentes, dans le moment où le vent les tendoit avec la plus grande force : tout-à-coup on les voyoit pendre tout à plat, sans la plus légere tension & sans le moindre mouvement, & l'instant d'après le vent se ranimoit comme si c'eût été par un coup de tonnerre. *Bouffées de vent.*

ON éprouve bien dans les plaines des inégalités considérables &

des alternatives dans la force du vent, & sur-tout dans celle des vents orageux ; mais dans les moments où leur intensité diminue, elle conserve toujours la moitié ou au moins le tiers de sa force, comme je l'ai souvent observé à l'aide de mon nouvel anémometre, au lieu que sur les hautes montagnes elle est absolument nulle dans les intervalles.

Voici je crois la raison de cette différence. Si l'on observe une girouette bien suspendue, on verra, sur-tout pendant l'orage, qu'elle ne conserve pas constamment la même direction ; & qu'au contraire, d'un moment à l'autre, sa direction change de 30 à 40 degrés, ce qui prouve des variations considérables dans la direction du vent. Il suit de-là que si l'on occupe un poste dominé par des hauteurs, comme par la cime du Géant, ou par quelques cimes plus élevées, il doit nécessairement arriver que le vent, en changeant de direction, souffle par intervalles dans celle de quelqu'une des cimes qui tiennent ce poste à l'abri ; alors le calme y regne, mais ensuite lorsque cette direction change, on est exposé à toute la violence du vent direct, & même il s'y joint souvent des vents réfléchis, qui produisent des tourbillons ou des coups d'une extrême violence. Dans les plaines, au contraire, les changements de direction du vent & les intervalles de ses ondulations produisent bien quelques relâches, mais jamais de calme parfait.

De même & par les mêmes causes, on éprouve dans les villes, sous des édifices élevés, à Geneve, par exemple, au pied des tours de l'église de St. Pierre, des alternatives de coups de vent, de calme & de tourbillons que l'on ne ressent jamais en rase campagne.

*Fréquence de la grêle.* §. 2075. Un fait bien remarquable, c'est la fréquence de la grêle ou du moins du grésil dans ces hautes régions. Dans nos 140 observations prises de deux en deux heures, j'en compte une de grêle proprement dite, & onze de grésil. Or, je pense, avec la plupart des physiciens, qu'il faut considérer le grésil comme une grêle qui commence à se former. En effet, il est aussi très-souvent accompagné de tonnerres, & l'on trouve presque toujours dans chaque grain de grêle un noyau de neige durcie qui n'eſt autre choſe qu'un grain de greſil. JAQUES BALMAT eſſuya une violente grêle dans la nuit qu'il paſſa un peu au-deſſous de la cime du Mont-Blanc ; & M. le Docteur PACARD trouva des grélons dans la neige qui recouvre la cime même de cette montagne. Ceux que j'ai obſervés au Col du Géant étoient plus petits, communément comme des grains de chenevis ou de petits pois, & ſouvent couverts de petits mammelons arrondis. Il eſt donc certain que le greſil ſe forme dans les plus hautes régions de l'atmoſphere, & qu'il ne ſe change en grêle que quand il traverſe d'abord des couches d'air aſſez chaudes pour contenir de l'eau ſous forme fluide, & enſuite d'autres couches aſſez froides pour congeler cette eau.

§. 2076. MON fils fit avec beaucoup de ſoin les expériences eudio- Eudiome-
métriques. Il avoit porté à Chamouni des flacons de cryſtal remplis tre.
d'air de Geneve, & il compara cet air à Chamouni avec celui de Chamouni même, & les trouva à très-peu près égaux en bonté. Enſuite il porta, dans les mêmes flacons, de l'air de Chamouni ſur le Col du Géant. Là, il meſura une meſure de chacun de ces deux airs avec une meſure de gaz nitreux ; & après avoir répété quatre fois cette même expérience, il trouva pour l'air du Col les deux meſures réduites à 0,97 ; 0,975 ; 0,98 ; 097 ; moyenne 0,97375. Et pour l'air de Chamouni 0,99 ; 0,98 ; 0,99 ; 0,985 ; moyenne 0,98625.

CETTE épreuve prouve que l'air de Chamouni, de même que celui de Geneve, étoit plus pur, ou que du moins ils contenoient 0,0125 d'oxigene de plus que l'air du Col du Géant.

J'ESSAYAI auſſi comparativement l'abſorption de l'oxigene par le foie ou le ſulfate de ſoufre ; mais je n'obtins point, en diverſes épreuves, la même parité qu'avec le gaz nitreux ; enſorte que je n'ai pas dans ces épreuves aſſez de confiance pour les rapporter.

§. 2077. NOUS répétâmes l'expérience de l'eau de chaux & de la Eau de
potaſſe cauſtique, comme je les avois faites ſur le Mont-Blanc, chaux &
§. 2010, & nous eûmes préciſément les mêmes réſultats, qui prou- cauſtique.

voient aussi dans cette partie de l'atmosphere l'existence du gaz ou acide carbonique.

**Air de la neige.** §. 2078. Nous pensâmes, mais un peu tard, à rassembler de l'air qui se trouve renfermé dans les interstices de la neige, & nous le portâmes à M. SENEBIER pour en faire l'essai. A Geneve, un mélange de parties égales d'air atmosphérique & de gaz nitreux lui donna deux fois de suite 1,01. L'air de la neige, éprouvé de la même maniere, lui donna une fois 1,85, & l'autre 1,86. Cette épreuve, qui paroissoit indiquer une si grande impureté dans cet air, auroit exigé des expériences pour reconnoître la nature du gaz qui occupoit dans cet air la place de l'oxigene : mais la petite quantité que nous en avions rapporté, rendoit ces épreuves impossibles.

**Eau de neige.** Au contraire, l'eau de neige fondue nous donna des preuves de la plus parfaite pureté. La solution d'argent dans l'acide nitrique, celle du muriate de baryte, celle de l'acide du sucre, l'alkali volatil fluor & le prussite calcaire, ne produisent sur cette eau aucun changement quelconque.

**Or & poudre fulminante.** §. 2079. L'OR fulminant & la poudre fulminante, produisoient, sur le Col du Géant, les mêmes effets & avec la même force que dans la plaine ; mais l'expérience de la fulmination de l'argent ne nous réussit point, quoique nous l'ussions essayée & variée avec de très-grands soins.

**Solution des métaux** §. 2080. MON fils répéta aussi, sur le Col du Géant, l'expérience sur la dissolution des métaux que nous avions faite ensemble sur Roche-Michel, §. 1277 & 1279. Là, comme sur Roche-Michel, la limaille de cuivre ne produisoit aucune effervescence dans l'acide vitriolique (sulphurique) ; seulement l'acide se couvroit d'une légere couche d'écume, sans production sensible de chaleur. Le cuivre qui resta au fond, n'avoit point perdu son éclat métallique, seulement avoit-il un peu bruni, & il n'étoit point adhérent au fond du verre.

Mais la dissolution de limaille de fer se fit avec beaucoup plus d'effervescence que sur Roche-Michel; une grande partie de la liqueur sortit hors du verre; l'écume prit une couleur d'un rouge vineux, sa surface devint noire par le contact de l'air, & il se développa une chaleur sensible pendant cette effervescence. Deux heures après, lorsque l'on vuida le verre, on trouva un résidu un peu adhérent à son fond, & ce résidu présentoit une apparence de cryftallifation confuse, mais moins marquée que celle de Roche-Michel.

Comme cette expérience avoit été faite par un tems humide, mon hygrometre étant à 90, il étoit intéressant de la répéter par un tems sec, pour voir si ce n'étoit point l'humidité de l'air qui favorifoit la dissolution du fer, en permettant à l'acide concentré de prendre dans cet air la quantité d'eau dont il a besoin pour cette dissolution. Dans cette vue, mon fils répéta l'expérience le 14 Juillet, par un tems sec, l'hygrometre étant à 65; mais le résultat des deux épreuves fût le même : l'effervescence de la dissolution fût aussi forte; il n'y eût de différence que dans le résidu, qui n'étoit point adhérent au fond du verre, & qui ne présentoit point d'indice de cryftallifation. Il paroît donc que c'est la rareté de l'air, & non son humidité, qui favorise cette effervescence. Sans doute qu'au bord de la mer, la trop grande pression de l'air s'opposoit au développement du gaz.

§. 2091. Mais une ébullition que cette rareté favorise singuliérement, c'est celle de l'éther; nous avions apporté un flacon de cette liqueur, préparée avec beaucoup de soins par mon fils, & à laquelle il avoit déja fait subir deux rectifications. Cependant comme nous desirions de l'avoir le plus pur possible pour nos expériences sur le froid produit par l'évaporation, mon fils voulut le rectifier encore une fois sur le Col du Géant Mais là, les vapeurs étoient si expansibles, que nous ne pûmes parvenir à le distiller, qu'en pratiquant une petite ouverture dans le lut qui joignoit la cornue au récipient. Sans cette précaution, il ne passoit presque rien, ou le récipient sautoit, quoique le bain-marie où plongeoit la cornue, ne fût encore

*Ebulition de l'éther.*

que tiede. L'éther bouilloit dans la cornue lutée au récipient, lorsque l'eau n'étoit encore qu'au vingt-troisieme degré de Réaumur. Mais je reviens à des objets qui appartiennent encore plus directement à la météorologie.

**Etoiles tombantes.** §. 2082. J'ai observé plusieurs fois sur le Col du Géant des étoiles tombantes ; j'en vis trois entr'autres dans la soirée du 7 Juillet; mais toutes au-dessus de l'horizon & aucune au-dessous. Cette observation, conforme à d'autres qui ont été faites aussi sur des montagnes, quoique pas à d'aussi grandes hauteurs, paroît prouver que ce météore ne se forme que dans des régions de l'atmosphere extrêmement élevées, & que par conséquent il n'est point le produit de l'inflammation de matieres huileuses & grossieres. Celles que je vis du Col du Géant m'étonnoient par leur petitesse apparente : en seroit-il comme des étoiles fixes, que le manque de scintillation fait paroître plus petites? La cause de ce phénomene ne paroît point encore connue, quoiqu'il soit si fréquent & si remarquable. On ne connoît pas même avec certitude les limites de leur élévation. On pourroit cependant la déterminer aisément. Il suffiroit pour cela que deux observateurs postés dans des stations dont la distance seroit connue, s'accordassent pour observer en même tems toutes celles qui paroîtroient dans la même soirée, en les rapportant à des étoiles connues & en notant leurs principales apparences, & le moment précis de leur apparition; leur parallaxe donneroit leur élévation & leur distance.

**Couleur du ciel.** §. 2083. J'ai donné dans le voyage au Mont-Blanc, §. 2009, une idée de l'instrument dont je me sers, pour déterminer avec précision l'intensité de la couleur bleue du ciel. Cet instrument & les observations auxquelles je l'ai employé, ont fait le sujet d'un Mémoire, qui a paru avec ceux de l'Académie royale des sciences de Turin, pour les années 1788 & 1789, & qui ensuite a été inféré dans le *Journal de physique de 1791, Tome I, page 199.*

Cependant, comme je n'en donnerai qu'un extrait, & que je présume

## NUAGES ET MÉTÉOROLOGIE, Chap. IX.

fume que l'on aimera à trouver réunis les résultats de tous les travaux que nous avons faits sur la météorologie de ces hautes régions, je vais les rapporter ici.

En effet, ce n'est pas un objet de simple curiosité, que de déterminer la couleur du ciel dans tel ou tel lieu, ou dans telle ou telle circonstance ; cette détermination tient à toute la météorologie, puisque la couleur du ciel peut être considérée comme la mesure de la quantité des vapeurs opaques, ou des exhalaisons qui sont suspendues dans l'air. Car il est bien prouvé que le ciel paroîtroit absolument noir, si l'air étoit parfaitement transparent, sans couleur, & entièrement dépouillé de vapeurs opaques & colorées. On ne verroit alors que le noir du vuide, ou la clarté des étoiles. Mais l'air n'est pas parfaitement transparent, ses éléments réfléchissent toujours quelques rayons de lumière, & singuliérement les rayons bleus. Ce sont ces rayons réfléchis (1) qui produisent la couleur bleue du ciel. Plus

---

(1) Je dis réfléchis, parce que je crois que l'air ne paroît coloré que par réflexion ; tandis que par transparence, il est à-peu-près sans couleur. Les montagnes couvertes de neige, mettent tous les jours sous nos yeux, la preuve de cette vérité. Ces montagnes, lorsqu'elles sont éclairées par le soleil, ne paroissent point bleues, quelle que soit la masse de l'air, de 20 ou 30 lieues, par exemple, au travers de laquelle on les voit ; elles paroissent, ou rougeâtres, ou blanchâtres, suivant que les vapeurs que traversent les rayons qui les éclairent, sont, ou ne sont pas colorées. Or, à de telles distances, elles paroîtroient constamment bleues, si l'air laissoit passer les rayons bleus en plus grande proportion que les autres. Mais, quand des montagnes, d'une couleur quelconque, sur-tout d'une couleur sombre & verte en particulier, sont peu éclairées ; dans le moment, par exemple, où le soleil se couche derriere elles, les rayons bleus que réfléchit cet air, n'étant pas dominés par une grande quantité de rayons d'une couleur différente, ils obtiennent la prépondérance, & ces montagnes nous paroissent bleues par transparence, quoique ce soit par réflexion. C'est aussi par cette raison que les neiges des montagnes très-éloignées, vues à la clarté du crépuscule, paroissent d'un blanc qui tire un peu sur le bleu, lors même qu'elles sont situées à l'opposite du soleil.

Il ne seroit pas difficile de prouver qu'il en est de l'eau comme de l'air ; & que celle qui est bien pure, celle du Rhône, par exemple, ne doit sa belle couleur bleue qu'aux rayons qu'elle réfléchit, non du ciel, mais de sa propre substance.

l'air eft pur, plus la maffe de cet air eft profonde, & plus la couleur bleue paroît foncée. Mais les vapeurs qui s'y mêlent, celles du moins qui ne font pas dans un état de diffolution, réfléchiffent des couleurs différentes; & ces couleurs, mêlées avec le bleu naturel de l'air, produifent toutes les nuances entre le bleu le plus foncé, le gris & le blanc, ou telle autre couleur qui prédomine dans les vapeurs dont l'air eft chargé; fi le ciel paroît d'un bleu plus pâle à l'horizon qu'au zénith, c'eft que les vapeurs y font plus abondantes, & le rapport entre les couleurs de l'horizon & celle du zénith, exprime, finon le rapport direct, du moins une fonction du rapport qui regne entre la quantité de vapeurs répandues, les unes à l'horizon, les autres au zénith de l'obfervateur. (2).

Lorsque nous partîmes, mon fils & moi, pour le Col du Géant, nous emportâmes un cyanometre (3), & nous en laiffâmes deux parfaitement femblables, l'un à MM. Senebier & Pictet, qui voulurent bien fe charger de faire à Geneve des obfervations météorologiques correfpondantes aux nôtres; l'autre au jeune M. l'Evesque, qui obfervoit, à Chamouni, aux mêmes heures que nous.

*Réfultats des obfervations au zénith.*

§. 2084. Voici les réfultats des obfervations faites au zénith au Col du Géant, à Chamouni & à Geneve.

*Couleur du ciel au zénith à différentes heures.*

| Heures du jour | IV. | VI. | VIII. | X. | midi. | II. | IV. | VI. | VIII. | moyenn. |
|---|---|---|---|---|---|---|---|---|---|---|
| Col du Géant. | 15, 6. | 27, 0. | 29, 2. | 31, 0. | 31, 0. | 30, 6. | 24, 0. | 18, 7. | 5, 5. | 23, 6. |
| Chamouni... | 14, 7. | 15, 1. | 17, 2. | 18, 1. | 18, 9. | 19, 9. | 19, 9. | 19, 8. | 16, 4. | 17, 8. |
| Geneve.... | ... | 14, 7. | 21, 0. | 22, 6. | 22, 5. | 20, 6. | 20, 4. | 16, 3. | ... | 19, 7. |

(2) Ici, je donne dans le Mémoire une expérience directe, qui prouve la vérité de ce principe.

(3) Les principes & les détails de la conftruction de cet inftrument, font auffi contenus dans ce même Mémoire.

# NUAGES ET MÉTÉOROLOGIE, Chap. IX. 291

En considérant cette table, on voit qu'au Col du Géant, de quatre à six heures du matin, la couleur du ciel fait un saut de plus de 11 nuances; que dans les quatre heures suivantes, elle ne monte que de 4 nuances; qu'alors à dix heures, elle a atteint son *maximum*, où elle se soutient à-peu-près jusqu'à onze heures; qu'ensuite d'onze à six, elle descend rapidement d'environ 6 nuances en deux heures; & qu'enfin de six à huit, elle fait brusquement le saut d'environ 12 nuances, ensorte que la plus haute nuance de la journée surpasse la plus basse de 25 nuances ½.

A Chamouni, au contraire, la couleur du ciel monte lentement depuis l'aube du jour jusqu'à onze heures après-midi; elle se soutient à-peu-près la même jusqu'à six heures, & fait, en descendant de six à huit, un saut d'un peu plus de 3 nuances, qui est la plus grande variation moyenne qu'il y ait en deux heures dans la journée; & la différence entre la nuance la plus forte & la plus foible du jour n'est que de 5, 2, presque cinq fois plus petite qu'au Col du Géant.

A Geneve, le cyanometre n'a point été observé à six heures du matin, ni à huit heures du soir; mais nous voyons que de six à huit heures du matin, il se fait une assez grande variation, savoir de 6 nuances ⅔ : les heures où la couleur du ciel est la plus foncée sont, comme au Col, de dix heures à midi; la chûte de quatre à six heures est aussi assez rapide; & la différence entre la nuance la plus forte & la plus foible de la journée, est beaucoup moins grande qu'au Col du Géant, mais un peu plus qu'à Chamouni, savoir de 7, 9.

Mais voici ce qui me frappe le plus dans ces comparaisons. Quand on voit dans cette table que le matin, sur le Col du Géant, l'air n'est guere moins chargé de vapeurs que dans la plaine; que le soir, il en est même beaucoup plus chargé, & que pourtant dans le milieu du jour, sa sérénité & sa pureté surpassent de beaucoup celles de l'air des plaines, on admire la grandeur des effets que produit le soleil sur l'air de ces montagnes. Mais, d'un autre côté, quand on considere le peu d'effet que ce même soleil produit sur le thermometre dans ces hautes régions, on voit bien qu'il faut nécessairement que l'influence de la chaleur sur l'évaporation soit beaucoup plus grande dans l'air rare des montagnes que dans l'air dense des plaines. Or, c'est précisément ce que nous ont prouvé les expériences directes, & il est bien satisfaisant de parvenir aux mêmes vérités par des routes aussi différentes.

Si l'on considere les couleurs moyennes du ciel consignées dans la derniere colonne de cette table, on verra, comme dans les heures séparées, plus de ressemblance entre le Géant & Geneve, qu'entre le Géant & Chamouni. Le ciel le plus foncé est celui du Géant, ensuite celui de Geneve, & enfin celui de Chamouni. Cette observation confirme & exprime en nombres, d'une maniere plus précise, ce que j'ai dit ailleurs, qu'il y a plus de vapeurs au zénith d'une vallée qu'au zénith d'une plaine, parce qu'il s'éleve des vapeurs, non-seulement du fond de la vallée, mais encore des flancs des montagnes qui la bordent.

Quant aux extrêmes, les bleus les plus foncés que le ciel nous ait présentés dans ce voyage, ont été au Col du Géant 37, à Chamouni 24, & à Geneve 26 $\frac{1}{2}$.

De la cime du Mont-Blanc, la couleur du ciel, telle que je l'observai en Août 1787, correspondoit au N°. 39 de mon cyanometre. La couleur de ce ciel ne surpassoit par conséquent que de 2 nuances le bleu le plus foncé que nous ayons observé au Col du Géant.

Avant de passer à un autre objet, je dois lever une contradiction que semble présenter la table des observations qui nous occupent. Comment est-il possible qu'à huit heures du soir, la couleur du ciel fût au Col du Géant 5 $\frac{1}{2}$, & à Chamouni 16 ? Comment le ciel pouvoit-il paroître plus pur dans la région inférieure, qui ne le voit qu'au travers des vapeurs suspendues dans la région supérieure ? Cela seroit effectivement impossible, si Chamouni étoit directement au-dessous du Col du Géant; mais il en est éloigné horizontalement de deux lieues. Il est naturel de penser que cette quantité de vapeurs, qui se rassembloient au-dessus du Col entre six & huit heures du soir, étoit condensée par le froid des neiges & des glaces dont cette cime est environnée, & qu'il ne se condensoit point une aussi grande quantité de vapeurs dans des régions également élevées, mais où l'air n'étoit pas refroidi par de semblables frimats.

§. 2085. JE viens aux observations faites à l'horizon.  **Résultats à l'horizon.**

*Couleur du ciel à l'horizon à différentes heures.*

| Heures du jour | IV. | VI. | VIII. | X. | midi | II. | IV. | VI. | VIII. | moyenn. |
|---|---|---|---|---|---|---|---|---|---|---|
| Col du Géant | 4, 7. | 7, 5. | 8, 4. | 9, 7. | 11, 5. | 7, 6. | 5, 5. | 4, 7. | 0, 0. | 6, 6. |
| Chamouni | 5, 5. | 7, 0. | 8, 3. | 8, 6. | 9, 1. | 9, 3. | 8, 8. | 8, 4. | 5, 0. | 7, 8. |

LES observations à l'horizon de Geneve manquent, parce que M. SENEBIER étant absent, lorsque je partis pour ce voyage, on oublia de lui dire que je les desirois; il n'observa le ciel qu'au zénith. Ici donc, nous ne pouvons faire de comparaison qu'entre le Col du Géant & Chamouni.

ON voit d'abord à l'horizon, comme on l'a vu au zénith, l'intensité de la couleur s'accroître plus rapidement, & atteindre plus promptement son *maximum* au Col du Géant qu'à Chamouni; on voit aussi les variations moyennes beaucoup plus grandes sur le Col, puisqu'elles sont à peine de 4 nuances à Chamouni, tandis qu'elles sont de 11 $\frac{1}{2}$ sur le Col. Enfin, sur ce même Col, la rapidité de la chûte des vapeurs entre six & huit heures du soir, est aussi extrêmement sensible à l'horizon, puisqu'à huit heures la couleur du ciel a été constamment 0; c'est-à-dire, qu'à huit heures on ne pouvoit jamais appercevoir à l'horizon aucune teinte de bleu, le ciel paroissoit toujours ou rouge ou jaunâtre. Au point du jour, il y avoit bien aussi à l'horizon un liséré d'une couleur très-vive, rouge ou orangée; mais pour l'ordinaire au-dessus de ce liséré, le ciel montroit quelque nuance de bleu, ensorte qu'à quatre heures, la couleur bleue moyenne a été 4, 7.

Mais la couleur moyenne de toute la journée, qui au zénith a été plus foncée sur le Col, se trouve à l'horizon plus foncée à Chamouni; parce qu'à Chamouni, on ne voyoit pas l'horizon; les points les plus bas où l'on pût découvrir le ciel, étoient encore élevés de 4 ou 5 degrés, tandis que du haut du Col, on voyoit même plus bas que l'horizon, & qu'ainsi l'œil plongeoit dans la région des vapeurs.

Cependant, malgré cet avantage de l'horizon de Chamouni sur celui du Col, les extrêmes d'intensité ont été beaucoup plus forts sur le Col qu'à Chamouni; nous avons vu souvent le ciel à l'horizon à 14, & même une fois à 17, tandis qu'à Chamouni, le degré le plus élevé où on l'ait observé, a été le onzieme.

*Gradation des nuances entre l'horizon & le zénith.*

§. 2086. En même tems que je faisois ces observations, je crus devoir étudier, sur le Col du Géant, les dégradations que suivent les couleurs du ciel en s'élevant de l'horizon au zénith. Le 15 Juillet à midi, par un très-beau tems, je trouvai à l'horizon la 11$^e$. nuance; à 10 degrés la 20$^e$; à 20 degrés la 31$^{me}$; à 30 degrés la 34$^{me}$; à 40 degrés la 37$^{me}$; & depuis 40 degrés, jusqu'au zénith, la même 37$^{me}$. nuance sans aucune variation sensible. Deux jours après, le 17, je ne pus prendre la couleur à l'horizon, il y avoit des nuages; mais à 5 degrés, je trouvai la 16$^e$. nuance; à 10, la 18$^{me}$; à 20, la 20$^{me}\frac{1}{2}$; à 30, la 29$^{me}$; à 40, la 32$^{me}$; à 60, la 34$^{me}$, & de-là uniforme jusqu'au zénith. Ces deux progressions, évidemment irrégulieres, prouvent que les vapeurs ne sont pas ou du moins n'étoient pas alors uniformément distribuées dans l'atmosphere. On ne s'étonnera pas de cette irrégularité, si l'on considere qu'un pays aussi varié que celui qui entoure le Col du Géant, où l'on trouve ici de hautes montagnes, là, de profondes vallées; ici, des glaciers; là, des forêts ou des pâturages; plus loin des rocs arides & décharnés, doit fournir dans ces différents lieux des vapeurs & des exhalaifons très-différentes par leur quantité & par leur nature; & qu'ainfi la voûte célefte, apparente, qui réfulte de l'affemblage des zéniths de tous ces endroits, ne fauroit avoir, dans la dégradation de fes teintes, la régularité qu'on pourroit efpérer fur mer, ou dans une plaine à-peu-près uniforme.

En effet, de Geneve, en regardant du côté du Sud-Ouest, où le pays eft à-peu-près uniforme, j'ai trouvé le 21 Avril 1790, à midi, à 1 degré la 4<sup>e</sup>. nuance; à 10 degrés la 9<sup>e</sup>; à 20, la 13<sup>me</sup>; à 30, la 15<sup>me</sup>$\frac{1}{2}$; à 40, la 17<sup>me</sup>$\frac{1}{2}$; à 50, la 19<sup>me</sup>; à 60, la 20<sup>me</sup>, & de-là jufqu'au zénith à-peu-près uniforme; ce qui donne une progreffion beaucoup moins irréguliere que fur le Col du Géant. Cette progreffion eft même parfaitement réguliere depuis 20 jufqu'à 60 degrés; car les différences décroiffent exactement en progreffion arithmétique. Mais entre l'horizon & le 20<sup>e</sup>. degré, elles fuivent une autre loi, leurs différences font plus grandes.

Il feroit à fouhaiter que ces obfervations fuffent répétées en différents pays & fous différents climats : je ne doute pas que l'on ne pût en tirer des réfultats intéreffants pour la météorologie.

§. 2087. D'après l'intenfité de la couleur bleue du ciel fur le Col du Géant dans le milieu du jour, l'on fe feroit attendu à le trouver tout-à-fait noir dans la nuit. Cependant, même dans les nuits les plus claires, je n'ai jamais vu de noir dans les intervalles des étoiles d'aucune partie du ciel. Il m'a toujours paru d'un bleu clair dans les plus belles nuits, fans vapeurs & fans lune. Je fuis perfuadé que ce qui éclaircit ou blanchit ce bleu, c'eft la clarté confufe des étoiles que leur éloignement nous empêche de diftinguer, de ces étoiles dont on découvre un nombre d'autant plus grand, que l'on emploie de plus forts télefcopes. C'eft par la même raifon que, dans ces belles foirées, la voie lactée brilloit d'un éclat fi extraordinaire, qu'en la voyant à l'improviste, je la prenois quelquefois pour un météore.

La considération de la lueur que répandoient dans le ciel ces étoiles, que l'on ne peut pas distinguer, me fait croire que je me suis trompé lorsque j'ai avancé, dans mon Mémoire, que quand l'air est de la pureté parfaite que j'ai observée sur le Mont-Blanc & dans quelques parties du Col du Géant, le bleu de l'air paroît plus foncé, parce que l'on entrevoit le noir du vuide de l'espace qui se mêle à la couleur naturelle de l'air.

Couleur des ombres. §. 2088. Il est aussi remarquable que, malgré l'intensité de la couleur bleue de l'air dans ces hautes régions, les ombres projetées par le soleil ne nous aient jamais paru d'un bleu foncé, quoique nous les observassions, mon fils & moi, avec le plus grand soin, toutes les fois que le soleil luisoit, & que nous fussions bien accoutumés à les voir d'un beau bleu le soir & le matin dans la plaine.

Sur cinquante-neuf fois que nous les avons observées, nous les avons trouvées trente-quatre fois d'un violet pâle; dix-huit fois sans couleur, c'est-à-dire noires ; six fois seulement d'une couleur bleuâtre, (encore ce bleu étoit-il pâle) & une fois jaunâtres.

Ces observations paroissent bien confirmer l'opinion des Physiciens, qui pensent que ces couleurs dépendent des vapeurs accidentellement répandues dans l'air, & qui réfléchissent sur l'ombre la couleur qui leur est propre, plutôt que de la couleur propre de l'air ou de la réflexion de la couleur du ciel.

Transparence de l'air. §. 2089. Quant à la transparence de l'air, qui étoit aussi un des objets d'expérience que nous nous étions proposés dans ce voyage, j'avois espéré que je pouvois le déterminer par le rapport des distances auxquelles je cessois de pouvoir distinguer, sur un fond blanc, des cercles noirs de différentes grandeurs; & j'avois fait dans la plaine des expériences qui m'avoient instruit des moyens de délivrer

ce

ce procédé de diverses sources d'erreurs. En conséquence, nous mesurâmes, mon fils & moi, sur une plaine de neige qui est au Nord du Col du Géant, un espace de 1356 pieds en ligne droite; & nous fîmes l'épreuve de la disparition successive de 16 cercles que j'avois préparés à l'avance. Ces cercles croissoient dans une progression géométrique, dont l'exposant étoit ⅔ ; le plus petit avoit 0, 2 lignes de diametre, & le plus grand 87, 527. Cette expérience fut un des travaux les plus pénibles que nous ayions exécutés dans ce voyage, par la fatigue, & des yeux & du corps, que nous éprouvâmes en observant ces disparitions, & en mesurant les distances auxquelles elles avoient lieu, au milieu de ces neiges éblouissantes, éclairées par le plus brillant soleil, & dans lesquelles nous enfoncions jusques aux genoux. Et ce travail s'est trouvé inutile, parce que la blancheur des neiges au milieu desquelles nous étions forcés d'opérer, répandit sur ces comparaisons des incertitudes qui nous empêcherent d'en tirer aucune conclusion certaine. D'ailleurs, j'ai reconnu ensuite, que, même dans la plaine, l'air, par un beau jour est trop transparent, pour qu'à la distance de 13 à 1400 pieds on puisse estimer, ni même y reconnoître aucun défaut de transparence; mais depuis lors j'ai perfectionné mon procédé, comme on peut le voir dans un Mémoire sur le diaphanometre qui a été imprimé dans ceux de l'Académie royale de Turin, pour les années 1788, 1789.

§. 2089. MAIS nous fîmes sur cette transparence des expériences chimiques qui eurent un meilleur succès. On connoît les travaux de M. BERTHOLET, sur l'acide muriatique; on sait que ce savant chimiste a découvert que cet acide peut se combiner avec une quantité surabondante de la base de l'oxigene; mais que quand la lumiere agit sur cet acide oxigéné, elle s'empare de cette base, & forme avec elle du gaz oxigene qui s'en sépare alors sous sa forme élastique. Nous essayâmes de mesurer la quantité de ce gaz qui seroit produite sur le Col du Géant, comparativement à celle qui se dégageroit à Chamouni, le même jour, à la même heure, pendant le même espace de tems ;. *Photométrie chimique.*

en un mot, dans des circonstances aussi semblables qu'il seroit possible de les établir.

Il y eut environ un cinquieme d'air produit sur la montagne de plus que dans la vallée. Or, cet excès paroit être presqu'entiérement dû à celui de l'intensité de la lumiere sur la montagne. Les détails de cette expérience, de même que ceux de la préparation de l'acide que mon fils distilla sur le Col même du Géant, sont contenus dans le même volume des Mémoires que je viens de citer. On y trouvera de même ceux de l'expérience sur les changements de couleur de différents corps par l'action de la lumiere; changements qui parurent aussi sensiblement plus grands sur la montagne.

*Durée des crépuscules.* §. 2090. Entre les phénomenes produits par la rareté & la grande transparence de l'air, l'un des plus remarquables est certainement celui de la durée des crépuscules, dont la lueur étoit sensible depuis le coucher du soleil jusques à son lever, pendant toutes les belles nuits que nous avons eu sur le Col du Géant, depuis le 2 jusques au 19 de juillet.

*Lueur répandue autour de l'horizon.* Mais je dois commencer par observer que pendant toute la nuit on distinguoit à l'horizon, dans tout le pourtour du ciel, une lueur pâle, quoique distincte, qui s'affoiblissoit par gradations jusques au 20 ou 25 degré où l'on atteignoit la couleur bleue du ciel, qui, depuis là, étoit uniforme jusques au zénith. Etoit-ce une lueur phosphorique de quelques vapeurs, (1) ou la lumiere des étoiles diffuse au travers de ces mêmes vapeurs? C'est ce que je n'oserois pas décider. Au moins n'étoit-ce pas, comme on pourroit le soupçonner, la reverbération des neiges, puisque les neiges n'occupoient pas comme cette vapeur tout

---

( 1 Divers phénomenes astronomiques disposent le célebre Herschel, à admettre dans bien des cas l'existence de ces vapeurs phosphoriques dans les atmosphéres des planetes. *Transact. Phil.* 1795, pag. 50.

MÉTÉOROLOGIE, Chap. IX.

le pourtour de notre horizon, & qu'elle ne paroissoit ni plus vive, ni plus élevée au-dessus des parties entièrement neigées.

OUTRE cette lueur générale, on distinguoit du côté du couchant une lumiere du même genre, mais sensiblement plus forte que dans tout le reste de l'horizon, & qui s'élevoit de 8 ou 10 degrés de plus. D'abord après le coucher du soleil on la voyoit au Nord-Ouest; de là elle marchoit vers le Nord qu'elle atteignoit à minuit, pour passer ensuite du côté de l'Est. Je pris d'abord cette lumiere pour une aurore boréale; mais sa parfaite uniformité, sa tranquillité & la régularité de sa marche, me firent rejeter cette idée. Il faut donc que ce soit le crépuscule, ou les parties supérieures, & ordinairement invisibles de la lumiere zodiacale, mais plutôt le crépuscule, puisque cette lumiere ne présentoit point la figure d'un fer de lance incliné sur l'horizon; mais qu'elle s'élevoit droit sous une forme arrondie & diffuse comme le crépuscule. Il est bien vrai que les astronomes n'ont fixé la durée du crépuscule que jusques au tems nécessaire pour que le soleil s'éleve ou s'abaisse de 18 degrés au-dessous de l'horizon, & qu'à minuit, au mois de juillet, le soleil sous cette latitude étoit descendu d'environ 45 degrés. Mais ces déterminations ont été prises dans l'air des plaines, & non point dans l'air rare & transparent d'une aussi haute montagne. (1)

---

[1] J'avois communiqué cette observation à M. PICTET, en lui demandant, comme à un des plus savants physiciens astronomes, son avis sur ce phénomene.

En me répondant, il commence par démontrer géométriquement " qu'en suppo-
„ sant le soleil à minuit à 45 degrés sous
„ l'horizon, & il devoit être plus bas à
„ l'époque des observations, qui étoit dans
„ le mois de juillet; il faudroit qu'à une
„ hauteur perpendiculaire de 121 lieues

„ au-dessus de l'horizon, il restât assez de
„ particules aériennes pour réfléchir une
„ lumiere sensible. Or, d'après Mariotte,
„ à 15 lieues & demi, hauteur à laquelle
„ on suppose communément les limites de
„ la réflexion aérienne, l'air ne soutient
„ plus qu'une 100ᵉ. de ligne de mercure;
„ à 20 lieues une 1000, à 24 lieues &
„ demi, une 10000, à 29 lieues, une
„ 100000, &c. &c. La quantité devient
„ donc physiquement insensible, beaucoup

*Bandes lumineuses au ciel.*

§. 2091. QUANT à l'aurore boréale, proprement dite, je n'en ai observé aucune sur le Col du Géant, mais le 12 juillet, un peu après minuit, j'observai un phénomene qui paroît dépendre de la même cause. C'étoient trois bandes lumineuses, blanchâtres qui se réunissoient en forme d'y à l'étoile la plus septentrionale ou β du Bouvier. De ces trois bandes, l'une traversoit la voie lactée & le quarré de Pégase ; la seconde, descendoit au Nord-Ouest & se cachoit derriere les montagnes ; la troisieme, se terminoit à l'α d'Ophiucus. La largeur de ces bandes étoit de trois à quatre degrés. Ce phénomene se dissipa pendant que j'étois dans ma tente occupé à le décrire. Quand je ressortis il n'en restoit plus aucun vestige.

*Scintillation des étoiles.*

§. 2092. LES étoiles paroissoient généralement plus petites que de la plaine ; cependant elles n'étoient point toutes exemptes de scin-

„ au-dessous de la hauteur que nous venons de trouver.
„ Mais seroit-il impossible & même improbable que le feu qui rayonne du dedans au-dehors de notre planette entrainât avec lui, au-delà des limites atmosphériques de l'air proprement dit, des particules de fluides évaporables qui auroient échappé aux causes de la condensation & au tamis de l'atmosphere, & formeroient au-dessus d'elle une couche indéfinie susceptible de réfléchir foiblement la lumiere. Ces fluides se forment avec d'autant plus de facilité que la pression est moindre, & ils sont fort à leur aise au-dessus de l'atmosphere ; quand une fois ils l'ont traversée ; ils sont peut-être là dans un état d'équilibre ; est-ce le feu qui tend à les emporter indéfinitivement, & la gravité qui les retient ? Cette gravité qui dimi-

„ nue comme les quarrés des distances augmentent, leur permet de s'accumuler sans exercer de pression proportionnelle.
„ Vous me direz que ces mêmes fluides devroient allonger le crépuscule pour les habitants de la plaine : je réponds que cette lumiere est si foible qu'elle se perd dans les couches épaisses qu'elle auroit à traverser pour arriver jusques à eux, & que les seuls habitants des hauteurs telles que le Col du Géant peuvent la recevoir. „

M. PICTET finit par dire, qu'il ne regarde cette idée que comme une hypothèse à laquelle il n'attache aucun prix. Mais j'ai cru devoir la communiquer à mes lecteurs, comme une des meilleures sources de solution d'un phénomene aussi difficile à expliquer.

tillation. Celles qui étoient voisines de l'horizon, la Chevre, par exemple, en avoient toujours une très-forte ; mais en s'élevant vers le zénith, on en trouvoit moins, quelquefois même point du tout. Ainsi le 2 de Juillet, à minuit, la Lyre, le Cygne, l'Aigle & leurs égales en hauteur, n'en avoient absolument aucune (6). Au contraire le 6, je voyois beaucoup de scintillation à Arcturus, assez à l'Aigle, un peu au Cygne ; la Lyre seule en étoit exempte, encore paroissoit-elle lancer de tems en tems quelques rayons. Je ne suis donc pas étonné de ce que M. BEAUCHAMP, dans la recitation de son voyage en Perse, affirme, que non-seulement en Perse, mais à Paris même, la Lyre & l'Aigle, à leur passage au méridien, ne scintilloient point, & que la scintillation des autres étoiles ne passoient guere 40 à 50 degrés. *Journal des Savants.*

EN effet, il paroît que ce phénomene n'est point constamment le même dans le même lieu. M. le Marquis DE SOUZA, dont j'ai eu occasion de parler ailleurs, §. 1307, m'assuroit que, sous le beau ciel du Portugal, la scintillation des étoiles varioit beaucoup ; qu'on la voyoit quelquefois très-vive par la nuit la plus sereine ; que communément l'on regardoit ce phénomene comme un indice de vent, & que même ce présage étoit rarement trompeur. En effet, il est bien naturel que les fortes ondulations de l'air y produisent des alternatives de condensation & de dilatation, qui font osciller les rayons dans leur passage au travers de l'atmosphere.

JE vois même, par mon Journal, que le 6 de Juillet, le lendemain du jour où j'avois observé cette forte scintillation, il s'éleva dès le matin un vent de Nord-Ouest assez fort, accompagné de neige & de gresil. Au contraire, le 13, le lendemain du jour où elle avoit été foible, l'air fut presque calme pendant toute la journée.

---

(6) Le même jour & à la même heure, le crépuscule étoit très-distinct au Nord.

# CHAPITRE X.

## PHÉNOMENES RELATIFS A L'AIMANT.

**Déclinaison de l'aiguille.**

§. 2093. Au premier Juillet, mon fils traça, à Chamouni, une méridienne, d'après laquelle il trouva la déclinaison de l'aiguille aimantée de 19 degrés. Le 7 du même mois, il répéta la même opération sur le Col du Géant, & il y trouva la déclinaison de 19 degrés 5 minutes.

**Variation diurne.**

§. 2094. La variation diurne étoit un des objets d'observation qui m'intéressoit le plus, & pour lequel j'avois fait d'avance des préparatifs avec beaucoup de soin. Je me servis pour cela d'une grande boussole de variation de Knight, que j'avois rapportée d'Angleterre.

**Suspension de l'aiguille.**

L'aiguille de cette boussole a 23 pouces 8 lignes de longueur, & son limbe, que l'on observe à l'aide d'un microscope, est divisé de maniere que l'on peut observer avec certitude une variation de 20 secondes. Malheureusement, le poids de cette aiguille, qui est de 6 onces $\frac{1}{4}$, émousse en peu de tems le pivot d'acier qui la porte, & lui ôte sa mobilité.

J'ai paré à cet inconvénient, en suspendant cette même aiguille à un fil de soie, suivant le procédé de M. Coulomb; mais je n'ai pu employer, comme il le conseille, des brins de soie simples, réunis sans torsion par de l'eau de gomme : le grand poids de l'aiguille rompoit l'un après l'autre ces fils trop foiblement unis, & l'aiguille tomboit au fond de la boite. Je fus obligé d'avoir recours à un fil de *mort-à-pêche*; mais comme ce fil, quoique délié, me paroissoit un peu roide, je crus devoir, avant de l'employer, faire, suivant les principes de M. Coulomb, l'épreuve de fa force de tenſion. Je fis conſtruire en cuivre une aiguille de la même forme, de la même longueur & du même poids que mon aiguille aimantée ; je ſuſpendis cette aiguille au fil de mort-à-pêche, que je deſtinois à ma bouſſole ; je le fis oſciller dans une boîte qui le préſervoit de l'agitation de l'air ; & je vis d'abord, comme le dit M. Coulomb, que ſes oſcillations étoient iſochrones, quelle que fût l'étendue des arcs que je lui faiſois parcourir, du moins entre les limites de 23 à 54 degrés ; ſix de ces oſcillations employerent 24' 35" ; ce qui faiſoit pour chacune 4' 5" 50‴. Enſuite, je ſuſpendis l'aiguille aimantée au même fil ſans le tordre, & elle fit vingt oſcillations dans 5', ce qui faiſoit 15" par oſcillation. Or, l'aiguille de cuivre n'oſcilloit que par la force de torſion du fil, & l'aiguille aimantée par la force magnétique réunie à celle de torſion. Donc la force de torſion étoit aux deux autres réunies, dans le rapport inverſe des quarrés des tems de ces oſcillations, ou comme le quarré de 4' 5" 50‴, ou 14750‴ au quarré de 13" ou de 900‴ ; c'eſt-à-dire, comme 269 à 1. Il ſuit de-là que ſi la force magnétique faiſoit faire à l'aiguille, dans un même jour, une variation d'un degré dans le même ſens, & que la force de tenſion contrariât cette variation, elle ne pouvoit la diminuer que de la 268ᵉ partie d'un degré, c'eſt-à-dire, d'environ 13 ſecondes ; quantité que l'on ne pourroit pas même meſurer avec cette bouſſole. (1)

§. 2095. Ayant ainſi acquis de la confiance pour ma bouſſole, je la portai dans ce voyage, & je voulus d'abord l'éprouver à Chamouni.

§. 2096. Nous arrivâmes le 12 de Juin à Chamouni, & dès le 13, la bouſſole fut établie dans la cave ſur le fond d'un vieux tonneau

*Variations à Chamouni.*

---

(1) Ce qui me faiſoit déſirer de faire ces obſervations avec ſoin, & dans des lieux très-différents, ce ſont les doutes que le célebre Wanswinden a élevés ſur l'univerſalité du phénomene des variations diurnes, & la concluſion qu'il tire d'un grand nombre d'obſervations comparées ; que *la variation diurne réglée n'eſt pas un phénomene coſmique, & ne dépend pas d'une cauſe générale.* Savants étrangers, Tome VIII, page 335.

court & épais, que je crus très-solide & bien saturé de l'humidité de la cave; mais je m'apperçus bientôt que ce tonneau étoit sujet à des variations hygrométriques, qui faisoient varier la bouffole. Alors je fis établir un maffif de granit feuilleté, folidement arrangé, fur lequel je plaçai la bouffole. Cela fut exécuté le 16, à 10 heures du matin. Cependant, je ne crus pouvoir compter fur mes obfervations que dès le 17, & je les fuivis jufqu'au premier de Juillet, jour de notre départ pour le Col du Géant.

Je joins ici le tableau des réfultats de ces obfervations. Je les ai préfentées fous une forme qui montre les variations à l'Eft & à l'Ouest, fans noter les déclinaisons abfolues que j'ai données dans le §. précédent, & dont la répétition peut répandre de la confufion.

J'observerai de plus, que quoique j'aie marqué fur mon Journal les obfervations de deux en deux heures, & fouvent plus fréquemment, je n'ai relevé dans mes tableaux que celles où je voyois l'aiguille changer de direction; c'eft-à-dire, marcher à l'Eft après avoir marché à l'Oueft ou réciproquement; & même d'entre celles-ci, je n'ai tranfcrit que celles qui excédoient trois minutes; les ofcillations plus petites auroient auffi, par leur répétition, jeté de la confufion dans les tableaux.

J'observerai enfin, que quoique j'aie conftamment tenu un thermometre & un hygrometre fufpendus à côté de la bouffole, je n'ai point rapporté ici ces obfervations, parce que j'ai vu clairement qu'elles n'avoient aucun rapport avec les variations magnétiques.

Obfervations des variations au Col du Géant. Aux obfervations que je fis à Chamouni avant de monter au Col du Géant, j'ai joint celles que je fis à mon retour dans la même vallée, pour voir fi, dans cet intervalle, il y auroit eu quelques changements fenfibles.

§. 2097. J'ai dit que, dès le lendemain de notre arrivée au Col du Géant, nous avions fait les difpofitions néceffaires pour nos obfervations,

vations, & qu'en particulier, nous avions établi un piedestal pour la bouſſole de variation. Ce piedeſtal étoit une eſpece d'autel, conſtruit de grandes dalles de granit feuilleté, au milieu d'une de nos tentes, de laquelle nous avions éloigné tous les aimants & les inſtrumens de fer. Cela ſe trouva prêt dès le matin, & je commençai à obſerver, le 4 de Juillet, à 10 heures ½. Les premieres variations me parurent un peu extraordinaires; je m'apperçus que le corps entier de la bouſſole avoit quelque mouvement; je crus le piedeſtal mal affermi, & je le fis reconſtruire avec plus de ſolidité.

Le même mouvement s'étant manifeſté de nouveau, je crus que le terrein n'étoit pas ſolide, & qu'il s'affaiſſoit ſous le poids du piedeſtal. Je fis alors enlever toute la terre du fond de la tente, & rebâtir le piedeſtal ſur le roc. Je perdis ainſi beaucoup de tems en efforts inutiles, lorſqu'enfin je découvris que le rocher ſur lequel repoſoit mon piedeſtal étoit détaché de la montagne, & ne repoſoit que ſur un maſſif de glace qui, ſe fondant en partie pendant le jour, changeoit la ſituation du rocher dont elle formoit la baſe. Je reconnus alors qu'il étoit impoſſible de trouver une aſſiette ſolide dans la place qu'occupoit cette tente; je fis creuſer ſous l'autre; & après m'être bien aſſuré qu'elle n'avoit point un fond de glace, j'en ôtai tous les inſtruments de fer, & j'y plaçai le piedeſtal & la bouſſole, qui alors demeura ferme dans ſa poſition. Tous ces déplacements nous donnerent une fatigue & un ennui extrêmes. Six fois je commençai & inutilement la ſuite de mes obſervations; ce ne fut qu'à la ſeptieme, le 11 Juillet à midi, que je commençai celles dont je donne ici les réſultats, regrettant bien celles que nous aurions commencées ſept jours plutôt, s'il nous avoit été poſſible de découvrir que le terrein & le rocher même, ſur lequel cette tente étoit placée, ne repoſoient que ſur un maſſif de glace.

§. 2098. Enfin, pour avoir un troiſieme objet de comparaiſon, dès que je fus de retour à Geneve, je dreſſai ma tente dans un jardin au bord du lac; j'établis ma bouſſole ſur un piedeſtal de pierre, &

*Obſervation de la variation au bord du lac.*

je l'obfervai réguliérement à-peu-près d'heure en heure depuis le grand matin jufqu'à minuit. Je ne pus continuer ces obfervations que pendant huit jours; mais cela fuffifoit à mon but, vu l'accord qui fe trouva entre ces obfervations & celles que j'avois faites, tant dans la vallée de Chamouni que fur le Col du Géant. Je les repris enfuite; mais comme c'étoit dans une faifon différente, elles n'avoient plus le même rapport avec les autres. Ainfi, je ne les donne point en détail ici; je me bornerai à dire que les variations du foir, qui avoient été affez réguliérement en fens contraire, entre dix heures & minuit pendant les mois d'été, ne fe manifefterent point dans les derniers quinze jours de Novembre. Dès-lors, depuis que l'aiguille avoit atteint fon *maximum* à l'Oueft environ à une heure de l'après-midi, elle marchoit conftamment à l'Eft jufqu'à onze heure ou minuit, d'où elle fe retournoit à l'Oueft jufqu'à une heure de l'après-midi du lendemain. Ainfi, elle ne faifoit à la fin de l'automne que deux variations dans les vingt-quatre heures, au lieu de quatre qu'elle faifoit en été.

# AIMANT. Chap. X.

## VARIARIONS A CHAMOUNI.

| Intervalles des variations. | Eſt. | Oueſt. |
|---|---|---|
| De 7 m. à 1 ſ. | | 17,,20 |
| De 1 ſ. à 9. | 12,,20 | |
| De 9 ſ. à minuit. | | 9,,40 |
| De minuit à 7 m. | 15,,20 | |
| De 7 m. à 1 ſ. | | 17,,30 |
| De 1 ſ. à 6. | 10,,10 | |
| De 6 ſ. à 10. | | 5,,50 |
| De 10 ſ. à 9 m. du 19. | 11,,50 | |
| De 9 m. à 2 ſ. | | 16,,40 |
| De 2 ſ. à 7 m. du 20. | 21,,20 | |
| De 7 m. à 1 ſ. | | 17,,40 |
| De 1 ſ. à 10. | 8,,20 | |
| De 10 ſ. à 11. | | 4,,10 |
| De 11 ſ. à 7 m. du 21. | 7,,50 | |
| De 7 m. à 2 ſ. | | 14,,50 |
| De 2 ſ. à 10. | 12,,0 | |
| De 10 à minuit. | | 5,,0 |
| De minuit à 8 h. m. | 12,,0 | |
| De 8 m. à 2 ſ. | | 16,,40 |
| De 2 ſ. à 6. | 9,,0 | |
| De 6 à minuit. | | 4,,10 |
| De minuit à 7 m. | 12,,30 | |
| De 7 m. à 3 ſ. | | 21,,30 |
| De 33 à 2 m. du 24. | 33,,0 | |
| De 2 m. à 2 ſ. | | 37,,50 |
| De 2 ſ. à 7. | 17,,10 | |
| De 7 ſ. à 8. | | 5,,30 |
| De 8 ſ. à 10½. | 4,,10 | |
| De 10½ à 11½. | | 6,,40 |
| De 11½ ſ. à 7 m. du 25. | 7,,20 | |
| De 7 m. à 2 ſ. | | 16,,20 |
| De 2 ſ. à 6. | 14,,0 | |
| De 6 à 8½ ſ. | | 13,,20 |
| De 8½ ſ. à 8¾ m. du 26. | 11,,20 | |
| De 8¾ m. à 2 ſ. | | 23,,0 |
| De 2 ſ. à 7. | 21,,40 | |
| De 7 ſ. à 9. | | 9,,20 |
| De 9 ſ. à 9 m. du 27. | 10,,40 | |

| Quant. | Intervalles des variations. | Eſt. | Oueſt. |
|---|---|---|---|
| Juin 27. | De 9 m. à 2 ſ. | | 20,,0 |
| | De 2 ſ. à 6. | 12,,0 | |
| | De 6 ſ. à 8. | | 5,,30 |
| | De 8 ſ. à 11. | 7,,40 | |
| | De 11 ſ. à minuit. | | 7,,40 |
| 28. | De minuit à 8 m. | 8,,40 | |
| | De 8 m. à 1 ſ. | | 16,,0 |
| | De 1 ſ. à 7. | 15,,0 | |
| | De 7 ſ. à 9. | | 5,,10 |
| | De 9 ſ. à 7 m. du 29. | 10,,10 | |
| 29. | De 7 m. à 2 ſ. | | 19,,40 |
| | De 2 ſ. à 7. | 13,,0 | |
| | De 7 à 11. | | 4,,40 |
| | De 11 ſ. à 8 m. du 30. | 16,,20 | |
| 30. | De 8 m. à 2 ſ. | | 18,,20 |
| | De 2 ſ. à 10. | 8,,20 | |
| | De 10 à minuit. | | 4,,40 |
| Juill. 1. | De minuit à 7 m. | 13,,20 | |
| 23. | De 9 h. ſ. à minuit. | | 9,,20 |
| 24. | De minuit à 7 m. | 10,,40 | |
| | De 7 m. à 1 ſ. | | 15,,40 |
| | De 1 ſ. à 7. | 7,,50 | |
| | De 7 ſ. à minuit. | | 4,,50 |
| 25. | De minuit à 8 m. | 7,,50 | |
| | De 8 m. à 1 ſ. | | 20,,0 |
| | De 1 ſ. à 7 m. du 26. | 35,,10 | |
| 26. | De 7 m. à 2 ſ. | | 12,,40 |
| | De 2 ſ. à 7. | 5,,40 | |
| | De 7 à 9. | | 6,,20 |
| | De 9 ſ. à 11. | 6,,20 | |
| | De 11 à minuit. | | 4,,40 |
| 27. | De minuit à 7 m. | 13,,0 | |
| | A 7 h. 17 m. | grand mouv. | |

## VARIATIONS AU COL DU GÉANT.

| Quant. Juillet | Intervalles des variations. | Eſt. | Oueſt. |
|---|---|---|---|
| 11. | De midi à 6 ſ. | 10,,0 | |
| | De 6 ſ. à 11½. | | 5,,30 |
| | De 11½ à 7 m. du 12. | 7,,50 | |
| 12. | De 7 m. à 2 ſ. | | 17,,40 |
| | De 2 ſ. à 3½. | 10,,40 | |
| | De 3½ à 11, varie d'heur. en heures; mais de 2 minutes au plus. | | |
| | De 11 ſ. à 8 m. du 13. | 9,,40 | |
| 13. | De 8 m. à 3 ſ. | | 13,,0 |
| | De 3 ſ. à 6. | 6,,20 | |
| | De 6 ſ. à 10½. | | 5,,0 |
| | De 10½ à 6 m. du 14. | 8,,10 | |
| 14. | De 6 m. à 4 ſ. | | 17,,20 |
| | De 4 ſ. à 8. | 16,,40 | |
| | De 8 ſ. à 10. | | 7,,0 |
| | De 10 ſ. à 9 m. du 15. | 8,,40 | |
| 15. | De 9 m. à 12½. | | 11,,40 |
| | De 12½ à 6. | 7,,0 | |
| | De 6 ſ. à 9½. | | 2,,40 |
| | De 9½ à 10 m. du 16. | 10,,20 | |
| 16. | De 10 m. à 1 ſ. | | 15,,20 |
| | De 1 ſ. à 5. | 6,,0 | |
| | D 5 ſ. à 9. | | 3,,20 |
| | De 9 ſ. à 9 m. du 17. | 13,,20 | |
| 17. | De 9 m. à 2 ſ. | | 18,,40 |
| | De 2 ſ. à 5½. | 9,,40 | |
| | De 5½ ſ. à 10. | | 3,,40 |
| | De 10 ſ. à 8 m. du 18. | 9,,0 | |
| 18. | De 8 m. à 2 ſ. | | 16,,20 |
| | De 2 ſ. à 7. | 12,,40 | |
| | De 7 ſ. à minuit. | | 5,,0 |
| 19. | De minuit à 7 m. | 10,,40 | |

## VARIATIONS AU BORD DU LAC DE GENEVE.

| Quant. Août. | Intervalles des variations. | Eſt. | Oueſt. |
|---|---|---|---|
| 3. | De 1 ſ. à 6. | 11,,20 | |
| | De 6 ſ. à 9. | | 5 |
| | De 9 ſ. à 7 m. du 4. | 10,,20 | |
| 4. | De 7 m. à 1 ſ. | | 17, |
| | De 1 ſ. à 7. | 11,,20 | |
| | De 7 ſ. à minuit. | | 3 |
| 5. | De minuit à 9 m. | 5,,0 | |
| | De 9 m. à 1 ſ. | | 17, |
| | De 1 ſ. à 6. | 13,,40 | |
| | De 6 ſ. à 10. | | 23, |
| | De 10 ſ. à 7 m. du 6. | 30,,20 | |
| 6. | De 7 m. à 1 ſ. | | 24, |
| | De 1 ſ. à 8½. | 12,,40 | |
| | De 8½ ſ. à minuit. | | |
| 7. | De minuit à 8 m. | 8,,40 | |
| | De 8 m. à 1½ ſ. | | 13 |
| | De 1½ ſ. à 6½. | 9,,40 | |
| | De 6½ à 11. | | 6 |
| | De 11 ſ. à 8½ du 8. | 10,,20 | |
| 8. | De 8 m. à 1 ſ. | | 17,, |
| | De 1 ſ. à 5. | 11,,30 | |
| | De 5 ſ. à minuit. | | 4, |
| 9. | De minuit à 8 m. | 11,,40 | |
| | De 8 m. à 1 ſ. | | 14, |
| | De 1 ſ. à 6. | 6,,40 | |
| | De 6 à minuit. | | 4, |
| 10. | De minuit à 8 m. | 6,,50 | |
| | De 8 m. à 1½ ſ. | | 14 |
| | De 1½ ſ. à 11. | 11,,20 | |

§. 2099. Il y auroit un grand nombre de considérations à faire sur ces observations; mais je me bornerai à un ou deux résultats généraux.

*Résultats généraux.*

1°. Celui qui étoit le but essentiel de ces recherches, c'est que la variation diurne de l'aiguille a lieu sur une de nos plus hautes montagnes, comme dans une vallée étroite & profonde, située au pied de cette montagne, & dans le milieu d'une plaine ou d'une large vallée.

2°. Qu'en général, comme CANTON l'avoit observé le premier, l'aiguille, depuis le matin jusqu'à une heure ou deux de l'après-midi, marche à l'Ouest; & que depuis qu'elle a atteint son *maximum* de ce côté-là, elle rétrograde vers l'Est.

3°. Que très-fréquemment vers les six heures du soir, ou un peu plus tard, il y a un mouvement moins grand que les deux précédents, par lesquels l'aiguille retourne à l'Ouest; après quoi depuis dix heures ou minuit, elle retourne à l'Est jusques vers les sept heures du matin, & de-là à l'Ouest jusqu'à une heure; ensorte qu'après ces quatre variations, dont deux à l'Est & deux à l'Ouest, elle se retrouve au bout de vingt-quatre heures à-peu-près au terme d'où elle étoit partie.

§. 2100. Quant aux comparaisons que l'on pourroit faire entre les variations observées sur ces différents sites, leurs différences ne sont pas assez saillantes pour que leur grandeur compense la petitesse de leur nombre. Il faudroit des observations suivies pendant des années, pour que ces petites différences puissent conduire à des résultats dignes de quelque confiance.

*Comparaison entre les observations sur ces différents sites.*

Je dirai seulement que si l'on prend pour chaque site la somme des variations qui y ont été observées, & que l'on divise chacune de ces sommes par le nombre des observations, on trouvera que c'est à Chamouni qu'ont eu lieu les variations les plus grandes; leur moyenne est 12′ 35″, les plus petites sur le Col du Géant 10′ 18″, & les moyennes au bord du lac 10′ 49″. On ne peut guere attribuer ce rapport à celui des températures, puisque le bord du lac, plus chaud que Chamouni, auroit dû les donner plus grandes; on pourroit plutôt l'attribuer à l'isolement : les variations ayant été les plus petites dans le lieu le plus isolé qui est le Col du Géant; les plus grandes, dans le moins isolé qui est Chamouni, & moyennes au bord du lac où l'isolement est moyen entre ces deux extrêmes. Mais encore une fois, je n'attache aucun prix à ces conjectures, ni à d'autres comparaisons de ce genre, que l'on pourroit faire entre ces observations.

*Conjectures.* §. 2101. J'EN dirai autant des hypothèses que l'on pourroit former sur la cause générale des variations diurnes. Malgré les pénibles & profondes recherches de plusieurs savants, & en particulier celles de MM. VANSWINDEN, CASSINI, COTTE, nous sommes bien éloignés d'avoir un ensemble de faits suffisants pour former des conjectures un peu satisfaisantes. Il me semble pourtant que les observations connues paroissent indiquer l'action d'une matiere fluide, susceptible de grandes ondulations; que cette matiere, sans être le fluide magnétique, a pourtant sur ce fluide une certaine influence, & qu'elle est elle-même soumise à l'action du calorique ou de la lumiere.

En effet, les observations de CANTON, confirmées par celles de la plupart des observateurs modernes, ont prouvé que les variations diurnes ont un rapport constant, soit avec les heures du jour, soit avec les saisons : rapport qui paroit dépendre du calorique ou de la lumiere, ou peut-être du balancement général des vapeurs ou des exhalaisons, plutôt que de la gravitation. De plus, les belles observations de M. CASSINI, confirmées par celles de M. COTTE, *Journal de physique, Avril & Mai* 1792, prouvent dans les variations magnétiques une période extrêmement remarquable, uniquement relative à la situation de la terre par rapport au soleil.

Or, diverses observations, & en particulier celles dont je viens de donner le tableau, semblent prouver que cette matiere, qui modifie l'action du fluide magnétique & à laquelle j'attribue les variations diurnes, est sujette à un flux & à un reflux, qui, du moins en été, agissent en sens contraire quatre fois dans les vingt-quatre heures. Il résulte de cette action d'abord un grand balancement de l'aiguille vers l'Est, depuis onze heures du soir ou minuit jusques vers les sept ou huit heures du matin; puis un reflux à-peu-près égal vers l'Ouest, depuis le matin jusqu'à une heure ou deux heures de l'après-midi; ensuite un troisieme balancement, moins grand que les deux premiers, qui porte l'aiguille vers l'Est, depuis une ou deux heures jusqu'à six ou sept; & enfin un quatrieme, à-peu-près égal au précédent, qui la reporte vers l'Ouest depuis six ou sept heures du soir jusqu'à minuit.

Mais ces flux & ces reflux sont sujets à être troublés par des causes accidentelles, & singuliérement par la matiere des aurores boréales. D'ailleurs, outre ces grands mouvements, il y a dans ce fluide beaucoup d'ondulations plus petites, qui produisent dans l'aiguille des oscillations, tantôt conformes, tantôt contraires à celles des grandes qui paroissent plus régulieres. Peut-être encore le balancement des vapeurs, plus grand dans les saisons chaudes que dans les froides, contribue-t-il à la différence que l'on observe entre ces saisons.

§. 2102. Tous les systêmes qui placent la cause des variations diurnes, soit dans la terre, soit dans l'atmosphere, sont opposés à l'idée de M. van Swinden, qui dit, *qu'il est au moins très-improbable que la cause des variations périodiques soit extérieure aux aiguilles, & qu'au contraire, il est très-probable que la cause des variations diurnes régulieres est intérieure aux aiguilles mêmes.* Mémoire, page 480. Mais ensuite il s'objecte à lui-même la difficulté d'expliquer, dans cette hypothese, la périodicité de ces mouvements.

*Opinion de M. van Swinden.*

Ce qui paroît avoir donné le plus de force à cette opinion dans l'esprit de ce Physicien célebre, c'est ce qui a été observé en Hollande, *que deux aiguilles ont des variations différentes, quoique placées très-*

*près les unes des autres.* Il est certain que ce fait ne peut s'expliquer qu'en admettant que l'action du fluide magnétique est différente sur différentes aiguilles; & il est aisé de concevoir que, si une aiguille a quelque vice intérieur, qu'elle ait plus de deux pôles; par exemple, & que ces pôles ne soient pas sur la même ligne, des augmentations ou des diminutions dans la force magnétique, pourront, même sans aucun changement dans la direction de cette force, produire dans la direction de cette aiguille des variations différentes de celles qui auront lieu dans des aiguilles parfaites qui n'auront que deux pôles, ou qui, si elles en ont plus de deux, les auront égaux en force & sur une même ligne. Mais que, par des causes purement intérieures, des aiguilles puissent avoir des variations régulieres, les mêmes en différents lieux, & relatives à la situation horaire & annuelle de la terre par rapport au soleil, c'est ce que je ne puis concevoir en aucune maniere.

Je parlerai ailleurs de l'hypothese de Canton. Quant à présent, je m'en tiens aux idées que j'ai proposées, en avouant qu'elles sont encore bien vagues & bien indéterminées. J'ajouterai seulement en leur faveur, que leurs principes se concilient très-heureusement avec l'ingénieux système de M. Prevôt sur l'origine des forces magnétiques.

*Nombre des oscillations.* §. 2103. J'ai aussi comparé entr'elles les forces magnétiques, dans les plaines, à Chamouni & sur le Col du Géant. J'ai employé pour cela les vitesses des oscillations de la même aiguille suspendue au même fil. Je mesurois exactement, avec une montre à secondes, le tems que cette aiguille mettoit à faire vingt oscillations, dont la premiere décrivoit un arc de 7 degrés, & la derniere un arc de 2°, 30'. A Geneve, ces vingt oscillations employerent 5' 2"; 4' 50"; 5'; 4' 40"; dont la moyenne étoit 5' 0" 4, le thermometre étant à 6 degrés. A Chamouni, 5' 33"; 5' 34"; moyenne 5' 33", 5; thermometre 12 deg. Au Col du Géant, 5' 30", 3; 5' 30", 5; 5' 31", 4; 5' 34", 6; moyenne 5' 32", 45; thermometre 12, 4.

Or.

# AIMANT. Chap. X.

Or, les forces magnétiques sont inversement comme les quarrés des tems. Mais, à Geneve, le tems étoit 5′ 0″, 4 ou 300″, 4, dont le quarré = 111155, 56 ; à Chamouni, 5′ 33″ 5 = 333″ 5, dont le quarré = 111223. Au Géant 5′ 32″, 45 = 332″, 45, dont le quarré = 11523, 0025 ; d'où il suivroit que la plus grande force étoit dans la plaine, & la plus petite sur la plus haute montagne, à-peu-près d'une cinquième : observation bien importante, si elle étoit confirmée par des expériences répétées, & faites à la même température.

La force magnétique étoit aussi plus petite à Chamouni que dans la plaine ; mais dans un rapport moins grand que celui de Geneve au Col du Géant.

§. 2104. Nous avions porté sur le Col du Géant un de ces instruments que j'ai nommé *magnétomètre*, où l'on mesure la force d'un aimant par la quantité angulaire de la déviation qu'il produit sur une aiguille de cuivre libre & verticale, à laquelle est suspendue une balle de fer, soumise à l'attraction de cet aimant, §§. 455 & suivants.

<small>Magnéto-mètre.</small>

J'espérois que cet instrument pourroit indiquer les variations diurnes de la force magnétique ; mais je n'en ai apperçu d'autres que celles qui dépendoient du calorique, l'intensité de son action diminuant la force magnétique, tandis que le froid l'augmente ; & ces différences mêmes peuvent se mesurer avec plus d'exactitude par la vitesse des vibrations d'une aiguille de boussole bien suspendue.

Mais j'ai employé cet instrument avec plus de succès, pour estimer l'attraction magnétique des montagnes, comme je l'ai faite sur le Cramont, §. 921. Car depuis que M. Coulomb a confirmé, par des expériences directes, la raison inverse du quarré des distances que Lambert avoit annoncée, j'ai reconnu que je m'étois trompé, lorsque, dans le §. 83 du premier volume de ces voyages, d'après quelques expériences qui m'avoient induit en erreur, j'avois cru pouvoir affirmer, que la force magnétique n'est proportionnelle à aucune fonction des distances.

Or, en partant de ce principe, il n'est pas difficile d'évaluer les variations réelles des forces magnétiques d'après celles qu'indique le magnétometre. Mais les détails de ces calculs nous écarteroient trop du but principal de ces voyages. Cet objet pourra former le sujet d'un Mémoire séparé.

# CHAPITRE XI.

## OBSERVATIONS RELATIVES A LA PHYSIOLOGIE.

§. 2105. Il étoit intéressant d'observer quel seroit sur nos corps l'effet d'un séjour prolongé dans un air aussi rare que celui que nous respirions sur le Col du Géant. Il faut se rappeller que la hauteur moyenne du baromètre fut pendant notre séjour d'environ 19 pouces, c'est-à-dire, de 9 pouces plus bas qu'au bord de la mer, & qu'ainsi la densité de l'air étoit là de près d'un tiers plus petite. *Introduction.*

M. Odier, Docteur en médecine, très-zélé pour les progrès de son art, m'avoit donné quelques questions qui devoient servir de texte à mes observations.

§. 2106. *Déterminer avec précision le degré de chaleur animale.* Dans la matinée du 17, dans un moment où j'étois bien tranquille, & sans m'être donné aucun mouvement violent, je plaçai sous ma langue un petit thermomètre de mercure en tenant la bouche fermée, & j'observai en même tems ce thermomètre avec une loupe; je le trouvai à 29 ½, & c'étoit aussi dans les mêmes circonstances le même degré dans la plaine. *Chaleur animale.*

§. 2106. *Compter le nombre d'inspirations & d'expirations qu'un homme bien tranquille & non prévenu peut faire dans une minute, ainsi que le rapport de ce nombre à celui des pulsations du poulx.* Dans les mêmes circonstances que celles du §. précédent, je trouvai d'abord 75 pulsations pour chaque inspiration & autant pour chaque *Respirations & battements du poulx.*

expiration. Mais une autre fois, en prenant un plus grand nombre, & qui par cela même méritoit une plus grande confiance, je trouvai que je faisois 10 inspirations & expirations en 35 secondes, ce qui revient à 17 par minute, & que mon poulx faisoit 79 pulsations aussi dans une minute.

**Suspendre le poulx par une inspiration profonde.**

§. 2107. *Essayer de faire inspirer assez profondément pour arrêter le poulx du poignet gauche, en supposant que le même individu puisse le faire dans la plaine.*

Le 19, en me levant, & assis sur mon matelas, j'ai réussi à arrêter le poulx du poignet gauche en prolongeant pendant 10 secondes l'inspiration; sur-le-champ je répétai l'épreuve, & le poulx s'arrêta à la 15.me seconde; la troisieme fois, à la 35.me seconde, le poulx résistoit encore, lorsque je fus forcé de reprendre haleine. En faisant la même épreuve debout, je ne pus point arrêter le poulx; mais il est vrai que je ne pus prolonger l'inspiration que pendant 32 secondes. Cette épreuve ne paroît donc pas, au moins pour moi, susceptible d'une comparaison réguliere.

**Nombre des pulsations couché & debout.**

§. 2108. *Compter le poulx dans une situation parfaitement verticale, si la différence est plus grande que dans la plaine, c'est une preuve que l'air des hautes montagnes augmente l'irritabilité du cœur.*

Le 18 juillet, dans l'après midi, après avoir fait à terre, sur mon matelas un petit sommeil, dans une situation horizontale; je comptai dans cette même situation 83 pulsations par minute. Je me levai alors, & étant debout j'en comptai 88; mais soupçonnant que l'effort que j'avois fait en me levant de terre pouvoit avoir contribué à cette accélération, je me reposai pendant quelques instants, & alors je ne comptai plus que 82 pulsations.

**Durée de l'inspiration.**

§. 2109. *Déterminer par comparaison si l'inspiration peut être aussi long-tems prolongée sur la montagne que dans la plaine.*

*PHYSIOLOGIE*, Chap. XI.

J'AI rapporté dans le §. 2104 les essais que j'avois faits sur la montagne. J'oubliai ensuite de les répéter dans la plaine à mon retour, & dès lors mon tempérament à été si fort altéré par les fatigues & les maladies, que les épreuves comparatives que je pourrois faire ne donneroient aucune induction sur laquelle on pût compter.

*Déterminer, s'il est possible comparativement, la proportion des urines à la boisson.* Nous manquions des facilités nécessaires pour faire ces comparaisons.

<small>Essai négligé.</small>

§. 2110. *Vérifier sur-tout si les effets de l'air raréfié se manifestent tout d'un coup ou graduellement.*

IL nous a paru que les effets généraux ont été à peu-près les mêmes pendant toute la durée de notre séjour. En arrivant, nous nous trouvâmes tous plus essoufflés que nous ne l'aurions été après avoir fait dans la dernière matinée une montée égale à celle-là sur une montagne moins élevée. Les jours suivants, bien loin que l'incommodité allât en croissant, nos compagnons, de même que mon fils & moi, nous croyions nous être accoutumés à cet air : cependant lorsque nous y faisions attention, & sur-tout lorsque nous faisions des essais dans ce but, nous trouvions que si l'on couroit, si l'on se tenoit dans une attitude gênée, & principalement dans une situation où la poitrine fut comprimée, on étoit beaucoup plus essoufflé que dans la plaine, & cela dans une progression croissante; ensorte, que de moment en moment, il devenoit plus difficile, & même enfin impossible de soutenir ces efforts.

<small>Effets de l'air raréfié si l'on s'y accoutume</small>

§. 2111. COMME nos observations nous obligeoient à nous tenir en plein air pendant presque tout le jour, j'avois recommandé à mon fils & à mon domestique d'avoir toujours, comme je le faisois moi-même, un crêpe sur le visage. Mon domestique crut pouvoir s'en passer, mais il lui survint une enflure de toute la face, & en particulier des lèvres, qui le rendoit hideux & qui fut même accom-

<small>Enflure produite par l'action de l'air & de la lumiere.</small>

pagnée de gerçures très-douloureuſes. Cela fit penſer à mon fils que peut-être l'action du ſoleil produiſoit-elle un dégagement d'air qui occaſionnoit cette enflure.

Pour voir ſi cet air ſe manifeſteroit au-dehors, il fit tenir à ce même jeune homme ſes mains dans l'eau au ſoleil ; elles ſe couvrirent auſſi-tôt de petites bulles ; on les eſſuya, puis quand on les replongea dans l'eau, il reparut encore des bulles ; on les fit eſſuyer une ſeconde fois, & on les plongea pour la troiſieme fois ; mais alors on ne put plus appercevoir aucune bulle. Nous conclûmes delà que les bulles que nous avions vues d'abord n'étoient que de l'air adhérant à la ſurface de la peau.

**Autres obſervations.** §. 2112. Il nous parut qu'en général nous avions le genre nerveux plus irritable, que nous étions plus ſujets à l'impatience, & même à des mouvements de colere ; nous étions ſenſiblement plus altérés ; la faim paroiſſoit plus inquiétante & plus impérieuſe ; mais auſſi nous étions beaucoup plus faciles à raſſaſier, & mes digeſtions paroiſſoient ſe faire plus promptement que dans la plaine. D'ailleurs, il nous ſembloit, à mon fils & à moi, que dans nos travaux & nos obſervations relatives à la phyſique, nous avions l'eſprit ſenſiblement plus libre, plus actif & moins facile à fatiguer ; je dirai même plus inventif que dans la plaine, & je ſouhaiterois que nos lecteurs en trouvaſſent la preuve dans l'expoſé de nos occupations pendant ces 17 jours.

# SIXIEME VOYAGE.
## MONT-ROSE.

### INTRODUCTION.

Depuis long-tems le Mont-Rose (*Monte-Rosa*) étoit l'objet de ma curiosité. Cette haute montagne domine la lisiere méridionale de la chaîne des Alpes, comme le Mont-Blanc domine la lisiere septentrionale de cette même chaîne. On voit le Mont-Rose de toutes les plaines du Piémont & de la Lombardie; de Turin, de Pavie, de Milan, & même de beaucoup plus loin que Milan. J'ai dit, §. 1305, combien sa hauteur & sa masse paroissent considérables, quand on le voit de l'église de Supergue au-dessus de Turin; mais il me frappa davantage du haut de la tour de Verceil, §. 1325. Quoique très-mauvais dessinateur, je succombai à la tentation d'en prendre un croquis pour le porter avec moi & conserver l'image de sa forme. Dès-lors je résolus de faire les plus grands efforts pour l'approcher le plus près possible; & ce qui augmentoit encore mon désir de l'observer, c'est que je ne le voyois décrit dans les ouvrages d'aucun Naturaliste.

Les Auteurs qui ont écrit sur les montagnes des Alpes n'ont donné du Mont-Rose aucune notion satisfaisante. Simler, Altmann, Walser, Fasi & le Dictionnaire de la Suisse, ne l'ont pas même nommé. Scheuchzer le nomme, à la vérité, dans ses *Itinera Alpina*, p. 290 & 303; mais c'est pour rapporter au Mont-Rose tout ce que Simler a dit du Mont-Cervin, quoique ce soit une montagne entiérement différente, comme on le verra dans la suite de ce voyage. Gruner enfin, distingue bien le Mont-Rose du Mont-Cervin, *tome I, p.* 229 ; mais il n'en dit autre chose, sinon que le Mont-Rose sépare le Vallais d'avec le Val-Sesia, & cela même n'est pas absolument exact.

On avoit lieu d'attendre des connoissances plus certaines de M. BARTOLOZZI, ce savant naturaliste de Florence, que j'ai cité dans le II<sup>e</sup>. volume in-4°. de mes voyages, §. 753, 874 & 903 : il me dit, il y a quinze ans, qu'il avoit séjourné au pied du Mont-Rose pour l'observer, mais il n'a point communiqué ses observations, & elles n'ont point été publiées.

Enfin, M. le Chevalier de ROBILANT, membre de l'Académie Royale des Sciences de Turin, a publié un petit ouvrage sur *l'utilité des voyages & des courses dans son propre pays*, in-4°. Turin, 1790. Pour joindre l'exemple au précepte, M. de ROBILANT a enrichi ce Mémoire de 14 perspectives de différentes montagnes métallifères du Piémont. Six de ces vues sont relatives au Mont-Rose. Les deux premières donnent très-bien l'idée des couches qui composent les sommités de cette haute montagne. Deux autres, les numéros 5 & 8, représentent la montagne qui renferme la mine de cuivre d'Allagne, & les fonderies de Scopel, dont je parle dans ce voyage, §§. 2210 & 2211. Deux enfin sont relatives à une mine d'or & d'argent, qui est dans une montagne située au-dessus d'Allagne, & qu'on m'a dit être en exploitation. Ces vues ne peuvent qu'intéresser les amateurs de la Minéralogie ; mais elles leur font regretter que M. de ROBILANT ne les ait pas accompagnées de descriptions auxquelles ses connoissances en ce genre auroient certainement donné un très-grand prix.

On voit donc combien le Mont-Rose étoit peu connu. Les dessins de M. de ROBILANT, dont je viens de parler, n'étoient pas même publiés lorsque j'y allai, & j'ignorois la route qu'il falloit prendre, lorsque j'eus avec mon fils, en 1787, le bonheur de voir à Turin, M. le Comte de MOROZZO, qui m'affermit dans le dessein d'aller

visiter

## INTRODUCTION.

viſiter cette célebre montagne, m'indiqua le village de Macugnaga, comme le plus voiſin de ſon pied, & me donna la route de ce village. M. de Morozzo avoit lui-même ſuivi cette route en allant voir les mines d'or ſituées dans le voiſinage du Mont-Roſe. Il me dit même qu'il croyoit qu'en paſſant par un glacier ſitué au-deſſus de Macugnaga, & dont il avoit viſité la partie inférieure, on pourroit s'élever juſques à la cime de la montagne.

Notre ambition ne nous a pas portés ſi haut; nous avons cependant gravi ſur quelques-unes de ces ſommités, & nous avons fait le tour de ſes baſes, comme on va le voir dans la ſuite de cette relation.

# CHAPITRE PREMIER.

## DE GENEVE A BRIEG. VUE GÉNÉRALE DU VALLAIS.

§. 2114. J'ai donné une idée de la Lithologie de la route de Geneve à Martigny, dans la *continuation du voyage autour du Mont-Blanc*, *Chap.* XLVIII, L & LI. C'est donc à Martigny que commence la partie qui reste à décrire.

*Cabinet minéralogique de M. d'Erlach.*

Nous étions partis, mon fils & moi de Geneve, le 15 juillet 1789, & nous nous étions arrêtés pendant un demi jour pour voir le beau cabinet d'histoire naturelle de M. d'Erlach, alors Seigneur Baillif de Lausanne. Ce cabinet contenoit non-seulement une très-belle collection de minéraux de la Saxe & d'autres pays étrangers; mais ce qui est plus rare & plus précieux pour nous, la plus belle collection qui existât alors des minéraux de la Suisse, & en particulier des adulaires, des schorls & des tourmalines du St. Gothard. Le même jour nous vinmes coucher à Vevey, & le lendemain 17 à Martigny. C'est-là que j'avois donné rendez-vous à mes fidelles compagnons de Chamouni, (1) qui nous amenerent les mulets dont nous avions besoins pour ce voyage. Nos instruments seuls faisoient presque la charge de deux mulets. Un ballon de verre d'un pied de diamettre, renfermé dans une caisse solide & matelassée intérieurement; une grande balance pour peser ce ballon à différentes hauteurs; une tente pour pouvoir faire à l'abri cette opération dans des lieux inhabités; une pendule sphé-

---

(1) Marie Coutet, Cachat le Géant & St. Jean le muletier.

*DE GENEVE A BRIEG*, Chap. I.

rique avec sa verge de 6 pieds de longueur, & l'attirail nécessaire pour mesurer l'étendue de ses oscillations ( 1 ); trois barometres, deux boussoles, un grand plateau avec un stylε pour tracer une méridienne, divers instruments de géodésie, &c. &c.

Pour notre propre usage nous portions des livres, une seconde tente, deux petits matelats, & des habits; les uns légers, pour le climat brûlant des vallées; les autres chauds, pour la température glaciale des hautes sommités. Nous avions donc trois mulets de bat pour nos bagages, & de plus, trois mulets de selle, dont un pour mon fils, un pour moi & un pour mon domestique. Nos braves Chamouniards, accoutumés à nous servir d'aides & de compagnons dans nos voyages, nous furent très-utiles, soit pour nos expériences, soit pour soutenir nos mulets dans les routes scabreuses & inusitées que nous leur faisions prendre.

§. 2115. On sait que le Vallais est un pays montueux, divisé suivant sa longueur par une grande vallée, dans laquelle coule le Rhône, depuis sa source jusques à son entrée dans le lac de Geneve. Cette vallée est remarquable, en ce qu'elle partage, suivant sa longueur, une partie considérable de la chaîne des Alpes, comme la vallée de Quito partage aussi suivant sa longueur une grande partie de la chaîne des Cordilieres. En effet, les deux chaînes de montagnes dont l'une occupe la rive droite ou septentrionale, & l'autre la rive gauche ou méridionale du Rhône, présentent l'une & l'autre des pics de la plus grande élévation, & d'immenses glaciers, tellement que l'on pourroit dire que la chaîne centrale des Alpes est double dans cette partie; & il est très-extraordinaire de trouver entre ces deux chaînes une

*Vue générale du Vallais.*

_____

( 1 ) Ce ballon & cette pendule, étoient destinés à des expériences sur la densité de l'air, que mon fils a faites dans ce voyage, & dont il a rendu compte dans un Mémoire qui a été imprimé dans le *Journal de Physique*, du mois de février 1790.

**Profondeur de cette vallée**

vallée aussi large & aussi profonde; je dis *aussi profonde*, parce que la pente du Rhône, depuis son embouchure dans le lac jusqu'à Brieg, qui est à 17 lieues au-dessus, n'est que de 171 toises, & que Brieg se trouve à très-peu près sur la ligne qui joint le Finsteraar, point le plus élevé de la chaîne septentrionale, avec le Mont-Rose qui est le plus élevé de la méridionale.

Il y a même encore ceci de remarquable, c'est que bien que les plus hautes cimes des Cordilleres soient plus élevées que les plus hautes Alpes; cependant le Finsteraar & le Mont-Rose sont plus élevés au-dessus de Brieg, qui leur correspond dans le Vallais, que le Chimboraço, la plus haute cime des Cordilleres, ne l'est au-dessus de Quito. En effet, l'élévation de Quito au-dessus de la mer étant de 1466 toises, & celle de Chimboraço de 3217, la différence n'est que de 1751; tandis que Brieg n'est élevé que de 364 au-dessus de la mer, & le Mont-Rose de 2430, d'où résulte une différence de 2096; & qu'ainsi la vallée du Rhône, dans la partie qui répond directement au Mont-Rose, est de 345 toises plus profonde au-dessous de cette montagne que celle de Quito, ne l'est au-dessous du Chimboraço. Et quand au Finsteraar, qui suivant la mesure de M. Tralles, est élevé de 2206 toises au-dessus de la mer; il en a encore 1842 au-dessus de Brieg; & ainsi 91 de plus que le Chimboraço au-dessus de Quito.

**Le Vallais est une vallée longitudinale.**

§. 2116. Le Vallais offre un des plus beaux exemples des vallées longitudinales que présentent nos Alpes; il a même un des caracteres essentiels des vallées de ce genre, c'est que les montagnes qui le bordent, ont les plans de leur couches paralleles à la direction de la vallée. Je n'ai vu qu'une ou deux exceptions locales, produites sans doute par des causes accidentelles: par exemple, des monticules de schistes calcaires tendres, que l'on rencontre auprès du pont de la Morge & de la ville de Sion. On peut dire qu'en général, de Martigny à la source du Rhône, les couches marchent parallelement à la vallée. Ces mêmes couches font verticales en quelques endroits; mais en général leur pente descend au Sud, tant sur la rive droite que sur la rive gauche du Rhône. On voit sur la rive droite cette situation trop fréquemment, pour qu'il soit nécessaire d'en citer des exemples; mais comme les bases des montagnes de la rive gauche sont souvent cachées par des débris ou par des forêts, je citerai des endroits où elles sont à découvert comme entre Martigny & Saint-Pierre, entre Tourtemagne & Viége, entre Viége & Turtig.

§. 2117. CETTE similitude entre les directions des plans & des pentes de ces deux chaînes, ne s'étend point aux formes même des montagnes; on ne voit aucune ressemblance dans les figures de celles qui sont situées en face les unes des autres, si ce n'est dans le Bas-Vallais, où l'aiguille du Midi & la dent de la Morcle, §. 1062, forment assez le pendant l'une de l'autre; par-tout ailleurs les chaînes opposées ne se ressemblent point, ou n'ont que des ressemblances très-imparfaites.

*Disparité des montagnes opposées.*

On ne trouve non plus aucun autre indice, qui témoigne que cette grande vallée ait été creusée par les eaux, soit pluviales, soit marines; point de traces d'érosions, point d'angles correspondants; & d'ailleurs, la montagne située à l'Est au-dessus de Brieg, qui barre la vallée, ne laissant là au Rhône qu'un étroit passage auprès de Naters, exclut l'idée des courants de la mer ou de grandes & violentes marées, qui n'auroient pas laissé subsister de pareilles barrieres.

QUANT aux vallées latérales, comme elles sont étroites, on y voit souvent les angles rentrants correspondants aux angles saillants, qui indiquent l'action des rivieres ou des torrents; & comme elles coupent très-fréquemment les plans des couches, on peut bien croire qu'elles ont été creusées ou du moins agrandies par les eaux; mais on ne peut pas non plus les regarder comme l'ouvrage des courants de la mer ou des marées, parce qu'elles se terminent au fleuve principal,

& font barrées par des montagnes fituées fur la rive oppofée à celle où elles fe terminent.

<small>Encombremens déblayés par le Rhône.</small>

§. 2118. CEPENDANT, on ne peut pas douter que, depuis que la grande vallée exifte fous fa forme actuelle, le Rhône ne l'ait approfondie en quelques endroits, en la débarraffant en partie des débris dont elle a été autrefois encombrée. On en voit une preuve très-remarquable, fur-tout entre Sion & Sierre, vis-à-vis des Plâtrieres. Ce font des monticules de formes fouvent coniques, qui ont là jufqu'à trente ou quarante pieds de hauteur, & que l'on voit difperfés dans le lit du fleuve. Ces monticules forment un effet très-fingulier dans le beau payfage, dont on a l'afpect du haut des Plâtrieres. Ils reffemblent aux petits crateres produits par les éruptions latérales de l'Etna ou du Vefuve, à cela près, qu'ils n'ont point de vuide au milieu, & qu'ils font beaucoup moins grands. Quand je les vis pour la premiere fois, en 1775, je ne pouvois comprendre ce que c'étoit, d'autant plus que plufieurs d'entr'eux, couverts de gazon & d'arbuftes, ne laiffoient point voir la matiere dont ils étoient formés, & le Rhône en empêchoit l'accès. Enfin, je parvins à en aborder un, & je m'affurai que c'étoient des amas de cailloux, de gravier & de fable, qui s'étant trouvés mieux liés entr'eux, ou défendus par quelques gros blocs, avoient réfifté au courant; tandis que le refte qui rempliffoit ailleurs le fond de la vallée avoit été entraîné.

Au-deffus de Sierre, on voit de femblables amas de débris, mais beaucoup plus confidérables; il y en a fur la rive gauche du Rhône qui font adoffés à la montagne, & fur lefquels paffe le grand chemin; d'autres, ifolés au milieu de la vallée, & qui ont cent cinquante ou deux cents pieds d'élévation. Là, comme ailleurs, ces débris font pour la plupart calcaires: on voit faillir du milieu de quelques-uns de leurs amas de grands rochers de la même nature, dont les parties aiguës & comme déchirées, préfentent l'idée de ruines. Toutes ces apparences me font foupçonner que ce font les reftes d'une montagne qui s'eft écroulée fur place. Et ce qui paroît appuyer cette conjecture, c'est que plus haut, quoique dans la même vallée, au-dessus de Louësch, on ne voit plus de ces monticules coniques. À Tourtemagne, la vallée reprend son fond plat & son aspect ordinaire.

§. 2119. La nature des rochers qui bordent la vallée du Rhône, Nature des est très-différente dans ses différentes parties. Le bas de la vallée, rochers. auprès de Martigny, est de cette pierre schisteuse, souvent porphyroïde, dont la pâte est du pétrosilex primitif ou palaïopetre. §. 1194. J'ai décrit des rochers de ce genre, §§. 1051 & 1057, & je les regarde comme des variétés du *porphyr schiefer* de Werner. On en voit des rochers à découvert sur l'une & l'autre rive du Rhône, entre Martigny & Saint-Pierre; mais auprès de ces derniers, on voit des ardoises; ici, argilleuses, *thon schiefer* de Werner; là, plus ou moins mélangées d'éléments calcaires, puis des calcaires compactes.

La colline sur laquelle sont les ruines du château Tourbillon, près de Sion, & d'où l'on a une si belle vue du cours du Rhône & des cimes glacées qui le bordent; cette colline, dis-je, est de ce genre de pierre dont les couches sont extrêmement tourmentées. On retrouve, comme je l'ai dit plus haut, les pierres calcaires auprès de Sierre & de Louësch.

Ensuite, à Tourtemagne, on voit des schistes micacés quartzeux, en grandes dalles planes : puis entre Tourtemagne & Viége, des schistes micacés calcaires, très-bien caractérisés & bien certainement primitifs, étant composés de mica noir, brillant, & de calcaire blanche grenue. Plus haut, l'on retrouve les schistes micacés quartzeux.

Passé Brieg, à Naters & à Morell, regnent les gneiss & les schistes micacés quartzeux. Je n'ai point parlé des gyps : ils se montrent cependant en divers endroits; mais souvent avec des indices de formation nouvelle, comme à Sarran, à demi-lieue au-dessus de Martigny; aux Plâtrieres, où ce genre de pierre forme ou plutôt recouvre une colline redoutée des malades qui vont aux bains de Louësch; à cauſe d'une corniche étroite au-deſſus du Rhône, ſur laquelle paſſe la grande route. Enfin, ſur la colline de débris dont j'ai parlé, & ſur laquelle on paſſe au-deſſus de Sierre.

Ces gyps, de même que ceux du Mont-Cenis, me paroiſſent de formation nouvelle ; je penſe qu'ils ont été dépoſés dans les baſſins, où les eaux de la mer ont ſéjourné après la grande débacle. Mais il exiſte dans les montagnes du Vallais d'autres gyps, ſur l'ancienneté deſquels on peut former des doutes raiſonnables ; ceux, par exemple, que l'on voit s'élever à de très-grandes hauteurs, en couches preſque verticales, appuyées contre des montagnes primitives, comme ceux que j'ai indiqués au grand Saint-Bernard, §. 695.

Climat. §. 2120. Comme la vallée du Rhône, entre Martigny & Brieg, eſt dirigée à-peu-près de l'Eſt à l'Oueſt, & qu'ainſi la chaîne ſeptentrionale la garantit des vents du Nord, & qu'en même tems elle répercute ſur elle les rayons que le ſoleil y lance depuis le matin juſqu'au ſoir, cette vallée eſt la plus chaude de la Suiſſe ; on y entend chanter la cigale ; on y recueille des vins très-fumeux ; on y voit l'hyſſope, l'éphedra, le grenadier, & même, à ce qu'on dit, les aloës (*Agava Americana*) en pleine terre. Mais en revanche, cet air chaud & ſtagnant, ſe charge des vapeurs du Rhône & des marais formés par ſes eaux, qui circulent lentement dans le fond de la vallée, & produit les gouëtres & les autres infirmités, qui affligent les crétins ſi communs dans le Vallais. *Voyez le Chap.* 47 *du ſecond Vol. in*-4to.

De Martigay à Brieg §. 2121. De Mattigny nous vînmes coucher à Sierre, & de Sierre à Viége, Viſp, ou Vieſh-Bach. Nous aurions pouſſé le même jour juſqu'à Brieg, ſi nous n'avions pas perdu du tems pour paſſer le torrent de Millegrabe, qui ſe jette dans le Rhône vis-à-vis de la ville de Louëſch. Ce torrent eſt du genre de ceux que j'ai décrit §. 485, qui n'ont que quelques heures de durée, mais qui pendant ce court eſpace de tems coulent avec la plus grande impétuoſité, & font de terribles ravages. Celui-là avoit emporté le chemin, excavé le terrein, à une grande profondeur & couvert ses bords d'une grande quantité de sable ou de terre de couleur fauve. Tous ces ravages, il les avoit faits la veille, & il étoit presqu'à sec dans le moment où nous le passâmes. Si l'on se retourne sur la droite ou au Midi, à un quart de lieue à l'Est de l'endroit où on le traverse, on voit dans la chaîne de montagnes qui borde la vallée, de hautes montagnes disposées en entonnoir, & dont les flancs nuds & sillonnés par les pluies, paroissent de la même couleur que le limon charrié par le torrent; il est aisé de concevoir comment les eaux d'une averse rassemblées par cet entonnoir, produisent un torrent d'un volume très-considérable.

De Viege nous vînmes en deux heures à Brieg ou Brigue, capitale du Dixain de ce nom. Cette ville présente, à une certaine distance, un aspect fort singulier. Ses maisons blanches élevées, très-pittoresquement grouppées, font un effet agréable; mais elles sont défigurées par d'énormes pommeaux de fer blanc, en forme de poires renversées, qui couronnent les tours des églises & d'autres édifices.

D'après trois observations du barometre que je fis en 1775, je trouvai le bas de la ville élevé de 364 toises au-dessus de la mer,

## CHAPITRE II.
## PASSAGE DU SIMPLON.

*De Brieg aux Tavernettes.*

§. 2122. Nous ne nous arrêtâmes point à Brieg; nous montâmes tout de suite la rue pavée & rapide, par où l'on commence à monter le Simplon. Cette montagne se nomme en allemand *Simpelen*, & en italien *Simpione*. Les François prononcent *Simplon*, & c'est ainsi qu'il faut l'écrire plutôt que *Saint-Plomb*, puisqu'il n'y a point de saint qui porte le nom de *Plomb*.

Je dirai un mot de ce passage des Alpes, qui, bien que très-fréquenté, n'a pas été exactement décrit.

Sur la route au-dessus de Brieg, on traverse de jolis villages bâtis en bois & entourés de prairies, plantées de noyers & d'autres arbres fruitiers. Mais à demi-lieue au-dessus de la ville, on sort des prairies pour entrer sur un terrein inculte & aride, parsemé de pierres roulées, la plupart de roches micacées quartzeuses, mêlées de quelques serpentines.

Ce n'est qu'après une heure de marche, au-dessus de Brieg, qu'on atteint des rochers en place, & qui font partie du corps même de la montagne. Ce sont des roches micacées calcaires, dont les couches sont presque verticales, & courent, comme la vallée du Rhône, à-peu-près de l'Est à l'Ouest. Peu après, on passe devant un petit oratoire, après lequel le chemin côtoie des précipices, au fond desquels coule la Saltine. La montagne de l'autre côté du torrent paroît de la même nature & dans la même situation. Le torrent coupe donc à angles droits les couches de cette partie de la montagne.

A un quart de lieue de l'oratoire, on commence une descente qui dure presqu'une demi-heure. Le rocher est toujours le même, à cela près que ses couches ont une direction différente ; car ici, elles courent du Nord-Nord-Est au Sud-Sud-Ouest. Plus loin, dans un endroit où le chemin est très-étroit, ces couches, toujours verticales, sont ondées ; le mica en est blanc & très-brillant, mais la partie calcaire y paroît moins abondante.

Le long de cette descente, on rencontre des framents non-arrondis de roches de grenats impurs, où ceux-ci sont renfermés dans un schiste noirâtre, brillant, ondé, d'une nature moyenne entre le mica & l'ardoise, ou le *thon schiefer* de WERNER. Ces fragments viennent sans doute du haut de la montagne du Simplon. On en trouve aussi, d'une nature semblable, du côté de l'Italie ; mais ici, le schiste qui renferme les grenats tire sur le verd jaunâtre. J'ai vu d'assez beaux grenats, de plus d'un pouce de diametre, renfermés dans du mica blanc, & que l'on assuroit venir du Simplon. Schistes grenatiques.

Au bas de la descente dont je viens de parler, on traverse un torrent sur un pont, nommé *Kront-Bruck*. Ce pont n'est large que de quatre à cinq pieds, sans aucune barriere, & très-élevé au-dessus du torrent. Avant de passer ce pont, les calcaires micacées, dont la montagne continue d'être composée, deviennent horizontales ; mais passé le pont, elles reprennent leur situation verticale.

A une heure un quart du Kront-Bruck, ou en trois heures de Brieg, on vient aux *Tavernettes*, hameau élevé de 815 toises au-dessus de la mer, où  un méchant cabaret. Nous nous y arrêtâmes pour nous rafraîchir, & pour éprouver tant les oscillations du pendule que le poids du ballon.

La route, jusqu'à ce hameau, traverse de belles forêts ; d'abord de pins sauvages, *pinus sylvestris*. On en voit là de très-beaux, mais qui pourtant ne suffiroient pas pour des mâts de vaisseaux de ligne,

§. 1228. Enfuite ce font des fapins, quelques mélezes, des bouleaux, & en général de fuperbes ombrages, qui, joints aux chûtes fréquentes des eaux qui fe brifent contre les rochers, rafraîchiffent cette route, l'animent, & la rendent une des plus agréables que l'on puiffe faire dans les montagnes. D'ailleurs, le chemin, quoique fouvent étroit, eft par tout bon & fûr.

§. 2123. Un peu avant d'arriver aux Tavernettes, on trouve un changement dans la nature du rocher. C'eſt bien toujours un fchifte micacé, mais mélangé de quartz & de quelques parcelles de feldfpath; la fubftance calcaire ne s'y manifefte qu'en donnant quelques petites bulles quand on plonge un morceau de la pierre dans l'acide nitreux.

On met trois grands quarts-d'heure à aller par une montée rapide des Tavernettes au plus haut point du paffage. On voit les mélezes décroître graduellement, & ceffer enfin tout-à-fait, à la hauteur de la plaine ou du col inégal que traverfe la partie la plus élevée de la route, à laquelle je trouvai 1029 toifes de hauteur. La vue du haut de ce col eft trifte & fauvage; il eft bordé de montagnes affez élevées, d'où pendent plufieurs petits glaciers. Ces montagnes font toutes de roches feuilletées, auxquelles je ne contefterai point le nom de gneifs, parce qu'elles font compofées de mica, de quartz & de feldfpath; & que ces deux derniers ingrédiens font réunis dans des couches minces qui renferment très-peu de mica, mais qui font féparées par des feuillets de mica prefque pur.

Ces gneifs font tous inclinés, mais différemment dans les différentes montagnes qui dominent le col. Ceux du col même & de la montagne qui le domine à l'Eft, montent du côté de l'Eft ou de l'Eft-Sud-Eft, fous un angle d'environ 30 degrés.

De-là, dans une petite demi-heure, on defcend auprès d'un grand édifice, haut de cinq étages, que l'on nomme l'*Hôpital*, & qui a été conftruit par un particulier Vallaifan, nommé Stockalper, qui possédoit des richesses immenses avant que, dans une insurrection démocratique, on l'eût dépouillé de la plus grande partie de sa fortune.

CE site avoit été choisi par une fantaisie fort étrange, dans un fond sans arbres, sans vue, entouré de cimes pelées qui présentent l'aspect le plus triste. On nous dit que son petit-fils y avoit fait meubler un appartement pour y passer les étés avec sa famille, & préserver ainsi ses enfants de devenir cretins.

DELÀ, sans aucune observation nouvelle, nous vînmes en deux petites heures au village de Simplon, *Simpelendorff*, élevé encore de 759 toises, & nous y couchâmes, dans une très-bonne auberge, chez le Capitaine Teyler.

§. 2124. TOUTE la partie de cette vallée, que l'on découvre en partant du village de Simplon, est dirigée de l'Ouest-Nord-Ouest à l'Est-Sud-Est, & les montagnes qui le bordent, ont les plans de leurs couches dans la même direction, & montent d'environ 30 degrés du côté du Nord, ou plus exactement du Nord-Nord-Est ; ce sont ou des gneiss ou des schistes micacés quartzeux.

*Descente du Simplon.*

LE torrent qui est une des sources de la Toccia, passe au fond de cette vallée entre des rochers du même genre, mais dont on est séparé par des bouquets de mélezes, disséminés dans des prairies que l'on fauchoit quand nous y passâmes.

ON suit cette jolie vallée pendant une petite heure, & l'on descend ensuite dans le large & sauvage lit d'un torrent, rempli de cailloux roulés des montagnes voisines, schistes micacés quartzeux, gneiss, serpentines, pierres calcaires & des cornéennes, dont quelques-unes étant composées de lames discernables, appartiennent aux hornblendes de WERNER. On en voit d'un verd d'olive foncé, qui sont remarquables en ce qu'elles renferment des nids arrondis, entremêlés de feldspath, qui paroissent indiquer une disposition à former des variolites; mais ce que je trouvai là de plus digne d'attention, ce font des lames de mica noir & brillant, translucides, élastiques, féparables, en feuillets très-fins, fufibles au chalumeau en un émail noir & brillant. Ces lames ont en quelques endroits jufqu'à deux ou trois pouces d'étendue, & font redoublées jufqu'à former une épaiffeur de quelques lignes. Elles enveloppent tantôt des morceaux de quartz de forme lenticulaire, tantôt des portions de couches de gneifs, aux feuillets defquels elles font paralleles. Dans ces cailloux roulés, je ne trouvai aucun granit en maffe.

*Couche calcaire entre des gneifs.*

§. 2125. A 25 minutes de ce torrent, ou à une lieue un quart du village de Simplon, dans le rocher qui borde le chemin à gauche ou au Nord-Eft, on voit un banc de pierre blanche, grenue, ou confufément cryftallifée en petits cryftaux brillants & comprimés. Cette couche a fix pieds d'épaiffeur, & fe fubdivife d'elle-même en feuillets épais de fept à huit lignes, teints en verd à leur furface par une matiere qui paroît s'être infiltrée entre les feuillets. Ce banc eft à-peu-près horizontal; il fe releve cependant de quelques degrés contre le Sud-Eft; & de ce côté-là, on le fuit des yeux à une affez grande diftance, confervant toujours la même épaiffeur & les mêmes apparences extérieures. Cette couche calcaire eft renfermée entre des couches femblablement fituées d'un gneifs à feuillets parfaitement droits. Celles de deffus font compofées de feuillets très-fins; leur épaiffeur ne furpaffe pas un cinquieme de ligne : ce font de petits cryftaux confus de feldfpath d'un gris blanchâtre, féparés par des lits très-fins de mica brillant, d'un gris noirâtre. Les couches de deffous font d'une pâte plus groffiere; les cryftaux de feldfpath ont jufqu'à demi-ligne d'épaiffeur, & les lits de mica font moins diftinctement féparés; ils fe rapprochent plus de ce que j'appelle des granits veinés. Des morceaux des uns & des autres plongés dans l'acide nitreux, n'y font qu'une foible & courte efferverfcence.

*Réflexion fur cette couche.*

§. 2126. Je n'ai pu diftinguer là aucune couche intermédiaire entre ces gneifs & cette pierre calcaire, que je regarde comme primitive. Les pierres calcaires secondaires, ou celles qui ont été formées depuis la révolution, à la suite de laquelle les mers ont été peuplées de poissons & de coquillages, sont presque toujours recouvertes de grès, de breches, de poudingues, & quelquefois de tufs. Ce sont ces débris interposés entre les couches de roches primitives & celles de roches secondaires, qui forment les transitions ou plus exactement les intermédiaires que j'ai fréquemment observés, & spécialement au pied du Buet, §. 594. Les calcaires primitives au contraire, ou celles qui ont existé avant cette révolution, ne présentent aucune transition, ou ce sont des transitions d'un tout autre genre. Cette distinction me paroit importante pour la théorie de la terre.

§. 2127. A un petit quart de lieue de cette couche calcaire, on traverse un pont étroit jeté sur un affreux précipice, au fond duquel se brise la Toccia. Ensuite on passe sur une corniche saillante au-dessus de ce précipice; le chemin n'a souvent que quatre pieds de largeur, & il est pavé de granits usés & polis par le frottement. Les rochers qui bordent cette corniche, & ceux mêmes dont elle est pavée, sont tous de granits veinés, en couches presque horizontales, fréquemment traversées par des bancs verticaux, souvent paralleles entr'eux. L'on pourroit prendre ces bancs pour des couches, si la situation des veines du granit ne prouvoit pas que les vraies couches sont horizontales, & que ces tranches verticales sont produites par des affaissements.

*Route étroite jusqu'à Im-Gontz.*

A demi-lieue de ce pont de bois, la Toccia se précipite dans un gouffre; le choc la réduit en poussiere, l'air entraîné par sa chûte, se dégage comme dans les soufflets hydrauliques, lance en-dehors cette poussiere qui prend au soleil les couleurs de l'arc-en-ciel, & imite des flammes d'une beauté surprenante. Bientôt après la vallée se trouve si étroite, qu'un rocher de granit, qui s'est détaché de la montagne, n'a pas pu descendre jusqu'au fond, & il est demeuré suspendu entre les deux rives, où il forme un pont naturel.

On continue ainsi de voyager entre des granits veinés, toujours horizontaux; on passe à *Im-Gontz*, dernier village allemand, quoique dépendant du Haut-Novarrois.

D'Im-Gontz à Dovedro.

§. 2127. Dès-lors la route devient moins sauvage : on trouve des noyers, de beaux châtaigniers, puis le premier village Italien qui se nomme *Pays*, & l'on se flatte d'être hors des rochers; mais l'on est encore obligé de voyager sur des corniches. Le chemin est coupé dans le roc qui le recouvre en demi-voûte, & à un quart de lieue plus loin, la voûte forme le cercle entier. Le rocher percé à jour, sur le bord d'un escarpement semble être un anneau suspendu en l'air; & le voyageur qui le voit de loin, pour la premiere fois, ne peut pas se figurer qu'il passera à cheval au travers de cet anneau. Son diametre n'est que de quatre pieds vers le bas. Le roc est encore-là de granit feuilleté à feuillets déliés, & bien certainement horizontaux.

Bientôt après, on a une vue charmante de Dovedro & de ses environs. Les montagnes s'écartent du côté de l'Est, & forment une enceinte éloignée qui renferme un amphithéâtre de hameaux, de vignes, de châtaigniers, un mélange délicieux de belle verdure & de jolies habitations.

Les derniers rocs que l'on rencontre sur cette route, à demi-lieue du village, sont encore des granits feuilletés ou des gneiss à couches minces qui tombent en décomposition, & qui sont encore horizontales. On voit ainsi la grande différence qui regne entre les deux faces de la chaîne que traverse le passage du Simplon. La face septentrionale qui regarde le Vallais, est presque toute de calcaires micacées en couches verticales; & la face méridionale qui regarde l'Italie, de schistes micacés quartzeux, de gneiss, ou de granits veinés en couches horizontales, inclinées au plus de 30 à 40 degrés. La même opposition regne dans l'aspect de la route. Au Nord, de beaux ombrages arrosés par de jolis ruisseaux; au Midi, des rochers nuds & escarpés, d'où se précipitent des torrents avec la plus terrible violence. Le chemin même
est

eſt auſſi effrayant du côté de l'Italie, par-tout cependant ſûr & très-bien entretenu, ſoit parce que c'eſt la route que prend le courier de Milan, ſoit parce que ce paſſage conduit au Lac-Majeur, & qu'il eſt très-fréquenté par le commerce des grains, des vins & des fromages, qui ſe fait tout à dos de mulets.

Nous dînâmes dans le joli village de Dovedro, & nous vînmes coucher à Duomo-d'Oſſola. On ne compte que trois lieues de Dovedro à Duomo; mais nous fûmes pris par la nuit. Nous nous égarâmes; un de nos mulets s'embourba dans du limon accumulé par un torrent débordé dans des prairies marécageuſes. Ainſi nous n'arrivâmes que très-tard. J'ai parlé de cette ville au §. 1767.

## CHAPITRE III.

### DE DUOMO-D'OSSOLA A MACUGNAGA.

*De Duomo à Pied de Mulera.*

§. 2129. Jusqu'à une lieue & demie au-dessous de Duomo, nous suivîmes la route du Lac-Majeur, que j'avois tenue en 1783, §. 1767, 68, 69, 70. Mais là, au lieu de traverser la riviere, nous allâmes passer au village de *Palanzano*. On trouve aussi dans la montagne qui est au-dessus de ce village, des dalles de ce gneiss à feuillets droits & fermes, que j'ai décrits au §. 1769; & à une demi-lieue delà, nous vînmes à *Pié di Mulera*. Ce village est situé au pied de la montagne & à l'entrée du *Val Anzasca*, que l'on remonte en allant au Mont-Rose. Ce même village est de douze toises plus bas que Duomo-d'Ossola; & d'après la hauteur méridienne du soleil que prit mon fils, il trouva sa latitude de 46°, 3′, 43″.

*De Pied de Mulere à Vanzon.*

§. 2130. Si l'on ne fait pas tout d'une traite les huit ou neuf lieues qu'il y a de Pied de Mulere à Macugnaga, on s'arrête, comme nous le fîmes, à *Vanzon*, qui est à quatre lieues trois-quarts de Pied de Mulere. On peut loger là chez J. P. Paruzza, Négociant, qui ne tient pas précisément une auberge, mais qui reçoit fort bien, & à un prix honnête, les voyageurs qui s'arrêtent chez lui. Vanzon est élevé de 357 toises.

En faisant cette route, on découvre par intervalles les montagnes de Macugnaga; mais c'est sur-tout trois-quarts d'heure avant d'arriver à Vanzon, dans le village de *Ponte-Grande*, qu'on a le plaisir de voir bien à découvert le Mont-Rose, ou du moins trois de ses plus hautes cimes, & le Pic-Blanc (*Pizzi Bianco*) sur le haut duquel nous sommes montés. On ne traverse pas le pont en allant à Vanzon;

mais il faut s'avancer jufqu'au milieu de ce pont, pour jouir de l'afpect de cette belle montagne, qui fe préfente là auffi majeftueufement que le Mont-Blanc, vu du pont de Salenche. Le Mont-Rofe a même l'avantage de paroître encadré par la belle verdure de l'étroite & profonde vallée Anzafca, qui fait merveilleufement reffortir la blancheur des neiges & des glaces. Nous mîmes quatre heures de Vanzon à Macugnaga, village le plus élevé du Val Anzafca.

Cette vallée eft remarquable par la beauté, j'oferois dire, la magnificence de fa végétation : par-tout, excepté dans la partie la plus haute & la plus froide de la vallée, les chemins font ombragés par des treilles qui les couvrent entiérement, comme elles couvroient les allées des jardins de nos peres. D'autres treilles en étageres, foutenues par des murs, couvrent la pente de la montagne ; car dans tout ce pays, on ne cultive la vigne que fous la forme de treilles. Mais dans les endroits où les flancs de la montagne, fillonnés par des torrents, forment des angles rentrants dont les faces font fufceptibles d'arrofements, on trouve des prairies ombragées par des châtaigniers d'une grandeur & d'une beauté vraiment admirables ; & fouvent le torrent forme une cafcade qui embellit encore ces magnifiques ombrages. Ce qu'il y a encore de remarquable dans cette vallée, c'eft qu'elle n'a point de fond ; les deux pentes oppofées fe réuniffent par leurs bafes, & forment un angle aigu dans lequel coule la *Lanza* : les nombreux villages qui peuplent la vallée font prefque tous fitués fur les pentes rapides de la montagne, ou fur de petits repos de ces mêmes pentes.

La matiere même de la montagne, fur la route que nous fuivîmes jufqu'à une lieue au-deffous de Vanzon, eft un roc veiné, compofé de feldfpath blanc & de mica brun, comme celui de la vallée de Martigny. (Voyages dans les Alpes, §. 1047 & fuiv.) Il préfente les mêmes accidents ; des veines tortueufes, des nœuds, quelques nids & quelques veines de quartz, d'autres de feldfpath blanc & pur, mais toujours confufément cryftallifé. On y voit auffi des efpeces de porphyres, des pierres dont le fond est de feldspath, & qui est mêlé de hornblende ou de schorl noir. Mais de plus, le rocher de ces montagnes est entrecoupé dans quelques endroits par des bancs & des veines d'une stéatite verte, schisteuse, mêlée de petits grains de feldspath, & approchant de la nature de la hornblende ou de la cornéenne. La situation des couches de ces rochers est généralement verticale; la direction de leurs plans est fréquemment parallele à celle de la vallée qui monte de l'Est-Nord-Est à l'Ouest-Sud-Ouest.

De Vanzon à Masugnaga.

§. 2131. En approchant de Vanzon & au-dessus de ce village, on rencontre des blocs de granit veiné à grands cristaux de feldspath; ces blocs paroissent venir du haut de la montagne, mais une lieue plus haut, en sortant du village de *Ceppo-Morelli*, on trouve des rochers en place de ces mêmes granits.

Une lieue au-dessus de ce dernier village, après qu'on a surmonté un grand rocher transversal, qui barre singuliérement la vallée, on entre dans le pays des mines d'or; on voit presque à chaque pas, à droite & à gauche de la vallée, des entrées de galleries, & au bord de la Lanza les moulins à lavures. Je donnerai plus bas une idée de ces mines.

Près du pont *del Vaudo*, nous trouvâmes un magnifique bloc de granit, dans le milieu duquel étoit un nid de grands cristaux hexagones de schorl noir, empâtés dans un mélange de feldspath blanc & de mica argenté.

Les prismes de ce schorl sont souvent coupés en travers par des tranches de feldspath, qui paroissent avoir rempli des vuides formés dans ces prismes. On rencontre quelquefois, quoique rarement, les pointes des pyramides triédres très-applatties, qui les terminent.

Au-dessus de ce bloc, on trouve, dans la montagne de Valéri, de la hornblende noire, brillante, lamelleuse, en grandes lames redoublées, de maniere à former des masses épaisses de 3 à 4 pouces, enchassées dans du quartz d'un blanc sale.

## DE DUMO-BOSSOLA A MACUGNAGA, Chap. III.

Avant d'arriver à Macugnaga, la montagne, à droite en montant, préfente des fchiftes micacés à feuillets tortueux, d'un blanc argenté très-brillant, où le mica eft fi abondant, & les parties dures fi clair-femées, que l'on n'en a connoiffance que par quelques étincelles que l'on en tire en le frappant avec l'acier.

Nous arrivâmes à Macugnaga vers le midi; nous fûmes enchantés de la fituation de ce village; fes maifons, moitié en bois, moitié en pierre, mais proprement & folidement bâties, font difperfées dans des prairies parfemées de bouquets, de frênes & de mélèzes. Ces prairies forment une plaine doucement inclinée qui s'étend jufqu'au pied des rocs fourcilleux du Mont-Rofe, qui forment l'enceinte de ce joli plateau; mais nous fûmes peu fatisfaits de l'hofpitalité des habitants; aucun d'eux ne vouloit nous loger; défiants, peu accoutumés à voir des étrangers, effrayés peut-être de notre nombre; les aubergiftes mêmes refufoient de nous recevoir. Nous étions fur le point d'être réduits à tendre nos tentes, & à camper dans une prairie, lorfque le curé, à qui je montrai des lettres de recommandation, que j'avois pour diverfes perfonnes de la vallée, abfentes malheureufement pour nous, commença par nous donner afyle, & écrivit au principal aubergifte *Anton Maria del Prato*, qui étoit dans un pâturage à une lieue du village. Cette lettre l'engagea à venir nous recevoir.

Cette auberge fut pendant onze jours le centre de nos excurfions; nous étions proprement logés, mais nous n'avions d'autres vivres que ceux que nous faifions venir de Vanzon (1); car les habitants de Macugnaga & le curé même ne fe nourriffent que de laitage & de pain de feigle que l'on fait fix mois ou un an à l'avance, & qu'on ne peut couper qu'avec la hache.

---

(1) M. del Prato m'a prié d'avertir les voyageurs qui penferoient à venir à Macugnaga, de lui écrire un mot à l'avance, pour qu'il puiffe faire des provifions & fe difpofer à les recevoir.

# CHAPITRE IV.

## MINES D'OR DE MACUGNAGA.

**Idée générale de ces mines.** §. 2132. L E lendemain, comme il pleuvoit, nous deſtinâmes la journée aux mines. Les principales ſont dans les environs d'un village nommé *Peſcerena*, qui eſt une annexe de Macugnaga, & à une lieue au-deſſous. On paſſe par ce village en venant de Vanzon. Ainſi, ceux qui ne voudroient voir que les mines, pourroient ſe diſpenſer de monter juſqu'à Macugnaga.

La baſe du Mont-Roſe, ſur le prolongement de laquelle ces mines ſont ſituées, eſt généralement un granit veiné, ou une roche feuilletée, compoſée de quartz, de mica & de feldſpath ; les couches de cette roche ſont là fréquemment horizontales, ou du moins peu inclinées. On ſait que les pierres de ce genre ſont ſujettes à varier dans leur dureté, comme dans les proportions de leurs ingrédients. Cette roche eſt ici tendre ; là, dure ; ici, de quartz preſque pur ; là, ſans feldſpath, &c. J'ai vu des mines d'or dans un granit veiné proprement dit, très-dur & à gros grains : cependant les plus riches ſe trouvent généralement dans les variétés les moins dures & dont le grain eſt plus fin. Telle eſt celle de M. Testoni à Peſcerena, dans laquelle je ſuis deſcendu, & que j'ai obſervée avec le plus de ſoin. Elle ſe nomme *Cava del Pozzone*.

Le minerai dans lequel l'or eſt renfermé eſt preſque par-tout une pyrite jaune ſulfureuſe. On trouve cependant auſſi de l'or dans des pierres quartzeuſes cariées, ſouvent remplies d'une rouille ferrugineuſe, qui paroît être le réſidu des pyrites décompoſées.

LES pyrites auriferes de ces mines se trouvent quelquefois cryſtalliſées en cubes, mais ce ſont les plus pauvres; ſans doute que le repos néceſſaire pour une cryſtalliſation réguliere favoriſe la précipitation & la ſéparation des molécules d'or. Cependant celles qui ſont en grains très-fins ne contiennent pas non plus beaucoup d'or; les plus riches ſont confuſément cryſtalliſées ſous la forme de groſſes écailles, *ſcaglia groſſa.*

LA plupart des filons ſont dans une ſituation verticale; mais ils n'affectent aucune direction particuliere: ils ſe croiſent même quelquefois, & c'eſt ce que l'on cherche; c'eſt dans ces interſections que ſe trouvent les nids ou nœuds, *gruppi*, où ſont les plus grandes richeſſes ( 1 ). On dit que le capitaine TESTONI étoit, il y a vingt ans, entiérement épuiſé d'argent & de crédit, & alloit être forcé par-là d'abandonner ſa mine, lorſqu'il tomba ſur un de ces nids dont il retira en vingt-deux jours cent vingt-ſix livres de douze onces, ou cent quatre-vingt-neuf marc d'or pur. Dès-lors, ſes mines ont toujours proſpéré, & il a fait une fortune immenſe.

§. 2133. DÈS que le minerai eſt tiré de la mine, on le briſe ſous le marteau pour rejetter les parties du quartz blanc, *marmo*, dont il eſt mêlé, enſuite on le broye à-peu-près comme on mout le bled entre deux meules de granit de trente-deux pouces de diametre, *molinone*; on le réduit ainſi en ſable groſſier; ils prétendent qu'il ne convient pas de le réduire en une poudre plus fine: les bocards qu'ils ont eſſayés ne leur ont pas non plus réuſſi auſſi bien que les moulins.

Exploitation.

LORSQUE la mine eſt ainſi broyée, on la mêle avec de la chaux éteinte à l'air dans la proportion d'une meſure & demie de chaux ſur

---

( 1 ) Cet accroiſſement de richeſſe des filons dans leurs interſections eſt un fait très-généralement reconnu. M. MULLER en particulier l'a obſervé dans toutes les mines d'or de Vöröſpatack en Tranſylvanie, *Bergbaukunde*, tom. I; pag. 48.

deux cents mesures de minerai, & on entasse ce mélange dans de grandes caisses où on le laisse séjourner pendant quelques jours, après quoi on le passe au mercure dans les moulins à lavure.

Chacun de ces moulins, *molinetto*, est un petit tonneau de bois, haut de vingt-huit pouces, large par en haut de vingt-deux à vingt-trois, & un peu plus par en bas. Dans ce tonneau est une pierre ronde & concave, *pila*, qui en remplit exactement le fond. Cette pierre est percée à son centre & traversée par un cylindre ou arbre de bois au sommet duquel est fixée la meule, *moletta* (1), & qui la fait tourner. Toutes ces meules sont de granit veiné. Chacune d'elles est mise en mouvement par une roue horizontale située au-dessous du plancher. Ainsi pour un bâtiment de douze moulins, il y a douze petites roues: un courant d'eau dérivé de la Lanza se divise en douze jets, & chacun de ces jets tombe sur les aubes inclinées d'une de ces roues & la fait tourner.

On met plus ou moins de mercure suivant la richesse de la mine; les limites sont entre une & deux livres par moulin, & on le laisse travailler sur la mine pendant un tems qui est aussi proportionné à la bonté de la mine; cinq heures pour les plus pauvres & sept pour les plus riches. On fait ensuite écouler l'eau chargée de la boue stérile du minerai, & on en remet de nouveau. Le mercure chargé d'or est retiré du moulin trois fois par semaine, & passé par la peau de chamois; l'amalgame ou l'or empâté de mercure, *oro bianco*, reste sur cette peau. A la fin de chaque semaine on rassemble tout le mercure chargé d'or que l'on a recueilli, & on l'envoie à Pié de Mulere chez M. Tettoni qui sépare le mercure en le faisant distiller dans une cornue de fer, & enfin il retire l'or qui reste au fond de la cornue, & le réduit en lingots, *oro rosso*.

---

(1) Ces petites meules sont échancrées en demi-lunes sur deux de leurs bords diamétralement opposés, pour laisser passer le minerai & le mercure qui doivent être broyés entre ces deux pierres. On peut voir leur figure dans le bel Ouvrage du P. Pini: *Hermenegildi Pini de Venarum Metallicarum excoctione*, tom. II, pag. 200.

S. 2133.

§. 2133. M. TESTONI fait travailler à Pefcerena quatre-vingt-fix moulins, qui dans ce moment rendent entr'eux tous par femaine dix à douze livres, poids de douze onces, de mercure chargé d'or ; on affure-là que huit à neuf livres de ce mercure, ne contiennent qu'une livre d'or ; ce qui fait environ deux marcs d'or pour les douze livres d'amalgame ( 1 ). Cet or eft à-peu-près au titre de dix-huit karats; enforte que fur quatre parties il y en a trois d'or & une d'argent. Dans chacun de ces quatre-vingt-fix moulins on paffe environ mille livres poids de marc de minerai par femaine. Ainfi quatre-vingt-fix milliers de minerai ne rendent que deux marcs d'or, & même d'or allié d'argent, ce qui revient à dix ou onze grains de cet or par quintal de mine ( 2 ). Cependant à feize onces ou deux marcs par femaine, cela fait une valeur d'environ 66560 liv. de France par année, mais il faut en défalquer la dixieme qui eft due au Prince ; il ne refte donc que 59904 livres.

Frais & produit.

QUANT aux frais d'exploitation, M. TESTONI a communément cent ouvriers dans fes mines de Pefcerena ; la paie des mineurs eft de 35 f. monnoie de l'Offola, environ 21 fols de France par jour, & celle des fimples manœuvres de 30 fols, ou 18 de France : fi on les fuppofe tous à 20 fols, ce feront 100 liv. par jour ou 600 liv. par femaine. De plus, il fe perd dans le travail des moulins 40 liv. de mercure par femaine, & il coûte là 3 liv. de France, la livre de 12 onces ; c'eft donc encore une dépenfe de 120 liv. par femaine. Si l'on y ajoute 180

---

( 1 ) M. de BORN, dans fon Traité fur l'almalgamation, eftime que l'amalgame qui refte fur la peau de chamois contient une cinquième, ou moins une feptieme partie de fon poids d'argent, *Ueber des Anquicken*, pag. 156. M. de TREBRA dit une cinquieme, *Bergbaukunde*, XI *Ablandt*. Or, le mercure retient l'argent en plus grande quantité que l'or. Il paroit donc que l'évaluation qu'on m'a donnée & que j'ai fuivie dans ces calculs, eft plutôt au-deffous qu'au deffus de la réalité.

(2) Suivant le Mémoire de M. MULLER fur les mines de Vorofpatack, on exploite en Tranfylvanie des mines bien plus pauvres, puifqu'elles ne rendent que trois grains & demi d'or par quintal de mine, *Bergbaukunde*, tom. I, pag. 46.

liv. pour hautes payes, entretiens de bâtiments & autres frais, ce qui paroît plus que suffisant, parce que tous ces bâtiments sont infiniment peu dispendieux, la dépense totale sera de 900 liv. par semaine ou de 46800 liv. par an. Il resteroit donc à M. Testoni 13000 liv. de France de bénéfice.

Mais les gens du pays assurent que les profits vont beaucoup plus loin ; & que, soit pour diminuer l'envie, soit pour payer moins au prince, on exténue autant qu'on le peut le produit de ces mines.

Cependant il est bien certain que ce produit a considérablement diminué depuis quelques années, aussi l'ardeur pour les exploiter diminue-t-elle journellement. Il y a eu dans leur bon tems jusqu'à mille ouvriers employés dans celle, du ressort de Macugnaga, & aujourd'hui on en compte à peine la moitié, ceux qui ont des mines cherchent à s'en défaire, & tous les propriétaires que j'ai rencontrés, excepté M. Testoni, m'ont proposé à moi-même de les acheter. Il paroît que ces mines sont en général plus riches au jour ou auprès de la surface que dans l'intérieur de la montagne, & qu'on en a extrait à-peu-près tout ce qu'il y avoit de meilleur. (1). Le même fait a été observé dans les mines d'or de Transylvanie par M. Muller, & dans celle de l'Oural par M. Hermann.

---

(1) Les minéralogistes qui connoissent les utiles travaux de M. le baron de Born sur l'art d'extraire les métaux précieux par le moyen du mercure, trouveront sans doute les procédés des mineurs de Macugnaga bien grossiers & bien imparfaits. Mais il faut considérer que l'extrême pauvreté de ces mines les met hors d'état de supporter les dépenses que peuvent souffrir celles de Hongrie. En effet, M de Born évalue la dépense de son procédé à un rixdaler & demi, environ 6 liv. de France, par quintal de mine, *Ueber des Anquicken*, pag. 185 Il s'ensuit de-là, que les 44700 quintaux qui passent annuellement par les quatre-vingt six moulins de M. Testoni, à raison de dix quintaux par semaine pour chaque moulin, causeroient une dépense de 268320 liv. de France par année. Or, nous venons de voir qu'il n'en sort que cent quatre marcs d'or par an, dont la valeur, déduction faite de la dime, n'est que d'environ 60000 liv. à moins donc que le procédé de M. de Born ne quintuplât leur

Au reste, le Souverain favorise beaucoup l'exploitation de ces mines. Tout particulier, un étranger même, s'il découvre un nouveau filon qui ne soit pas renfermé dans la possession actuelle d'un autre particulier, peut par un simple enregistrement s'en assurer la propriété sous la condition de l'exploiter au bout d'un certain terme. Mais sur dix onces d'or qu'il retire, il doit en payer une au seigneur feudataire. Dans le Val-Anzasca, c'est le prince Borromée qui retire cette dîme & il l'afferme à MM. Testoni & de Paolis. Le roi, sur ses propres fiefs, n'exige non plus que la dixieme. Cette liberté de travailler, le peu de frais qu'exige l'extraction de l'or par le mercure, ont engagé plusieurs paysans à attaquer des filons, mais ils s'y sont presque tous ruinés ; parce que la premiere difficulté que leur opposoient, ou les eaux, ou la dureté du rocher, ou l'amaigrissement du filon, les a arrêtés tout court. Ceux-là seuls s'y sont enrichis, qui ont eu assez de fonds pour être en état de surmonter les obstacles.

---

produit, il ne sauroit être avantageux de l'employer. D'ailleurs, divers possesseurs des mines de Macugnaga, très-intelligents, m'ont assuré que leur procédé extrait bien réellement tout l'or contenu dans leur minerai, ou n'en laisse du moins qu'une quantité tout-à-fait peu conséquente. C'est ce dont je m'assurai avec plus de précision en faisant l'essai du résidu de leurs lavures qu'ils jettent à la riviere. Cependant il paroit difficile de croire, que quelqu'une des opérations les moins coûteuses du procédé de M. de Born ne pût pas être avantageusement appliquée à l'exploitation des mines de Macugnaga.

# CHAPITRE V.

## VOYAGE AU PIC-BLANC; FORME ET SITUATION DU MONT-ROSE.

Pâturages où l'on peut camper.

§. 2134. La pluie qui tomba presque sans interruption, pendant notre séjour à Macugnaga, nous contraria beaucoup dans nos projets; nous profitâmes cependant d'un intervalle de beau tems pour faire une course dont je vais rendre compte. Les hautes cimes du Mont-Rose sont escarpées & inaccessibles du côté de Macugnaga; mais on peut atteindre une de ses hauteurs moyennes qui est située au midi du village. On voit, sinon de Macugnaga même, du moins du *Pezzetto*, le dernier hameau de la paroisse au couchant, la cime neigée de cette montagne, qui se nomme *Pizzi Bianco*, ou le *Pic-Blanc*. Un chasseur de chamois, J. B. Jachetti, offrit de nous servir de guide, & nous fûmes très-contents de lui. Nous partîmes de Macugnaga le 30 Juillet, & nous allâmes camper dans des prairies situées au-dessus des chalets de l'*Alpe* (1) *di Pedriolo*. Il n'y a que trois heures de marche de Macugnaga jusqu'à ces prairies; on peut en faire deux à mulet; mais il faut faire à pied quelques pentes un peu roides, & le passage d'un glacier qui a un bon quart de lieue de largeur.

Mesure du Mont-Rose.

§. 2135. Comme nous étions arrivés de bonne-heure, nous employâmes le reste de la journée à choisir & à mesurer une base, pour prendre la hauteur de deux des sommets du Mont-Rose qui nous parurent, & que notre guide nous assura être les plus élevés. Il nous

---

(1) Le mot *Alpe* a conservé dans ce pays-là, comme dans la Suisse allemande, sa signification celtique & originaire; il signifie un pâturage de montagne.

fut impossible de trouver une base plus grande que de 781 pieds; mais elle étoit bien située & assez voisine du Mont-Rose, pour être vue de sa cime sous un angle de 2°, 45′, 30″; angle qui, avec nos instruments, ne permet une erreur que de quelques toises. Des deux cimes que nous mesurâmes, la plus haute se trouve élevée de 1343 toises au-dessus du milieu de la base, & l'autre de 1312. Or, par l'observation du baromètre, calculée comme je l'ai dit, la hauteur moyenne de notre base est de 1087 toises au-dessus de la mer; ce qui donne 2430 toises pour la hauteur de la cime la plus élevée (2), & 2398 pour la seconde.

Il résulte delà, que la plus haute cime du Mont-Rose n'est inférieure que de 20 toises à celles du Mont-Blanc, & qu'ainsi c'est la seconde en hauteur des montagnes mesurées jusqu'à ce jour dans l'ancien continent.

§. 2136. Nous passâmes la nuit sous nos tentes dans un site vraiment délicieux. Nous étions campés dans une prairie tapissée du gazon serré des hautes Alpes, émaillé des plus belles fleurs. Ces prairies étoient terminées par les glaciers & les rochers du Mont-Rose, dont les hautes cimes se découpoient magnifiquement contre la voûte azurée du ciel. Près de nos tentes couloit un ruisseau de l'eau la plus fraiche & la plus claire. De l'autre côté étoit un rocher concave, à l'abri duquel nous brûlions des rhododendron, le seul bois qui crût à cette

*Belle situation de ces prairies.*

---

(2) Le Père Beccaria, dans son *Gradus Taurinensis*, §. 340, donne au Mont-Rose une hauteur de 2212 toises au-dessus de l'observatoire de Turin, ce qui feroit environ 2340 toises au-dessus de la mer. Notre mesure lui donne donc 90 toises de plus; mais il faut observer que le Pere Beccaria n'avoit mesuré lui-même que l'angle sous lequel il voyoit la cime de l'observatoire, & que, pour la distance, il s'en rapporte entièrement aux cartes géographiques. Or, on sait que les géographes posent ordinairement fort au hasard les cimes des montagnes inaccessibles; il est donc bien vraisemblable que la différence de nos mesures découle de cette source; une erreur d'un vingt-quatrieme ou d'un vingt-cinquieme, dans la distance de Turin au Mont-Rose, suffit pour l'expliquer.

hauteur; ce feu fervit à faire cuire notre foupe & à nous défendre contre la vive fraîcheur de la foirée. La nuit étoit magnifique, & je me livrai un peu trop au plaifir de la contempler; car le froid me donna un mal-aife qui rallentit un peu ma marche dans la courfe pénible du lendemain.

<small>Montée du Pic-Blanc.</small> §. 2137. CETTE journée fut effectivement très-pénible : nous gravîmes d'abord des pentes de rocailles brifées extrêmement roides; puis une avalanche de neiges dures très-rapides qu'il fallut traverfer avec quelques dangers; puis des neiges qui, bien que nouvelles, étoient dures, glacées à leur furface & effrayantes par leur inclinaifon, & enfin une arrête de rocs incohérents qui s'ébouloient fous les pieds, & reftoient à la main quand on effayoit de s'y accrocher.

APRÈS cinq heures de cette fatigante montée, nous arrivâmes fur une cime, qui appartenoit bien au Pic-Blanc, mais qui n'étoit cependant pas la plus haute. La pointe la plus élevée nous dominoit encore de 30 ou 40 toifes; mais nous en étions féparés par une gorge profonde, où il auroit fallu redefcendre par une pente de neiges dures très-dangereufe, pour remonter enfuite par une pente encore plus roide. J'étois fatigué, mal à mon aife; je trouvai que ce petit nombre de toifes ne valoit pas ces peines & ces dangers, & je réfiftai à mon fils qui auroit defiré que nous allaffions au plus haut. Nous n'aurions rien vu de plus; & vraiment, nous avions lieu d'être contents de l'afpect que nous préfentoit le pofte que nous occupions. Nos gens fe hâterent de tendre la tente, abri néceffaire à mon fils pour pefer fon grand ballon : nous prîmes là quelques inftants de repos & un peu de nourriture, qui me remit parfaitement, & me rendit la force néceffaire pour bien jouir du fpectacle, auffi nouveau qu'extraordinaire, que j'avois à voir & à décrire.

<small>Nature & ftructure du Mont-Rofe.</small> §. 2138. EN effet, toutes les hautes fommités que j'avois obfervées jufqu'à ce jour, font, ou ifolées comme l'Etna, ou rangées fur des lignes droites comme le Mont-Blanc & fes cimes collatérales. Mais

là je voyois le Mont-Rofe, composé d'une suite non-interrompue de pics gigantesques presqu'égaux entr'eux, former un vaste cirque, & renfermer, dans leur enceinte, le village de Macugnaga, ses hameaux, ses pâturages, les glaciers qui les bordent, & les pentes escarpées qui s'élevent jusqu'aux cimes de ces majestueux colosses. (3)

Mais ce n'est pas seulement la singularité de cette forme qui rend cette montagne remarquable; c'est peut-être plus encore sa structure. J'ai constaté que le Mont-Blanc & tous les hauts sommets de sa chaîne, sont composés de couches verticales. Au Mont-Rose, jusqu'aux cimes les plus élevées, tout est horizontal, ou incliné au plus de 30 degrés.

Enfin, il se distingue encore par la matiere dont il est construit. Il n'est point de granits en masse, comme le Mont-Blanc & les hautes cimes qui l'entourent; ce sont des granits veinés & des roches feuilletées de différents genres, qui constituent la masse entiere de cet assemblage de montagnes, depuis ses bases jusqu'à ses plus hautes cimes. Ce n'est pas que l'on n'y trouve du granit en masse; mais il y est purement accidentel, & sous la forme de rognons, de filons, ou de couches interposées entre celles des roches feuilletées.

§. 2139. On ne dira donc plus que les granits veinés, les *gneiss* & les autres roches de ce genre, ne sont que les débris des granits rassemblés & agglutinés au pied des hautes montagnes, puisque voilà des rochers de ce genre dont la hauteur égale à très-peu-près celle des cimes granitiques les plus hautes connues, & où l'on seroit bien

Il y a des granits veinés primitifs.

---

(3) Le Pere Beccaria observant de Turin cette singuliere montagne, s'étonnoit de la prodigieuse largeur de sa cime, qu'il évaluoit à 3307 toises. Il conjecturoit que cette grande largeur résultoit de la réunion de plusieurs sommités, & que c'étoit peut-être cette multitude de cimes qui lui avoit fait donner le nom de *Rose*. Gradus Taurinensis, §. 398, note (a). C'est avec bien du plaisir que j'ai vérifié cette ingénieuse conjecture.

embarraſſé à trouver la place des montagnes de granit dont les débris ont pu leur ſervir de matériaux; ſur-tout ſi l'on conſidere la maſſe énorme de l'enſemble des murs d'un cirque, tel que celui du Mont-Roſe. En effet, ce ſeroit une hypotheſe inadmiſſible que de ſuppoſer, qu'anciennement il a exiſté dans le vuide actuel du cirque une montagne de granit, & que ce cirque eſt le produit des débris de cette montagne. Car comment ne reſteroit-il aucun veſtige de cette montagne? On conçoit bien que ſa tête auroit pu ſe détruire; mais ſon corps, ſa baſe du moins, protégée par les débris de ſa tête accumulés autour d'elle, qu'eſt-ce qui auroit pu l'anéantir? D'ailleurs, les parois intérieures du cirque, quoique très-eſcarpées, ne ſont pourtant pas verticales; elles s'avancent de tous côtés vers l'intérieur, & le fond, le milieu même du cirque n'eſt point de granit, il eſt de la même nature que ſes bords. Enfin, nous avons reconnu que les montagnes qui forment la couronne du Mont-Roſe, ſe prolongent au-dehors à de grandes diſtances; enſorte que leur enſemble forme une maſſe incomparablement plus grande que celle qui auroit rempli le vuide intérieur du cirque.

Il faut donc reconnoître, comme tous les phénomenes le démontrent d'ailleurs, qu'il exiſte des montagnes de roches feuilletées, compoſées des mêmes éléments que le granit, & qui ſont ſorties, comme lui, des mains de la Nature, ſans avoir commencé par être elles-mêmes des granits.

*Dimenſions du Mont-Roſe*

§. 2140. Mais je reviens au Pic-Blanc. Quand, du haut de ce Pic, on compare entr'elles les montagnes qui forment l'enceinte du Mont-Roſe, on voit qu'elles ne ſont pas également hautes & qu'elles ſuivent un certain ordre dans leurs dégradations. Les plus élevées paroiſſent être celles que nous avons meſurées, ce ſont même celles qui, dans le pays, portent excluſivement le nom de *Mont-Roſe*; les autres n'ont point de nom, ou ont des noms différents; elles ſont ſituées à l'Oueſt du Pic-Blanc. On en voit auſſi de très-hautes au Nord de ce même Pic, du côté du Vallais; mais de là en tirant à l'Eſt du côté
du

du Val Anzafca, elles s'abaiffent continuellement. De même dans le côté méridional du cirque, dont le Pic-Blanc fait partie, les cimes s'abaiffent auffi à l'Eft du côté du Val Anzafca; enforte que les deux chaînes de montagnes qui bordent cette vallée, paroiffent être une continuation de celles du Mont-Rofe. On pourroit donc affimiler le Mont-Rofe à une raquette dont les montagnes qui bordent le Val Anzafca formeroient le manche : le chef-lieu de la paroiffe de Macugnaga feroit fitué dans l'intérieur de la raquette, mais auprès du manche, & les pâturages de Pedriolo à l'extrémité oppofée.

CURIEUX de connoître le diametre intérieur du cirque ou du vuide de cette grande raquette, j'ai mefuré de Macugnaga l'angle fous lequel je voyois la cime la plus élevée du Mont-Rofe; & d'après cet angle & la hauteur connue de cette cime, j'ai trouvé que la diftance horizontale de la cime au village étoit de 4515 toifes. Or, comme le village eft en-dedans du cirque, on peut bien fuppofer que fi le cirque fe continuoit derriere lui, le milieu de l'épaiffeur des murs du cirque fe trouveroit environ à 500 toifes en arriere du village. Il fuit de là que le diametre du cirque, pris au milieu de l'épaiffeur de fes murs, eft d'environ 5000 toifes, ou de deux lieues.

§. 2141. CETTE forme circulaire, avec un vuide au milieu, donne l'idée d'un cratere de volcan, & pourroit faire imaginer que telle a été l'origine du Mont-Rofe, ou que du moins il a été produit par une explofion fouterraine. Mais premiérement, on n'y voit aucun veftige de l'action du feu ni d'aucune explofion quelconque. Enfuite la fituation de fes couches n'eft point conforme à cette fuppofition. En effet, dans les volcans, les couches font toujours relevées contre l'intérieur du cratere. BOUGUER l'a bien obfervé fur les cimes des Cordilleres. *Toutes ces couches*, dit-il, *vont en s'inclinant autour de chaque fommet.* Voyez le §. 2022 de ces Voyages, ou la page 41 de celui de BOUGUER. Sur le Mont-Rofe, au contraire, les couches de la partie méridionale de la couronne, comme celles du Pic-Blanc, fe relevent contre le Midi, ou contre l'extérieur; celles des parties

*Le vuide du Mont-Rofe n'eft pas le cratere d'un volcan.*

occidentales, où sont les plus hautes sommités, au lieu de se relever contre l'Est, comme l'auroient fait des couches soulevées par une explosion venant du milieu du vuide, se relèvent aussi contre le Midi; celles du Nord, qui auroient dû se relever contre le Midi, se relèvent contre l'Est; enfin celles de l'Est, qui auroient dû monter contre l'Ouest, montent contre l'Est. Si donc ces couches ne sont pas actuellement dans leur situation originaire, celles qu'elles présentent aujourd'hui, indiqueroient des changements partiels & irréguliers, plutôt qu'une cause unique & relative à un centre commun. On ne peut y remarquer qu'un fait général, c'est que les pentes sont toutes beaucoup plus rapides du côté de l'intérieur qu'au dehors du cirque, sur-tout au Nord & à l'Ouest où sont les plus hautes cimes.

<small>Autres montagnes visibles du Pic-Blanc.</small> §. 2142. La vue du Mont-Rose n'est pas la seule dont on jouisse du haut du Pic-Blanc; ce Pic n'est dominé par aucune hauteur qui puisse lui dérober la vue des plaines de l'Italie, & ces plaines en sont assez rapprochées pour que l'on puisse jouir de quelques détails. Mais pendant le tems que nous y passâmes, une vapeur bleuâtre voiloit ces plaines, & un grand nuage suspendu à la voûte du ciel formoit un immense rideau, qui nous déroboit presque toute cette vue; cependant ce rideau se déchiroit par moments, & nous laissoit voir dans les intervalles de ses lambeaux, tantôt le Lac-Majeur, tantôt le Tesin, puis le Navigliogrande; mais nous ne pûmes distinguer ni Milan, ni Pavie, ni aucune autre ville de la Lombardie, que l'on doit parfaitement reconnoître lorsque le tems est serein.

La structure des montagnes qui nous séparoient de ces plaines, n'a rien de remarquable; la plus haute est celle de *Tagliaferro*. Sa forme est celle d'une pyramide aiguë, & sa cime n'est guere moins élevée que celle du Pic-Blanc; elle est cependant dépouillée de neige; la grande rapidité de ses flancs ne lui permet pas de la retenir.

<small>Hauteurs & nature du Pic-Blanc.</small> §. 2143. La moyenne entre deux observations du barometre que je fis sur le Pic-Blanc, donne à ce Pic une hauteur de 1594 toises.

Nous passâmes trois heures & demie sur cette sommité; & comme nous prîmes le parti de ne pas revenir le même jour à Macugnaga, mais de coucher encore sous nos tentes; nous eûmes le tems de descendre lentement, & d'observer avec soin la nature & la structure des rochers dont cette montagne est composée. Sa cime est en partie d'un granit veiné en feuillets tortueux, & rempli de grands cryftaux de feldspath, en partie d'une roche feuilletée mince à feuillets planes. Ces roches sont disposées par couches à-peu près horizontales, mais qui montent cependant de quelques degrés vers le Sud. La tête du Pic-Blanc est à-peu-près isolée; mais son corps & sa base adherent à l'Est & à l'Ouest à la chaîne du Mont-Rose, & au Nord à une montagne qui forme une grande saillie dans l'intérieur du cirque du Mont-Rose; cette montagne se nomme *la Chicusa*; c'est en suivant sa pente que l'on monte des pâturages de Pedriolo jusqu'au sommet du Pic. Elle est toute de roches feuilletées, dont les unes sont de beaux granits veinés, durs, tirant sur le blanc; d'autres des roches quartzeuses, micacées, ferrugineuses, souvent mêlées de schorl: on y trouve aussi de la plombagine. Nous y vîmes enfin une couche de pierre calcaire, semblable à celle que nous avions observée au Simplon, & renfermée, comme elle, entre des couches de pierre que l'on regarde comme primitives. Toutes ces couches ont à-peu-près la même situation que celle de la tête du Pic.

Cette pierre calcaire est à assez gros grains blancs, brillants, translucides; elle se dissout avec une vive effervescence, en laissant en arriere de petites écailles de mica blanc & des particules planes, oblongues & brillantes, dont la fusibilité prouve que c'est du feldspath. On calcine cette pierre dans l'*Alpe di Filera*, pâturages qui sont au-dessous du banc qui la renferme, & au-dessus de ceux de Pedriolo.

Je trouvai dans ces fours à chaux la preuve d'un fait que j'avois allégué sur parole, mais sans l'avoir observé moi-même, que quand on calcinoit des pierres à chaux micacées, & qu'il se trouvoit dans les fours à chaux des parties chargées de beaucoup de mica, ces parties se fondoient comme de la cire, & se rassembloient au fond des fours, §. 1811. En effet, on voyoit autour des fours de l'Alpe di Filera, des parties d'un verre gris-blanchâtre qui en étoient sorties, en se filant comme des cordes tordues de neuf ou dix lignes de diametre. D'après cette forme, j'aurois cru ce verre plus fusible que les verres ordinaires; cependant je n'ai pu en former au chalumeau que des globules de trois-quarts de ligne de diametre, & qui par conséquent ne sont fusibles qu'au 76 degré de WEDGEVOOD; tandis que le verre de bouteille, le moins fusible des verres ordinaires est fusible au 47 degré.

Les granits veinés de cette montagne, de même que ceux de plusieurs autres parties du Mont-Rose, renferment des couches de beau granit en masse, & non veiné. Mais nous observâmes un phénomene plus remarquable encore, c'est un grand rocher dont le milieu étoit de granit veiné bien caractérisé, tandis que ses deux faces extérieures étoient de granit en masse; ce qui prouve bien, comme je l'ai déja fait voir ailleurs, qu'être veiné ou ne l'être pas, sont des accidents d'un seul & même genre de rochers. Mais il y a plus : le savant minéralogiste, M. WERNER, dit qu'il possede un grand & beau morceau de vrai granit en masse, dans lequel sont renfermés des cailloux roulés très-distincts, & même en partie assez gros, de gneiss ou de granit veiné; & il conclut de là qu'il y a des gneiss qui ont existé avant quelques granits (4). *Böhmische Gesellschaft*, 1785, p. 278.

---

(4) M. le Chanoine BEROLDINGEN ne se rend point à ces raisons; il persiste à soutenir que toutes les pierres de forme granitique; dans lesquelles on voit la moindre apparence de stratification, sont des granits de seconde formation, *regenirter granite*; c'est-à-dire, suivant l'explication qu'il donne à ce mot, des especes de grès ou de poudingues. Et il coupe court à toute discussion, en affirmant que ceux qui ont combattu pour l'opinion contraire, n'entendent rien à la géologie, & qu'il conviendroit de prohiber la lecture de leurs ouvrages; de peur, dit-il, que leurs erreurs ne continuent à se propager comme elles commencent à le faire.

– Quant aux erreurs de M. le Chanoine, si l'on pouvoit craindre leur propagation, il

§. 2144. Nous trouvâmes à notre retour, foit vers le bas du Pic-Blanc, au pied de la montagne de Chicufa, foit dans les prairies, foit fur le glacier de Pedriolo, quelques rochers épars qui nous parurent dignes d'attention. *Rochers détachées.*

Nº. 1. Vers le bas de la montagne que je viens de nommer, on trouve des granits en maffe dont le quartz est d'un bleu de lavande clair, mais pourtant décidé, fur-tout dans les places où plufieurs de fes grains font réunis, & dans celles où il forme des filons dans les fiffures des pierres. La caffure de ce quartz est brillante, conchoïde, très-peu évafée. Au chalumeau, il ne paroît pas plus fufible que le quartz ordinaire. Il forme la partie dominante de ce granit; le feld-fpath, moins abondant, est d'un blanc jaunâtre, & le mica, en petite quantité, a une couleur plombée un peu terne. *Quartz bleu.*

Nº. 2. Dans les pâturages de Pedriolo, l'on trouve une grande quantité de grands blocs de rochers qui ont roulé des montagnes voifines. Quelques-uns de ces blocs ont des faces planes, unies, je dirois prefque polies, qui rappellent les rocs polis du grand Saint-Bernard, §. 996; mais ils different de ceux-ci: premiérement, en ce qu'ils ne font point d'un poli vif comme ceux du Saint-Bernard; il paroît que c'est un enduit de fteatite verdâtre, & non point un vernis quartzeux, qui est la caufe de leur poli; enfuite leurs faces planes font ordinairement perpendiculaires aux feuillets de la pierre, au lieu qu'au Saint-Bernard, elles leur font parallèles. *Pierres à faces liffes.*

---

ne feroit pas néceffaire de prohiber la lecture de fes ouvrages; l'extrême défordre, l'intolérable diffufion & les perpétuelles contradictions qui y regnent, en dégoûteroient affez le plus grand nombre des lecteurs. Il fuffit de favoir que, dans le volume qui traite des terres & des pierres primitives, on ne rencontre dans les 330 premieres pages aucune divifion quelconque, ni par livres, ni par chapitres. L'Auteur prend & quitte vingt fois le même fujet, fans ordre & fans raifon; cela reffemble aux rêves d'un malade. Il faut, pour lire ce livre, être animé d'un zele égal à celui du célebre Chymifte Rouelle, qui fe faifoit fufpendre par des cordes & dévaler dans des cloaques, lorfqu'il efpéroit d'y découvrir quelque chofe qui pourroit l'intéreffer.

Il paroît donc que ces faces planes ont été produites par des affaissements simultanées, qui ont tranché net un grand nombre de feuillets de gneiss ou d'autres roches analogues, comme je l'ai observé dans les blocs de poudingues de Sta. Croce, coupés en cubes par la même cause, §. 1370; & qu'ensuite des eaux saturées de stéatite passant sur ces faces, y auront déposé une espece de vernis.

*Feldspath à grains blancs & fins.*

N°. 3. LE glacier de Pedriolo, que nous fûmes obligés de traverser avant d'arriver aux pâturages de ce nom, étoit chargé de pierres qui venoient des hautes cimes du Mont-Rose. Entre ces pierres on remarquoit des blocs d'une substance d'un beau blanc de neige & d'un grain très-fin, que je pris d'abord pour un marbre statuaire ou pour une dolomie; mais qui s'étant trouvés insolubles dans les acides & fusibles au chalumeau en un verre transparent & bulleux, a paru un feldspath grenu, mais d'une espece peu commune. Ce feldspath paroissoit disposé à se diviser par couches ou par feuillets de quelques lignes d'épaisseur, & il étoit coupé, comme les blocs du N°. 2, par des plans à-peu-près perpendiculaires à ces couches. Ces plans étoient lisses, mais non polis, & sans aucun enduit d'une substance différente. La pierre auprès de ces plans donnoit quelques étincelles contre l'acier, mais dans l'intérieur elle étoit tendre, & s'égrenoit même avec facilité.

*Gerbes de hornblende approchant du schorl noir.*

N°. 4. ENFIN, à une petite heure de Macugnaga, au pied de la partie septentrionale du cirque du Mont-Rose, on trouve de jolies gerbes de hornblende noire, couchées dans les interstices des couches ou des feuillets de gneiss ou de granit veiné, dont est composé le pied de cette montagne. Cette hornblende est plus dure que celle du Saint-Gothard, §. 1815; une pointe d'acier rompt ses filets déliés plutôt qu'elle ne les raie. Comme il n'y a pas de caractere distinctif bien prononcé pour d'aussi petites masses de ces substances, on peut admettre des especes intermédiaires; & s'il y en a, celle-ci en sera une. Ces gerbes noires, de deux à trois pouces de diametre, sont un très-joli effet sur le gneiss presque blanc, sur lequel elles sont dessinées.

§. 2145. Suivant l'observation de mon fils, la latitude de Ma- *Latitude; &c.* cugnaga est de 46°, 2′, 30″. Or, comme la plus haute cime du Mont-Rose est située à 62°, 48′ du Sud par Ouest de Macugnaga, & que la distance de ce village à cette cime est de 4515 toises, il suit de là que cette cime est de 2071 toises, ou de 2′, 10″ au Sud de Macugnaga; d'où résulte, pour cette cime du Mont-Rose une latitude de 46°, 0′ 10″.

Quant à la longitude, le mauvais tems nous empêcha de la déterminer. D'ailleurs, les vallées renfermées entre de hautes montagnes, comme celle de Macugnaga, ne sont point favorables à des observations de ce genre, parce que souvent ces montagnes cachent les corps célestes dont l'observation sert à déterminer les longitudes.

On voit sur les cartes de géographie, à l'Est du Mont-Rose, une grande montagne désignée par le nom de *Monte-Moro*. Il n'existe cependant aucune haute cime de ce nom; mais une gorge ou un passage qui conduit en huit heures de route de Macugnaga à un village du Vallais, nommé *Val-Sosa* en italien, & *Sass* en allemand; de ce village on va à Viége en six heures.

On assure que ce passage étoit autrefois très-fréquenté; que c'étoit celui du commerce & des courriers entre la Suisse & l'Italie; qu'on y voit encore des restes de chemin pavés avec beaucoup de soin; mais que des éboulemens l'ont rendu impraticable aux chevaux & difficile pour les hommes: il est cependant encore fréquenté par les piétons, même chargés de pesants fardeaux. Sa situation est environ à 7 degrés du Nord par Est de Macugnaga. La montagne qu'il traverse fait partie de l'enceinte du Mont-Rose.

Il y a encore un passage du Mont-Rose, qui conduit en onze heures de route à *Zer-Matt*, autre paroisse du Vallais, dont nous aurons occafion de reparler. Le nom de ce paffage eft *Weiſſe-Grat*, qui veut dire *Porte-Blanche*. Il eft fitué à 55 degrés du Nord par Oueft de Macugnaga, mais très-peu fréquenté, parce qu'il eft très-dangereux. Pour traverfer ce paffage, il faut s'élever à une hauteur beaucoup plus grande que celle du Pic-Blanc, en marchant pendant quatre heures fur un glacier rapide, & divifé par de profondes crevaffes.

CHAPITRE

# CHAPITRE VI.
## VOYAGE AUTOUR DU MONT-ROSE.

§. 2146. Après que nous eûmes ainsi déterminé de notre mieux la position du Mont-Rose, & observé sa nature & sa structure intérieure, il étoit bien intéressant pour nous d'étudier sa structure extérieure. Pour cela, il falloit en faire le tour; mais comme il est entouré de montagnes très-hautes & très-escarpées, que l'on ne peut franchir que par des passages peu connus & peu fréquentés, il m'eût été impossible d'exécuter ce projet, si deux Négociants qui connoissoient parfaitement le pays, MM. Alexandre Coursi & J. B. Paruzza, ne m'eussent indiqué la route que nous devions suivre. C'est l'itinéraire qu'ils eurent la complaisance de nous tracer, qui nous a servi de fil pour traverser ce labyrinthe de montagnes. La route que nous suivîmes & dont je vais donner le développement, differe très-peu de celle que ces Messieurs nous avoient indiquée. J'y joindrai quelques observations minéralogiques de peu d'étendue.

§. 2147. Nous partîmes de Macugnaga le 4 Août, & nous descendîmes le val Anzasca jusqu'à Ponte-Grande, à une petite lieue au-dessus de Vanzon, §. 2190. Là, nous quittâmes la route que nous avions suivie en venant à Macugnaga, & nous montâmes à Banio (1), village ou petite ville, chef-lieu du val Anzasca, élevé de 338 toises.

---

(1) Le nom de *Banio* fait penser à des bains; je crus qu'il y en avoit dans la ville ou dans les environs; mais on m'assura qu'il n'en existoit point dans le pays, & que le nom du village s'écrit *Banio*, au lieu que le mot qui signifie *bain*, s'écrit en italien *bagno*.

Le fentier par lequel on monte, eft rapide pour les mulets, mais au travers de très-beaux châtaigniers, qui croiffent là parmi des débris de granits veinés & de rochers analogues.

La ville étoit remplie de dévots & de curieux, qui venoient de toute la vallée & des vallées voifines, pour la fête de Notre-Dame des Neiges, Patrone du lieu, que l'on célébroit le lendemain, & dont la veille étoit elle-même fêtée avec beaucoup de folemnité. Une allée tortueufe, pratiquée dans une forêt de grands & antiques châtaigniers, très-bien illuminée & parfemée d'oratoires ornés avec fimplicité mais avec nobleffe, conduifoit à la Chapelle de Notre-Dame, & imprimoit à l'ame ce fentiment de refpect & de crainte que les acceffoires du culte doivent toujours tendre à infpirer.

On tira dans la foirée un grand feu d'artifice, le premier qui eût été vu dans le pays. J'eus beaucoup de plaifir à jouir de la furprife & à entendre les finguliers raifonnements de ces montagnards. Nous payâmes ces plaifirs en ne trouvant à coucher que par terre, & au milieu du bruit de la fête qui ne nous laiffa pas beaucoup de tranquillité.

*Route de Banio à Carcofaro. Paffage de l'Egua.*

§. 2148. La plus grande partie de la route de Banio à *Baranca*, fe fait fur des débris de granits veinés, entre lefquels on voit par intervalles des couches horizontales de roches micacées brunes, fines & tendres. Le chemin n'eft point mauvais, mais rapide, & furtout étroit. Les charges des mulets heurtoient fréquemment contre les rochers & les murs de clôture des pieces qui bordent le chemin; on fut même trois fois obligé de les décharger, ce qui nous fit mettre cinq heures au lieu de trois heures & demie, ou de quatre au plus, que l'on met ordinairement de Banio aux chalets de Baranca.

Nous fîmes une halte dans ces chalets pour y faire nos expériences; le barometre leur donna 899 toifes d'élévation. On trouve dans ces prairies & avant d'y arriver, des granits veinés gris, affez durs, dont les couches font très-inclinées & dans des fituations différentes. La situation des chalets n'a rien d'intéressant; mais un peu plus loin, à l'entrée de la vallée de *Fobello*, on a une jolie échappée de vue sur les plaines d'Italie, & en particulier sur le Lac-Majeur. Des chalets on monte encore pendant une heure & un quart au sommet d'un col qui porte le nom *d'Egua*, & qui est élevé de 1104 toises. La pente qui y conduit est très-rapide, entre des gneiss, qui, au sommet, sont assez fins, & dont les couches verticales courent au Sud-Ouest.

On a du haut de ce col la vue d'une magnifique enceinte de montagnes entre lesquelles domine le Mont-Rose, dont nous reconnûmes toutes les hautes cimes.

De là, en descendant au village de *Carcofaro*, on marche sur les tranches de rocs feuilletés granitoïdes qui courent à l'Ouest-Sud-Ouest, excepté dans la partie la plus orientale, dont les couches courent exactement à angles droits des autres, & viennent s'appuyer contr'elles.

Nous ne rencontrâmes dans cette descente aucune pierre digne d'être observée, si ce n'est une couche de pierre calcaire renfermée entre des couches granitoïdes sans aucune autre intermédiaire. Cette pierre jaunâtre par dehors & blanchâtre au-dedans, est grenue, à grains extrêmement fins; l'extrême lenteur de sa dissolution dans l'acide nitreux, prouve que c'est une dolomie, §. 1929. Après que l'acide en a extrait toutes les parties calcaires, il laisse en arrière du mica blanc, très-fusible au chalumeau en un verre d'un gris blanchâtre & bulleux. *Couches de Dolomie.*

Tout ce passage, depuis Baranca, est extrêmement rapide; nous fûmes obligés de faire à pied la plus grande partie de la montée, & la totalité de la descente qui nous prit 2 heures ¼. Elle est si roide que jamais les mulets n'auroient pu la descendre avec leurs charges, si nos guides ne les avoient pas fréquemment soutenus par la tête en même tems qu'on les retenoit par la queue.

*Carcofaro* ou *Carcofo*, est la paroisse la plus élevée de cette branche du

Val-Sesia-Piccola: elle n'a cependant que 546 toises au-dessus de la mer, & elle est ainsi de 458 toises plus basse que le haut du col de l'Egua.

De Carcofaro à Guaïfora.

§. 2149. Le 6 nous descendîmes en 4 heures ¼ de Carcofaro à *Guaïfora*, village qui n'est élevé que de 291 toises. Le chemin est partout assez beau, dans le fond d'une vallée étroite, généralement dirigée au Sud-Sud-Est, & où les angles rentrants correspondants aux angles saillants sont très-marqués. Aussi cette vallée doit-elle être considérée comme *transversale*; elle coupe à-peu-près à angles droits les couches des rochers, comme le fait aussi la *Sermente* qui l'arrose. Ces couches sont d'abord quartzeuses; puis elles se changent en beaux granits veinés. Ces différentes couches commencent par être peu inclinées, mais en s'éloignant de Carcofaro, les granits veinés deviennent verticaux, & à une lieue ¼ de ce village, ils sont très-remarquables par la différente couleur des couches contiguës, dont les unes sont d'un gris presque blanc, les autres d'un gris presque noir; ce qui donne à ces rochers coupés à angles droits par la riviere l'apparence d'une étoffe rayée. On en voit même qui ont des veines en zigzag entiérement repliées sur elles-mêmes, & qui sont renfermées entre des couches planes & paralleles. J'ai observé le même phénomene au St. Gothard, §. 1832. Mais un peu plus loin, avant d'arriver à *Rimasco*, qui n'est qu'à demi-lieue de là, les couches, quoique toujours verticales, se trouvent dirigées comme la vallée, & alors on ne voit plus leur coupe.

En général, sur cette route, la situation des couches est très-variable, & à demi-lieue au-delà de Rimasco, les couches deviennent peu inclinées, & même vis-à-vis de *Fervento* & de *Piegionia*, on les voit horizontales depuis le fond de la vallée jusques à la cime de la montagne.

Nous arrivâmes vers le midi au village de *Buccioletto*; notre projet étoit de nous y arrêter, & de laisser reposer nos mulets désolés par les mouches & harassés par la chaleur, qui étoit insupportable dans le fond de cette étroite vallée; mais l'aubergiste, l'unique du village, étoit sur la montagne; nous pouvions avoir un asyle chez le curé, mais il nous assommoit tellement de questions, au lieu de répondre à celles que les besoins du moment nous suggéroient, que je poussai mon mulet en avant, & que nous allâmes une lieue plus loin, à Guaïfora, petit village où nous trouvâmes de pauvres, mais très-bonnes gens qui nous reçurent de leur mieux.

§. 2150. EN partant de Guaïfora, on est obligé de revenir sur ses pas pour passer la Sermente, qui va un peu plus bas se jeter dans la Sesia. Passé le pont, on se trouve à *Balmuccia* dans le *Val-Sesia-Grande*, ainsi nommé par opposition avec le *Val-Sesia-Piccola*, que nous avions suivi depuis Carcofaro. Le Val-Grande est arrosé par la Sesia, & a sa direction, du moins auprès de son entrée, à l'Ouest-Sud-Ouest, presqu'à angles droits de Val-Piccola.

*De Guaïfora à Scapel.*

A un petit quart de lieue de Balmuccia, la vallée est barrée par un grand rocher de gneiss, qui occupe presque toute sa largeur. Mais au-delà de ce rocher, elle est assez large; son fond plat est presqu'entièrement couvert de chanvre, qui paroit la seule culture en usage dans le bas de cette vallée, d'ailleurs jolie & très-peuplée. Dans une heure ½ de route depuis Guaïfora, nous vînmes à Scopel (*Scopello*) & nous y couchâmes pour aller voir les fonderies de cuivre, dont nous devions le lendemain visiter la mine à Allagne, à quatre lieues au-dessus de Scopel.

CETTE fonderie appartient au Roi, mais il en a cédé l'usage, de même que celui de tous les bâtiments, qui sont considérables, à une compagnie de particuliers de Vazal, moyennant une redevance annuelle, qu'on dit être la dixieme du produit net. On donne à Allagne, auprès de la mine, le premier grillage aux parties de minerai qui n'ont pas besoin d'être bocardées ni lavées; mais on porte à Scopel, ce qu'ils appellent le sable, *sabbia*, ou la mine bocardée & lavée. On mêle ce sable avec de la chaux, & on en forme une pâte que l'on crible de trous, d'un à deux pouces de diametre, pour donner passage à la flamme, à la fumée &

aux vapeurs qu'excite le feu que l'on allume deſſous. Dans les autres opérations on ſuit les procédés ordinaires. On ne fondoit pas dans ce moment. Le directeur nous dit que dans l'année précédente, on avoit fait dans cette fonderie 5400 rups, un peu plus de mille quintaux de cuivre de roſette. Les bâtiments ſont ſpacieux, réguliers, aſſez agréablement ſitués, dans une petite plaine au bord de la Seſia.

Il y a dans ce même bâtiment une grande coupelle où l'on affinoit l'argent, dont le Roi faiſoit autrefois exploiter une mine qui tenoit trente-ſix onces d'argent par quintal de mine. Cette mine s'eſt perdue, & l'on étoit alors, en 1789, occupé à la rechercher. On exploitoit auſſi autrefois, dans ce voiſinage, une mine d'or qui a été abandonnée.

De Scopel à la Rive, mine d'Allagne.

§. 2151. EN allant à Allagne, on remonte la Seſia par une route très-agréable, & dont la pente n'eſt point trop rapide. Les montagnes qui bordent cette vallée ſont de différentes variétés de gneiſs qui montent toutes à l'Eſt, ſous des angles qui ont au plus 30 degrés. En quatre petites lieues, on ſe trouve vis-à-vis du village de *la Rive*, ſitué au bord de la Seſia, ſur une terraſſe naturelle, à l'entrée du *Val-Dobbia*. Le ſol de ce village eſt élevé de 558 toiſes.

Nous logeâmes dans une bonne maiſon, chez M. le Capitaine GIANOLI, qui eut pour nous les plus grandes attentions, au point que quoique nous n'entendions point mal l'Italien, il fit venir pour nous ſervir un homme qui parloit François. Mais cet homme, ſachant qu'il étoit payé pour parler, ſe crut obligé de parler ſans ceſſe, & il finit par nous fatiguer, au point que nous fûmes réduits à le prier de nous laiſſer un peu de repos. Après dîner, M. GIANOLI nous accompagna à la mine d'Allagne, qui n'eſt qu'à une petite demi-lieue au Nord de la Rive. La montagne qui la renferme ſe nomme *la montagne de la mine de St. Juques*. On y voit, & même de loin au jour, le filon ou plutôt la couche; car c'eſt une vraie couche parallèle à celles de la montagne. Elle a 6 à 7 pieds d'épaiſſeur, courant du Nord-Nord-Eſt au Sud-Sud-Oueſt, & s'enfonçant à l'Eſt-Nord-Eſt, ſous un angle de

25 à 30 degrés. La montagne correspondante de l'autre côté de la Sesia, a ses couches précisément dans la même situation ; & l'on y voit aussi, au jour, la couche de cuivre. Cette montagne se nomme *Taillefer*.

La partie de la couche cuivreuse qui est au jour n'est pas riche. Les couches de la montagne qui servent de toit ou de plancher à la partie de la mine que l'on voit au jour sont une roche grise dont le fond est un schiste, ou une espece d'ardoise *thon schiefer* de Werner, qui par son éclat & la finesse de ses feuillets, paroît se rapprocher du mica, & qui est parsemée de cryftaux de feldspath blanchâtres ; c'est donc, comme la plupart de ces montagnes, une variété de gneiss.

Après avoir observé les dehors, nous entrâmes dans la galerie, qui est large, élevée, & n'a nul besoin d'appuis. Deux poutres paralleles, prolongées depuis l'entrée jusqu'au fond, éloigné alors d'environ 370 toises de France, servent à rouler les brouettes chargées de minerai. Nous trouvâmes au fond sept ouvriers, qui travailloient de front sur la couche minérale, qui a six pieds & demi d'épaisseur. C'est par-tout une pyrite, *kupferkies*, d'un jaune plus ou moins rougeâtre, & dont la cassure est plus ou moins inégale. Dans l'endroit où on l'exploitoit alors, le toit & le plancher étoient d'un schiste gris ; la gangue est de quartz mêlée d'une terre brune ferrugineuse. Les mineurs sont persuadés que cette mine ne s'épuisera jamais ; qu'il y en a pour l'éternité. Cependant la couche n'est pas par-tout également riche ; il y a même des places où elle ne contient point du tout de cuivre. Mais bientôt après, on recommence à en trouver. Comme l'entrée de la mine est élevée d'environ 50 toises au-dessus de la Sesia, au bord de laquelle on travaille le minerai, on le fait glisser par un couloir en planches jusqu'aux bocards & aux lavoirs.

En sortant de la mine, nous allâmes jusqu'au village même d'Allagne, qui est à une petite demi-lieue plus loin au Nord. Nous vîmes là un magasin de lavezzi, ou de marmites & d'autres ouvrages de pierre ollaire. La carriere & la fabrique font à une lieue plus haut au Nord Nord-Oueft. Nous achetâmes pour un louis un affortiment de marmites cerclées en fer; il y en avoit fept qui entroient les unes dans les autres. La plus grande de treize pouces & un quart de diametre fur fept de hauteur, & la plus petite de quatre fur trois. La pierre paroît être une ftéatite mélangée de mica; fa caffure eft d'un verd de bouteille foncé, terreufe & groffiere, & fa rayure d'un gris verdâtre clair; elle eft très-tendre; cependant les marmites font un bon ufage quand on les ménage avec foin.

Les habitants de ce village font tous Allemands, comme ceux de tous les villages qui entourent le pied du Mont-Rofe. Car on va dans cinq heures d'Allagne à Pefcherena au pied de cette montagne, & on en voit de belles cimes des environs de la Rive.

*De la Rive à Greffoney, val Dobbia.* §. 2152. Le 8 Août, nous paffâmes le val Dobbia, dont le plus haut point eft élevé de 1236 toifes; & de-là nous defcendîmes au village de Greffoney, qui ne l'eft que de 658. Ce paffage, malgré fa grande élévation, ne préfente aucune difficulté; auffi ne mîmes nous que quatre heures & demie à monter au haut du col, & deux heures à en defcendre. La direction générale eft à l'Eft-Sud-Oueft; la plupart des montagnes que l'on côtoie, ont leurs couches en appui contre le Nord ou contre le Mont-Rofe que nous avions à droite, & dont les cimes neigées font un bel effet du haut du col.

Quant à la nature de ces montagnes, on rencontre, foit en montant, foit en defcendant, des alternatives fréquentes de roches micacées quartzeufes; de gneifs & de roches micacées calcaires. Les roches calcaires font grenues pour la plupart : on en voit cependant qui font lamelleufes, ou compofées de lames minces, compactes, translucides, plutôt que de grains proprement dits. On en voit auffi qui fe rapprochent beaucoup de ces marbres bleus, que l'on nomme *cipolins*.

Nous penfions que quand nous ferions arrivés au haut du col,
nous

nous ferions obligés d'y tendre notre tente pour faire nos expériences sur la denfité de l'air; mais à notre très-agréable furprife, nous trouvâmes là un petit bâtiment, conftruit bien folidement en pierre & divifé en deux parties, dont l'une eft une chapelle, & l'autre une petite chambre à l'ufage des voyageurs. Ce bâtiment eft fur la limite qui fépare le val Sefia du val d'Aofte, dans lequel on entre en le quittant. On dit que cet utile édifice a été conftruit aux dépens de la Commune de La Rive & d'un particulier de Greffoney, nommé Litzco. Nous logeâmes à Greffoney chez un homme de la même famille. Ce village fe préfente très-bien; quand on y arrive en defcendant de val Dobbia, il eft bien bâti, fitué dans une jolie plaine, qui, du côté du Midi, eft une vafte prairie, entourée & arrofée par le Lys, qui, après avoir defcendu cette vallée, va fe jetter dans la Doire au pont de Saint-Martin, §. 971. Le Lys, qui fe nomme *Lefa* en italien, donne à cette vallée le nom de *val Lefa*.

§. 2153. Le 9 Août fe trouva un dimanche; & comme nos guides defireroient d'entendre la meffe, nous ne pûmes partir de Greffoney qu'après-midi. Mon fils profita de ce retard pour prendre la hauteur méridionale du foleil, & il en conclut que la latitude de ce village eft de 45°, 49′, 15″. Nous vînmes dans une heure & demie au village le plus élevé de cette vallée, qui fe nomme *la Trinité de Greffoney*, & qui, de même que le chef-lieu, eft habité par des Allemands. De-là nous montâmes en une heure de marche aux *Chalets de Betta*, que nous trouvâmes élevés de 1091 toifes.

De Greffoney aux Chalets de Betta.

Nous avions vu, à une petite lieue de Greffoney, le torrent du Lys que l'on côtoie, faire une chûte confidérable dans de belles ferpentines en maffe, que le choc de l'eau ronge & dont il arrondit les formes.

La partie de la vallée qui eft au-deffus & au Nord de la Trinité, eft extrêmement fauvage. On voit fur la rive droite ou du côté de l'Eft, une montagne toute couverte de débris d'un brun rougeâtre, qui femblent avoir été brûlés. Ce font des ferpentines ferrugineufes vertes au-dedans, mais qui, en s'oxidant à l'air, prennent cette couleur de rouille. La vallée devient enfuite plus riante, quoique les mélezes diminuent en nombre & en grandeur, à mefure que le terrein s'éleve. Cependant on voit encore des habitations d'hiver entourées de verdure jufqu'au pied du rocher, & tout près du glacier qui barre & termine le haut de cette vallée. Là, nous paffâmes le Lys qui fort de ce glacier, & nous tirâmes à l'Oueft en laiffant à l'Eft des couches très-régulieres de pierres calcaires micacées qui repofent fur de la ferpentine. Ce fait eft un des premiers que j'aie obfervé moi-même, & qui prouve la vérité de l'opinion du célebre WERNER, qu'il exifte des ferpentines dans l'ordre des roches primitives.

Les chalets de Betta, où nous arrivâmes bientôt après, font fitués dans des pâturages dont le fond eft inégal. Les rochers qui en fortent & qui adherent au fol, font des roches micacées quartzeufes grifes & dures. Les débris épars qui viennent des montagnes fupérieures, préfentent des ferpentines, des pierres calcaires grenues, & quelques accidents de hornblendes cryftallifées.

En attendant la nuit, nous allâmes nous promener au Nord des chalets, fur le bord de la pente rapide d'une terraffe naturelle, d'où l'on a une très-belle vue de quelques-unes des cimes du Mont-Rofe & du glacier d'où fort le Lys. Mais la pluie nous força bientôt à rentrer, & nous eûmes bien de la peine à trouver dans les chalets quelque petit coin qui en fût à l'abri, parce qu'elle fe fait jour prefque par-tout entre les joints des pierres irrégulieres & inégalement épaiffes, qui forment la couverture de ces chalets.

# CHAPITRE VII.

## EXCURSION SUR LE ROTH-HORN OU CORNE ROUGE. VUE DE L'EXTÉRIEUR DU MONT-ROSE.

§. 2154. Le dixieme d'août fut destiné à une excursion. Les trois vallées que nous venions de traverser, Val-Sesia Piccola, Val-Sesia grande & Val-Lesa, ou Val du Lis, aboutissent toutes à la circonférence extérieure du Mont-Rose ; mais les deux premieres sont si serrées à leur extrêmité, qu'il ne nous parut pas qu'on pût espérer d'y trouver un site d'où l'on eût une vue étendue du Mont-Rose, & telle qu'elle permît d'embrasser d'un coup-d'œil une partie un peu étendue de sa circonférence. Dans le Val-Lesa, au contraire, la chaîne occidentale de la vallée se termine abruptement à une certaine distance du Mont-Rose & laisse ainsi la liberté de l'observer. {But de cette course.}

Conduits par cette espérance, nous montâmes sur la plus haute cime de l'extrêmité de cette chaîne. Cette cime porte le nom de *Roth-Horn* ( *Corne rouge* ) ; sa hauteur est de 1506 toises au-dessus de la mer. Notre attente fut parfaitement remplie ; je trouvai là le poste le plus favorable pour bien juger de la structure du Mont-Rose.

§. 2155. L'enceinte de sa couronne que nous voyions là par-dehors paroissoit beaucoup plus grande que nous l'avions jugée de l'intérieur du cirque ; l'ensemble des cimes qui forme cette couronne, occupoit sur notre horizon un espace de plus de 60 degrés ; d'où résulte à la distance où nous en étions un diametre de plus de 9000 toises, & par conséquent presque le double du diametre intérieur. Cela prouve que {Vue du Mont-Rose.}

ce cirque n'eſt pas formé par une ſeule rangée de montagnes, & qu'il y en a au-dehors que l'on ne voit point du-dedans. Et c'eſt ce que l'on diſtingue clairement du poſte que nous occupons. On voit de là que le Mont-Roſe n'eſt point une montagne iſolée, mais une maſſe centrale à laquelle viennent aboutir ſept ou huit grandes chaînes de montagnes qui s'élevent à meſure qu'elles s'approchent de ce centre & qui finiſſent par ſe confondre avec lui en devenant des parties ou des fleurons de ſa couronne. Quelques-uns de ces fleurons extérieurs paroiſſent avoir été rompus ; ainſi la chaîne dont notre montagne, Corne-Rouge, forme l'extrêmité, ſe termine abruptement avant d'atteindre le Mont-Roſe, & laiſſe dans l'intervalle les chalets de Betta & le haut du Val-de-Leſa. Mais la chaîne parallele à celle de Corne-Rouge du côté de l'Eſt, atteint ſans interruption le corps de la montagne. Deux autres chaînes que nous voyions à notre couchant l'atteignent également.

Toutes ces montagnes ſont des roches feuilletées de divers genres ; le théâtre immenſe de hautes ſommités que j'avois ſous mes yeux, ne préſentoit à la portée d'une très-bonne vue, ni couches verticales ni granits en maſſe. Preſque toutes les chaînes qui aboutiſſent au Mont-Roſe ont leurs couches relevées en pente douce de ſon côté ; les plus inclinées d'entre ces couches ne me parurent pas faire des angles de plus de 30 ou 35 degrés avec l'horizon. C'eſt par cette raiſon, que le Mont-Roſe, inacceſſible par l'intérieur de ſon cirque, ſeroit à ce que je crois, d'un accès facile par dehors. Nous voyions toutes ſes pentes couvertes d'immenſes plateaux de neige, dont la partie inférieure deſcendoit juſqu'à des rochers d'un accès ſûr & facile, & qui s'élevoient de là en pentes médiocrement rapides juſqu'aux plus hautes ſommités. La difficulté ne pourroit venir que de l'état des neiges, des crevaſſes qui pourroient s'y rencontrer, & de la largeur du trajet qu'il faudroit faire ſur la trompeuſe ſurface de ces neiges.

De ces pentes neigées & ſur-tout des intervalles de leurs croupes fortent de beaux & nombreux glaciers. Le plus remarquable eft celui d'où fort la riviere du Lys qui donne fon nom à la vallée. On voit trois de ces glaciers fe réunir en un feul qui defcend en ferpentant jufqu'auprès des pâturages de la Trinité de Greffoney ; & là le Lys en fort & va au travers de ces pâturages arrofer le fond de la vallée.

§. 2156. ENTRE deux des croupes neigées qui couronnent ces glaciers, on voit une gorge très-élevée & remplie de neige, du haut de laquelle on découvre la vallée renfermée dans l'enceinte du Mont-Rofe. Il y a dans le pays une ancienne tradition fur une vallée remplie de beaux pâturages dont on dit que l'accès a été fermé par de nouveaux glaciers. On ajoute que cette vallée fe nommoit *Hohen-Laub* & qu'elle appartenoit au Vallais. Sept jeunes gens de Greffoney encouragés par un vieux prêtre, entreprirent, il y a fix ans, la recherche de cette vallée, & dirigerent leur courfe vers cette gorge dont la cime fe voit de chez eux au Nord du village. Ils allerent le premier jour coucher fur les rochers les plus élevés à l'entrée des neiges, & le fecond, après fix heures de marche fur ces neiges, ils arriverent au bord de la gorge. Là, ils virent fous leurs pieds, au Nord, une vallée entourée de glaciers & d'affreux précipices, couverte en partie de débris de rochers, & traverfée par un ruiffeau qui arrofoit de fuperbes prairies avec des bois vers le fond fur la droite, mais fans aucun veftige d'habitations ni d'animaux domeftiques. Perfuadés que cette vallée étoit bien celle que l'on regardoit comme perdue, ils revinrent très-glorieux de leur découverte, ils en firent beaucoup de bruit, & on en écrivit même à la cour de Turin. Pour conftater la réalité de leur découverte, & pour en tirer quelqu'avantage réel, il falloit parvenir à defcendre dans cette vallée ; c'eft ce qu'ils tenterent deux ans après leur premier voyage ; ils retournerent au bord du précipice, munis de crampons, de cordes & d'échelles, mais ils n'obtinrent aucun fuccès ; ils revinrent, en difant que les efcarpements étoient d'une hauteur fi prodigieufe, qu'aucune échelle ne pouvoit aider à les franchir.

*Vallée prétendue inacceffible.*

Cette singuliere histoire, dont on m'avoit parlé à Turiu, comme d'un fait avéré, piquoit vivement ma curiosité. Arrivé à Gressoney je me hâtai de prendre des informations, & je fus très-étonné de voir tous les paysans à qui j'en parlai, m'assurer que c'étoit une fable, ou que du moins il n'existoit dans leurs montagnes aucune vallée inaccessible : je ne trouvai que la personne qui avoit fait le plus de bruit de cette découverte & un de ses proches parents qui me soutinssent l'existence de cette vallée ; mais ils la soutenoient d'une maniere si affirmative que j'étois fortement ébranlé. Enfin, comme je me trouvois avec ces deux personnes sur la place du village, remplie de monde à l'issue de la messe, j'apperçus dans la foule un chasseur qui m'avoit fortement soutenu la non-existence de cette vallée inhabitée ; je l'appellai, je le mis en face de celui qui assuroit l'avoir vue, & je lui demandai s'il pourroit soutenir son dire en sa présence ; il affirma qu'oui, qu'il le soutiendroit. Alors le patron de la découverte lui dit : " Comment „ pouvez-vous soutenir que cette vallée n'existe pas, puisque vous „ êtes vous-même un des six avec lesquels je l'ai vue.... Et c'est „ justement parce que j'y étois, répondit le chasseur, que je soutiens „ que cette vallée n'est point inhabitée, puisque j'y ai vu des vaches „ & des bergers. „ L'autre voulut nier, mais il se fit une huée générale qui lui ferma la bouche, & la question me parut décidée.

Ensuite, lorsque de la cime de Corne-Rouge, j'ai bien vu la situation de la gorge d'où ces chasseurs avoient cru faire cette découverte, j'ai été convaincu que la vallée qu'ils avoient vue étoit précisément celle de l'Alpe de Pédriolo où nous avions passé deux nuits dans notre voyage au Pic-Blanc. En effet, cette vallée est située au Nord de cette gorge & doit se présenter de-là exactement comme celle que décrivent ces chasseurs. Et si l'on considere que les chalets de Pédriolo sont dans la partie de la vallée la plus basse, la plus éloignée de la gorge & derriere des rochers qui les dérobent entiérement à la vue des cimes méridionales, on concevra que si les troupeaux paissoient dans les pâturages situés au Nord au-dessous des chalets, au moment où les chasfeurs de Greffoney vinrent pour la premiere fois fur le bord de cette gorge, ils n'ont dû voir dans cette vallée ni habitations ni troupeaux. Et il eft permis de fuppofer que s'ils en ont apperçu à leur fecond voyage, ils n'auront pas voulu renoncer à l'honneur de leur découverte, & avouer qu'ils n'avoient vu qu'une vallée connue & habitée. Mais peu-à-peu, comme cela arrive pour l'ordinaire, le fecret s'eft divulgué, & la vérité a prévalu.

Nous aurions cependant été curieux, & fur-tout mon fils, de juger par nos yeux de la réalité de notre conjecture; mais le tems étoit trop dérangé pour une telle entreprife; & en effet, nous n'eûmes pas deux jours de fuite de beau dans tout le refte de notre voyage.

Ces renfeignements pourront fuffire à ceux, qui par un tems plus favorable, voudroient aller voir cette vallée, & effayer de s'élever aux plus hautes cimes du Mont-Rofe, qui font à la gauche ou au couchant de la gorge d'où l'on découvre cette même vallée. J'ajouterai feulement, que le plus court chemin pour aller à Greffoney n'eft point celui que nous avions fuivi : fi l'on vient du côté de l'Italie, il faut remonter le Lys depuis le village de St. Martin en Val-d'Aoft, §. 971; mais du côté de la Suiffe, il faut fuivre la route que nous prîmes en revenant, & dont je donnerai bientôt la notice.

§. 2157. Mais je n'ai parlé que des objets que l'on découvre du haut du Roth-Horn; je dois dire cependant un mot de la ftructure de cette montagne & de la route que l'on fuit pour atteindre fa cime. *Nature & ftructure du Roth-Horn.*

Le Roth-Horn eft fitué au Midi des chalets de Betta, en face du Mont-Rofe, qui eft au Nord de ces chalets. Nous commençâmes par gravir une montagne qui domine immédiatement ces chalets qui fe nomme la *montagne de Betta*, & qui paroît faire corps avec le Roth-Horn, quoiqu'elle en foit féparée par un vallon inhabité qui renferme deux petits lacs. La bafe de cette montagne eft une roche micacée quartzeufe, à laquelle font fuperpofées des roches micacées calcaires. Les couches des unes & des autres font prefqu'horizontales, relevées feulement de quelques degrés contre le Nord, & ainfi contre le Mont-Rofe. On ne monte point rapidement, mais en tournant du côté de l'Eft, & même en redefcendant quelquefois, le tout pendant près de 4 heures, après quoi l'on monte directement au Nord-Oueft, & l'on atteint ainfi la fommité au bout de 5 heures de marche.

Le corps même de Roth-Horn eft en grande partie compofé de ferpentines compactes & femi-dures, c'eft-à-dire, dures à-peu-près comme du marbre; elles font divifées naturellement en maffes irrégulieres d'une grandeur énorme, dont quelques-unes, quoique vertes dans l'intérieur prennent en s'oxidant à leur furface la couleur rougeâtre que j'avois déja obfervée au deffus de Greffonay, §. 2153; & c'eft fans doute cette couleur qui a fait donner à cette montagne le nom de *Corne-Rouge*.

Ces ferpentines font furmontées par des roches d'un verd glauque foncé, dont la pâte paroît une ftéatite, dont les parties difcernables ont la forme d'écailles, & renferment des grains de feldfpath blanc & des parties calcaires que l'on ne diftingue pas, mais qui fe manifeftent par leur efferveſcence avec les acides. Ces rochers font tendres, prefque friables, fe laiffent féparer par couches planes, horizontales Sur elles repofent des couches calcaires micacées. Mais les ferpentines reprennent encore le deffus & la cime la plus élevée à l'Oueft, fur laquelle monta mon fils, eft toute de ferpentine. Pour moi je tendis ma tente & je m'établis fur la cime la plus orientale, d'où la vue me paroiffoit plus dégagée & plus étendue; & comme j'étois là fur la roche micacée calcaire, j'eus la facilité de la bien obferver. Le mica qui entre dans fa compofition & qui forme plus de la moitié de fon volume eft d'un brun noirâtre, en feuillets affez grands, brillants, & comme ridés à leur furface; mais cependant plans & paralleles entr'eux. Les parties calcaires font de formes grenue, à petits grains; elles ont une teinte

de

de rouille, & elles forment entre les feuillets de mica des couches qui ont quelquefois jufques à une ligne d'épaiffeur. Elles fe diffolvent dans les acides avec une vive efferveffence, & laiffent en arriere un fédiment de terre rubigineufe affez volumineux. Cette pierre fe divife fpontanément en dalles plus ou moins grandes & plus ou moins épaiffes.

Toutes les roches de cette partie de la cime ont leurs couches horizontales, à cela près qu'elles fe relevent un peu contre le Nord. Mais d'autres cimes plus élevées de la même montagne, & où nous n'allâmes pas, paroiffent avoir leurs couches un peu différemment fituées, elles femblent fe relever contre l'Oueft-Nord-Oueft.

Nous ne fûmes de retour aux chalets de Betta qu'à l'entrée de la nuit. Nous y couchâmes encore une fois, & la pluie, après nous avoir donné un heureux relâche pendant le jour, ne ceffa de nous perfécuter pendant la nuit & la matinée du lendemain.

# CHAPITRE VIII.

## FIN DU VOYAGE AUTOUR DU MONT-ROSE.

*De Betta à St. Jaques d'Ayas.* §. 2218. (1) Le 13 d'août, en partant des chalets de Betta, nous commençâmes par monter pendant une heure jusques au haut d'une gorge nommée *Fourche de Betta.* L'obfervation du baromètre donne à cette gorge 1351 toifes d'élévation. En montant à ce paffage nous paffâmes fur des couches minces prefqu'horizontales, de quartz mêlé d'un peu de mica, fouvent divifé naturellement en rhomboïdes.

Au haut du paffage, qui eft dirigé de l'Eft à l'Oueft, on trouve à gauche, ou au Sud, des couches peu inclinées du quartz que je viens de décrire, & de pierres calcaires grifes; tandis qu'à droite ou au Nord, ce font des ferpentines; obfervation déja faite ailleurs par M. Besson, §. 1338, *note*; mais remarquable ici à caufe du peu de largeur de ce col.

De-là, nous defcendîmes en deux heures au village de *St. Jaques d'Ayas*, ce village eft élevé de 857 toifes, par des pâturages & des débris peu intéreffants, & nous y couchâmes. La vallée porte le nom de *Val d'Ayas* jufqu'à 2 lieues au-deffous de St. Jaques, & plus bas elle fe nomme vallée de *Challand.* Le torrent qui l'arrofe fe nomme l'*Eau Blanche*, ou *l'Evanfon*, & va fe jeter dans la Doire, auprès de Verrex. Le haut a un fond agréablement mélangé de bois & de prairies, qui fe dirige à l'Oueft-Sud-Oueft; mais le bas va prefque droit au Sud.

*De St. Jaques au Breuil.* §. 2219. On nous avoit fait efpérer que de St. Jaques nous pourrions dans un jour traverfer le glacier du Mont-Cervin, & venir coucher à

---

( 1 ) Il femble qu'il manque ici 52 §§, mais c'eft une faute du copifte, car il ne manque rien dans le texte.

Zer-Matt en Vallais; dans cette espérance nous partîmes avant le jour; nous montâmes en 4 heures ¼ jusqu'au niveau du bas du glacier, dans un désert nommé *le plan tendre* ou *les cimes blancs*, élevé de 1550 toises. Mais le glacier se trouva couvert d'un épais brouillard; nous nous arrêtâmes là, nous y fîmes nos expériences, espérant que dans l'intervalle le brouillard s'éleveroit; pendant ce tems notre guide chercha s'il ne découvriroit point sur la neige qui recouvroit le glacier, un chemin battu, où les traces de quelques voyageurs qui pussent servir à diriger nos pas dans l'obscurité du brouillard, qui ne paroissoit point disposé à s'élever; mais n'ayant rien trouvé, il nous conseilla de descendre au Breuil, d'où nous aurions plus de facilité à tenter une autrefois le passage. *Le Breuil* est un hameau d'été, ou un assemblage de chalets, dépendant du village de *Val-Tornanche* qui est à deux lieues plus bas dans la vallée de ce nom. Cette vallée porte aussi le nom du *Mont-Cervin*, elle a huit lieues de longueur & se termine à la petite ville de Châtillon (*Voyages aux Alpes*, §. 962). Nous mîmes trois heures ½ à descendre au Breuil qui est élevé de 1030 toises. La pluie nous retint le reste du jour & tout le lendemain dans ce mauvais gîte.

§. 2220. Mais le vendredi 14 d'août, le tems parut se remettre; nous nous mîmes de grand matin en marche pour passer le glacier, dont le trajet est plus sûr & moins dangereux du Breuil que de St. Jaques d'Ayas. Ce passage porte indifféremment le nom de *Val Tornanche* ou celui du *Mont-Cervin*. Il est également renommé & redouté, soit à cause de sa grande élévation, soit à cause du grand glacier que l'on a à traverser. Nous le fîmes cependant très-heureusement.

Du Breuil au col du Mont-Cervin.

En partant du Breuil la route se dirige d'abord au Nord, & ensuite à l'Est-Nord-Est. Nous montâmes en trois heures du Breuil à l'entrée du glacier, par des pentes souvent rapides, mais sans aucun danger, même pour les mulets. Nous trouvâmes le glacier entiérement couvert de neige; on n'appercevoit nulle part la glace, & on ne voyoit pas non plus de crevasses; il y en avoit pourtant qui étoient indiquées par de longs sillons à la surface de la neige.

La pente du glacier eft fort douce, nos mulets y marchoient avec tant d'affurance, que nos guides nous confeilloient de les monter. Mais dès que la pente devint plus roide, les mulets chargés commencerent à enfoncer, tantôt d'une jambe, tantôt de l'autre, puis des quatre à la fois & même jufqu'aux fangles; on voulut effayer de les foutenir, mais il fallut y renoncer; nos guides prirent leurs charges fur leurs épaules & les porterent jufqu'au haut du glacier, qui heureufement n'étoit pas bien éloigné. Les mulets délivrés de leurs fardeaux n'enfoncerent plus; mais cependant ils avoient beaucoup de peine à avancer, ils étoient effouflés, obligés de reprendre haleine dès qu'ils avoient fait quelques pas. La pente n'étoit pourtant point très-rapide, & les trois ou quatre heures de marche qu'ils avoient faite ne pouvoient pas les avoir fatigués, d'autant qu'ils s'étoient repofés la veille & la moitié de l'avant-veille; mais c'étoit la rareté de l'air qui les affectoit; ils éprouvoient tout ce que nous avions éprouvé en gravissant le Mont-Blanc. Coutet & Cachat, qui m'y avoient accompagné, étoient frappés de cette reffemblance, ils furent même les premiers à la faifir; la refpiration de ces pauvres animaux étoit extrêmement pénible, & dans les moments même où ils reprenoient haleine, on les voyoit haleter avec tant d'angoiffe, qu'ils pouffoient une efpece de cri plaintif, que je n'avois jamais entendu, même dans les plus grandes fatigues. Il eft vrai que jamais je n'avois voyagé avec des mulets à une auffi grande élévation, & qu'excepté peut-être dans les Cordilleres, il n'y a fûrement fur le refte du globe aucun paffage auffi élevé qui foit acceffible à des mulets. Le barometre, obfervé fur un petit terre-plein, un peu au-deffus du point le plus élevé du paffage, ne fe foutint qu'à 18 pouces 10 lignes ½; ce qui a donné une élévation de 1736 toifes au-deffus de la mer.

Le haut de ce paffage préfente encore une autre fingularité; c'eft un fort ou une redoute formée par une muraille en pierres féches bien folidement affifes, avec des meurtrieres pour de gros moufquets.

Cette redoute porte le nom de St. Théodule, nous en avions déja vu une autre au-deffus de l'entrée du glacier. Ces deux redoutes ont été conftruites, il y a deux ou trois fiecles par les habitants du Val-d'Aoft, qui craignoient de ce côté-là une invafion des habitans du Val-lais. Ce font vraifemblablement les ouvrages de fortification les plus élevés de notre planete. Mais pourquoi faut-il que les hommes n'aient érigé dans ces hautes régions un ouvrage auffi durable que pour y laiffer un monument de leur haine & de leurs paffions deftructives? D'ailleurs, ce fite eft très-beau dans fon genre. Tout le haut du Col, balayé par les vents, eft dégagé de neiges pendant la belle faifon; la hauteur, au levant, fur laquelle nous tendimes une tente, a autour d'elle un joli terre-plein orné de touffes de *aretia Helvetica* & de *ranonculus glacialis*. Si j'avois connu ce pofte d'un accès fi facile, en comparaifon du Col du Géant, beaucoup moins éloigné des lieux habités & qui n'eft que de 27 toifes moins haut, je l'aurois certainement choifi de préférence pour nos obfervations météorologiques, & nous y aurions bien moins eu à fouffrir.

On jouit de là d'une très-belle vue de montagnes; on voit au levant une partie de l'enceinte extérieure du Mont-Rofe, qui occupe l'horizon depuis le Nord-Eft jufqu'à l'Eft-Sud-Eft. On a au midi une magnifique chaîne de hautes fommités entrecoupées de neiges & de rochers. Cette chaîne va fe joindre au Mont-Rofe, auprès du paffage de Weifs-Grat, dont j'ai parlé plus haut, & qui conduit de Macugnaga à Zer-Matt. Sous nos pieds, au couchant, font les pâturages du Breuil, fermés par une enceinte à peu-près circulaire de hautes fommités. Mais le plus bel objet dont ce fite préfente la vue, c'eft la haute & fiere cime du *Mont-Cervin*, qui s'eleve à une hauteur énorme fous la forme d'un obélifque triangulaire d'un roc vif & qui femble taillé au cifeau. Je me propofe de retourner là une autre année pour obferver de plus près & mefurer ce magnifique rocher. (1) Mais ce n'eft pas en y

(1) J'exécutai ce projet deux ans après. C'eft le fujet du feptieme & dernier voyage de ce volume. Comme dans ce voyage je fis pour la feconde fois la route d'Ayas au Breuil, & du Breuil au Col du Mont-Cervin; c'eft-là que je rapporterai la minéralogie de cette route.

portant le barometre qu'on le mefurera ; car fes flancs efcarpés ne préfentent aucune poffibilité d'accès, & ne donnent même pas de prife à la neige.

La vallée de glace, couverte de neige, que nous avions à defcendre pour aller de St. Théodule à Zer-Matt, vue de cette hauteur, paroît d'une étendue immenfe.

Ici, encore point de granits en maffe, & point de couches verticales. Le haut de St. Théodule & les rocs que je vifitai au Nord au-deffus de ce col, font compofés de couches alternatives, & peu inclinées de ferpentines, de pierres calcaires & de quartz. Quant au Mont-Cervin, je ne l'ai pas obfervé de bien près; cependant en montant du Breuil à St. Théodule, j'avois fait un détour d'une lieue fur la gauche ou au Nord, pour aller obferver les débris de cette montagne fur un glacier qui en defcend; je ne trouvai là que des granits veinés, & des roches feuilletées de quartz & de mica, mais point de granits en maffe.

*Du Mont-Cervin à Zer-Matt.*  §. 2221. Nous avions mis une heure à monter la pente méridionale du glacier; nous en mîmes à-peu-près deux à defcendre fa pente feptentrionale. Les mulets n'enfonçoient dans la neige que jufqu'au jarret, & fe tiroient fort bien d'affaire; ils faifoient, pour avancer, des efforts qui marquoient leur empreffement à fortir de ces régions glaciales; & nous avions de la peine à marcher affez vite pour les fuivre. Il eft vrai que la furface de la neige fe trouvant plus dure que le fond; tantôt elle nous foutenoit, tantôt elle nous laiffoit enfoncer jufqu'au genou; & ces alternatives, ces demi-chûtes continuelles, qu'on efpere toujours d'éviter, forment une allure également fatigante & ridicule. Nous marchâmes d'abord au Nord-Eft, puis au Nord-Nord-Eft, qui eft la direction moyenne de la vallée de Viége, au haut de laquelle eft Zer-Matt où nous allions coucher. La vue de ce village, entouré de bofquets & de belles prairies, donne un plaifir vif au moment où on le découvre du milieu du glacier; il repose doucement les yeux & l'esprit fatigués de ne voir que des neiges & des rochers stériles.

Nous mîmes trois heures trois quarts depuis le bas du glacier jusqu'à Zer-Matt; il est vrai que nous perdîmes quelques moments à chercher & à ramasser des schorls crystallisés de différentes couleurs que nous rencontrions sur la route. La pierre dominante dans ces montagnes est une serpentine demi-dure, ferrugineuse, verte en dedans, mais qui rougit à l'air; elle est disposée en couches à-peu-près horizontales.

Nous eûmes une peine extrême à trouver une maison où l'on voulut nous loger; les cabaretiers étoient ou absents ou de mauvaise volonté. Le Curé qui loge quelquefois les voyageurs, nous fit répondre *qu'il ne vouloit rien nous vendre*. Enfin, notre brave guide Jean-Baptiste Erin, chez qui nous avions logé aux chalets du Breuil, & que je recommande à ceux qui feront ce voyage, força un cabaretier à nous recevoir.

La cime du Mont-Cervin, quoiqu'éloignée de ce village d'environ deux ou trois lieues, paroît s'élever majestueusement au-dessus de lui; aussi lui donne-t-il son nom dans le pays de Vallais, où on la nomme *Matter-Horn* ou *Corne-de-Matt*. Elle gît au Sud-Ouest, ou plus exactement à 53 degrés du Sud par Ouest, du village.

§. 2224. Le lendemain, 15 août, en quatre heures trois quarts de marche, nous vînmes dîner à *St. Nicolas*, grand village de la vallée de Viége, élevé de 566 toises; & de-là, en quatre heures un quart, coucher à *Viége*, ou *Viesh-Bach*, chef-lieu de la vallée de ce nom, & dont l'élévation est de 334 toises. La vallée de Safs, *Saffer-Thal* en allemand & *Val-Sofa* en italien, dont l'extrêmité supérieure aboutit, comme je l'ai dit ailleurs, au Mont-Rose, vient se joindre à la vallée de Viége vis-à-vis du village de *Stalder*, que nous traversâmes à une heure trois-quart au-dessus de Viége. La direction sous

*De Zer-Matt à Viége. Fin du voyage.*

laquelle la vallée de Saſs s'éleve vers le Mont-Roſe, me parut être à 20 degrés du Sud par Eſt.

Les montagnes qui bordent les deux côtés de la vallée, ſont d'abord des roches micacées quartzeuſes, qui ſe diviſent ſpontanément en grands fragments à faces planes, & ſouvent rhomboïdaux. Enſuite ce ſont de beaux granits veinés diſpoſés par couches, ou par grands bancs à-peu-près horizontaux, relevés cependant du côté de l'Eſt ou du Mont-Roſe. Mais dans le bas de la vallée, la proportion du mica augmente; les rochers perdent leur feldſpath, & redeviennent de ſimples roches micacées quartzeuſes, dont la ſituation demeure cependant la même; elles deviennent enſuite micacées calcaires, & enfin de ſimples calcaires à l'entrée du village de Viége.

De-là nous revînmes à Geneve, où nous fûmes de retour le 20 Août.

*Expériences ſur la denſité de l'air.* 2223. Les expériences que mon fils fit, dans ce voyage, ſur la denſité de l'air, & dont on peut voir les détails dans le *Journal de Phyſique, an.* 1790, avoient pour but de vérifier les expériences d'après leſquelles Bouguer avoit annoncé (*Mémoires de l'Académie, an.* 1753, *page* 515) qu'à certaines hauteurs, la denſité de l'air ne ſuit pas le rapport des poids qui le compriment. Ce Phyſicien jugeoit de la réſiſtance de l'air, & par conſéquent de ſa denſité par les pertes de mouvement que faiſoit un pendule dans un temps donné. Le peu de préciſion que nous avons obtenu par ce procédé, nous a engagé à lui en ſubſtituer un plus ſimple & plus direct, celui de peſer à différentes hauteurs un ballon de verre hermétiquement fermé. Les variations obſervées dans les poids du ballon, correſpondent aux différences des poids des volumes d'air que le ballon déplace. La capacité du ballon qui a ſervi à ces expériences, eſt de 1053,95 pouces cubes. La balance à laquelle on l'a peſé trébuche, chargée de ſon poids, à demi-grain, ce qui équivaut à une millieme de la denſité de l'air à 27 pouces du baromètre.

Les résultats que mon fils a tirés de soixante & dix expériences, faites avec cet appareil à différentes hauteurs, comprises entre 18 pouces 10 lignes & 28 pouces du barometre, font, qu'en faisant abstraction, des effets que peuvent produire la chaleur & l'humidité sur la densité de l'air, (effets dont Bouguer ne paroît pas avoir tenu compte) les variations observées dans les poids du ballon, sont proportionnelles aux pressions indiquées par le barometre. Ces résultats doivent donner beaucoup de confiance aux mesures des hauteurs par ce dernier instrument.

§. 2165. Je terminerai cette notice, en résumant les particularités dont la réunion distingue le Mont-Rose de toutes les montagnes à moi connues.

*Résumé des particularités du Mont-Rose.*

1°. Sa hauteur qui, hors des Cordilleres, ne le cede qu'à celle du Mont-Blanc.

2°. La multiplicité & le rapprochement de ses hautes cimes.

3°. La disposition de ces cimes en un cirque vuide au-dedans.

4°. Le nombre des vallées & de chaînes de hautes montagnes qui viennent aboutir à la circonférence extérieure de ce cirque. Ces vallées sont au nombre de sept, & elles indiquent un nombre égal de hautes chaînes qui aboutissent au même centre; les voici, dans l'ordre suivant lequel je les ai traversées : Val-Anzasca, Val-Sésia Piccola, Val-Sésia Grande, Val-de-Lys, Val-d'Ayas, la Vallée du Glacier du Mont-Cervin, enfin & celle de Sass.

5°. La situation des couches qui, dans le Mont-Rose & dans les montagnes adjacentes, est presque par-tout à-peu-près horizontale.

6°. La douceur des pentes extérieures & les grandes hauteurs, auxquelle on peut parvenir à cheval; cette propriété peut être considérée comme une conséquence de la précédente.

*Tome IV.*

7°. La nature des roches où le granit en masse ne se trouve qu'accidentellement.

8°. La quantité des mines d'or, qui se trouvent presque de tous les côtés du cirque dans les montagnes qui en sont les plus voisines.

9°. Une espece de garde allemande qui occupe les dehors du cirque, je veux dire des villages allemands situés autour du pied du Mont-Rose dans les vallées mêmes, dont tout le reste parle ou italien ou françois. Ces villages sont Goñtz, Macugnaga, Allagna & Gressoney; les trois premiers renfermés dans des vallées italiennes, & le quatrieme dans le Val-d'Aoste où l'on parle françois. L'origine de ces Allemands est absolument inconnue; mais l'opinion la plus vraisemblable est que ce sont des habitants du Haut Valais qui, en traversant les Alpes, ont vu que les sommités de ces vallées étoient inhabitées, & s'y sont établis dans un temps où les habitants de l'Italie, accoutumés à un climat plus doux, n'osoient pas conduire leurs troupeaux, ni se fixer eux-mêmes dans ces pâturages entourés de neiges & de glaces.

*Mœurs de ces habitants.* §. 2244. J'AJOUTERAI ici un mot sur les mœurs des habitans de ces villages, qui ne sont pas une des singularités du Mont-Rose les moins dignes de l'attention d'un voyageur.

COMME les productions du sol ingrat & borné de ces villages élevés, ne suffisent point à la subsistance de leurs habitants, les hommes en sortent à-peu-près tous pour chercher à gagner leur vie; ils commencent par être colporteurs, & finissent souvent par des établissements avantageux. La position de ces villages les force tous à apprendre, dès leur enfance, outre l'allemand qui est leur langue maternelle, l'italien ou le françois, que l'on parle dans les villages voisins; & la connoissance de ces deux, & souvent des trois langues, leur donne une grande facilité pour voyager. Les femmes restent donc à-peu-près seules chargées de tous les travaux de la campagne; & comme elles sont même en plus grand nombre que ne l'exigent ces travaux, elles s'occupent à transporter des marchandises sur leur dos, en traversant des passages dangereux, inaccessibles aux bêtes de somme, & qui souvent évitent des détours de plusieurs journées. Elles font ces transports avec une force, une diligence & une fidélité tout-à-fait rares. Je donnerai une idée de leur force. J'avois fait à Macugnaga une caisse de minéraux extrêmement pesante ; je demandai à mon hôte s'il pourroit me trouver un homme qui portât cette caisse jusqu'à Vanzon, d'où l'on pourroit l'expédier à Geneve. Il me répondit très-sérieusement qu'il n'y avoit point au pays d'homme qui pût porter un tel fardeau à une telle distance ; mais que s'il m'étoit égal que ce fût une femme, il en trouveroit aisément une qui s'en chargeroit volontiers ; & il est de fait que deux d'entr'elles suffisent pour porter la charge d'un mulet. Ces travaux pénibles ne diminuent point la gaieté de leur caractere. Lorsque nous montions la pente rapide du passage de l'Egua, nous fûmes atteints par six de ces femmes qui demeuroient de l'autre côté de la montagne, elles l'avoient traversée avant jour pour venir à la vogue à Banio, & elles s'en retournoient coucher dans le Val-Séfia. Accoutumées à traverser ces montagnes chargées de fardeaux énormes, c'étoit un jeu pour elles que de faire deux fois de suite ce voyage à vuide ; elles couroient, se poursuivoient, grimpoient par gaieté sur des hauteurs qui bordoient notre route, nous devançoient de deux ou trois cents pas, puis s'amusoient à cueillir des fleurs ou à chanter à l'ombre d'un rocher, pour s'enfuir ensuite, comme un vol de ramiers, au moment où notre marche lente & uniforme nous ramenoit auprès d'elles.

La sobriété, compagne ordinaire de l'amour du travail, est encore une qualité remarquable des habitants de ces vallées. Ce pain de seigle, dont j'ai parlé, qu'on ne mange que six mois après qu'il est cuit, on le ramollit dans du petit lait ou dans du lait de beurre, & cette espece de soupe fait leur principale nourriture ; le fromage & un peu de vieille vache ou de chevre salées, se réservent pour les jours de fête ou pour le temps de grands travaux ; car pour la viande fraîche, ils n'en mangent jamais, c'eſt un mets trop diſpendieux. Les gens riches du pays vivent avec la même économie ; je voyois notre hôte de Macugnaga, qui n'étoit rien moins que pauvre, aller tous les ſoirs prendre, dans un endroit fermé à clef, une pincée d'aulx dont il diſtribuoit gravement une gouſſe à ſa femme, & autant à chacun de ſes enfants, & cette gouſſe d'ail étoit l'aſſaiſonnement unique d'un morceau de pain ſec qu'ils briſoient entre deux pierres, & qu'ils mangeoient pour leur ſouper. Ceux d'entr'eux qui négocient au-dehors, viennent au moins une fois tous les deux ans paſſer quelques mois dans leur village ; & quoique hors de chez eux ils prennent l'habitude d'une meilleure nourriture, ils ſe remettent ſans peine à celle de leur pays, & ne le quittent qu'avec un extrême regret ; j'ai été témoin d'un ou deux de ces départs, qui m'ont attendri juſqu'aux larmes.

Leur plus grand défaut eſt le manque d'hoſpitalité ; non-ſeulement ils ne ſe ſoucient pas de loger les étrangers, mais s'ils les rencontrent dans les chemins, ils cherchent à les éviter, & les regardent avec un air d'averſion & d'effroi. Cependant ceux de Macugnaga où nous paſſâmes dix à douze jours, s'accoutumerent à nous, ils vinrent à nous ſaluer avec un air d'amitié ; on nous dit même qu'ils étoient flattés de l'intérêt avec lequel nous obſervions leurs montagnes. L'hoſpitalité mercenaire des pays fréquentés par les étrangers, eſt ſans doute plus commode pour les voyageurs ; mais ſuppoſe-t-elle de meilleures mœurs que la ſauvage rudeſſe des habitans du Mont-Roſe ?

*FIN du ſixieme Voyage.*

# SEPTIEME VOYAGE.
## *LE MONT-CERVIN.*

### CHAPITRE PREMIER.
### DE GENEVE A SCÈZ, AU PIED DU PETIT St. BERNARD.

§. 2225. Le but principal de ce voyage étoit de revoir & d'étudier avec foin la haute cime du Mont-Cervin & les montagnes voifines, que nous n'avions, pour ainfi dire, qu'apperçues dans le précédent voyage. *But & plan de ce voyage.*

Le chemin le plus court pour y aller de Geneve, étoit de gagner la vallée d'Aofte, & de monter delà au village de Val-Tornanche, fitué au pied du Mont-Cervin. Or, la route la plus courte pour aller à la vallée d'Aofte, auroit été celle que je fuivis en en revenant en 1778, de remonter la vallée de Mont-Joie, de paffer enfuite le Bon-Homme, puis les Fours, & enfin le Col de la Seigne. Mais comme je n'avois point vu le petit St. Bernard, & que je defirois de le voir, nous réfolûmes de defcendre du haut du Bon-Homme au hameau du Chapiu; de defcendre delà dans la Tarentaife, & de gagner le village de Scèz, qui eft fitué au pied du petit St. Bernard.

§. 2226. En conféquence le 4 Août 1792, nous allâmes, mon fils ainé & moi, coucher à Sallenche, §§. 434, 481. Le lendemain, nous vînmes en fuivant la rive droite de l'Arve, dîner à Bionnay, §. 752,

& delà coucher dans les chalets de Nant-Bourant, §. 757. Le 6, nous paſſâmes le Bon-Homme, §§. 758-764, & nous couchâmes au Chapiu, §§. 765 & 766. Comme c'étoit la premiere fois que je faiſois cette route depuis l'impreſſion des deux premiers volumes de mes Voyages, je fus très-attentif à voir ſi je trouverois quelqu'erreur à corriger, ou quelqu'omiſſion à réparer ; mais je ne trouvai rien qui me parût mériter l'attention de mes lecteurs. Cependant en traverſant la cime du Bon-Homme, je crus devoir faire attention à la nature de la pierre calcaire, que l'on y trouve par bancs enchaſſés contre les bancs de gneiſs & de roches micacées quartzeuſes, §. 763.

En effet, lorſque je fis ce voyage, en 1778, on n'avoit pas encore attribué l'importance que l'on a mis depuis à la diſtinction entre les pierres calcaires compactes (1) & les grenues, relativement à leur ancienneté. Je fis donc, en 1792, attention à cette différence. Je vis que pluſieurs de ces couches, & en particulier celles d'une couleur bleuâtre, ſont décidément grenues, à petits grains : leurs couches ſont minces & ſéparées par un enduit micacé, fuſible au chalumeau. Pluſieurs même de celles qui ſont moins décidément grenues, préſentent toujours quelques points brillants, diſperſés ſur un fond terne. On en voit cependant dont quelques parties paroiſſent décidément compactes, à caſſure liſſe, tirant ſur le conchoïde, avec des veines de ſpath calcaire. Les cailloux roulés que l'on trouve renfermés dans des grès entre ces couches calcaires, ſont tous de gneiſs ou d'autres pierres de cette claſſe, que je conſidere comme primitives. Les couches de ces grès & de ces poudingues, ſont diverſement inclinées : on les trouve d'abord verticales, courant de l'Eſt à l'Oueſt ; mais plus loin preſque horizontales, ſe relevant un peu contre le Nord. Le phénomene de ces poudingues n'eſt donc point auſſi bien caractériſé que celui des poudingues de Valorſine.

---

(1) Je dis *compactes* plutôt que *denſes*, parce qu'en françois le mot *denſe*, de même que *denſus* en latin, eſt relatif à la peſanteur ſpécifique, plutôt qu'à la texture apparente des corps.

## DE GENEVE A SCÈZ, Chap. I. 391

Nous arrivâmes de bonne heure au Chapiu; mais le mauvais tems nous contraignit d'y coucher. Nous logeâmes chez la femme d'un de ces riches payſans, que j'ai nommés au §. 839. Cette femme avoit une des plus belles figures grecques que j'aie vues; mais l'air malade & triſte. Continuellement occupée de l'éducation de ſes enfants, elle paſſa la ſoirée à faire réciter à l'ainé des prieres latines qu'elle paroiſſoit comprendre; d'un autre côté, ſon vieux pere gorgeoit de bouillie un petit enfant gras & vermeil, qui s'endormoit ſur ſes genoux, tandis que l'ainé s'endormoit d'ennui en récitant ſes litanies. Ces quatre figures formoient, à la clarté du feu, le ſujet d'un charmant tableau.

§. 2226. *A.* Je m'étois propoſé, en faiſant ce voyage, de ſaiſir les occaſions qui ſe préſenteroient, pour ſuivre aux recherches contenues dans le troiſieme Volume ſur la chaleur interne de la terre. *Chaleur de la terre & des eaux coulent à ſa ſurface.*

En paſſant auprès des belles ſources, que l'on voit ſortir de terre ſous la montagne entre Cluſe & Sallenche, §. 468, j'éprouvai leur température, j'en trouvai deux à 6, 2, & la troiſieme à 6, 1, l'air étant à 15, 2.

Au Nant-Bourant, paſſent deux ruiſſeaux, dont l'un ſort du glacier de Trélatête, qui en eſt éloigné d'environ trois-quarts de lieue. Le 5, à ſix heures du ſoir, ſa température étoit de 2, 3. L'autre, qui ſe nomme le *Bon-Nant*, & qui vient des neiges du Bon-Homme, éloigné d'environ quatre lieues, étoit à 6, l'air à 10, 1.

Le lendemain 6, à cinq heures & demie du matin, le torrent de Trélatête étoit à 2, le Bon-Nant à 6, & l'air à 6, 7.

Dans le deſſein de ſuivre encore d'une autre maniere à ces recherches, j'avois porté avec moi des cylindres de bois, ſemblables au piquet que j'ai décrit au §. 1419, mais ſeulement de neuf lignes de diametre, & qui renfermoient des thermometres garantis de la même maniere. J'avois auſſi fait porter une tariere du même diametre que ces cylindres. Je faiſois un trou dans la terre avec cette tariere, &

j'y enfonçois un de ces cylindres, que je retirois ensuite au bout de quelques heures. Je connoissois aussi la température de la terre à la profondeur où étoit logé chaque thermometre. Ainsi au Nant-Bourant, je fis cette expérience dans un pré découvert, en pente douce du côté du Nord; j'enfonçai mon cylindre le 5 au soir, & l'ayant retiré le lendemain matin à cinq heures un quart, je trouvai le thermometre à la profondeur de trois pieds à 9, 6, & celui à deux pieds à 10, 2, l'air étant à 8, 8.

Mon fils cadet obfervoit en même tems à Conche, §. 1420, des thermometres arrangés de la même maniere; il trouva la température à trois pieds de 14, 8, & à deux pieds 15, 2, l'air à 13, 5. Il faut se rappeller que Conche est élevé de 215 toises au-dessus de la mer, & le Nant-Bourant de 720.

En montant au Bon-Homme, je vis, au-dessus du Plan des Dames, de l'eau qui sortoit de dessous un grand plateau de neige; je trouvai la température de cette eau de 4, 3; & comme j'en fus étonné, je confirmai l'expérience en la répétant. Comme cette eau touchoit la terre, & ne touchoit pas continuellement la neige, la terre la réchauffoit à-peu-près autant que la neige la refroidissoit. Ce fait augmente la difficulté de concevoir, que la fraîcheur du fond de nos lacs puisse venir des eaux qui descendent des glaciers par des conduits souterrains, §. 1402.

Le 7, à six heures du matin, la température de la terre, éprouvée dans une prairie découverte, étoit à trois pieds de profondeur 9, 75, & à deux, 10, 9; à l'air 9. A Conche, à 3 pieds 14, 5; à deux pieds 15, 35; air 14. Le Chapiu est élevé de 807 toises.

*Du Chapiu à Scéz.* §. 2227. Au midi du Chapiu est une petite plaine triangulaire, qui est le rendez-vous des eaux & des cailloux roulés de deux torrents, qui viennent l'un de l'orient, l'autre du couchant, & qui delà se versent dans la vallée que nous devions suivre pour aller au pied du St. Bernard.

St. Bernard. Nous traversâmes cette plaine, & nous entrâmes dans cette vallée; sa direction générale est au Sud-Sud-Est; mais cette direction paroît changer très-fréquemment, à cause des grandes sinuosités que forment les angles saillants & rentrants de deux chaînes qui la bordent. Effectivement, cette vallée doit être considérée comme transversale; car elle coupe les couches des montagnes qu'elle traverse. Ces couches, jusqu'à une lieue du Chapiu, se relevent contre le Nord ou contre la chaîne centrale, dont la montagne du Bon-Homme fait partie.

Le torrent qui y coule se nomme, dans le haut, *l'Eau du Glacier*, & dans le bas, *la Versoy*. Il va se jeter dans l'Isere entre St. Maurice & Scèz. Cette vallée est extrêmement sauvage, couverte des débris des montagnes qui la bordent, & qui ne lui présentent que des escarpements stériles. Elle est cependant assez peuplée; & cela se voit dans beaucoup de vallées, qui sont nourries moins par leur propre sol que par celui des vallées latérales qui y aboutissent. A une lieue du Chapiu, on passe un hameau d'été nommé *le Crest*, & ensuite à demi-lieue de là, après une longue & rapide descente, un autre hameau, aussi d'été, nommé *les Glinettes*; trois-quarts d'heures après, le premier hameau d'hiver, nommé *Bonnaval*, & enfin, à une petite lieue plus loin, le dernier de la vallée, nommé *le Chatelard*.

Les montagnes qui bordent cette vallée, sont calcaires pour la plupart; quelques-unes sont des breches à fragments anguleux & à gros rognons de spath; d'autres sont mêlées de sable, comme celles du Buet, §. 583.

On voit ensuite des calcaires grenues; puis à une lieue & demie du Chapiu, près des Glinettes, on rencontre de grands blocs d'un beau gneiss, composé de beaucoup de feldspath grenu, de quelques grains arrondis de quartz translucide, & d'un peu de mica. On trouve aussi près de là des blocs d'un pétrosilex ou d'un palaïopetre jaunâtre, approchant de la nature du quartz. J'observai aussi là un

*Couches en zigzag.*

*Tome IV.*          D d d

bloc détaché de pierre calcaire grenue, à grains médiocres, mêlés de mica. Le milieu de ce bloc, dans la largeur d'un pied, étoit en zigzags redoublés, renfermés entre des veines planes & paralleles. Au reste, ce phénomene ne s'obferve pas feulement dans des pierres, dont la texture grenue prouve qu'elles ont été formées par une efpece de cryftallifation. Je l'ai obfervé auffi dans des ardoifes, qui ne préfentent aucun autre indice de cryftallifation.

On rencontre enfuite des blocs énormes de la même pierre calcaire grenue, mais à feuillets droits & blancs, féparés par des couches minces de mica d'un noir bleuâtre, dont la furface paroît ftriée ou comme froncée. Cette pierre calcaire grenue fe diffout avec une vive effervefcence dans l'acide nitreux; mais en laiffant en arriere des petits grains d'un beau blanc, qui, vus au microfcope, paroiffent irréguliérement anguleux, & préfentent la caffure du quartz. Leur qualité réfractaire confirme au chalumeau le jugement de l'œil. Voilà donc encore un exemple des tranfitions entre les micacées calcaires & les micacées quartzeufes, que j'avois déja vues au Mont-Cenis, §. 1255 & ailleurs. Les montagnes, de part & d'autre de la vallée, paroiffent compofées du même genre de pierre.

À un petit quart de lieu au-delà du village de Bonnaval, on laiffe à fa droite un amas de grands débris encore calcaires, formés fur place par le délitement fpontané & l'écroulement de la montagne.

On entre enfuite dans un bois qui croît fur des débris d'ardoifes noires, à furfaces ftriées ou froncées. La montagne du côté gauche de la vallée, ou à l'Eft, a pour bafe des ardoifes femblables; mais tout le refte jufqu'au fommet, élevé d'environ 400 toifes, eft de calcaires grenues, dont les couches montent au Nord-Nord-Oueft, fous un angle de 30 à 40 degrés.

Au fortir de ce bois, on rencontre un rocher en place, irréguliérement divifé, c'eft une pierre verte, qu'autrefois j'aurois nommée *roche de corne*; mais que sa structure schisteuse & squameuse, ou composée de lamelles ou d'écailles comprimées, rappelle aux schistes de hornblende, ou *hornblende-schiefer* de M. WERNER. Cette pierre est tendre, sa rayure est matte, d'un gris-blanc verdâtre, & elle se fond aisément au chalumeau en un émail noir & brillant. Le village de Chatelard, où l'on vient ensuite, présente, sur une éminence, une tour quarrée, qui paroît être de construction romaine, & de beaux vergers en pente au-dessus de l'Isere.

BIENTÔT après le chemin se partage ; celui de la droite conduit au bourg de St. Maurice, & celui de la gauche, que nous prenons, à Scèz & au petit St. Bernard. En descendant par ce chemin, on a une fort belle vue de la vallée de l'Isere. Cette vallée est à fond plat, dévastée en partie par l'Isere & par d'autres torrents. Elle paroît de l'ordre des vallées longitudinales, dirigée de l'Est-Nord-Est à l'Ouest-Sud-Ouest, bordée au Nord par des montagnes semblables à celles que nous venons de suivre, & dont les couches se relevent aussi contre le Nord. Les montagnes opposées, ou au Sud de la vallée, n'ont pas beaucoup de physionomie ; leur partie inférieure est couverte de forêts. Cependant, au-dessus des bois, leurs escarpements se découvrent & paroissent aussi se relever contre le Nord. On montre dans ces montagnes l'emplacement de fameuses mines d'argent de Pezai, les seules de la Savoie qui aient soutenu une exploitation durable. Du côté de l'Est, la vallée de l'Isere paroît terminée ou barrée par une haute montagne, située au-dessus du village de Ste. Foy.

LE village de Scèz, situé au bord de l'Isere, & où l'on vient en demi-heure depuis le Chatelard, est assez grand, & jouit d'assez de commerce, comme tous ceux situés au pied d'un passage fréquenté. Le Châtelain, M. Cartanaz, qui visa nos passe-ports, nous reçut avec beaucoup de politesse ; il nous dit que ce village étoit sujet en hiver à de grandes intempéries, & sur-tout à des tourbillons de vent que l'on nomme *tourmentes*. Ces tourbillons font mêlés de neige, & soufflent avec tant de violence, qu'ils étouffent quelquefois, à la porte même du village, ceux qui en font furpris. La neige accumulée par ces tourbillons, s'éleve quelquefois jufqu'à dix ou douze pieds. Cependant mon obfervation du barometre ne donne à ce village que 460 toifes au-deffus de la mer.

# CHAPITRE II.

## DE SCÈZ A LA TUILE. PASSAGE DU PETIT St. BERNARD.

§. 2228. On commence à monter dans le village même de Scèz, en tirant du côté du Nord ; enforte qu'il femble qu'on retourne au Chapiu ; cependant les deux routes divergent : celles du St. Bernard, monte au Nord-Eft, & celle du Chapiu au Nord-Oueft.

On vient dans un quart-d'heure au village de *Villard deffous*, par un chemin pavé de pierres calcaires & de gneifs ; & au bout d'un fecond quart-d'heure, on paffe fur un pont le torrent qui vient du St. Bernard. La montagne au-delà de ce pont préfente un point de vue très-agréable ; une belle cafcade tombe à travers des prairies en étageres avec des arbres, & un village au-deffus. On voit enfuite de l'autre côté du torrent, à l'entrée de la vallée d'où il fort, des maffes informes de gypfe blanchâtre. Delà on paffe fous la cafcade qui a dépofé des amas de tuf, & bientôt après on paffe à St. Germain, dernier hameau d'hiver.

On continue de monter, en fuivant la rive droite du torrent, par une pente douce, entiérement découverte, prefque toute de prairies, où paiffent de nombreux troupeaux. La montagne vis-à-vis, & de l'autre côté du torrent, eft auffi en grande partie couverte de bois & de prairies. Enfin, on a fous fes pieds, en fe retournant, une vue très-agréable de la vallée de l'Ifere.

De part & d'autre du torrent, le fond de la montagne eft d'ardoifes décompofées, qui alternent avec des pierres calcaires grenues, souvent micacées & fchifteufes. Les gypfes que l'on voit fur la rive gauche du torrent, & dont j'ai parlé plus haut, femblent fe terminer; mais on les voit reparoître fur les ardoifes; on les fuit ainfi par intervalles jufques au point le plus élevé du paffage.

A une heure ¼, au-deffus de St. Germain, on paffe fous des chalets, où logent de nombreux troupeaux, épars dans ces prairies. Là, régnent encore les ardoifes & les calcaires grenues, dont les couches montent à l'Oueft, ou à l'Oueft-Nord-Oueft. Mais à trois quarts de lieue plus haut, ce font des micacées calcaires qui reffemblent beaucoup à celles du Mont-Cenis. En approchant de l'Hofpice ou *Couvent*, on trouve des gneifs, & l'on y arrive en trois petites heures depuis Scèz, toujours par des prairies en pente douce, fans avoir eu à paffer aucun mauvais pas, aucun rocher efcarpé ni difficile; enforte que cette montagne préfente le paffage des Alpes le plus facile que je connoiffe.

Hofpice du petit St. Bernard.

§. 2229. L'HOSPICE ou *Couvent*, comme on l'appelle, reffemble par fa forme à celui du grand St. Bernard. Il eft fitué dans un vallon en berceau, dirigé du Nord-Eft au Sud-Oueft, large de 3 à 400 toifes dans le bas, par-tout verd, mais fans arbres ni arbriffeaux.

LA moyenne entre deux obfervations du baromètre m'a donné 1125 toifes pour fon élévation au-deffus de la mer. Cet Hofpice étoit autrefois deffervi par des chanoines du grand St. Bernard, dont il étoit une dépendance; mais fes biens, de même que tous ceux qui, dans les Etats du Roi de Sardaigne, appartenoient au grand St. Bernard, ont été réunis à la religion de St. Maurice & Lazare qui y entretient un prêtre, chargé de donner deux verres de vin & une demi livre de pain à chacun des pauvres paffagers qui le demandent; mais il n'eft pas obligé de les loger que dans les cas de tourmente. Les voyageurs qui paroiffent en état de payer leur dépenfe font très-bien reçus: on n'exige cependant rien d'eux; on fait même quelques façons avant d'accepter ce qu'ils offrent.

CET Hospice ne fait aucune quête quelconque ; on doit donc regarder comme de faux quêteurs ceux qui viennent demander au nom de l'Hospice du petit St. Bernard.

Les montagnes qui dominent l'Hospice au Sud-Est, ont leurs bases d'ardoises, la plupart en décomposition, & leurs cimes de calcaires micacées mélangées de gneiss, sur-tout du côté du Sud-Est ; j'en ai vu à leur pied des fragments indubitables, & certainement indigenes.

§. 2230. Du côté du Sud-Est, le vallon qui renferme l'Hospice est divisé, suivant sa longueur, par une arrête étroite qui se prolonge du côté du Nord, à 3 ou 400 toises au-dessous de l'Hospice. Cette arrête produit un second vallon assez profond, parallele à celui où est l'Hospice. Cette arrête contient du gypse ; ici, blanc grenu ; là, gris & assez compacte ; ce gypse forme à mi-côte de cette arrête une bande de quelques pieds d'épaisseur ; qui du côté du Nord-Est se termine par un monticule de gypse pur, dont on ne démêle point la structure. Dans les parties où le banc du gypse est recouvert, il l'est par de la terre & des fragments ; je n'ai pu y découvrir aucun banc de pierre qui fût dans sa position originaire.

*Recherches sur le gypse.*

De même de l'autre côté de ce petit vallon, au pied de la montagne au Sud-Est de l'Hospice, on voit la coupe verticale d'un petit rocher pyramidal de gypse blanc, dont la cime paroissoit recouverte par des couches horizontales d'ardoise. J'allai avec mon fils examiner de près ce monticule ; il me paroissoit intéressant de savoir si l'on trouveroit là quelque chose qui indiquât qu'il existe des gypses primitifs, comme le pensent quelques naturalistes. Nous creusâmes derriere le gypse pour voir s'il s'enfonçoit dans la montagne, mais il nous parut que ce cela n'étoit pas ainsi ; que le gypse n'étoit qu'appliqué comme on le voit au Mont-Cenis & dans divers endroits ; & que les couches d'ardoise qui s'y appuient & qui recouvrent sa cime ne sont point dans leur position originaire, mais qu'elles sont glissées de plus haut ; c'est du moins ce qui paroit le plus probable.

Température de la terre.

§. 2231. Le 7 au soir, avant de me coucher, j'enfonçai mes thermometres dans une prairie platte & découverte au midi de l'Hospice. Le lendemain à 6 heures 40 min. du matin, je trouvai à 3 pieds de profondeur le thermometre à 4, 7, & à 2 pieds 6, 3. La neige n'avoit été entiérement fondue, & n'avoit abandonné cette prairie que trois semaines auparavant. L'air étoit à 4, 3. Le même jour à Conche, mon fils avoit trouvé à 3 pieds 15, 10; à deux 15, 50, & l'air 13, 6.

Descente dans la vallée d'Aoste.

§. 2232. En partant de l'Hospice pour descendre dans la vallée d'Aoste, on commence par monter une pente douce, qui aboutit au plus haut point du vallon de l'Hospice, mais ce point n'est que de quelques toises plus élevé que l'Hospice. Il est signalé, ou du moins il l'étoit alors par une belle colonne de marbre cipolin, veiné en zigzag & tiré sans doute des montagnes du voisinage. On voit ensuite au-dessous de soi, sur la gauche, un petit lac renfermé dans un charmant bassin de verdure. Bientôt après on passe auprès de quelques petits rochers d'un tuf calcaire jaunâtre. A ¾ de lieue de l'Hospice on traverse un plateau incliné, couvert d'un tuf, qui paroit déposé par un ruisseau qui se répand sur sa surface, & bientôt après on traverse un bois d'où sort la tête d'un petit rocher qui est aussi de tuf jaunâtre.

On nous avoit avertis de nous tenir sur nos gardes en traversant ce bois, parce que peu de jours auparavant, un marchand de la vallée d'Aost, qui avoit fait à Paris une petite fortune, & qui la rapportoit chez lui en marchandises précieuses, fut dépouillé par des voleurs, & on les disoit encore cachés dans ce bois; mais nous n'y rencontrâmes personne.

A ¾ quarts de lieue de ce bois, on passe au village de *Pont-Serrant*; après avoir vu sur toute cette route les mêmes alternatives d'ardoises & de calcaires grenues, quelquefois micacées, que nous avions vues en montant, & toujours dans la même situation. On rencontre aussi

des

des fragments de quartz, de gneifs, de ferpentines, mais on n'en voit aucun rocher en place.

En Sortant du village de Pont-Serrant, on paffe un pont conftruit fur un torrent qui coule à plus de 100 pieds de profondeur, en coupant des couches grenues calcaires, dont les couches montent d'environ 30 degrés au Nord-Nord-Oueft, ou contre la chaîne centrale. On a de ce pont une vue charmante, fur-tout du côté du bas de la montagne, où une belle cafcade qui fort d'une prairie, au pied d'un bois, vient mêler fes eaux à celles du torrent. On voit auffi de ce côté là des excavations arrondies, formées par les eaux à plus de 50 pieds au-deffous du lit du torrent.

A une petite demi lieue de Pont-Serrant, eft le village de la Tuile, auquel fe termine la defcente du St. Bernard. Nous n'y entrâmes pas; nous le laiffâmes à notre droite, de l'autre côté du torrent. Ce village eft fitué à l'entrée d'une gorge, & au bord d'une petite plaine formée par les débris qu'acumulent divers torrents qui viennent s'y réunir, & entourée de hautes montagnes. Immédiatement au-deffus de cette plaine, du côté du Sud-Eft, eft le beau glacier du *Ruitor* ou *Rutau* que nous admirions du haut du Cramont, §. 918, & du col du Géant. C'eft de la Tuile qu'il faudroit partir fi l'on vouloit monter au haut de ce glacier.

Mais avant de paffer à un autre chapitre, je dois noter que tout près du bas de la defcente du St. Bernard, on revoit encore des gypfes qui paroiffent la continuation de ceux du haut de la montagne, & qui terminent ainfi une bande qui fuit cette route depuis Scèz jufques au pied de la Tuile.

Si donc ce paffage des Alpes eft un des plus faciles, c'eft auffi en lithologie le plus monotone que je connoiffe.

# CHAPITRE III.
## DE LA TUILE A CHATILLON.

De la Tuile à St. Didier.

§. 2233. Après avoir, comme je l'ai dit, laissé sur la droite le village de la Tuile, nous suivîmes le torrent qui porte le nom de ce village, & qui est formé par la réunion de celui qui vient du St. Bernard, avec celui qui descend du glacier de Rutau. Nous rencontrâmes sur les bords de ce torrent de grands & beaux blocs de poudingues durs, composés de cailloux primitifs, arrondis comme ceux de Trient, §. 698 & 701.

A dix minutes de la Tuile on passe ce torrent, & on vient côtoier le pied d'une montagne, dont les couches coupées à pic, sont d'une belle calcaire grenue, souvent recouverte de mica, & montant au Nord sous un angle d'environ 30 degrés. Le chemin est bon & assez large, mais sur une corniche très-élevée au-dessus de la Tuile. On voit là, sous ses pieds, des amas de neige qui se sont conservés depuis l'hiver, & qui forment des ponts sur ce torrent. On passe ensuite sur un pont plus solide, au-dessous du village de *la Barma*, & on laisse à gauche, sur la hauteur, le village d'*Eleva*, situé au pied du Cramont, & où j'avois couché lorsque je montai cette montagne, §. 907.

Les montagnes situées derriere le Cramont, sont donc comme lui, §. 915, d'une pierre calcaire grenue & souvent micacée.

De là, dans une petite demi-heure, nous vînmes au bourg de Pré St. Didier, & ainsi en deux heures depuis la Tuile. Je n'avois point mesuré la hauteur de St. Didier dans mes précédents voyages, je la trouvai de 448 toises; nous y dînâmes & nous vînmes coucher à la Salle, §. 950.

§. 2234. Le lendemain j'eus du plaisir à revoir auprès du défilé de *Pierre taillée*, §. 952, les beaux zigzags formés par les couches des rochers devenus micacés quartzeux, après avoir été micacés calcaires dans une si grande étendue de pays; mais on les retrouve micacés calcaires auprès de Villeneuve, §. 995, & ailleurs, sur la route de la Cité.

*De la Salle à la Cité.*

§. 2235. Je placerai ici une observation générale qui me paroît avoir quelqu'importance; c'est que dans tout le trajet de Scèz à la Tuile, par le St. Bernard, & de la Tuile à la Cité d'Aost, où nous voyageâmes presque continuellement entre des montagnes de pierres calcaires grenues, dont on voyoit souvent des masses énormes à découvert, comme entre la Tuile & St. Didier, j'eus toujours mon attention fixée sur ces rochers, pour voir si parmi ces couches de calcaires grenues je ne pourrois en découvrir aucune de calcaire compacte, mais mes efforts furent inutiles. J'en rencontrai souvent qui ont cette apparence à l'extérieur; je voyois des couches épaisses renfermées entre des couches minces, & celles-là présentoient sur leurs tranches l'aspect terreux d'une pierre compacte; mais si on les cassoit, on voyoit leur intérieur grenu & souvent avec des veines en zigzag. Cet extérieur terreux venoit d'un dépôt laissé par les eaux.

*Observation générale sur les calcaires grenues.*

Au contraire, il n'est pas rare de voir dans des montagnes de calcaires compactes, des filons & même des couches de spath lamelleux confusément cristallisé, & qui forment des masses grenues, à grains plus ou moins fins. J'en ai cité plusieurs exemples dans ces voyages; au Revest, §. 1487; à Arles, §. 1601; à la montagne de l'Esterel, §. 1443; dernierement encore, je me suis rappellé d'en avoir vu des couches sur la montagne de Saleve, montagne certainement secondaire, puisqu'elle est toute remplie de coquillages. Mes fils allerent m'en chercher des échantillons ( 1 ) qui se trouverent très - bien caractérisés, & qui présentent même des fragments de corps marins à la surface de leurs couches. Il paroît donc que si l'ancien Océan n'a produit des pierres calcaires que sous une forme plus ou moins réguliérement cryſtalliſée, le nouveau en a produit quelquefois sous la même forme, quoique les calcaires compactes soient bien sa production la plus ordinaire.

Je recherchai avec le même soin, si dans ces montagnes de pierres calcaires grenues, je pourrois trouver quelques-uns de ces petrosilex, *Hornſtein de Werner*, si communs dans les calcaires compactes, & que j'ai diſtingués sous le nom de *néopetres*, §. 1194; mais je ne pus non plus en découvrir aucun; j'y vis seulement des veines de quartz, comme j'en avois vu au Cramont, §. 915.

Les ardoises qui sont sur le St. Bernard, alternent souvent avec les calcaires primitives, & qui par conséquent sont primitives comme

___

( 1 ) Le même jour, 7 janvier 1796, où mes fils monterent le Mont-Saleve & m'en rapporterent ces échantillons ; ils eurent le plaisir d'être témoins d'un singulier phénomene qui a été observé par Bouguer sur les Cordilleres. Il régnoit dans la plaine un épais brouillard, mais qui se terminoit à la hauteur de la gorge de Monetier, & de là juſqu'à la cime de la montagne, brilloit le plus beau soleil. Au moment où ils sortoient du brouillard, le soleil qui éclairoit leurs corps projetoit leurs ombres sur ce brouillard, & ces ombres, celles de leurs têtes sur tout, paroiſſoient entourées de gloires ou de cercles colorés concentriques exactement conformes à la description qu'en donne Bouguer·

*Préface du traité de la figure de la terre*, pag. 43 & *suiv.*

Ce savant académicien croyoit ces nuages glacés : *ce phénomene*, dit-il, *ne se trace que sur les nuages dont les particules sont glacées*, & *non pas sur les gouttes de pluie comme l'arc-en-ciel* Mes fils le pensent aussi ; car ce même jour là il geloit sur la montagne, & nous avions tant de fois observé la projection de nos ombres, soit sur des nuages, soit sur des vapeurs volcaniques, sans appercevoir ces auréoles, quoiqu'en les cherchant, qu'il faut bien qu'il y ait une condition extraordinaire, telle que celle de leur congélation qui soit nécessaire à leur production.

elles, ne renferment non plus aucun de ces rognons filiceux dont j'ai parlé §§. 106, 495 & 1594; & que M. Werner a réunis à la pierre de touche fous les noms de *Lydifcherftein* & de *Kiefel-Schiefer*. ( 1 )

§. 2236. De la Salle nous vînmes dîner à la Cité, capitale du duché d'Aofte. M. le chevalier de Ville-Fallet, commandant de ce duché, vifa nos paffeports, & eut la bonté d'y joindre des recommandations qui nous furent très-utiles. Nous eûmes auffi le plaifir d'y voir M. de St. Réal, devenu Intendant du duché d'Aoft, après l'avoir été de la Maurienne, où nous avions eu le bonheur de faire fa connoiffance, §. 1206. Nous concertâmes avec lui un voyage aux mines de St. Marcel, que nous exécutâmes à notre retour du Mont-Cervin, chap. XI.

La Cité d'Aoft.

Nous remontâmes enfuite triftement fur nos mulets, n'ayant point pu trouver de voiture qui nous conduifît à Châtillon. Nous ne pûmes aller coucher qu'à Chambave, où nous arrivâmes à dix heures du foir, & le lendemain matin nous vînmes à Châtillon, §. 962, prendre la vallée que l'on fuit pour aller au Mont-Cervin.

---

( 1 ) Mais M. Humboldt en a trouvé dans des ardoifes primitives du Füchtal Gebirge. Chem. An. 1795. T. II. pag. 213.

## CHAPITRE IV.

### DE CHATILLON AU COL DU MONT-CERVIN.

De Chatillon à Val-Tornanche

§. 2237. En allant de la cité d'Aoſt au Mont-Cervin, on paſſe auprès de la ville de Chatillon; mais on n'y entre pas, on la laiſſe à droite, & on monte à gauche au Nord-Nord-Oueſt par un très-beau chemin, qui, à ſon entrée & même juſqu'à un quart de lieue, paroît fait pour des voitures. Cette direction du Nord-Nord-Oueſt eſt celle de l'enſemble de la vallée juſqu'au Breuil; mais elle forme des ſinuoſités qui obligent à des zigzags.

On traverſe d'abord un ſuperbe bois de châtaigniers, parſemé de blocs de ſerpentine demi-dure. On y voit auſſi quelques fragments de granit. En ſortant de ce bois, qui ne dure qu'un petit quart-d'heure, on voit que les montagnes qui dominent la vallée à droite & à gauche, ſont des têtes arrondies d'une ſerpentine rouſſe par dehors, mais verte intérieurement. Ces rochers tombent en deſtruction en s'oxidant à l'air; le chemin eſt bordé de leurs blocs & de leurs débris; il y en a même qui menaçoient de l'emporter, & que l'on a été obligé de ſoutenir par des augives en maçonnerie. Cette vallée eſt fort chaude; nous y trouvâmes de belles plantes, l'aſtragale, *alopécurier*, & le thim cultivé, qui ne croiſſent guere dans nos montagnes.

A trois-quarts de lieue de Chatillon, l'on rencontre de grands blocs de calcaire grenue micacée; des montagnes à gauche du chemin, qui paroiſſent avoir environ 400 toiſes d'élévation, ſont de la même ſubſtance; mais leur ſtructure n'eſt pas diſtincte. Les ſerpentines paroiſſent encore continuer ſur la droite; mais bientôt les calcaires micacées les remplacent complétement. Ainſi juſqu'au Breuil, les montagnes ſont compoſées, pour la plus grande partie, de ſerpentines, ſouvent en couches aſſez minces pour pouvoir être dites ſchiſteuſes, avec différentes variétés de couleurs, en verd ou foncé, ou gai, ou en blanc, & ſouvent avec de l'asbeſte. Ces ſerpentines ſont de tems en tems interrompues par des calcaires grènues micacées.

A une heure trois-quarts de Chatillon, l'on paſſe par un hameau nommé *Sézian*. Bientôt après, on commence à découvrir au Nord-Nord-Oueſt la cime du Mont-Cervin & toute une ſuite de montagnes dirigées du Nord au Sud, qui, vues de là en raccourci, ſemblent ne former que la baſe de cette cime.

On traverſe enſuite une plaine marécageuſe, un peu ennuyeuſe, ſur-tout à cauſe des taons & des mouches qui perſécutent les mulets & ceux qui les montent. A une lieue de Sézian, on paſſe un autre hameau qui ſe nomme *le Buiſſon*.

A demi-lieu du Buiſſon, les montagnes dont la nature eſt toujours la même, préſentent des couches aſſez diſtinctes, qui montent de 15 à 20 degrés en ſens contraires; celles de la droite ou de l'Eſt montent à l'Oueſt, & celles de la gauche à l'Eſt.

Plus loin, à la même diſtance, on voit à gauche, une caſcade qui forme un effet très-agréable en tombant de rocher en rocher le long d'une montagne, entrecoupée de bois & de prairies. Il s'en détache des fragments de pierre calcaire grenue micacée.

A trois-quarts de lieue de la caſcade, on arrive à *Val-Tornanche*, grande paroiſſe, compoſée de pluſieurs hameaux ſéparés, entourés de terreins cultivés ſur des pentes rapides, ſoutenues de place en place par des murailles, avec des ſeigles & des avoines que l'on moiſſonnoit alors; enſorte que la campagne paroiſſoit extrêmement animée. Au-deſſus de ces pentes cultivées, les montagnes de part & d'autre du village ſont très-eſcarpées; & en avant au Nord, la paroiſſe paroît renfermée par des montagnes qui forment une enceinte demi-circulaire. D'après l'obfervation du baromietre, la place devant l'Eglife, où eft l'auberge dans laquelle nous dinâmes, eft élevée de 795 toifes au-deffus de la mer.

*De Val-Tornanche au Breuil.* §. 2238. A une bonne demi-lieue de Val-Tornanche, on paffe un pont de pierre, en entrant dans la gorge demi-circulaire dont je viens de parler.

On voit dans cette gorge que les montagnes qui forment cette enceinte font d'une ferpentine demi-dure. En fortant de la gorge, on voit une belle chûte & un engouffrement du torrent du Mont-Cervin, qui fe perd enfuite fous des rocs. On entre de là dans une autre petite enceinte, dont le fond plat eft une belle prairie que traverfe le ruiffeau du Mont-Cervin, avec un chalet & des troupeaux fur fes bords, & une chapelle dans le haut, fituation vraiment romantique. Toute l'enceinte eft formée par des rocs d'une ferpentine dont les couches font peu inclinées, taillées prefqu'à pic, & dont les faces font teintes de rouge par la décompofition de la pierre, de gris ou de blanc par des veines accidentelles, & de noir par les lichens. Le fond de la caffure fraîche eft généralement verd. On fort de cette enceinte par une montée rapide, toujours dans les mêmes ferpentines.

De là, dans une heure, on vient aux chalets du Breuil, élevés de 1027 toifes, par des prairies marécageufes peu inclinées, en fuivant le ruiffeau du Mont-Cervin, & en laiffant de l'autre côté, ou à notre droite, des roches où l'on voit beaucoup de dolomies blanches & grenues.

Nous retrouvâmes au Breuil notre bon hôte Erin; mais notre petite & mauvaife chambre fans lit & fans fenêtre, une cuifine fans cheminée, & toutes les privations & les petites fouffrances dont l'accumulation ne laiffe pas que de caufer beaucoup d'ennui.

*Du Breuil au Col du M. Cervin.* §. 2182. Nous envoyâmes de bon matin Marie Coutet, avec trois hommes du Breuil, nous préparer, fur le haut du Col, un domicile qui,

## DE CHATILLON AU COL DU MONT-CERVIN.

qui, malgré leurs soins, devoit être encore moins commode que celui du Breuil; & pour leur laisser le tems de le préparer, nous ne partîmes que vers les neuf heures.

On monte d'abord par des pentes herbées, inégales, parsemées de fragments de gneiss à gros grains de feldspath; souvent arrondis comme ceux du §. 1195, quelquefois mêlés de grenats; quelques fragments, mais en petit nombre de serpentine, & plusieurs de calcaire grenue à grains très-fins; on en voit même de bleuâtres, dont la nature grenue peut-être révoquée en doute.

Nous mîmes ainsi trois heures jusqu'à l'entrée du glacier, obligés souvent de mettre pied à terre, soit pour traverser des plateaux de neiges tendres où nos mulets s'enfonçoient, soit pour les soulager dans des pentes dangereuses par leur rapidité.

En faisant cette route, nous côtoyâmes, à notre gauche, une chaîne de rochers, dont les couches à-peu-près horizontales étoient presque toutes de calcaires grenues, plus ou moins micacées, entremêlées de couches de gneiss, & entr'autres d'une espece particuliere de cette roche que je décrirai plus bas. Quant au passage même du glacier, on peut en voir la description, de même que celle du Col auquel il aboutit, à la fin du précédent voyage, §. 2220.

Nous ne rencontrâmes pas dans ce passage d'autres difficultés que dans le précédent voyage; mais un homme que nous avions mené avec nous, nous donna une scene assez singuliere. C'étoit un paysan Savoyard, notre voisin de campagne. Cet homme ayant beaucoup entendu parler de nos voyages dans les glaciers & sur les hautes montagnes, étoit curieux d'en voir quelqu'une; il supplia mon fils de le mener avec nous dans ce voyage. Nous le connoissions comme adroit, robuste, & très-habitué à grimper les montagnes de nos environs, où il alloit chercher des plantes enracinées & des arbustes pour les amateurs, & ainsi nous ne fimes aucune difficulté de le prendre. Il supporta très-bien la fatigue du voyage, quoique toujours à pied & chargé même de nos marteaux & de quelques inſtruments que nous aimions à tenir toujours à notre portée, & il ne témoignoit aucune crainte ni aucun regret de s'être embarqué avec nous. Mais quand il ſe trouva au milieu des neiges qui couvrent le glacier du Mont-Cervin, quand il vit les mulets s'enfoncer juſqu'aux ſangles dans ces neiges où il s'enfonçoit lui-même juſqu'aux genoux, en paſſant tout près de crevaſſes qu'il croyoit prêtes à l'engloutir, il fut ſaiſi d'une terreur inexprimable; il pleuroit, il ſe vouoit à tous les Saints du Paradis; & quoiqu'il nous rendît juſtice, qu'il avouât que c'étoit lui-même qui avoit demandé de nous accompagner, & qu'il ne pouvoit accuſer que ſa folle curioſité; il témoignoit les regrets les plus amers de s'être engagé dans cette entrepriſe. Comme la traverſée eſt de plus d'une heure, le tems lui parut long, il la fit pourtant ſans accident; mais quand il eut atteint la langue de terre ſur laquelle nous allions nous établir, & qui ſépare ce glacier de celui de Zer-Matt, il ſembloit fou de joie, & il lui fallut du tems pour reprendre ſes ſens, au point de pouvoir travailler avec nous à achever la cabane où il devoit coucher avec nos guides, & à applanir le terrein ſur lequel on devoit tendre la tente qui nous étoit deſtinée.

La ſoirée fut très-froide, & nous eûmes beaucoup de peine à allumer du feu; nos guides n'avoient apporté ni amadou, ni allumettes; je crois même qu'au Breuil, ces inventions paſſent pour des objets de luxe; & certainement, nous ne ſerions pas venus à bout d'en allumer, ſi nous n'avions pas eu de la poudre à canon & de l'éther. Malgré ce feu, nous ſouffrîmes beaucoup du froid, qui ſembloit perçant en comparaiſon de la vallée d'Aoſte que nous venions de quitter. Notre tente ſous laquelle nous couchâmes, ſe couvrit de roſée, & ſe gela enſuite. Cependant nous nous réchauffâmes ſous nos pelliſſes, & nous paſſâmes une fort bonne nuit.

# CHAPITRE V.
## MESURE DU MONT-CERVIN.

§. 2241. Nous destinâmes la journée du 12 à la mesure trigonométrique de l'aiguille du Mont-Cervin. Nous avions reconnu dans notre précédent voyage, que le site le plus convenable pour cette mesure étoit le glacier qui du haut du Col descend du côté du Nord, ou plutôt du Nord-Est au village de Zer-Matt. Ce glacier est renfermé dans une large vallée, qui passe au pied de l'aiguille. La surface de ce glacier, couverte de neige, est égale, & presque horizontale dans un espace de près de mille pieds ; & à la proximité où elle est de cette cime, cette étendue nous paroissoit suffire pour donner le degré d'exactitude que nous pouvions raisonnablement désirer. Je vais entrer dans quelques détails, pour que l'on puisse juger des soins que nous avons employés dans des opérations de ce genre. *Choix & mesure de la base.*

Nous avions pour mesurer nos bases une chaîne de fer, construite sur le modele que M. le Chevalier Schuchburg avoit apportée d'Angleterre pour mesurer nos montagnes. *Phil. Transf.* Elle est composée de cinquante chaînons d'un pied chacun, & soigneusement dressés. J'ai mesuré avec beaucoup de soin, sur le parquet de la maison que j'habite, une longueur de cinquante pieds. A chaque voyage, je compare ma chaîne à cette mesure à une température à-peu-près égale à celle de la base à la mesure de laquelle je l'ai employée, & ici par conséquent près du point de la congélation. Ainsi je trouvai la longueur de la chaîne, plus celle du diametre du piquet de fer, qui s'ajoute à chaque chaîne au moment où on la place, 50,0454164 pieds; ainſi dix-huit chaînes & onze & demi cinquantiemes de chaîne donnoient pour la longueur de la baſe 912,325 pieds.

Mon fils meſura cette baſe, aidé par mon domeſtique, & vérifia enſuite ſon opération par une ſeconde meſure, qui ſe trouva ne différer que de trois pouces de la premiere, & nous nous en tinmes à celle-ci ſans prendre de moyenne; parce que la neige étant plus ferme de bonne heure dans la matinée, la premiere meſure avoit été ſuſceptible de plus d'exactitude.

**Meſure des angles.** §. 2242 Pendant que mon fils meſuroit cette baſe, je prenois à ſes deux extrémités les angles, tant de poſition que de hauteur; & dès que j'en avois trouvé un, je l'appellois pour qu'il le revît, & qu'il comptât les degrés, ſans lui dire ce que j'avois trouvé.

Ainſi, lorſque nous étions d'accord, ſoit ſur la coïncidence des images, ſoit ſur le compte des degrés, il étoit à-peu-près impoſſible qu'il y eût d'erreur.

Quant à l'inſtrument avec lequel nous prîmes ces angles, c'étoit un ſextant du célebre Stancliffe, éleve de Ramsden, & ſon égal pour la perfection des diviſions. Ce ſextant a quatre pouces de rayon; ſes diviſions ſont tracées ſur un limbe d'argent; le nonius donne immédiatement les angles de vingt en vingt ſecondes; un œil exercé en prend aiſément la moitié, & les meſure ainſi de dix en dix ſecondes. Nous avions d'ailleurs ajuſté & vérifié ce ſextant avec le plus grand ſoin. Ainſi dans le triangle qui avoit ſon ſommet à la cime du Mont-Cervin, l'angle, au bas de la baſe, étoit de 93°, 2′, 30″; l'angle au haut de la même baſe 83°, 57′; d'où ſuivoit l'angle au ſommet 3°, 0′, 30″, & la diſtance du bas de la baſe à la cime 17287 pieds.

**Réſultat.** L'angle d'élévation de la cime, vue du bas de la baſe dans le miroir avec le ſextant, étoit de 26°, 6′, 45″, dont la moitié ou l'angle vrai, 13°, 3′, 22½″. De là ſuit la hauteur de la cime du Mont-Cervin au-deſſus du bas de la baſe 3905,27 pieds, ou 650,88 toiſes.

Or, à ce même point de la base, le baromètre ne se soutenoit qu'à 19, 3, 0, 30; & cette hauteur comparée avec l'observation de M. SENEBIER à Geneve, & calculée suivant le formule de M. TREMBLEY, donne 1658,87 toises au-dessus de la mer, & ainsi la hauteur totale de la cime du Mont-Cervin au-dessus du même niveau 2309,75, ce qui est la plus grande élévation qui ait été mesurée dans les Alpes après le Mont-Blanc & le Mont-Rose; car d'après la mesure de M. TRALLES, le Finsteraar, la plus haute cime qu'il ait mesurée, n'a que 2206 toises. Le calcul fait d'après l'angle de hauteur pris d'après l'autre extrémité de la base, s'accorde si près avec celui que je viens de détailler, qu'il me paroit inutile de le rapporter.

§. 2243. Du bas de notre base, je voyois distinctement la structure du Mont-Cervin; je l'observai avec beaucoup de soin. Son obélisque triangulaire paroit composé de trois masses bien distinctes, ou de trois couches paralleles entr'elles, montant au Nord-Est, ou contre le bas du glacier qui descend en Vallais, sous un angle d'environ 45 degrés. La plus haute qui forme la cime, paroit d'un jaune isabelle; je la crois principalement de serpentine mélangée de schiste micacé, en partie calcaire & en partie quartzeux. Je fonde cette opinion sur la nature d'autres sommités voisines que j'ai vues de près, & qui présentent aussi exactement la même couleur.

*Structure du Mont-Cervin.*

LA seconde couche, celle qui est sous la plus haute, paroit grise; je la crois mélangée de gneiss & de roches micacées quartzeuses. Je m'en suis assuré par les débris que charie le glacier, que j'allai observer dans mon premier voyage, 2220, & qui viennent indubitablement de cette couche.

LA troisieme couche dont la couleur ressemble parfaitement à celle de la premiere, est encore de serpentine, alternant vraisemblablement avec des schistes micacés, la plupart calcaires. Le reste, ou le bas de la pyramide, paroit encore de serpentine, mais d'une structure confuse.

On voit un beau glacier suspendu ou appliqué contre le pied du Mont-Cervin, & on en voit encore trois autres dans les interstices des hautes cimes, situées au Nord-Est du Mont-Cervin, dans la direction qui tend à la vallée du Rhône en Vallais.

**Considération de théorie.**

§. 2244. QUELQUE partisan que je sois de la crystallisation, il me paroît impossible de croire qu'un pareil obélisque soit sorti, sous cette forme des mains de la nature, avec ses couches coupées abruptement sur ses flancs; car ce n'est point là un crystal ou une pierre unique, ce sont des assemblages de couches superposées & de nature très-différentes.

QUELLE force n'a-t-il pas fallu pour rompre & pour balayer tout ce qui manque à cette pyramide; car on ne voit autour d'elle aucun entassement de fragments; on n'y voit que d'autres cimes, qui sont elles-mêmes adhérentes au sol & dont les flancs également déchirés indiquent d'immenses débris, dont l'on ne voit aucune trace dans le voisinage. Sans doute ce sont ces débris qui, sous la forme de cailloux, de blocs & de sable, remplissent nos vallées & nos bassins où ils sont descendus, les uns par le Vallais, les autres par la vallée d'Aoste du côté de la Lombardie.

**Latitude du Col du M. Cervin.**

§. 2245. MON fils remonta avant moi sur le Col où étoient nos tentes, pour en prendre la latitude, pendant que j'observai le baromètre aux deux extrémités de notre base. Il trouva la latitude de.... & je trouvai nos tentes élevées de 55 toises au-dessus de notre base. Je ne fus de retour qu'à midi, extrêmement fatigué de ces cinq heures de travail sur cette chaude & brillante neige. Je dis chaude; car quoiqu'elle fût certainement à zéro, & qu'un petit thermomètre de mercure à boule nue, exposé à l'air au soleil, ne montât qu'à six degrés & demi; cependant un corps volumineux, comme celui d'un homme, y contractoit une chaleur très-incommode. Je fus obligé de changer de linge en arrivant dans notre tente.

# CHAPITRE VI.
## CIME DU BREIT-HORN.

§. 2246. Nous avions à l'Eſt-Sud-Eſt de notre poſte, ſur le Col du Mont-Cervin, une cime plus élevée qui paroiſſoit acceſſible, & que les gens de Zer-Matt nous diſent s'appeller le *Breit-Horn* ou *Large-Corne*; non que cette dénomination ſoit propre ſeulement à la cime que nous atteignîmes, mais qu'elle porte en commun avec toute une chaîne qui ſe préſente en face au Sud-Oueſt aux voyageurs qui, de Zer-Matt en Vallais, vont dans la vallée d'Aoſte. La cime ſur laquelle nous allâmes, forme l'extrémité occidentale de cette chaîne. Situation de cette cime.

§. 2247. Le 13 Août, après avoir attendu avec beaucoup d'impatience la fin du déjeûner de nos guides, nous partîmes vers les ſept heures. Au reſte, nous aurions pu nous paſſer de leur direction; car aucun d'eux, ni même aucun mortel, à ce qu'ils croyoient, n'étoient jamais monté ſur cette cime; mais on voyoit ſi bien la route qu'il falloit ſuivre, qu'il n'y avoit pas à héſiter. La ſeule choſe que l'on pût craindre, c'étoient des crevaſſes cachées ſous des neiges ſur leſquelles nous devions toujours marcher; mais nous eſpérions les éviter en paſſant toujours au plus loin de leurs indices, que l'on apperçevoit à la ſurface. Route pour y aller.

Nous deſcendîmes d'abord du Col du Mont-Cervin ſur le glacier de Zer-Matt, puis nous tirâmes au Sud-Oueſt vers le haut de ce glacier, & ainſi par une pente douce, toujours ſur la neige, nous gagnâmes le haut d'une arrête qui termine ce glacier, & d'où nous aurions pu découvrir une vaſte enceinte de montagnes, ſi des nuées floconneuses, amoncelées sous nos pieds, ne nous en eussent pas caché une grande partie. Cependant nous reconnûmes distinctement le Mont-Blanc avec ses deux cimes, telles qu'il les présente, quand on le voit de profil du côté du Nord-Est.

En faisant cette montée au travers de ces vallons en pente douce & sur ces plateaux couverts de neiges éternelles, nos guides regrettoient, & avec raison, les beaux pâturages qui s'y seroient formés dans des régions plus tempérées. Ces neiges présentoient de loin en loin quelques larges crevasses, mais faciles à éviter; il y en avoit aussi d'étroites que nous enjambions, mais sans aucun danger. Cependant nos guides soupçonnoient en quelques endroits des vuides au-dessous de nos pas, mais recouverts de neiges si épaisses, que nous n'avions point à craindre d'y enfoncer, & que jusqu'au pied des rocs, on auroit pu faire cette course à cheval. Mais au pied des rocs, il y a plus de danger, soit parce que les neiges y sont plus minces, soit parce que la chaleur intérieure de la terre y a plus d'action & en accélere la fusion, soit enfin par les mouvements qui ont souvent lieu dans les rocs qui leur servent de point d'appui.

Du haut de cette arrête, nous tournâmes d'abord à l'Est, puis au Nord-Est, pour atteindre la cime rembrunie & dégagée de neiges qui faisoit le but de notre course, & que nous avions continuellement suivie des yeux.

Tout près d'y arriver, nous hésitâmes si nous ne dirigerions pas notre attaque sur une cime blanche plus à l'Est & plus élevée, & qui à rigueur auroit été accessible; mais nous en fûmes détournés premiérement, je l'avoue, par la fatigue & les dangers que la roideur de la pente nous auroit coûtés, & ensuite parce que, comme elle étoit entiérement couverte de neiges, nous n'aurions point pu y observer les rochers qui faisoient réellement le principal objet de ce voyage. C'est pourtant bien vraisemblablement cette cime blanche qui porte le nom de Breit-Horn par excellence; car comme elle présente

## CIME DU BREIT-HORN, Chap. VI.

une sommité large & arrondie à ceux qui viennent du côté de Zer-Matt, le nom de *Breit-Horn* ou *Cime-Large*, paroît fort bien lui convenir. Pour distinguer la nôtre, nous l'avons nommée la *Cime-Brune du Breit-Horn*.

L'ARRÊTE de neige que nous suivions, nous conduisit, sans aucune difficulté, jusqu'au pied de cette cime. Là, nous eûmes à gravir des rocs dégagés de neiges & très-rapides ; mais leurs couches délitées formoient des especes de marches qui en facilitoient l'accès. Nous y arrivâmes vers les dix heures, & ainsi en deux heures & demie depuis notre tente.

§. 2247. *A.* DÈs que nous fûmes arrivés, je mis, suivant mon usage, mon barometre en expérience, en le faisant tenir à l'ombre pour que la température devint uniforme dans tout le tube, vu que l'inégale action du soleil & de la chaleur du corps de l'homme qui le portoit, y produisent nécessairement des dilations inégales. *Barometre ; thermometre ; hauteur.*

LA hauteur corrigée de ce barometre, se trouva à onze heures de 17 pouces 8 lignes $\frac{146}{160}$. Le barometre de M. SENEBIER, au même moment, étoit à 26 pouces 8 lignes $\frac{8}{160}$. Le thermometre, à l'ombre, sur la montagne — 0, 5, & à Geneve, + 19 ; ce qui, suivant la formule de M. TREMBLEY, donne 1816 toises au-dessus du cabinet de M. SENEBIER, ou 2002 toises au-dessus de la mer. Or, cette hauteur est la plus grande que les hommes aient atteinte, excepté aux Cordilleres & sur le Mont-Blanc.

IL n'y avoit qu'un degré de différence pour le thermometre entre le soleil & l'ombre : celui-ci étoit à — 0, 5, & celui-là + 0, 5. A Geneve, à la même heure, le thermometre à l'ombre, étoit à 19, & au soleil, à 20, 4. L'hygrometre, à l'ombre, étoit à 88 sur la montagne, & à 76, 1 dans la plaine ; ce qui, en ayant égard à la chaleur, donne une sécheresse beaucoup plus grande sur la montagne.

*Tome IV.*

Des nuages épais m'empêchèrent de prendre les couleurs du ciel; mais l'électricité étoit positive, & à $3\frac{1}{2}$ de mon électromètre. Une observation curieuse, à mon avis, c'est que bien que le thermomètre, au soleil, ne se tint en plein air qu'à un demi-degré au-dessus de zéro, un thermomètre semblable, posé sur une serpentine noire & lisse qu'il ne touchoit que par un point, montoit à 18 degrés; ce qui me persuade qu'un thermomètre garanti, comme celui que j'avois sur le Cramont, §. 932, y seroit monté tout aussi haut, si ce n'est même davantage.

*Digression sur la nature de la lumière.* §. 2247. Je persiste toujours à croire que le peu d'activité des rayons du soleil sur les hautes montagnes, tient aux causes que j'ai développées dans le Chap. XXXV du second volume, §. 923 & suiv. c'est-à-dire, à la rareté de l'air dans les lieux élevés & à leur isolement.

Mais de plus, en réfléchissant sur la nature de la lumière, je me suis presque convaincu de la vérité d'une opinion que je n'avois pas lorsque j'écrivois le Chapitre que je viens de citer; c'est que si le feu & la lumière ne sont pas des substances différentes, ce sont du moins deux modifications différentes de la même substance; c'est-à-dire, que dans certaines circonstances, la lumière se change en feu & réciproquement. M. Pictet, dont les ouvrages sur le feu sont connus de tous les Physiciens, étoit aussi, de son côté, tombé sur cette même idée de la conversion réciproque du feu en lumière, & de la lumière en feu. Pour moi, voici comment je conçois la chose. Je pense que quand les éléments de la lumière s'engagent dans les pores du corps de manière à s'y fixer, ils s'y unissent entr'eux; ils y perdent, par cette union, la mobilité & la vitesse qui les constituent *lumière*, & acquièrent en revanche les propriétés du *calorique*. Et ce même calorique, lorsqu'il subit une grande agitation, se subdivise & redevient lumière. Tous les faits connus viennent à l'appui de cette supposition: mais celui qui m'a sur-tout frappé, & auquel on n'a pas fait toute l'attention qu'il mérite, sous ce point de vue, c'est celui du chalumeau. Si vous avez une bougie bien allumée, qui répande toute la lumiere que l'on peut en obtenir, & que vous dirigiez fur fa flamme le fouffle d'un petit chalumeau, cette flamme, au moment où elle fera réunie en un feul courant délié & de forme conique, perdra toute fa lumiere; & cependant à fa pointe, qui n'eft pas d'un bleu moins pâle & moins peu brillant que le refte, elle convertit l'or en vapeurs, & donne, en un mot, la plus grande chaleur que l'art puiffe exciter. On diroit que l'air, en enveloppant & en dirigeant cette flamme, a converti toute fa lumiere en calorique. Mais vous convertirez de nouveau ce calorique en lumiere, fi vous lui expofez un corps où il fe divife de nouveau ; par exemple, un peu de craie ou de magnéfie : le calorique, en s'agitant dans ces corps s'y divifera & s'y changera en une lumiere fi vive, qu'ils répandront un éclat prefqu'infupportable à l'œil.

Le fyftême de M. LE SAGE, fur les fluides élaftiques, fournit des explications très-fatisfaifantes de ces phénomenes ; & c'eft ce que je développerai dans la théorie.

§. 2248. JE cherchai avec beaucoup de foin fur cette cime fi je pourrois y trouver quelque plante parfaite ; mais je ne pus en découvrir aucune, quoique la derriere de la tête du rocher, expofé au midi & à l'abri des vents du Nord, préfentât, en divers endroits, des débris de pierres & même de la terre, & que la chaleur du foleil y fût plus que fuffifante, puifque dans ces places elle étoit même incommode pour nous. Il faut que la rareté de l'air ou l'intenfité du froid de la nuit s'oppofât à la végétation. *Limite de la végétation.*

§. 2249. EN montant à cette cime, nous avions remarqué avec affez de furprife la quantité d'infectes que nous avions rencontrés fur notre route ou morts ou engourdis à la furface de la neige, diverfes phalenes, diverfes mouches, un papillon du chou, mais fur-tout un grand nombre de demoifelles ; la diftance moyenne de ces infectes, étoit de deux pieds, ce qui en donne 9 par toifes quarrée, & 72 millions par lieue quarrée de deux mille toifes. *Infectes.*

Mais ces infectes, charriés là malgré eux par les vents, engourdis, presqu'immobiles, n'arrivoient fur ces neiges que pour y mourir de faim & de foif. Nous en vîmes d'autres, au contraire, qui habitoient ou paroiffoient du moins habiter, par plaifir, la neige qui s'étoit confervée par places, fur la cime du Breit-Horn.

Ces infectes font noirs, brillants, très-petits & couverts fur le dos d'écailles pointues; ils font pourvus d'antennes affez longues & recourbées en-dehors; ils font fouples, agiles, & fautoient lorfqu'on vouloit les prendre; je ne penfai pas à examiner en les décrivant fi c'eft à l'aide d'un reffort placé fous le ventre qu'ils exécutent ces fauts; mais d'après la réunion de tous les caracteres que j'en ai raffemblés, il paroit qu'ils appartiennent au genre des *Podures*. Cette efpece paroit là très-vive & très-bien portante; elle couroit avec beaucoup de vivacité entre les grains de neige. Comme cet infecte n'a point d'aîles, il faut qu'il naiffe & meure fur ce rocher, & l'on ne voit là que des lichens qui puiffent lui fervir d'aliment, à moins qu'ils ne fe nourriffent de terre ou de neige, dont l'eau fe décompofe dans leur corps; c'eft du moins l'opinion de M. Geoffroi, qui dit que les podures paroiffent fe nourrir de l'humidité de la terre.

Etat de la refpiration.

§. 2250. Pour nous, fans être auffi vifs & auffi agiles que ces podures, nous étions très-heureux & très-bien portants fur cette cime; nous y paffâmes 2 heures ½ très-agréablement; aucun de nous ne fut incommodé de la rareté de l'air, fi ce n'eft notre guide du Breuil, J. B. Erin, qui en montant le dernier rocher fe plaignoit de ce que nous allions trop vite, & qui s'endormit fur la cime dès que nous y fûmes arrivés. Cependant le repos lui rendit la refpiration plus facile, & nous dînâmes là tous enfemble de fort bon appetit.

Vue du Breit-Horn.

§. 2251. Du haut du Breit-Horn la vue plonge dans le grand glacier qui defcend à Zer-Matt; (1) la cime eft précifément dans la

---

(1) Il paroit que c'eft cette vallée de glace dont parle Scheuchzer, fous le nom de *Muttia Vallis*, It. Alp. t. II. p. 303. Gruner en parle auffi dans fa *dif*

direction de ce glacier au Nord-Eſt, ayant le Mont-Cervin à gauche, le Mont-Roſe à droite; enſorte que ces hautes cimes, leurs chaînes & leurs glaciers préſentent de là un magnifique ſpectacle.

Je confirmai les obſervations que j'avois faites la veille ſur la ſtructure du Mont-Cervin. J'avois côtoié une couche brune horizontale, vraiſemblablement de ſerpentine, qui paroiſſoit former au-deſſus du glacier la baſe de l'obéliſque du Mont-Cervin; & je doutois ſi elle étoit en avant de la montagne, ou ſi réellement elle faiſoit corps avec elle. Mais de la cime du Breit-Horn, comme mes yeux plongeoient dans cette baſe, je reconnus diſtinctement que cette couche ne faiſoit point corps avec la montagne, mais qu'elle étoit détachée & fort en avant du côté du glacier.

Il ne ſeroit pas même impoſſible que ce ne fût un mouvement de cette couche qui a donné lieu au fait rapporté par GRUNER. En effet, les gens du pays, aſſurent qu'autrefois le chemin paſſoit tout près de l'aiguille du Mont-Cervin; & que c'eſt depuis un mouvement de la montagne que l'on a été obligé de s'en éloigner, & d'alonger le chemin en paſſant par le Col que l'on traverſe actuellement.

Le Mont-Cervin & les hautes cimes qui lui ſont attenantes du côté du Nord, vues du Breit-Horn, paroiſſent former une chaîne concave & eſcarpée du côté du glacier, contre la chaîne oppoſée, qui fait partie de l'enceinte extérieure du Mont-Roſe. Et l'on remarque dans

---

*cription des glaciers de la Suiſſe*, t. I, p. 230. Le village qu'il nomme *Paraborque*, eſt celui que les Allemands nomment Zer-Matt, & les Italiens Praborn. Il rapporte un fait remarquable, mais ſans aucun détail & ſans citer ſes autorités. *Le Mont-Cervin, der hohe Mattemberg*, dit-il, *s'entr'ouvrit en 1595, & forma une cre-vaſſe de 6 pieds de largeur, qui rendit impraticable le paſſage qui conduiſoit par là en Italie; enſorte qu'on fût obligé d'y conſtruire un pont.* Le traducteur françois de cet ouvrage a omis, je ne ſais pourquoi ce paſſage, qui auroit dû ſe trouver à la page 167 de ſa traduction.

cette même enceinte, une belle fuite de feuillets triangulaires, tous relevés au Sud-Eft ou au Sud-Sud-Eft contre l'intérieur du Mont-Rofe, au plutôt contre les feuillets qui les fuivent en s'approchant de l'intérieur de cette grande montagne.

Il fuivroit de là, fi du moins j'ai bien faifi l'enfemble de ces hautes cimes, que les couches extérieures du Mont-Rofe n'ont pas exactement la même fituation que celles de l'intérieur : car celles de l'intérieur qui correfpondent à celles que je voyois à notre droite depuis le Breit-Horn, ont leurs couches relevées contre l'Orient, §. 2202.

C'est ce que l'on auroit mieux vu fi l'on étoit monté fur la plus haute cime blanche du Breit-Horn, qui nous cachoit les plus hautes fommités du Mont-Rofe ; mais il n'étoit plus tems d'y aller depuis notre cime brune, car elle eft féparée de la blanche par un glacier haché de crevaffes épouvantables. Cependant ces cimes, liées entr'elles par leurs bafes, forment une chaîne qui porte, comme je l'ai dit collectivement, le nom de *Breit-Horn*, & qui tire d'abord au Sud-Eft, & enfuite au Sud. Les fommités de cette chaîne paroiffent toutes acceffibles du côté du Sud, mais efcarpées, & en précipice au Nord & à l'Eft. La brune, en particulier, fur laquelle nous étions, préfentoit à nos pieds, au Nord-Eft, un effroyable précipice.

La chaîne du Breit-Horn eft féparée du Mont-Rofe par un grand glacier, qui vient fe réunir à celui qui paffe fous le Mont-Cervin, & va defcendre à Zer-Matt. Cette chaîne forme ainfi un arc de cercle qui préfente fes efcarpements au Mont-Rofe, lequel à fon tour, lui préfente auffi fa convexité & le dos de fes couches, mais non leurs efcarpements.

*Nature de la cime brune du Breit-Horn.* §. 2252. La cime même de cette montagne, qui de loin paroît d'un brun ifabelle un peu foncé, de même que celle du Mont-Cervin, eft prefque en entier compofée d'une ferpentine qui prend au-dehors la couleur que je viens d'indiquer ; mais qui au-dedans eft de différentes nuances de verd. Elle eſt en général compacte, à caſſure écailleuſe, tranſlucide aux bords, mais quelquefois ſes couches s'amincissent au point de prendre une apparence ſchiſteuſe. Elle eſt demi dure & de la peſanteur ordinaire à cette pierre. Elle eſt preſque partout mélangée de mine de fer, d'un gris noirâtre, à grain fin, fortement attirable à l'aimant, (*Gemeiner magnetiſcher eiſenſtein*). Cette mine a fréquemment, dans cette ſerpentine, une forme vermiculaire, ou d'un cylindre tortueux, d'une à deux lignes de diametre, exactement comme un ver de terre. Souvent cette mine ſe détruit, & coule au-dehors des trous qui la renferment & les laiſſe vuides; alors la pierre préſente la même apparence que ſi elle eût été rongée par les vers; comme celles de la ſurface du rocher qui avoient été les plus expoſées à ce genre de changement, furent les premieres qui ſe préſenterent à mes yeux, je ne ſavois que penſer de ces ſerpentines vermoulues.

§. 2253. ENTRE les couches minces de la ſerpentine qui s'approchent de la forme ſchiſteuſe, je trouvai d'aſſez grandes lames de cette eſpece que M. HOFFMAN a nommée *ſerpentine lamelleuſe*, *blattirche ſerpentine*. Ces lames ſont d'un gris jaunâtre, brillantes, ſtriées en long ſur leurs faces; leur caſſure eſt difficile à reconnoître, à cauſe de leur peu d'épaiſſeur; mais elle paroît compacte, & un peu inégale; elle eſt demi-dure, ſe raye en gris mat; enfin, elle eſt tranſlucide aux bords. Au chalumeau, elle donne un bouton d'un gris verdâtre, preſqu'opaque, gras, luiſant, à ſurface inégale du diametre de 0, 2.

*Serpentine lamelleuſe.*

§. 2254. ENTRE les couches de cette ſerpentine, on trouve çà & là, mais en petite quantité, des couches d'un ſchiſte verd, ou d'un gris verdâtre, dont le fond eſt de mica, en très-petites lames, brillantes & tranſlucides; c'eſt un vrai ſchiſte micacé, mais dans lequel on ne peut découvrir ni quartz, ni aucune autre pierre. On n'y diſtingue, outre le mica, que des veines irrégulieres & de petits nids de la mine de fer noirâtre que j'ai décrite dans le dernier paragraphe. Ce ſchiſte

*Schiſte micacé ſans mélange d'autre pierre.*

micacé a ſes feuillets ici droits; là, courbes; il eſt très-tendre, ſe raie en gris terne; on peut le diviſer avec l'ongle, & même le réduire en poudre entre les doigts avec un peu d'effort. M. KARSTEN parle de ce ſchiſte micacé privé de quartz comme d'une variété rare. *Muſ Leſk*, *tom. II*, *pag. 17.*

*Variété de la delphinite en maſſe.*

§. 2255. J'Y trouvai auſſi, mais un ſeul fragment irrégulier, d'une pierre qui paroît d'abord un petroſilex primitif ou palaïopetre, mais que je regarde comme une tranſition entre le malaïopetre & une delphinite en maſſe. Cette pierre eſt d'un gris tirant ſur le jaune verdâtre, à caſſure écailleuſe, tirant cependant ſur le grenu, tranſlucide ſur les bords, donnant, quoiqu'avec peine, des étincelles contre l'acier.

C'EST ſur-tout au chalumeau que cette pierre ſemble ſe rapprocher de la delphinite ou *glaſartiger ſtrahlſtein* de WERNER : car elle ſe gonfle au premier coup de flamme en un émail bulleux & rembruni du diametre de 0, 4; & elle ſe réduit enſuite en un plus petit volume, en même tems qu'elle devient plus réfractaire, ce qui n'arrive point à la palaïopetre.

*Structure du Breit-Horn.*

§. 2256. LES pierres dont eſt compoſée cette cime paroiſſent diſpoſées par couches, qui ont été un peu dérangées par leur déſunion & leur affaiſſement ſpontanées. On voit cependant, à n'en pouvoir douter, que leur ſituation à été originairement horizontale, quoique ſe relevant un peu contre le Nord-Eſt; & de ce côté là, elles ſont très-eſcarpées & préſentent un affreux précipice au-deſſus du glacier de Zer-Matt.

APRÈS avoir fait ces obſervations nous revînmes à notre tente de St. Théodule, ſans autre incommodité, que de trouver vers le bas, la neige un peu trop ramollie pour l'agrément de la marche, ce qui nous fit mettre un peu plus de tems à deſcendre que nous n'en avions mis à monter. Nous nous trouvâmes cependant moins fatigués que nous ne l'avions été la veille en meſurant le Mont-Cervin.

CHAP. VII.

## CHAPITRE VII.

### DESCRIPTION DU COL DU MONT-CERVIN, OU DE SAINT THÉODULE, ET DU ROCHER QUI LE DOMINE AU NORD.

§. 2257. Pendant la nuit du 13 au 14 que nous passâmes sur ce col, il y eut un violent orage, qui incommoda beaucoup ceux de nos compagnons qui couchoient dans la cabane, parce que le vent passoit entre les joints des pierres & y accumuloit la neige qui tomboit avec l'orage ; mais mon fils & moi, qui étions sous la tente, nous en souffrîmes beaucoup moins ; cependant la tente se trouva le matin entourée & coëffée de neige, & comme cette neige avoit calmé le vent, la journée fut très-belle, & le soleil nous en débarrassa bientôt. J'employai cette journée a décrire l'arrête de rocher sur laquelle nous nous étions campés, & le rocher qui la domine au Nord. La succession des couches dont elle est composée, présente quelques faits intéressants pour la théorie.

*Nuit orageuse.*

§. 2258. Nous étions, comme je l'ai dit, campés au point le plus bas de cette arrête, dont le tranchant est exempt de neiges, parce que les vents la balayent de tous les côtés. Elle sépare le glacier du Val-Tornanche à l'Est de celui de Zer-Matt à l'Ouest, & va en montant du côté du Nord vers la cime du Mont-Cervin, dont elle est encore séparée par un rocher, élevé & escarpé qui tient à l'arrête même. La partie exempte de neige, entre les deux glaciers, a environ 250 pas de longueur, sur 50 dans sa plus grande largeur ; mais elle subit de fréquents étranglements qui la réduisent souvent à 8 ou 10. Cette arrête sert de limite

*Description du col du Mont-Cervin.*

entre le Vallais & la vallée d'Aoft. Le glacier de Zer-Matt & le Breit-Horn qui y eft enclavé, appartiennent au Vallais ; mais le col du Mont-Cervin, fon obélifque avec le glacier & la vallée de Val-Tornanche, font partie de la vallée d'Aofte & des Etats du Roi de Sardaigne.

Gneifs. *A.* Le bas de l'arrête qu'occupent les ruines du fort St. Théodule eft compofée d'un gneifs d'un gris obfcur mêlé de lames de hornblende noire, avec quelques nœuds, fouvent arrondis des mêmes fubftances, mais qui dans ces nœuds, ne font pas fous une forme fchifteufe : on y voit aufli quelques veines de feldfpath, d'un blanc jaunâtre cryftallifé en petits rhomboïdes.

Plus haut, en montant au Nord, on trouve fur ce gneifs.

Schifte. *B.* Un fchifte micacé verdâtre, tendre, dont les feuillets font fouvent féparés par des veines de fpath calcaire paralleles aux couches des rochers, avec des pyrites ferrugineufes, noires, en décompofition. Ces fchiftes micacés verds fe diftinguent des fchiftes de hornblende & de pierre de corne, qui leur reffemblent beaucoup, tels que ceux du §. 2227 ; en ce qu'au chalumeau le mica donne des verres blancs, ou gris tranflucides, tandis que les hornblendes en donnent des noir ou brun opaques.

Gneifs à demi grof-fier. *C.* Gneiss d'un gris brun, médiocrement groffier, avec beaucoup de mica, & qui renferme des nœuds informes du gneifs, mais où le feldfpath domine.

Gneifs à grains fé-parés. *D.* Gneiss dont le mica verdâtre enveloppe chacun à part les petits grains blancs & arrondis de feldfpath. Ici le mica femble fe rapprocher de la hornblende, car il donne un verre brun prefqu'opaque.

Paffage à un feldfpath gre-nu. *E.* Bande étroite de gneifs blanchâtre, dégénérant en feldfpath fchifteux, à parties difcernables lenticulaires. Il paroît que les parties micacées du n°. *D.* diminuent graduellement, & que peu-à-peu les enveloppes des grains disparoissent ; ensorte qu'il ne reste plus enfin que des grains de feldspath gros comme des grains de chanvre.

F. STÉATITE noirâtre en-dehors, & d'un verd plus ou moins foncé en-dedans, mêlée de beaucoup de veines de mine de fer magnétique à petits grains. Cette stéatite a une cassure inégale, schisteuse, cachée; elle est un peu moins que demi-dure, & se divise souvent en rhomboïdes. Il y en a 87 pas qui répondent environ à une épaisseur de 14 pieds. Quelques minéralogistes donneroient peut-être à cette pierre le nom de schiste chlorite. Voyez le §. 2264. *Stéatite schisteuse.*

G. Là, on trouve la stéatite interrompue par des débris divers; mais en descendant du côté du glacier à l'Est, on voit que ces débris viennent de l'affaissement de diverses couches minces qui reposoient sur les bancs de stéatite ; savoir : *Débris divers.*

A'. Calcaire grenue d'un blanc jaunâtre, d'un grain très-fin, d'un tissu schisteux caché, & exempte de mica.

B' Calcaire bleuâtre au-dedans & jaunâtre au-dehors, qui paroît d'abord compacte, mais qui examinée avec soin montre un tissu grenu squameux.

Γ'. Gneiss à petits grains de feldspath blanc, entouré de petits grains de mica verdâtre. Ce gneiss est peu dur, donne cependant quelques étincelles, & se casse en fragments rhomboïdaux.

Δ'. Schiste micacé tendre, à feuillets minces, de mica verdâtre, avec des points de hornblende, verd de bouteille, & quelques écailles de feldspath.

E'. Gneiss blanchâtre, très-fin & dur, en couches parfaitement planes, que je décrirai au §. 2260.

Z'. Tuf calcaire, dont je parlerai au §. 2261.

Stéatite spéculaire.

*H.* Le dernier rocher, avant les neiges qui terminent la partie découverte de l'arrête, est une stéatite que je nomme *spéculaire*; parce qu'en divers endroits sa surface supérieure est unie comme un miroir, & aussi polie que ce genre de pierre le comporte. Sa couleur est d'un verd de bouteille très-foncé, sa cassure inégale, irrégulièrement schisteuse; ici, squameuse; là, écailleuse à grosses écailles, translucide sur ses bords, tendre, se rayant facilement en gris mat; même observation qu'au numéro F.

Trapp grenatique.

*I.* On trouve, outre cela, des fragments épars d'une pierre qui renferme beaucoup de petits grenats presqu'informes, rouges, presqu'opaques. Cette pierre, d'une couleur verte rembrunie, me paroît une espece de trapp, composé d'un mélange de particules de stéatite, de hornblende fibreuse, & de mica.

Rayonnante aciforme

*K.* On y trouve enfin des serpentines dont la surface est couverte, par places, de fibres paralleles d'une substance, que l'on prendroit d'abord pour de l'asbeste commune; mais qui se rapproche davantage des *bazaltes acerosus* de Wallerius, dont j'ai donné la description & l'analyse au §. 1017 de cet ouvrage. Ces fibres sont beaucoup plus fines & plus brillantes que celles de l'asbeste; leur éclat est plus soyeux; elles sont aussi plus fragiles, plus dures & plus piquantes. Sa couleur, au Mont-Cervin, est ici verd olive, là verd doré. Elle differé aussi de la rayonnante asbestiforme, qui n'a ni son éclat, ni sa finesse, ni sa fragilité.

Au chalumeau, elle est un peu plus fusible que l'asbeste commune; elle donne un globule du diametre de 0, 2, mais également d'un gris verdâtre mat & opaque. J'ai placé cette pierre dans le genre des rayonnantes, *strahlstein*, & je l'ai nommée *rayonnante aciforme*. (2)

---

( 2 ) Je vois à présent que quelques minéralogistes, & en particulier M. Emmerling, ont rapporté ce fossile au *glasartiger strahlstein*. Mais si l'on donne, comme je le crois, ce nom au schorl verd du Dauphiné, que j'ai nommé *Delphinite*, il faut nécessairement les rapporter à une autre espece.

# DESCRIPTION DE SON COL, Chap. VII.

CETTE substance se trouve là à la surface d'une espece de serpentine schisteuse à schistes courbes, qui se rapproche du talc durci de M. WERNER.

§. 2259. La même arrête se prolonge sous la neige, à quelques centaines de pas du côté du Nord; mais plus loin s'éleve une tête de rocher de 5 à 600 pieds de hauteur, & que je desirois beaucoup d'observer pour continuer mes recherches sur la succession des couches. *Roches au-dessus du Col.*

De loin ce rocher paroît inaccessible; mais en faisant des détours, en montant ici par des débris, là par des saillies de couches rompues qui débordent les escarpements, on s'éleve peu-à-peu, quoiqu'avec beaucoup de fatigue & avec quelque danger.

On monte d'abord par des serpentines, puis par des roches feuilletées, dont la plus grande partie est d'un schiste micacé verdâtre, qui s'approche plus ou moins de la nature de la hornblende, comme celui de la lettre D du §. précédent, & plus ou moins mêlé de feldspath. Ces schistes alternent avec des schistes micacés calcaires, jaunâtres, à feuillets minces, tendres & fragiles.

§. 2260. Au bout d'une heure de cette pénible montée, j'atteignis un banc de gneiss à grains fins & à feuillets parfaitement plans, dont j'ai promis plus haut la description. Sa couleur est d'un gris blanc, tirant un peu sur le verd. Il est sur-tout remarquable par la finesse de son grain & par la forme plane de ses couches, qui n'ont que six à neuf lignes, ou un pouce au plus d'épaisseur, & dont les faces opposées sont parfaitement droites & parallèles. Au premier coup-d'œil, on le prendroit pour un pétrosilex primitif, dont il a la dureté & l'apparence, translucide sur ses bords; mais en l'observant de près, on voit qu'il est par-tout semé de petites lames de mica, & que son tissu est distinctement schisteux. Quant à ses autres parties, c'est certainement le quartz blanc grenu très-fin qui y domine, mais avec peu de feldspath grenu; & même celui-ci, l'œil *Gneiss fin, dur & uni.*

ne le démêle qu'après que la flamme du chalumeau a fondu quelques unes de ses parties.

Les gens du pays disent qu'ils se servent de ce gneiss comme d'une pierre à aiguiser, & ses faces planes & unies le rendent très-commode à cet usage : je pensai même que cela pourroit le rendre propre à remplacer la pierre à huile du Levant, qui est quelquefois une dolomie, & d'autrefois un feldspath grenu. M. Lechaud, membre distingué de notre Société des arts, a eu la complaisance d'en faire l'essai ; mais l'échantillon que je lui ai donné s'est trouvé trop dur. L'acier glissoit dessus ; il ne se formoit pas cet engagement réciproque des parties que produit le rongement de l'acier, & la faculté d'aiguiser les outils.

Le banc de ce gneiss que j'ai trouvé là, a environ vingt pieds d'épaisseur ; il est presqu'horizontal, relevé cependant de quelques degrés contre l'Est-Sud-Est ; ses couches se rompent fréquemment en tables rhomboïdales. Ce banc repose sur un schiste micacé calcaire à feuillets minces.

Au-dessus de ce banc de gneiss, on voit une couche de pierre calcaire bleuâtre, veinée de gris blanchâtre, & à grains si fins qu'on la prendroit pour compacte ; mais en l'observant à la loupe, on reconnoît qu'elle est composée de grains brillants très fins. Elle se dissout dans les acides avec une vive effervescence.

*Tuf formé sous l'ancienne mer* §. 2261. Sur ce banc de gneiss, recouvert de cette couche calcaire grenue, repose un banc d'une espece de tuf très-remarquable, & dont j'ai aussi promis la description.

Ce qui rend ce tuf remarquable, c'est d'être renfermé entre des bancs de roches primitives. En effet, il repose sur des calcaires grenues & des gneiss, & il a au-dessus de lui une roche micacée calcaire grenue, d'abord en feuillets minces & fragiles, puis plus épais & plus solides. Et cette roche micacée calcaire est elle-même recouverte par un grand banc de gneiss verdâtre dur, à grains de feldspath blanc; & enfin la cime de cette tête de montagne est d'une roche micacée calcaire, de couleur jaunâtre.

Ce banc de tuf a un ou deux pieds d'épaisseur; je le sondai en divers endroits, & je m'assurai qu'il pénetre bien en avant dans l'intérieur de la montagne, entre les bancs primitifs que je viens de décrire. Il est d'un brun qui tire sur le jaune. Le fond de sa substance est calcaire, mêlée d'une quantité de mica blanc en lames grandes & petites, de quelques lames de talc verd, & d'une assez grande quantité d'argille, dont une grande partie a été entraînée par les eaux & a laissé vuides un nombre de cavités à parois rectilignes irrégulieres dont ce tuf est parsemé.

Ainsi les parties solides de cette masse ne présentent point la structure d'un tuf ordinaire, elles ne sont ni mammelonées, ni fibreuses; leur cassure paroît scintillante à cause des lames de mica dont elle est parsemée; mais d'ailleurs terreuse, & plutôt composée de petits grains arrondis. Elle se dissout avec beaucoup d'effervescence, en laissant en arriere le mica & l'argille jaunâtre qui entrent dans sa composition, & qui forment une espece de boue au fond de l'acide.

J'ai vu plusieurs autres exemples de tufs renfermés ainsi entre des couches; mais ordinairement dans les limites entre les montagnes primitives & les secondaires. Celui-ci est le seul que j'aie observé entre des couches de nature décidément primitive.

§. 2262. Lorsque je me demande, qu'est-ce qui a pu interrompre subitement la formation de ces couches si régulieres, de gneiss & de calcaires grenues, toutes composées de particules crystallisées, & les remplacer par un amas confus de sable micacé & d'argille liés sans ordre par une boue calcaire? Je ne puis en imaginer d'autre cause, qu'un mouvement subit & irrégulier dans les eaux de l'ancien Océan, joint peut-être à l'ouverture de quelque gouffre qui aura vomi cette boue. Et ce moment doit avoir eu des retours pério-

*Question de théorie.*

diques, puisque ces couches de tuf reviennent dans ces alentours à cinq reprises différentes. La plus haute, celle que je viens de décrire, à plus de 1800 toises au-dessus du niveau des mers actuelles ; celle que j'ai indiquée la premiere, à environ 1720 ; une, que l'on voit en descendant au Breuil, à environ 1600, & deux autres dont je parlerai plus bas, à 12 ou 1300 toises.

Mais il y a eu aussi d'autres convulsions & même plus grandes ; celle, par exemple, qui a brisé & arrondi les matériaux des poudingues, lors de la révolution, qui a mis fin à la formation des montagnes primitives, & qui a introduit les animaux dans l'Océan. Il y a eu aussi des convulsions semblables pendant la formation des montagnes secondaires ; comme celles qui ont brisé ces couches de coquillages, qui semblent avoir été concassées comme dans un mortier ; tandis qu'on voit au-dessus & au-dessous des couches où elles sont parfaitement conservées. Il y a eu enfin une convulsion pareille lors de la formation des breches calcaires, qui ont terminé en tant d'endroits la formation des couches de pierres calcaires compactes. §. 242 *A*, 243, 1489 & 1614.

Ces agitations périodiques tiennent peut-être à des causes astronomiques, dont il seroit bien intéressant de déterminer les époques. En effet, ni les orages, ni les marées ordinaires n'agitent le fond des mers, au point de produire de tels effets. Mais qui pourroit, du moins par des conjectures probables, pénétrer dans cette nuit des tems ? Placés sur cette planete depuis hier, & seulement pour un jour, nous ne pouvons que desirer des connoissances que vraisemblablement nous n'atteindrons jamais.

Plantes qui croissent à une grande élévation.  §. 2263. En montant sur cette tête de rocher, je trouvai des plantes parfaites à une hauteur de 1800 toises au moins ; c'est-à-dire, plus de 20 toises au-dessus de la plus élevée que j'eusse trouvée sur le Mont-Blanc, & entr'autres l'*Aretia Helvetica*, *Geum montanum*, *saxifraga bryoïdes*. Il est vrai que ces rochers sont très-bien exposés, & que

# DESCRIPTION DE SON COL, Chap. VII.

que les terres qui résultent de la décomposition de ces rochers calcaires & micacés, sont extrêmement fertiles.

§. 2264. Du haut de ce rocher, je regagnai nos tentes de St. Théodule, par le côté opposé à celui que j'avois suivi en montant: savoir, par la face qui regarde le Sud-Ouest; je descendis par des couloirs très-rapides, remplis de petits débris, par où l'on n'auroit pas pu monter, mais sur lesquels on se laissoit glisser debout sans aucun risque. Arrivés ainsi sur le glacier de Val-Tornanche, nous côtoyâmes, à notre gauche, une couche de roche micacée calcaire jaunâtre, renfermée entre des couches d'un schiste verdâtre, que je crus d'abord devoir rapporter au schiste chlorite, *chlorit-schiefer* de M. WERNER. Séduit par ce nom, je croyois que le fossile qui le porte devoit avoir à-peu-près les caractères extérieurs de la chlorite, à cela près, qu'il devoit avoir une texture schisteuse. En effet, il étoit bien naturel de penser que la chlorite, ou une substance analogue, devoit former la base du schiste chlorite, comme le mica & la hornblende forment la base des schistes qui portent leur nom. Cependant, comme je ne possédois point d'échantillon de schiste chlorite, qui eût été reconnu par le célèbre WERNER, ou par quelqu'un de ses disciples, il me restoit quelques doutes. Pour lever ces doutes, je fis demander à M. STRUVE quelques morceaux de schistes chlorite bien caractérisés. Quelle ne fut pas ma surprise, lorsqu'en recevant des échantillons qui avoient reçu leur nom du célèbre WERNER lui-même, je vis qu'ils n'avoient à-peu-près rien de la chlorite.

Au lieu de voir, comme dans la chlorite, une cassure terreuse un peu scintillante, & dans laquelle on distingue de petits grains séparés, je vis là une cassure où l'on reconnoît, à la vérité, quelque chose de schisteux, des surfaces curviliques & irrégulièrement parallèles; mais rien de terreux ni de grenu; &, au contraire, les apparences d'une substance continue & compacte, dans laquelle la cassure produit des écailles translucides comme dans la serpentine ou la stéatite.

*Sur le chlorit-schiefer de M. Werner.*

Je vis alors que je m'étois trompé lorſque, dans le §. 1189, j'avois rapporté le ſchiſte des fourneaux d'Aiguebelle à un ſchiſte chlorite; j'aurois dû le rapporter à un ſchiſte micacé, approchant de la nature des ſchiſtes de hornblende.

C'est encore en cherchant dans le ſchiſte chlorite les caracteres de la chlorite, que, dans le §. 1917, j'ai refuſé ce nom à une pierre de M. Struve; que j'ai nommée *ſchiſte magneſien lamelleux*.

Et ſans doute que, plus d'un minéralogiſte aura commis de ſemblables erreurs; puiſque M. Lenz & M. Emmerling avertiſſent, que l'on ſe trompe très-facilement ſur cette pierre, & qu'il ne faut donner ce nom à un foſſile que quand on y trouve du fer octaédre ou du grenat; mais cet indice même n'eſt pas infaillible, comme le prouve le §. 1189. Il faudra donc changer cette dénomination trompeuſe.

Quant au ſchiſte qui a été l'occaſion de cette digreſſion, il eſt d'un verd qui approche du verd de montagne; il eſt peu brillant, je dirai même preſque mat, quoique montrant quelques points brillants au ſoleil; ſa caſſure indique, mais imparfaitement, des feuillets ondés dont les particules paroiſſent ſquameuſes. Ce ſchiſte eſt tendre, fragile, ſe raie en blanc griſâtre ſans éclat; ſon toucher n'eſt pas ſenſiblement gras. Il donne à la reſpiration une forte odeur d'argille. Au chalumeau, il donne un émail brun brillant & tranſlucide. Cette pierre a donc beaucoup de rapport avec celles qui ont été décrites au §. 2254. *B. D.*

D'ailleurs, cette pierre eſt moins trompeuſe que celle du §. 1189, en ce qu'elle n'a point le caractere que l'école Wernerienne a nommé acceſſoire ou empyrique du ſchiſte chlorite; ſavoir, de contenir des cryſtaux de grenat, ou de fer magnétique octaédre; elle ne contient que quelques petits grains de feldſpath blancs, les uns libres, les autres enveloppés dans des écailles du foſſile qui forme le fond de la pierre.

## DESCRIPTION DE SON COL, Chap. VII.

**§. 2265.** La couche calcaire qui est renfermée entre les deux couches du schiste que je viens de décrire, étoit remarquable par sa forme. On y voyoit des renflements & des étranglements alternatifs, qui donnoient aux couches du schiste qui la renfermoient la forme de festons découpés en sens contraire; de maniere que les vuides se trouvoient vis-à-vis des vuides, & les pleins vis-à-vis des pleins.

*Couches festonnées.*

J'avois déja observé cette forme dans un bloc détaché auprès de St. Michel, §. 1213; mais ici, ce phénomene se montroit beaucoup plus en grand; car la couche calcaire avoit jusqu'à dix pieds d'épaisseur dans les endroits où elle étoit le plus renflée, & se réduisoit à cinq & même à trois dans ceux où elle étoit le plus mince.

**§. 2266.** Pendant notre séjour sur le Col du Mont-Cervin & dans les environs, le tems ne fût pas favorable aux observations météorologiques; j'aurois beaucoup desiré de vérifier, pendant la nuit, celles que j'avois faites au Col du Géant sur le crépuscule; mais nous n'eûmes point de belle nuit, & les jours furent inconstants & toujours nébuleux par places. Les variations du barometre furent très-petites; la plus grande n'alla pas à une ligne, & elles ne furent guere plus grandes à Geneve.

*Observations météorologiques.*

Le thermometre monta, pour le plus haut, à + 6, 1 ; & descendit, pour le plus bas, à — 1.

Le plus grand degré de sécheresse que nous ayons eu, fut 72, le thermometre, à l'ombre, étant à + 6, 1 ; & la plus grande humidité à 96, le thermometre étant à + 0, 3.

Le moment où la couleur du ciel fut la plus foncée, fut le 12 à dix heures trois-quarts, où elle s'éleva à la 34ᵉ nuance. On peut se rappeller que, sur la cime du Mont-Blanc, elle étoit à 39, & que sur le Col du Géant, la plus foncée, dans l'espace de dix-sept jours, s'éleva à la 37ᵉ. §. 2084.

Au reste comme, pendant ces quatre jours, nous fûmes presque continuellement occupés à observer les pierres & la structure des montagnes, nous ne suivîmes pas la météorologie avec l'assiduité que nous y avions mise sur le Col du Géant.

**Température de la terre.**

§. 2267. QUANT à la température de la terre, dont j'aurois été fort curieux, nous fûmes contrariés par la nature du sol; nous ne pûmes pas réussir à faire, sur l'arrête du Col, des trous de trois pieds de profondeur, pour y enfoncer nos thermomètres, la tarriere rencontroit des pierres qu'elle ne pouvoit pas percer; il fallut se contenter à moins. Le 13, à sept heures du soir, la température se trouva de 2, 1 à vingt-deux pouces de profondeur, & de 6, 6 à dix pouces, tandis que l'air étoit à + 2. Le 14, à trois heures & demie du soir, la température à trente-un pouces étoit à + 0, 4; à 19 pouces à + 2, 6, & à l'air à + 5.

- Le même jour, à Conche, la température à trois pieds, à 15; à deux pieds, 15, 8, & à l'air entre 16 & 20.

Au reste, je pense que si nous avions atteint, comme je le desirois, une profondeur de trois pieds, nous aurions eu le terme de la congélation, ou bien près de là, parce que c'étoit à-peu-près le niveau des neiges des deux glaciers entre lesquels notre arrête étoit située; on voit qu'à trente-un pouces, la température n'étoit que de quatre-dixiemes de degrés au-dessus de ce terme; tandis qu'à dix, elle étoit de presque sept degrés. Il est même très-remarquable, qu'entre un fond aussi froid & un air aussi peu chaud, la terre pût concevoir, à dix pouces de profondeur, un pareil degré de chaleur; cela explique comment les neiges qui tombent en été sur cette arrête ne s'y maintiennent point, & comment diverses plantes y végetent avec assez de vigueur.

**Descente au Breuil.**

§. 2268. Le 14, à mon retour de cette tête de rocher que j'ai décrite plus haut, j'achevai les observations sur la température; j'étiquetai & j'emballai les échantillons des pierres que j'avois ramassées *sur* le Col & dans les environs, & nous partîmes vers les cinq heures du soir pour retourner au Breuil. Nous trouvâmes la neige du glacier d'une bonne consistance, & nous le traversâmes en trois-quarts d'heures. Nous fîmes ensuite à pied la rapide & mauvaise descente que l'on nomme *du Château*, à cause des restes de fortifications qui la dominent, & nous vînmes ainsi en trois heures du Col de St. Théodule au hameau du Breuil, une heure de moins qu'en montant.

En faisant cette descente, du Col au Breuil, on côtoie d'abord de près, ensuite de plus loin, des hauteurs, qui sont la continuation du rocher qui domine le Col, & que j'ai décrit §. 2259 & suiv. Ces hauteurs paroissent appliquées à la base du Mont-Cervin & des hautes cimes qui lui sont adhérentes; elles passent par-dessous les glaciers, en ressortent, & vont mourir un peu au-dessous du Breuil, toujours collées à la chaîne du Mont-Cervin.

En côtoyant ces hauteurs, nous suivîmes presque toujours des yeux des couches du gneiss fin, que j'ai décrit au §. 2260, qui paroissent liées avec elles sans interruption, & toujours renfermées entre des couches calcaires micacées. Un bloc de ces calcaires que j'observai à la sortie du glacier, présentoit aussi, mais en petit, des couches festonnées comme celles du §. 2265.

Toutes ces calcaires sont grenues, la plupart à vive effervescence; on en voit cependant à grains extrêmement fins & à lente effervescence, & par conséquent du genre des Dolomies.

## CHAPITRE VIII.

### EXCURSION AU SUD-OUEST DU BREUIL.

§. 2269. Nous deſtinâmes la journée du 15 à aller obſerver les montagnes qui renferment au Sud-Oueſt le baſſin du Breuil, à l'oppoſite de la chaîne du Mont-Cervin. Je deſirois ſur-tout de voir ſi j'y trouverois du gneiſs & du tuf, ſemblables à ceux que j'avois obſervés ſur le col du Mont-Cervin.

*Gneiſs adhérents à des couches calcaires.*

Nous montâmes d'abord par des gneiſs gris groſſiers, qui ne préſentoient aucun accident remarquable, ſi ce n'eſt que ſouvent leurs fentes renfermoient de petits cryſtaux rhomboïdaux de feldſpath verdâtre demi-tranſparent, & des filaments de byſſolite griſe, ſemblable à celle que j'avois trouvée au pied du Mont-Blanc, §. 890, & dont j'ai décrit une variété brune au §. 1696.

§. 2270. Je ramaſſai auſſi un fragment de ces gneiſs, intéreſſant pour un cabinet; non qu'il ſoit beau à l'œil, mais parce qu'il préſente la preuve oſtenſible d'un fait fréquent dans ces montagnes, quoique rare ailleurs; c'eſt un fragment d'une couche de gneiſs bien caractériſé, renfermé entre des couches calcaires auxquelles il eſt adhérent.

Ce gneiſs a pris, en ſe caſſant, la forme d'un rhomboïde un peu irrégulier de deux pouces & demi en tout ſens, & d'un pouce d'épaiſſeur. Il eſt d'un gris roux en dehors & intérieurement bleuâtre; il renferme beaucoup de feldſpath gris en grains médiocres, peu ou point de quartz, & très-peu de mica. Son tiſſu eſt évidemment ſchiſteux; il eſt dur, & donne beaucoup d'étincelles.

A une de ſes faces adhere une portion de couche calcaire, épaiſſe de quinze lignes, & d'un gris qui tire ſur le bleu de lavande. Elle eſt décidément ſchiſteuſe, & ſes ſchiſtes ſont paralleles à ceux du gneiſs; elle eſt grenue à petits grains brillants, & a la dureté commune dans ce genre de pierre.

A la face oppoſée adherent des portions de ſix couches calcaires ſuperpoſées les unes ſur les autres, d'épaiſſeurs inégales, mais aſſez minces pour ne former en tout qu'une épaiſſeur d'un pouce. Elles ſont auſſi d'un gris tirant, les plus minces ſur le roux, les plus épaiſſes ſur le bleu de lavande; leur texture eſt auſſi ſchiſteuſe, & leurs ſchiſtes ſont auſſi paralleles à ceux du gneiſs.

Enfin, elles ſont auſſi grenues, à petits grains, entre leſquels on voit briller quelques lames de mica. Toutes, de même que celles de la face oppoſée, font une vive efferveſcence avec les acides.

§. 2271. Après avoir marché pendant quelque tems au Sud-Oueſt, *Schiſte mélangé.* nous revînmes contre le Nord, & nous rencontrâmes une veine de pierres vertes, ſoit éboulées, ſoit en place, d'un ſchiſte d'un verd olive clair, compoſé d'un mélange de fines écailles de mica & de hornblende. Ce ſchiſte a ſes feuillets, ici droits, là ondés; il eſt aſſez tendre, ſe raie en gris verdâtre mat, exhale une forte odeur d'argille; agit, quoique foiblement ſur le barreau aimanté, & fait une efferveſcence paſſagere avec les acides, preuve qu'il contient quelques parties calcaires.

Il renferme enfin quelque petits grenats rouges, tranſlucides & *Hématite ſpéculaire.* preſqu'informes, étant arrondis & ſans angles prononcés.

Mais ce qui attira le plus notre attention, c'eſt une croûte rouge & brillante, qui recouvroit fréquemment les faces extérieures & les diviſions ſpontanées de cette roche, ſans ſuivre dans ſa poſition rien de relatif aux feuillets ſchiſteux de la pierre, & en couvrant quelquefois une étendue de pluſieurs pouces en tout ſens.

CETTE croûte eft très-mince, n'ayant nulle part demi-ligne d'épaiſſeur. Elle eft d'un rouge de ſang, qui par places préſente les couleurs
de l'iris. Elle eft preſque par-tout très-brillante & très-liſſe au toucher,
quoique terne & rude dans quelques places. Sa caſſure paroît compacte, terne, un peu inégale. Elle eft demi-dure & ſe raye en rouge
terreux. Elle ſe fond au chalumeau en un émail noir, attirable à l'aimant, tandis que la pierre crue ne l'eft pas. Je la conſidere comme
une *hématite ſpéculaire*.

Dolomie. §. 2272. Nous rencontrâmes enſuite de très-belles dolomies d'un
blanc éclatant & d'un grain très-fin, ſouvent ſchiſteuſes, quelquefois en
maſſe & ſouvent parſemées de lames brillantes de mica argenté.

Je trouvai ſur quelques-unes de ces dolomies, de petits cryſtaux
épars de trémolite commune, qui, frottée dans l'obſcurité, donnoit
beaucoup de lumiere.

La dolomie elle-même devient auſſi phoſphorique par le frottement.

Je trouvai auſſi de petits cryſtaux de trémolite ſur des calcaires grenues, bleuâtres, ſolubles dans les acides avec beaucoup d'efferveſcence. Cette pierre ſe débite par couches de deux ou trois lignes
d'épaiſſeur, dont la ſurface eft parſemée de particules de trémolite qui
la rendent phoſphorique par frottement; mais l'intérieur où l'on ne
voit point de ces particules, ne jouit pas de cette propriété.

Pyrites. Quelques-unes de ces dolomies blanches & compactes renfermoient
de groſſes pyrites cubiques brunes & ternes au-dehors, mais de couleur
de laiton & très-brillantes dans leur caſſure.

Gneiſs fin & tuf. §. 2273. Enfin, après avoir monté environ à 200 toiſes plus haut
que le Breuil & au midi du hameau, nous rencontrâmes un beau
banc de ce gneiſs blanc & fin que j'ai décrit au §. 2260.

Ce banc étoit recouvert d'un tuf ſemblable à celui du §. 2261, & dans
lequel on voyoit auſſi des lames de talc verd. Sur ce tuf repoſoient
auſſi des couches de ſchiſte micacé calcaire jaunâtre; on voyoit encore

plus

# ENVIRONS DU BREUIL, Chap. VIII.

plus haut d'autres bancs du même tuf; ce qui prouve qu'il y a eu des jets répétés de cette matiere.

Enfin, tous ces bancs, situés à-peu-près horizontalement, étoient recouverts d'un gneifs verdâtre semblable à celui du col du Mont-Cervin, §. 2261.

§. 2274. Comme nos continuyons à monter, je fus faisi par des douleurs d'entrailles qui m'empêcherent d'aller plus loin. Je revins tout doucement jufqu'au Breuil, en herborifant & en obfervant les rochers.

Dans cette defcente je trouvai, directement au-deffus du Breuil, des gneifs remplis de grenats, & dont la furface étoit incruftée de petits cryftaux d'un beau bleu d'acier, oblongs, irréguliers, opaques, très-brillants, ftriés en long; fréquemment caverneux dans cette direction, & fe laiffant rayer en gris, quoiqu'avec quelque difficulté, par une pointe d'acier. Leur caffure eft lamelleufe, également bleue & brillante. Ils font aifément fufibles au chalumeau en un émail noir brillant & attirable à l'aimant, quoique la pierre crue ne le foit pas. Ces propriétés caractérifent quelques efpeces de hornblende; celle-ci n'a de fingulier que fa couleur bleue & brillante. *Hornblende bleue.*

§. 2275. Nous trouvâmes auffi là, à la furface de quelques rochers, des grouppes de rayonnante, que je regarde comme une variété de la rhomboïdale, §. 1919; mais l'extrême confufion qui regne dans ce genre, m'oblige d'en donner la defcription. *Rayonnante rhomboïdale.*

Elle eft d'un verd moyen, entre le verd-de-gris & le verd-pomme, extérieurement affez brillante, d'un éclat vitreux; irrégulierement cryftallifée en prifmes qui paroiffent tendre à la forme de prifmes rhomboïdaux, ici, paralleles entr'eux; là, rayonnants en bouquets divergents. Ces prifmes fe divifent volontiers par des plans un peu obliques à leur axe, & leur caffure paroît compacte, nullement lamelleufe, & a un éclat foiblement fcintillant. Les plus gros ont à peine une ligne d'épaiffeur, & les plus longs un pouce de longueur. Ils font demi-transparents isolés, mais seulement translucides en masse, tendres, & se rayant facilement en un gris blanchâtre tirant sur le verd.

Au chalumeau, ces cryſtaux deviennent d'abord opaques, blanchâtres, puis d'un brun de cheveu clair, puis donnent un bouton d'un brun plus foncé du diametre d'un cinquieme de ligne. Un petit éclat fixé sur le filet de sappare se fond, devient d'un verd-pomme transparent & diſſout avec effervescence & production de l'écume vitreuse qui est le caractere de la magnésie.

Ce fossile se trouve là sur des masses de feldspath brun, lamelleux, ayant çà & là l'apparence d'une galle ou d'une croûte.

*Température de la terre.* §. 2276. Le 10 au soir, la température de la terre, éprouvée à trois pieds de profondeur, dans un pré horizontal & découvert, s'étoit trouvée à 8; à deux pieds 9, 3, & à l'air 8, 3.

Le même jour à Conche, elle étoit à trois pieds à 15, 05; à deux pieds 15, 65, & à l'air 14, 5.

Le 16, à 6 heures 35 minutes du matin, dans la même prairie, je trouvai à trois pieds le thermometre à 8, 6; à deux pieds 9, 7, & à l'air + 1, 8.

Au même moment la température du ruisseau qui vient du glacier du Mont-Cervin, après avoir fait environ deux lieues de chemin, étoit + 2, 2. On peut se rappeller que le Breuil est élevé de 1027 toises au-dessus de la mer. Le même jour à Conche, le thermometre étoit à trois pieds, à 15, 20; à deux pieds *idem*, & à l'air 13, 4.

*Plantes rares.* §. 2277. Mais je ne puis pas quitter les environs du Breuil & du Mont-Cervin, sans annoncer aux amateurs de la botanique, la riche & charmante récolte des plantes rares qu'ils leur préſentent; j'en rapportai un grand nombre; & un habile botaniste, M. Schleicher, qui y a fait depuis moi un voyage dans ce but unique, en a rapporté

*ENVIRONS DU BREUIL, Chap. VIII.*

d'autres qui m'avoient échappé. Voici le catalogue de sa récolte qu'il a eu la bonté de me communiquer.

SUR le col du Mont-Cervin : *aretia alpina, varietas flore rubro; Ranunculus glacialis foliis lanuginosis.*

EN descendant du col au Breuil : *Saxifraga muscoïdes* de Jacquin. *Cheiranthus alpinus*, L. *Saponaria lutea*, L. *Valeriana celtica*, L. *Saxifraga aspera & bryoïdes, Sempervivum globiferum*, L. *Phyteuma Scheuchzeri*, All. *Prinula villosa*, All. *Avena versicolor*, Vill. *Statice armeria*, L. *Alyssum alpestre*, All.

DANS la vallée qui vient de Saint-Nicolas à Zer-Matt, & jusques au glacier du Mont-Cervin, vallée si vantée par le grand HALLER pour sa fertilité en plantes rares.

*Serratula alpina*, L. *Artemisia glacialis*, L. *Herniaria alpina*, Vill. *Viola pinnata*, L. *Astragalus exscapus*, L. *Phytheuma, nova species. Myosotis nana*, Jacquin. *Artemisia spicata*, L. *Potentilla multifida.* L. *Aira spicata.* L. *Astragalus*, Hall. 407.

ENFIN, sur les montagnes, au midi du Breuil, & dans la descente au Val-d'Ayas, lieux qui n'ont point été parcourus par M. SCHLEICHER, je trouvai :

*Androsace lactea*, L. *Astragalus alopecuroïdes*, L. *Astragalus campestris*, L. *Ophrys alpina*, L. *Aretia vitaliana*, L. *Draba pyrenaica.*

MAIS ce qu'il y a de délicieux à herboriser sur ces montagnes, c'est que comme elles sont composées de couches horizontales minces, dont les inférieures avancent fréquemment plus que les supérieures, les plantes croissent là comme dans un jardin, sur des étagères, à la portée de l'œil & de la main du botaniste; & elles y croissent avec une vigueur peu commune, due, comme je le disois plus haut, à la nature du sol qui les nourrit.

## CHAPITRE IX.
### DU BREUIL A St. JAQUES D'AYAS.

§. 2278. Nous eûmes pour compagnon, dans une partie de ce trajet, un riche propriétaire de ces montagnes, nommé J. J. MEYNET, homme d'une très-bonne converſation, qui paroiſſoit prendre intérêt à nos recherches, & qui deſiroit de poſſéder un exemplaire de ces voyages.

*Prairies. Blocs de gneiſs.* La route, après quelques détours, ſe dirige à l'Eſt, en laiſſant le Mont-Cervin à gauche. La montagne, qui ſur cette route, forme l'enceinte du baſſin du Breuil, & que nous devions traverſer, ſe nomme les *Cimes Blanches*. On monte par des pâturages parſemés de débris, la plupart de gneiſs. On a, en ſe retournant, une très-belle vue de l'enceinte que borde la chaîne du Mont-Cervin.

*Lac de Balmar.* Après une heure de montée, on paſſe auprès d'un petit lac nommé *la Gollie de la Balma*, au bord duquel on conſtruiſoit un chalet qui ſera l'un des plus élevés des Alpes.

A un grand quart de lieue de ce lac, on deſcend dans un fond qui en renferme deux autres, nommés les *lacs de la Balma*, & on paſſe un ruiſſeau qui coule entr'eux.

Ces lacs, au bord deſquels eſt un chalet, occupent le milieu d'un fond couvert de pâturages, & fermé de tous côtés par des hauteurs eſcarpées.

JE fus étonné de voir à cette hauteur des hirondelles à cul blanc, *hirundo urbica* ; elles nichent dans les falaises qui bordent cette enceinte j'y vis aussi une hirondelle commune, *hirundo domestica*. L. Je n'en avois jamais observé à cette hauteur, qui excede sûrement 1300 toises au-dessus de la mer. Sans doute que dans ce fond, à l'abri des vents, la température est beaucoup plus douce que dans des lieux entiérement découverts. Jusques-là nous n'avions pas vu d'autres pierres que des gneifs ; mais les rochers que nous traversâmes, en remontant du fond des lacs, se trouvoient de serpentines.

BIENTÔT après nous rencontrâmes de grands troupeaux de moutons, dont quelques-uns des bergers se joignirent à nous pour nous servir de guides dans ces solitudes où il n'y a aucune route marquée. Ces bergers amenent là de l'intérieur du Piémont, d'une distance de 30 à 40 lieues, des troupeaux de 4 à 500 moutons, qui viennent au gros de l'été, paître l'herbe fine & serrée de ces hauts pâturages, dont ils paient assez chérement la pâture à la Commune de Val-Tornanche ; c'est à eux que sont destinés les chalets que nous avions rencontrés plus bas.

§. 2279. EN trois petites heures de marche, depuis le Breuil, nous arrivâmes au haut du col des *Cimes Blanches*, autrement dit, *Fenêtre d'Avantine*. ( 1 ) Ces sommités séparent la paroisse d'Ayas de celle de Val-Tornanche.   Cimes Blanches.

DE LÀ, en tirant à gauche ou au Nord-Est, on peut venir dans une heure sous la montée du château, qui est au-dessous de l'entrée du glacier, §. 2268 ; & de là, dans une heure ou une heure & demi à St. Théodule ; c'est la route que prennent ceux qui d'Ayas vont à Zer-Matt dans le Vallais. C'est aussi celle que nous nous proposions de prendre trois ans auparavant, lorsque le brouillard & le mauvais tems nous forcerent à descendre au Breuil. De là encore, le cirque dont le Mont-Cervin forme l'une des parois, présente un magnifique spectacle.

( 1 ) Que l'on me dit dans le précédent Voyage, se nommer le *plan tendre*.

Là, nous fûmes obligés de traverser de grands plateaux de neige, qui sans doute, sont la raison du nom qu'on a donné à ces cimes. Ces neiges sont çà & là divisées par des arrêtes de rochers, en partie brisés, dans lesquelles nous nous arrêtâmes pendant deux heures à chercher des pierres; mon fils, sur la droite, & moi sur la gauche, ou à l'Est du col. Je montai assez haut, du côté du Sud, par des rochers en couches, peu inclinés, où je trouvai quelques échantillons des cryſtaux que je vais décrire.

Sagenite imparfaitement cryſtallisée.

§. 2280. Ces cryſtaux ressemblent beaucoup au fossile que j'ai décrit dans le §. 1895, sous le nom de *ſagénite informe*, seulement se rapprochent-ils plus d'une forme régulière, & comme ils ne sont point en aussi grandes masses, leur couleur rouge perce-t-elle davantage.

Ces cryſtaux ont une ou deux lignes de diametre au plus, sur une longueur de 6 à 8. Leur couleur est d'un gris, quelquefois presque noir, quelquefois rougeâtre; d'autrefois décidément rouge, brillant, d'un éclat presque métallique. Ils paroissent tendre à une forme priſmatique quadrangulaire, terminée par des plans peu obliques à l'axe du priſme. Ils sont ſtriés parallèlement à ce même axe: ils paroissent opaques en masse, & même sur leurs bords; cependant de très-petits fragments présentent la couleur & la transparence d'un grenat rouge orange. Ils montrent quelques dispositions à se diviser en lames; cependant leur caſſure paroît compacte & même conchoïde; très-brillante, d'un éclat métallique; ils sont très-durs & se comportent au chalumeau comme la ſagénite compacte des §§. 1894 & 1895.

Ces cryſtaux se trouvent là enchatonnés dans du quartz, & ce quartz est lui-même renfermé dans des roches, dont la base, ou la masse principale est composée de la pierre que je vais décrire.

Delphinite grise.

§. 2281. Cette pierre paroît de la même nature que celle que j'ai décrite au §. 1015, sous le nom de *ſchorl*, dénomination reçue alors pour toutes les pierres cryſtalliſées, dont la nature n'étoit pas bien connue. C'eſt auſſi la même ſubſtance que j'ai décrite ſous le N°. 3, du §. 966, ſous le nom de *parties jaunes*, du rocher de ſchorl en maſſe. Sa couleur la plus ordinaire eſt d'un gris qui tire ſur le fauve, on la trouve cependant d'un gris blanc & même argenté : elle eſt aſſez brillante, & même celle qui tire ſur le blanc eſt très-brillante, d'un éclat vitreux. Mais quelquefois ſa ſurface ſe décompoſe à l'air, & alors elle eſt terne; ſa tranſparence ſuit les mêmes nuances que ſon éclat; celle qui a le plus d'éclat eſt preſque tranſlucide; celle qui l'eſt le moins, ne l'eſt que ſur les bords. Ses cryſtaux iſolés ſont priſmatiques, mais irréguliers; car on ne peut pas compter le nombre de leurs pans tronqués obliquement à l'axe du priſme. Ceux qui ſont grouppés ſont applatis & comprimés. Leur caſſure eſt compacte, un peu inégale, tirant par fois ſur le conchoïde. Leur dureté varie; il y en a de durs, au point que l'acier y laiſſe ſa trace; d'autres ſe laiſſent rayer; ceux qui tombent en décompoſition ont une rayure terreuſe. Ils ſont très-fragiles, & ſe caſſent volontiers en fragments rhomboïdaux.

Tous ces caractères rapprochent beaucoup ce foſſile du ſchorl verd du Dauphiné, *glaſartiger ſtrahlſtein de M. WERNER*. Mais ſa manière de ſe comporter au chalumeau, l'en rapproche bien davantage. Il ſe gonfle au premier coup de feu, & ſe change en une ſcorie brune, inégale & poreuſe, qui demeure enſuite très-réfractaire. Un petit fragment de cette ſcorie, appliqué au filet de ſappare, s'étend, devient tranſlucide d'un brun tirant ſur le verd de bouteille; mais ſans pénétrer ni diſſoudre. D'après tous ces rapports, je conſidere ce foſſile comme une eſpece de delphinite, que je diſtingue par ſa couleur en la nommant *delphinite griſe*.

Ce foſſile forme des rochers entiers, compoſés de cryſtaux applatis & entrelacés, ſouvent mêlés de quartz. On le trouve auſſi par rognons ou par grouppes, ſur des gneiſs & ſur des ſerpentines.

§. 1282. Mon fils, de ſon côté, trouva de beaux grouppes de rayonnante rhomboïdale, d'un verd de porreau foncé, brillante, ſemblable d'ailleurs à celle que j'ai décrite au §. 1275. Je trouvai aussi des mica d'un beau verd, semblables à ceux du St. Gothard, §. 1893; & il s'y rencontre enfin des sagénites confusément cryſtalliſées, & des delphinites griſes.

**Rocs de delphinite & autres pieces.**

§. 2283. En continuant de marcher au Sud, je paſſai ſur une tête de rocher, compoſée en entier de la delphinite que je viens de décrire; mais qui étoit briſée & dans un état de deſtruction; elle paroiſſoit recouverte d'une couche mince de roche micacée calcaire jaunâtre, qui ſe retrouvoit auſſi plus bas.

Ces rochers vont aboutir au-deſſus d'un cul-de-ſac extrêmement ſauvage, au fond duquel on voit un lac bleu entouré de neige, & en partie couvert de glaces, qui ſe nomme le *bour lac d'Ayas* (*bour* ſignifie *vilain*.) Après une deſcente rapide, on vient paſſer auprès de ce lac, & c'eſt dans cette deſcente que je trouvai une belle touffe bien caractériſée de la *draba pyrenaica*, plante très-rare que je n'ai jamais vue que là.

Nous deſcendîmes encore ¾ quarts-d'heure plus bas avant de nous arrêter, quoiqu'ayant grand beſoin de repos; mais l'herbe de ces hauteurs étoit trop courte pour nos mulets. Nous en trouvâmes enfin au Nord d'aſſez longue, dans un fond au bord d'un ruiſſeau, qui vient d'un glacier, nommé *la Rixa*. Je trouvai près de là l'*Aretia Vitaliana* Androſace jaune de la Marck, que je voyois auſſi pour la premiere fois.

Nous fîmes là une bonne halte, à la fin de laquelle mon fils alla chercher des pierres dans des blocs de ſerpentine deſcendus du glacier que je viens de nommer. Il rapporta des morceaux bien caractériſés de ſagénite, & d'une mine de fer magnétique, différente de celle que nous avions trouvée au Breithorn & au Mont-Cervin: elle eſt noire, brillante, ſa caſſure eſt irréguliérement lamelleuſe, dure & agiſſant très-fortement ſur l'aiguille aimantée: elle ſe trouvoit par petites maſſes ſur de la ſerpentine.

§. 2284.

## DU BREUIL A St. JAQUES D'AYAS, Chap. IX.

§. 2284. En demi-heure de route, depuis cette jolie halte, nous vînmes paſſer au-deſſous d'un glacier qui domine les pâturages *de Rollin*. Ce glacier ſe termine abruptement au-deſſus d'un précipice, & me fournit une occaſion favorable de relever un voyageur Allemand nommé Plouquet, qui a fait un voyage en Suiſſe, & enſuite un livre, uniquement dans le deſſein de combattre le mouvement progreſſif des glaciers.

*Mouvement progreſſif des glaciers.*

Quelques-uns de mes amis m'avoient preſſé de répondre à ce voyageur, mais cette réponſe m'avoit paru ſuperflue, lorſque j'ai vu que ſes arguments avoient ſéduit & induit en erreur les rédacteurs de la Gazette littéraire d'Iena, l'un des Journaux les plus eſtimés de l'Allemagne, au point de leur faire dire que Plouquet prouve, ſuivant leur conviction, d'une maniere très-ſatisfaiſante, *que le mouvement progreſſif des glaciers eſt une choſe phyſiquement impoſſible.* " *Beweiſet* " *nach unſerer uberzeugung, ſehrer befriedigend, dar das ſogenannte* " *Fortruckſen, der Gletſcher ein phyſich vollig unmöglich ſache ſey.* " Allgem. Litt. Zeitung, 1792, Mai, p. 310.

Je dis que des glaciers qui, comme celui-là, aboutiſſent à des eſcarpements, portent avec eux la démonſtration de leur mouvement progreſſif : car, lorſqu'on voit des murs de glace de plus de cent pieds de hauteur ſe terminer ſur le bord d'un eſcarpement, lorſqu'on voit à chaque moment des maſſes de glace ſe détacher de ces murs, & ces glaces, accumulées par ces chûtes répétées, former au pied de ces eſcarpements des amas conſidérables, peut-on douter que ces glaces ne gliſſent perpétuellement de haut en bas, & n'aient par conséquent un mouvement progreſſif. D'ailleurs, quand on conſidere que ces glaces repoſent ſur des plans inclinés, qu'il coule ſous elles des torrents d'eaux qui les fondent par en bas, les détachent & les ſoulevent, ne ſent-on pas que leur permanence dans la même place eſt une choſe *phyſiquement impoſſible.*

Mais ſans recourir à ces eſcarpements, eſt-ce que les rochers des hautes montagnes, que les glaciers charrient dans le bas des vallées ne prouvent pas le mouvement progreſſif des glaces ſur leſquelles on les voit encore à leur arrivée dans ces vallées ? Mais il y a plus ; c'eſt qu'on les voit ſe mouvoir & pouſſer devant elles des rochers, ſouvent même au péril de ſa vie ; non pas à la vérité depuis Tubingue, mais quand on paſſe immédiatement au-deſſous, comme au glacier des Pélerins, §. 538, au glacier de Miage, §. 854, & en tant d'autres lieux. Auſſi n'ai-je pas vu un ſeul habitant des Alpes, qui eût le moindre doute ſur la réalité de ce mouvement progreſſif, & le doute éphémere élevé par cet auteur, paſſera comme les glaces ſe fondent à meſure que leur mouvement progreſſif les fait arriver dans des régions tempérées. Le rocher ſur lequel aboutit ce glacier eſt de ſerpentine.

*Fin de la deſcente dans le Val d'Ayas.* §. 2285. De là, dans deux petites heures, par une deſcente ſouvent fatigante par ſa rapidité, & peu intéreſſante, nous vinmes à St. Jaques d'Ayas.

Dans cette deſcente nous avions à notre droite ou au Midi, une belle chaîne de montagnes eſcarpées contre le Nord. Le bas de cette chaîne paroît être une roche micacée quartzeuſe, qui ſe prolonge ſous les pâturages que nous traverſions.

Au-deſſus de cette roche eſt un grand banc, ou une aſſiſe épaiſſe & réguliere de calcaire jaunâtre ; ſur cette calcaire ſont des ſerpentines rembrunies, puis des calcaires, & ainſi en alternant juſques à la cime de la montagne.

Nous couchâmes à St. Jaques d'Ayas chez de bonnes gens, qui nous entretinrent beaucoup de voleurs : on avoit la veille arrêté un voyageur tout près du village, mais il ſurvint du monde & le vol ne ſe conſomma pas.

*Température de la terre.* §. 2286. Le 16 au ſoir, j'avois enfoncé mes thermometres dans une prairie découverte ; le 17 à 7 heures du matin, je les trouvai, à 3 pieds à 6, 6 ; à 2 pieds 7, 8, & à l'air 9, 3. L'élévation de ce village eſt de 837 toiſes.

A Conche, ils étoient, à 3 pieds 15. 8 ; à 2 pieds idem ; à l'air 14, 3.

# CHAPITRE X.

## DE SAINT-JAQUES D'AYAS A LA CITÉ D'AOSTE.

§. 2287. Le Val-d'Ayas, qui porte plus bas le nom de vallée de Challant, ne préfente rien de bien intéreffant, ni pour la botanique, ni pour la minéralogie. Ce font toujours des prairies ou des terres cultivées entre des montagnes qui alternent du gneifs au calcaire micacé & aux ferpentines en couches peu inclinées.

Cependant, à environ deux heures au-deffous de Saint-Jaques, on rencontre des blocs d'une affez belle roche mélangée de grenats & de hornblende noire.

*Recherche d'une mine d'or.*

En cinq heures de marche, depuis Saint-Jaques, nous vînmes au village de Challant-deffus ou *Saint-Anfelme de Challant*, & nous nous y arrêtâmes dans l'efpérance d'y voir une mine d'or, ou plutôt un rocher que l'on perce dans l'efpérance d'y trouver une mine de ce métal.

Ce rocher eft à une petite demi-lieue, à l'Eft, au-deffus du village. Comme c'eft dans cette paroiffe que fut trouvé, il y a quelques années, cet amas de grains d'or natif dont je parlois dans le fecond Volume, §. 968, & que l'Evanfon, riviere aurifère qui coule dans cette vallée, ne charrie de l'or qu'au-deffous de cette même paroiffe, il faut bien qu'il y ait dans fon voifinage quelque mine ou quelque dépôt confidérable de ce métal; mais comme on n'en voit aucun indice extérieur, ce n'eft que d'après des conjectures très-hafardées que l'on entreprend des travaux pour cette recherche. Auffi l'entrepreneur de ces travaux ne permet à personne de les voir, dans la crainte que l'on ne se moque de ses excavations, faites sans aucune apparence de succès; c'est du moins ce que me dirent les gens du lieu, & en particulier un vieux caporal de mine, chez lequel nous étions logés. Nous fûmes donc obligés de passer outre, sans rien voir.

Nous vînmes, en deux heures, de Saint-Anselme à Verrex, où nous couchâmes. Le bas de la descente est tout de serpentines, des deux côtés de la vallée.

*Gouëtres & cretins.* §. 2288. En passant à Estroupieres, hameau dépendant de la paroisse de Brusson, à-peu-près à moitié chemin de Saint-Jaques d'Ayas à Verrex, nous remarquâmes beaucoup de gouëtres & de cretins dont on ne voit point dans le haut de la vallée.

Mais à Verrex nous remarquâmes un phénomene assez extraordinaire. L'hôtesse, M$^{de}$. Bouteille, avoit un gouëtre énorme, qui s'étendoit comme une fraise sur ses épaules & sur sa poitrine, avec une régularité très-singuliere; & cependant elle paroissoit avoir beaucoup de vivacité & dans l'esprit & dans les mouvements, sans la moindre apparence de crétinisme. Or, il est très-rare, dans les pays sujets à cette infirmité, de voir de gros gouëtres, sans que l'intelligence soit aussi affectée.

*Températture de la terre.* §. 2289. Le 18, le thermometre, enfoncé dans une prairie découverte, se trouva; à trois pieds, à 15, 3; à deux pieds, à 15, 6. air, 16.

A Conche, le même jour; à trois pieds 15, 20; à deux pieds, 15, 25; air, 18, 1.

Or, Verrex n'est élévé que de 173 toises, tandis que Conche l'est de 215. Il n'est donc pas étonnant que la terre soit un peu plus chaude à Verrex.

§. 2290. Nous fîmes la route de Verrex à la Cité-d'Aoste, que j'ai décrite dans le troisieme Volume, §§. 956 & 968, sans aucune observation nouvelle. J'espérois de revoir encore, entre Verrex & Châtillon, les rochers variés & intéressants qui sont décrits en détail dans le §. 966; mais ils n'étoient presque pas reconnoissables. Leur cassure, qui étoit fraîche lors de mon premier voyage, a été ternie par les injures de l'air, & encroûtée par l'infiltration des eaux.

De Verrex à la Cité.

A Châtillon il ne manque pas de cretins. La fille de notre hôte, âgée de 14 à 15 ans, qui nous servoit à table, ne paroissoit pourtant pas atteinte de cette infirmité; cependant, lorsque je lui demandai s'il n'y avoit point de cretins dans sa famille, elle me répondit avec beaucoup de naïveté : *Hélas! Monsieur, je ne suis pas trop éveillée.*

Le 19, nous vînmes dîner à la Cité-d'Aoste, où M. de St. Réal, Intendant de la province, nous reçut & nous logea chez lui avec beaucoup de bonté, & nous fit faire connoissance avec M. le baron d'Avise, amateur d'histoire naturelle, qui a une collection intéressante des minéraux de la province, & qui eut la complaisance de nous accompagner le lendemain, avec M. de St. Réal, aux mines de Saint-Marcel; excursion qui nous présenta divers objets dignes de la curiosité des voyageurs, & qui fera le sujet du Chapitre suivant.

## CHAPITRE XI.
### MINES DE SAINT-MARCEL.

<small>Route qu'on fuit pour y aller.</small> §. 2291. Pour aller à ces mines, on fuit pendant deux heures le grand chemin d'Yvrée jufques au pont de St. Marcel, qui eft fur la Doire, au-delà de Villefranche, & un peu avant d'arriver à Nuz.

On paffe ce pont, puis on vient au village de Saint-Marcel, fitué au milieu de prairies ombragées par de beaux châtaigniers, fous lefquels on voit beaucoup de débris arrondis de gneifs.

A une petite demi-lieue au-deffus de Saint-Marcel, le chemin qui n'eft plus qu'un fentier à mulets, pierreux & rapide, paffe auprès d'un oratoire, d'où l'on a une très-belle vue du cours de la Doire & de la vallée qu'elle arrofe, jufques au-deffus de la cité & de la vallée du grand St. Saint Bernard.

On monte par des gneifs dont le mica eft verd & brillant, & on rencontre beaucoup de pierres remplies de grenats.

Ainsi, en trois petites heures du village, après avoir paffé auprès d'un grand amas de fcories d'une ancienne fonderie de cuivre, on vient à la mine qui porte le nom de Saint-Marcel.

<small>Mine pyriteufe grenatique.</small> §. 2292. Cette mine, dont l'entrée, d'après l'obfervation du barometre, me parut élevée de 552 toifes, a été, à ce qu'on dit, exploitée par les Romains; & on y trouve effectivement beaucoup de traces d'anciens travaux. Elle eft dans une montagne de gneifs à fchiftes médiocrement épais, jaunâtres au-dehors & gris au-dedans dont les couches font en

général peu inclinées, mais font cependant fujettes à de grandes variations dans leur inclinaifon, & cela à de petites diftances.

La mine elle-même eft une pyrite cuivreufe d'un jaune de laiton brillant, à caffure inégale & à petits grains ; mais ce qu'elle a de plus remarquable, c'eft que fa gangue eft en entier de grenats dodécahedres de la groffeur d'un pois, rougeâtres peu tranfparents, & qui forment prefque la moitié de la maffe de la mine. Cela rend la mine très-pauvre ; elle ne tient gueres que le deux & demi pour cent de fon poids en cuivre, mais elle donne très-abondamment de minerais. Nous defcendîmes par un plan peu incliné jufques à l'endroit où on l'exploite ; nous ne pûmes point y reconnoître de filons : ce font des maffes de mine que l'on dit en couches ; mais nous ne pûmes diftinguer ni toit, ni plancher, ni parois, ni direction. On travailloit alors fous une galerie que l'on difoit avoir été exploitée par les Romains, & dont on voit les étançons incomplettement pourris, mêlés avec les éboulis qui ont rempli cette même galerie, & dont la chûte menace continuellement la tête des mineurs.

§. 2293. De-là, tirant au Sud-Oueft, nous nous acheminâmes vers une mine de manganefe. Pour y aller, nous defcendîmes dans un vallon où font les pâturages de *Praborn*; & dans cette defcente nous eûmes le plaifir de recueillir divers foffiles curieux que cette montagne renferme. Schorl bleuâtre & autres foffiles.

*A.* L'un eft une variété de fchorl noir, tirant fur le bleu, lamélleux, en lames ici droites, là courbes, très-brillantes, dures, plus réfractaires que le fchorl noir commun, mais que je ne faurois à quel autre genre rapporter. Ce fchorl renferme fréquemment de petits grenats de la groffeur d'un pois. Ce même fchorl fe trouve, ici fur du gneifs, là fur de la ftéatite fquameufe, remplie de grenats, & que je prends pour du *chlorit-fchiefer* de Werner.

*B.* La même fubftance tirant encore plus fur le bleu, & prenant une forme fibreufe en fibres moins droites, divergentes & aufli mêlées de petits grenats.

C. Hématite fpéculaire rouge, décrite dans le §. 2271.

D. J'y trouvai enfin des grenats de près d'un pouce de diametre; & dont la cáffure préfente des angles faillants & rentrants extrêmement réguliers.

Mine de manganefe.

§. 2294. Après avoir ainfi defcendu dans les pâturages de Praborn, fitués entre la mine de cuivre au Nord-Eft & celle de manganefe au Sud-Oueft, nous fimes dans ces pâturages, au bord d'un joli ruiffeau, une bonne halte, avec des provifions que M. d'Avife avoit fait porter; & nous montâmes enfuite à la mine de manganefe qui lui appartient.

Cette mine eft en entier au jour fur la face efcarpée d'un rocher dont le fond eft un gneifs à mica verd. Quelques perfonnes croient que cette mine eft une couche qui pénetre dans la montagne; mais M. d'Avife, qui en a fuivi les travaux, ne le penfe pas: il croit que c'eft une efpece de grand rognon qui n'a point de fuite, du moins immédiate, ni dans l'intérieur ni à l'extérieur de la montagne.

La partie exploitée, que l'on peut cependant confidérer comme faifant partie d'une couche, ou du moins comme un rognon parallele aux couches de la montagne, a 15 ou 20 pieds d'épaiffeur du côté du jour, & va en s'aminciffant à mefure qu'elle pénetre dans la montagne, où elle fe réduit dans le fond à une épaiffeur de 5 à 6 pieds. Sa profondeur, depuis fon entrée au jour, jufques au fond eft d'environ 50 pieds. Je ne mefurai pas la longueur ou l'étendue que cette veine paroit occuper dans la montagne, mais je jugeai qu'elle n'avoit que deux ou trois cents pieds au plus. Elle defcend du côté de l'Oueft, de quinze à vingt degrés dans le haut, & d'un peu moins dans le bas.

LE toit & le plancher de la mine font d'un rouge de brique foncé, dur & grenu, mêlangé d'un peu de quartz & de grenats rouges, gros comme des grains de mil; & par places, de mica d'un rouge de cuivre de rofette très-brillant. La montagne eft, comme je l'ai dit, d'un gneifs dont le mica eft verdâtre, & dont les couches font à-peu-près horizontales & coupées par des fentes qui leur font perpendiculaires.

LES efpeces les plus remarquables que nous trouvâmes dans cette mine, font les fuivantes.

Efpeces remarquables.

*A.* MANGANESE rouge cryftallifée : c'eft une variété de celle que j'ai décrite, §. 1896; mais elle eft plus brillante, plus dure, ne fe laiffant point rayer à la pointe d'acier, & donnant du feu contre le briquet. Au chalumeau elle fe fond avec un bouillonnement confidérable, & donne une fcorie noire attirable à l'aimant.

*B.* DES cryftaux femblables tirant fur le noir, enchatonnés dans du quartz, plus tendres & fe laiffant rayer en rouge.

*C.* MANGANESE noire, compacte, non cryftallifée, à caffure ici lamelleufe & brillante, d'un éclat métallique; là grenue, là comme fquameufe, fe laiffant rayer en noir dans les parties lamelleufes, mais plus dure dans les autres.

LA gangue de ces différentes variétés eft de quartz commun, blanc ou jaunâtre & tranflucide.

*D.* ON trouve fréquemment des morceaux, foit de la mine, foit de la gangue, recouverts d'une fubftance blanchâtre ou même tout-à-fait blanche, fibreufe, à fibres droites, très-fines & très-brillantes, en faifceaux divergents. Je pris d'abord cette fubftance pour quelqu'une des variétés de la manganefe cryftallifée que M. de la Peyroufe a décrite dans fon intéreffant Mémoire, *Journal de Phyfique*, 1780, page 71 & fuiv.

Mais quand enfuite j'ai obfervé, que cette fubftance a la douceur & la flexibilité de l'amianthe, & non point la roideur & la fragilité de la manganefe, & qu'au chalumeau elle donne des boutons parfaitement blancs, qui fur le filet de fappare deviennent tranfparents fans couleur, & diffolvent avec effervefcence & avec production de l'écume vitreufe qui caractérife les pierres magnéfiennes, & qu'elle ne colore point les flux, je n'ai plus eu de doute fur fa nature. Mais il étoit fi étrange de trouver de l'amianthe blanche au milieu de ces manganefes, fans que l'on vît dans le voifinage, ni ferpentine, ni ftéatite, ni aucun autre foffile à bafe de magnéfie, qu'il falloit toutes ces épreuves, jointes aux caracteres extérieurs, pour me convaincre que cette fubftance appartenoit bien réellement à ce genre de foffile.

*E.* Enfin, cette fubftance prend auffi, dans quelques foffiles, une couleur bleue de ciel plus ou moins vive, qui, dans quelques places où fes fibres font parallèles, lui donne l'apparence du fappare; & comme fa dureté eft en même tems plus grande, elle paroît fe rapprocher de l'asbefte; elle conferve d'ailleurs au chalumeau tous les caracteres de l'amianthe, qui font les mêmes que ceux de l'asbefte.

*Fontaine bleue.* §. 2295. En fortant de la mine de manganefe, nous allâmes voir une fontaine bleue, dont on parle beaucoup dans le pays, & qui eft réellement digne de la curiofité des voyageurs.

Ce n'eft pas une fimple fontaine, c'eft un ruiffeau qui feroit tourner un moulin, & qui defcend en forme de cafcade fur des rochers où il préfente le coup-d'œil le plus agréable & le plus extraordinaire. Tout le fond du ruiffeau, rochers, pierres, bois, terrein, eft couvert d'une fubftance qui a toutes les nuances entre le verd & le bleu; ce qui eft entierement fous l'eau eft d'un beau bleu de ciel; ce qui n'eft mouillé qu'en partie eft verd; ce qui eft fec eft d'un bleu de ciel pâle.

La ruiffeau même, dont l'eau eft parfaitement tranfparente, coule sur ce fond coloré, se brise en écume, & présente, par ses réfractions, l'effet le plus singulier; il ressemble aux flammes colorées que l'on produit en jettant du verd-de-gris sur du bois enflammé. Ce ruisseau sort de terre du fond de la vallée, au pied de la montagne qui renferme la mine de cuivre de Saint-Marcel.

CETTE eau n'a ni goût, ni odeur, ni couleur; elle est parfaitement transparente. Sa température étoit de 4 degrés, tandis que celle de l'air extérieur étoit de 7, 3 ; ce qui prouve qu'elle vient d'une grande profondeur.

LES réactifs n'y produisoient aucune altération sensible, excepté la dissolution de baryte, qui la troubloit un peu en gris. L'esprit volatil de sel ammoniac caustique n'altétoit point la couleur de cette eau; mais quand on le versoit sur le sédiment bleu, il le changeoit en un bleu plus foncé. Nous en ramassâmes une assez grande quantité, qui en se séchant a beaucoup diminué, & qui a pris une couleur de *verd-de-montagne* ( *berggrun.*).

LE sédiment projeté sur un fer rouge paroît se brûler sans odeur, comme le feroit de la poussiere de charbon, & devient noirâtre. Il perd, par l'action du feu, 0,40 de son poids, & il laisse dégager du gaz acide carbonique. Il forme avec l'acide nitreux concentré, une gelée remplie de bulles & de couleur de *verd-de-gris*. Lorsque ce sédiment a été calciné, il ne se forme point de gelée, & il reste un résidu indissoluble de couleur grise, mêlé de paillettes de mica.

MON fils a trouvé que 100 parties de ce sédiment desséché à l'air libre contiennent :

Cuivre . . . . . . . . . 19.
Oxide de fer . . . . . . 4,25.
Acide carbonique. . . . . 9
Argille . . . . . . . . . 2,75.
Calce. . . . . . . . . . 1.
Sable siliceux . . . . 33
Eau & matieres inflammables 31.
─────
100.

Il paroit, d'après cette analyse, que ce fédiment peut être confidéré comme du *verd-de-montagne*, foit *cuivre oxidé verd-terreux*, (*cuprum ochraceum chryfocolla*).

Retour à S. Marcel.

§. 2296. Nous ne quittâmes ce ruiffeau que vers les fept heures du foir.

En defcendant, nous paffâmes auprès d'une fonderie où l'on fond la mine de cuivre de Saint-Marcel. Un peu au-delà, comme il commençoit à faire nuit, nous nous trompâmes de chemin : mon mulet, dont heureufement j'étois defcendu, en paffant fur un méchant pont, que nous n'aurions pas dû paffer, mit le pied entre deux poutres, les fit écarter, & demeura à califourchon fur l'une d'elles. Il faifoit là, pour fe dégager, de violents efforts qui le mettoient en danger de fe caffer un membre. Nous n'eûmes d'autre reffource, pour le fauver, que d'écarter entierement les poutres, & de le faire tomber dans le torrent, en le foutenant par la tête, pour qu'il tombât debout; & ainfi il s'en tira heureufement, comme par miracle.

Sur ces entrefaites, la nuit devint tout-à-fait noire ; il nous reftoit trois lieues à faire par des fentiers étroits & fcabreux, pour aller à Saint-Marcel, où nous devions coucher. Le bon curé qui nous avoit promis un afyle, ne comptant plus fur nous, s'étoit couché & endormi, de même que toute fa famille ; mais ils fe leverent & nous donnerent un bon fouper & des lits ; & ainfi nous nous remîmes des fatigues de cette longue & pénible journée.

# CHAPITRE XII.

## A LA CITÉ, ET DE LA CITÉ A GENEVE.

§. 2297. Le lendemain nous revînmes à la Cité. Mon fils prit la latitude de la maison de l'intendant, qu'il trouva de 45° 44′ 3″. Latitude & élévation de la Cité.

Sa hauteur au-dessus de la mer, que je déterminai par quatre observations du baromètre, se trouva de 303 toises.

§. 2298. La veille, 20 août, j'avois observé le thermomètre enterré dans une prairie découverte, & j'avois trouvé à trois pieds 14, 14; à deux 15; à l'air, 12. Température de la terre.

A Conche, le même jour, ils étoient à trois pieds 15, 2; à deux 15, 3; à l'air, 11, 9.

On voit que la température étoit plus froide à la Cité, & cela parce que cette ville est de 88 toises plus élevée que Conche.

Nous vînmes de la Cité au Saint-Bernard, sans avoir fait aucune observation nouvelle, & nous fûmes reçus par les bons religieux, comme d'anciens amis, avec leur hospitalité ordinaire.

Le soir, en arrivant, j'enfonçai les thermomètres, mais je ne pus pénétrer avec la tarrière qu'à 17 pouces & demi; & le lendemain 23, Idem au S. Bernard.

je trouvai là le thermometre à 3, 8; un pied plus haut, c'est-à-dire, à cinq pouces & demi, il étoit à 4, 7; à l'air, à 5, 6.

A Conche, le même jour, à trois pieds 14, 45; à deux pieds 15, 20; à l'air, 15, 2.

*Idem à Vevey.*

JE ne fis pas non plus d'observations nouvelles dans le reste de la route du Saint-Bernard à Geneve; seulement j'essayai la température de la terre à Vevey, où je la trouvai à trois pieds 13, 2; à deux pieds 13, 7; à l'air, 14.

A Conche, le même jour, elle étoit à trois pieds 14, 4; à deux pieds 15, 3; à l'air, 13, 6.

*Conclusion.*

§. 2299. ON voit que quoique Vevey soit plus bas que Conche, la température s'y trouve moins chaude; & je crois qu'il faut en chercher la raison dans la fraicheur des eaux du lac, qui, dans la partie basse de la ville où je fis les expériences, pénetrent dans les terres, & mouilloient même mes thermometres.

IL paroît qu'il y a souvent ainsi des causes locales qui influent sur cette température; car quoique en comparant entr'elles les expériences rapportées dans ce voyage, on trouve qu'en général, en été, la température de la terre, à trois pieds, diminue, comme la chaleur moyenne de l'air, d'environ un degré par cent toises d'élévation; il y a cependant des causes locales qui produisent des écarts considérables. Ainsi, quoique le petit Saint-Bernard ne soit élevé que d'environ cent toises de plus que le Breuil, la température y est de trois degrés & demi plus froide; sans doute à cause de l'isolement de cette montagne, comparé à l'encaissement du Breuil. De même & par la même raison, le Chapiu, quoique plus élevé de 50 toises que le Nant-Bourant, est plus chaud de 0,15.

CEPENDANT ces expériences peuvent toujours être utiles, soit pour la théorie de la pénétration de la chaleur, soit pour l'agriculture; & il seroit très-intéressant de les répéter sous différents climats & dans différentes saisons, d'autant que par des recherches combinées avec intelligence, on pourroit espérer de trouver les loix que suivent ces causes locales.

*Fin du Septieme & dernier Voyage.*

# COUP-D'OEIL GÉNÉRAL

## SUR LES ALPES comprises entre le Tyrol & la Mer Méditerranée.

**Introduction.** §. 2300. J'ai donné dans ces Voyages, à la fin de chaque passage des Alpes, une idée générale de la nature des montagnes & de la structure qu'elles présentent dans chacun de ces passages. Il s'agiroit maintenant de donner une idée générale de leur totalité.

Dans ma jeunesse, lorsque je n'avois encore traversé les Alpes que par un petit nombre de passages, je croyois avoir saisi des faits & des rapports généraux. Je prononçai même, en 1774, un discours sur la structure des montagnes, où j'exposois ces résultats.

**Variété presque universelle.** §. 2301. Mais depuis que des voyages répétés dans différentes parties de cette chaîne, m'ont présenté des faits plus nombreux, j'ai reconnu qu'on pouvoit presque assurer qu'il n'y a dans les Alpes rien de constant que leur variété.

En effet, sans considérer tous mes Voyages, si l'on jette seulement les yeux sur ceux que j'ai publiés dans cet ouvrage, on verra d'abord que l'ordre dans lequel sont placées les différentes substances, est infiniment varié. Ici les bords sont calcaires, là ils sont magnésiens. Ici les centres & les plus hautes cimes sont de granit en masse; là ce sont des schistes micacés calcaires; là des pierres magnésiennes; là des gneiss. Si l'on considere la situation des couches, on les trouve

ici

ici verticales, là horizontales, ici inclinées suivant la pente des flancs des montagnes, là inclinées en sens contraire.

§. 2302. Cependant, on observera qu'en général les plans des couches suivent la direction des vallées longitudinales & des dos prolongés des montagnes; & que ces mêmes vallées, de même que les chaînes des montagnes, sont généralement dirigées de l'Est à l'Ouest, ou du Nord-Est au Sud-Ouest.

On observera aussi, que les couches des montagnes les plus modernes, sont en général inclinées & appuyées contre la masse des plus anciennes, excepté dans celles qui sont renversées, ou dont les plans sont inclinés en sens contraires des pentes des montagnes.

On observera enfin, qu'en général les pentes sont plus rapides, & les vallées plus profondes du côté du Midi. Cependant le Mont-Cervin & ses escarpements, tournés contre le Nord-Est, de même que le Breit-Horn & les pentes extérieures du Mont-Rose, sont plus douces du côté du Sud que du côté du Nord.

§. 2303. Mais un fait que l'on observe sans aucune exception, ce sont les amas de débris sous la forme de blocs, de brèches, de poudingues, de grès, de sables, ou amoncelés & formant des montagnes, ou des collines, ou dispersés sur le bord extérieur, ou même dans les plaines qui bordent la chaîne des Alpes, & qui attestent ainsi la subite & violente retraite des eaux.

<small>Faits sans exceptions & conclusion.</small>

Nous voyons donc dans les Alpes la preuve certaine de la catastrophe ou de la derniere scene du grand drame des révolutions de notre globe. Mais nous ne voyons que des indices fugitifs & problématiques des actes précédents, excepté les preuves de cryftallisations tranquilles dans les tems les plus anciens, qui ont précédé la création des animaux; & de dépôts ou de sédiments dans ceux qui ont suivi cette époque, & quelques preuves de mouvements violents, & comme la formation des breches, des poudingues, le brifement des coquillages, & le redreffement des couches.

Mais je ne veux pas entrer ici dans les détails de la théorie ; je voulois feulement voir s'il y auroit des faits généraux que pût préfenter un homme qui auroit paffé fa vie à parcourir les Alpes, & à étudier la nature & la ftructure des montagnes qui les compofent.

*FIN DES VOYAGES.*

# AGENDA,

ou *Tableau général* des *Observations & des Recherches dont les résultats doivent servir de base à la théorie de la terre.*

## INTRODUCTION.

§. 2304. Lorsqu'on doit contempler des objets aussi compliqués que ceux qu'il faut étudier pour fonder sur l'observation les bases de la théorie de la terre, il est indispensable de se former à l'avance un plan, de se prescrire un ordre, & de minuter, pour ainsi dire, les questions que l'on veut faire à la nature.

" Comme le géologue observe & étudie pour l'ordinaire en voya-
" geant, la moindre distraction lui dérobe, & peut-être pour toujours,
" un objet intéressant. Même sans distraction, les objets de son étude
" sont si variés & si nombreux, qu'il est facile d'en omettre quel-
" ques-uns: souvent une observation qui paroit importante, s'empare
" de toute l'attention & fait oublier les autres : d'autres fois le mauvais
" tems décourage, la fatigue ôte la présence d'esprit ; & les négli-
" gences, qui sont les effets de toutes ces causes, laissent après elles
" des regrets très-vifs, & forcent même assez souvent à retourner en
" arriere; au lieu que si l'on a un agenda sur lequel on jette de tems
" en tems les yeux, on retrace à son esprit toutes les recherches dont
" on doit s'occuper. Cet agenda, borné d'abord, s'étend & se per-
" fectionne dans la proportion des idées que l'on acquiert, & peut
" servir même à des voyageurs, qui, sans être versés dans la géologie,
" veulent rapporter de leurs voyages des observations utiles à ceux

,, qui étudient cette fcience. " *Voyages dans les Alpes, tome premier, Difcours préliminaire.*

D'APRÈS ces principes, j'ai toujours préparé à l'avance, pour chacun de mes voyages, un agenda détaillé des recherches auxquelles ce voyage étoit deftiné. Mais ici je me propofe un plan plus étendu ; je voudrois diriger les voyageurs & même le philofophe fédentaire, dans toutes les recherches dont il doit s'occuper, s'il eft animé du defir de contribuer aux progrès de la théorie de notre globe. Je ne me flatte pas de former un tableau complet de tout ce qui refte à faire ; ce ne fera qu'une efquiffe imparfaite, mais cette efquiffe fervira du moins, en attendant qu'on en ait une meilleure.

Au refte, je dois avertir que plufieurs des obfervations & des queftions que je propofe ici comme problématiques, paroiffent déja avoir été réfolues. Mais comme la plupart des folutions de ce genre ne font fondées que fur des analogies, dont le contraire eft toujours phyfiquement poffible, je penfe qu'il convient de tenir les yeux des naturaliftes toujours ouverts fur les grands faits qui peuvent intéreffer une théorie auffi importante & auffi difficile.

AUCUN auteur ne doit donc prendre en mauvaife part que je propofe fes obfervations fous la forme du doute ; car je propofe fous cette même forme les faits que je crois avoir moi-même le plus folidement établis.

# CHAPITRE PREMIER.
## PRINCIPES ASTRONOMIQUES.

§. 2305. 1°. Système général de cosmologie dans ce qui est relatif à la terre, consiérée comme planete.

2°. Figure & dimensions de la terre déterminées par la mesure des arcs de méridien & par la longueur du pendule sous différentes latitudes.

3°. Densité de la terre déterminée par la déviation du fil à plomb auprès de quelques montagnes de dimensions & de densité connues.

4°. Température des différents climats, entant qu'elle dépend de l'action des rayons solaires.

5°. Si quelques principes ou quelque hypothese dépendante de la géographie astronomique, pourroient expliquer de grands changements dans la température de quelques portions de notre globe?

6°. Cours des cometes. S'il est possible qu'elles aient rencontré ou qu'elles rencontrent encore la terre dans leurs orbites, & quels seroient les effets de cette rencontre?

7°. S'il est, on ne dit pas probable, mais possible, qu'une comete, en fillonnant le soleil, en ait détaché la terre & les autres planetes?

8°. Eſt-il probable que le mouvement de rotation de la terre ait été autrefois plus rapide qu'il n'eſt aujourd'hui ?

9°. Si les grandes chaînes de montagnes ont exiſté avant le mouvement de rotation de la terre, eſt-il poſſible que ce mouvement ait produit quelque changement dans leur ſituation originaire ? *Tableau des Etats-Unis, note de M. A. Pictet, page* 125.

## CHAPITRE II.

*Principes Chymiques & Physiques.*

§. 2306. 1°. THÉORIE de l'attraction & des affinités chymiques, des diffolutions, cryftallifations, précipitations.

2°. Théorie des fluides élaftiques en général, & de la caufe de leur élafticité. Syftême de M. LE SAGE.

3°. Théorie du calorique, de la lumiere, de l'origine & de la nature des différents gaz, de l'atmofphere. Electricité, aurores boréales.

4°. Théorie de la calcination des métaux & de la décompofition de l'eau. Electricité.

5°. Mefure des hauteurs par le moyen du barometre.

6°. Comment la température des climats eft modifiée par les vents, l'évaporation, la nature & l'élévation du fol.

7°. Si ces caufes peuvent fuffire à expliquer des changements tels, que les plantes & les animaux des pays les plus chauds aient pu vivre & fe multiplier dans les pays qui font actuellement les plus froids.

8°. Minéralogie, nature des terres, des pierres, des fels, des bitumes, des métaux. Principes de leurs analyfes & de leur nomenclature.

9°. S'il y a poffibilité à la tranfmutation d'une terre ou d'un métal en un autre ; ſi par exemple il eſt poſſible que la terre ſiliceuſe ſe change en terre calcaire dans les corps des animaux marins, ou réciproquement la terre calcaire en ſilex dans les montagnes de craie.

10°. S'il eſt probable, ſuivant la conjecture de M. LAVOISIER, que les terres ſoient des oxides métalliques.

11°. Quelle idée on peut ſe faire d'un ou de pluſieurs diſſolvants qui aient rendu ou ſimultanément, ou ſucceſſivement, ſolubles dans l'eau les différentes ſubſtances minérales que nous voyons à la ſurface & dans les entrailles de la terre.

12°. Peut-on croire, qu'enſuite ces diſſolvants aient été détruits, & que c'eſt en conſéquence de leur deſtruction que les matieres qu'ils tenoient en diſſolution ont été précipitées & ſe ſont cryſtalliſées ?

13°. Peut-on ſuppoſer que le fluide électrique & fluide magnétique entrent comme éléments dans la compoſition des corps ?

14°. Paroît-il probable que les acides nitrique, muriatique & boracique, de même que les trois alkalis ſont de formation nouvelle; tandis que les acides ſulphurique, phoſphorique, carbonique, tunſtique, molybdique & arenique ont exiſté avant la formation des animaux ? (*Théorie de la terre.* M. DE LA METHERIE.)

*A.* Si l'on croyoit que l'alkali minéral ou de la ſoude fût d'ancienne formation, ne pourroit-on pas ſuppoſer que l'ancien Océan tenoit cet alkali en diſſolution ; cela expliqueroit comment il auroit pu diſſoudre la ſilice & l'argille, ſans pouvoir nourrir des animaux. Enſuite lorſque l'acide marin ce ſeroit formé ou ſeroit ſorti de quelque cavité, la mer ſeroit devenue propre aux animaux, & impropre à la diſſolution de la ſilice & de l'argille.

16°. Eſt-il probable que dans les premiers tems de l'exiſtence de
notre

notre globe, son atmosphere ait eu une hauteur plus grande qu'aujourd'hui ; qu'ainsi ses couches inférieures aient eu une densité plus considérable, & aient été susceptibles de recevoir du soleil une plus grande chaleur ?

17°. Peut-on présumer que les eaux de l'ancien Océan eussent avant la formation des montagnes primitives, une chaleur supérieure à celle de l'eau bouillante.

18°. Qu'elle température peut-on supposer actuellement au centre de la terre.

19°. Est-il possible que la terre quartzeuse qui se trouve dans les végétaux & les animaux pétrifiés, vienne de la substance même de ces corps.

## CHAPITRE III.

*Monuments Historiques.*

§. 2307. Quoique les grandes révolutions de notre globe soient antérieures à toutes les histoires & à tous les monuments de l'art, on peut cependant tirer des lumieres des traditions que l'histoire a conservées.

1°. Sur la situation des pays qui les premiers ont été habités.

2°. Sur l'ordre dans lequel ils ont été successivement habités.

3°. On verra par là, s'il est vrai, comme le disent plusieurs traditions, que ce soit la retraite progressive des eaux qui ait déterminé cette habitation; & en venant à des tems moins éloignés & moins enveloppés de ténebres, l'histoire pourra nous indiquer:

4°. Les changements qu'ont subi les mers, les lacs, les rivieres & même quelques parties solides du globe.

5°. Elle nous éclairera sur l'origine & sur les modifications qu'ont subies les diverses races d'hommes & d'animaux, & la déperdition vraie ou fausse de quelques-unes de ces races.

6°. Les déluges ou grandes inondations, leurs époques, leur étendue.

7°. S'il existe des preuves de la diminution des eaux de la mer, & qu'elles peuvent en être les causes.

8°. S'il est probable qu'il se soit ouvert de grandes cavernes dans le sein de la terre, & que ces cavernes aient englouti une partie des eaux.

9°. Existe-t-il quelques monuments historiques qui prouvent que les pays actuellement froids ont été anciennement chauds, au point d'avoir favorisé la multiplication des plantes & des animaux qui ne se trouvent plus que sous la zone torride.

# CHAPITRE IV.

*Observations à faire sur les mers.*

§. 2308. 1°. Leur forme, leur étendue, leur situation, celle de leurs grands golfes, de leurs détroits, leur élévation relative.

2°. Flux & reflux sensibles même hors de l'Océan, au fond de quelques golfes & dans quelques détroits. Leurs périodes & leurs limites.

3°. Leurs fondes, note des lieux où elles sont le plus profondes & des bas fonds remarquables; leur position & leur étendue.

4°. Courants, à la surface, ou à différentes profondeurs; leur direction, vitesse, limites. Leurs rapports avec les fleuves, avec les vents, avec la forme des côtes, matieres qu'ils charrient, & lieux où ils les déposent.

5°. Montagnes & vallées souterraines, & leur rapport avec les isles, de même qu'avec les montagnes & les vallées terrestres.

6°. Nature de la vase, du sable & des rochers dont le fond de chaque mer est composé.

7°. Analyse des eaux des différentes mers, & au moins leur salure à différentes profondeurs & sous différents climats.

8°. Leur température à différentes profondeurs & sous différents climats.

9°. Poissons & testacées propres aux différentes mers, sous différents climats, à différentes profondeurs & qui peuvent fervir à les caractérifer.

10°. Comment les mers actuelles different fous les rapports phyfiques & chimiques du grand Océan, qui, fuivant quelques fyftêmes, eft fuppofé avoir couvert toute la furface de notre globe.

11°. Peut-on croire qu'il fe forme encore des couches pierreufes dans le fond des mers, & que par conféquent leurs eaux aient encore la force diffolvante que l'on fuppofe à l'ancien Océan.

*NB.* Les recherches fur les déplacements des mers, ou fur leurs mouvements, foit progreffifs, foit rétrogrades, feront mieux placées dans le chapitre fuivant.

# CHPITRE V.

*Observations à faire sur le bord de la mer.*

§. 2309. 1°. Si le bord de la mer est escarpé, s'il forme des falaises, observer leur hauteur, leur nature & leurs couches. Voyez le chapitre X, *sur les couches*.

2°. Chercher sur ces falaises des traces du travail ou du séjour des eaux, à différentes hauteurs au-dessus du niveau actuel & à différentes profondeurs au-dessous, comme sillons, cavernes, coquillages, dails : chercher aussi des vestiges du travail des hommes, comme excavations, murailles, boucles à amarrer des bâtiments. En un mot, s'efforcer de constater si la mer occupe le même niveau que dans des tems plus anciens.

3°. Dans les cas où le niveau auroit changé, rechercher si c'est par un changement qui ait eu lieu dans la mer même, ou si ce n'est point plutôt le rivage qui s'est élevé ou abaissé.

4°. Si le bord de la mer est plat, savoir jusques à quelle distance sa pente est insensible, & étudier la nature du sable qui se trouve sur ses bords.

5°. Si les grains de ce sable sont arrondis ou anguleux, cryftallisés ou non, quartzeux ou calcaires, ou de quelque autre genre de pierre.

6°. Rechercher son origine ; s'il peut être considéré comme un detritus des montagnes ou des collines adjacentes; s'il ne viendroit point de quelque fleuve qui eût son embouchure dans le voisinage, ou fi enfin, il paroîtroit amené du fond de la haute mer par le flux & les vagues.

7°. Si ce fable ne renfermeroit point, comme celui de Rimini, des coquilles microfcopiques de l'ordre de celles qu'on nomme pélagiennes.

8°. S'il y a ou s'il n'y a pas des coquillages fur les bords de la mer; & s'il y en a, déterminer ceux qui paroiffent caractérifer ces parages.

9°. S'il y a des cailloux roulés. Voyez le chapitre VIII, fur ces cailloux.

10°. Rechercher principalement, comme dans le N°. 2, fur les bords, & même affez avant dans les terres, s'il y a des indices que la mer gagne fur les terres, ou celles-ci fur la mer; & dans le cas où la mer paroît reculer, voir fi cela ne vient point de ce que les terres s'élevent foit par des alluſions, foit par des caufes fouterraines & réciproquement.

11°. S'il exifte réellement un déplacement progreffif de l'Océan, par quelles obfervations pourroit-on vérifier les fyftèmes qui tendent à l'expliquer; les uns ont employés pour cela les courants que produifent les vents alifés; les autres, le choc du flux & des courants; d'autres enfin, un changement dans le centre de gravité de la terre, produit, ou par les dépôts que les fleuves tranfportent dans la mer, ou par le mouvement progreffif de quelque maffe qui fe feroit détachée de l'intérieur de la terre, que l'on fuppoferoit concave.

# CHAPITRE VI.

*Observations sur les fleuves & autres eaux courantes.*

§. 2310. 1°. Etendue de leurs cours & leur pente depuis leur source jusques à leur embouchure.

2°. Leurs dimensions, largeur, profondeur & vîtesse dans différentes parties de leur cours.

3°. Quantité de leurs accroissements & décroissements périodiques en différentes saisons, leur température dans ces mêmes saisons, & les causes de ces variations.

4°. Limites & causes de leurs débordements extraordinaires.

5°. Si elles sont navigables, & jusques à qu'elle distance de leur embouchure.

6°. Nature, pureté, salubrité de leurs eaux.

7°. Nature du sable ou du limon qu'elles charrient, & jusques à qu'elle distance on peut les reconnoître sur les bords ou au fond de la mer où elles ont leur embouchure. M. Besson veut même que le voyageur soit muni d'une sébille pour laver le sable & en séparer les parties les plus pesantes, qui peuvent être des métaux ou des pierres précieuses. Souvent aussi le mouvement des ondes suffit pour séparer sur le rivage, par bandes ou par zones distinctes, les parties de pesanteurs différentes. *Moyens de rendre utiles les voyages des Naturalistes. Esprit des Journaux, avril 1794.*

8°. Nature des cailloux roulés qui se trouvent sur leurs bords. Voyez le chap. VIII.

9°. Quantité & especes de poissons qui les caractérisent.

10°. Chercher, comme pour la mer, Chap. V, n°. 2 & 9, s'il paroît qu'elles contiennent plus ou moins d'eau que dans des tems antérieurs & si leur cours a changé.

11°. Comme la plupart de ces questions peuvent s'appliquer aux lacs, il n'est point nécessaire de leur destiner un chapitre séparé. J'insisterai seulement sur la mesure de leur profondeur, & sur la température de leur fond, comparée à celle de leur surface en différentes saisons ; de même que sur les vestiges de leur étendue & de leur hauteur, dans les tems les plus reculés en comparaison de leur état actuel.

# CHAPITRE VII.

### Observations à faire dans les plaines.

§. 2311. 1°. Étendue, limite, inclinaison d'une plaine, sa hauteur au-dessus du niveau de la mer, ses rapports avec les collines ou montagnes qui la bordent. Il faut pour en saisir l'ensemble, monter sur quelque hauteur qui la domine.

2°. Terre végétale, sa nature, son épaisseur dans différentes parties qui la bordent, comparée avec le tems depuis lequel on la cultive, à ses productions & au genre de culture. Nature de la base sur laquelle repose cette terre.

3°. Cailloux roulés. Voyez le chapitre VIII.

4°. Sable, argille, leur nature & épaisseur de leurs lits.

5°. Nature & épaisseur des couches de la terre à la plus grande profondeur que l'on puisse atteindre, en profitant des moments où l'on creuse des puits, des mines & autres excavations. Cette recherche est sur-tout intéressante, lorsque ces excavations s'enfoncent au-dessous du niveau de la mer.

6°. Carrieres de marnes; leurs apparences extérieures, si elles contiennent des coquillages, & de quelles espèces; étendue de leurs lits & leur épaisseur, leur analyse, au moins avec le vinaigre; les usages auxquels on les emploie.

7°. Autres carrieres d'argille, de pierre à chaux, de gypses. Mines de houille & autres.

8°. Si ces plaines portent à leur furface ou renferment dans leur intérieur des veftiges de corps marins, des bois pétrifiés, des offements, ou d'autres corps étrangers au fol & au pays. Voy. le ch. XVII.

9°. Température de l'intérieur de la terre éprouvée foit par des expériences directes, foit en obfervant celle des puits ou des caves les plus profondes, foit par celle des fources qui ne gelant point en hiver, & demeurant fraîches en été, paroiffent venir des plus grandes profondeurs.

10°. Si l'on obferve quelque fait qui puiffe forcer à recourir à l'hypothèfe d'un feu central.

11°. Baffins entourés de collines ou de montagnes, s'ils paroiffent avoir été anciennement remplis par les eaux ; fi ces eaux paroiffent avoir été douces ou falées ; fi quelque chofe indique l'époque de leur retraite, & s'il y a quelques veftiges des ouvertures par où elles fe font échappées.

# CHAPITRE VIII.

*Obfervations à faire fur les cailloux roulés.*

§. 2312. 1°. La nature & le volume de ceux qui fe trouvent dans un canton déterminé.

2°. Chercher, fur-tout, s'il y en a quelqu'efpece que l'on puiffe confidérer comme particuliere à ce canton, & qui foit propre à le caractérifer ; ou même fi l'abfence de quelque genre ou de quelque claffe ne formeroit pas ce caractere.

3°. Si ceux qui fe trouvent fur les bords d'une riviere peuvent être confidérés comme ayant été charriés par cette même riviere, ou fi elle n'a fait que les mettre au jour en lavant les terreins qu'elle arrofe.

4°. Après avoir établi le caractere propre aux cailloux d'un certain canton, on peut les fuivre comme à la pifte, & former des conjectures, tant fur leur origine que fur la route qu'ils ont fuivie.

5°. On connoîtra qu'on s'approche du lieu de leur origine par l'augmentation de leur volume ou réciproquement ; mais il faut prendre garde que d'autres veines de cailloux venus à la traverfe ne mafquent pas le cours de ceux que l'on fuit.

6°. La confidération des cailloux, & plus encore celle des blocs roulés, ou du moins étrangers au fol qui les porte, de la hauteur à laquelle ils fe trouvent, & des grandes vallées vis-à-vis defquelles ils fe rencontrent, peuvent donner des indices de la direction, du volume & de la force des courants produits par les grandes révolutions de la terre.

7°. Ceux de ces blocs qui repofent fur des rochers folides & qui paroiffent occuper encore la place fur laquelle ils ont été dépofés, peuvent donner, par l'état de ces rochers, une idée du tems qui s'eft écoulé depuis leur arrivée. *Voyages dans les Alpes*, tom. I. §. 227.

8°. Jufques à quel point le tranfport de ces grands blocs, à des diftances confidérables, peut-il être regardé comme un phénomene général, ou fi ce n'eft qu'un phénomene particulier, dû à quelque caufe locale.

9°. Peut-on croire que ceux de ces blocs qui occupent actuellement des fites élevés fur les montagnes, ont été tranfportés là par des lames ou des vagues qui les ont fait monter graduellement depuis le fond des vallées, où ils ont dû d'abord defcendre, jufques fur ces fites élevés?

10°. Ou feroient-ce des marées énormes, de 800 toifes par exemple, qui auroient tranfporté ces blocs fur le haut de ces montagnes?

# CHAPITRE IX.

### Sur les montagnes en général.

§. 2313. 1°. Considérer d'abord si une montagne est isolée, ou si elle fait partie d'un assemblage de montagnes liées entr'elles sous la forme de grouppes ou de chaînes.

2°. Si c'est un grouppe, déterminer la forme & les dimensions de ce grouppe & la maniere dont ses parties sont liées entr'elles.

3°. Si c'est une chaîne, déterminer sa direction, sa largeur, son étendue; si elle est simple ou composée, & dans ce dernier cas, nature & disposition des chaînes partielles qui entrent dans sa composition.

4°. Pour une montagne isolée ou considérée séparément dans la chaîne ou dans le grouppe dont elle fait partie, déterminer sa forme, sa hauteur, & ses autres dimensions.

5°. Déterminer la forme & la situation de sa cime ou de sa partie la plus élevée, celle de ses pentes & de son pied.

6°. Situation de ses escarpements relativement à la mer & aux plaines, aux vallées & aux montagnes les plus voisines.

7°. Sa nature, ou espece de pierre dont elle est composée; si elle est homogene, c'est-à-dire, de la même nature dans toutes les parties de son étendue. Si elle ne l'est pas, déterminer les dimensions de ses différentes parties.

8°. Si elle est en masses indivises, ou divisées par couches. Pour l'observation des couches, voyez le chapitre suivant.

9°. Si elle renferme des mines soit en filons, soit en couches. Nature de ces mines.

10°. Observer la hauteur à laquelle les neiges demeurent perpétuelles, ou ce que BOUGUER a appellé *la limite inférieure des neiges*; & la hauteur à laquelle cessent de croître les arbres, les arbrisseaux & les plantes à fleurs distinctes. Ces observations ont été négligées dans les pays septentrionaux.

11°. Observer avec soin l'état d'accroissement ou de décroissement des glaciers, déterminé en particulier par ce qu'on appelle *moraine*, ou ces amas de pierre que les glaciers déposent, ou ont anciennement déposé sur leurs bords, & à leur extrémité.

11°. A. Vérifier si l'on trouve dans les montagnes des arbres enfouis ou pétrifiés à des hauteurs où ils ne peuvent plus croître aujourd'hui, & voir s'il suit de là qu'il y ait eu un tems où les couches supérieures de l'atmosphere étoient plus chaudes qu'elles ne sont aujourd'hui.

12°. Cavernes, s'il y en a, leur forme & leurs dimensions; la nature de leurs parois; la nature & l'inclinaison de leur fonds; vestiges du travail des eaux qui peuvent les avoir creusées, stalactites & incrustations; corps étrangers, ossements qu'elles peuvent renfermer.

13°. Si l'on trouve des vestiges de grands bassins situés en étagere les uns au-dessus des autres, & qui aient pu servir de réservoir à différentes mers, qui se soient ensuite écoulées & réunies dans les bassins des mers actuelles. (1)

---

(1). Voyez le développement de cette hypothese dans un Mémoire de M. ROMME. *Journal des mines*, N°. 4, avec un projet d'observations destiné à la vérifier.

# CHAPITRE X.

*Observations à faire sur les couches de la terre & des montagnes.*

§. 2314. 1°. La premiere question est de décider si une montagne ou une masse quelconque de terres ou de pierres est, ou n'est pas divisée par couches. (1)

2°. Relativement à la théorie de la terre, ce qui rend intéressante la question de savoir, si une montagne est ou n'est pas *stratifiée*, ou composée de couches ; c'est que l'on suppose que les montagnes stratifiées ont été formées par des dépôts successifs de matieres auparavant suspendues dans un fluide, tandis que celles qui ne montrent aucun indice de couches, peuvent être supposées devoir leur origine ou à une création simultanée, ou à une accumulation qui n'a point été faite dans un fluide, ou qui du moins n'a rien eu de successif ni de régulier, ou enfin dans laquelle il ne reste aucun vestige de cette régularité.

---

(1) Le mot de couches, *stratum*, originairement synonime de celui de *lit*, exprimoit la situation d'une substance étendue horizontalement, & à une épaisseur uniforme sur une base plane & horizontale.

C'est dans ce sens qu'on dit *dormir sur un lit de paille*, *ou sur une couche de paille*. Mais la signification de ce mot s'est étendue, & on l'emploie à exprimer la situation de substances étendue à une épaisseur égale, ou à peu-près égale sur des bases qui ne sont ni planes ni horizontales. C'est ainsi qu'on dit, appliquer une couche de vernis sur une paroi, & qu'un tronc d'arbre ou un oignon, est composé de couches concentriques. Il n'y a donc nulle contradiction dans les termes, à dire, que des couches sont dans une situation verticale.

3°. Si la montagne ou la maſſe quelconque dont on s'occupe ne préſentoit aucune diviſion ; il ne ſeroit pas queſtion de ſavoir, ſi elle eſt ou n'eſt pas ſtratifiée. On ſuppoſe donc qu'elle préſente des diviſions, & on demande ſi ces diviſions peuvent être qualifiées de *couches*. La ſolution de cette queſtion dépend de trois conſidérations.

*a* ) De la régularité de ces diviſions ou de leur parallélifme.

*b* ) De leur nombre, qui, plus il eſt grand, plus il exclud l'idée d'un parallélifme fortuit.

*c* ) Du parallélifme, de ces diviſions avec les feuillets ou les parties diſcernables dans l'intérieur de la maſſe.

4°. Quoiqu'en général les couches aient la forme d'un parallélipipede, on en voit cependant de cunéiformes, on en voit d'autres dans leſquelles on obſerve des renflements & des étranglements alternatifs : on en voit enfin qui ſemblent ſe ramifier ; la même ſe diviſant en deux ou trois ; ou deux ou trois ſe ſoudant & ſe réuniſſant en une.

5°. Outre la forme des couches, on obſerve leur étendue, ſoit dans la même montagne, ſoit dans pluſieurs montagnes voiſines & même éloignées.

6°. On obſerve auſſi leur inclinaiſon ou l'angle qu'elles forment avec une ligne horizontale, & le point de l'horizon vers lequel ſe dirige leur pente.

Cette dernière obſervation détermine la direction de leurs plans, (*das ſtreichen*) ou les deux points oppoſés de l'horizon par leſquels paſſeroient leurs plans ſi on les prolongeoit après les avoir entiérement redreſſées.

Cette direction des plans eſt ſur-tout importante à conſidérer dans les couches verticales.

7°. Il

7°. Il faut voir si cette direction est parallele, oblique, ou transverse à la direction du corps même de la montagne, de la chaîne dont elle fait partie, & des vallées adjacentes.

8°. Il faut aussi considérer si la pente des couches est conforme à celle de la surface extérieure de la montagne, c'est-à-dire, si elles descendent vers les dehors de la montagne, ou si elles plongent vers l'intérieur.

9°. Voir ensuite si leur pente est la même depuis le pied de la montagne jusques à la cime, ou si elle varie à différentes hauteurs : si elle est la même, ou différente sur les faces opposées d'une même montagne. Couches en éventail. *Voyages dans les Alpes*, §. 656 & 677.

10°. Il est important d'observer, dans les couches inclinées ou verticales, si leur épaisseur n'est point plus grande à leur base qu'à leur sommité.

11°. Observer les joints des couches, & voir s'il n'y a point entr'elles quelque substance interposée, différente de celle des couches mêmes, & quelle est la nature & l'épaisseur de cette substance.

12°. Voir dans ces joints, si les surfaces contiguës ou correspondantes des couches sont lisses, ou si au contraire, elles sont inégales, si l'on n'y observe point des nœuds qui présentent des indices de crystallisation ou d'ondulations dirigées dans un certain sens.

13°. Dans les montagnes composées de couches de différente nature ou de différentes épaisseurs, voir s'il n'y a point de périodicité dans leur retour, tellement qu'après un nombre ou un intervalle déterminé, ce soit le même ordre qui recommence.

14°. Si au bas d'une montagne en couches horizontales, on ne trouve point de montagnes en couches presque verticales, appuyées contre le pied de cette même montagne.

*Tome IV.*

15º. Dans les couches arquées ou fléchies, obferver fi dans les coudes ou dans les endroits où la flexion eft la plus grande, les couches font ou ne font pas rompues.

16º. Lorfque des couches ont la forme d'un C, obferver fi derriere le dos du C, il n'y a pas un vuide qui prouve que la partie fupérieure a été retrouffée par-deffus l'inférieure.

17º. Examiner en général fi les couches préfentent des indices de foulevemens ou de refoulemens violents qui aient changé leur fituation primitive, ou fi, au contraire tout, & les redreffemens mêmes des couches peuvent s'expliquer par de fimples affaiffemens.

# CHAPITRE XI.

*Obfervations à faire fur les fentes.*

§. 2315. 1°. Leur forme, dimenfions, largeur, étendue, direction.

2°. Leur fituation, mefure de leur inclinaifon, direction de cette inclinaifon par rapport aux points cardinaux, & par rapport à la montagne & aux vallées adjacentes.

3°. S'il y a plufieurs fentes foit dans la même montagne, foit dans des montagnes voifines, obferver fi elles font paralleles entr'elles.

4°. Obferver fur-tout la direction des fentes relativement à celle des plans des couches, parce que comme on préfume que les fentes font produites pour l'ordinaire par des affaiffements, que ces affaiffements font l'effet de la pefanteur, & qu'ainfi les fentes ont été originairement verticales, ou à peu-près; & que d'un autre côté, les couches, dans l'origine, ont été horizontales, ou à peu-près; la fituation des fentes, relativement aux couches, & la direction des unes & des autres, relativement à l'horizon, peut donner des idées fur la fituation qu'avoient les couches lorfque les fentes fe font formées, & même fur les changements de fituation que la montagne a éprouvés depuis lors.

Ainfi des fentes perpendiculaires aux plans des couches indiquent que ces fentes fe font formées lorfque la montagne étoit encore dans fa fituation primitive; & fi de plus, elles font perpendiculaires à l'horizon, cela prouve que la montagne eft encore dans cette même fituation; mais fi des fentes perpendiculaires aux couches font très-inclinées à l'horizon, on peut en conclure, que la montagne a changé de situation depuis la formation de ces fentes.

On peut voir des développements & des applications de ces principes dans les §. §. 1048, 49, 50 & 1218 de mes Voyages.

5°. Lorsque les fentes sont remplies d'une matiere différente de celle du corps de la montagne, cette matiere prend le nom de *filon*. Voyez ce qui concerne les filons dans le Chapitre XX.

6°. Il faut examiner enfin, si dans les deux parois de la même fente, les couches se correspondent à la même hauteur, ou si les couches correspondantes sont plus bas d'un côté que de l'autre. Le premier cas indique que la fente a été produite par un simple écartement, & le second prouve de plus un affaissement.

# CHAPITRE XII.

*Obfervations à faire fur les vallées.*

§. 2316. 1°. OBSERVER la direction des vallées; on nomme *longitudinales*, celles qui font parallèles à la chaîne des montagnes où elles font fituées; *tranfverfales*, celles qui la coupent à angles droits, & obliques, celles qui fuivent une direction intermédiaire.

2°. Obferver cette direction, fur-tout par rapport à celle des plans des couches de ces montagnes.

3°. Dimenfions des vallées, leur longueur, largeur, profondeur, forme de leur fection tranfverfe.

4°. Angles rentrants & faillants; fi vis-à-vis de chaque angle faillant qui forme une des parois de la vallée, la paroi ou la montagne oppofée, forme un angle rentrant; ou fi au contraire, la vallée ne préfente point des étranglements & des renflements alternatifs.

5°. Si les montagnes oppofées fe correfpondent *a*) par leur hauteur, *b*) par leur forme, *c*) par l'inclinaifon de leurs faces correfpondantes, *d*) par la fituation de leurs couches, *e*) par leur nature.

6°. Les réponfes à ces queftions peuvent fervir à décider, fi la vallée peut ou ne peut pas être confidérée comme une large fente produite par la rupture & l'écartement des montagnes qu'elle traverfe.

7°. Si une vallée eft percée de part en part; ou fi au contraire, elle n'eft point barrée par une haute montagne à une de fes extrémités, ou même à toutes les deux.

8°. Si les vallées latérales qui viennent aboutir à une vallée principale, comme les branches d'un arbre à son tronc, se correspondent ou non, ou en d'autres termes, si les branches de ce tronc sont opposées ou alternes.

Les réponses à ces deux questions, N°. 7 & 8 sont très-importantes pour la solution de la question; savoir, si les vallées ont été creusées par les courants de la mer.

9°. Si l'on ne voit pas un grand nombre de vallées étroites & peu profondes dans leur partie la plus élevée, mais qui deviennent de plus en plus larges & profondes à mesure qu'elles descendent plus bas; ce qui paroît indiquer que leur excavation a été l'effet de la chûte & de la descente des eaux, sur-tout si les couches ont la même inclinaison de part & d'autre de la vallée, & qu'ainsi sa formation ne puisse s'expliquer ni par des affaissements, ni par des relevements.

10°. Observer si dans une vallée, dont les montagnes correspondantes sont de la même nature, les couches de ces montagnes ne descendent point de part & d'autre vers le fond de la vallée, ce qui indiqueroit que la vallée a été produite par un affaissement, ou peut-être par un relevement des faces opposées.

11°. Il y a deux autres cas possibles, lorsque les couches n'ont pas la même situation des deux côtés de la vallée; l'un, que les couches se relèvent de part & d'autre contre la vallée; l'autre, que d'un côté elles descendent dans la vallée, & que de l'autre elles se relèvent contre elle. Ces deux cas donnent lieu à des suppositions trop variées pour être détaillées ici.

12°. Chercher sur les parois verticales des vallées des vestiges de l'érosion des eaux.

13°. Observer le fond de la vallée, sa largeur, son inclinaison, sa nature. Terre végétale, sa quantité; sa qualité; fragments, ou de montagnes voisines, ou venus de loin, anguleux, ou arrondis. Voir s'ils sont plus volumineux vers le haut de la vallée. Nature & profondeur des couches qui sont au-dessous de la terre végétale. Si les cailloux sont plus gros dans les couches les plus profondes. Nature du rocher qui forme la base solide de la vallée.

14°. Si une vallée renferme des cailloux étrangers, c'est-à-dire, qui ne viennent pas des montagnes voisines ; voir jusqu'à quelle hauteur on les trouve sur les flancs des montagnes ; quelle peut être leur origine, & par où ils peuvent être venus ?

15°. Dans les vallées qui ne renferment point de cailloux étrangers, on peut suivre à la piste ceux qu'on y découvre, & remonter ainsi jusques au rocher d'où ils se sont détachés ; ce qui a souvent conduit à des découvertes curieuses ou utiles.

## CHAPITRE XIII.

*Observations sur les montagnes tertiaires, ou qui sont composées de débris des autres montagnes.*

§. 2317. 1°. Si elles ne forment pas la lisiere extérieure des autres chaînes de montagnes.

2°. Si à l'issue des grandes vallées qui sortent des grandes chaînes de montagnes, on ne trouve pas des collines & même des montagnes tertiaires, qui paroissent formées par l'accumulation des matieres déposées par d'énormes courants sortis anciennement de ces vallées.

3°. Si leurs couches ne descendent pas du côté d'où venoient les matieres dont elles ont été formées.

4°. Grosseur & nature des fragments, sables & terres dont elles sont composées.

5°. Observer l'ordre qui a été suivi dans les dépôts successifs des matieres dont elles ont été formées.

6°. Les comparer avec les substances que produisent les montagnes soit primitives, soit secondaires dont on les suppose sorties.

7°. Voir si l'on y trouve des vestiges de corps organisés. Voyez le Chapitre XVII.

8°. Voir si l'on ne trouve point dans leur extérieur ou à leur surface, des couches qui paroissent avoir été déposées par des eaux tranquilles, ou du moins peu agitées ; ou si au contraire, tout en elles, paroît avoir été transporté par un mouvement violent.

## CHAPITRE XIV.

*Observations à faire sur les montagnes secondaires.*

§. 2318. 1°. Déterminer avec précision des caracteres distinctifs entre les montagnes primitives & les secondaires.

Cela est difficile, sur-tout dans les genres que l'on trouve également dans les montagnes primitives, comme les ardoises, les serpentines, & quelques especes de trapps & de porphyres. Quant aux calcaires, la cassure grenue paroît caractériser les primitives; cependant M. Fichtel révoque ce principe en doute, & croit qu'il y a des calcaires grenues secondaires & des compactes primitives.

2°. Est-il certain, comme l'affirme M. Dolomieu, que dans les montagnes secondaires, il n'y ait point de couches entiérement composées de pierres grenues & cryſtallifées.

3°. Déterminer l'ancienneté respective des genres & des especes de terres & de pierres qui entrent dans la composition des montagnes secondaires.

Ne pourroit-on pas même assigner des caracteres auxquels, dans un même genre, on reconnoîtroit les especes ou les variétés les plus modernes.

4°. Si les montagnes secondaires sont toujours inclinées en appui contre les primitives les plus proches.

5°. Si leur couche supérieure, sur-tout dans les calcaires compactes, n'eſt pas ſouvent une breche, dont les fragments anguleux, ſont pour la plûpart de la même nature que la couche qui leur ſert de baſe, & liés par une pâte qui eſt auſſi de la même nature. *Voyages dans les Alpes*, tom. I. §. 242 *A*. & 243.

5°. *A*. Obſerver dans les montagnes de craie les pierres à fuſil qui y ſont renfermées, leur volume, leur forme, &c. Si elles y ſont diſ‑ poſées par lits : réfléchir ſur leur origine. Mêmes recherches ſur les petroſilex renfermés dans les pierres calcaires compactes. Les mêmes enfin, ſur les rognons durs ou pierres de touche, renfermés dans les montagnes d'ardoiſes. S'aſſurer ſi ces petroſilex & ces rognons ne ſe trouvent point dans les montagnes primitives.

6°. Si l'on trouve dans ces montagnes ſecondaires des veſtiges de corps organiſés, & à quelle élévation. Voyez le Chapitre XVII.

C'eſt ſur‑tout dans l'Hémiſphere auſtral que cette obſervation eſt importante. Voyez le Mémoire de M. Dolomieu, *Journal de phy‑ ſique*, 1791, tom. II.

7°. Si l'on trouve, ſoit à leur ſurface, ſoit dans leur intérieur, des cailloux roulés, ou des blocs d'une nature différente de celle de la même montagne, & juſques à qu'elle élévation.

8°. Ces montagnes paroiſſent‑elles avoir été formées par les allu‑ vions de violentes marées, ou par des accumulations de dépôts d'eaux tranquilles.

9°. Si les montagnes ſecondaires ne ſe préſentent pas quelquefois en couches verticales, ou du moins très‑inclinées, & avec des pics aigus & décharnés comme ceux de quelques montagnes primitives.

10° Si dans une ſeule & même montagne ſecondaire on trouve des couches de différentes eſpeces de pierres plus ſouvent que dans les pri‑ mitives.

11°. Si en revanche, dans les montagnes secondaires, chaque pierre n'est pas ordinairement simple & non pas composée comme dans les primitives.

12°. Faire des recherches sur l'origine & sur l'ancienneté des montagnes de gypse, & sur leur rapport avec les montagnes de sel & avec les sources salées.

## CHAPITRE XV.

*Observations à faire sur les montagnes primitives.*

§. 2319. 1°. Si l'on ne trouve aucune exception à l'opinion généralement reçue, que dans les montagnes primitives on ne découvre aucun vestige de corps organisés.

2°. S'il est vrai que dans ces montagnes on ne trouve non plus aucun indice de bitume ni de sel marin.

3°. Chercher à déterminer l'âge respectif des différents genres de montagnes primitives, tant composées, comme le granit, le porphyre, le gneiss, que simples, comme les ardoises, les serpentines & les calcaires primitives.

4°. Si en particulier le granit est bien certainement la pierre la plus ancienne d'entre celles qui forment l'écorce de notre globe ; ensorte que l'on ne trouve jamais le granit superposé à une pierre d'un autre genre.

5°. Si les grandes montagnes de granit en masse, même le mieux caractérisé, ne donnent pas des indices certains de stratification ou de divisions par couches, quoique moins régulieres que celles des montagnes schisteuses.

6°. Si dans les basses montagnes de granit, ce n'est point le nombre des fissures ou des divisions spontanées & irrégulieres qui nuit à la manifestation des couches.

7°. Si même dans les blocs de granit séparés, un œil attentif ne discerne pas quelques veines de mica qui affectent la même direction, & telles que les ouvriers qui veulent faire des meules de moulin ou d'autres ouvrages plus étendus dans un sens que dans un autre, préferent d'attaquer la pierre dans une direction déterminée.

8°. Si les indices de stratification ne s'observent pas dans l'intérieur des montagnes de granit aussi bien qu'auprès de leur surface.

8°. *A*. Si entre les granits en masse, & ceux qui sont décidément veinés, on ne trouve pas des nuances intermédiaires, telles qu'il est difficile de marquer la ligne de séparation.

9°. S'il ne se trouve pas des rochers & même des montagnes où des couches de granit en masse alternent avec des couches de granits veinés.

10°. Déterminer les caracteres distinctifs des granits de formation nouvelle.

11°. Vérifier l'assertion du Pline de la France, " qu'à mesure que
" l'on fouille dans une montagne, dont la cime & les flancs sont de
" granit ; loin de trouver des granits plus solides & plus beaux à
" mesure que l'on pénetre, l'on voit au contraire qu'au-dessous, à une
" certaine profondeur, le granit se change, se perd & s'évanouit à la
" fin, en reprenant peu-à-peu la nature brute du roc vif & quart-
" zeux. *Minéraux*, p. 105.

12°. S'il est vrai que chaque montagne primitive, soit ordinairement composée d'une seule & même espece de pierre.

13°. Chercher si l'on trouve sur les montagnes primitives à de grandes hauteurs, des débris épars de montagnes secondaires. Quand à moi je n'en ai jamais trouvé.

14°. Si la pierre calcaire primitive se trouve toujours avec une cassure grenue, ou la forme d'un marbre salin, & jamais sous une forme compacte.

15°. Le schiste porphyrique de M. Werner, ou porphyre schisteux à pâte de petrosilex primitif, doit-il être considéré comme primitif ou comme secondaire ? La même question sur le *mandelstein* ou *amygdaloïde*.

16°. Est-il bien constaté, comme j'ai cru le voir dans les Alpes, & M. de Fichtel dans les Monts Crapaks, qu'il existe des poudingues ou des grès, sinon primitifs, du moins d'une formation antérieure à celle de toutes les autres pierres secondaires.

17°. Si les granits en masse ont été déposés les premiers, parce qu'ils étoient moins dissolubles, & s'ils ont crystallisé dès que la quantité ou la force dissolvante des eaux ont souffert quelque diminution, & si c'est par la raison contraire que les gneiss, les mica & les pierres magnésiennes ont crystallisé plus tard.

# CHAPITRE XVI.

*Observations à faire sur les transitions.*

§. 2320. 1°. Observer les genres & les especes de fossiles intermédiaires entre un genre ou une espece de fossile, & les genres ou les especes qui leur ressemblent le plus.

2°. Observer sur-tout les transitions par lesquelles la Nature a passé, lorsqu'après avoir produit un genre ou un ordre de montagnes, elle a commencé à en produire d'un genre ou d'un ordre différent : car il n'est aucun changement d'ordre qui n'ait été l'effet d'une révolution, & c'est dans les transitions que l'on peut trouver des traces de ces révolutions.

3°. Ainsi l'on voit souvent des couches de grès ou de poudingues interposées entre les montagnes primitives & les secondaires. On voit des breches former la couche la plus élevée, & par conséquent la plus nouvelle de quelques montagnes calcaires. Il faut donc étudier la nature, les dimensions, la position de ces couches remarquables.

4°. Si après avoir trouvé ces transitions ou d'autres quelconques dans quelques montagnes, on ne les trouve pas dans d'autres : on verra si leur absence ne viendroit point de leur destruction, on en cherchera des vestiges ; & s'il paroît qu'elles n'ont point existé, on cherchera dans la nature & dans la position des montagnes qu'elle peut avoir été la raison de leur absence.

## CHAPITRE XVII.

*Observations à faire fur les reftes & les veftiges des corps orga-nifés qui fe trouvent dans la terre, dans les montagnes ou à leur furface.*

§. 2321. 1°. Leur nature, leur volume, leur quantité, l'étendue, profondeur & autres dimenfions des couches où on les trouve.

2°. Leur confervation, entiers ou rompus, décompofés ou non; les coquillages avec leur nacre & leur couleur, ou dépouillés de l'un & de l'autre ; reftes ou veftiges de leurs chairs ou de leur peau, s'il y en a.

Déduire, s'il eft poffible, de ces données, quelque idée du tems qui s'eft écoulé depuis que ces êtres organifés ont été dépofés dans le fein ou à la furface de la terre.

3°. Nature des objets qui les accompagnent, comme fable, gravier, cailloux ; s'ils font anguleux, ou arrondis ; s'ils fe trouve dans leur voifinage d'autres veftiges de corps organifés.

4°. Leur fituation : s'ils font couchés, ou renverfés, culbutés ; pour en conclure, s'ils font morts dans la place qu'ils occupent, ou s'ils y ont été tranfportés par quelque mouvement violent & irrégulier. Si par exemple, les coquillages ont la même attitude que dans le fein de la mer, les univalves fur leur bouche, les bivalves fur leur valve la moins convexe.

5°. S'ils font par familles, comme dans les eaux tranquilles, ou au contraire, pêle-mêle, & dans un état de confufion.

6°. Si

6°. Si toutes ces circonstances sont les mêmes dans toute l'étendue du même banc, dans les bancs contigus des mêmes terres & des mêmes montagnes, & dans celles du voisinage.

7°. Constater s'il y a des coquillages fossiles qui se trouvent dans les montagnes les plus anciennes, & non dans celles d'une formation plus récente, & classer ainsi, s'il est possible, les âges relatifs & les époques de l'apparition des différentes especes.

8°. Comparer exactement les ossements, les coquillages & les plantes fossiles avec leurs analogues vivants, & vérifier ainsi l'assertion de M. MICHAELIS, que les ossements fossiles des quadrupedes, tels que l'éléphant, le rhinocéros, les bœufs, les cerfs, n'ont point une exacte ressemblance avec ceux que l'on trouve actuellement vivants.

9°. S'ils sont réellement différents; déterminer si ces différences ne sont que des variétés, ou si elles caractérisent des especes réellement différentes.

10°. Si au contraire, on constate leur identité avec quelques analogues vivants, savoir; si ces analogues se trouvent actuellement ou se sont trouvés de mémoire d'homme dans les pays qui renferment leurs restes; & si la réponse est négative, savoir qu'elle est la situation & la distance du pays le plus proche où ils se trouvent.

11°. Si ces analogues ne vivent plus aujourd'hui que sous des climats d'une température très-différente, rechercher s'il y a des indices qu'ils aient anciennement vécu; & se soient propagés dans les pays où se trouvent actuellement leurs restes; ou si au contraire, ces restes paroissent y avoir été transportés par des courants, des marées, ou quelqu'autre grand mouvement des eaux.

12°. Si de même que l'on trouve dans les pays froids, des vestiges des productions des pays chauds, on trouve réciproquement dans les pays chauds des vestiges des productions des pays froids.

13°. Si des bois foſſiles ou d'autres veſtiges de corps organiſés, ſont ſitués de maniere à indiquer qu'il y a eu dans l'ancien Océan des isles peuplées d'animaux & de végétaux.

14°. Etudier avec ſoin les immenſes amas d'oſſements diſpoſés par nids & par couches dans les isles de Cherſo, d'Oſéro & ailleurs.

15°. Etudier de même les cavernes qui en renferment comme le *Baumans bôle* & autres.

16°. S'il paroît que ces cavernes aient été les retraites volontaires de ces animaux, & qu'ils y ſoient morts naturellement, ou ſi ce ſont leurs cadavres qui y ont été tranſportés par les eaux.

## CHAPITRE XVIII.

*Observations à faire sur les Volcans.*

*A. Au moment d'une éruption.*

§. 2322. 1°. FORME, dimensions & élévation du cratere.

2°. Couleur, élévation & autres qualités sensibles de la flamme & de la fumée.

3°. Phénomenes qui ont précédé l'éruption, bruits souterrains, tremblements de terre, mouvements extraordinaires de la mer.

4°. Phénomenes qui accompagnent l'éruption, comme tonnerres, éclairs, électricité positive ou négative; bruits souterreins, tremblements de terre, scories, cendres & pierres lancées, à quelle hauteur, à quelle distance.

5°. Odeur de la fumée, elle indique communément l'acide sulphureux; mais elle pourroit aussi indiquer des bitumes, des charbons de terre.

6°. Nature des gas qui s'échappent pendant l'éruption.

7°. Vitesse de la lave; son degré de fluidité; comparée avec l'inclinaison du terrein sur lequel elle coule.

8°. Mesurer, s'il est possible, le degré de sa chaleur à la sortie du volcan.

9°. Si la lave paroît être dans un état de combustion ou de simple incandescence.

10°. Si son refroidissement se fait avec plus de lenteur, & suivant d'autres loix que celui des corps réchauffés ou fondus dans nos fourneaux.

10°. A. Pourroit-on supposer que les matieres vomies par les volcans ne sont point enflammées, ni même incandescentes dans le sein de la terre, & que ce n'est que le contact de l'air qui leur donne ces qualités.

11°. Si le refroidissement subit d'une lave dans l'air ou dans l'eau, la divise en colonnes prismatiques, telles que celles des bazaltes.

12°. S'il est vrai que souvent les scories nouvellement lancées, & qui ont été subitement réfroidies par leur prompt trajet au travers de l'air, paroissent enduites d'un vernis bitumineux.

13°. Et en général, si le volcan vomit des matieres bitumineuses, ou quelque chose qui ressemble au résidu de la combustion du charbon de terre, ou si plutôt il rejetteroit des pyrites ou des résidus de leur décomposition.

14°. Vérifier par quelques observations, & même par des expériences, s'il ne seroit point possible que des pierres ou d'autres minéraux ferrugineux décomposés par l'eau, subissent une fermentation qui, agissant sur de grandes masses, dégageroit une chaleur suffisante pour produire les effets d'un volcan.

15°. Ou si comme le pense M. ROMME, ce sont des matieres charriées par les fleuves & par les courants de la mer qui entretiennent le feu des volcans.

16°. Chercher les moyens d'estimer la profondeur du foyer du volcan.

17°. S'informer si dans le moment de l'éruption d'un volcan, il y a quelque changement notable marées, dans les courants, dans les sources, dans les fumaroles ou dans les volcans les plus proches.

18°. Eruptions boueuses, leur hauteur, leur volume, chaleur de la boue, nature de l'eau qu'elle contient; si elle est salée; nature des terres & pierres qu'elle charrie; si elle renferme des coquillages marins, de quelles especes, & dans quel état?

Eruptions aqueuses mêmes recherches, & si elles tiennent en dissolution des terres qui ne soient pas ordinairement solubles dans l'eau.

*B. Observations à faire en tout tems sur un volcan décidément tel.*

19°. Nature du pays & des montagnes entre lesquelles il se trouve.

20°. Histoire du volcan. Sa forme, sa hauteur & son étendue dans les tems les plus anciens, & changement successifs jusques au moment actuel. Bouches latérales & époques de leur formation.

21°. Chronologie & énumération de ses différentes éruptions. Descriptions & caracteres des plus remarquables.

22°. Descendre, s'il est possible, dans les crateres des volcans éteints; mesurer leur profondeur; décrire leur forme, la nature de leur parois, leurs couches, les concrétions qui s'y sont attachées, comme souffre, sel, &c. &c.

22°. *A.* Observer les fumaroles ou jets de fumées souvent acides qui s'y trouvent, leur chaleur, leur nature, leurs effets sur les laves qu'elles frappent.

23°. Chercher dans les crevasses, si elles renferment des cryftallisations métalliques ou pierreuses, que l'on puisse considérer comme sublimées & formées par la cryftallisation de substances réduites à l'état de fumées ou de vapeurs.

24°. Nature des courants des laves réfroidies, leur étendue, leur épaisseur.

25°. S'il est vrai qu'en général elles sont poreuses à la surface, tant supérieure qu'inférieure des courants, & compactes dans leur intérieur.

26°. Étudier la nature des divers courants fuperpofés les uns aux autres, pour en conclure les différences qui ont eu lieu dans le foyer du volcan, & dans la fource même de fes laves.

27°. En général étudier dans les laves la nature des terres & des pierres dont elles ont été formées.

27°. A. Etudier l'origine des cryftaux qui fe trouvent renfermés dans les laves, comme les grenats blancs ou leucites dans celle du Vefuve, pour favoir fi ces cryftaux ont été formés dans les laves depuis leur fufion, ou fi ils préexiftoient dans les pierres dont les laves ont été formées.

28°. Nature & progrès de la décompofition des différentes laves, foit par les acides volcaniques, foit par les météores.

28°. A. S'il s'en trouve qui aient réellement coulé, & qui aient pourtant confervé tous les caracteres extérieurs qu'avoit la pierre avant d'avoir fubi l'action des feux fouterreins.

29°. Origine des cendres volcaniques, des poutzolanes, du trafs, des tufas.

30°. Origine des pierres ponces, fi ce ne font des granits ou des feldfpaths, des asbeftes, des prechnites, des déotatites ou des glaifes plus ou moins ferrugineufes; ou enfin des reftes de la combuftion des charbons de pierre.

30°. A. Si comme le croit M. DE FICHTEL, l'action du feu des volcans peut augmenter la fufibilité du feldfpath & le changer de même que le quartz en vraie zéolite.

31°. Nature des obfidiennes ou verres volcaniques; fi ce font vraiment des verres ou des réfultats d'une fufion complette, ou fi ce ne font pas plutôt des pierres d'une apparence vitreufe, & qui n'ont point fubi une action du feu fuffifante pour les fondre.

32°. S'il existe des laves anciennes, qui comme on le dit de celles d'Ischia, soient susceptibles de se réchauffer par l'humidité des pluies & des brouillards, ce qui appuyeroit la conjecture du n°. 14.

*C. Observations à faire sur les collines & sur les montagnes desquelles on doute si elles ont été réellement des volcans.*

33°. Forme, élévation & autres dimensions de la colline ou de la montagne dont l'origine volcanique peut paroître douteuse.

34°. Situation de ses couches. Remonter jusqu'au sommet de celles qui sont inclinées; rechercher si l'on n'y trouvera point un cratere ou des vestiges de cratere.

35°. Voir sur-tout, si en partant du point le plus élevé, on trouvera des couches qui se déversent de toutes parts, en partant de ce point comme d'un centre.

36°. Etudier les caracteres des pierres qui ont subi l'action du feu, pour les distinguer d'avec les autres pierres poreuses, telles que les pierres glanduleuses ou amygdaloïdes.

37°. Ces caracteres une fois reconnus, chercher si dans le voisinage de la montagne douteuse, on trouve des pierres éparses qui présentent ces mêmes caracteres & qui paroissent venir de cette montagne.

38°. Voir si dans ce même voisinage on trouve quelques vestiges d'un reste de chaleur cachée dans le sein de la terre, comme des eaux thermales ou même des eaux acidules. On sait bien que ces signes sont équivoques; mais leur réunion avec d'autres peut mettre un poids dans la balance.

38°. *A.* S'il existe des preuves certaines de dépôts alternatifs de laves ou d'autres productions volcaniques, & de matieres accumulées ou déposées par la mer.

39°. D'entre les pierres qui ont été altérées par le feu, diftinguer celles que l'on peut regarder comme n'ayant fubi que l'action d'une couche de charbon de pierre en déflagration, & que le célebre WERNER nomme *pfeudovolcaniques*, pour les diftinguer d'avec celles qui ont été fondues dans un véritable volcan.

40°. Bazaltes. Leurs formes en colonnes, en tables, en boules. Liaifon & rapports qu'obfervent entr'eux les bazaltes de ces différentes formes.

41°. Nature de ces bazaltes, celle de leur pâte, des grains qu'ils renferment, des pores ou cellules vuides ou pleines que l'on peut y obferver, de leurs divers accidents, de leur décompofition.

41°. *A*. Leur maniere de fe comporter dans le feu, foit nud, foit à l'abri de l'action de l'air; mais avant de tirer des arguments de ces expériences, il faut avoir réfolu la queftion : s'il eft vrai qu'une pierre puiffe avoir été fondue par les feux fouterreins fans qu'aucun de fes caracteres préfente les indices de fufion, que le feu de nos fourneaux auroit donnés à cette même pierre.

42°. Leur liaifon, s'il y en a, avec des laves bien reconnues pour telles; s'il eft vrai, par exemple, comme l'affirme M. de FAUJAS, que l'on voie des courants de laves terminés par des colonnes de bazaltes.

43°. Nature de la bafe fur laquelle repofent des bazaltes : fi l'on en trouve comme le dit M. WERNER, qui repofent fur la wake ou cornéenne à caffure terreufe & compacte, qui repofe elle-même fur le fable ou fur le grès.

44°. Si d'autrefois on voit les bazaltes repofer fur des lits de charbon de pierre qui ne préfentent aucun indice de combuftion.

45°. Voir en un mot, fi le fol qui les porte ou les parois qui les renferment, préfentent des indices de l'action du feu, ou du moins,

d'avoir

d'avoir été exposés au contact d'une masse incandescente, ou si au contraire, on y voit des indices d'un dépôt d'une matiere qui a joui d'une fluidité aqueuse.

46°. Si l'on trouve dans les bazaltes des vestiges de corps organisés, marins ou autres, & dans quel état s'y trouvent ces vestiges.

47°. Si l'on voit, comme le dit M. de FAUJAS, des bazaltes qui paroissent s'être fait jour de bas en haut à travers des masses de granit.

48°. Dans des cas douteux de ce genre, il faudroit, si l'on pouvoit en faire les frais, pousser une galerie sous une butte de bazaltes pour voir s'ils s'approfondissent au-dessous du sol qui paroît les porter; & si on les trouvoit au-dessous de ce sol, abaisser un puits vertical, pour vérifier les systêmes qui les supposent soulevés de l'intérieur de la terre au travers des couches supérieures.

# CHAPITRE XIX.

*Recherches à faire sur les tremblements de terre.*

§. 2323. 1°. Partie historique. Exposé de la grandeur, de l'étendue & de la chronologie de leurs ravages en différents pays.

2°. Paroît-il que certains pays y soient plus exposés que d'autres; y en a-t-il qui en soient absolument exempts, & quels rapports cela paroît-il avoir avec la situation locale de ces pays.

3°. Observer l'étendue, la durée & la direction des vibrations qu'éprouve la terre lorsqu'elle tremble.

4°. Y a-t-il des phénomenes météorologiques qui annoncent ou accompagnent les tremblements de terre, comme chaleur extraordinaire, calme, orages, mouvements du barometre, électricité, vapeurs éparses dans l'air, pâleur ou couleur particuliere du soleil ou des étoiles.

5°. Autres phénomenes, tels que bruits souterreins, mouvement extraordinaire de la mer, sources augmentées ou taries, odeur particuliere, effroi des animaux domestiques.

6°. Y a-t-il des indices que quelques tremblements de terre soient ou aient été les effets de l'électricité, & que l'on pourroit s'en préserver par le moyen des conducteurs.

7°. N'y en a-t-il pas aussi qui dépendent immédiatement des feux souterreins, & qui sont précédés ou accompagnés d'éruptions volcaniques.

8°. Y en a-t-il qui donnent des indices des effets de l'eau réduite en vapeurs.

9°. Conftater la fimultanéité, ou du moins l'étonnante rapidité des effets des tremblements de terre à de très-grandes diftances.

10°. Y-a-t-il des exemples que dans le moment d'un tremblement de terre une étendue un peu confidérable de terrein ou de montagne, ait été foulevée fort au-deffus de fon niveau précédent, & foit demeurée enfuite dans cet état d'élévation.

11°. Y a-t-il des brouillards fecs, tel que celui de 1783, que l'on puiffe confidérer comme une vapeur fortie de la terre par l'action des fecouffes.

## CHAPITRE XX.

*Observations à faire sur les mines de métaux, de charbon & de sel.*

§. 2324. 1°. Il faut d'abord observer dans une mine si elle est en filon ou en couche ; c'est-à-dire, si elle coupe les couches de la montagne, ou si elle leur est parallele.

2°. Dans les mines en filon, on considere les dimensions du filon, son épaisseur, sa longueur, son inclinaison relativement à l'horizon & sa direction relativement aux points cardinaux. Les mineurs donnent à cette direction le nom des heures.

3°. Le métal qu'il renferme, la substance qui le minéralise & l'espece de minérai qui en résulte.

4°. La gangue ou le fossile non métallique qui se trouve mêlé au minérai.

5°. Nature du sol, plancher, ou de cette partie de la montagne sur laquelle repose le filon. Nature du *toit*, *couverture*, ou partie de la montagne qui le recouvre. Nature des parois latérales.

6°. Nature de la *salbande*, ou des parties du filon qui sont contiguës à la montagne.

7°. Nature des druses ou géodes crystallisées que renferme le filon.

7°. *A.* Forme, dimension & nature de la montagne qui renferme le filon.

8°. Situation du filon relativement aux couches de la montagne. Sous quel angle il les coupe.

9°. Sa situation relativement à la forme extérieure de la montagne, s'il est parallele à la pente extérieure de la montagne, ou si cette pente est dans un sens contraire.

10°. Allure du filon, s'il est sujet à changer de direction ou de situation, & suivant qu'elle loix; s'il y a quelques indices précurseurs de ces changements, & des crins, crans ou failles qui interrompent le cours du filon, & comment on le retrouve quand on la perdu. Situation & distance des endroits où il est le plus riche, (*erz-punkte*.)

11°. Filons latéraux, ou ramifications du filon principal. Filons qui l'accompagnent ou qui marchent parallelement à lui.

12°. Vérifier la théorie de M. WERNER, sur les filons, dont voici les principes fondamentaux.

*A*. Que les espaces qu'occupent les filons ont été originairement des fentes ou crevasses vuides.

*B*. Que ces fentes ont été ensuite remplies par en haut dans le tems où la mer couvroit encore les montagnes, & cela par la précipitation ou la cryftallisation de substances qui étoient auparavant dissoutes par les eaux de la mer.

*C*. Que de deux filons qui se croisent, le plus moderne est celui qui coupe l'autre.

*D*. Que de deux filons dont l'un arrête & termine l'autre, le plus moderne est celui qui est arrêté par l'autre.

*E*. Que dans un même filon les parties les plus voisines des parois, la *salbande* font les plus anciennes; celles du milieu les plus modernes, & les intermédiaires d'un âge moyen.

*F*. Qu'aussi dans un même filon, les parties les plus basses sont les plus anciennes.

*G*. Qu'on trouve dans quelques filons des cailloux roulés; dans d'autres des restes de corps organisés, de coquillages, de bois; dans d'autres du charbon de pierre, du sel marin.

*H.* Qu'on peut affigner l'âge relatif de la formation des différents minéraux ; que par exemple, les mines d'étain font de la plus ancienne formation, puis celles d'uranit, de bifmuth, &c.

La plupart des queftions fuivantes fourniffent des confirmations de cette théorie, ou des objections contre elle, fuivant la folution que l'on en donne.

13º. Eft-il vrai qu'il exifte des montagnes ou des parties de montagne tellement criblées de filons *contemporains*, qu'elles n'auroient pas pu fe foutenir, fi la matiere dont ils font remplis n'avoit pas été produite en même tems que la montagne même. J'ai dit contemporains, car fi l'on pouvoit fuppofer que les fentes remplies par ces filons, ont été formées fucceffivement, l'objection que ce fait préfenteroit contre M. WERNER, feroit par cela même réfolue.

13º. *A.* Il faut répéter ici la queftion 10 du Chapitre II : comment l'on peut concevoir que tous les métaux & toutes les matieres que l'on trouve dans un filon aient pu être diffoutes dans l'eau de la mer.

14º. Eft-il vrai qu'il exifte dans le Derbyshire des filons verticaux de mine de plomb qui font coupés à plufieurs reprifes par des couches horizontales d'amygdaloïdes ou de toadftone.

15º. Trouve-t-on dans le voifinage des filons des couches du même minerai qui rempliffent ces filons, & qui paroiffent avoir été dépofées dans le même tems où les dépôts de la mer rempliffoient les fentes qu'occupent ces filons.

16º. Eft-il bien conftaté qu'il y ait certains métaux & certaines efpeces de mine que l'on ne trouve que dans certaines efpeces de montagnes ; & fi le fait eft vrai, cela vient-il de l'âge relatif de ces minérais & de ces montagnes, ou de ce que la fubftance de ces montagnes favorife la formation ou la précipitation d'un minérai plutôt que d'un autre.

17°. Est-il vrai, comme le dit M. DE TREBRA, que l'on trouve les plus riches filons & les points les plus riches d'un filon dans la ligne verticale qui répond aux fonds ou au rendez-vous des eaux pluviales, & jamais sur les pics & sur les crêtes les plus élevées. Et si ce fait étoit constaté, ne prouveroit-il pas, que les filons sont d'une origine postérieure aux grandes révolutions qui ont donné à la surface de notre globe ses formes actuelles, & que les métaux y ont été déposés par les eaux météoriques.

18°. Est-il de même vrai que les mines les plus riches se trouvent dans les montagnes dont les pentes sont peu rapides.

19°. Y a-t-il des exemples de filons entiérement épuisés, & qui se sont de nouveau remplis de minérai.

20°. La production des métaux dépend-elle de l'influence du soleil, du climat ? Les trouve-t-on plus fréquemment près des faces orientales ou méridionales des montagnes, qu'auprès des faces occidentales ou septentrionales.

21°. Peut-on généraliser l'observation faite en Sibérie, en Transylvanie, au Mont-Rose & ailleurs, que dans les mines d'or, les filons sont plus riches auprès de la surface que plus avant dans l'intérieur de la montagne.

21°. *A.* Est-il généralement vrai que les filons soient plus riches dans leurs intersections que dans le reste de leur cours.

22°. Voit-on la pente des filons plus souvent contraire que parallele à celle de la face adjacente de la montagne.

23°. Arrive-t-il quelquefois que la roche qui forme les parois du filon, ( *neben gestein* ) soit aussi riche & même plus riche en métal que le filon même, & s'ensuivroit-il de là, que le métal arrive au filon en s'infiltrant au travers de ses parois.

24°. Est-il vrai que dans les montagnes de granit le grain du granit est plus fin & la pierre plus tendre dans le voisinage d'un filon.

25°. Voit-on dans quelque mine des preuves que les feux souterreins aient contribué à sa formation, en sublimant des matieres métalliques ou en les fondant. En un mot, y voit-on quelques vestiges de l'action du feu.

26°. Ne voit-on pas au contraire, dans la plupart des mines des preuves de l'action de l'eau, dans la situation des minéraux & de leurs gangues, dans leurs drufes, dans l'état, la forme & la nature de leur cryftallifation.

27°. Regne-t-il dans le fond des mines une chaleur fupérieure à la température moyenne de la terre; & fi une telle chaleur regne dans quelque mine, ne peut-elle pas s'expliquer par celle que produifent les lampes, les mineurs eux-mêmes, quelqu'amas de pyrites, ou quelque caufe locale, fans recourir à une caufe générale ou au feu central.

28°. Est-il bien certain, qu'en général, les filons vont en s'amincissant à mefure qu'ils s'approfondissent, & fe terminent en forme de coin ; enforte que les fentes qui les renferment foient fermées par en bas. Ce fait, s'il étoit constaté, détruiroit la possibilité des sublimations venant de l'intérieur de la terre.

29°. Sur les mines en couches, obferver leur nature, leur étendue, épaisseur, inclinaifon, profondeur ; leurs interruptions par des filons qui les coupent, leurs renflemens & amincissements alternatifs, de même que l'augmentation & la diminution de leur richeffe, & les fignes précurfeurs de ces changemens.

30°. S'il eft très-rare de trouver fous la forme de couches d'autres mines métalliques que celle de cuivre, de fer, de plomb, de calamine & de manganèfe.

31°. Si les mines en couches font communément pauvres auprès de la furface de la montagne & s'enrichiffent en s'approfondissant.

31°. *A.* Si les mines en rognons ou en masse, *stockwerke*, doivent se rapporter à celles en filon ou à celles en couches.

32°. Dans les mines de charbon, observer la nature du charbon plus ou moins compacte, plus ou moins riche en bitume, plus ou moins mélangé d'argile ou de pyrites.

33°. Rechercher dans les charbons des vestiges de leur origine; si ce sont des bois, & de quelle espece, ou des tourbes, ou des plantes marines.

34°. Voir si l'on y trouve des restes d'animaux, ou marins ou terrestres.

35° Allure de leurs couches; s'il est vrai que souvent elles commencent par descendre, pour devenir horizontales, & remonter ensuite; & que c'est dans la partie horizontale qu'elles sont le plus épaisses, & donnent le charbon de la meilleure qualité.

36° S'il y en a plusieurs couches les unes au-dessus des autres avec des bancs d'autres fossiles interposés. Qualités & rapports de ces couches.

37°. Nature & épaisseur des couches de terres ou de pierres sous lesquelles se trouve la mine de charbon. Empreintes & autres vestiges de corps organisés qui se trouvent dans ces couches.

37°. *A.* Ceux qui attribuent l'origine du charbon de terre à des forêts enfouies dans la terre, comment peuvent-ils expliquer des couches minces de ce fossile renfermées entre des bancs de pierres calcaires, & qui se répétent dans la même montagne à différentes hauteurs? Cette observation n'indiqueroit-elle pas qu'il y a aussi des charbons originaires, des algues, des fucus ou d'autres plantes marines.

37°. *B.* Doit-on supposer que tous les charbons ont été dans un état de dissolution; quel est l'agent qui les a dissous, & que l'on peut appeler leur minéralisateur.

38°. Quoique les mines de sel gemme se trouvent communément

par couches; cependant M. DE FICHTEL affirme que l'on trouve en Tranfylvanie, des maffes énormes de fel pur, compacte, fans apparence de couches, fans mélange de corps étrangers; il les regarde comme d'une formation très-ancienne, & les diftingue de celles qui font en couches, entre des lits d'argilles & de grès mélangés de coquillages. Ces grands faits méritent un examen très-approfondi.

39°. Vérifier auffi l'affertion du même géologue, que ces maffes de fel font entourées d'anciens volcans; & déterminer, fi l'on doit croire avec lui, que ce fel ait été cryftallifé par la chaleur de ces volcans, qui ont fait évaporer l'eau qui le tenoit en diffolution.

40°. Voir, enfin, fi quelques-unes de ces maffes de fel paroiffent avoir été foulevées par les feux fouterrains à une hauteur plus grande qu'elles n'avoient lors de leur formation.

41°. Rechercher la raifon de la finguliere liaifon que l'on obferve entre les mines ou les fources de fel & les montagnes de gypfe.

# CHAPITRE XXI.

### Recherches à faire sur l'aimant.

§. 2325. 1°. La théorie de l'aimant doit entrer dans la théorie de la terre; premiérement, parce que les phénomenes qui en dépendent appartiennent à la masse entiere du globe; ensuite, parce que Halley, & après lui d'autres physiciens, ont essayé d'expliquer divers phénomenes de l'aimant, en supposant que la terre est concave, & qu'elle renferme dans sa concavité un ou plusieurs globes magnétiques.

2°. Dans la considération de l'aimant, il faut d'abord examiner si l'on doit, pour expliquer ses phénomenes, supposer, comme Descartes, un fluide continu qui tourbillonne autour de l'aimant, en entrant par un de ses pôles, & en ressortant par l'autre ; ou comme M. Epinus, un fluide discret, susceptible de raréfaction & de condensation qui se raréfie dans un des pôles, & se condense dans l'autre ; ou enfin, comme M. Prévost, deux fluides susceptibles de se combiner l'un avec l'autre, & de se neutraliser par leur réunion; mais aussi de se séparer de maniere, que l'un des deux soit seul accumulé autour du pôle Nord d'un aimant, tandis que l'autre est accumulé autour du pôle Sud, & que tous les phénomenes magnétiques s'expliquent par les attractions électives que ces fluides exercent, soit entr'eux, soit avec le fer. (1)

3°. Il faut voir ensuite si la direction de l'aiguille aimantée & son inclinaison dépendent de la situation d'un grand aimant renfermé dans

---

(1) *De l'origine des forces magnétiques*, par P. Prevost, 8°. Geneve, 1788.

les entrailles de la terre, comme l'a supposé HALLEY, ou de l'accumulation de l'un des deux fluides magnétiques vers un des pôles, & peut-être de l'autre fluide vers le pôle opposé, comme le suppose M. PREVOST.

4°. Si l'on admet l'hypothèse d'un grand aimant suspendu dans la concavité de la terre, supposera-t-on, comme l'inventeur de cette hypothèse, que cet aimant ait quatre pôles, ou tentera-t-on de tout expliquer, comme l'a fait le grand géometre EULER, par un aimant qui n'ait que deux pôles; ou enfin, supposera-t-on, comme l'a fait derniérement un physicien américain, M. CHURCHMAN, que la terre renferme deux pôles magnétiques, l'un au Nord, l'autre au Sud, à des distances différentes des pôles de la terre, qui font leurs révolutions dans des tems différents, & que de l'influence combinée de ces deux pôles, on peut conclure avec tant de précision les changements annuels de déclinaison, que l'on déduiroit la longitude d'un lieu quelconque de sa latitude, & du degré de déclinaison que l'aiguille y éprouve. *Heads of lectures by J.* PRIESTLEY, *London*, 1794.

5°. Ainsi dans la supposition d'un ou de plusieurs aimants intérieurs, les changements annuels de déclinaison & d'inclinaison, s'expliquent par des mouvements de rotation de ces aimants. Mais dans le système de M. PREVOST, qui n'admet point ces aimants intérieurs, on demande si les changements de déclinaison ne dépendroient point des mouvements qui produisent le changement d'obliquité, la précession, la nutation, & peut-être quelques autres phénomenes ou inégalités de ce genre. (1)

6°. Quant aux variations diurnes, un savant Anglois M. CANTON, considérant qu'il est prouvé par l'expérience, que la chaleur diminue la force de l'aimant, a pensé que les rayons solaires en réchauffant la

---

(1) *Recherches physico mécaniques sur la chaleur*, par P. PREVOST, 8°. Geneve, 1792. §. 161.

terre doivent diminuer la force attractive du grand aimant qui y est renfermé; & il déduisoit de là, comme on le verra bientôt, l'explication de ces variations. Mais M. CANTON ne réfléchissoit pas à ce qu'a fort bien vu M. ÆPINUS, que cet aimant, s'il existe, est enfoncé trop avant dans la terre pour que l'action des rayons solaires, ou du moins les variations de cette action du soir au matin, puissent y pénétrer. Cependant on peut appliquer aux minéraux ferrugineux, abondamment répandus à la surface de la terre, ce que M. CANTON pensoit du grand aimant renfermé dans son sein; & alors, si l'on admet que ces minéraux exercent quelqu'action sur l'aiguille aimantée, on ne sauroit nier que la chaleur excitée par les rayons du soleil ne diminue cette action. Il suivroit de ces principes, que le matin, quand le soleil réchauffe la surface du terrein, situé à l'Est de l'aiguille, celle-ci, moins fortement attirée vers cette partie, doit décliner vers l'Ouest, & que par la raison contraire, elle doit, le soir, décliner vers l'Est : or, M. CANTON prouvoit, par une longue suite d'observations, qu'au moins à Londres, c'est-là le cours ordinaire des variations diurnes.

7°. Mais il conviendra d'examiner si cette explication, même ainsi corrigée, ne renferme pas un paralogisme, & si lorsque toutes les particules ferrugineuses répandues auprès de la surface de la terre à l'Orient de l'aiguille, diminuent également & simultanément de force attractive, l'aiguille ne doit pas demeurer immobile, vu que la diminution de l'attraction exercée sur le pôle Sud de l'aiguille, compense la diminution de celle qui est exercée sur le pôle Nord (1). J'en dis

---

(1) Soit $o$ le centre de suspension de l'aiguille; N S, (T. III. pl. 2. fig. 4.) & $a$, $b, c, d$, des forces qui sollicitent l'aiguille dans des directions opposées; par exemple, des morceaux de fer. Les forces en $b$ & en $d$ conspirent à faire mouvoir du côté de l'Ouest l'extrémité N de l'aiguille, & les forces en $a$ & en $c$ conspirent de même à faire marcher cette même extrémité du côté de l'Est; & lorsque l'aiguille demeure tranquille il y a équilibre & les forces $a + c = b + d$. Or, dans cette supposition. si les forces du même côté, $b$ & $c$, par exemple, diminuent également, l'équilibre ne sera point rompu. En effet, soit $b = y + m$

autant de celles qui font situées à l'Occident. Si ce raisonnement est juste, l'aiguille ne doit varier par l'action de la chaleur solaire, que quand cette chaleur diminue la force magnétique des parties ferrugineuses, situées au Nord de l'aiguille, plus que celle des parties situées au Sud, ou réciproquement.

Pour décider cette curieuse question, il faudroit choisir deux rivages opposés & dirigés à peu-près de l'Est à l'Ouest du méridien magnétique, telles que seroient les côtes de Provence au Midi, & celles de la Normandie au Nord; établir deux boussoles bien suspendues, telles que celles de M. Coulomb; l'une au Midi, à Antibes, par exemple; l'autre au Nord, près du Cap de la Hogue, & voir si leurs variations diurnes ne marcheroient pas en sens contraire, c'est-à-dire, si celle d'Antibes, qui a le continent au Nord, & seulement des mers au Midi, ne déclineroit pas le matin du côté de l'Ouest, comme faisoit celle de M. Canton, tandis que celle de la Hogue, qui a le continent au Sud, & la mer au Nord, déclineroit en même tems à l'Est. En effet, M. Canton, qui faisoit ses observations à Londres, avoit au Nord de son horizon magnétique la plus grande partie de l'Angleterre & toute l'Irlande; & ainsi il devoit avoir la variation à l'Ouest le matin, & à l'Est le soir, comme il l'a observée. Car il est certain que les mers préservent les terres qu'elles couvrent de l'action du soleil; & qu'ainsi l'attraction de ces terres ne doit point varier par la chaleur qui émane de cet astre.

8°. En répétant & en variant avec soin ces observations dans des lieux choisis avec discernement, on décidera si la variation diurne régulière tient à une cause générale, mais dont l'action soit cependant susceptible d'être suspendue ou troublée par des causes locales : ou si, au

---

& $c = z + m$; si les forces $b$ & $c$ diminuent également de la quantité $m$, on aura toujours $a + x = b + y$. Il en sera de même d'une augmentation quelconque, si elle est égale & simultanée, sur tout un des côtés de l'aiguille.

contraire, comme le croit M. WAN SWINDEN, on doit croire que la variation diurne n'eſt point un phénomene coſmique, ou qu'elle ne dépend point d'une cauſe générale inhérente au globe, & qui agiſſe par-tout ſuivant la même loi.

9°. Y a-t-il quelqu'action, proprement dite, du fluide magnétique ſur le fluide électrique; ou n'y a-t-il entre ces deux fluides qu'une reſſemblance de propriétés ou de maniere d'agir.

10°. Eſt-il bien conſtaté, comme le croit M. WAN SWINDEN, que les aurores boréales agiſſent ſur l'aiguille aimantée, & peut-on concevoir le mode de cette action.

11°. Mêmes queſtions ſur la lumiere zodiacale.

12°. En général, la théorie de l'aimant eſt encore ſi éloignée de ſa perfection, même dans la partie qui dépend uniquement de l'obſervation, qu'il eſt bien à ſouhaiter que l'on multiplie les obſervations & les obſervateurs, ſur-tout pour ce qui concerne l'inclinaiſon de l'aiguille. Quant à la déclinaiſon & à ſes variations, M. WAN SWINDEN a donné un bel exemple d'exactitude & de conſtance dans les obſervations, & de ſagacité dans l'art de claſſer & de comparer les réſultats; il eſt bien à deſirer que cet exemple ſoit ſuivi ſous des climats & dans des ſituations différentes. Il eſt par exemple à ſouhaiter que l'on détermine avec préciſion les bandes de la terre où la déclinaiſon eſt nulle & leurs changements de poſition, & de même pour l'inclinaiſon.

## CHAPITRE XXII.

*Erreurs à éviter dans les observations relatives à la Géologie.*

§. 2326. 1°. Il y a des erreurs dans lesquelles il est facile de tomber, lorsqu'on n'a pas un long exercice de l'art d'observer dans un genre donné, & contre lesquelles il est utile de prémunir au moins ceux qui commencent.

2°. Sur les distances. Il est très-facile de se tromper sur les distances relatives des objets éloignés. Toutes les étoiles & les planetes paroissent à la même distance. Les montagnes éloignées paroissent être toutes dans le même plan. Ainsi celles qui sont situées fort loin, derriere d'autres, paroissent faire corps avec celles-ci; ensorte que l'on croit voir des chaînes suivies & non interrompues, lors même qu'il n'y en a point, & que les montagnes sont réellement isolées.

Les distances absolues des objets, même peu éloignés, sont aussi très-difficiles à estimer sur les hautes montagnes, où la transparence de l'air & l'absence des vapeurs détruisent la perspective aërienne. Souvent j'ai cru n'avoir que deux ou trois cents pas à faire pour atteindre une cime, dont j'étois éloigné de plus d'une lieue en ligne droite.

3°. Il y a bien des erreurs dont les couches peuvent être l'objet.

Leur grande épaisseur peut faire croire qu'il n'y en a pas, quoiqu'elles existent réellement.

De même si des couches verticales, ou même seulement fort inclinées, présentent leurs plans à l'œil de l'observateur, il croira voir des

masses

maſſes informes & indiviſes, tandis que ſi l'on voyoit leurs tranches on diſtingueroit aiſément leurs diviſions.

Il faut donc avoir vu une montagne ſous des aſpects qui ſe coupent à angles droits, avant de prononcer qu'elle n'eſt pas diviſée par couches.

4°. D'autres fois des fiſſures accidentelles, mais cependant produites par une cauſe qui leur eſt commune, préſentent des apparences de couches tandis qu'il n'y en a pas, ou que s'il y en a, leur ſituation eſt très-différente de celle de ces fentes. C'eſt le tiſſu intérieur de la pierre, qui, dans bien des cas, peut ſeul déterminer ſi les diviſions qu'on obſerve ſont des ſéparations de couches ou de ſimples fiſſures, parce que les couches ſont conſtamment paralleles aux feuillets intérieurs ou au tiſſu ſchiſteux de la pierre. Les cryſtaux dont le tiſſu lamelleux peut quelquefois ſe confondre avec un tiſſu ſchiſteux, peuvent préſenter une exception à cette regle, en préſentant des lames perpendiculaires aux plans des couches, mais il eſt aiſé de les reconnoître.

5°. On peut auſſi porter un jugement erroné ſur la direction d'une montagne ou de ſes couches, lorſque l'œil n'eſt pas ſitué dans leur prolongement, ou du moins tout auprès.

6°. La ſituation apparente des couches peut auſſi induire en erreur. Elles paroiſſent horizontales, lors même qu'elles ſont très-inclinées; lorſqu'on ne les voit que ſur la tranche formée par un plan parallele à la commune ſection de leurs plans avec l'horizon, on ne peut juger de leur inclinaiſon, & la meſurer avec certitude que ſur une tranche perpendiculaire à la commune ſection que je viens d'indiquer.

6°. A. Enfin, l'erreur la plus grave eſt celle que l'on peut commettre ſur la ſuperpoſition des couches. J'ai vu ſouvent des hommes novices dans l'étude des montagnes, croire qu'une couche repoſoit ſur une autre; un granit par exemple, ſur une ardoiſe, parce qu'ils avoient trouvé l'ardoiſe au bas de la montagne, & le granit dans le haut; tandis que l'ardoiſe n'étoit qu'appliquée contre le bas de la montagne,

& que le granit au contraire s'enfonçoit dans la terre fort au-deſſous de l'ardoiſe. Il ne faut donc prononcer qu'une couche eſt ſituée ſous une autre, que quand on la voit réellement s'enfoncer au-deſſous d'elle.

7°. Et même lorſqu'on voit un rocher diſtinctement ſuperpoſé à un autre, il faut examiner ſi celui qui eſt ſur l'autre n'occupe point accidentellement cette ſituation, s'il n'a point gliſſé ou roulé d'une montagne plus élevée; & enfin, lors même qu'ils ſeroient étroitement unis, il faut voir ſi leur ſituation actuelle eſt bien celle dans laquelle ils ont été formés, & s'ils n'ont point été renverſés & mis accidentellement dans une ſituation contraire à celle de leur formation originaire.

8°. On ſe trompe auſſi fréquemment ſur la nature des pierres & des montagnes. Quoiqu'un œil exercé puiſſe ſouvent juger à diſtance & même à un aſſez grand éloignement, du genre de pierre dont une montagne eſt compoſée; cependant ces jugements ſont ſouvent erronés; ſouvent des montagnes de granit ou de gneiſs tendres & deſtructibles prennent de loin les formes arrondies des montagnes ſecondaires. Quelquefois auſſi des montagnes de pierres calcaires, dures dans leur genre & en couches verticales ou très-inclinées, préſentent les formes hardies, les pics & les crénelures à angles vifs des ſommités granitiques.

9°. Même en y regardant de près, on ſe trompe ſouvent. Une pierre peut avoir un enduit étranger, de mica, par exemple, tandis que l'intérieur eſt d'une nature très-différente.

10°. On regarde communément l'efferveſcence avec l'eau forte comme un caractere certain de la pierre calcaire; cependant ce caractere peut tromper, puiſque la terre peſante & la magnéſie font auſſi efferveſcence, & il ne faut point ſe contenter de toucher une pierre avec l'acide nitreux, ou d'en laiſſer tomber une goutte à ſa ſurface, puiſque la terre abſorbante, quelle quelle ſoit, peut n'être que diſſéminée entre des parties argilleuſes ou ſiliceuſes. Il faut donc plonger un fragment de la pierre dans une quantité d'acide ſuffiſante pour la diſſoudre en entier, s'il eſt tout diſſoluble, & voir s'il ne reſte point de réſidu qui refuſe de ſe diſſoudre.

11°. Souvent l'action de l'air & des météores donne aux foſſiles des apparences abſolument différentes de celles qu'ils avoient avant d'avoir ſubi cette action. Il ne faut donc pas ſe contenter d'un examen ſuperficiel; il faut ſonder les rochers juſques au vif, & là où l'action des agents météoriques n'a point pénétré.

12°. On ſe trompe auſſi ſouvent en prenant pour ſimples, des pierres compoſées, dont la compoſition ne ſe manifeſte pas au premier coup-d'œil, ſoit à cauſe de la pétiteſſe de leurs parties compoſantes, ſoit parce que quelques-unes de ces parties ſont renfermées chacune à part dans une enveloppe qui en cache l'intérieur. On ſe garantira de cette erreur, en obſervant au ſoleil avec des fortes loupes, & après avoir mouillé la ſurface du foſſile avec de l'eau ou de l'acide nitreux, & mieux encore, en l'expoſant graduellement à la flamme du chalumeau.

13°. On ſe trompe ſouvent ſur la cryſtalliſation, ſoit ſur la vraie forme des cryſtaux, ſoit ſur-tout en prenant pour de vrais cryſtaux des cryſtaux paraſites, ou qui ſe ſont formés dans le moule des cryſtaux d'un autre genre. C'eſt ainſi qu'on voit des cryſtaux de quartz, de petroſilex, de jaſpe, formés dans des moules de cryſtaux calcaires, & qui ont pris la forme propre à ces derniers.

14°. Quant aux erreurs que cauſe l'ignorance des caracteres diſtinctifs des foſſiles & celle des noms qui leur conviennent, l'unique moyen de s'en préſerver, eſt d'étudier avec ſoin les bons auteurs, & ſur-tout des collections faites, ou du moins étiquetées par d'habiles minéralogiſtes.

15°. Mais dès qu'on a le plus léger doute ſur la dénomination que l'on doit donner à un foſſile, il faut faire une deſcription exacte, ſoit de ſes caracteres extérieurs, ſoit de ſes propriétés phyſiques les plus déciſives, comme dureté, peſanteur, ſolubilité; ſi cette deſcription eſt bien faite, l'erreur ſur le nom pourra toujours ſe redreſſer, & l'obſervation ne ſera pas perdue, comme elle le ſeroit ſi l'on avoit quelque raison de suspecter la justesse de la dénomination, & qu'aucune description ne pût servir à la corriger. (1)

16°. Lorsque les caracteres d'un fossile le rapprochent d'un autre au point qu'il se trouve près de la limite qui sépare les genres ou les especes de ces deux fossiles, il faut suivre l'exemple de M. WERNER & de ses disciples, en marquant que ce fossile est intermédiaire, ou forme une transition entre ces deux genres. Car si on l'attribue exclusivement au genre *A*. sans noter les caracteres qui le rapprochent du genre *B*, un autre observateur, qui verra ce même fossile, pourra fort bien le rapporter au genre *B*, & l'on ne saura lequel des deux s'est trompé.

17°. On se trompe aussi souvent en mêlant l'opinion à l'observation, & en donnant celle-là pour celle-ci; comme quand on affirme avoir vu des vestiges de volcans éteints, parce qu'on a vu des pierres ou noires, ou poreuses, ou de formes prismatiques, sans daigner les décrire avec soin, mais en les qualifiant simplement de laves ou de basaltes.

18°. Enfin, une source fréquente d'erreurs, est une trop grande confiance à la fidélité de sa mémoire ou à la justesse de ses premiers apperçus. Ces deux genres de confiance marchent souvent de front, & l'on ne peut se préserver du danger des erreurs qui en sont souvent les suites, qu'en notant sur les lieux toutes les observations auxquelles

---

(1) Un homme qui ne vit plus, mais qui a passé dans son tems pour minéralogiste, m'écrivit qu'il avoit trouvé des coquillages marins renfermés dans un granit. Je le priai de me donner une description exacte de la pierre qu'il appelloit *granit*. Il le fit, je reconnus que cette pierre étoit un grès ou une pierre de sable, & les échantillons qu'il m'envoya ensuite, me prouverent que je ne m'étois pas trompé. On peut se rappeller les pyrites du Chanoine RICUPERO, §. 93. Les erreurs de ce genre qui viennent de fausses dénominations sont innombrables; car une connoissance exacte des substances minérales, est une chose bien plus difficile & plus rare qu'on ne le croit communément.

on attache quelqu'importance, sur-tout si elles sont un peu compliquées, & en emportant des échantillons soigneusement étiquetés des objets qui forment le sujet de ces observations : car ce n'est pas seulement des objets rares & singuliers qu'il faut emporter des échantillons. En effet, le but d'un voyageur géologue n'est pas de former un cabinet de curiosités, mais c'est des choses les plus communes en apparence qu'il faut prendre des morceaux, lorsque l'exacte détermination de leur nature peut intéresser la théorie. On se ménage ainsi les moyens de confirmer ou de rectifier ses premiers apperçus, & de faire des recherches approfondies, & des comparaisons qu'il est impossible de faire sur les lieux.

# CHAPITRE XXIII.

*Instruments nécessaires au géologue voyageur.*

§. 2327. 1°. L'INSTRUMENT le plus nécessaire c'est le marteau du mineur; il en faut au moins de deux grosseurs; l'un petit, pour casser les petits morceaux & les cailloux roulés, en les tenant de la main gauche, tandis qu'on les frappe de la droite; son poids doit être, y compris celui du manche, d'environ dix onces; l'autre plus gros, pour détacher des fragments de rocher & pour rompre de gros cailloux; son poids doit être à peu-près quadruple de celui du petit.

Quand je voyage à cheval, je tiens ces deux marteaux suspendus à l'arçon de ma selle.

1°. *A.* Deux ciseaux de tailleurs de pierre; l'un petit, d'une ligne à une ligne & demie, pour détacher de petits cristaux, ou d'autres objets d'un petit volume; l'autre, de 7 à 8 lignes.

2°. Pour essayer la dureté d'un fossile il faut un briquet, une lime triangulaire, un peu fine, & une forte pointe d'acier trempé.

3°. Acide nitreux, & boîtes à réactifs, de M. de MORVEAU.

3°. *A.* Bareau aimanté dans un étui avec un pivot d'acier sur lequel on le place pour essayer le magnétisme des fossiles.

4°. Loupe de trois pouces de foyer, pour prendre une idée générale du fossile; un autre d'un pouce, pour étudier ses parties séparées, & une de cinq à six lignes pour un examen plus approfondi. Ces trois loupes doivent toujours être dans la poche ou sous la main du voyageur.

*INSTRUMENTS, Chap. XXIII.* 535

Mais il faut outre cela, pour le cabinet & pour les séjours, un microscope armé d'un micrometre.

5°. Lunettes d'approche pour observer les cimes inaccessibles & les montagnes éloignées.

6°. Porte-feuille de poche garni de papier préparé, sur lequel on écrit avec un crayon de soudure d'étaim, qu'on n'est pas obligé de retailler sans cesse, & dont l'écriture ne s'efface pas aussi facilement que celle de la plombagine. C'est-là qu'on fait sur les lieux l'esquisse de son journal, & qu'on prend la note des observations; mais il faut s'assujettir à relever chaque jour, & plus en détail, ces notes à la plume, en conservant cependant les notes primitives, qui ont toujours un caractere de vérité, qui fait que l'on aime souvent à y recourir.

7°. Quelques mains de papier gris, dont on porte quelques feuilles dans sa poche pour envelopper & étiqueter à mesure & sur place les échantillons des pierres qu'on ramasse. Il faut les renfermer ensuite avec du foin dans un sac destiné à cet usage jusqu'à ce que l'on en ait assez pour en faire une caisse que l'on envoie chez soi par les voitures publiques, là où en trouve l'occasion. Mais dans le moment même du voyage, comme il est fatigant d'en charger ses poches, & que souvent les guides les perdent à dessein pour s'en débarrasser, j'ai derriere ma selle deux sacs de cuir où je les mets jusques à une halte, où j'aie le tems de les emballer dans le foin & dans le sac de toile. M. Besson recommande aux voyageurs par mer, d'écrire avec de l'encre de la Chine les étiquettes, qui doivent accompagner les minéraux dans de longs trajets, parce que divers accidents, peuvent décolorer l'encre ordinaire.

8°. Chalumeau & son assortiment. Comme j'en fais beaucoup d'usage, & qu'à la longue il me fatigue, quoique je sache fort bien ne faire agir que les joues, sans souffler du fond de la poitrine, j'ai fait faire un soufflet portatif à deux vents, dont les ailes ont chacune

62 pouces quarrés de surface. Ce soufflet se suspend au bord d'une table quelconque. Je le mets en mouvement, en serrant entre mes genoux les manches de ces deux aîles, qui s'écartent de nouveau par l'action d'un ressort. Cet appareil est très-portatif & très-commode.

9°. Demi-cercle tracé & gradué sur une planche mince de cuivre, de forme exactement rectangulaire, avec un à plomb, suspendu au centre du demi-cercle, voyez la planche 1, fig. 5. Ce demi-cercle est tout ce qu'il y a de plus commode pour mesurer l'inclinaison des couches, des filons, des pentes du terrein & on peut le porter toujours avec soi dans une poche de son porte-feuille.

10°. Boussole munie d'une alidade, pour prendre la direction des montagnes, des chaînes, des vallées & des couches.

11°. Baromettre portatif avec ses deux thermometres, l'un & l'autre de mercure; l'un adhérent au baromètre pour estimer la température du mercure dans le barometre, & l'autre à boule nue, destiné à mesurer la température de l'air.

Ceux qui outre la géologie s'intéresseroient à la météorologie, porteroient aussi un hygrometre & un électrometre.

12°. Pour la température de la mer à de grandes profondeurs, il faut un thermometre garni, comme celui que j'ai décrit au §. 1392, pl. 1, fig. 3. Pour les lacs, il suffit de l'appareil que j'ai indiqué dans la note du §. 1399.

13°. Ceux qui entendent un peu de géométrie, devront se pourvoir d'un sextant avec son horizon artificiel, & d'une chaîne pour pouvoir mesurer une base, & prendre ainsi la hauteur d'un pic inaccessible; la largeur d'une riviere, &c. &c.

On peut aussi avec ce sextant prendre des latitudes. Quant aux longitudes, elles exigent des instruments & une habileté dans ce genre d'observations

*INSTRUMENTS*, *Chap. XXIII.* 527

d'obfervations que l'on ne peut attendre que des marins ou des aftronomes de profeffion.

14°. Il faut auffi avoir à fa portée quelques outils pour réparer un inftrument dans le cas où il viendroit à fe déranger, comme pinces, limes, tournevis, compas, forêts, fil d'archal, aiguilles, fil, ficelles.

15°. Enfin, quelque bonne carte, collée fur toile, du pays que l'on fe propofe de parcourir, & la comparer fouvent avec fon itinéraire & les relevements que donne la bouffole.

16°. Quant aux foins qu'exige la perfonne même du voyageur, il faut un habit léger de drap fans doublure, blanc, de même que le chapeau, pour qu'il foit moins réchauffé par les rayons du foleil ; avec des gillets, les uns frais, pour les régions & les vallées chaudes ; les autres chauds, pour les régions & les fommités froides ; une bonne redingote, des lunettes vertes & un crêpe noir, pour les neiges & garantir les yeux & le vifage de leur impreffion. Enfin, fi l'on doit paffer la nuit en plein air, une tente ou canonniére, une peau d'ours fur laquelle on fe couche & des couvertures de laine.

17°. Un bâton folide & léger. Le mien, pour les hautes Alpes, eft un planton bien fec de fapin, long de 7 pieds, & de 18 lignes de diametre par le bas, avec une forte pointe de fer affujettie par une virole ; ces dimenfions paroîtront fortes, mais il n'y a rien de trop pour les rocs efcarpés, les glaciers, les neiges, lorfqu'on eft obligé de prendre fon point d'appui loin de foi, & de repofer tout le poids de fon corps fur fon bâton, en le tenant dans une fituation très-inclinée, & même horizontale, comme cela fe voit dans la vignette, tome I, page 356, in-4°.

Pour les montagnes moins efcarpées, on peut fe contenter de bâtons moins grands & moins forts ; mais toujours faut-il qu'ils aient 4 à 5 pieds de hauteur, & qu'ils foient affez forts pour qu'on puiffe s'y foutenir des deux mains, en les tenant dans une fituation horizontale,

*Tome IV.* Y y y

dans l'attitude de la petite figure qui est à gauche au haut de la même vignette; car en côtoyant ou en descendant une pente rapide, ou en marchant sur une corniche au bord d'un escarpement, il faut toujours s'appuyer des deux mains, en tenant le bâton du côté de la montagne & non point du côté du précipice, comme font ceux qui n'ont pas appris l'art de marcher dans les montagnes.

18°. Pour ne pas glisser sur les neiges dures, les glaces & les gazons ras, qui sont plus dangereux encore, j'avois conseillé des crampons que j'ai fait graver dans la planche III du premier volume, & je m'en suis pendant long-tems servi avec succès. Cependant dans mes derniers voyages j'ai préféré des souliers dont l'épaisse semelle de cuir est armée de fortes vis à 8 ou 9 lignes de distance l'une de l'autre; les têtes de ces vis sont d'acier & ont la forme d'une pyramide quarrée. J'en ai de petites dont la pointe n'a que $2\frac{1}{2}$ lignes de hauteur sur une largeur à peu près égale, pour les glaces, les rochers & les gazons, & d'autres d'une dimension double pour les neiges dures.

19°. Enfin, pour la nourriture, lorsque l'on doit séjourner un peu long-tems dans des déserts éloignés des habitations & même des chalets, on peut porter quelques pieces de viande salée ou assaisonnée; mais le salep de pommes de terre de M. PARMENTIER, avec des tablettes de bouillon & du pain forment la nourriture la plus restaurante & du plus petit volume. Un petit réchaud de fer, un petit sac rempli de charbon, & une casserole de cuivre ou de fer étamé, forment ma vaisselle de montagne. On trouve des écuelles & des cuillers de bois dans les derniers chalets. Il convient cependant de porter habituellement dans sa poche un gobelet de résine élastique pour étancher, sans aucun apprêt, la soif importune que l'on éprouve si souvent dans ces voyages.

On voit d'après cet exposé que l'étude de la géologie n'est faite ni pour des pareffeux, ni pour des hommes fenfuels; car la vie du géologue eft partagée entre des voyages fatigants, périlleux, où l'on eft privé de prefque toutes les commodités de la vie, & des études variées & approfondies dans le cabinet. Mais ce qui eft plus rare encore, & peut-être plus néceffaire que le zele qu'il faut pour furmonter ces obftacles, c'eft un efprit exempt de préventions, paffionné de la vérité feule, plutôt que du defir d'élever ou de renverfer des fyftêmes, capable de defcendre dans les détails indifpenfables pour l'exactitude & la certitude des obfervations, & de s'élever aux grandes vues & aux conceptions générales. Cependant il ne faut point que ces difficultés découragent; il n'eft aucun voyageur qui ne puiffe faire quelque bonne obfervation & apporter au moins une pierre digne d'entrer dans la conftruction de ce grand édifice. En effet, on peut-être utile fans atteindre à la perfection : car je ne doute pas que fi l'on compare avec cet agenda les voyages minéralogiques, même les plus eftimés; & à plus forte raifon, ceux de l'auteur de cet agenda, l'on n'y trouve bien des vuides, bien des obfervations imparfaites, & même totalement oubliées; mais j'en ait dit la raifon dans l'introduction; d'ailleurs, plufieurs de ces idées ne me font venues que depuis que j'ai fait ces voyages. C'eft pour cela que j'ai travaillé avec intérêt à cet agenda, dans l'efpérance de mettre des jeunes gens, dès l'entrée de leur carriere, au point où je ne fuis arrivé qu'après trente-fix ans d'études & de voyages.

*FIN du quatrieme & dernier Volume.*

# TABLE

## DES MATIERES

Contenues dans les quatre Volumes de ces Voyages.

*NB*. Les nombres indiquent les Paragraphes. Le I<sup>er</sup> Volume contient les 606 premiers; le second, du 607 au 1156; le troisieme, du 1157 au 1793; et le quatrieme du 1794 au 2327.

### AIG

*Aar*. Fente par où passe l'Aar dans la vallée de Meyringen, 1675; 1676. Rochers excavés par l'Aar, 1686.

*Abeilles*. Soins qu'elles exigent dans la vallée de Chamouni, 743. On attribue aux mélezes les bonnes qualités du miel qu'elles y produisent. *Ibid*.

*Adulaire* du S. Gothard. Ses caracteres extérieurs et son analyse, 1886. L'adulaire comparée avec la pierre de lune, 1888; avec la pierre de Labrador, 1889; avec l'œil de chat, 1890; avec l'astérie, *ibid*.

*Agriculture* de la vallée de Chamouni, 739, 740, 741, 742.

*Aigle*. Salines d'Aigle ou de Bex, 1082.

*Aiguebelle*. Bourg élevé de 165 toises sur la mer. Sa situation, 1187. Ses fonderies, *ibid*. Galerie ouverte abandonnée, où l'on trouve du quartz coloré en rouge par la manganese, 1191.

*Aiguille*. Voyez les noms qui y sont joints.

*Aiguille aimantée*. Voy. *Aimant*.

*Aiguille de Blaitiere*. Voyez *Blaitiere*.

*Aiguille du Bochard*. Voyez *Bochard*.

*Aiguille du Dru*. Voyez *Dru*.

### AIG

*Aiguille du Plan*. Voyez *Plan*.

*Aiguille du Midi*, attenante au Mont-Blanc. Ses feuillets tournent autour de son axe, comme ceux d'un artichaut, 569. Route pour y arriver, 671. Son pied est composé, en partie, d'un mélange de granit en masse, et d'une espece de roche de corne, ou peut-être de trapp, suivant la définition du §. 1945. Son sommet est de granit, 673, 674. Analyse de la pierre de corne dure qu'on trouve à son pied, 671, 725. Sa structure vue du Mont-Blanc, 1996. L'élévation de sa cime, mesurée trigonométriquement, au-dessus de Chamouni, est de 1469 toises, 2037.

*Aiguille du Midi* sur la vallée du Rhône, 1062.

*Aiguilles* au Sud-Est de la vallée de Chamouni, 655 et suiv. Leurs couches peuvent être représentées par un éventail ouvert, dont les côtes, presque horizontales au bas, se relevent graduellement jusques à devenir verticales au sommet, 656 et suiv. Elles sont composées d'un massif non interrompu de roches feuilletées, et de pyramides de granit qui dominent ce massif. Détails et conséquences

## AIS

de ces observations, 677. Voyez *Dru, Plan, Blaitiere, Aiguilles du Midi.*

*Aiguilles rouges.* Montagnes qui bordent au N. O. la vallée de Chamouni, 546. Roche de corne remarquable qui se trouve à leur pied, *ibid.* Elles sont composées de couches verticales, coupées par des fentes perpendiculaires à leurs plans, 641.

*Aimant.* Suspension commode d'un barreau aimanté pour juger si les minéraux contiennent du fer, 82. Recherches tendant à déterminer si la force attractive de l'aimant ne souffre pas des variations correspondantes à celles des forces directrices, et si elle est la même dans différents lieux, 455 et suiv. Action des montagnes sur l'aimant, 921. Utilité du magnétometre pour juger de cette action, *ibid.* Variation diurne observée sur le Col-du-Géant, comparativement à ce qu'elle est dans la plaine, 2093. Suspension de l'aiguille destinée à ces expériences, *ibid.* Résultats généraux, 2099. Réflexions sur les hypotheses qui assignent la cause des variations diurnes, 2101. Opinion de M. VAN SWINDEN, 2102. Comparaison des forces magnétiques dans la plaine, à Chamouni et sur le Col-du-Géant, 2103. Recherches à faire sur l'aimant pour la théorie de la terre, 2325.

*Air.* Effet de sa rareté sur les forces musculaires, 559. La diminution de la pression de l'air sur le systéme vasculaire en est une des causes, 561. Epreuves eudiométriques faites sur la cime du Buet, 578. L'air, à une certaine hauteur, paroît perdre un peu de sa pureté, *ibid.* Voyez *Eudiométrie.* Maux de cœur produits par la rareté de l'air, 1273. Réflexions sur les effets de la rareté de l'air sur le corps humain, 2021. Transparence de l'air sur les montagnes, comparée à celle de la plaine, 2089.

*Aise.* Communauté du Mole, 293. Ses chalets sont élevés de 578 toises sur le lac de Geneve.

## ALP

*Aix* en Provence. De Marseille à Aix, 1518 et suiv. Situation de cette ville, 1519. Plâtrieres d'Aix et carrieres d'ictyopetres, 1531 et suiv. D'Aix à Avignon, 1537 et suiv. D'Aix à Arles, 1591 et suiv.

*Aix* en Savoie. D'Annecy à Aix, 1164 et suiv. Grès en couches verticales, 1165, 1166. Analyse des eaux thermales, 1168. Le lac de Geneve est élevé de 60 toises au-dessus d'Aix. D'Aix à Saint-Jean de Maurienne, 1178 et suiv.

*Alassio.* Description de cette ville, 1368. Nuls coquillages dans ses environs. Excursion au N. E. d'Alassio. Route d'Alassio à Andora, 1376.

*Albenga*, 1369. Couches calcaires repliées, *ibid.*

*Albinos* de Chamouni. BLUMENBACH attribue leur infirmité à l'absence du corps muqueux noirâtre qui recouvre les parties intérieures de l'œil sain, 1039 et suiv. Ce système confirmé par les observations de M. PUZZI. Cette dégénération ne paroît pas tenir à l'air des montagnes, 1043.

*Albizola.* Belle végétation, 1363.

*Alieres*, village dépendant du canton de Fribourg. Il est élevé de 503 toises au-dessus de la mer.

*Allagne*, §. 2211. Mines de cuivre de la montagne de S. Jaques, *ibid.* Marmites de pierre ollaire, *ibid.*

*Allée-Blanche.* Prend son nom des neiges qui la recouvrent, 849. Chalet et glacier de l'Allée-Blanche, 852. Structure générale des montagnes de cette chaîne, 856.

*Alpes.* Structure générale des Alpes, vues du haut du Mole, 280. Situations de leurs escarpements, 281. Les premieres chaines des Alpes ont leurs escarpements tournés du côté du lac Léman, tandis que les chaines plus intérieures tournent le dos à la partie extérieure des Alpes, 282. Les eaux se sont versées lors de la grande débacle, avec une égale impétuosité des deux côtés de cette chaîne, 319, 971 et suiv. Les montagnes qui composent les différentes chaînes des Alpes, vont en s'abaissant graduellement depuis leur centre jusques à la plaine, 325. Description de la chaine centrale, 521. Nature du granit des hautes cimes Alpines, 568. Les cols des hautes Alpes qui passent entre des montagnes primitives et des secondaires, sont remplis d'ardoises verticales, 681. Différences entre les côtés opposés de la chaîne. Du côté du Nord, toute la chaîne extérieure est composée de hautes montagnes calcaires très-étendues. Du côté du Midi, les montagnes granitiques arrivent jusqu'aux plaines, 981. La face méridionale de la chaîne centrale est, comme la face septentrionale de cette même chaîne, composée, pour la plus grande partie, de couches de granit à-peu-près verticales et dirigées du N. E. au S. O. Coup-d'œil général sur la partie de la chaîne des Alpes que l'on traverse en passant le Mont-Cenis, 1298. Comparaison des deux côtés de la chaîne, 1299 et suiv. Coup-d'œil général sur les Alpes comprises entre le Tyrol et la mer Méditerranée, 2300. Plus on s'éloigne des Alpes, et plus les couches de cailloux roulés paroissent enfoncées au-dessous de la surface du terrein, 1315. Vue des Alpes depuis Verceil, 1325. Les Alpes se partagent en deux branches, dont l'une forme les montagnes de la Provence, et l'autre les Apennins, 1330, 1389. Considérations sur les rapports des Alpes avec les Cordillerés, 2115.

*Altorf.* De Gestinen à Altorf, 1873 et suiv. Cette ville est élevée de 24 toises sur le lac de Lucerne. D'Altorf à Lucerne, 1932.

*Saint-Ambroise*, village entre la Novalese et Turin, élevé de 173 toises sur la mer, 1289. Monastere de Saint-Michel, *ibid.* et suiv.

*Amianthe* et *Asbeste.* Se trouvent dans les serpentines des environs de Geneve, 113. Action du feu des fourneaux sur l'Asbeste, 117. Elle se crystallise par la fusion, 118. Amianthe réduite par l'action du feu, en une scorie crystallisée, 119. Forme de ces crystaux, *ibid.* Epreuves chymiques sur l'amianthe, 120. L'amianthe differe des schorls, *ibid.* L'asbeste paroît être une serpentine crystallisée. Amianthe soyeuse en filets détachés, 890. Voy. *Byssolite.* Amianthe du St-Gothard, 1914.

*Amphion.* Ses eaux minérales, 316. Leur analyse, *ibid.*

*Amsteg*, village au pied du S. Gothard. Il est élevé de 43 toises sur le lac de Lucerne.

*Amygdaloïdes.* Voyez *Variolite.*

*Analyse* de l'eau sulfureuse d'Etrembieres, 255 et suiv. Cette analyse a été faite avant que l'on eut perfectionné cette branche de la chymie. *Analyse* des pierres. Considérations sur cette opération, 1156.

*Andermatt.* D'Andermatt à la source du Rhin inférieur, 1854 et suiv.

*Andora.* D'Alassio à Andora, 1376. D'Andora à Oneglia, 1377.

*Annecy.* De Geneve à Annecy, 1157 et suiv. Situation de cette ville et de son lac, 1162. Son élévation sur le lac de Geneve est de 35 toises, *ibid.* Température du lac d'Annecy, 1163. D'Annecy à Aix, 1164 et suiv.

*Antibes*, 1429. Notre-Dame de la Garde, *ibid.* D'Antibes à Cannes, 1430.

*Anzasca.* Val-Anzasca, 2189. Vue de cette vallée, 2190.

*Anzeindaz*, montagne qui sépare le bas-Vallais du canton de Berne. Son élévation sur la mer est de 1222 toises, 946.

*Apennins.* Collines qui bordent les Apennins, 1327. Les Apennins sont une bifurcation des Alpes, 1330. Cimes des Apennins vues de Notre-Dame de la Garde et de Porto-Fino, sont sauvages et pelées, et different des hautes cimes alpines, 1341, 1349, 1360.

*Arc.* Vallée de l'Arc, 1185. Forme de la vallée, 1191. Structure de ses roches, 1198.

*Ardoises.* Comment elles diffèrent des pierres de corne, 104. Ardoises des toits, 105. Elles renferment des rognons durs, 106. Nature de ces rognons, 1594 *E*. La plupart des cols des hautes Alpes qui passent entre des montagnes primitives et des secondaires, sont remplis d'ardoises verticales, 681.

*Arenzano.* Ses cailloux roulés, 1359. D'Arenzano à Coccoletto, 1360.

*Argentiere*, troisieme paroisse de la vallée de Chamouni, 547. Le village d'Argentiere est situé sur la route de Chamouni au col de Balme, 679. Colline de sable et d'argille dans ses environs, *ibid*.

*Argentine*, village entre Aiguebelle et Eypierre, 1205. Ses fonderies, *ibid*.

*Argillolite*, ou argille pierreuse, caractérise les cailloux roulés de l'Emme, 1944.

*Arles.* D'Aix à Arles, 1951 et suiv. D'Arles à Beaucaire et de Beaucaire à Andance, 1603 et suiv.

*Arpennaz.* Description de la cascade du Nant d'Arpennaz, 477. Couches en forme de S, *ibid*. Couches arquées, *ibid*. La crystallisation paroît être la cause de la forme de ces couches, Conf. §. 1937.

*Arve.* Sa jonction avec le Rhône, 15. Ses crûes subites et leur effet sur les eaux du Rhône, 16. Pureté de ses eaux, 17. Or qu'elle charrie, 18.

*Arveyron.* Source de l'Arveyron, 619 et suiv. Spectacle qu'elle présente, *ibid*. Formation de sa voûte, et changements qu'elle éprouve, 620. Sable aurifere de l'Arveyron, 626.

*Asbeste.* Voyez *Amianthe*.

*Astérie* Saphir, 1891. Astérie rubis, *ibid*. Explication du phénomene de l'étoile à six rayons que présentent ces pierres, *ibid*.

*Astronomie.* Principes de cette science appliqués à la théorie de la terre, 2305.

*Atmosphere.* Considérations sur l'atmosphere pour la théorie de la terre, 2306.

*Atterrissements* auprès de l'embouchure du Rhône, 11.

*Auberive.* Banc de sable blanc, 1626.

*Avalenches.* Leurs causes, 535.

*Avignon.* D'Aix à Avignon, 1537 et suiv. De la Durance à Avignon, 1542. Situation de cette ville, 1543. Excursion à Vaucluse, 1544. D'Avignon à Montélimart, 1549 et suiv.

*Ayrolo*, village dans la vallée Levantine, 1806. Il est élevé de 589 toises au-dessus de la mer. Prétendues sources d'eau minérale, 1817. D'Ayrolo à l'hospice du Saint-Gothard, 1821. Roche dont le fond est un feldspath grenu et non point un grès, 1822.

*Azi*, montagne voisine d'Aix en Savoie, 1169. Son élévation est 636 toises sur la mer, *ibid*.

### B.

BALDOGÉE (grunerde) ou terre verte de M. WERNER, 1432.

*Balme*, grotte du Mont-Saleve, 233. Sa température, *ibid*.

*Balme.* Caverne de Balme près de Cluse, 465. Description de cette caverne, *ibid*. Sa température, *ibid*. Charbon de pierre qui l'avoisine, 466.

*Balme*, montagne qui termine au N. E. la vallée de Chamouni. Route de Chamouni au col de Balme, 542 et suiv. 679. Vue du col de Balme, 681 et suiv. Plantes du col de Balme, 683.

*Banc.* Voyez *Couche*.

*Banio*, chef-lieu de Val-Anzasca. Il est élevé de 338 toises sur la mer. De Banio à Carcofaro, 2208.

*Baranca.* Chalets de Baranca élevés de 899 toises sur la mer.

*Barometre.* Analyse de quelques expériences faites pour la détermination des hauteurs par le barometre, par JEAN

BEA

TREMBLEY, se trouve à la fin du second volume, édit. in-4°. et à la fin du troisieme vol. in-8°.

*Barometre.* Recherches proposées sur la loi suivant laquelle les variations du barometre diminuent dans les couches supérieures de l'atmosphere, 1123.

Dans les fonds serrés entre de hautes montagnes, la mesure des hauteurs par le barometre donne des résultats moins concordants entr'eux, 1256. Exemple détaillé, appliqué au Mont-Blanc, du calcul des hauteurs par le barometre, suivant la formule de M. TREMBLEY, 2003. Critique de la regle prescrite par M. DE LUC, d'observer le thermometre au soleil plutôt qu'à l'ombre, pour la mesure des hauteurs par le barometre, 2052. Observations du barometre sur le Col-du-Géant, 2049.

*Basalte.* Opinion de M. DESMAREST sur la nature premiere des Basaltes, 171. Réfutation de cette opinion, 172, 173. Voy. *Lave, Volcan.* Pierre schisteuse prise mal-à-propos pour un basalte, 1497 et suiv. Basaltes de Roche-Maure qui renferment des fragments calcaires, 1610.

*La Bathia*, résidence ancienne des évêques du Vallais, 1046.

*Batie.* Description de ce côteau, 53. Sa structure, disposition des cailloux qui le forment, 54.

*Baussi-Rossi*, passage dangereux sur la riviere de Gênes, 1380.

*Beaucaire.* De Beaucaire au Pont-du-Gard, 1605.

BEAUCHAMP. Son observation sur la scintillation des fixes, 2092.

*Beaulieu.* Excursion au volcan de Beaulieu, près d'Aix en Provence, 1520 et suiv. Description des courants de lave près du château, 1521. Silicalce, 1524. Mine de fer jaune non décrite, *ibid.* Rien ne prouve que ce volcan n'ait pas été sous-marin, 1526. Caractere de ses laves poreuses, 1527. Magnifiques ombrages, 1530.

BET

*Bellaval* (aiguille de). Son dessin, T. I, Pl. VII. Description des rochers dont elle est composée, 769 et suiv. et 782.

*Bellinzona*, 1795.

BERKERKIN et KRAMP. Leur crystallographie, 1901.

*Saint-Bernard*, grand Saint-Bernard. De la Cité-d'Aost au couvent du grand Saint-Bernard, 983 et suiv. Histoire de l'hospice du grand Saint-Bernard, 987. Réflexions sur les inscriptions qui y ont été trouvées, *ibid.* Régime et occupations des religieux, 998, 990. Le couvent est élevé de 1246 toises sur la mer. Sa température, *ibid.* Utilité de cet hospice, 990. Environs du Saint-Bernard, 991. Rocher naturellement poli, et route qui y conduit, 996. Autres pierres remarquables, 992 et suiv. Tous des Fols, 997. Résumé sur les montagnes du grand Saint Bernard, 1005. Descente du grand Saint-Bernard à Saint-Pierre, 1006 et suiv.

*Saint-Bernard*, petit Saint-Bernard. De Geneve au pied de cette montagne, 2225. Passage du petit Saint-Bernard, 2228. Hospice du petit Saint-Bernard. Il est élevé de 1125 toises sur la mer. Recherches sur les gypses qui se trouvent dans son voisinage, 2230.

*Bérard.* Direction de cette vallée, 552. Pierre à Bérard, 554.

*Berthe.* Montagne du Cap de Berthe, 1377.

BERTHOLET. Ses découvertes sur l'acide muriatique servent à mesurer l'intensité de la lumiere, 2089.

BERTHOUT van BERCHEM. Ses descriptions des minéraux du St. Gothard, 1885.

BERTRAND, professeur à Geneve. Son hypothese sur le flux et reflux ou séches du lac Léman, 24.

*Bessinge.* Voyez *Cologny.*

BESSON, célebre naturaliste, 1716, 1717. Son observation sur la diminution du glacier du Rhône, 1722, 1822.

*Betta.* Nature du sol sur lequel reposent les chalets de ce nom, 2213. Ils sont élevés

élevés de 1091 toises sur la mer. La fourche de Betta est élevée de 1351 toises. De Betta à Saint-Jaques d'Ayas, 1518.

*Bex.* De Saint-Maurice à Bex, 1080. Salines d'Aigle ou de Bex, 1082. (Voy. *Salines.*) De Bex à Geneve, 1090.

*Bienne*, 398. Son lac. La température de son fond, *ibid.* et 400. Isle de Saint-Pierre, 399. L'élévation du lac de Bienne sur celui de Geneve est de 178 pieds, *ibid.*

*Biolay*, carriere de pierre à chaux dans la vallée de Chamouni, 708. Direction de ses couches, *ibid.*

*Bionnassay.* Lithologie des environs de Bionnassay, 1137 et suiv.

*Bionnay.* Du prieuré de Chamouni à Bionnay, 745 et suiv. L'élévation de ce village est de 477 toises au-dessus de la mer, 750. De Bionnay au hameau du Glacier, 751.

*Blaitiere.* Aiguille de Blaitiere, 660. L'élévation de son pied au-dessus du lac de Geneve est de 1144 toises. Direction des couches de cette aiguille, 659, 660. Granit encaissé entre des roches feuilletées. Observation qui démontre que ce granit a été formé précisément de la même maniere que les roches feuilletées, 661, 662. Chalet de Blaitiere, 655. L'élévation de ce chalet au-dessus de Chamouni est de 443 toises.

BLUMENBACH. Cause assignée par ce physicien, à la maladie des Albinos, 1039 et suiv.

*Bochard.* Aiguille du Bochard. Sa structure, 613.

*Bois.* Glacier des Bois. Sa situation, 611, 615. Moraine du glacier, 615. Le glacier des Bois a reculé ou diminué, 623. Le nombre des blocs de pierre déposés par ce glacier, donne lieu de croire que l'état actuel de notre globe n'est pas aussi ancien que quelques philosophes l'ont imaginé. Passage des ponts, 628.

*Boisy*, coteau des environs de Geneve. Sa forme, sa situation, ses dimensions,

*Tome IV.*

302. Situation des couches de grès dont il est composé, 303. Nature de ces grès, 304. Grands blocs roulés primitifs, 306, 307, 308. Vins de Crepi, 309. Beaux points de vue du coteau de Boisy, 310. Tombeaux des anciens Allobroges, *ibid.*

*Bolca.* Carriere d'ictyopetres du mont-Bolca, près de Vérone, 1534.

*Bon-Homme.* Montée du Bon-Homme, 756. Vue du Rocher du Bon-Homme, 758. Le Bon-Homme paroît être, suivant DOUJAT, le passage par lequel Annibal a passé les Alpes, 760. Plan des Dames, 761, 762, 763. L'élévation de la croix du Bon-Homme au-dessus de la mer est de 1255 toises, *ibid.* Plantes du Bon-Homme, *ibid.* Deux routes pour arriver à l'Allée-Blanche, *ibid.* Direction des couches d'ardoises et de grès qu'on rencontre en descendant au Chapiu, *ibid.*

*Bonne-Ville*, capitale du Faucigny. Son élévation au-dessus du lac est de 39 toises, 441. Route de Geneve à la Bonne-Ville, 434 et suiv. Route de la Bonne-Ville à Cluse, 443 et suiv. Rochers de grès derriere cette ville, 441. L'auteur a reconnu depuis que ces grès sont remplis de débris de plantes changées en charbon.

*Bon-Pas*, chartreuse de ce nom sur les bords de la Durance, 1541.

BONVOISIN. Réflexions sur la cause attribuée par ce chymiste à la production des hydrophanes de Musinet, 1312. Son analyse des eaux d'Aix en Savoie, 1168.

*Borgo-Franco*, village sujet à la grele, sur la route de la Cité d'Aost à Yvrée 972.

*Borromées.* Description des îles Borromées, 1775 et suiv.

*Bosco.* Situation de ce village, 1781.

*Botanique.* Etude de cette science dans les environs de Geneve, 4.

BOUGUER. Son hypothese sur la cause du froid sur les montagnes, 930. Limites fixées par ce physicien à la hauteur à laquelle cesse la fonte des neiges, 937.

Z z z

Erreur sur ces limites dans les points intermédiaires, 938.

*La Bouquette.* Le col de ce nom n'est point un volcan éteint, 1337, 1338. Route de ce col, à Gênes, 1339.

*Bourget.* Température du lac de ce nom, 1170. Il est de 76 toises au-dessous du lac de Geneve. Plantes remarquables, 1171.

BOURGUET. Appréciation de son opinion sur les angles saillants et rentrants des vallées, 577.

BOURRIT. Exactitude de ses dessins des montagnes, Discours préliminaire du I<sup>er</sup> vol. page xviij. Tentative faite avec lui en 1784, pour atteindre la cime du Mont-Blanc, 1105.

*Bramant.* Forêt de ce nom, 1228. Le village de Bramant est élevé de 622 toises sur la mer, 1230.

*Saint-Branchier.* Situation de ce village, 1024. Son élévation est de 378 toises sur la mer, *ibid.*

*Breches.* Comment elles different des grès, 197. Distinction entre les breches et les poudingues, *ibid.* Leurs différentes especes dans les cailloux roulés des environs de Geneve, *ibid.* Conjecture sur la formation des couches de breches ou de poudingues superposées aux couches solides des montagnes, 243. Breche calcaire du col de la Seigne, composée de fragments de forme lenticulaire, 841. Cette forme ne tient pas à la compression qu'ont pu éprouver ces fragments, *ibid.* Voyez *Poudingues.*

*Breit-Horn.* Du Mont Cervin au Breit-Horn, 2246. Cette cime est élevée de 2002 toises sur la mer. Limites de la végétation, 2248. Insectes indigenes de cette cime, 2249. Etat de la respiration, 2250. Vue du Breit-Horn, 2251. Nature de la cime brune du Breit Horn, 2252. Structure du Breit-Horn, 2256.

*Brenva.* Glacier de ce nom dans l'Allée-Blanche, 855.

*Breuil*, hameau dans la vallée du Mont-Cervin. De Saint-Jaques au Breuil, 2219. Ce hameau est élevé de 1030 toises sur la mer.

*Brevent.* Route de Chamouni au mont Brevent, 640, 641. Quartz chatoyant, 646. Structure de la tête du Brevent: elle est de vrai granit, *ibid.* et recouverte des débris de ce granit, 647. Rocher remarquable de roche feuilletée, situé au-dessous du rocher de la Parse, 646. Plantes du Brevent, 650.

*Brezon*, montagne calcaire voisine du Mole. Sa description, 283, 442, 444. Situation de ses couches, 445. Vallée qui conduit au mont Brezon, 446.

*Brieg* ou *Brigue.* De Geneve à Brieg, 2114 et suiv. De Martigny à Brieg, 2121. Description de Brieg. Cette ville est élevée de 364 toises sur la mer. De Brieg aux Tavernettes sur le Simplon, 2122.

*Brientz.* Description du lac de ce nom, 1669, 1670. Sa température, 1396. De Brientz à Meyringen, 1672. Couches en S, *ibid.*

*Brifaut.* Creux de Brifaut, cavité du mont Saleve, 231.

*Sainte-Brigitte.* Structure de cette colline, 1465.

*Broglia*, montagne que forme un des feuillets pyramidaux qui sont situés au pied du Mont-Blanc, 897. Sa structure, *ibid.* Glacier du Broglia, 889.

*Broussant*, montagne volcanique de la Provence, 1495. Description d'un schiste qui couronne cette montagne, et que l'on a pris pour un basalte, 1497, 1498.

*Buet.* De Valorsine au sommet du Buet, 551. L'élévation de la cime du Buet au-dessus de la mer est de 1578 toises, 563. Vue en perspective des montagnes que l'on découvre de la cime du Buet, 565. Le Buet sépare les montagnes primitives des secondaires, 575. Nature et structure du Buet, 579 et suiv. Ses plantes rares, *ibid.*

Buheltz, carriere d'ictyopettes près du lac de Constance. Description de cette carriere et des poissons qui s'y trouvent, 1533.

Buissons, nant et glacier de ce nom, 515. Description du glacier, 651, 653. Il tire son origine du Mont-Blanc, 654.

Byssolite, analyse de cette pierre, 1696.

## C.

CADAVRE. Observations sur les cadavres desséchés du monastere de St. Michel, 1291.

*Cailloux roulés.* Ce qu'on entend par cailloux roulés, 203. Comment les pierres naturellement arrondies différent des cailloux roulés, 204. Les eaux arrondissent les pierres angulaires, 205. Les cailloux roulés des environs de Geneve ont été charriés par les eaux, et sont étrangers à ce sol, 206, 207. Ils ont été transportés jusques sur les montagnes, 208. Hypothese propre à expliquer comment ces masses de rochers ont pu être transportées dans les environs de Geneve, sur des hauteurs que de larges vallées séparent des Alpes primitives, 210 et suiv. Précis de la même hypothese, 215 et suiv. Son application aux roches primitives qu'on trouve sur le Mont Saleve, 227. Dans le haut des vallées entourées de hautes montagnes, on ne trouve point de cailloux roulés qui soient étrangers à la vallée même dans laquelle on les trouve, 717, Cailloux roulés sur de hautes montagnes. Réflexions auxquelles ils donnent lieu, 778, 779. Plus on s'éloigne des Alpes et plus les couches de cailloux roulés paroissent enfoncées au-dessous de la surface du terrein, 1315. Dès qu'on s'éleve au-dessus du niveau de la mer dans les environs d'Hyeres et de ses iles, on ne trouve plus de cailloux roulés. Cailloux roulés de la Durance, 1539 et suiv. Cailloux roulés de la Crau, 1594 et suiv. Ils ne viennent ni du Rhône ni de la Durance, 1595. Ils paroissent avoir été déposés au moment où les eaux de la mer abandonnerent nos continents, 1596. Cailloux roulés de l'Isere, 1572. L'étude des cailloux roulés sert à reconnoître l'origine et la direction des courants qui ont été produits par les révolutions de la terre, 1943, 1961. Application à ceux de l'Emme, 1949. L'origine de ceux de Geneve doit se trouver dans les Alpes du Vallais et de la Savoye, 1961. Observations à faire sur les cailloux roulés pour la théorie de la terre, 2312, 2316.

*Calcaire.* Caracteres des pierres calcaires dans les cailloux roulés des environs de Geneve, 125 et suiv. Roche calcaire cellulaire, 195. Calcaires anciennes, leurs caracteres, 759, 2226, 2235. Crystallisation du spath calcaire dans un vase fermé, 170. Réfutation des objections de M. le Comte Razoumowski à ce sujet, 1097. Calcaires argilleuses à pieces détachées lenticulaires, 1377. Considérations sur les prétendus passages de la pierre calcaire au silex, 1537. Calcaires relevées contre des roches primitives, 1676, 1677. Dolomie, 1929. Calcaires micacées; leur mica se fond sous la forme de cordes tordues dans les fours à chaux, 2204. Calcaires micacées de la vallée d'Aoste, 955, 965, 966. Du Mont-Cenis, 1234, 1255. Du petit St. Bernard, 2228. Du Roth-Horn, 2217. Du Mont-Cervin, 2243, 2263. Transition de la micacée calcaire aux micacées quartzeuses, 1255, 2227. Couches calcaire entre des gneiss, 2185. Réflexion sur cette couche, 2186. Distinction entre les pierres calcaires grenues et les pierres calcaires compactes dans le rapport de leur ancienneté, 2226. On trouve des pierres calcaires grenues dans les montagnes secondaires, mais non pas des pierres calcaires compactes dans les montagnes primitives, 2235.

*Calcaires grenues.* Leur formation antérieure à celle des compactes, 2226. Observation générale sur ce genre de pierres, 2225.

*Calcedoine*, dans du granit près de Vienne en Dauphiné, et granit dans de la calcedoine 1634, 1635.

*Calvaire*. Point le plus élevé des Voirons, son élévation est de 519 toises au-dessus du lac de Geneve, 278.

*Calvaire*. Description de la colline appellée Mont-Calvaire, 1768.

*Cannes*. Belle roche micacée quartzeuse, 1431.

*Caprino*. Température de ses caves, 1410.

*Carcofaro*. Paroisse de Val-Sesia-Piccola, elle est élevée de 546 toises sur la mer. De Banio à Carcofaro, 2208. De Carcofaro à Guaifora, 2209.

*Carrieres*. Observations à faire sur les carrieres pour la théorie de la terre, 2311. Carrieres d'ictyopetres, 1331 et suiv.

*Cartigny*. Son élévation au-dessus du lac de Geneve est de 178 pieds. Description du terrein qui forme ce qu'on appelle ses roches, 55.

*Cave*. Température des caves du Mont-Testaceo, 1405. De la grotte d'Ischia, 1406. De St. Marin, 1407. De Cesi, 1408. De Chiavenna, 1409. De Caprino, 1410. D'Hergisweil, 1411. Le froid produit par l'évaporation suffit pour expliquer le froid des grottes situées loin des Alpes, 1414. Voyez *Température*.

*Caverne d'Orjobet*, 222.

*Caverne de Balme*, près de Cluse, 465.

*Cavernes* sur le bord de la mer, entre Gênes et Nice, 1381 et suiv. Origine de ses cavernes, 1383.

*Caverne*. Questions relatives à la théorie de la terre sur les cavernes, 2307, 2313, 2321.

*Caume*. Montagne de Provence, 1490. Son élévation est de 438 toises sur la mer, *ibid*. Sa structure, *ibid*.

*Cenchrites*. Considérations sur leur origine, 359.

*Cendrée* de cuivre, 1188.

*Cenise*. Riviere qui sort du lac du Mont-Cenis, 1244. Rochers creusés par cette riviere, *ibid*.

*Cerdon*, colline qui fait partie du Jura, 1647. Village de Cerdon, élevé de 156 toises sur la mer. Situation des couches, 1648.

*Cerentino*. Situation de ce village, 1781, Il est élevé de 506 toises sur la mer. De Cerentino à Cevio, 1782.

*Cesi*. Température de ses caves, 1408.

*Cevio*. L'élévation de ce village est de 220 toises sur la mer, 1783. De Cevio à Someo, 1784.

*Challand*. Vallée de Challand, 2218,

*Chalets*. Structure des chalets du Mole, 293.

*Chaleur*. Cause du froid qui regne sur les montagnes, 923. La chaleur animale sur les montagnes est la même que dans la plaine, 2106. Voyez *Feu*.

*Chàlex*. Ce coteau est élevé de 418 pieds au-dessus du lac de Geneve, 58.

*Chaloux*. Ce coteau est élevé de 254 pieds au-dessus du lac de Geneve, 56.

*La Chambre*. Grand village, près d'Eypierre, 1197. Son élévation sur la mer est de 247 toises.

*Chambéry*. Sa situation, 1179, 1180. Il est de 57 toises au-dessous du lac de Geneve.

*Chamois*. Chasse aux chamois dans les environs de Chamouni, 736. Genre de vie des chasseurs de chamois, et réflexions à ce sujet, *ibid*. Piege pour les prendre.

*Chamouni*. Voyage de Geneve à Chamouni, 434 et suiv. Direction de la vallée de Chamouni, 511. Le Prieuré de Chamouni, 517. L'élévation du sol du village au-dessus du lac de Geneve est de 337 toises, *ibid*. Mais par des observations plus nombreuses, elle s'est trouvée de 347 toises, 2003. Du Prieuré à Valorsine, 542. De Chamouni au Montanvert, 607 et suiv. Voyage au haut du glacier des

### CHA

Bois, et au glacier du Talefre, 627 et suiv. au Mont Brevent, 639 et suiv. au glacier des Buissons, 651 et suiv. Observations sur les Aiguilles au Sud-Est de la vallée de Chamouni, 655 et suiv. Rochers secondaires renfermés dans la vallée de Chamouni, 705 et suiv. Détails de lithologie relatifs à Chamouni, 713 et suiv. La vallée de Chamouni est barrée par le col de Balme, 678. Mœurs des habitants de Chamouni, 732 et suiv. Premiers voyages faits dans cette vallée, ibid. Guides, 733. Climat de Chamouni, 738. Voyage à Chamouni au mois de mars, 734. Agriculture, 741, 742. Miel de Chamouni, 743. Ses bonnes qualités sont attribuées aux melezes, ibid. Soins qu'exigent les abeilles de Chamouni, ibid. Caractere physique et moral des habitants de Chamouni, 744. Du Prieuré à Bionnay, 745 et suiv.

*Chapiu.* Descente du Bon-Homme au Chapiu, 765. Grès rectangulaire, ibid. Situation du Chapiu, 766. Du Chapiu au hameau du glacier, 767. Du Chapiu à Scez, 2227.

*Charbon fossile*, se trouve sur le Mont Saleve, 246. Conséquences théoriques, déduites de l'ordre des couches dans lesquelles il se forme, 247. Charbon de pierre près de Cluse dans un schiste noir, 466. De St. Gingoulph, 324. Observations à faire sur les mines de charbon 2324.

*Charmes.* Situation des couches calcaires, près de ce village, contraire à l'observation générale, 1614.

*Chatillon*, petite ville sur la route de la cité d'Aoste à Yvrée, 962. De Chatillon à St. Vincent, 964. Chatillon est élevé de 264 toises sur la mer, 1652. De Chatillon au col du Mont-Cervin, 2237.

*Chaux maigre.* Ce qu'on entend sous ce nom, 731. Celle de Chamouni ne donne aucun indice de manganese, ibid. Elle peut devoir en partie ses propriétés aux

### COL

parties de quartz et d'argille qui y sont mélées, ibid.

*Chede.* Montée et hameau qui portent ce nom sur la route de Sallenche à Servoz, 488. Petit lac de Chede, 491.

*Chenalette*, cime élevée de 1403 toises sur la mer, dans le voisinage de l'Hospice du grand St. Bernard, 1001.

*Chesnay*, montagne voisine du Buet. Sa direction, 591. Nature et situation de ses couches, ibid.

*Chiavenna.* Température de ses caves, 1409.

*Chlorite*, ou terre verte des crystaux. Son analyse par M. Hœpfner, 724. Schiste chlorite, 2264. Forme des parties de la chlorite observée au microscope semblable à celle du mica crystallisé, 1793.

*Clusite grenue*, pierre qui se trouve dans l'argillolite, 1944.

*Chymie*, principes de cette science appliqués à la théorie de la terre, 2306.

*Ciel*, couleur du ciel sur les montagnes. Voyez cyanometre, 2209.

*Cité d'Aoste.* De Courmayeur à la cité d'Aoste, 948 et suivants. Description de cette ville, 955. De la cité d'Aoste à Yvrée, 956 et suiv. 979 et suiv. De la cité d'Aoste au couvent de grand St. Bernard, 983 et suiv. Latitude de la Cité, 2297.

*Clermont*, montagne dans le voisinage de Frangy, composée d'un grès argilleux, 1175. Son élévation est de 319 toises sur la mer, ibid.

*Clou* trouvé dans une pierre calcaire, 1427. Considérations sur ce fait, ibid.

*Cluse.* Description de la montagne qui domine cette ville, 450, 453. Route de la Bonne-ville à Cluse, 443 et suiv. Route de Cluse à Sallenche, 462.

*Coccoletto*, 1360. De là à Invrea, 1361.

*Col*, voyez les noms joints à ce mot.

*Col de Balme*; voyez Balme. La plupart des cols des hautes Alpes qui passent entre des montagnes primitives et des se condaires sont remplies d'ardoises verticales, 681.

*Collines* des environs de Geneve, 51 et suiv. Leur forme générale, 59. Collines qui bordent les Apennins, 1327. *Collines tertiaires*. Situation des couches deposées par les débordements, 1329. Collines sans cailloux roulés près de Beaucaire. Explication de ce fait, 1605.

*Cologny*. Description de ce côteau, 52. Son plus haut point est Bessinge, *ibid.*

*Combal*, lac de ce nom formé par la réunion des eaux qui descendent du col de la Seigne et du glacier de l'Allée-Blanche, 853.

*Cometes*. Questions sur les Cometes relatives à la théorie de la terre, 2305.

*Communiés*, ce que l'on entend en Suisse et en Savoye sous ce nom, 293.

*Conducteur* frappé par la foudre. Explication de ce phénomène, 1340.

*Confignon*. Le côteau est élevé de 367 pieds au-dessus du lac de Geneve, 57. Ses gypses, *ibid.*

*Constance*. Température de son lac, 2398.

*Contamine*. Sa situation, 439. Les escarpemens de cette colline paroissent avoir été formés par des courants plus considérables que l'Arve d'aujourd'hui, *ibid.*

*Coquillages*. Si on rencontre des montagnes qui ne contiennent pas des coquillages, on ne peut pas en conclure qu'elles n'ont pas été formées par la mer, 1371. Observations à faire sur les coquillages fossiles pour la théorie de la terre, 2321.

*Cordilleres*. Comparaison entre le Mont-Blanc et les Cordilleres, 2022.

*Corne*, voyez pierre de corne.

*Cornéenne*. Lorsque la cornéenne ou pierre de corne a des parties discernables qui donnent des indices de crystallisation, elle prend le nom de hornblende, 1225.

*Cornéenne Vake* (Vakke de Werner.) Ce qui distingue ce genre de pierre de la glaise durcie (verharteter thon) du même Auteur, 2304.

*Corps organisés*. Observations à faire sur les restes et les vestiges des corps organisés qui se trouvent à la surface de la terre, 2317, 2318, 2321.

*Côte*. Colline de la Côte près de Rolle, 367. Son point le plus élevé est à 1581 pieds au-dessus du lac.

*Côte*. Montagne de la Côte, 1971.

*Couches*. Les granits sont disposés par couches constantes et régulieres, 133. Considérations générales sur la formation des couches verticales, 239. Application de ces principes à celles du Mont-Saleve, 240, 241. Couches de breches ou de poudingues superposées aux couches solides des montagnes, 242. Conjecture sur leur formation, 243. Preuves des périodes reglées et récurrentes, dans lesquelles certaines couches se sont formées, 247. Leur *escarpement*, leur *pente*, *dos* ou *croupe*; ce que l'on entend par ces mots, 281. Les montagnes secondaires sont d'autant plus irrégulieres et plus inclinées qu'elles s'approchent plus des primitives, 287. Quand les couches sont inclinées en sens contraire sur une même montagne, il arrive souvent que les pentes opposées se rencontrent au-dessous du sommet, 339, 373. Considérations sur l'origine des couches arquées du Nant d'Arpenaz et des montagnes qui l'avoisinent, 473 et suiv. Il ne suffit pas de voir une montagne en face de ses escarpements pour prononcer sur la situation de ses couches. Il faut encore l'observer de profil, 482. Montagnes pyramidales primitives dont les feuillets sont rangés autour de l'axe de la pyramide, comme ceux d'un artichaut, 569. Transition entre les montagnes pyramidales primitives et les secondaires, dérivée de la position de leurs feuillets, 570. Feuillets de forme pyramidale, dans les montagnes primitives et dans les secondaires. Raison de cette forme, 570, 571, 572. Si l'on peut trouver une clef de la théorie de la terre, relativement à la direction des courants de l'ancien Océan, il faut la chercher dans la direction des plans des couches inclinées, 577. Couches coupées par des fentes le plus souvent perpendiculaires à leurs plans, 614. Couches verticales de granit veiné, dans lequel les veines sont paralleles à ces mêmes couches. Observation que ces couches ne sont pas des fissures produites par un affaissement inégal des parties du rocher, 642. Couches dont la section verticale peut être représentée par un éventail ouvert dont les côtes presqu'horizontales en bas se relevent graduellement jusques à devenir verticales au sommet, 656. Les couches primitives verticales ont été évidemment formées près de Valorsine, dans une situation horizontale, 695. La succession de différentes couches dans le même ordre prouve les mouvements périodiques du fluide dans lequel les montagnes ont été formées, 695. Considérations sur les couches qui surplombent, 788, 656. Roche quartzeuse micacée entre des ardoises, 838. Les anomalies que présentent les situations des couches sont difficiles à expliquer, 870. L'inclinaison des couches des montagnes secondaires sur les primitives est un phénomene général, 918, 919. Couches dont les fissures perpendiculaires à l'horizon sont un indice que ces couches ont conservé leur situation originelle, 955, 980. Couches coupées à angles droits par une vallée, et qui prouvent que cette vallée appartient à la classe des vallées transversales, 948. Couches dont l'affaissement produit une vallée, laquelle dans ce cas n'est pas formée par l'érosion des eaux, 960. Fissures des couches, inductions qu'on en peut tirer sur leur position originelle, 1049, 1218, 1288. Couches très-inclinées. Preuves de leur redressement depuis leur formation, 1212. Les dépôts de tuf dans certaines eaux courantes présentent un exemple de la formation des couches des montagnes, 1209. Situation des couches déposées par les débordements, 1325. Les couches n'ont pas sur les basses montagnes du bord de la mer, entre Génes et Nice, une marche uniforme dans d'aussi grands espaces que sur les Alpes, 1373. Les couches en forme de C, ont souvent un vuide derriere le dos du C, 1184, 1933, 1937, 1938. Relevement des couches contre le Mont-Blanc, 2002. Dans les vallées longitudinales, les plans des couches des montagnes sont paralleles à la direction de la vallée. Le Vallais en offre un exemple, 2116. Couches de tuf, renfermées entre des roches primitives, 2262. Observations à faire sur les couches de la terre et des montagnes pour la théorie de la terre, 2314, 2318, 2319. Erreurs à éviter dans l'observation des couches, 2326.

*Coulomb.* Ce savant a démontré que les forces magnétiques suivent la raison inverse du quarré des distances, 2104. Ses principes sur la force de torsion des fils et sur la suspension des aiguilles, 2094.

*Courants.* Si l'on peut trouver une clef de la théorie de la terre relativement à la direction des courants de l'ancien Océan, il faut la chercher dans la direction des plans des couches inclinées, 577. Raison des courants qui se forment vis-à-vis des caps sur la Méditerranée, après des pluies abondantes, 1374. Observations à faire sur les courants pour la théorie de la terre, 2308.

*Courmayeur*, vallée de ce nom, 857. Situation du village de Courmayeur, 876. Son élévation sur la mer est de 625 toises. Ses eaux minérales, *ibid.* Leur analyse par M. GIOANETTY, 877, 878, 880, 882. Ce que l'on nomme dans le pays les trous des Romains sont des galeries de mines creusées pour exploiter un filon de galene, 883. Courmayeur seroit un poste commode pour un naturaliste, 884. Caractere de ses habitants, *ibid.* De Cour mayeur à la Cité d'Aoste, 948 et suiv.

*La Couterale*, hameau dépendant de Valorsine, 550. Son élévation au-dessus du lac de Geneve, est de 483 toises.

*Le Couvercle*, voyez *Talefre*.

*Cramont*, montagne au Sud-Est du Mont-Blanc, 904. Route pour y parvenir depuis Courmayeur, 905. Sommet du Cramont, 909. Structure du Mont-Blanc, depuis le Cramont, 910. Le Cramont est composé d'un marbre grenu qui ressemble au marbre cipolin, 915. Ses couches montent du côté de la chaine primitive, 916. Toute la chaîne du Cramont a la même inclinaison. Autres montagnes secondaires inclinées contre des primitives, 918. Cette inclinaison des montagnes contre les secondaires primitives, est un phénomene général, 919. Idées sur la théorie de la terre auxquelles les observations faites sur le Cramont donnent lieu, *ibid*. Le Cramont est élevé de 1402 toises sur la mer.

*Crampons*. Description des crampons des chasseurs de chamois, 558. Crampons plus commodes, *ibid*. Souliers armés de vis substitués aux crampons, 3227, n°. 18.

*Crau*. Plaine de la Crau, sa description, 1593. Ses cailloux roulés, 1594 et suiv. Leur origine, 1595, 1596. Poudingue, base de la Crau, 1597. Colline de pont de Crau, 1600.

*Credo*. Situation de cette montagne, 214. Nature et origine des pierres qui la composent, *ibid*.

*Crépuscules*. Durée des crépuscules dans les hautes régions, 2090. Lueur répandue autour de l'horizon du col du Géant, *ibid*.

*Cresciano*, granits veinés horizontaux, 1798.

*Crétin*, nom qu'on donne dans le Vallais à des imbécilles qui ont de très-gros goëtres, 954. Symptômes de cette maladie 1031. Observation qui exclut toutes les causes qui lui ont été attribuées, 1032, 1033, 1034. La chaleur et la stagnation de l'air sont les causes de cette infirmité, 1035. Préservatif conforme à ces principes, 1036. La situation de Servoz favorise la production des goëtres, 496. Il en est de même de celle de St. Jean de Maurienne, 1192. De la Novaleze, 1284. De la vallée d'Aoste, 954.

*Creux de Brifaut*, voyez *Brifaut*.

*Crodo*, mine d'or de Crodo. Histoire et description de ce filon, 1762.

*Sta. Croce*, colline sur la route de Gênes à Nice. Description des grès, des schistes argileux et des autres pierres qu'on y trouve, 1870, 1871.

*Croisette*, gorge du Mont-Saleve, 229.

*Croisille*, village sur une bifurcation de Saleve, 1160. Il est élevé de 216 toises sur le lac de Geneve.

*Croix*, sommité des croix au-dessus de la vallée de Chamouni, 670.

*Croix de fer*, sommité près du lac de Flaine, 469. Son élévation est de 1172 toises au-dessus la mer. Huîtres pétrifiées à une grande hauteur, *ibid*.

*La Crotte*, passage du Vallais dans le canton de Berne, 1077.

*Crystal de roche*. Recherche des fours à crystaux dans la vallée de Chamouni, 735. Comment on les découvre, *ibid*.

*Crystallisation* du spath calcaire, peut se produire sans évaporation dans un vase fermé, 271. Réfutation des objections de M. le Comte de RAZOUMOWSKI à ce sujet.

*Cuivre*. Histoire d'un clou de cuivre trouvé dans une pierre calcaire, 1427. Cendrée de cuivre, 1188.

*Cyanometre*, instrument destiné à mesurer l'intensité de la couleur bleue du ciel, 2209. Importance de cet instrument pour la météorologie, 2083. Résultats des observations, 2084 et suiv.

D.

## D.

DAUBENTON, ses idées sur la formation des variolites, 1479.

Daziogrende, village de la vallée Lévantine, élevé de 478 toises, 1802. Granits avec des veines en zigzag, *ibid.*

Débacle, voyez *Révolution.*

Delphinite, schorl verd du Dauphiné, 1225. Delphinite du St. Gothard, 1918. Variété de la delphinite en masse, 2255. Delphinite grenue, 1225. Delphinite grise, 2281.

DE LUC. Son hypothese sur la cause du froid sur les montagnes, 924. Critiques de son opinion sur l'observation du thermometre au soleil, pour la mesure des hauteurs par le barometre, 2952.

Dent, voyez les noms joints à ce mot dent de Jaman, voyez *Jaman.*

Dépôts formés par le Rhône, 11.

DESMARETS. Son opinion sur la dénomination qui convient aux schorls, 87. Le granit, suivant lui, est la matiere la plus commune des basaltes, 171. Epreuves en réfutation de cette opinion, 172 et suiv. 181, 182.

Diable. Pont du Diable, près d'Urnerloch, 1861.

Dissolution des métaux dans les acides, à de grandes hauteurs, 1277, 2079.

Dole. Sommité la plus élevée du Jura, 354. Forme du rocher de la Dole, *ibid.* Son élévation est de 658 toises au-dessus du lac de Geneve, 355. Vue de la Dole, *ibid*. Fêtes qui se célebrent sur son sommet, 356. Nature du rocher de la Dole et couche coquillere qui s'y trouve, 357. Pierres à grains arrondis, 358. Directions pour aller de Geneve à la Dole, 363. Plantes rares de la Dole, 364.

Dolomie, pierre calcaire lentement effervescente, 1929.

DOLOMIEU. Sa définition des trapps, 1945.

Donzere, Description de cette colline, 1551.

Drac, voyez *Variolite du Drac.*

Dranse, torrent dans le voisinage de Martigny, 1945.

Dranse, torrent près de Thonon, 315.

Dru, aiguille du Dru, 612. Sa structure, *ibid.* Son élévation est de 1422 toises au-dessus de la vallée de Chamouni. Pied de l'aiguille du Dru. Ses pâturages, 617.

Duomo-d'Ossola. Cette ville est élevée de 157 toises sur la mer, 1767. De Duomo-d'Ossola à Macugnaga, 2189 et suiv.

Durance, cailloux roulés de la Durance, 1539. Variolites, porphyres, laves porphyriques, jade, granits, grès verds, poudingues, pierres calcaires, origine de ces cailloux, 1539. Chartreuse de Bonpas, 1541. De la Durance à Avignon, 1542.

## E.

EAU. Ebullition de l'eau sur le Mont-Cenis, 1275. Sur la cime du Mont-Blanc, 2011. *Evaporation de l'eau*, voyez *Evaporation.*

Eau courante. Observations à faire sur les eaux courantes et sur les fleuves pour la théorie de la terre, 2310.

Eau minérale. Analyse de l'eau sulfureuse d'Etrembieres, 265. Cette analyse a été faite avant que l'on eût perfectionné cette branche de la chymie.

Eau noire. Torrent près de Martigny. Grande crevasse d'où il sort, 1052.

Ebullition de l'eau, voyez *Eau.* De l'Ether, voyez *Ether.*

L'Ecluse. Description de ce passage, 213. Il est la seule issue par laquelle le Rhône peut sortir de nos montagnes, *ibid.* Recherches sur la cause de cette ouverture, *ibid.* Origine des cailloux roulés qu'on rencontre au-delà de l'Ecluse, 214. Le sol du Fort de l'Ecluse est élevé de 73 pieds au-dessus du lac de Geneve, en été, 213. Du Fort de l'Ecluse à Geneve, 1654.

Ecorce, voyez *pierre à écorce*, 101.

*Egina*, torrent qui vient du glacier du Griès, 1723. Sa chûte près de Zumloch, 1724.

*Électricité*. Expériences faites dans l'année 1766 sur le mole avec un conducteur portatif sur l'électricité des nuages, 294. Ses effets à l'approche d'un orage observés en 1767, sur la cime du Brevent, 648. Observations qui prouvent qu'elle a pu produire, *l'ignis lambens*, et d'autres phénomènes de ce genre, *ibid*. Expériences sur l'électricité de l'air à de grandes hauteurs, 294, 783. L'électricité des nuages est celle qu'ils tirent des couches supérieures de l'atmosphere, 786, 787. Le fluide électrique entre dans la composition des vapeurs, 787. Un conducteur ne donne des signes d'électricité que quand le fluide électrique est plus ou moins condensé dans l'air que dans la terre, 792. Variations de l'électricité aérienne, 800. La hauteur relative du lieu où l'on observe influe plus que la hauteur absolue sur la force apparente de l'électricité atmosphérique, *ibid*. Lorsque le tems n'est pas serein, ses variations n'ont rien de reglé, 801. Les vents diminuent ordinairement son intensité, *ibid*. Variations diurne de l'électricité aérienne en hiver, par un tems serein, 802. Les mêmes en été sont moins fortes et moins constantes, 803. L'électricité de l'air serein est toujours positive, 804. Recherches sur la cause de cette électricité, 805 et suiv. Le fluide électrique qui est vraisemblablement la cause de la suspension des vapeurs vésiculaires dans l'air, les abandonne soit au moment de leur dissolution dans l'air, soit au moment de leur résolution en pluie, 832. Variations dans l'électricité aérienne expliquées d'après ces considérations, *ibid*. et 833. L'électricité aérienne s'accroit-elle continuellement à mesure qu'on s'éloigne de la surface de la terre, ou devient-elle uniformement constante à une certaine hauteur, 834 ? On pourroit décider cette question avec une machine aérostatique, *ibid*. Observations faites avec l'électromètre sur le col du Geant, 2056. L'électricité est moins forte par un tems serein sur les montagnes que dans la plaine, *ibid*.

*Électricité* produite par l'évaporation, 805. L'électricité des vapeurs produite par l'immersion d'un fer rouge dans l'eau d'un vase isolé est positive. L'électricité des vapeurs que donne l'eau bouillante sur des charbons isolés est négative. Cause de cette différence ; elle peut tenir à une combinaison de laquelle résulte la production d'une nouvelle quantité de fluide électrique, 807. Lorsque le fer est rouge blanc, il ne se produit aucune électricité, 808. Appareil employé dans ces expériences, 809. Table des expériences faites avec un creuset de fer forgé, 811, 812 ; avec un creuset de cuivre, 813 ; avec un creuset d'argent, 815, 816, 817 ; avec une tasse de porcelaine, 818, avec l'éther et l'esprit-de-vin dans le creuset d'argent, 819, 820, 825. Conjectures sur la nature du fluide électrique, 822. Solution d'après ces conjectures des anomalies que présentent les expériences ci-dessus, 823. Epreuves à tenter sur l'électricité des vapeurs qui sortent de la machine de Papin, 824. La projection de l'eau sur des charbons ardents donne une électricité négative, 825. La combustion ne produit point d'électricité visible, 826. Point d'électricité de l'eau en vapeur sans ébullition, 827, ni même avec ébullition quand le vase qui contient l'eau est trop évasé, *ibid*. La condensation des vapeurs dans un chapiteau isolé, n'a donné des signes d'électricité qu'au moment d'un réfroidissement subit, 828. Cette expérience devroit être répétée en grand, *ibid*. Vues sur la circulation du fluide électrique de la terre aux couches supérieures de l'atmosphere par le ministere des vapeurs, 820. Les animaux jouissent peut-être de l'influence immédiate de l'électricité aérienne, *ibid*. Essais sur les variations de l'électricité dans la terre même, 830. La marche de l'électricité aerienne dans le cours d'un jour d'hiver parfaitement serein, s'accorde très-bien avec l'état de l'air par rapport aux vapeurs, 831.

*Electrometre*. Description de l'électromètre, inventé par l'auteur pour ses recherches sur l'électricité atmosphérique, 784, 791. Avantages de cet électromètre, 785, 792, 799. Détails sur la maniere de l'observer, 794, 798. Raison pour laquelle l'électricité atmosphérique ne se conserve pas dans l'électromètre, 795. Moyen de produire dans l'électromètre une électricité permanente, mais contraire à celle de l'air, 796. Moyen de reconnoître le genre d'électricité, 797. Addition du Chev. VOLTA, à l'électromètre de l'auteur, pour rendre plus sensible l'électricité atmosphérique, 2056.

*Electrométrie*. Science à créer, 793. Principes d'après lesquels il faudroit la traiter, *ibid*.

*Eléments*. Recherches chymiques à faire sur les terres, les acides et les alkalis, pour la théorie de la terre, 2306.

*Eleva*, village sur la pente du Cramont; son élévation est de 672 toises sur la mer, 907.

*Emmes*, cailloux roulés des deux Emmes, 1943 et suiv. Doutes sur l'origine de ces cailloux, 1960.

*Entonnoirs* du lac de Joux; ils servent d'écoulement aux eaux de ce lac, 384.

*Egua*, passage entre Banio et Carcofaro, 2208. Il est elevé de 1104 toises sur la mer

*Erosion* des eaux, son effet sur les montagnes démontré, 1244.

*Escarpement* des montagnes. Ce qu'il faut entendre par ce mot, 281.

*Essery*, côteau des environs de Geneve,

voisin de celui de Montoux, 299. Matiere et disposition de ses couches, *ibid*.

*Esprit-de-vin*, électricité produite par l'évaporation de l'esprit-de-vin projetté dans un creuset d'argent incandescent, 819.

*Esterel*, 1437. Porphyre pris pour un trapp, *ibid*. Pierres semblables à des laves, 1439. Montagne de l'Esterel composée de porphyre à base de petrosilex, 1436.

*Saint-Esprit*, du pont du Gard au Saint-Esprit, 1607. Description de la ville Saint-Esprit, *ibid*. Du Saint-Esprit à Vivier, 1608.

*Ether*, électricité produite par l'évaporation et la combustion de l'éther dans un creuset d'argent incandescent, 820. Son évaporation au bord de la mer, sur le Mont-Cenis et sur Roche-Michel, 1274. Sur le Col du Géant, 2063 et suiv. Froid produit par cette évaporation, 2069.

*Etna*, son élévation sur la mer est de 1713 toises, 941. Limites de ses neiges éternelles, *ibid*.

*Etoile*. Scintillation des étoiles sur le Col du Géant, 2092. Observations générales sur ce phénomène, *ibid*.

*Etoiles tombantes* observées à de grandes hauteurs, 2082.

*Etoile de mer fossile*. Asterias aranciaca trouvée sur le Jura, 351.

*Etrembieres*, situation de ce village et de la source d'eau minérale qui y passe, 255. Analyse de cette eau, 256 et suiv. Voyez le mot *Analyse*.

*Eudiométrie*. Epreuves eudiométriques faites sur la cime du Buet, 578. Expériences sur l'air du molé, en confirmation des précédentes, 1133. Sur le Col du Géant, 2076, 2077. Epreuves de l'air de la neige, 2078. Epreuves de l'air du Mont-Blanc et du Col du Géant, par l'eau de chaux et l'alkali caustique, 2010, 2077.

*Evaporation* de l'eau sur un fer rouge, 808, 809, 810, 811, 812; sur le cuivre incandescent, 813. Sur l'argent, 815 et suiv. Sur la porcelaine, 818. Résultat de ces expériences, 821. Ils semblent se soustraire aux principes connus, *ibid.* Froid produit par l'évaporation de l'eau, accélérée par un courant d'air, 1414. Le principe de l'évaporation suffit pour expliquer le froid des grottes situées loin des Alpes, *ibid.* et 1415. Expériences faites au Col-du-Géant sur l'évaporation de l'eau, comparée à ce qu'elle est dans la plaine, en corrigeant l'effet de la chaleur, 2058 et suiv. Description de l'appareil, 2064. Froid produit par l'évaporation de l'eau sur le Col-du-Géant, 2063. Congélation de l'eau produite par son évaporation, le thermomètre de Réaumur étant de 2 à 3 degrés sur zéro, *ibid.* et suiv. *Evaporation de l'éther.* Voyez *Ether.*

*Evenos*, montagne volcanique de la Provence, 1495, 1501, 1502, 1507.

*Evian.* Ses eaux minérales, 316.

EXCHAQUET. Reliefs du St. Gothard et du Mont-Blanc, par M. EXCHAQUET, 1807.

## F

*Fanal de Gênes*; couches calcaires remarquables, 1256 et la note

*Fatio.* Son hypothese sur le flux et reflux ou séches du lac de Geneve, 21.

*Faujas.* Ses recherches sur les volcans, 92. Son histoire naturelle des trapps, 1437. Son histoire naturelle du Dauphiné, 1539.

*Feldspath.* Caracteres de cette pierre dans les cailloux roulés des environs de Geneve, 77. Sa fusibilité, 80. Il est un ingredient du granit proprement dit, 142. Feldspath du Montauvert, 714. Son analyse, *ibid.* Elle differe de celle de KIRWAN, *ibid.* Feldspath noir du Breven, 727. La forme des crystaux du feldspath est cause de celle que prennent les fragments des roches composées dont il fait partie. Voyez *Adulaire.*

*Fentes* ou *Fissures.* Considérations sur leur formation et sur les conséquences qu'on en peut tirer relativement à la situation primitive des montagnes, 1049. Principes d'après lesquels on peut déterminer, sur un morceau séparé, l'angle que les couches dont il a été détaché formoient avec l'horizon dans le moment de sa formation, 1218. Fentes ou fissures produites par un affaissement inégal des extrémités d'une montagne de granit à couches horizontales, 1751. Observations à faire sur les fentes des montagnes, 2315.

*Fer.* Réflexions sur la difficulté d'estimer par l'aimant la quantité de fer contenue dans un minéral, 83. Mine de fer jaune non décrite, sur le volcan de Beaulieu, 1524.

*Ferret.* Col Ferret, 855, 1022. Les chalets de Ferret sont élevés de 859 toises au-dessus de la mer, 858. Le col Ferret est élevé de 1195 toises au-dessus de la mer, 860. Nature du sol, 859, 861. Principaux glaciers, 862 et suiv.

*La Ferriere*, village à une lieue au-dessous de la Grand-Croix sur le Mont-Cenis, 1252. Son élévation est de 709 toises sur la mer.

*Feu.* Cause du froid sur les montagnes, 923. Systême de Lambert, *ibid.* Systême de M. DE LUC, 924. Le feu est lié à tous les corps par une affinité si grande, que tous ses mouvements sont déterminés ou du moins puissamment modifiés par cette affinité, 925. Le feu ne paroit pas être un fluide léger par lui-même, *ibid.* Nouvelles expériences qui prouvent la répercussion de la chaleur obscure par des miroirs concaves, *ibid.* Ces expériences peuvent s'expliquer, en supposant que ce que nous nommons chaleur dans les corps, dépend d'une certaine agitation du fluide igné renfermé dans leurs pores, et que cette agitation se communique par des oscillations susceptibles d'être réfléchies, *ibid.* La table de M. LAMBERT sur le décroissement de la chaleur dans l'atmosphere, donne de trop grandes différences, 929. La diminution de la chaleur sur les montagnes peut s'expliquer par le systéme de BOUGUER, sans recourir à des questions sur la théorie du feu, 930. Exposition de ce système, *ibid.* La force des verres ardents est la même sur les montagnes que dans la plaine, 931. Expériences sur la chaleur directe des rayons du soleil dans un vase fermé, en confirmation du système de BOUGUER, 932. La transparence de l'air est une des causes du froid sur les montagnes, 933. La chaleur des plaines est due, en grande partie, à celle qui est réverbérée par la surface de la terre, et à celle qui est propre à la masse de la terre, 934 et suiv. Expériences pour reconnoître la marche des progrès de la chaleur en temps égaux, sur un thermomètre enveloppé de cire, 1393. Froid produit par l'évaporation de l'eau et de l'éther. Voyez *Evaporation*.

*Fèves*. Culture particuliere des fèves dans le Vallais, 1019.

*Fibia*. Structure de la cime appellée Fibia et de ses voisines, 1810. Elle n'est pas inaccessible, 1838.

*Fieüt* ou *Fieüdo*. Excursion sur cette cime, 1836. Elle est de granit, 1837. Situation de ses couches, *ibid*. Elle est élevée de 1378 toises sur la mer.

*Filons*. Observations à faire sur les filons métalliques pour la théorie de la terre, 2324. Voyez *Mines*.

*Final*, 1367. Alternatives des couches calcaires et micacées, *ibid*.

*Flaine*, lac de Flaine. Sa description, 468.

*Fleuves*. Observations à faire sur les fleuves et autres eaux courantes, 2310.

*Flux et reflux* du lac Léman. Voyez *Séches*. Observations à faire sur le flux et reflux de la mer pour la théorie de la terre, 2307, 2308, 2309.

*Fonderies* de cuivre, 1185. De fer, 1205, 1220. De plomb, cuivre et argent, 1222.

*Fontaine bleue* de Saint-Marcel, 2295. Son analyse, *ibid*.

*Forclaz*. Passage ou col de ce nom, situé sur la route de Chamouni à Martigny par le col de Balme, 685. Il est élevé de 778 toises au-dessus de la mer.

*Forclaz*, passage près du mont Vaudagne, 747. Il est élevé de 765 toises au-dessus de la mer.

*Formazza*. Description de ce village. Son élévation est de 648 toises sur la mer, 1744. De Formazza à *Duomo-d'Ossola* et aux îles Borromées, 1745 et suiv. De Formazza à Locarno par la Furca del Bosco, 1776 et suiv. Description de la vallée Formazza, 1776.

*Fossiles*. Observations à faire sur les fossiles, 2321.

*Fouilly*, Nant de Fouilly. Plombagine mêlée de quartz, *ibid*.

*Four*, passage des Fours. Route abrégée qu'on peut suivre pour aller du hameau du Glacier à la Croix du Bon-Homme, 769. Sa situation; changement dans la position des couches, 773. Cime des Fours, 777, 781. Elle est élevée de 1396 toises au-dessus de la mer. Grès remplis de cailloux roulés sur cette cime, 778. Réflexions auxquelles ces cailloux roulés donnent lieu, 779.

*Fraise*. Voyez *Roche-Michel*.

*Frangy*, village de Savoie, 1174. Il est de 24 toises au-dessous du lac de Geneve.

*Frejus*. De Nice à Frejus, 1425. Plaine de Frejus, 1450. De Frejus à Hyeres, 1462.

*Froid*. Cause du froid qui regne sur les montagnes. Voyez *Feu*.

*Fromage*. Sa préparation sur le Mole, 293.

*Frumentaire*. Voyez *Lenticulaire*.

*Furca del Bosco*. Description de ce passage, 1777 et suiv. Il est élevé de 1202 toises sur la mer, 1779. Vue de son sommet, *ibid*.

# G

*Gabbro*, nom improprement donné au

schorl. Réflexions sur l'opinion de M. DESMAREST à ce sujet, 7.

*Galets.* Voyez *Cailloux roulés.*

*Gard.* Pont du Gard. Description de la pierre dont il est construit, 1605. Du Pont du Gard au Pont Saint-Esprit, 1607.

*Notre-Dame de la Garde*, près de Gênes. Conducteur frappé par la foudre, 1340. L'élévation de la montagne de Notre-Dame de la Garde est de 422 toises sur la mer. Pierres qui composent cette montagne, 1342, 1343.

*Notre-Dame de la Garde*, près d'Antibes, 1429.

*Notre-Dame de la Garde*, près de Marseille, 1516.

*Gardon*, cailloux du Gardon, 1606.

*Gênes.* De Milan à Gênes, 1327 et suiv. De Gênes à Porto-Fino, 1344. Premiere expérience sur la température de la mer, *ibid.* et suiv. De Nervi à Gênes, 1354. De Gênes à Nice, 1355.

*Genève.* Sa situation, 1, 30. Peu de fertilité de son terroir, 2. Richesses qu'il présente au naturaliste, 3, 4, 5, 6. Son climat, 30. Collines de ses environs, 51 et suiv. Bases de son sol, 60, 61, 63, 64, 65. Cailloux roulés des environs de Genève, 216 et suiv. Plantes et animaux rares, 66, 67. Le *lac de Geneve* est élevé de 187 toises et demie au-dessus de la mer, ou de 193 un cinquieme suivant M. TREMBLEY. Sa situation, 7. Ses dimensions, 8. Variations dans la hauteur de ses eaux, 13, 14. Son flux et reflux ou ses sèches, 20 et suiv. Nature de son fond, 26. Ses rochers et ses cailloux, 27. Ses poissons, 28. Ses oiseaux, 29. Profondeur de ses eaux, 30. Leur température, 44 et suiv. Comment il s'est retiré dans ses limites actuelles, 215, 216, 218. Monuments historiques de son abaissement, 217. Voy. *Rhône.*

*Gentiane.* Eau-de-vie qu'on retire des racines de cette plante, 1699.

*Géologie.* Instruction pour les voyages de géologie, 2304. Erreurs à éviter dans les observations de géologie, 2326. Instruments nécessaires au géologue, 2326, chap. XXIII.

*Géant.* Voyage et séjour au Col-du-Géant, 2025 et suiv. But de cette course, *ibid.* Ce que l'auteur entend sous le nom de Col-du-Géant, 2027. Arrivée au Col, 2029. Etablissement, 2030. Description d'un orage terrible sur le Col-du-Géant. Séjour et occupations, 2032. Belle soirée et belle nuit, 2033. Position géographique du Col, 2036. Son élévation est de 1763 toises sur la mer, 2057. Plantes, 2038, 2039. Animaux, 2040. Nature des rochers du Col-du-Géant, 2040 et suiv. Leur structure, 2048. Observations sur la marche du barometre, 2054. Observations sur le thermometre, 2050 et suiv. Température des neiges, 2045. Observations sur l'électrometre, 2055; sur l'hygrometre, 2057. Expériences sur l'évaporation de l'eau, 2058 et suiv. Froid produit par cette évaporation, 2063. Evaporation de l'éther, froid produit par cette évaporation, 2069. Nuages parasites sur le Mont Blanc, 2070. Nuages compactes et arrondis, 2072. Fréquence de la grêle, 2075. Eudiométrie, 2076, 2077. Air de la neige, 2078. Eau de neige, 2079. Or fulminant, poudre fulminante, argent fulminant, 2079. Solution des métaux, 2080. Ebullition de l'eau, 2081. Etoiles tombantes, 2082. Observations sur la couleur du ciel, 2083 et suiv. Couleur des ombres, 2088. Photométrie chymique, 2089. Durée des crépuscules, 2090. Bandes lumineuses au ciel, 2091. Scintillation des etoiles, 2092. Phénomenes relatifs à l'aimant, 2093 et suiv. Observations relatives à la physiologie, 2105 et suiv.

*Saint-George*, montagne près d'Aiguebelle, 1200. Nature de cette montagne, *ibid.* Ses mines, *ibid.* 1203, 1204.

*Gersau* ou *Gerisau*, sur le lac de Lucerne, 1940.

*Saint-Gervais*, Description de ce village, 489. Son élévation est de 428 toises.

*Gessenay.* Ce village est élevé de 518 toises sur la mer, 1661. Vallée de Gessenay, 1662.

*Gestinen.* D'Urseren à Gestinen, 1819 et suiv. Ce village est élevé de 547 toises sur la mer. De Gestinen à Altorf, 1873 et suiv.

*Giens.* Coup-d'œil sur la presqu'île de Giens, 1469, 1471, 1472. Cailloux roulés seulement au bord de la mer. Structure de la colline de Giens, 1470. Petites îles, 1473.

*Saint-Gingoulph.* Description de la chaux maigre qu'on y trouve, 131. Elle donne quelquefois des indices de manganese, *ibid.* Description du village et des montagnes de Saint-Gingoulph, 322, 323. Mine de charbon de pierre qui s'y trouve, 324.

*Gioanetti.* Son analyse des eaux de Courmayeur, 877 et suiv; de celles de Saint-Vincent, 963.

*Giornico*, village dans la vallée Lévantine, 1799. Il est élevé de 183 toises sur la mer.

*Glâce.* Voyez *Neige.*

*Glacier.* Ce que l'on entend par ce nom, 518. Auteurs qui ont écrit sur les glaciers. Division des glaciers en deux classes : les glaciers renfermés dans les vallées, et les glaciers qui s'étendent sur les sommités, *ibid.* Les glaciers de la première classe sont presque toujours renfermés dans des vallées transversales. Epaisseur de la glace des glaciers, 523. Leurs crevasses, 524. Plaines de glace, *ibid.* Cette glace est le produit de la congélation d'une neige imbibée d'eau, 526. Les glaciers se forment par les avalanches, et parce qu'à de grandes hauteurs l'eau ne tombe, pendant neuf mois de l'année, que sous la forme de neige, 527. Réfutation de l'hypothese qui suppose que les glaciers sont produits par la congélation qui se fait pendant les nuits d'été, des neiges fondues pendant le jour, 528. La glace des glaciers du second genre est plus poreuse; les cimes isolées ne sont couvertes que de neiges, 530. Les chaleurs de l'été, l'évaporation, la chaleur souterraine de la terre, et le poids des glaces qui les entraine dans les basses vallées, sont les causes qui limitent l'accroissement des glaciers, 531 et suiv. Amas de pierres déposés sur les bords des glaciers, 536. Bancs de pierres et de sable au milieu des glaciers démontrent le mouvement progressif des glaces. Ce même mouvement produit des crevasses, 538. Il y a équilibre entre les forces génératrices et les causes destructrices des glaciers, 539. La régularité des périodes d'accroissement et de décroissement des glaciers paroit imaginaire, 540. Formation et extension des glaces de certains glaciers; leur diminution dans d'autres. La question si les glaciers augmentent plus qu'ils ne diminuent, est encore indécise, *ibid.* Preuve, sur le glacier des Bois, de la diminution des glaciers, 623, et de même sur celui du Rhône, 1722. Les glaciers ne prennent des formes et des positions variées, que lorsqu'ils reposent sur des plans inclinés, 654. Existence permanente des courants d'eau qui sortent des glaciers, 739. Une des causes de l'accroissement accidentel de certains glaciers peut tenir aux décombres qui les couvrent, et qui les préservent de l'action de l'air et du soleil, 863, 864. Diminution du glacier du Pré de Bar, 863. Augmentation de celui de Triolet, 864. Mouvements progressifs des glaciers, 2284.

*Glacier.* Aiguille du Glacier qui domine au N. E. le col de la Seigne, est composée de roches quartzeuses micacées, 847.

*Glacier.* Hameau du glacier près du Bon-Homme, 767. Sa situation, 768.

*Glandes.* Considerations sur les nœuds des pierres, 1825. Ces nœuds ont été déterminés par une plus grande facilité, ou une plus grande promptitude dans la crystallisation de la pierre qui les forme, *ibid.*

*Gneiss* de WERNER, ou roche de mica, feldspath et quartz, 1359. Voyez *Roche feuilletée*. Passage des gneiss aux granits, 1679. Comment les gneiss different des granits veinés, 1726. Les gneiss n'ont pas été formés par des débris de granits en masse, 1774. Couche calcaire entre des gneiss, 2185. Réflexion sur cette couche, 2186.

*Goille à Vassu.* Dimension de ce bassin, 1013.

*Goëtres.* Voyez *Cretins.*

*Saint-Gothard.* Limites de cette montagne, 1807. Nulle cime bien haute sur le Saint-Gothard, 1809. Excursion à la montagne de Pesciumo, 1807 et suiv. Excursion à l'Alpe de Scipsicus, 1814 et suiv. Situation de l'Hospice du Saint-Gothard, 1832. Il est élevé de 1065 toises sur la mer. Lac de Lucendro, 1833. Pied des cimes à l'ouest de l'hospice, 1834. Instruments de météorologie de l'hospice, 1844. Descente de l'hospice à Urseren, 1845 et suiv. Plaine de l'hospice, 1832, 1842, 1845. Vue générale de ce passage des Alpes, 1882 *A*. Lithologie du Saint-Gothard, 1885 et suiv.

*Gouté.* Aiguille du Gouté. Tentative pour parvenir au sommet du Mont-Blanc par cette cime, 1114 et suiv. Lithologie de l'aiguille du Gouté, 1048 et suiv. Granit couvert de bulles vitreuses, 1153.

*Grand-Croix*; hameau sur le Mont-Cenis. Son élévation est de 917 toises au-dessus de la mer.

*Granit*, est la roche primitive par excellence, 132. Sa disposition par couches, 133. Differe des grès et des poudingues par la précision avec laquelle les crystaux qui le composent s'engrenent les uns dans les autres, sans avoir de ciment commun qui les réunisse, 134, 135. Les granits sont l'ouvrage de la crystallisation, 136. Enumération des différentes sortes de granit, d'après le nombre et le genre de leurs composants, 137 et suiv. 144 et suiv. Granit proprement dit, 142. Granits destructibles, 143. Cause de cette altération, *ibid.* Le feu le plus violent de nos fourneaux ne réduit point les granits en une substance homogene, 177. Expériences qui prouvent qu'ils ne sont point, comme le pense M. DESMAREST, la matiere premiere des laves, 172 et suiv. Gradation entre les granits et les roches feuilletées, 567, 613. Nature du granit des hautes cimes alpines, 568. Structure des hautes montagnes de granit, 569. Granit lié à une roche de corne, 598. Granit formé dans les fentes d'une roche feuilletée, 599. Cette observation prouve que le granit a été dissous et crystallisé par l'intermede des eaux, 600. Observations semblables faites à Lyon et à Semur, 601, 602. Les granits sont disposés par couches, 604. On ne peut pas conclure de ce que les granits ne renferment pas de corps marins, qu'ils n'ont pas été formés par les eaux, 605. Couches verticales de granit veiné, dans lequel ces veines sont parallèles à ces mêmes couches. Ce qui prouve qu'elles n'ont pas été produites par un affaissement inégal des parties du rocher, 642. *Granit veiné*; justification de cette dénomination, 646. Granit encaissé entre des roches feuilletées. Observation qui démontre que ces deux pierres ont été formées de la même maniere, 661 et suiv. Le granit en masse, dans lequel on n'apperçoit point de couches, paroit avoir été produit pendant les intervalles de stagnation du liquide dans lequel les montagnes ont été formées, *ibid.* Le Puy du Dome n'en est pas composé, 729. Granit couvert de bulles vitreuses, trouvé sur le Mont-Blanc, 1153. Ces bulles paroissent être l'effet d'une fusion opérée par l'explosion de la foudre, 1153, 1154. Objections faites à l'auteur par M. de SAINT-RÉAL,

GRE

Réal, sur la crystallisation des granits, 1195. Granits roulés sur les bords de la Durance ; leurs caracteres extérieurs, 1539. Granit uni à de la calcédoine près de Vienne en Dauphiné, 1634. Cette calcédoine paroit contemporaine au granit, 1635. Rognon de gneiss dans un granit, 1632. Passage des gneiss aux granits, 1679, Considérations sur la stratification des granits, 1691. Granit veiné : comment il differe des gneiss, 1726. Raison des grandes exfoliations de quelques granits, 1748. Granits veinés en couches arquées, 1764. Granits veinés horizontaux près de Cresciano, 1798, 1800. Les granits, veinés ou non veinés, sont des accidents d'un seul et même genre de rochers, 2143. Observations à faire sur les granits pour la théorie de la terre, 2319.

*Grêle.* Dans les plaines voisines des hautes montagnes, il est une certaine distance de ces montagnes à la laquelle les grêles sont plus fréquentes qu'à des distances plus grandes ou plus petites, 972. Fréquence de la grêle dans les hautes régions, 2077.

*Grenat.* Caracteres de cette pierre dans les cailloux roulés des environs de Geneve, 81. Sa fusibilité au feu des fourneaux ; son action sur l'aiguille aimantée, *ibid.* et 84. Grenats en masse, 85. Ils entrent dans la composition de quelques granits, 145.

*Grenatite* du Saint-Gothard, 1900.

*Grenier.* Description des greniers des habitants des Alpes, 550.

*Grès.* Conjectures sur la formation de cette pierre dans les environs de Geneve, 65, 304. En quoi elle differe de la *molasse*, 61. Les grès different entr'eux par la nature de leurs éléments, et par celle du gluten qui les lie, 196. Grès et poudingues se trouvent presque toujours entre les montagnes primitives et les secondaires, 594. Les grès et les poudingues que l'on trouve immédiatement sur les rocs

Tome IV.

GUA

primitifs dans l'intervalle qui sépare ceux-ci des premiers rocs primitifs, sont toujours liés par un gluten quartzeux, 699. Grès en couches verticales près d'Annecy, 1165. Grès que l'eau rend translucides, 1242.

*Gressonay*, est élevé de 658 toises sur la mer, 2212. De la Rive à Gressonay, *ibid.* Situation de ce village, *ibid.* De Gressonay aux chalets de Betta, 2213.

*Gria.* Son nant et son glacier sur la route de Servoz à Chamouni, 514.

*Gries.* Passage du Gries, 1723 et suiv. Bassin au pied du Gries, 1731. Nature des rochers qui flanquent le pied du glacier du Gries, *ibid.* La hauteur du col du Gries est de 1223 toises sur la mer. Plantes qui y croissent, 1738, 1739. Glacier du Gries, 1737.

*Grignan.* Excursion de Montélimar au château de Grignan, 1565. Pétrosilex à écorce, 1566. Description du château de Grignan, 1567. Son élévation est de 480 pieds au-dessus de Montélimar.

*Grimsel.* Route pour aller au Grimsel, 1669. De Guttannen à l'hospice du Grimsel, 1679. Hospice du Grimsel, 1690. De cet hospice au glacier de Lauteraar, 1692 ; au glacier de l'Oberaar, 1701 ; à Obergestellen en Vallais, 1711. Le col du Grimsel est élevé de 1118 toises sur la mer, 1711. Nature de la cime du Grimsel, 1712. Résumé sur la stratification des granits du Grimsel, 1691.

*Grindelwald.* Couches calcaires relevées contre les primitives, 1677.

Grosson, secrétaire de l'académie de Marseille, est le premier qui ait observé le volcan éteint de Beaulieu, 1514.

*Grotte.* Voyez *Caverne.*

Gruner. Source de l'erreur qu'il a commise dans l'estimation de la limite des neiges sur les montagnes de la Suisse, 945. Son ouvrage sur les glaciers, 519.

*Guaifora.* Ce village est élevé de 291 toises sur la mer, 2209.

Bbbb

GUETTARD. Sa minéralogie du Dauphiné, 1549 et suiv.

*Guides* dans la vallée de Chamouni, 733, 734.

*Guttannen*. De Spietz à Guttannen, 1667. Situation de Guttannen, 1678. Ce village est élevé de 533 toises. De Guttannen à l'hospice du Grimsel, 1679.

*Gypses.* Considérations sur la formation de ceux que l'on trouve dans les Alpes, entre Saint-Jean et Turin, 1208. Cause des entonnoirs qu'on observe dans les montagnes gypseuses, 1238. *Gypse schisteux* est un gypse contenant du mica, 1931. Doutes sur son origine, *ibid*.

## H

*HALLER*. Son opinion sur l'origine des sources salées de Bex, 1685. Hommages rendus à cet auteur, 1094.

*Hameau du Glacier* au pied du col de la Seigne, 837.

*HAMILTON* (le chevalier). Son observation sur la nature poreuse des courants de laves à leur surface, et compacte dans leur intérieur, 178.

*Harengs.* Isles allongées qui naissent au milieu des rivières, 679. Cause de leur formation, *ibid.*

*Hergiswell.* Température de ses caves, 1411.

*Hermitage.* Château de l'Hermitage sur Salève, 225. Ses grottes, *ibid.*

*Hermitage* (coteau de l') en Dauphiné; ses vignes et leur culture, 1620.

*Hirondelles* observées à une grande hauteur, 2278.

*Histoire.* Monuments historiques relatifs à la théorie de la terre, 2307.

*Hôpital*, village sur la pente du Saint-Gothard. Il est élevé de 761 toises sur la mer, 1848.

*Hornblende.* Lorsque la cornéenne a des parties discernables qui donnent des indices de crystallisation, elle prend le nom de hornblende, 1225.

*Hyacinthe* du Disentis dans les Grisons, 1902. Comparée aux grenats, *ibid.* Aux hyacinthes du Vésuve, 1905. A la staurobaryte ou hyacinthe blanche cruciforme, 1906. A l'hyacinthe de Ceylan, 1907.

*Hydrophanes* de Musinet près de Turin, 1307 et suiv. Explication de l'effet qu'elles produisent, *ibid*. Excursion sur la colline de Musinet, 1308. Maniere de connoître et d'essayer les hydrophanes, 1309. Analyse de l'hydrophane par le D. BONVOISIN, 1310. Procédé pour blanchir celles qui sont colorées, 1311. Leur origine, 1312.

*Hyeres.* Situation de cette ville et des iles qui portent ce nom, 1458. On ne trouve point de cailloux roulés dans ce canton à huit ou dix pieds au-dessus du niveau de la mer. Tour de la presqu'île de Giens, 1471, 1472. Petites iles de Porquerolles, 1474. D'Hyeres à la montagne des Oiseaux, 1477. Situation et composition de la colline d'Hyeres, 1484.

*Hygrométrie.* Observations hygrométriques à de grandes hauteurs, 644, 1125 et suiv. 1129. Marche de l'hygrometre sur le Col-du-Géant, 2057.

## J

*SAINT-JAQUES D'AYAS* dans le val d'Ayas. Ce village est élevé de 857 toises sur la mer, 2218. De Betta à S. Jaques d'Ayas, *ibid*. De S. Jaques au Breuil, 2219, 2278. De S. Jaques à la Cité-d'Aost, 2287.

*Saint-Jaques.* Mine de cuivre de la montagne de S. Jaques près d'Allagne, 2211.

*Jade.* Ses caracteres extérieurs dans les cailloux roulés des environs de Geneve, 112. Action du feu et des acides sur cette pierre, *ibid*. L'auteur a reconnu que cette pierre étoit fusible, 1313. Le jade entre dans la composition de quelques granits,

139, 145. Jade roulé sur les bords de la Durance, 1539.

*Jallabert*. Son hypothese sur le flux et reflux ou séches du lac Léman, 22, 23.

*Jaman*. Col et dent de Jaman, 1659.

*Jaspe*. Caracteres de cette pierre dans les cailloux roulés des environs de Geneve, 72. Ses variétés, 73. Action du feu des fourneaux sur ces jaspes, 75.

*Ictyologie*. Etude de cette science dans les environs de Geneve, 5.

*Ictyopetres*. Carrieres d'ictyopetres, 1331 et suiv. Conjectures sur leur formation, 1536.

*Saint-Jean de Maurienne*. D'Aix à Saint-Jean de Maurienne, 1178. La situation de cette ville favorise la production des cretins, 1792. Son élévation sur la mer est de 298 toises, 1206. De Saint-Jean de Maurienne à Lans-le-Bourg, 1207.

*Saint-Jean*. Colline de ce nom près d'Hyeres. Sa structure et sa composition, 1482.

*Imgontz*, 2186. D'Imgontz à Dovedro, 2187.

*Instruments* nécessaires au géologue voyageur, 2326, chap. XXIII.

*Insectes*. Podures trouvées indigenes à 2002 toises d'élévation, 2249. Quantité d'insectes sur les neiges du Breit-Horn, *ibid.*

*Invrea*, 1361. Granit composé de jade et de smaragdite, *ibid.*

*Jorasses*, aiguilles qui terminent le glacier de Léchaut, 637.

*Jorat*, montagne sur le penchant de laquelle est situé Lausanne, 430. Differe du Jura, *ibid.* Sa hauteur est de 270 toises au-dessus du lac de Geneve. Sa structure, sa composition, 431. Ses eaux se jettent dans deux mers différentes, 432.

*Jours*, hameau dans une situation remarquable, 698.

*Joux*. Voyage au lac de Joux par Rolle, Gimel, etc. 367 et suiv. Description de la vallée de Joux, 376. L'élévation du lac de Joux sur le lac de Geneve est de 317 toises, *ibid.* Température du fond du lac de Joux, 382, 383. Description du petit lac et des entonnoirs qui lui servent d'écoulement. Troisieme petit lac, 386. Habitants de la vallée de Joux, leurs mœurs, leur industrie, 387.

*Ischia*. Température d'une grotte de cette île, 1406.

*Isere*. Cailloux roulés de l'Isere, 1572. Variolites du Drac, 1573 et suiv. Porphyres glanduleux, 1578. Roches à glandes de jade, 1579. Porphyres, 1580 et suiv. Schistes, 1584 et suiv. Granitelle, 1588. Jade et smaragdite, 1589. De l'Isere à Tain, 1590.

*Jura*, chaîne de montagnes qui séparoient les Helvétiens des peuples de la Gaule appellés *Sequani*. Sa situation, 328, 329. Ses dimensions, *ibid.* Le Jura paroît être une dépendance des Alpes, 330. Echancrure des chaînes du Jura, 331. Passage de *Pierre-Pertuis*, *ibid.* Forme générale des couches du Jura, 332 et suiv. Le Jura est composé de pierre calcaire et de grès, 347, 348. Le noyau de cette montagne est plus dur que son écorce, *ibid.* Il renferme moins de coquillages que cette écorce, 349, 350. Pétrifications remarquables d'Orgelet, 351. La nature de la surface du Jura ne permet pas d'y observer des traces d'anciens courants, 352. Les collines de cailloux roulés en sont cependant des preuves, 353. Entrée du Jura du côté de Lyon, 1647 et suiv.

*Jurine*, savant naturaliste Genevois. Il communique à l'auteur divers minéraux remarquables, 1792 et suiv.

K

*Karsten*, auteur du *Muscum Leskianum*, 1573.

*Kyanith.* Voyez *Sappare.*

# L

*Lac.* Voyez les noms joints à ce mot.
*Lac de Geneve.* Voyez *Geneve,* etc. Température de différents lacs, voyez *Température.* Observations à faire sur les lacs pour la théorie de la terre, 2310.

*Lacha,* montagne secondaire qui termine au Sud-Ouest la vallée de Chamouni, 705. Son élévation au-dessus de la mer est de 1077 toises, *ibid.*

LAMBERT. Son hypothese sur la cause du froid sur les montagnes, 923 et suiv.

*Lanebourg,* voyez *Lans-le-Bourg.*

*Lans-le-Bourg.* De Saint-Jean de Maurienne à Lans-le-Bourg, 1207 et suiv. L'élévation de ce village sur la mer est de 712 toises, 1233.

*Lave.* Recherches sur la matiere premiere de différentes laves, 171. Expériences qui prouvent que les granits ne sont point, comme le pense M. DESMAREST, la matiere premiere des basaltes, 172, 173. Mêmes résultats sur les porphyres. Les roches de corne paroissent être la matiere premiere la plus commune des laves, 177, 178. Les verres que donnent les roches de corne et leur analyse le prouvent, 179, 183. On n'a point trouvé de laves bien déterminées dans les cailloux roulés des environs de Geneve, 200. Especes douteuses qu'on y rencontre, 201. Laves plus décidées, pag. xxvj, note. Pierres poreuses non volcaniques, 1454. Lave rouge porphirique de la Durance. Ses caracteres extérieurs, 1539.

*Lausanne.* Situation de cette ville, 1100. Grès de Lausanne, *ibid.* Route de Lausanne à Geneve, 1101.

*Lauteraar.* Vallée du Lauteraar, 1692. Son glacier, *ibid.* Nature des pierres éparses sur ce glacier, 1695. Si ce glacier est d'origine nouvelle, 1699.

*Léchaud,* branche du glacier des Bois, 610, 629. Descente du glacier de Léchaud, 636. Son élévation est de 1167 toises sur la mer, *ibid.* Plantes rares, 637.

*L'Ecluse,* voyez *Ecluse.*

*Leensingen.* Son eau sulfureuse, 1668.

*Léman,* lac Léman. Voyez *Geneve.*

*Lenticulaire* de la perte du Rhône, 415.

*Lenticulaires communes,* 416, 417. Opinions des naturalistes sur les lenticulaires, 418. Elles ne doivent point être classées parmi les coquillages chambrés, 419 et suiv., ni parmi les coquillages bivalves, *ibid.* C'est plutôt une espece de vermiculite, 423. Analyse des lenticulaires de la perte du Rhône, 425. Leur cément est presque tout calcaire, 426. Les lenticulaires de la perte du Rhône ne paroissent pas avoir appartenu à des corps organisés, mais être une mine de fer particuliere, 427 et suiv. Lenticulaires des deux Emmes, 1959.

*Lévantine,* vallée Lévantine, 1799 et suiv.

*Lichens* trouvés sur des rocs élevés du Mont-Blanc, 2018. Sur le col du Géant, 2039.

*Livron,* colline de Livron, 1571. De Livron à la Paillasse, 1572. Terre rouge, 1573.

*Liqueur fumante de* BOYLE. Son odeur, son évaporation et son effervescence avec les acides sur roche Michel, 1276.

*Locarno.* Chef-lieu du baillage de ce nom, 1790. De Locarno à Ayrolo, 1794 et suiv.

*Loguia,* montagne à l'entrée de la vallée de Bérard. Disposition des couches de granit veiné dont elle est composée, 552.

*Lombardie.* Considérations générales sur les plaines de la Lombardie, 1315.

*Loriol.* De Montelimar à Loriol, 1770 et suiv. Situation de Loriol, *ibid.* De Loriol à Livron, 1571.

*Luc.* Situation de cette ville, nature

de son sol et de la colline qui l'avoisine, 1466 et suiv.

*Lucendro.* Lac de Lucendro. Source de la Reuss, 1833.

*Lucerne.* Température de son lac, 1393. Il est élevé de 225 toises sur la mer, 1945. Ses environs, 1947. D'Altorf à Lucerne, 1932. Son lac intéressant pour la géologie, 1934. Il est élevé de 191 pieds sur le lac de Geneve, 1945. Ses environs, 1947.

*Lumiere.* Son action sur la peau, 561. Le relâchement dans le système vasculaire par la diminution de la pression de l'air, est une des causes de son action sur notre peau dans les couches élevées de l'air, 561. Expériences sur la chaleur directe du soleil dans un vase fermé, 932, 1002. Couleur des ombres dans les hautes régions, comparativement à ce qu'elles sont dans la plaine, 2088. Le dégagement du gaz oxygene par la lumiere dans l'acide muriatique oxygéné, est plus grand sur les montagnes que dans la plaine. Les changements de couleur par l'action de la lumiere sont aussi plus sensibles. Durée des crépuscules sur le Col-du-Géant, 2090. Lueur répandue autour de l'horizon, *ibid.* Hypothese de M. PICTET sur ce phénomene, *ibid.* Expérience qui prouve que ce n'est pas à un dégagement d'air qu'est due l'enflure que la lumiere produit sur la peau sur les montagnes, 2112.

*Lyon.* Filon de granit renfermé dans une roche feuilletée, 601. De Vienne à Lyon, 1642. Situation de Lyon, 1643. Granits de Lyon, 1644. De Lyon à Geneve, 1645 et suiv.

## M

*Macugnaga.* De Duomo-d'Ossola à Macugnaga, 2189 et suiv. Situation de Macugnaga, 2191. Mines d'or de Macugnaga. Idée générale de ces mines, leur exploitation, 2193 Frais et produit, 2194.

*Maggia.* Situation de ce village, 1786. Vue générale du val Maggia, 1788. Rapport entre cette vallée et celle d'Antigorio, 1793.

*Maglan*, village près de Cluse, 470. Echos remarquables, *ibid.* Blocs de marbre gris détachés d'une montagne voisine, 471.

*Magnétometre.* Description de cet instrument, 458. Epreuves auxquelles il est destiné, 455 et suiv. La cause la plus générale des variations de la force attractive est la chaleur. Difficultés du calcul des variations de la force attractive, 461. Usages qu'on en pourroit faire pour découvrir les montagnes d'aimant ou de fer... Observations de cet instrument sur le Col-du-Géant, 2104. Réfutation que fait l'auteur de l'opinion qu'il a énoncée, 83, que la force magnétique n'est proportionnelle à aucune fonction de la distance, 2104.

*Majeur.* Température du lac Majeur, 1399, 1791. Il est élevé de 106 toises sur la mer. Rocs verticaux de l'extrémité du lac Majeur, 1794.

*Malgue.* Fort de la Malgue; nature de la colline sur laquelle il est bâti, 1504.

*Manganese.* Cette substance n'est pas toujours la cause, comme le pense BERGMANN, des propriétés de la chaux vive, 731. Manganese rouge du Piémont, 1896. Ses caracteres extérieurs. Maniere dont elle se comporte au chalumeau, *ibid.* Mine de manganese près de Saint-Marcel, 2293. Especes remarquables, 2294.

*Mapas* ou Mauvais-Pas, dans le passage de la Tête-Noire, 702. Mélange singulier de quartz, de mica et de terre calcaire, *ibid.*

*Saint-Marcel.* Excursion aux mines de Saint-Marcel, 2294. Fontaine bleue; analyse de son sédiment, 2295.

*Marchairu*, passage sur le Jura. Hauteur de ce passage, 374

*Marclaz.* Eaux minérales de ce nom; leur analyse, 314.

*Marmottes.* Chasse aux marmottes dans les environs de Chamouni, 737. Considérations sur leur engourdissement pendant l'hiver, *ibid.*

*Marne endurcie* ( verharteter mergel ) de WERNER. Ses caracteres extérieurs, 1356.

*Marseille.* De Toulon à Marseille, 1504. Observations sur cette ville et ses environs, 1514 et suiv. De Marseille à Aix, 1518.

*Martigny.* Descente du col du Balme à Martigny, 684. De Saint-Pierre à Martigny, 1019 et suiv. Situation de ce bourg, 1029. De Martigny à Saint-Maurice, 1044 et suiv. De Martigny à Brieg, 2121.

*Saint-Marin.* Température de ses caves, 1407.

*Saint-Maurice* en Vallais. Route de Martigny à Saint-Maurice, 1044 et suiv. Description de cette ville, 1063, 1066. De Saint-Maurice à Bex, 1080.

*Méditerranée.* Explications des courants qui se forment sur cette mer après des pluies abondantes, 1374.

*Meillerie.* Village et pierres de ce nom sur la rive orientale du lac Léman, 321.

*Melberg*, montagne près du lac de Lucerne. Ses couches arquées, 1638.

*Méleze*, transsude en certain temps, une espece de manne que les abeilles recueillent avec empressement, 743.

*Ménoge.* Description de la ravine dans laquelle passe ce torrent, 438.

*Menton.* Situation de cette ville, 1384. De Menton à Monaco, 1385.

*Mer.* Température de son fond. Voyez *Température.* Hypothèse servant à expliquer comment les eaux dans lesquelles les montagnes des environs de Geneve ont été formées, ont pu entraîner les fragments de rochers étrangers déposés sur ces montagnes, 210. Précis de la même hypothese, 215 et suiv. L'ancien Océan qui a formé les montagnes primitives, ne contenoit vraisemblablement que des animaux sans vie, 606. Existe-t-il un déplacement progressif de l'Océan? Observations à faire sur les mers pour la théorie de la terre, 2307 et suiv.

*Métaux*, voyez *Mines.*

MEYER. Relief des montagnes de la Suisse par M. MEYER, 1941.

*Meyringen*, village de la vallée d'Ober-Hasly. Il est élevé de 303 toises sur la mer, 1673. Sa situation, *ibid.* Couches repliées en S, par un froissement qui les a rompues, 1672. Couches retroussées, 1673. De Meyringen à Im-Grund, 1675.

*Miage.* Glacier de ce nom dans l'Allée-Blanche, 853, 854, 892, 894. Structure des montagnes qui bordent ce glacier, 893. L'élévation du plateau du glacier est de 1292 toises sur la mer. Pierres peu communes trouvées sur ce glacier, 898.

*Mians.* Abimes de Mians dans les environs de Chambéry produits par l'éboulement du mont Grenier, 1181.

*Mica*, forme un des ingrédients les plus communs des granits et des gneiss, 122. Action du feu des fourneaux sur cette pierre, 124. Le mica entre dans la composition du granit proprement dit, 142. Mica crystallisé du Saint-Gothard; ses variétés, leur fusibilité, 1892. Mica verd, 1893. Absence du mica sur les rochers très-élevés du Mont-Blanc, 2000.

*Saint-Michel.* Ce village est élevé de 363 toises sur la mer, 1214. De Saint-Michel au Pont de la Denise, 1219.

*Saint-Michel.* Cloître de ce nom près de Saint-Ambroise. Observations sur les cadavres desséchés qui y sont conservés, 1291.

MICHELY. Description de son thermomètre, 35. Mesures des montagnes par ce physicien, 947. Erreurs de ces mesures, *ibid.*

*Midi*, aiguille du Midi. Voyez *Aiguille.*

*Miel* de Chamouni, 743. Ses bonnes qualités sont attribuées aux mélezes, *ibid.* Soins qu'exigent les abeilles de Chamouni, *ibid.*

**Milan.** De Turin à Milan, 1315, 1326. Savants physiciens que l'auteur a eu le plaisir d'y voir, *ibid.* De Milan à Gênes, 1327.

**Mine**, voyez les noms joints à ce mot. *Mines de Macugnaga*, voyez *Macugnaga*, etc. Elles n'entrent point dans le plan de cet ouvrage. Observations à faire sur les mines de métaux, de charbon et de sel, pour la théorie de la terre, 2324.

**Mistral.** Causes de ce vent, 1604.

**Modane**, bourg entre Saint-Jean et Lans-le-Bourg. Son élévation est de 583 toises sur la mer. Fonderie de plomb, *ibid.*

**Molasse.** Différence de cette pierre d'avec les grès, 61. Os fossiles et charbon de terre qu'elle renferme, 62, 64. Origine des grès ou molasses dans les environs de Geneve, 65.

**Mole.** Situation et forme de cette montagne, 279. Sa hauteur au-dessus du lac de Geneve est de 760 toises, *ibid.* Disposition générale des escarpements des montagnes qu'on voit depuis le Mole, 282. Situation de ses couches, 286. Caverne, 288. Pierres calcaires dont le Mole est composé, 289. Ses animaux, 290, 291. Ses plantes, 292. Ses pâturages, 293. Coups de vents dangereux pour ses troupeaux, *ibid.* Caractere de ses habitants, *ibid.* Directions pour ceux qui voudront parcourir le Mole, 295. Aspect de cette montagne sur la route de la Bonne-Ville à Cluse, 449. Observations électrométriques faites sur cette cime, 1130. Expériences eudiométriques, 1133.

**Molybdene** trouvée sur le chemin de Valorsine à Argentiere, 718.

**Monaco.** De Menton à Monaco, 1385.

**Monetier**, gorge ou échancrure qui sépare le grand Saleve du petit, 226. Cause de cette échancrure, *ibid.* et 231.

**Montagne.** Son escarpement, sa pente, son dos ou sa croupe. Ce que l'on entend par ces mots, 281. Montagnes primitives servent de base aux montagnes secondaires, 131. Montagnes secondaires sont d'autant plus irrégulieres et plus inclinées, qu'elles s'approchent plus des primitives, 287. Les montagnes qui composent les différentes chaînes des Alpes, vont en s'abaissant graduellement depuis leur centre jusques à la plaine, 325. Ordre des différents genres de montagnes, 477. Gradations dans la dureté des montagnes, 567. Montagnes pyramidales primitives, dont les feuillets tournent autour de l'axe de la pyramide comme ceux d'un artichaut, 569. Transition entre les montagnes primitives et les secondaires, dérivée de la situation de leurs feuillets, 570. Entre les montagnes primitives et les montagnes secondaires, il se trouve presque toujours des grès et des poudingues, 594, 595. L'interposition des grès ne détruit pas la liaison entre les différents ordres de montagnes, 596. L'ancien Océan dans lequel les montagnes primitives ont été formées, ne contenoit vraisemblablement que des éléments sans vie, 686. Les alternatives de roche en masse et de roche feuilletée démontrent que les liquides dans lesquels ou avec lesquels les montagnes ont été formées, ont été sujets à des alternatives de mouvement et de repos, et qu'ils ont charrié tantôt certaines matieres, tantôt d'autres. Les faces opposées d'une même montagne ont souvent entr'elles peu de ressemblance, 687. Les retours des couches de certaines montagnes dans le même ordre, prouve le mouvement périodique du fluide dans lequel les montagnes ont été formées, 696. L'inclinaison des couches des montagnes secondaires sur les primitives est un phénomene général, 918, 919. Action des montagnes sur l'aimant, 921. Causes du froid qui regne sur les montagnes, voyez *Feu*, 923 et suiv. Différences entre les deux cotes opposés de la chaîne des montagnes, 981. On s'est peut-être trop hâté de fixer des limites entre les montagnes primitives et les secondaires, 967, 1005. Inclinaison des montagnes secondaires contre les primitives, 1025. Considérations sur les fissures des montagnes, et sur les conséquences qu'on peut en tirer relativement à leur situation primitive, 1049. Montagnes *moutonnées*; ce que l'auteur entend sous ce nom, 1061. Les montagnes primitives, vues du Mont-Blanc, sont disposées, non par chaînes, mais par grouppes, 1995, 1996. Elles sont composées de grands feuillets verticaux dirigés du N. E. au S. O., 1996, 1997. Les feuillets, depuis la base jusqu'à la cime, sont de même nature, 1998. Conséquence de ce fait, 1999. Absence du mica sur les rochers très-élevés du Mont-Blanc. Disparité des montagnes opposées, 2117. Observations à faire sur les montagnes en général pour la théorie de la terre, 2313 et suiv. Sur les montagnes tertiaires, 2317. Sur les montagnes secondaires, 2318. Sur les montagnes primitives, 2319.

*Montanvert.* Sa situation, 607. Son élévation au-dessus de la mer est de 954 toises, *ibid.* Amianthe; cryftaux de feldspath et de quartz, 609. Direction des couches de la roche feuilletée qui se trouve sur cette montagne; 610. Vue du Montanvert, 611. Glacier des Bois, 610. Plantes du Montanvert, 618. Source de l'Arveyron, 619 et suiv. Feldspath dans de l'amianthe, 714. Analyse de ce feldspath, *ibid.* Amianthe mêlée de cryftal de roche, 715. Four à cryftal, *ibid.* Serpentine avec amianthe et asbefte, 716. Cette serpentine ne paroît pas avoir été formée loin du lieu où on la trouve.

*Mont-Blanc.* Vue du Mont-Blanc et des hautes cimes liées avec lui depuis le Buet, 565. Sa base du côté de Courmayeur. Excursion au glacier de Miage, 885 et suiv. Trois grandes pyramides forment les bases avancées qui soutiennent le Mont-Blanc, 886. Les feuillets verticaux qui composent ces pyramides sont dirigés, comme la vallée, du Nord-Est au Sud Ouest. Structure du Mont-Blanc, vue depuis depuis le Cramont, 910. Nature des rochers qui le composent, 911, 912. Son action sur l'aiguille aimantée, 921. Histoire des tentatives pour parvenir à la cime du Mont-Blanc, 1102 et suiv. Tentative de l'auteur par l'aiguille du Gouté, à une hauteur de 1900 toises, 1105 et suiv. Lithologie de l'aiguille du Gouté, 1134 et suiv. Granit couvert de bulles vitreuses, 1159. Autres tentatives pour parvenir sur le Mont-Blanc, 1962. Succès de celle du docteur PACCARD, 1964. Relation abrégée d'un voyage à la cime du Mont-Blanc, 1965. Description des rochers et autres détails du voyage, 1966 et suiv. Observations géologiques faites à la cime du Mont-Blanc, 1995. Ebullition de l'eau sur sa cime, 2012. Animaux, 2017. Végétaux, 2018. Saveurs et odeurs, 2019. Son, 2020. Comparaison entre le Mont-Blanc et les Cordilleres, 2022. Son élévation calculée par le barometre d'après une moyenne entre différentes formules, est de 2450 toises sur la mer, 2203. La mer est-elle visible de la cime du Mont-Blanc? 2204. Observations du thermometre, de l'hygrometre et de l'électrometre sur la cime du Mont-Blanc, 2205, 2207. Couleur du ciel, 2209. Etoiles visibles en plein jour, *ibid.* Eau de chaux et alkali caustique deviennent effervescents par leur exposition à l'air libre sur la cime du Mont-Blanc, 2210.

*Mont-Cenis.* Passage du Mont-Cenis, 1234 et suiv. Prix des porteurs et des mulets, 1233. L'élévation du plus haut point du passage est de 1060 toises sur la mer. Celle du lac du Mont-Cenis est de 982 toises. Tour du lac, 1237. Ce lac a été anciennement beaucoup plus élevé, 1244. Gypse, 1238. Hospice du Mont-Cenis, 1246. Nature des rocs qui composent cette montagne, 1255. Coup-d'œil général

général sur la partie de la chaîne des Alpes que l'on traverse en passant le Mont-Cenis, 1298 et suiv. Singularités géologiques du Mont-Cenis, 1307.

*Mont-Cervin*. Du Breuil au col du Mont-Cervin, 2220. Ce col est élevé de 1736 toises sur la mer. Du Mont-Cervin à Zermatt, 2221. Séjour sur le col du Mont-Cervin 2240. Mesure du Mont-Cervin, 2241. Il est élevé de 2309,75 toises sur la mer. Structure du Mont-Cervin, 2243. Du Mont-Cervin au Breit-Horn, 2246. Description du col du Mont-Cervin ou de St. Théodule, n°. 2257. Nature des rochers qui l'avoisinent, 2259.

*Montées*. Montagne entre Servoz et Chamouni, 503. Sa composition, *ibid*. Mine de cuivre qui s'y trouve, *ibid*.

*Mont-Jovet*, près de Saint-Vincent, est une montagne remarquable par la situation de ses couches, par les alternatives de stéatites, de roche de corne, de schorl, de grenats et d'une roche mélangée de quartz, de mica et de pierre calcaire, 965 et suiv.

*Montelimar*. Description du bassin de Montelimar, 1553. Fragments de basalte qui s'y trouvent. Tripoli, 1555. Cailloux roulés de Montelimar, 1561. Excursion de Montelimar au château de Grignan, 1565 et suiv. De Montelimar à Tain. Cailloux roulés de l'Isere, *ibid*.

*Montmélian*, son fort, 1182.

*Montoux*, coteau des environs de Geneve, sa situation, matiere et disposition de ses couches, 296 et suiv. Son élévation est de 625 pieds au-dessus du lac de Geneve. Réflexion sur son origine, 301.

*Mont-Rose*, peu connu. Auteurs qui en font mention, 2113 et suiv. Il est élevé de 2430 toises sur la mer, 2195. Sa nature et sa structure. Différence essentielle entre lui et le Mont-Blanc, 2199. Dimensions du Mont-Rose et sa forme, 2201. Passage par le Mont-Rose dans le Vallais, 2204. Voyage autour du Mont-Rose, 2145 et suiv. Vue du Mont-Rose depuis le Roth-Horn, et dimensions de la couronne qu'il présente, 2155. Vallée prétendue inaccessible, 2156. Mœurs des habitants des environs du Mont-Rose, 2244.

*Mont-Rouge*, second feuillet pyramidal des bases du Mont-Blanc, du côté de Courmayeur, 887.

*Moraine*, ce que l'on entend en Suisse par ce mot, 1722.

*Moraines des glaciers*. Voyez *glaciers*, est l'amas de pierres déposées sur les bords du glacier, 536 et suiv. Ces amas donnent lieu de croire que l'état actuel de notre globe n'est pas aussi ancien que quelques philosophes l'ont imaginé, 625.

*Morat*, son lac, 401.

*Morcle*, dent ou aiguille de la Morcle sur la vallée du Rhône, 1062.

Mossier, savant naturaliste de Clermont, 90, note. Voyez aussi cette table au mot *Tripoli*.

*Motet*, chalet de ce nom, près du col de la Seigne, 839. Son élévation au-dessus de la mer est de 939 toises, *ibid*.

*Mulet*, pente la plus rapide que puissent monter les mulets, 774. Effet de la rareté de l'air sur ces animaux, 2220.

*Musinet*, colline près de Turin, 1308 et suiv.

N

*Nantua*, élevé de 241 toises sur la mer, 1650. Lac de ce nom, *ibid*.

*Nayin*, son nant, 512.

*Neige*. Voyez *Glacier*. Route sur la neige, 557. Voyez *Crampons*. Maniere dont les Chamouniards glissent debout sur la neige, 615. Terre noire répandue sur la neige par les habitants de la vallée de Chamouni, pour accélérer sa fonte, 680, 740. Neige rouge ne s'observe que dans une certaine période de la fonte des neiges, 646. Analyse de la substance colorante de la neige, *ibid*. Le sommet du Mont-Blanc est recouvert à sa surface de neige et non de glace, 914.

Comparez le §. 1981 et la note qui y est jointe. De la hauteur à laquelle cesse la fonte des neiges, 937 et suiv. Erreurs des limites fixées par BOUGUER, dans les hauteurs intermédiaires, 938. Ses vraies limites peuvent être estimées sous le climat de la France à une élévation de 2400 toises. Température de la neige sur le grand St. Bernard, 1002. Séracs ou rectangles de glace, 1975, 1981. Neige sur la cime du Mont-Blanc ; elle est couverte d'un vernis mince de glace, 2013. Son épaisseur, 2014. Stratification des neiges, 2015. Neiges exemptes de poussière rouge au-dessus de 1440 toises, 2016. Expériences eudiométriques sur l'air renfermé dans la neige, 2078. Epreuve par les réactifs de l'eau de neige du col du Géant, ibid. Expériences sur la température des neiges du col du Géant, Voyez *Evaporation*.

*Néopetre*. Pétrosilex secondaire, 1195.

*Nervi*, gros bourg près de Gênes. Sa situation et son commerce, 1352. Montagne de Nervi, de formation très-ancienne, ibid. De Nervi à Gênes, 1353.

*Neuchatel*, 393. Dimensions de son lac, ses cailloux roulés, ibid. Son élévation au dessus du lac de Genève est de 31 toises, 394. Température du fond du lac de Neuchatel, 396, 397.

*Nice*. De Gênes à Nice, 1355 et suiv. De Nice à Fréjus, 1425 et suiv. Situation de Nice, 1425. Histoire d'un clou trouvé dans une pierre des environs de Nice, 1427. De Nice à Antibe, 1428.

*St. Nicolas*, village dans la vallée de Viege. Il est élevé de 566 toises sur la mer, 2222.

*Nomenclature*. Inconvéniens des dénominations vagues, 103. Considérations générales sur la nomenclature des minéraux, 1151. Principes à suivre, 1945.

*Nœuds des pierres*. Voyez *Glandes*.

*NOSK*. Ce célèbre naturaliste donne au nom de trapp une acception très-étendue, ibid.

*Novaleze*. Ce village est élevé de 400 toises sur la mer, 1256 De la Novaleze à Turin, 1283 et suiv.

*Novi*, premier village de l'Etat de Gênes, 1327, 1330. Cailloux de Novi, 1331. De Novi à Ottagio, collines tertiaires, 1334.

*Nuages*, attraction apparente des nuages par les glaces, 865. Observation sur leur dissolution dans l'air à une grande hauteur, 1282. Explication de la formation des nuages parasites par un vent horizontal ; 2070. Ils ne sont pas formés par un vent ascendant qui porte les vapeurs de bas en haut 2071. Electricité de ces nuages, ibid. Nuages compactes et arrondis. Explication de leur formation, 2072. La projection des ombres sur les nuages glacés, produit des arcs-en-ciel autour de ces ombres, 2235.

*Numismale*. Voyez *Lenticulaire*.
*Nummulaire*. Voyez *Lenticulaire*.

## O

*Oberaar*. De l'Hospice du Grimsel au glacier de l'Oberaar, 1701. Arrête de rocher dans la vallée de l'Oberaar, 1704, 1705 : elle est élevée de 1256 toises sur la mer. Vue du glacier de l'Oberaar, ibid. Chaîne au Sud du glacier de l'Oberaar, 1708.

*Oberalp*. Vallée d'Oberalp. Continuation de celle d'Urseren, 1854. Situation du lac d'Oberalp, 1855. Nature des montagnes qui bordent ce lac, 1857. Truites saumonées du lac d'Oberalp, 1858.

*Obergestelen*. De l'Hospice du Grimsel à Obergestelen, 1711. D'Obergestelen à la source du Rhône, 1715 et suiv. d'Obergestelen à Formaza, 1723.

*Océan*. Voyez *mer*.

*Octaedrite*, ou schorl octaedre du St. Gothard, 1901.

*Odeur*, les odeurs sont les mêmes sur les montagnes que dans la plaine, 1276, 2019.

*Oeil de chat*, n'est pas une adulaire, 1890.

**PAC**

*Oeningen*, carriere d'ictiopetres, près du lac de Constance, 1533. Description de cette carriere, *ibid.*

*Oiseau*, montagne des Oiseaux. d'Hyres à la montagne des Oiseaux, 1477. Vue de la montagne des Oiseaux, 1480.

*Ollaire.* Carriere de pierre ollaire près du Griès, 1724. Usage de cette pierre, 1725. Autre carriere près d'Allagne, et marmites qu'on y fabrique, 2211. Voyez *Serpentine*.

*Ollioules*, 1506. Volcans d'Ollioules 1507.

*Ombre.* Couleur des Ombres sur le Col du Géant, comparativement à ce qu'elles sont dans la plaine, 2088.

*Oneille*, calcaires à pieces détachées de lame lenticulaire, 1377. D'Oneille à St. Remo, 1378.

*Orage.* Danger des orages sur les hautes montagnes, 761. Variations de l'électricité aerienne pendant les orages, 801. Observation faite de l'Hospice du Grimsel, sur l'orage éprouvé à Geneve en 1783. Description d'un orage sur le Col du Géant, 2031. Considérations générales sur les orages qui regnent sur les montagnes, 2073.

*Orbe.* Cours de la riviere d'Orbe, 377. Sa source, 385.

*Oreb.* Montagne de la vallée de Berard, 552. Mine de plomb qui s'y trouve, *ibid.*

*Orgelet.* Baillage sur les confins du Jura. Ses pétrifications remarquables, 351.

*Orjobet.* Caverne du Mont-Saleve, 232.

*Orsiere.* Grand village entre St. Pierre et Martigni, 1022. D'Orsiere à St. Branchier, 1023.

*Ouches.* Une des trois paroisses de la vallée de Chamouni, 513. Ardoises appuyées contre les montagnes primitives, *ibid.*

P.

PACCARD (le Docteur) et J. Balmat, sont les premiers qui aient atteint la cime du Mont-Blanc.

**PIC** 561

*Palaïopetre.* Petrosilex primitif. Voyez *Néopetre* et *Petrosilex.*

*Paratonnerre* frappé par la foudre, 1340. Explication de ce phénomene, *ibid.*

*Passy*, village sur la route de Sallenche à Servoz, 491. Une de ces montagnes voisines de ce village tomba en 1751. Relation de cet événement, 493. Nature des débris qu'offre cette montagne, 494.

*Pavie*, 1328. De Pavie à Novi, 1329.

*St. Paul*, colline entre la Tour ronde et Meillerie, sa composition, 319.

*Peau.* Raison des effets que produit un air rare sur la peau, 2061. Voyez *air* et *lumiere.*

*Pesciumo.* Hauteur en face de la vallée par laquelle on traverse le St. Gothard. Excursion sur cette montagne, 1818.

*Peteret.* Une des grandes pyramides qui forment les bases avancées du Mont-Blanc du côté de Courmayeur. Sa structure, 886.

*Pétrifications.* Coquillages inconnus de Saleve, 244. Lames pétrifiées remplies de sable quartzeux dans un banc calcaire, 284. Etoile de mer. *Asterius aranciaca*, trouvée sur le Jura, 351. Voyez *Fossile.*

*Petrosilex*, ses caracteres dans les cailloux roulés des environs de Geneve, 70, 71. Action du feu des fourneaux sur cette pierre. Analyse du petrosilex de la cascade de Pissevache, 1057. Petrosilex feuilletés de Martigny, 1046. Distinction des petrosilex en primitifs et secondaires, 1194. Petrosilex secondaire; *Horne-stein* de WERNER, 1546.

*Photométrie* chymique, 2089.

*Pfyffer.* Relief de M. le Général Pfyffer, 1944. Lumieres qu'il a données à l'Auteur sur la vraie hauteur des principales montagnes de la Suisse, 947.

*Pic-Blanc*, près du Mont-Rose. Excursion sur le Pic-Blanc, 2134 et suiv. Il est élevé de 1594 toises sur la mer;

2143. Nature de ses rochers de granits, les uns veinés, les autres en masse, *ibid.*

*Picheriano*, montagne entre la Novaleze et Turin. Excursion sur cette montagne. Monastere de St. Michel, 1289 et suiv.

PICTET. (M. A.) Epreuves qu'il a faites avec l'Auteur sur la température du lac, 93 et suiv. Sa mesure du Mont-Blanc, 592 et suiv. Son sentiment sur la nature de la lumiere, le même que celui de l'Auteur, 2247.

*Pié di Mulera*. Sa latitude, son élévation, 2189, 2190.

*St. Pierre.* Isle de St. Pierre. Sa description, 399. Ses productions, composition de son sol, *ibid.*

*St. Pierre.* Descente du St. Bernard au bourg de St. Pierre, 1006 et suiv. L'élévation de ce bourg est de 834 toises sur la mer, 1010. De St. Pierre à Martigny, 1019 et suiv.

*Pierre à écorce.* Voyez *pierre de corne*.

*Pierre de corne.* Sa dénomination consacrée par VALLERIUS, 95. Ses caracteres extérieurs, 96, 97. Ses caracteres chymiques, 98. Sa grande fusibilité, *ibid.* Sa pesanteur spécifique, 99. Pierre à écorce ferrugineuse, 101. Description d'une espece nouvelle de pierre à écorce, qui n'est pas décrite par VALLERIUS, 102. Formation de son écorce, *ibid.* Ses caracteres extérieurs, *ibid.* Ses propriétés chymiques, *ibid.* Pierre de corne demi-dure, trouvée au pied de l'aiguille du Midi, 671, 725. Son analyse, *ibid.* Il seroit possible de faire des bouteilles avec la pierre de corne, comme on en a fait avec des laves, 749. Voyez *Cornéenne*. Les pierres composées dans lesquelles entre la pierre de corne prennent le nom de roche de corne, 166. Caracteres et différentes especes de ces roches dans les pierres éparses des environs de Geneve, 166 et suiv.

*Pierre de touche.* Description de celle de la plaine de la Crau, 1594. Pierre de touche des essayeurs, 1595. Maniere dont elle fait son office, *ibid.*

*Pierre ollaire.* Voyez *Ollaire*.

*Pierre-Pertuis.* Passage dans le Jura, 331. Son origine, *ibid.*

*Piget*, côte du Piget dans la vallée de Chamouni, 709. Elle est composée de pierre à chaux maigre, *ibid.*

*Pin de Geneve ou d'Ecosse.* Réflexions sur sa végétation et sur ses usages, 1228.

PINI. Examen de son opinion sur la stratification des granits, soit en masse, soit veinés, 1882.

*Pisse-vache*, cascade de Pisse-vache sur la route de Martigny à St. Maurice, 1056. Le rocher dont elle tombe est une espece de petrosilex. Analyse de cette pierre, *ibid.*

*Piton*, sommité la plus élevée du Mont-Saleve; son élévation est de 512 toises au-dessus du lac de Geneve.

*Plaines.* Observations à faire dans les plaines pour la théorie de la terre, 2311.

*Plan.* Aiguille du Plan, 663. Lac du Plan de l'aiguille, *ibid.* Granit encaissé entre des feuillets de roche quartzeuse micacée, 664. Vue de la plaine, 667. Structure de l'aiguille, 659, 668. Plan des Dames, 761. Danger des orages sur les hautes montagnes, *ibid.*

*Planet.* Les gypses de cette carriere pourroient être travaillés, 706.

*Plâtrieres* d'Aix en Provence, leur description, 1531.

*Plombagine*, mêlée de quartz dans la vallée de Chamouni, 719 et suiv.

*Porphyre.* Ses caracteres, 149. Differe du granit par le ciment qui lie ses parties et des poudingues par la cryftallisation de ces mêmes parties, *ibid.* Enumération des différentes especes de porphyres qui se trouvent dans les pierres éparses des environs de Geneve, 150 et suiv. Elles different des porphyres orientaux par la nature de leur pâte, 155. Transition des granits aux porphyres, *ibid.* Action du feu des fourneaux sur les porphyres, 176. Porphyre à base de feldspath terreux, 728. Porphyre à cryſtaux de feldspath bleu, 1448. Porphyre de la Durance; leurs caracteres extérieurs, 1539. Porphyre à base de serpentine, 1437.

*Porphyroïde* qui paroit être le *Porphyre Schiefer* de M. WERNER, 1051, 1060.

*Porpite* Voyez *Lenticulaire*.

*Porquerolles*. Description de cette isle, 1474.

*Porto-Fino*. De Gênes à Porto-Fino, 1344. Description de cette montagne, composée de cailloux roulés, 1347 et suivant. Le torrent qui a charrié des cailloux eſt venu du côté de l'Eſt, 1350,1554.

*Poudingue*. Comment il differe du grès, 197. Diſtinction entre les breches et les poudingues, *ibid*. Leurs différentes especes dans les cailloux roulés des environs de Geneve, 198, 199. Poudingues et grès se trouvent presque toujours entre les montagnes primitives et les secondaires, 594. Poudingues de *Valorsine* en couches verticales, 687, 688, 689. Ils n'ont pas été formés dans cette situation, 690. La cause qui les a redressés nous eſt inconnue, *ibid*. Ces poudingues sont composés de pierres primitives renfermées dans un schiſte micacé, 691, 692. Espace occupé par ces poudingues, 693. Ils sont recouverts par une succession de couches de grès micacés quartzeux, de calcaire micacée et de calcaire non micacée. Leur élévation eſt de 954 toises au-dessus de la mer, 697. Les grès et les poudingues que l'on trouve immédiatement sur les rocs primitifs, dans l'intervalle qui sépare ceux-ci des secondaires, sont liés par un gluten quartzeux, 699. Poudingues dont les couches sont verticales sur la rive droite du Rhône, 1075. L'accumulation des Poudingues sur le bord des plaines au pied de la chaine des Alpes, eſt un fait que l'on obſerve par tout sans exception, 2302. Obſervations à faire sur les Poudingues pour la théorie de la terre, 2319.

*Pouls*, vitesse du pouls sur Roche-Michel, 1280. Sur la cime du Mont-Blanc, 2021. Expériences sur le battement du pouls, au col du Géant, dans le rapport des expirations et des inspirations, 2106.

*Les Prés*, hameau près de Chamouni, 543. Rocher calcaire vis-à-vis de ce hameau.

*Pré St. Didier*. Ce bourg eſt élevé de 448 toises sur la mer.

*Précipices*. Comment on peut s'accoutumer à les considérer sans tournement de tête, 442. Regles à suivre pour prévenir les dangers de leurs effets sur l'imagination, 1985.

*Prehnite* du Dissentis dans les Grisons, 1904.

PREVOST (Professeur.) Il a donné un syſtême ingénieux sur *l'origine des forces magnétiques*, 2102.

*Prose*. Sommité qui domine du côté de l'Eſt l'Hospice du St. Gothard, 1840. Elle eſt de granit veiné, 1841. Elle eſt élevée de 1377 toises sur la mer.

*Provence*. Ses volcans éteints, 1485 et suiv. 1520. Réflexions sur les causes de la ſtérilité des montagnes de la Provence, 1492.

*Pujet*, situation de ce village, 1462. Ses pierres poreuses ne sont point des laves, *ibid*.

*Pui du dôme*. La pierre dont il eſt composé n'eſt pas un granit chauffé en place, comme le pense M. DESMAREST; mais un porphyre à base de feldspath terreux, semblable à celui de Valorsine, 728, 729.

## Q

QUARTZ. Caracteres de cette pierre dans les cailloux roulés des environs de Geneve, 69. Considérations sur l'origine des quartz qu'on trouve dans la vallée du Rhône, depuis les plaines qui sont entre Lyon et le Jura jusqu'à Avignon, 1551. Quartz bleu, 2144. Quartz sciſteux noir, 1483.

R.

*Randon*, village près d'Aiguebelle, enseveli par un éboulement, 1186.

*Rayonnante* (*ſtrahlstein*) de Werner, 1728, en prismes rhomboïdaux, 1919. Rayonnante à larges rayons, 1920. Rayonnante en gouttiere, 1921.

*Rayonnante en burin*, 1922.

*Royonnante aciforme*, 1258 K.

Saint-Réal. Considérations sur les objections faites à l'auteur, contre la cryſtallisation des granits, par M. de S. Réal, 1195.

*Réfraction terrestre.* Nouvelle méthode de la calculer, par M. Pictet, 564.

*Saint-Remy*, village situé sur la route de la Cité au S. Bernard. Son élévation est de 823 toises sur la mer, 984.

*Reposoir.* Description de cette chartreuse, 284. Pétrifications remarquables des montagnes qui l'avoisinent, *ibid.* Rocher calcaire percé à jour, 285. Vallee qui conduit à cette chartreuse, 447.

*Respiration*, voyez *Air*, *Pouls*.

*Revest*, montagne de la Provence. Ce n'eſt pas un volcan éteint, comme le pensoit M. de Lamanon, 1486.

*Révolution.* Hypothese sur celle qui a pu transporter les cailloux roulés qui se trouvent sur quelques-unes des montagnes des environs de Geneve, et qui sont étrangers à son sol, 210 et suiv. Précis de cette hypothese, 215 et suivans. Son application à l'origine des blocs de granit qui se trouvent sur le mont Saleve, 227. Comment ces mêmes blocs pourroient servir à déterminer l'époque de la grande débacle, *ibid.* Conjectures sur la formation des breches et des poudingues qui recouvrent la superficie des montagnes, 243. L'état actuel de notre globe n'eſt pas aussi ancien que quelques philosophes l'ont imaginé, 625, 1101. Couches horizontales devenues verticales, 689 et suiv. 1075. Idées sur la théorie de la terre, auxquelles les observations faites sur le Cramont donnent lieu, 919. Il paroit que la grande débacle qu'a produit la retraite generale des eaux du grand Océan, a dirigé, en Suisse, son cours du Nord au Midi, 1960. Voyez *Couche*, *Montagne*.

*Reuss.* Sources de la Reuss, 1832. Lac de Lucendro, 1833. *Urnerloch*, 1859. Chûte de la Reuss, 1860. Pont du Diable, 1861. Cours de la Reuss sur des tables de granit coupées horizontalement, 1865. Saut du Singe, 1876.

*Rhin.* Sources du Rhin inférieur, leur situation, 1856. La hauteur du col qui sert de limite entre le pays des Grisons et la vallée d'Urseren, eſt de 1029 toises sur la mer.

*Rhône.* Dépôts que forme cette riviere en traversant le lac Léman, 10, 11. Sa jonction avec l'Arve, 15, 16. Refoulement de ses eaux par celles de l'Arve, 16. Son issue par le passage de l'Ecluse, 213. L'érosion produite par ces eaux paroit avoir formé cette ouverture, *ibid.* Mesure de la pente du Rhone depuis Geneve jusques à son passage sous le fort de l'Ecluse, 214. Perte du Rhône, 402. Inexactitude de la description qu'en donne M. Guettard, *ibid.* L'hiver et le printems sont les saisons à choisir pour l'observer, *ibid.* Entonnoir dans lequel le Rhône s'engouffre, 403. Il se perd pendant l'espace d'environ soixante pas, 404. Son abaissement au-dessous du lac, *ibid.* Les corps légers qu'on jette à l'endroit où le Rhône se perd, ne reparoissent point à sa sortie; raison de ce phénomene, 405. La nature de la pierre eſt cause des excavations profondes que le Rhône a formées dans ces rochers, 406. Le ruisseau de la Vasseline y a contribué, 407. Coquillages fossiles de la perte du Rhône et des collines voisines, 410 et suiv. Sable imprégné de pétrole, 414. Vallée du Rhône près de Martigny, 1028. Son élévation eſt de 249 toises sur la mer, 1029. Rive gauche du Rhône, entre Martigny et St. Maurice, 1044 et suiv. Rive droite opposée, 1067. Ses plantes rares, 1069. Différence entre les deux rives, 1079. Fin de cette vallée, 1094. Coup-d'œil général sur les montagnes qui la bordent, 1095. Considérations sur l'origine des quartz qu'on trouve dans la vallée du Rhône, depuis les plaines qui sont entre Lyon et le Jura jusqu'à Avignon, 1551. Rive droite du Rhône entre Arles, Beaucaire et Andance, 1603 et suiv. *Source du Rhône.* D'Obergestelen à la source du Rhône, 1715 et suiv. Glacier du Rhône, 1718. La source du Rhône est chaude de 14 degrés et demi, 1719. Son élévation est de 900 toises sur la mer. Epreuves de cette source par les réactifs, 1720. Le glacier du Rhône a rétrogradé, 1722. Encombrements déblayés par le Rhône près de Sierre, 2118. Nature des rochers qui forment la vallée du Rhône entre Martigny et Brieg, 2119. Climat de cette vallée, *ibid.*

*Rigiberg*, montagne sur le lac de Lucerne, 1941. Elle est composée de cailloux roulés, *ibid.* Leur origine, *ibid.* Son élévation est de 967 toises sur la mer.

*La Rive*, à l'entrée du Val-Dobbia. Ce village est élevé de 558 toises sur la mer. De la Rive à Gressounay, 2212.

*Saint-Roch*, village près de Formazza, 1712. Montagne remarquable par la régularité de ses couches de granit veiné, *ibid.* et suiv. Description et dimension de ses couches, *ibid.* et suiv. Usage des granits veinés, 1759.

*Roche.* Carriere de marbre exploitée près de ce village, 1092.

*Roche aggrégée.* Caractere des roches aggrégées, 196. Voy. *Grès, Breche, Poudingue.*

*Roche composée.* Roches composées, éparses dans les environs de Geneve, 129 et suiv. Roches feuilletées ou schisteuses, 130. Roches en masse, *ibid.* Caracteres des roches feuilletées, 158. Leurs lames ondées en zig-zag. La crystallisation paroit être la raison de cette forme, *ibid.* Premier genre de roches feuilletées, composé de quartz et de mica, 160, 161. Le second genre composé de feldspath, quartz et mica, 163; troisieme genre, de quartz et de schorl, 164. Quatrieme genre comprend les roches de corne, 166. Cinquieme genre renferme celles dans la composition desquelles entrent les grenats, 184. Sixieme genre comprend celles dont la stéatite forme le principal ingrédient. Le septieme genre, les roches mêlées de mine de fer, 188.

*Roche de corne.* Voyez *Pierre de corne.*

*Roche glanduleuse* et *Roche veinée.* Ses caracteres, et comment elle differe des poudingues. Voy. *Glande, Variolite.* Roche glanduleuse, *mandelstein* des Allemands, prise pour des laves, 1444 et suiv.

*Roche-Maure.* Ses basaltes, 1610.

*Roche-Melon*, montagne qui domine le Mont-Cenis, 1263.

*Roche-Michel*, montagne qui domine le passage du Mont-Cenis. Excursion sur cette montagne, 1253 et suiv. Observations météorologiques et expériences faites sur cette cime, sur l'évaporation de l'éther, 1274, et la liqueur fumante de Boyle, 1276; sur les dissolutions de fer et de cuivre dans l'acide vitriolique, 1277; sur la fréquence des pouls, 1280; sur l'ébullition de l'eau, 1275.

*Roche polie* du mont Saint-Bernard, 991, 996. De Pedriolo, 2144, n°. 2.

*Rocher*, voyez *Roche.* Rocher à bulles vitreuses, 1994. Rochers les plus élevés du Mont-Blanc, 1989 et 1990.

*Rocherey*, montagne près de S. Jean de Maurienne, riche en productions minéralogiques, 1199.

*Rolle.* Analyse de ses eaux minérales, 317.

*Roth-Horn*, ou *Corne rouge*, près du Mont-Rose. Excursion sur cette cime,

2154 et suiv. Elle est élevée de 1506 toises sur la mer. Vue de l'extérieur du Mont-Rose, 2155. Nature et structure du Roth-Horn, 2157.

*Rousses.* Description du lac des Rousses, et plantes rares qu'on y trouve, 377.

*Roux.* Cap de ce nom, 1457. Cimes qui le dominent. Observation sur la situation de ce cap, *ibid.* L'élévation de la montagne du cap Roux est de 236 toises. Ses rochers sont de porphyre, 1458. Ses plantes, *ibid.* L'hermitage, 1455, 1459.

*Ru,* montagne de la vallée de Ferret, 866. Sa structure, 868.

*Ruize,* nom qu'on donne aux glaciers dans la vallée d'Aost.

## S

*Sable.* Monceaux de sable accumulés par le vent sur les bords de la mer sous des formes régulieres, 1375.

*Sagénite,* ou schorl rouge du S. Gothard. Sagénite crystallisée, 1894. Sagénite informe, 1895. Comparée avec la manganese rouge, 1896; avec le Wolfram de Cornouailles, 1897. Sagénite imparfaitement crystallisée, 2280.

*Saleve.* Situation de cette montagne; 220. Ses flancs sont recouverts de sillons et de cavités, vestige des anciens courants, 221 et suiv. 231 Ses grottes et cavernes, 225, 231, 232, 233. Température de la grotte de Balme, *ibid.* Situation des bancs du mont Saleve, 234 et suiv. Conjecture sur la forme primitive de cette montagne, 238. Origine de ses couches verticales, 239, 240. Elle ne sauroit s'expliquer suivant l'hypothese de PALLAS, 241. Blocs roulés de roches primitives qu'on trouve sur cette montagne, 227. Banc de sable qui la recouvre, 229. L'élévation du piton ou du point le plus élevé de Saleve, est de 512 toises au-dessus du lac, 230. Banc de grès, 242. Couches de breches calcaires, et conjectures sur leur formation, 242 A

et suiv. Pétrifications, parmi lesquelles sont de nouveaux coquillages fossiles découverts par M. de LUC, 244. Charbon de terre, 246, 247. Spath calcaire, 248. Cenchrites, 249. Noyaux de silex, 250. Mines de fer, 251. Plantes rares. 252. Animaux, 253. Ses beaux points de vue, 254.

*Salines* d'Aigle ou de Bex, 1082. Singuliere structure de la montagne dans laquelle les travaux des Salines ont été exécutés, 1084. Opinion de M. de HALLER sur l'origine de ces sources salées, 1085. Les gypses, mélangés d'argile, de la montagne où se trouvent ces sources, ne contiennent point de sel marin, 1086. Creux ou puits du Bouillet, 1088. Sa température, *ibid.*

*Sallenche.* Route de Cluse à Sallenche, 462. Description de cette petite ville, 481. Route de Sallenche à Servoz, 482 et suiv. Danger d'y être surpris par des torrents, 485. Route de Sallenche à S. Gervais, 490, 1134 et suiv.

*Sallon.* D'Aix à Sallon, 1591. Situation de cette ville, 1592.

*Sand-Balm.* Grotte des crystaux de Sand-Balm, 1866 et suiv. Spath calcaire, 1867. Veines de granit en masse, interposées entre des bancs de quartz pur, 1868 et suiv. Nature du granit de la montagne, 1870. Température et humidité du fond de la grotte, 1871.

*Sappare* ou kyanith de M. WERNER. Son analyse, 1901. Son usage pour le chalumeau, *ibid.*

*Sass*, vallée de Sass. Sa situation, 2222.

*Savone*, 1364. De Savone à S. Stephano, 1366. Schiste rouge remarquable, *ibid.*

*Scez.* De Geneve à Scez, 2225 et suiv. Du Chapiu à Scez, 2227. Ce village est élevé de 460 toises au-dessus de la mer. De Scez à la Tuile. Passage du petit St. Bernard, 2228.

*Schiste effervescent* appliqué contre des couches

couches de granit, 872. Son analyse, *ibid*.
Schiste *micacé*. Transition entre le schiste micacé et la pierre calcaire, 1366. Schiste *magnésien lamelleux*, 1913. Schiste *magnésien composé*, 1916. Schiste micacé avec filon de granit, 1433.

*Schœllenen*. Pont et vallée de ce nom, 1863.

*Schorl*. Ses différentes dénominations, 86. Ses caracteres extérieurs, 88. Schorl en masse, 89; doit être rapporté, soit à la base de l'ophite (ophibase), soit à un mélange de delphinite et de quartz. Schorl prismatique hexagone dans les cailloux roulés des environs de Geneve, 92. Schorl rhomboïdal de M. TOLLOT, 93; paroit être une espece de grenat. Schorl verdâtre en aiguilles brillantes et fragiles, 1017, 2259. Son analyse, 1017. Il est considéré par quelques auteurs comme le *glasartigerstrahlstein* de WERNER. L'auteur le nomme *rayonnante aciforme*, 1258 K. Schorl verd et schorl aigue-marine, voyez *Delphinite*. Schorl rouge, voyez *Sagénite*. Schorl octaèdre du S. Gothard, voyez *Octaëdrite*. Schorl en burin, voyez *Rayonnée en burin*. Schorl noir (*schwarzer schörl*), le seul qui paroisse devoir conserver le nom de schorl, 1909.

*Scintillant*, en Allemand *Schimmernd*. Ce que l'on entend par ce nom, 1304 A.

*Scipscius*. Excursion à l'Alpe de Scipscius, 1814 et suiv. Elle est élevée de 1028 toises sur la mer. Hornblende noire et gneiss noir très-fin, 1815 et 1816.

*Scopello*. Ses fonderies de cuivre, 2210.

*Sèches*, ou flux et reflux du lac Léman, 20 et suiv.

*Seigne*, col de la Seigne, passage après le Bon-Homme pour entrer dans les plaines de l'Italie, 837. Roche quartzeuse entre des ardoises, 838. Breche calcaire à fragments applatis, 841. Mine de plomb, 842. Mine d'or, 843. Schiste jaune mêlé de cristaux quartzeux de forme quarrée ou rhomboïdale. Le col de la Seigne est élevé de 1080 toises au-dessus du lac de Geneve, et de 1263 au-dessus de la mer, 845. Le fond de cette vallée est, en général, de nature secondaire, 845, 846. Aiguilles et montagnes qui dominent le col de la Seigne, 847 et suiv.

*Sel*, voyez *Salines*. Observations à faire sur les mines de sel pour la théorie de la terre, 2324.

*Sémur* en Auxois. Filon de granit renfermé dans une roche feuilletée, 602.

*Sérac* ou *Sérai*, espece de fromage, 293.

*Sérac* ou rectangle de neige, 1975, 1981. Origine de ce nom, 2054. Considérations sur les séracs, 2014.

*Serpentine*. Ses caracteres dans les cailloux roulés des environs de Geneve. Ses propriétés chymiques, 108. Croûte formée à l'extérieur des serpentines par l'action de l'air et de l'eau, 109. Serpentine tendre, serpentine feuilletée, 111. La plus tendre résiste le mieux au feu, *ibid*. Cette pierre se crystallise par la fusion, 118. Les montagnes entieres de serpentine sont souvent réduites à des monceaux de blocs incohérents, 716. Serpentine grenue, 1342, 1434. Serpentine lamelleuse, 2253. Il existe des serpentines dans l'ordre des roches primitives, 2153.

*Servoz*. Route de Sallenche à Servoz, 482. Goëtres. Causes de cette maladie, 497. Mines de plomb, 498. Route de Servoz à Chamouni, 499 et suiv.

*Sierre*. Encombrements formés par des montagnes qui s'étoient écroulées près de Sierre, 2118.

*Silex*. Considérations sur les prétendus passages de la pierre calcaire au silex, 1537.

*Silicicalce*, pierre composée de silice mélangée de terre calcaire, 1524, 1537.

*Simpelendorf*. Ce village est élevé de 759 toises sur la mer.

*Simplon*. Passage du Simplon, 2122 et suiv. Le hameau des Tavernettes est élevé de 815 toises sur la mer. Le plus haut point du passage est de 1029 toises sur la mer. Différence entre la face septentrionale et la face méridionale du Simplon, 2127.

*Sion*, capitale du Vallais, 1036, 2116.

*Sion*, mont de Sion. Le plus haut point du passage de cette colline est de 140 toises sur le lac de Geneve, 433. Sa situation, *ibid*.

*Smaragdite*. Caracteres extérieurs et fusibilité de cette pierre, 1313. Granit composé de jade et de smaragdite, 1362.

*Soleil*, voyez *Lumiere*.

*Souliers* propres aux voyages dans les montagnes, 2327.

*Source*. Considérations sur le changement de température de certaines sources dans un court trajet sous la terre, 1403. Belles sources entre Cluse et Sallenche, 468. Leur température, 2226 *A*.

*Spath calcaire*. Dans les cailloux roulés des environs de Geneve, 128. Crystallisation du spath calcaire sans évaporation, dans un vase fermé, 271. Rocher composé de boules de spath calcaire, disposé par couches concentriques, 1478, 1479.

*Spietz*. De Spietz à Guttannen, 1667 et suiv.

*Spiotorno*, 1366 *bis*. Transition remarquable, *ibid*.

*Stéatite*, voyez *Ollaire*, *Serpentine*. Stéatite cryftallisée, 1851. Stéatite asbestiforme du Saint-Gothard, 1915.

Struve, professeur de chymie, communique à l'auteur divers minéraux, 1396, 2264, etc.

Stucke. Son analyse de la vésuvienne, 1905.

*Suc*, montagne qui sépare le glacier de l'Allée-Blanche du glacier de Miage, 853.

*Supergue*, montagne voisine de Turin, 1303. Excursion sur cette montagne, *ibid*. et suiv. Ses cailloux roulés, 1304. Nature de cette montagne, 1304 *E*. Vue de Supergue, 1305. Mausolee des rois de Sardaigne, 1306.

Swinden (van); ses recherches et son opinion sur les variations diurnes de l'aiguille aimantée, 2101, 2102.

*Sylant*, lac de Sylant et sa cascade, 1652.

T

Taconay. Son glacier sur la route de Servoz à Chamouni, 514. Bords du glacier de Taconay, 1967.

*Tacul*, une des branches du glacier des Bois, 610. De Chamouni au Tacul, 2027. Du Tacul au Col-du-Géant, 2028.

*Tain*. De l'Isere à Tain, 1590. De Tain à Vienne, 1623.

*Talc* durci. Ses caracteres extérieurs, 1336, 1357. Talc commun du S. Gothard, 1910. Talc schisteux, 1911. Talc radié, 1912.

*Talefre*. Glacier du Talefre, 630. Sa sommité nommée le Couvercle, *ibid*. et 631. Plan du glacier du Talefre. Son élévation est de 1334 toises au-dessus de la mer, 632. Le Courtil, 633. Les Courtes, 634.

*Les Tavernettes*, sur le Simplon. Elévation de ce passage, voyez *Simplon*. Le village du même nom est élevé de 815 toises sur la mer.

*Teil*. De Viviers au Teil, 1609. Description de la colline qui domine ce village, *ibid*.

*Température* des eaux du lac de Geneve à différentes profondeurs, 31. Premieres épreuves, 32, 33. Température du lac dans sa plus grande profondeur, 45 et suiv. Description des instruments employés dans ces expériences, 37 et suiv. Considérations sur la différence entre la température de l'eau de celle de la terre, 49. Température de la Grotte de Balme, 233. Température du lac de Joux, 382. Température du lac d'Annecy, 1163. Température de la terre à 677 pieds de profondeur dans le creux de Bouillet, 1081. Cette température paroit être locale. Température de la mer; première expérience vis-à-vis des côtes de Génes, à

886 pieds de profondeur, 1351. Température de la mer à 1800 pieds, dans le voisinage de Nice, 1391. Thermometre conftruit pour cette expérience, 1392, voyez *Thermometre*. Température du lac de Thun, 1395. Du lac de Brientz, 1396. Du lac de Lucerne, 1397. Du lac Majeur, 1399. Cette température eft au-dessous du tempéré, 1400. Les eaux des neiges des Alpes ne paroissent pas être la cause de ce froid. Sources qui changent de température dans un court trajet sous terre, 1403. Vents souterrains plus froids que le tempéré, 1404 ; voyez *Caves*. Doutes sur la température du globe, 1412. Température du fond de la grotte de Sand-Balm, 1871. Température de neiges à différentes profondeurs, 2054; voyez *Evaporation*. Température de la terre et des eaux qui coulent à sa surface, à différentes hauteurs au-dessus de la mer, 2226. Observations à faire sur la température de l'intérieur de la terre, 2306, 2308, 2311. Voyez *Terre*.

*Terre*. Température de la terre à différentes profondeurs, 1391 et suiv. 1412 ; voyez *Température*. Incertitude sur la profondeur où regne un degré conftant de chaleur. Procédé nouveau pour le trouver, 1419 et suiv. Le résultat des expériences faites par ce procédé à 30 pieds de profondeur, donne la plus grande chaleur au solftice d'hyver, et le plus grand froid au solftice d'été, 1423. Température de la terre à différentes hauteurs au-dessus de la mer, 2226. Au petit Saint-Bernard, 2231. Sur le col du Mont-Cervin, 2267. Au Breuil, 2276. A Saint-Jaques d'Ayas, 2286. A Verrex, 2289. A la Cité-d'Aoft, 2298. Au grand Saint-Bernard, 2298. A Vevey, 2299. Conclusion des observations faites à différentes hauteurs, sur la température de la terre, 2299. Théorie de la terre. Tableau général des observations et des recherches qui doivent lui servir de base, 2304. Observations à faire sur les couches de la terre et des montagnes, 2314; sur la température de la terre, 2306, 2308. 2311.

*Terre végétale*. Elle ne se change pas en sable, 1318. Limites de ses accroissement, 1319. Le peu d'épaisseur de la terre végétale ne peut pas servir d'arguments pour prouver le peu d'antiquité de notre globe, 1319. Observations à faire sur la terre végétale pour la théorie de la terre, 2311, 2316.

*Teftaceo*, monticule près de Rome. Température de ses caves, 1405.

*Tête-Noire*, passage pour aller de Chamouni à Martigny, 698, 700 et suiv. Singulier mélange de quartz, de mica et de terre calcaire trouvé au Mapas, 701, 702.

*Saint-Théodule*, redoute sur le Mont-Cervin, 2220. Col de Saint-Théodule, voyez *Mont-Cervin*.

*Thermometre*. Description du thermometre de M. Michely, 35. Thermometre employé pour les épreuves de la température des eaux du lac Léman, 37 et suiv. Conftruction d'un thermometre enveloppé de cire, pour juger de la température de la mer à de très-grandes profondeurs, 1392. Tems nécessaire à ce thermometre pour prendre la température de l'air, 1393. Critique de la regle prescrite d'observer le thermometre au soleil pour la mesure des hauteurs par le barometre, 2052. Comparaison du thermometre au soleil avec le thermometre à l'ombre, *ibid*. Comparaison des observations faites au soleil avec un thermometre dont la boule étoit noircie, et un thermometre de mercure non noirci, 2053.

*Thoiry*, montagne du Jura. Ses plantes rares, 365.

*Thun*. Température de son lac; 1305 De Geneve au lac de Thun par Vevey et le Simmenthal, 1655 et suiv. Description du lac de Thun, 1665. Il eft élevé de 292 toises sur la mer. La hauteur de ce lac a servi de base aux opérations de M. TRALLES sur la mesure des montagnes, *ibid.* Les montagnes qui bordent le lac de Thun, *ibid.* Situation et nature de celles qui le séparent du lac de Geneve, 1666.

*Titlis.* Cette montagne est élevée de 1803 toises sur la mer, 1944.

*Toccia.* Chûte de la Toccia, 1742, 1746.

*Torbia.* Structure de cette montagne, 1386. Nul caillou étranger charrié par les eaux, 1387. L'élévation du passage de la Torbia est de 249 toises sur la mer, 1388.

*Torrent.* Cause des torrents impétueux et de courte durée dans les montagnes, 485, 2121.

*Touche*, voyez *Pierre de touche*.

*Toulon.* De Toulon à Marseille, 1504 et suiv. Colline et fort de la Malgue, *ibid.*

*Tour.* Glacier du Tour. Village de ce nom le plus élevé de la vallée de Chamouni, 680. Moyen simple d'accélérer la fonte des neiges, employé par ses habitants, *ibid.* et 740.

*Tour.* Chalets de la Tour sur le Mole. Leur élévation est de 530 toises au-dessus du lac de Geneve, 293. Structure de ces chalets, *ibid.*

*Tour des Fols*, dans le voisinage du grand St. Bernard, 997.

*Tourbillon*, près de Sion en Vallais. Nature de la colline sur laquelle est situé le château de ce nom, 2119.

*Tourmaline* du Saint-Gothard, 1908. Elle differe du schorl noir, 1909.

*Transition.* Observations à faire sur les transitions dans les montagnes, pour la théorie de la terre, 2320.

TRALLES (professeur). Sa mesure des montagnes du canton de Berne, 1665.

*Trapp.* Détermination du genre du trapp, 1945. Celle de l'auteur differe de celle de M. de DOLOMIEU.

*Travers*, banc de sable du lac de Geneve, 10.

*Treib.*, île en pain de sucre sur le lac de Lucerne, 1939.

*Tremblement de terre.* Observations à faire sur les tremblements de terre, pour la théorie de la terre, 2323.

*Tremola*, pont sur le Tesin, 1823. Considérations sur les nœuds qui se forment dans certaines pierres, 1825. La montagne qui domine ce pont, a donné son nom à la trémolite, 1823.

*Trémolite*, genre de pierre nouveau, 1923. On distingue la commune, *ibid.* La vitreuse, 1924. La soyeuse, 1926. La grise, 1927. Phosphorescence des trémolites, 1928.

*Trient.* Village et glacier de ce nom qu'on laisse sur la gauche à la descente du col de Balme, en allant de Chamouni à Martigny, 684. Fort de Trient, 685. Plantes de la vallée de Trient, *ibid.* Le Trient ou l'Eau de Bérard, voyez *Bérard*.

*Saint-Triphon*, colline dans les environs de Bex. Son élévation. Plantes rares qu'on y trouve, 1091.

*Tripoli.* Le tripoli de Montélimar est criblé de troux cylindriques, 1573. Différentes opinions sur l'origine des tripolis, 1556. Il y a des tripolis de différente nature, 1557. Tripoli schisteux, *ibid.* Tripoli en masse, 1558. Tripoli intermédiaire entre le tripoli en masse et le tripoli schisteux, ou tripoli de Venise, *ibid.* Le tripoli qui se vend sous le nom de tripoli de Riom, se trouve à Pont de Menat en Auvergne. L'auteur en a visité dernierement les carrieres d'après les indications de M. MOSSYER de Clermont, et a reconnu que c'est un schiste originairement noir, mais qui devient rouge ou jaune par la combustion spontanée des pyrites qu'il renferme.

*Tuile*, montagne à couches arquées, près de Montmélian, 1182.

*Tuile*, village au pied du petit Saint-Bernard. De Scez à la Tuile, 2228. De Scez au petit St. Bernard, 2233.

*Tuf* formé sous l'ancienne mer et renfermé entre des roches primitives, 2261.

*Turin*. Sa situation, 1297. Il est élevé de 126 toises sur la mer, *ibid*. De Turin à Milan, 1315 et suiv. Cailloux roulés des environs de Turin, 1320.

## U

*Uranit* du Saint-Gothard, 1896. Comparée avec le wolfram, 1899.

*Uri*. Considérations sur le caractere du peuple du canton d'Uri, 1883.

*Urnerloch*, ou le trou d'Uri. Passage étroit par lequel on entre dans la vallée d'Ursersen, 1859. Pont du Diable, 1861.

*Urseren*, ou Andermatt. De l'hospice du Saint-Gothard à Urseren, 1845 et suiv. Schistes en couches remarquables, 1853. Montagnes qui bordent la vallée d'Urseren, 1850. La hauteur du col qui sert de limite entre le pays des Grisons et la vallée d'Urseren, est de 1029 toises sur la mer. D'Urseren à Gestinen, 1859 et suiv.

*Usogna*. Granits veinés horizontaux, 1798. Ce village est élevé de 138 toises sur la mer.

## V

V AL-ANZASCA, 2189.

*Val-d'Ayas*, 2218.

*Val de Mont-Joie*. Origine de ce mot, 751, 760. Situation de cette vallée, 751.

*Val-Dobbia*. Le plus haut point de ce passage est élevé de 1236 toises, 2211. Direction de ces montagnes, *ibid*.

*Val-Lesa*. Situation de cette vallée, 2212.

*Val-Scelline*. Ses excavations, 407.

*Val-Sesia grande* et Val-Sesia Piccola, 2278, 2210.

*Val-Sosa*, 2222. Sa situation, *ibid*.

*Val-Tornanche*, paroisse dans le voisinage du Mont-Cervin, 2219, 2220. Le sol de Val-Tornanche est élevé de 795 sur la mer. Voyez *Mont-Cervin*.

*Vallais*. Vue générale du Vallais, 2114 et suiv. Cette vallée divise, suivant sa longueur, une partie considérable de la chaine des Alpes, 2116.

*Vallée*. Les angles saillants ne correspondent pas toujours aux angles rentrants, 479. Les glaciers du premier genre occupent les vallées transversales, 577. Voy. *Glacier*. La correspondance des angles saillants et rentrants n'est vraie que pour les vallées transversales et de formation récente, *ibid*. Les vallées ne paroissent pas avoir été formées par des courants au fond de la mer, 678. La correspondance des angles saillants et rentrants, lorsqu'elle a lieu, ne prouve point que les vallées soient l'ouvrage des courants de la mer, 920. Les couches qui sont coupées à angles droits par une vallée prouvent qu'elle appartient à la classe des vallées transversales, 948. Un des caracteres essentiels des vallées longitudinales est que les montagnes qui les bordent ont les plans de leurs couches parallèles à la direction de la vallée, 2116. Vallée prétendue inaccessible près du Mont-Rose, 2216. Vallées latérales: leurs directions coupent très-fréquemment les plans des couches, 2117. Observations à faire sur les vallées pour la théorie de la terre, 2316.

*Valorbe*. Ses mines de fer, 388.

*Valorsine*. De Valorsine au sommet du Buet, 551 et suiv. Débris de roches primitives dans les environs de Valorsine, 597. Granit lié à une roche de corne, 598. Granit dans les fentes d'une roche feuilletée, 599. Poudingues de Valorsine à couches verticales, 687 et suiv. Voyez *Poudingues*. Porphyre à base de feldspath terreux, 728. Molybdene trouvée entre Argentiere et Chamouni.

*Valsorey.* Description du glacier qui porte ce nom, 1011 et suiv.

*Vanzon,* dans la vallée Anzasca, est élevé de 537 toises sur la mer.

*Vapeur.* Electricité que donne l'eau réduite en vapeurs, sur différentes substances, 805 et suiv. Mêmes expériences avec l'esprit de vin et l'éther, 819 et suiv. La marche de l'électricité aérienne s'accorde avec l'état de l'air par rapport aux vapeurs, 831, 832. Vapeur bleue, semblable à celle de l'année 1783, observée sur le Mole. Elle étoit accompagnée de quelque humidité, 1132. Etat de cette vapeur bleue en différents lieux, 1655, 1667, 1668, 1671, 1714. Observation sur cette vapeur par un médecin de Locarno, 1785. Vapeur singuliere, élevée sur la mer, 1493.

*Variolite* dans les cailloux roulés des environs de Geneve, 191 et suiv. Variolite pétrosiliceuses; ses caracteres extérieurs, 1449. Variolite de la Durance, et ses vraiétés, 1539. Variolite du Drac, 1572. Elle n'est point une lave, 1574. Variétés de cette roche, 1575. Variolites à base de pétrosilex, 1576. Variolite à base de hornblende, 1677. Variolites de l'Emme, 1946 et suiv.

*Vaucluse.* D'Avignon à Vaucluse, 1544 et suiv. Source de Vaucluse, 1548. Nature des rochers qui la bordent, *ibid.*

*Vaudagne,* montagne qui ferme, avec celle de Lacha, la vallée de Chamouni au Sud-Ouest, 705, 746. Situation de ses couches, *ibid.*

*Vaulion.* Description de la dent ou montagne qui porte ce nom, 381. Son élévation au-dessus du lac de Geneve est de 557 toises, 380. Situation de ses couches, *ibid.*

*Vélan,* montagne dans le voisinage du grand Saint-Bernard. Elle est élevée de 1722 toises sur la mer, 574. Elle est composée de roche feuilletée mêlée de rognons de quartz, 1022.

*Vent.* Les vents diminuent ordinairement l'intensité de l'électricité aérienne, 801. Causes du vent appellé mistral, 1604. Vents souterrains plus froids que le tempéré, 1404. Explication de ces vents, 1414. Vents violents sur les hautes montagnes sont interrompus par des moments de calme, 2031, 2073.

*Verceil.* Vue des Alpes depuis la tour de Verceil, 1325.

*Verd de moutagne.* Analyse de cette substance déposée par la fontaine bleue de Saint-Marcel, 2295.

*Vergi,* chaine de montagnes, voisine du Mole, 283. Situation des montagnes qui forment cette chaine, 446.

*Véron,* voyez *Croix de fer.*

*Verre ardent.* Sa force est la même sur les montagnes que dans la plaine, 931.

*Verrex,* village sur la route de la Cité-d'Aost à Yvrée. On trouve, dans son voisinage, de l'or en grains, charrié par le torrent Evanson, 968.

*Vésuvienne,* ou schorl du Vésuve, 1905. Son analyse par M. STUKE, *ibid.*

*Vevey.* Montagne au-dessus de Vevey, 1656.

*Vidauban* et ses porphyres, 1464.

*Viege.* De Zermatt à Viege, 2222. Ce village est élevé de 334 toises sur la mer.

*Vienne.* De Tain à Vienne, 1627. Excursion dans les granits à l'Est de Vienne, 1629 et suiv. Ces granits sont unis à la calcédoine, 1634 et suiv. Gneiss dans du granit, 1632. Mine de plomb, 1641. De Vienne à Lyon, 1642.

*Saint-Vincent.* Analyse de ses eaux minérales, par M. GIOANETTI, 963. Route de Chatillon à Saint-Vincent, 964. Mont-Jovet, remarquable par la différente situation de ses couches, et par la variété des pierres qui le composent, 965.

*Vintimille.* De St. Remo à Vintimille, 1379. De Ventimille à Baussi-Rossi, 1380.

VITALIANO-DONATI, 493. Traduction de ses observations sur l'éboulement d'une montagne près de Passy en 1751.

*Viviers.* Du Saint-Esprit à Viviers, 1608. Situation de cette ville, *ibid.* De Viviers au Teil, 1609.

*Volcans.* On ne trouve point de produits volcaniques bien déterminés dans les cailloux roulés des environs de Geneve, 200. Especes douteuses, 201. Especes indubitables trouvées depuis lors, table des chap. et des sommaires du I$^{er}$. vol. page xxvj, note. On ne trouve aucun vestige de volcans en Suisse, 202. Volcans éteints de la Provence, 1485 et suiv. 1520. Observations à faire sur les volcans pour la théorie de la terre, 2322.

*Voirons.* Situation de cette montagne, 273. Elle est composée, en grande partie, d'un grès mêlé de bancs de pierres calcaires, 274, 276. Situation de ses couches, 274. Couvent des Voirons, 275. Plantes et animaux de Voirons, 277. Ses beaux points de vue, 278. Son élévation est de 518 toises au-dessus du lac de Geneve, 277. Directions pour ceux qui veulent parcourir cette montagne, *ibid.* et 278.

VOLTA. Expériences de ce physicien sur l'électricité produite par l'eau réduite en vapeurs, 805, 825. Expériences à faire pour confirmer son système sur l'électricité aérienne, 828. On explique par ce système l'électricité positive qui regne constamment dans l'air, 829. Résolution d'une objection que l'on pourroit élever contre ce système, 832. Addition du chevalier VOLTA à l'électro-

metre de l'auteur, pour rendre l'électricité atmosphérique plus sensible, 2056.

*Voltri.* Ses couches, 1359. Manœuvre pour aborder par un gros tems, *ibid.*

*Vouache.* Situation de cette montagne, 213. Elle paroît être une continuation de la premiere ligne du Jura, *ibid.*

*Vouane*, rocher qui avoisine la Dole. Structure de ses couches, 360.

*Voyage.* Instruction pour les voyages de géologie, 2304. Instruments nécessaires au géologue voyageur, 2326, ch. XXIII.

WERNER. Les ouvrages de ce célebre minéralogiste n'ont été connus de l'auteur qu'après la publication du second volume in-4°. de ses Voyages. Sa théorie sur les filons, §. 2324, n. 13.

*Wolfram* de Cornouaille. Ses caracteres extérieurs, sa fusibilité, 1897.

WYTTENBACH. Ses voyages en Suisse, 1665. Son opinion sur la forme des cimes de granit, 1707.

## Y

YVERDON, 390. Son lac plus petit qu'autrefois, *ibid.* Nature des rochers qui l'avoisinent. Voyez *Neuchatel.*

*Yvrée.* De la Cité-d'Aost à Yvrée, 956 et suiv. D'Yvrée à Caraglia, 974. Description d'Yvrée, 979. Carriere de pierre à chaux dans les environs d'Yvrée, 980.

## Z

ZERMATT. Du Mont-Cervin à Zermatt, 2221. De Zermatt à Viege, 2222.

*Zumdorf*, dans la vallée d'Urseren, 1848, 1849.

*Zumloch*, 1723. Chûte de l'Egina, *ibid.*

*Fin de la Table des Matieres.*

# TABLE

Des Chapitres et des Sommaires contenus dans ce quatrieme Volume.

## TROISIEME VOYAGE.

### SECONDE PARTIE.

Retour du lac Majeur à Geneve par le Saint-Gothard.

**CHAPITRE XI.** *De Locarno à Ayrolo au pied du Saint-Gothard. Vallée Lévantine.* Extrêmité du lac. Rocs verticaux, page 1. Du lac Bellinzona, p. 2. Fin du baillage de Locarno, *ibid.* Gouëtres, *ibid.* Bifurcations de la vallée, p. 3. Dernieres couches verticales, *ibid.* Cresciano, granits veinés horizontaux, *ibid.* Usogna, même granits, p. 4. Entrée de la vallée Lévantine, p. 5. Giornico, *ibid.* De Giornico à Faïdo, p. 6. Granits veinés toujours horizontaux, *ibid.* Rocs schisteux horizontaux, plus tendres, *ibid.* Granits avec des veines en zigzag, p. 7. Fin des granits veinés de cette vallée, p. 9. Roches micacées quartzeuses calcaires, *ibid.* Les mêmes couches verticales, p. 10. Couches horizontales, puis verticales, *ibid.* Ayrolo, p. 11.

**CHAP. XII.** *Excursion à la montagne de Pesciumo*, page 13. Limite du Saint-Gothard, *ibid.* Reliefs de cette montagne, par M. EXCHAQUET, *ibid.* But de mon excursion à la montagne de Pesciumo, p. 14. Route qui y conduit, *ibid.* Nulle cime bien haute sur le Saint-Gothard, *ibid.* Structure de la Fibia & de ses voisines, p. 15. Calcaire micacée, p. 16. Dolomie grenée, p. 17. Passage défendu par un Fort, *ibid.*

**CHAP. XIII.** *Excursion à l'Alpe de Sipcius*, page 18. Motif de cette excursion, *ibid.* Hornblende noire, *ibid.* Gneiss noir très-fin, p. 19. Source prétendue minérale, p. 20. Chalets de Sipcius, *ibid.* Retour à Ayrolo, *ibid.* Roche de stéatite, mica & grenats, p. 21.

**CHAP. XIV.** *D'Ayrolo à l'Hospice des Capucins du Saint-Gothard*, p. 22. D'Ayrolo à la chapelle Ste. Anne, *ibid.* Roches à fond de feldspath grené, *ibid.* Roches micacées verticales, p. 23. Ponte di Tremola,
p. 24.

p. 24. Belles couches de hornblende, *ibid.* Confidérations fur les nœuds des pierres, p. 25. Premieres neiges, *ibid.* Blocs de rayonnante, p. 26. Même direction des couches, *ibid.* Premiers granits veinés, *ibid.* Premiers granits en maffe, *ibid.* Derniers granits en arrivant à l'Hofpice, p. 27. L'Hofpice & fa plaine, p. 28. Lac de Lucendro, *ibid.* Pied des cimes à l'Orient de l'Hofpice, p. 29. Quartz feuilleté, *ibid.*

CHAP. XV. *Cime de Fiëüt ou Fieüdo*, page 30.
Motifs & détails de cette courfe, *ibid.* Nature des rochers de Fiëüt, p. 31. Sa cime. Hauteur de cette cime, *ibid.* Vues de la cime de Fiëüt, p. 32. Couches, *ibid.* Vallées, *ibid.* Retour à l'Hofpice, p. 33.

CHAP. XVI. *Cime de la Profe*, page 34.
Difficulté vaincue, *ibid.* Nature des rochers de la Profe, p. 35. Nature & élévation de la cime, *ibid.* Vue qu'elle préfente, p. 36. Inftruments de Météorologie de l'Hofpice, *ibid.*

CHAP. XVII. *Defcente de l'Hofpice du Saint-Gothard à Urferen*, p. 38.
Plaine de l'Hofpice, *ibid.* Premiere defcente, *ibid.* Seconde defcente, *ibid.* Belles Couches de granits veinés, p. 39. Troifieme defcente à l'Hôpital, *ibid.* Zum-Dorf, 40. Montagnes qui bordent la vallée d'Urferen, *ibid.* Grand bloc de pierre ollaire, p. 41. Stéatite cryftallifée, p. 42. Spath manganéfien, *ibid.* Urferen ou Andermatt, *ibid.* Schiftes en couches remarquables, p. 43.

CHAP. XVIII. *D'Andermatt à la fource du Rhin inférieur*, page 44.
D'Andermatt au lac d'Oberalp, *ibid.* Lac d'Oberalp, *ibid.* Situation des fources du Rhin, p. 45. Nature des montagnes qui bordent le lac d'Oberalp, p. 46. Truites faumonées, p. 47.

CHAP. XIX. *D'Urferen à Geftinen. Urner-Loch. Pont-du-Diable*, p. 48.
Urner-Loch, *ibid.* Granits veinés verticaux, *ibid.* Pont-du-Diable, p. 49. Roche micacée argilleufe, *ibid.* Granits veinés & en maffe, & en couches verticales, p. 50. Autres moins irréguliers, *ibid.* Schöllenenbruck, *ibid.* Rochers coupés horizontalement, p. 51.

CHAP. XX. *Grotte de cryftaux du Sand-Balm*, p. 52.
Route qui y conduit, *ibid.* Galerie dans un filon de quartz, *ibid.* Amas de fpath calcaire, p. 53. Veines de granit renfermées dans des bancs de quartz, *ibid.* Chlorite, *ibid.* Quartz & feldfpath mêlés de Delphinite, *ibid.* Nature & ftructure de la montagne, p. 54. Température & humidité du fond de la grotte, *ibid.* Retour à Geftinen, granits veinés verticaux, *ibid.*

CHAP. XXI. *De Geftinen à Altorf*, page 56.
Schönebruk, *ibid.* Vattingen. Couches verticales déjà obfervées par SCHEUCHZER, *ibid.* Vaffen. Granits informes, p. 57. Saut du Singe, *ibid.* Gneifs petrofiliceux, *ibid.* Premiers noyers, p. 58. Am-Stœg, pied du Saint-Gothard, *ibid.* Fin des montagnes primitives, p. 59.

Calcaires qui leur fuccedent, p. 59. Le Pere Pini nie les couches des roches primitives, p. 60. Vue générale de ce paffage du Saint-Gothard, p. 61. Altorf p. 62. Collection de cryftaux, p. 63.

CHAP. XXII. *Notes pour servir à la Lithologie du Saint-Gothard*, p. 64. But de ce chapitre, *ibid.* Catalogue des foffiles décrits dans ce chapitre, *ibid.* Feldfpath, p. 66. Adulaire, *ibid.* Comparaifon de l'adulaire avec la pierre de Lune, p. 68. Avec la pierre de Labrador, p. 69. Avec l'œil-de-chat, *idid.* Avec l'afterie, *ibid.* Mica cryftallifé, p. 71. Mica verd, p. 72. Chlorite ou terre verte des cryftaux, p. 73. Sagénité ou fchorl rouge, p. 74. Sagénite informe, p. 77. Comparaifon avec la Manganefe rouge, p. 78. Avec le Wolfram de Cornouailles, *ibid.* Subftance noire brillante, qui paroît une mine d'uranit, p. 79. La même plus épaiffe, comparée avec le Wolfram de Zinwald, p. 80. Grenatite, p. 81. Sappare, p. 83. Sappare tendre, *ibid.* Saupare dur, *ibid.* Octaëdrite, nommée ci-devant fchorl octaèdre, p. 85. Hyacinthes, p. 87. Roche d'hyacinthe, p. 89. Prehnite grife confufément cryftallifée, *ibid.* Comparaifon de nos hyacinthes avec celles du Véfuve, *ibid.* Avec le ftaurobaryte ou hyacinthe blanche cruciforme, p. 90. Et avec l'hyacinthe de Ceylan, p. 91. Tourmaline, *ibid.* Schorl noir, p. 93. Talc commun, p. 94. Talc fchifteux, p. 95. Talc radié, *ibid.* Amianthe, p. 96. Stéatite asbeftiforme, *ibid.* Schifte magnéfien compofé, 97. Rayonnante, *ibid.* Schifte magnéfien lamelleux, p. 98. Delphinite, pag. 99. Rayonnante en prifmes rhomboïdaux, pag. 100. Rayonnante à larges rayons, pag. 102. Rayonnante en gouttiere, pag. 103. Comparaifon avec le fchorl en burin, p. 105. Tremolite, *ibid.* Tremolite commune, *ibid.* Tremolite commune en maffe, p. 106. Tremolite vitreufe, *ibid.* Tremolite foyeufe, p. 107. Tremolite grife, p. 108. Tremolite grife terreufe, *ibid.* Phofphorefcence des tremolites, p. 109. Calcaire dolomie, *ibid.* Calcaire grenue à vive effervefcence, p. 110. Gypfe en maffe, *ibid.* Gypfe fchifteux, 111.

CHAP. XXIII. *D'Altorf à Lucerne*, p. 112.
D'Altorf à Fiora. Tremblement de terre, p. 112. Fluelen ou Fiora, *ibid.* Couches arquées, *ibid.* Lac de Lucerne, intéreffant pour la géologie, 113. Couches en S brifées, p. 113. Chapelle de Guillaume Tell, p. 114. Couches retrouffées. Confidérations fur leur origine, *ibid.* Autres couches arquées, p. 115. Treib, isle en pain de fucre, *ibid.* Gerfaw, p. 116. Rigiberg, hautes montagnes de cailloux roulés, *ibid.* Origine de ces cailloux, p. 117. Grès & poudingues jusques à Lucerne, p. 118. Relief de M. le Général Pfyffer, p. 119. Elévation du lac de Lucerne, p. 120. Relief de M. Meyer, p. 121. Environs de Lucerne, p. 122.

CHAP. XXIV. *Cailloux roulés des deux Emmes*, page. 124.

But de l'étude des cailloux roulés, *ibid.* Application à ceux de l'Emme, p. 125. Argillolite ou argille pierreuse, *ibid.* Détermination du genre du trapp, p. 126. Trapp des variolites de l'Emme, p. 128. Glandes des amygdaloïdes de trapp ou d'argillolite, p. 129. Amygdaloïdes à grains de grenat, *ibid.* Amygdaloïdes à pâte de palaïopetre, p. 130. A pâte de pierre magnéfienne, *ibid.* Autres variétés, p. 131. Porphyre, *ibid.* Granit, p. 132. Delphinites empâtées dans du quartz, *ibid.* Hornblende mêlée de parties calcaires, empâtées dans du quartz, *ibid.* Autres grains noirs dans du quartz, *ibid.* Jaspe, p. 133. Serpentine, *ibid.* Calcaires, p. 134. Vestiges de corps organifés madrepores, *ibid.* Lenticulaires, *ibid.* Doute sur l'origine de ces cailloux, *ibid.* Résultat de ces observations, page 135.

## QUATRIEME VOYAGE.
### Cime du Mont-Blanc.

CHAP. I. *Suite de l'histoire des tentatives par lesquelles on a trouvé la route qui conduit à la cime du Mont-Blanc*, page 137.
Introduction, *ibid.* Tentatives infructueuses par l'aiguille du Gouté, p. 138. Jaques Balmat découvre la bonne route, p. 139. Préventions qui en avoient détourné, *ibid.*

CHAP. II. *Relation abrégée d'un voyage à la cime du Mont-Blanc*, en Août 1787, page 141.

CHAP. III. *Description des rochers & autres détails du Voyage*, page 150. Du Prieuré au village du Mont, *ibid.* Creux de gypse, *ibid.* Bords du glacier de Taconay, *ibid.* Le Mapas, p. 152. Grotte où l'on peut passer la nuit, *ibid.* Belle situation, p. 153. Haut de la montagne de la Côte, p. 154. Premiere couchée sous des blocs de granit, p. 155. Départ du second jour Passage du glacier, p. 156. Chaîne de rocs isolés, p. 157. Stéatite fibreuse, p. 158. Séracs ou rectangles de glaces, *ibid.* Cabane mal placée, p. 159. Suite des rochers de la chaîne isolée, *ibid.* Grande crevasse où tombe un pied de barometre, p. 160. Halte au pied d'un rocher, p. 161. Premier plateau de neige, p. 162. Séracs, vus de près, p. 165 Second plateau, où l'on passe la seconde nuit, *ibid.* Excursion des guides. Rocs foudroyés, p. 164. Soirée pénible sur ces neiges, p. 165. Troisieme journée; montée sur l'épaule du Mont-Blanc, *ibid.* Pente rapide & dangereuse, p. 166. Précautions, p. 167. Halte sur l'épaule du Mont-Blanc, p. 168. Nature de ces rochers, *ibid.* Granits, *ibid.* Stéatite terreuse, p. 169. Hornblende, *ibid.* Chlorite, *ibid.* Pyrites, p. 170. Delphinite, *ibid.* Roche schifteufe, *ibid.* Granitelle, *ibid.* Palaïopetre, *ibid* Derniere montée retardée par la rareté de l'air, p. 171. Defcription des rochers les plus élevés du Mont-Blanc, p. 172. Nature de ces rochers, *ibid.* Arrivée à la cime, p. 175. Forme de la cime, p. 176. Rocher le plus élevé au Sud de la cime, p. 177. Rochers à bulles vitreufes, p. 178.

CHAP. IV. *Obfervations géologiques faites de la cime du Mont Blanc*, p. 179. Montagnes primitives, non par chaînes, mais par grouppes, *ibid.* Structure de ces montagnes, p. 180. Ces lames font de la même nature jufques à leur cime, p. 182. Conféquence de ce fait, *ibid.* Autre conféquence du même fait, p. 183. Confirmation. Abfence du mica dans ces rocs élevés, p. 184. Le Mont-Blanc n'eft pas au milieu de la largeur de la chaîne, p. 185. Relevement des couches contre le Mont-Blanc, *ibid.*

CHAP. V. *Barometre, thermometre, calcul de la hauteur*, p. 187. Défignation des barometres employés, *ibid.* La mer eft-elle vifible de la cime du Mont-Blanc, p. 193.

CHAP. VI. *Thermometre, hygrometre, électrometre, ébullition & autres obfervations*, page 195. Thermometre, *ibid.* Vent, *ibid.* Hygrometre, 196. Electrometre, p. 197. Couleur du ciel, *ibid.* Etoiles vifibles en plein jour, p. 198. Eau de chaux & alkali cauftique, p. 199. Ebullition de l'eau, p. 201. Déclinaifon de l'aiguille, p. 202. Etat de la neige, p. 203. Son épaiffeur, *ibid.* Stratification des neiges, p. 205. Neiges des hauteurs exemptes de pouffiere rouge, *ibid.* Animaux, p. 206. Végétaux, *ibid.* Saveurs & odeurs les mêmes, *ibid.* Son foible, *ibid.* Viteffe du pouls, p. 207. Comparaifon entre le Mont-Blanc & les Cordilleres, p. 211.

CHAP. VII. *Retour de la cime du Mont-Blanc au Prieuré de Chamouni*, p. 213.

## CINQUIEME VOYAGE.
### Col du Géant.

CHAPITRE I. *But & relation du Voyage*, page 217. Introduction, *ibid.* Préparatifs, p. 218. De Chamouni au Tacul, *ibid.* Du Tacul au col du Géant, p. 219. Arrivée au col, p. 220. Etabliffement, p. 221. Orage terrible, p. 222. Séjour & occupations, p. 223. Belle foirée & belle nuit, p. 224. Defcente pénible. Inanition, p. 225.

CHAP. II. *Situation & élévation du col du Géant*, page 227. Situation, *ibid.* Pofition géographique, *ibid.* Elévation, p. 228.

CHAP. III. *Plantes & animaux que l'on trouve fur ce col*, page 229. Plantes à fleurs diftinctes, *ibid.* Lichens, *ibid.* Animaux, p. 230.

# TABLE.

CHAP. IV. *Nature des rochers du col du Géant*, page 231.
Leur nature en général, *ibid.* Granit en maffe, *ibid.* Gneifs, p. 232. Trapp, p. 233. Roche fchifteufe, p. 234. Feldfpath, *ibid.* Calcaire grenue, p. 235. Structure des rochers, *ibid.*

CHAP. V. *Obfervation fur le baromètre*, page 237.
Réfultats comparés, *ibid.*

CHAP. VI. *Obfervations fur le thermomètre*, page 241.
Introduction, *ibid.* Réfultat, *ibid.* Comparaifon du thermomètre au foleil avec le thermometre à l'ombre, p. 245. Critique de cette obfervation, p. 248. Expérience fur le thermomètre noirci, 251. Température des neiges, *ibid.*

CHAP. VII. *Expériences fur l'électricité & fur l'humidité de l'air*, page 256.
Electrometre, *ibid.* Addition du Chevalier VOLTA, p. 257. Hygrometre, *ibid.*

CHAP. VIII. *Expériences fur l'évaporation*, page 260.
But de ces expériences, *ibid.* Appareil, *ibid.* Tableau des réfultats, p. 262. Raifon de l'action d'un air rare fur nos corps, p. 265. Conclufion des réfultats, p. 266. Froid produit par l'évaporation de l'eau, *ibid.* Defcription de l'appareil, p. 267. Evaporation de l'éther, p. 273. Appareil, *ibid.* Froid produit par l'évaporation de l'éther, p. 276.

CHAP. IX. *Des nuages, des orages & de quelques autres phénomenes météorologiques*, page 280.
Nuages parafites, *ibid.* Mêmes phénoménes vus de très-près p. 282. Nuages compacts & arrondis, *ibid.* Orages, p. 283. Bouffées de vent, *ibid.* Fréquence de la grêle, p. 284. Eudiomètre, p. 285. Eau de chaux & alkali cauftique, *ibid.* Air de la neige, p. 286. Eau de neige, *ibid.* Or & poudre fulminante, *ibid.* Solution des métaux, *ibid.* Ebullition de l'éther, p. 287. Etoiles tombantes, p. 288. Couleur du ciel, *ibid.* Réfultats des obfervations au zenith, p. 290. Réfultats à l'horizon, p. 293. Gradation des nuances entre l'horizon & le zenith, p. 294. Couleur des ombres, 296. Tranfparence de l'air, *ibid.* Photométrie chymique, p. 297. Durée des crépufcules, page 298. Lueur répandue autour de l'horizon, *ibid.* Bandes lumineufes au ciel, p. 300. Scintillation des Etoiles, *ibid.*

CHAP. X. *Phénoménes relatifs à l'aimant*, page 302.
Déclinaifon de l'aiguille, *ibid.* Variation diurne, *ibid.* Sufpenfion de l'aiguille, *ibid.* Variations à Chamouni, page 303. Obfervations des variations au col du Géant, p. 304. Obfervation de la variation au bord du lac, p. 305. Réfultats généraux, p. 309. Comparaifon entre les obfervations fur ces différents fites, *ibid.* Conjectures, p. 310. Opinion de M. VAN SWINDEN, p. 311. Nombre des ofcillations, p. 312. Magnétometre, page 313.

**CHAP. XI.** *Observations relatives à la physiologie*, page 315.
Introduction, *ibid.* Chaleur animale, *ibid.* Respiration & battement du pouls, *ibid.* Suspendre le pouls par une inspiration profonde, p. 316. Nombre des pulsations, couché & debout, *ibid.* Durée de l'inspiration, *ibid.* Essai négligé, page 317. Effets de l'air raréfié. Si l'on s'y accoutume, *ibid.* Enflure produite par l'action de l'air & de la lumiere, *ibid.* Autres observations, page 318.

---

# SIXIEME VOYAGE.

## Mont-Rose.

INTRODUCTION, page 319.

**CHAPITRE I.** *De Geneve à Brieg.*
Vue générale du Vallais, p. 322. Cabinet minéralogique de M. D'ERLACH, *ibid.* Vue générale du Vallais, 323. Profondeur de cette vallée, *ibid.* Le Vallais est une vallée longitudinale, *ibid.* Disparité des montagnes opposées, p. 325. Encombrements déblayés par le Rhône, p. 326. Nature des rochers, p. 327. Climat, 328. De Martigny à Brieg, *ibid.*

**CHAP. II.** *Passage du Simplon*, page 330.
De Brieg aux Tavernettes, *ibid.* Schistes grenatiques, p. 331. Descente du Simplon, p. 333. Couche calcaire entre des gneiss, p. 334. Réflexion sur cette couche, *ibid.* Route étroite jusqu'à Im-Gontz, p. 335. D'Im-Gontz à Dovedro, p. 336.

**CHAP. III.** *De Duomo-Dossola à Macugnaga*, page 338.
De Duomo à Pied de Mulere, *ibid.* De Pied de Mulere à Vanzon, *ibid.* De Vanzon à Macugnaga, page 340.

**CHAP. IV.** *Mines d'or de Macugnaga*, page 342.
Idée générale de ces mines, *ibid.* Exploitation, p. 343. Frais & produit, p. 345.

**CHAP. V.** *Voyage au Pic-Blanc; forme & situation du Mont-Rose*, p. 348.
Pâturages où l'on peut camper, *ibid.* Mesure du Mont-Rose, *ibid.* Belle situation de ces prairies, p. 349. Montée du Pic Blanc, p. 350. Nature & structure du Mont-Rose, *ibid.* Il y a des granits veinés primitifs, p. 351. Dimensions du Mont-Rose, p. 352. Le vuide du Mont-Rose n'est pas le cratere d'un volcan, p. 353. Autres montagnes visibles du Pic-Blanc, p. 354. Hauteur & nature du Pic-Blanc, *ibid.* Rochers détachés, p. 357. Quartz bleu, *ibid.* Pierres à faces lisses, *ibid.* Feldspath à grains blancs & fins, p. 358. Gerbes de hornblende approchant du schorl noir, *ibid.* Latitude, &c. p. 359.

## TABLE.

CHAP. VI. *Voyage autour du Mont-Rose*, page 361.
Introduction, *ibid.* De Macugnaga à Banio, *ibid.* Route de Banio à Carcofaro. Paffage de l'Egua, p. 362. Couches de Dolomie, p. 363. De Carcofaro à Guaïfora, p. 364. De Guaïfora à Scopel, p. 365. De Scopel à la Rive ; mine d'Allagne, p. 366. De la Rive à Greffoney ; Val-Dobia, 368. De Greffoney aux chalets de Betta, p. 369.

CHAP. VII. *Excurfion fur le Roth-Horn, ou Corne-Rouge. Vue de l'extérieur du Mont-Rose*, page 371.
But de cette courfe, *ibid.* Vue du Mont-Rofe, *ibid.* Vallée prétendue inacceffible, p. 373. Nature & ftructure du Roth-Horn, p. 375.

CHAP. VIII. *Fin du Voyage autour du Mont-Rose*, page 378.
De Betta à St. Jaques d'Ayas, p. 378. De St. Jaques au Breuil, *ibid.* Du Breuil au col du Mont-Cervin, page 379. Du Mont-Cervin à Zer-Matt, p. 382. de Zer-Matt à Viege. Fin du Voyage, p. 383. Expériences fur la denfité de l'air, p. 384. Refumé des particularités du Mont-Rofe, 385. Mœurs de ces habitants, page 386.

---

## SEPTIEME VOYAGE.

### Le Mont-Cervin.

CHAPITRE I. *De Geneve à Scez, au pied du petit St. Bernard*, p. 389.
But & plan de ce Voyage, *ibid.* Chaleur de la terre & des eaux coulant à fa furface, p. 391. Du Chapiu à Scez, p. 392. Couches en zigzag, page 393.

CHAP. II. *De Scez à la Tuile. Paffage du petit St. Bernard*, page 397.
Hofpice du petit St. Bernard, p. 398. Recherches fur le gypfe, p. 399. Température de la terre, p. 400. Defcente dans la vallée d'Aofte, *ibid.*

CHAP. III. *De la Tuile à Châtillon*, page 402.
De la Tuile à St. Didier, p. 402. De la Salle à la Cité, p. 403. Obfervations générales fur les calcaires grenues, *ibid.* La Cité d'Aofte, page 405.

CHAP. IV. *De Châtillon au col du Mont-Cervin*, page 406.
De Chatillon à Val-Tornanche, *ibid.* De Val-Tornanche au Breuil, p. 408. Du Breuil au col du Mont-Cervin, *ibid.*

CHAP. V. *Mefure du Mont-Cervin*, page 411.
Choix & mefure de la bafe, *ibid.* Mefure des angles, p. 412. Réfultat, *ibid.* Structure du Mont-Cervin, p. 413. Confidération de théorie, p. 414. Latitude du col du Mont-Cervin, *ibid.*

CHAP. VI. *Cime du Breit-Horn*, p. 415.
Situation de cette cime, *ibid.* Route pour y aller, *ibid.* Barometre,

thermometre, hauteur, p. 417. Digression sur la nature de la lumiere p. 418. Limites de la végétation, p. 419. Insectes, *ibid*. Etat de la respiration, p. 420. Vue du Breit-Horn, *ibid*. Nature de la cime brune du Breit-Horn, p. 422. Serpentine lamelleuse, 423. Schiste micacé sans mélange d'autre pierre, *ibid*. Variété de la delphinite en masse p. 424. Structure du Breit-Horn, *ibid*.

CHAP. VII. *Description du col du Mont-Cervin ou de Saint-Théodule & du rocher qui le domine au Nord*, page 425.

Nuit orageuse, *ibid*. Description du col du Mont-Cervin, *ibid*. Gneiss, p. 426. Schiste, *ibid*. Gneiss à demi grossier, *ibid*. Gneiss à grains séparés, *ibid*. Passage à un feldspath grenu, *ibid*. Stéatite schisteuse, page 427. Débris divers, *ibid*. Stéatite spéculaire, p. 428. Trapp grenatique, *ibid*. Rayonnante aciforme, *ibid*. Roches au-dessus du Col, p. 429. Gneiss fin, dur & uni, *ibid*. Tuf formé sous l'ancienne mer, p. 430. Question de théorie, p. 431. Plantes qui croissent à une grande élévation, p. 432. Sur le *Chlorite Schifer* de M. WERNER, p. 433. Couches festonnées, page 435. Observations météorologiques, *ibid*. Température de la terre, p. 436. Descente au Breuil, *ibid*.

CHAP. VIII. *Excursion au Sud Ouest du Breuil*, page 438.

Gneiss adhérents à des couches calcaires, p. 438. Schiste mêlangé, p. 439. Hématite spéculaire, *ibid*. Dolomie, p. 440. Pyrites, *ibid*. Gneiss fin & tuf, *ibid*. Hornblende bleue, p. 441. Rayonnante rhomboïdale, *ibid*. Température de la terre, p. 442. Plantes rares, *ibid*.

CHAP. IX. *Du Breuil à St. Jaques d'Ayas*, page 444.

Prairies. Blocs de Gneiss, page 444. Lac de la Barmar, *ibid*. Cimes blanches, *ibid*. Sagénite imparfaitement crystallisée, p. 446. Delphinite grise, *ibid*. Rocs de delphinite & autres pierres, p. 448. Mouvement progressif des glaciers, p. 449. Fin de la descente dans le Val d'Ayas, p. 450. Température de la terre, *ibid*.

CHAP. X. *De St. Jaques d'Ayas à la Cité d'Aoste*, page 451.

Recherche d'une mine d'or, *ibid*. Gouëtres & cretins, p. 452. Température de la terre, *ibid*. De Verrex à la Cité, p. 453.

CHAP. XI. *Mines de Saint-Marcel*, page 454.

Route qu'on suit pour y aller, *ibid*. Mine pyriteuse grenatique, *ibid*. Schörl bleuâtre & autres fossiles, p. 455. Mine de Manganese, p. 456. Espèces remarquables, p. 457. Fontaine bleue, p. 458. Retour à St. Marcel, page 460.

CHAP. XII. *A la Cité & de la Cité à Geneve*, page 461.

Latitude & élévation de la Cité, *ibid*. Température de la terre, *ibid*. Idem, au St. Bernard, *ibid*. Idem, à Vevey, p. 462. Conclusion, *ibid*.

*Fin du septieme & dernier Voyage.*

Coup-d'œil

*Coup-d'Œil général sur les Alpes comprises entre le Tyrol & la mer Méditerranée*, page 464.
Introduction, *ibid.* Variété presque universelle, *ibid.* Faits sans exceptions, & conclusion, page 465.

*Fin des Voyages.*

## AGENDA,

*Ou Tableau général des observations & des recherches dont les résultats doivent servir de base à la théorie de la terre.*

INTRODUCTION, page 467.
CHAPITRE I. *Principes Astronomiques*, page 469.
CHAP. II. *Principes Chymiques & Physiques*, p. 471.
CHAP. III. *Monuments Historiques*, p. 474.
CHAP. IV. *Observations à faire sur les mers*, p. 475.
CHAP. V. *Observations sur le bord de la mer*, p. 477.
CHAP. VI. *Observations sur les fleuves & autres eaux courantes*, p. 479.
CHAP. VII. *Observations dans les plaines*, p. 481.
CHAP. VIII. *Observations sur les cailloux roulés*, p. 483.
CHAP. IX. *Sur les montagnes en général*, p. 485.
CHAP. X. *Observations sur les couches de la terre & des montagnes*, p. 487.
CHAP. XI. *Observations sur les fentes*, p. 491.
CHAP. XII. *Observations sur les vallées*, p. 493.
CHAP. XIII. *Observations sur les montagnes tertiaires, ou qui sont composées de débris des autres montagnes*, p. 496.
CHAP. XIV. *Observations sur les montagnes secondaires*, p. 497.
CHAP. XV. *Observations sur les montagnes primitives*, p. 500.
CHAP. XVI. *Observations sur les transitions*, p. 503.
CHAP. XVII. *Observations à faire sur les restes & les vestiges des corps organisés qui se trouvent dans la terre, dans les montagnes ou à leur surface*, p. 504.
CHAP. XVIII. *Observations à faire sur les volcans*, p. 507.
   A. *Au moment d'une éruption*, ibid.
   B. *Observations à faire sur un volcan décidément tel*, p. 509.

C. *Observations à faire sur les collines & les montagnes desquelles on doute si elles ont été réellement des volcans*, page 511.

CHAP. XIX. *Recherches à faire sur les tremblements de terre*, p. 514.

CHAP. XX. *Observations à faire sur les mines de métaux, de charbon, de sel*, p. 516.

CHAP. XXI. *Recherches à faire sur l'aimant*, p. 523.

CHAP. XXII. *Erreurs à éviter dans les observations relatives à la Géologie*, p. 528.

CHAP. XXIII. *Instruments nécessaires au géologue voyageur*, p. 534.

TABLE des matieres contenues dans les quatre volumes de ces Voyages, page 540.

*Fin de la Table.*

www.ingramcontent.com/pod-product-compliance
Lightning Source LLC
Chambersburg PA
CBHW060309230426
43663CB00009B/1640